国外经典数学译丛

大学文科数学

量化与推理（第7版）上册

USING & UNDERSTANDING MATHEMATICS

A QUANTITATIVE REASONING APPROACH

（SEVENTH EDITION）

杰弗里·班尼特（Jeffrey Bennett）
威廉·布里格斯（William Briggs）　著

张春华　柯媛元　吕雪征　译

中国人民大学出版社
·北京·

前 言

给学生的话

我们不能忽视数学在现代世界中的重要性. 然而，对于大多数人来说，数学的重要性不在于它的抽象概念，而在于它在个人问题和社会问题中的应用. 本书就是基于实际应用角度而设计的. 具体来讲，本书的设计有三个明确的目标：

- 帮助你更好地理解大学课程（特别是社会和自然科学的核心课程）中的数学知识；
- 提高量化推理能力，帮助你在未来的职业生涯中取得成功；
- 掌握批判性思维和量化推理的方法，帮助你更好地理解生活中遇到的重大问题.

我们希望本书对每个人都有所帮助，但它主要是为那些未来不打算在高等数学相关领域工作的人设计的. 特别是，如果你对数学感到恐惧或焦虑，那么本书也同样适合你. 我们希望，通过阅读本书，你会发现数学比你想象的要重要得多，而且和生活的关系也比你想象的要密切，但没有你以前想象的那么难.

无论你的兴趣是什么——社会科学，环境问题，政治，商业和经济，艺术和音乐，以及任何其他主题——你都会在本书中找到许多与之相关的最新的例子. 但是，本书中最重要的观点是，数学可以帮助你理解各种观点和问题，使你成为一个更有思想和受教育程度更高的公民. 学习完本书后，你应该就能够理解以后将要遇到的大多数定量问题.

给教师的话

无论你是多次教授这门课程还是第一次教授这门课程，毫无疑问你都会意识到非数学专业的数学课程带来的挑战与传统课程带来的挑战不同. 首先，对于这些课程究竟应该教授什么内容，甚至都没有明确的共识. 对于科学、技术、工程和数学（STEM）专业的学生，教师应该教哪些数学内容，人们很少有争议——例如，这些学生都需要学习代数和微积分——而对于非 STEM 专业的学生，特别是那些在工作或日常生活中不会用到高等数学的大多数人，教师应该教哪些内容，目前还没有定论.

由于存在争议，目前非 STEM 专业的学生所学的核心数学课程种类很多且范围很广. 有些学校要求这些学生学习传统的微积分课程，如高等数学. 有些学校还开设了数学课程，向学生讲授当代数学对社会的贡献，还有一些学校开设了与金融相关的数学课程. 每种不同的课程类型都有其优点，但要注意到一个重要事实：绝大多数（通常 95%）的非 STEM 学生在完成了核心课程的要求后，就再也不会选择学习其他大学数学课程了，所以我们应该慎重地选择要讲授哪些核心数学课程.

鉴于以上事实，我们认为有必要向这些学生讲授他们在其他大学课程、职业生涯和日常生活中所需的数学思想. 换句话说，我们必须把重点放在那些对这些学生未来成功真正重要的内容, 我们必须涵盖这些内容所涉及的广泛范围. 这些内容的重点不在于规范的计算——尽管有些计算是必须要会的——更多的是教学生如何用数字或数学信息进行批判性思考. MAA、AMATYC 和其他数学组织也都要求学生学会量化推理并具备量化知识. 最近，针对非 STEM 专业学生开设的量化推理课程比以前更受欢迎了. 我们多年来一直致力于推广量化推理，在教授量化推理方面的教材中，本书处于领先地位.

■ 教学成功的关键：应用驱动

从广义上讲，数学的教学方法可分为两类：

• 内容驱动：该方法主要是介绍各种数学概念和思想. 在讲完每个数学主题之后，再介绍其应用的例子.

• 应用驱动：该方法主要是介绍数学应用. 通过应用来推动课程，并根据应用的需要来介绍相应的数学思想.

两种方法都可以涵盖相同的内容，但应用驱动的方法有一个很大的优势：它通过直接向学生展示数学对他们生活的影响来激励学生. 相比之下，内容驱动的方法倾向于向学生展示“学习这些内容，因为它们对你有好处”，导致许多学生还没有看到实际应用就失去了兴趣. 更多详细信息请参阅我们的文章《数学通识教育：新千年的新方法》（“General Education Mathematics：New Approaches for a New Millennium”，*AMATYC Review*，Fall 1999）或杰弗里 • 班尼特撰写的《生活中的数学》（*Math for Life*，Big Kid Science，2014）一书中的结语评论.

■ 最大的挑战：征服学生

教授数学课程的最大挑战可能在于如何征服学生，也就是说，说服他们相信你教给他们的很有用. 之所以有这种挑战，是因为许多学生上大学时不喜欢或害怕数学. 事实上，对于绝大多数学习数学课程的学生，因为这些课程是毕业所必需的，所以他们没有选择. 因此，教授学生需要你热情地引导，让他们相信，学习数学是有用的，并且是快乐的.

本书主要围绕两个重要的策略来讲，旨在帮助说服学生.

• 面对数学的负面态度，向学生展示他们的恐惧或厌恶是无根据的，数学实际上与他们的生活息息相关. 这个策略体现在本书的序言中，我们强烈建议教师在课堂上强调这一点. 它也隐含地贯穿在整本书中.

• 关注对学生有意义的目标，即学习数学对大学、未来的职业生涯和日常生活的影响. 因为学生在学习中将会看到数学是如何影响他们的生活的，所以他们就会学习数学了. 每节都是围绕与大学、未来的职业生涯和日常生活相关的主题来讲述的，因此可以说这个策略是本书的支柱.

■ 本书的模块化结构

虽然我们写这本书是希望读者从头到尾把它作为一个故事来阅读，但我们认识到，许多教师可能希望以不同的顺序来讲授这些内容，或者在时间允许的情况下，为不同程度或水平的学生及班级选择本书中的某些部分来讲. 因此，对本书我们采取了模块化结构，这样教师就可以根据本书来定制属于自己的课程. 这 12 章内容涉及的背景领域非常广泛. 每一章又分为几个独立的节，每节都专注于某个特定概念或应用. 在大多数情况下，教师可以按照任意顺序来讲授每一章节，也可以跳过某些对你的课程来说相对简单的章节. 下面列出了每一章的主要内容：

概述　每章都以概述开始，包括一个介绍性段落和一道选择题，旨在说明章节内容与本书的三大主题 (大学、未来的职业生涯和日常生活) 之间的关系. 概述还包括每节的主要内容，旨在介绍这一章的组成部分，帮助教师确定在课堂上需讲授哪些单元.

实践活动　接下来，每一章都安排了一个实践活动，旨在激发学生对本章所涵盖的主题做一些有趣的讨论. 讨论可以让学生单独进行，也可以小组的形式进行.

带编号的节　每一章都由几个带编号的节组成 (例如，1.1 节，1.2 节，……). 每节都以简短的介绍开始，并包括以下主要内容:

- **包含主题关键字的标题**　为了与模块化结构保持一致，把节中的每个子主题清晰地标识出来，以便学生理解他们将要学习的内容.
- **摘要框**　为便于读者参考，把关键的定义和概念在摘要框中突出显示出来.
- **例子和案例研究**　带编号的例子旨在帮助理解，并为练习中出现的问题类型提供指导. 每个例子都附有一个“做习题……”的建议，将例子与相关习题联系起来. 一些案例研究要比带编号的例子更复杂一些.
- **习题**　每节都包含一组练习，有以下几种类型：
  - **测验**　包含十个问题的测验被置于每节的末尾，可以帮助学生在开始练习之前检验自已是否理解该节中的主要概念. 注意，测验不仅要求学生选出选择题中的正确答案，还要求他们写一个简短的解释来说明选择的原因.
  - **复习**　这些问题主要是为学生自学而设计的，要求学生总结本节涉及的重要思想，一般只要进行了复习，就能回答.
  - **是否有意义？**　这些问题要求学生判断一个简短的陈述是否正确，并解释原因. 一旦学生理解了特定的概念，通常做这些练习就很容易，反之就很难；因此，用它们可以很好地检验学生是否理解了这些概念.
  - **基本方法和概念**　这些问题是为本节所讲的概念设置的练习. 它们可以用来布置家庭作业或让学生自学. 这些问题在每节中以“做习题……”的形式出现.
  - **进一步应用**　这些练习介绍了一些其他应用，扩展了本节所涵盖的思想和方法.
  - **实际问题探讨**　这些问题旨在激发学生做进一步的研究或讨论，帮助他们将本节内容与学习、工作和生活这些主题联系起来.
  - **实用技巧练习**　这些练习出现在那些包含一个或多个使用方法的章节，它们主要是为了让学生练习章节中所介绍的计算器或软件. 其中有些练习是用 StatCrunch 软件来完成的. 该软件是基于 Web 的统计软件，功能强大，用户可以用来收集数据、分析数据，并得到令人信服的结果. 我们首次把 StatCrunch 软件的应用纳入新版本中.

总结　在每一章的结尾，都以总结的形式对整章的内容做了简要概述，学生可以用来作为学习指南.

其他教学特色　除了以上列出的所有章节的共同特征外，文中还有其他一些教学特色：

- **思考**　这部分提出一些简短的概念性问题，旨在帮助学生思考刚刚学过的一些重要概念. 它们可以用于课堂讨论，有时能够激发学生进行更加深入的探讨.
- **简要回顾**　这部分主要出现在介绍一些重要的数学方法（包括分数、幂和根、基本代数运算，等等）的内容中；“回顾”一词表明大多数学生以前都学过这些方法，但许多人还是需要复习和练习. 习题中有相关的练习题目，在简要回顾部分的末尾也会用“做习题……”来提示.
- **在你的世界里**　这部分主要讨论学生身边可能会遇到的问题，包括新闻、消费者决策和政治话题. 这些例子包括如何理解珠宝买卖、如何明智地投资以及如何评估选举前民意调查的可靠性.（注意：这些内容不一定与习题中“实际问题探讨”部分直接相关，但都与学生直接相关.）
- **使用技巧**　这部分为学生提供了使用各种计算技术的清晰说明，包括科学计算器、Microsoft Excel 和谷歌内置的在线软件.
- **注意！**　这是第 7 版的新内容，在例子或文本中增加了这些简短的注释，把学生要小心避免的常见错误突出显示出来.

- **数学视角** 这一部分出现的频率比其他部分要低，它建立在书中叙述的主要数学思想的基础上，但在某种程度上超出了书中其他内容的水平. 涵盖的例子有勾股定理的证明、芝诺悖论，以及用于储蓄计划和抵押贷款的金融公式的推导.
- **脚注** 脚注包含几种类型的简短注释：“顺便说说”，是与当前主题相关的有趣注释和旁白；“历史小知识”，介绍与当前主题相关的历史知识；“说明”，介绍与当前主题相关的数学知识，但一般不会影响学生对素材的理解.

数学背景要求

由于本书采取模块化结构并且包含简要回顾部分，所以有简单数学基础的学生都可以使用本书. 许多章节只要求具备算术知识和用新方法思考定量问题. 只有少数章节要求具备代数或几何学知识，不过在用到这些知识的地方我们都有复习. 因此，只要学完两年或两年以上高中数学的学生都能看懂本书. 然而，本书并不是高中知识的补充：尽管本书的大部分内容依赖于中学所学的数学方法，但是这些方法的应用在高中是没有教过的，它们主要是培养学生的批判性思维能力.

关于“发展数学”的说明 经常有人问，数学成绩不好的学生是否适合学习本书。多数情况下，我们认为是适合的。经验表明，很多数学成绩不好的学生，其实力并不像成绩反映出来的那样差。本书中包含很多基础内容，很多学生都曾了解并掌握过，通过学习书中“简要回顾”部分，他们很快就能重新掌握。事实上，我们相信用本书来学习量化推理课程更能提高学生的数学水平.

第 7 版的变化

我们很高兴看到许多读者对本书旧版的积极反馈. 但是，由于本书主要建立在事实和数据的基础上，所以为了保持与时俱进，就需要进行大量更新，同时为了讲述得更清楚，我们也一直在修改. 用过以前版本的读者会发现新版对本书的许多章节都做了改写或实质性的修改. 由于变化太多而不能一一列出，下面列出一些比较重要的变化.

第一章 为了更好地帮助学生学会如何评估媒体信息并识别“假新闻”，我们对 1.1 节和 1.5 节做了较大的改动.

第二章 为了在 2.1 节中更好地介绍解决问题的策略，我们重新编写了整章内容. 同时，我们把旧版中提出的四步策略改为更简单的三步策略，称为“理解-求解-解释”. 我们发现这一策略更容易让学生记住，因此更容易付诸实践.

第三章和第四章 这两章的几节都是讨论经济数据，如人口统计数据、消费者价格指数、利率、税收和联邦预算. 鉴于自上一版至今（2019 年）四年来美国经济发生的变化，这些数据显然需要更新. 同时，我们在 4.1 节的个人财务讨论中加入了有关健康保险的概念.

第五章和第六章 这些章节侧重于统计数据，我们利用当前最新的数据更新或替换了章节的大部分内容.

第七章 为了表述更清晰并且更新数据，我们大幅修订了 7.4 节中的风险管理部分.

第八章和第九章　8.2 节、8.3 节和 9.3 节在很大程度上都依赖于人口数据，我们利用最新的全球人口数据对这几节的主要内容都进行了修改.

第十二章　12.1 节中讨论选举策略部分增加了与 2016 年美国总统选举有关的例子. 此外，本章还增加了很多数学和政治交叉领域中有趣的新例子和习题.

在你的世界里　我们增加了 7 个“在你的世界里”部分，所以现在每一章都至少有一个，这部分内容更清晰地介绍了大学、未来的职业生涯和日常生活中用到的数学.

注意！　新版本增加了这些强调常见错误的简短注释.

习题　我们对习题部分做了很多修改，超过 30% 的习题是修改过的或新增的.

StatCrunch　StatCrunch 部分已经被新整合到相关习题中.

杰弗里 · 班尼特
威廉 · 布里格斯

序言：现代世界的文化素养

你可能和大多数选过这门课程、学习过本书的学生一样，对于数学没什么兴趣. 但是在本书中你将会看到，现在几乎每一个职业都需要用到并且理解一些数学知识. 同时，作为现代科技社会中的公民，量化推理能力对我们来说至关重要. 在序言中，我们会讨论为什么数学这么重要，为什么你可能比你想象的学得更好，以及这门课程如何为你的其他大学课程、未来的职业生涯和日常生活提供所需的量化思维方法.

问题：想象一下，在一个聚会上，你正和一位资深的律师聊天. 在你们的谈话中，你最有可能听到她说以下哪句话？

A."我真的不知道如何去很好地阅读."
B."我写的句子总是有语法错误."
C."我不擅长和人打交道."
D."我缺乏逻辑思维能力."
E."我数学很差."

解答：我们都知道答案是 E，因为我们已经听过很多次了. 不仅仅是律师在说，还有商人、演员、运动员、建筑工人和销售员，有时甚至是教师和首席执行官. 如果这些人选择 A 到 D，人们往往难以接受，但是很多人认为, 可以接受他们说"数学不好". 然而，这种可接受性带来了一些非常消极的社会后果.(请参阅"误解七"部分的讨论.)

实践活动

本书的每一章都以一项实践活动开始，你可以单独或分组进行. 在序言中，我们首先通过下面的实践活动来帮助了解数学在职业生涯中的作用.

每个人都希望找到一条能带来终身工作满足感的职业道路，但是哪种职业最有可能做到这一点呢？最近有一项调查，根据五项标准——薪水、长期就业前景、工作环境、身体要求和压力，评估了 200 种不同的职业. 右侧的表格列出了本次调查得到的排名前 20 的职业. 注意，排名前 20 的职业中大多数都需要掌握数学技能，而且所有这些工作都需要具备量化推理能力.

你和你的同学可以做一个小型的工作满意度调查研究. 你们可以有很多方法来做调查，我们建议按照下面的步骤来试一试：

① 每个人都应该至少找到三个有全职工作的人并和他们做一次简短的面谈. 你可以选择父母、朋友、熟人或是其工作让你感兴趣的人.

② 确认每个受访者的职业（类似于右侧表格中列出的）. 根据以下五个标准——薪水、长期就业前景、工作环境、身体要求和压力，要求每个受访者对每一个标准用 1 （最差）到 5 （最好）的等级来评定他或她的职业. 然后，你可以对五个标准设定权重，从而得到每个职业的“工作满意度”评级.

③ 把调查结果汇总起来，可以对调查的所有职业进行排序. 最终按工作满意度的值从高到低将所有职业列在一个表格中.

④ 对结果进行讨论. 它们是否与表中显示的调查结果一致？有哪些地方让你感到惊讶吗？它们会对你自己的职业规划产生影响吗？

满意度排名前 20 的职业

1. 数学家
2. 精算师（与保险统计有关）
3. 统计学家
4. 生物学家
5. 软件工程师
6. 计算机系统分析员
7. 历史学家
8. 社会学家
9. 工业设计师
10. 会计师
11. 经济学家
12. 哲学家
13. 物理学家
14. 假释官
15. 气象学家
16. 医学实验室技术员
17. 律师助理
18. 计算机程序员
19. 动态影像编辑员
20. 天文学家

资料来源：JobsRated.com.

什么是量化推理？

语言能力是读写的能力，它可以分为不同程度. 有些人只认识几个字，只能写出自己的名字; 有些人能够用多种语言阅读和书写. 教育的一个主要目标是使公民的文化水平达到能够对我们当下的重点问题进行读、写和推理的水平.

今天，对量化信息——涉及数学思想或数字的信息——进行解释和推理的能力是文化素养的至关重要的部分. 这些能力通常被称为量化推理或量化文化，对于我们理解每天出现在新闻中的时事非常重要. 本书的目的是为你提供量化推理方法，帮助你解决将会在以下几方面遇到的问题：

- 大学课程
- 未来职业生涯
- 日常生活

量化推理与文化

量化推理丰富了古代和现代文化. 据历史记载，几乎所有文化都将大量精力投入数学和科学（或现代科学之前的观察性研究）中. 如果不了解艺术、建筑和科学中如何使用定量概念，就无法完全理解中美洲玛雅人、非洲津巴布韦大城市的建设者、古埃及人和古希腊人、早期波利尼西亚水手等的惊人成就.

数学是一门不分种族、没有国界的学科，数学王国本身就是一个国家.

——戴维・希尔伯特 (David Hilbert, 1862—1943)，德国数学家

同样，量化概念可以帮助你理解和欣赏伟大艺术家的作品. 数学概念在文艺复兴时期的艺术家 (如达・芬奇和米开朗基罗) 的作品以及《生活大爆炸》(*The Big Bang Theory*) 等电视剧的流行文化中发挥了重要作用.

数学和艺术之间的联系还体现在现代和古典音乐以及音乐的数字化产业中. 实际上，很难找到完全不依赖于数学的流行艺术、电影或文学作品.

工作与量化推理

对于工作来说，量化推理非常重要. 缺乏量化推理技能就无法从事许多最具挑战性和收入最高的工作. 表 P.1 定义了语言和数学的技能水平，范围为 1 到 6，表 P.2 给出了许多工作所需的相应水平.

注意，需要高技能水平的工作通常是最负盛名和薪水最高的. 人们通常认为，如果你擅长语言，就不必擅长数学，或者反过来. 需要注意的是，表中显示的结果表明，大多数工作所需的语言和数学方面的技能水平都很高，这和人们通常的认知相反.

表 P.1　技能水平

等级	语言能力	数学能力
1	读懂标牌和基本新闻报道; 写和说简单句子.	会加法和减法；用钱、体积、长度和重量进行简单的计算.
2	能阅读短篇小说和说明书; 用正确的语法和标点符号写复合句.	算术；会计算比率、速率和百分比. 会绘制并解释条形图.
3	能阅读小说和杂志，以及安全规则和设备说明. 能以适当的格式和标点符号写报告.	基本几何和代数. 计算折扣、利息和损益.
4	阅读小说、诗歌和报纸. 撰写商业信函、摘要和报告. 参加小组讨论和辩论.	具备量化推理能力：掌握逻辑、解决问题的方法、统计和概率的思想，并能构建数学模型.
5	阅读文献、书籍、游戏评论、科技期刊、财务报告和法律文件. 可以撰写社论、演讲和批判性文章.	微积分和统计.
6	与 5 级相同的技能，但要求更高.	高等微积分，近世代数和高级统计学.

资料来源：改编自《华尔街日报》中描述的等级水平.

表 P.2　所需技能水平

职业	语言等级	数学等级	职业	语言等级	数学等级
生物化学家	6	6	网页设计师	5	4
计算机工程师	6	6	企业高管	5	5
数学家	6	6	电脑销售代理	4	4
心脏病专家	6	5	运动员经纪人	4	4
社会心理学家	6	5	管理培训人员	4	4
律师	6	4	保险销售代理	4	4
税务律师	6	4	零售店经理	4	4
报纸编辑	6	4	泥瓦匠	3	3
会计	5	5	家禽饲养员	3	3
人事部主管	5	4	瓷砖安装工	3	3
公司总裁	5	5	旅游代理商	3	3
气象预报员	5	5	门卫	3	2
中学教师	5	5	快餐厨师	3	2
小学教师	5	4	流水线工人	2	2
财务分析师	5	5	收费员	2	2
记者	5	4	洗衣工	1	1

资料来源：数据来自《华尔街日报》.

对数学的误解

你认为自己有“数学恐惧症”(害怕数学）或“厌恶数学”(不喜欢数学)？我们希望不是——但如果你是，你也并不孤单. 许多成年人都很害怕或讨厌数学，更糟糕的是，有些课程把数学看作是一门模糊深奥而且枯燥的学科，这更强化了人们对数学的这种态度.

事实上，数学远没有在学校里学的那么枯燥. 实际上，人们对数学的态度往往不是来自数学本身，而是来自对数学的一些常见误解. 接下来，我们来分析一下其中的一些误解以及它们背后的实际情况.

误解一：学好数学需要一个特殊的大脑

最普遍的一个错误观念是，因为学习数学需要特殊或罕见的能力，所以有些人学不好数学. 现实是，几乎每个人都可以学好数学. 所需要的只是自信和努力——这与学习阅读，掌握一种乐器或一个运动项目是一样的. 事实上，数学是少数精英所具备的特殊才能，这一想法只存在于美国. 在其他国家，特别是在欧洲和亚洲，人们要求所有学生都要学好数学.

当然，不同的人学习数学的方式和快慢程度是不同的. 例如，有些人通过专注于某些具体问题来学习，有些人通过视觉思维来学习，有些人则通过抽象思维来学习. 无论你喜欢什么样的思维方式，都可以学好数学.

我们都是数学家……(你的) 特长在于驾驭复杂的社交网络，权衡情感与历史，计算反应，以及管理一个信息系统，这些信息一旦罗列出来，会让电脑都大吃一惊.

——A.K. 杜德尼 (A.K.Dewdney)，《一无所有》(*260% of Nothing*)

误解二：现代问题中的数学太复杂了

有些人认为，许多当今社会问题背后涉及的数学概念太高深太复杂，一般人理解不了. 确实，只有少数人受过训练，学会应用或者研究高等数学的内容. 但是，大多数人都能够充分理解重大社会问题背后的数学基础知识，并且提出明智合理的意见.

其他领域的情况也是类似的. 例如，要成为一名出色的专业作家需要多年的学习和实践，但要读懂一本书，大多数人都能做到. 要成为一名律师需要努力工作并且获得法学学位，但要理解法律条文及其作用，大多数人都能做到. 虽然很少有人拥有莫扎特的音乐天赋，但任何人都可以学会欣赏他的音乐. 数学也不例外. 如果你在学校里学好数学，你就可以理解并掌握足够多的数学知识，成为有良好素养的公民.

解题技巧之于数学，就像音阶之于音乐或者拼写之于写作. 学习拼写是为了写作，学习音阶是为了演奏音乐，学习解题技巧是为了解决问题———不仅仅是为了掌握技巧.

——来自美国国家研究委员会的报告《人人有份》(Everybody Counts)

误解三：数学使你不那么敏感

有些人认为，学习数学会使他们在生活中的浪漫和审美方面不那么敏感. 事实上，数学能帮助我们理解日落的颜色或艺术作品中的几何美，这样只会增强我们的审美能力. 此外，许多人在数学中发现了美丽和优雅. 许多在数学方面受过训练的人在艺术、音乐和许多其他领域做出了重要贡献，这绝非偶然.

数学家必然是灵魂诗人.

——索菲娅 · 科瓦列夫斯卡娅 (Sophia Kovalevskaya)(1850—1891)，俄罗斯数学家

误解四：数学不允许创新

许多数学教科书中对问题的“推导”可能会给人一种印象：数学不能有创新. 虽然很多数学公式、定理、方法都很简洁明了，但使用这些数学工具需要创造力. 例如，我们考虑设计和建造房屋. 要建好房子需要具备打地基和搭建框架结构、安装管道和布线以及刷墙这些技能. 但整个过程 (包括建筑设计、应对施工期间的现场问题以及根据预算和建筑规范考虑限制因素等）都需要创造力. 你在学校学到的数学技能就像木工或管道工技能. 应用数学就像建造房屋的创造性过程.

告之，则恐遗忘. 师之，铭记于心. 引之, 学以致用.

——孔子 (公元前 551—前 479 年)

误解五：数学必须给出精确的答案

在学校的课堂上，使用数学公式进行推导将得到一个固定的结果，并且还要给这个结果做一个判定：对或错. 但是当你在现实生活中使用数学时，答案永远不会那么明确. 例如：

银行提供 3% 的利息，并在一年结束时支付（即一年后银行向你支付你账户余额的 3%）. 如果你今天存入 1 000 美元并且不再存款或取款，一年后你的账户中会有多少钱?

如果直接进行数学计算似乎很简单：1 000 美元的 3% 是 30 美元；所以你应该在一年结束时有 1 030 美元. 但是你的余额将如何受到服务费或所得利息税的影响？如果银行倒闭怎么办？如果银行所在国家在年内货币崩溃了，该怎么办？如何选择一家可以投资的银行是一个真正的数学问题，可能没有一个简单或明确的答案.

对数学最严重的误解可能是，数学本质上是一个计算问题. 相信这一言论相当于认为撰写论文与键入论文一样.

——约翰 · 艾伦 · 保罗 (John Allen Paulos), 数学家

误解六：数学与我的生活无关

无论你的大学、工作和生活是什么样的，你都会发现数学渗透进了其中的方方面面. 本书的主要目标是向你展示数百个数学应用于每个人生活中的例子. 我们希望你会从中发现数学不仅和生活相关，而且是有趣且使人快乐的.

忽视数学会对所有知识都有损害……

——罗杰 · 培根 (Roger Bacon)(1214—1294), 英国哲学家

误解七：“数学学得不好”是可以接受的

为了说清楚最后的这一误解，我们回到本序言开头的选择题. 你可能不仅听到许多聪明的人说“我数学学得不好”，而且有的人说的时候甚至带着点骄傲，没有任何尴尬. 然而，这种说法是错误的. 例如，一个成功的律师肯定在学校把包括数学在内的所有科目都学得很好，因此他这样说更有可能是表达一种态度，而不是事实.

你必须要做出在这个世界上你希望看到的改变.

——甘地 (Mahatma Gandhi) (1869-–1948)

糟糕的是，这种态度会给社会带来很大的危害. 数学是现代社会的基础，从我们所有人必须做出的日常财务决策到我们理解和处理经济、政治和科学的全球问题的方式都需要数学. 如果我们以消极的态度来对待数

学，我们就更不可能理智地去学习它. 而且，这种态度很容易传播给他人. 毕竟，如果一个孩子听到一个受人尊敬的成年人说他或她“数学学得不好”，那么这个孩子可能也会受影响.

因此，在开始学习之前，请考虑一下自己对数学的态度. 任何人都没有理由说“数学应该会学得不好”，而是我们有很多理由来提高数学思维能力. 凭借良好的态度和努力，在课程结束时，你不仅会数学学得更好，而且会让那些“数学学得不好”的人在社会上无法立足，从而帮助后人.

在你的世界里　学习数学的人

通过学习数学培养的批判性思维在许多工作中都很有用. 下面列出了一小部分学习数学但是以其他领域工作而著称的代表人物.(许多名字来自罗格斯大学的史蒂文・布斯基 (Steven G.Buyske) 编制的一份“著名的非数学学家”名单.)

拉尔夫・阿伯纳西 (Ralph Abernathy)，民权领袖，数学学士，亚拉巴马州立大学

塔米・鲍德温 (Tammy Baldwin), 美国参议员 (威斯康星州)，史密斯学院数学学士

谢尔盖・布林 (Sergey Brin), 谷歌联合创始人，马里兰大学数学学士

马伊姆・拜力克 (Mayim Bialik),《生活大爆炸》中的女演员, 在攻读神经科学博士学位时学习数学

哈里・布莱克门 (Harry Blackmun), 美国前最高法院法官，哈佛大学数学优等生

詹姆斯・卡梅隆 (James Cameron), 电影导演, 在大学毕业前学习物理, 从事海洋和空间研究

刘易斯・卡罗尔 (Lewis Carroll) (查尔斯・道奇森 (Charles Dodgson))，数学家，《爱丽丝梦游仙境》的作者

菲丽西亚・戴 (Felicia Day), 女演员，得克萨斯大学数学学士

戴维・丁金斯 (David Dinkins)，前纽约市长，霍华德大学数学学士

阿尔韦托・藤森谦也 (Alberto Fujimori)，秘鲁前总统，威斯康星大学数学硕士

阿特・加芬克尔 (Art Garfunkel)，音乐家，哥伦比亚大学数学硕士)

雷德・哈斯汀斯 (Reed Hastings) , 网飞 (Netflix) 创始人兼首席执行官，鲍登学院数学学士

格蕾丝・赫柏 (Grace Hopper)，计算机先驱，美国海军第一位女海军少将，耶鲁大学数学博士

梅・杰米森 (Mae Jemison)，第一位飞上太空的非洲裔美国女性，在斯坦福大学攻读化学工程学士学位时学习了数学

约翰・梅纳德・凯恩斯 (John Maynard Keynes)，经济学家，剑桥大学数学硕士

海迪・拉马尔 (Hedy Lamarr), 女演员, 发明了一种叫做“跳频”的数学技术，并获得了专利

李显龙 (Lee Hsien Loong), 新加坡总理，剑桥大学数学学士

布莱恩・梅 (Brian May), 皇后乐队的首席吉他手, 于 2007 年在帝国理工学院获得了天体物理学博士学位

丹妮卡・麦凯拉 (Danica McKellar), 女演员，加州大学洛杉矶分校 (UCLA) 数学学士，同时也是 Chayes-McKellar-Winn 定理的共同发现者

安格拉・默克尔 (Angela Merkel), 德国总理, 在莱比锡大学攻读物理学博士学位时学习了数学

哈维・米尔克 (Harvey Milk), 政治家和同性恋权利活动家，1986 年在纽约州立大学获数学学士学位

埃德温・摩西 (Edwin Moses), 三次获得 400 米栏奥运冠军，在莫尔豪斯学院攻读物理学学士学位时学习了数学

弗洛伦斯・南丁格尔 (Florence Nightingale), 护理先驱, 研究数学并将其应用于工作中

娜塔莉·波特曼 (Natalie Portman), 奥斯卡影后，英特尔科学人才搜索半决赛选手，两篇已发表科学论文的合著者

萨莉·赖德 (Sally Ride), 第一位进入太空的美国女性，她在斯坦福大学攻读物理学博士学位期间学习了数学

戴维·罗宾逊 (David Robinson), 篮球明星，美国海军学院数学学士

亚历山大·索尔仁尼琴 (Alexander Solzhenitsyn), 诺贝尔奖得主，俄罗斯作家，罗斯托夫大学数学和物理学专业毕业

布莱姆·斯托克 (Bram Stoker), 《德古拉》(*Dracula*) 的作者，都柏林圣三一大学数学学士

劳伦斯·泰伯 (Laurence Tribe), 哈佛大学数学优等生，哈佛大学法学教授

约翰·乌尔舍尔 (John Urschel), 美国国家橄榄球联盟进攻线队员 (巴尔的摩乌鸦)，26 岁退役，在麻省理工学院攻读数学博士学位

弗吉尼亚·韦德 (Virginia Wade), 温布尔登冠军，萨塞克斯大学数学学士

什么是数学?

在前面讨论大家对于数学的一些错误观点时，我们明确了数学不是什么. 现在我们来看看数学是什么. 数学这个词源自希腊语 mathematikos，意思是“通过学习获得的知识”. 从字面上讲，数学就是要有好奇心，开发思维，并且总是对学习感兴趣！现在，我们以三种不同的方式来看待数学：其分支的总和、模拟世界的一种方式以及一门语言.

数学作为其分支的总和

随着你在学校学习的深入，你可能学会了将数学的一些分支联系起来. 众所周知的数学分支是：

- 逻辑——推理原理的研究;
- 算术——对数字进行运算的方法;
- 代数——使用未知量的代数方法;
- 几何——大小和形状的研究;
- 三角学——三角形及其用途的研究;
- 概率——机会的研究;
- 统计——分析数据的方法;
- 微积分——对变量的研究.

人们可以将数学视为其分支的总和，但在本书中我们主要是利用数学的不同分支来介绍定量思维和批判性推理.

数学作为模拟世界的一种方式

我们也可以把数学看作是创建模型或表示实际问题的工具. 建模并非数学所独有. 例如，道路地图是表示某个地区道路的模型.

数学模型 (mathematical models) 可以像单个方程一样简单，例如预测银行账户中的资金将如何增长；也可以很复杂，例如用于表示全球气候的模型包含数千个相互关联的方程和参数. 通过研究模型，我们可以深入了解一些难题. 例如，全球气候模型可以帮助我们了解天气系统，并研究人类活动如何影响气候. 当一个模型预测出现失误时，也给我们指出了需要进一步研究的领域. 如今，几乎每个研究领域都会用到数学建模. 图 P.1 显示了一部分使用数学建模的学科.

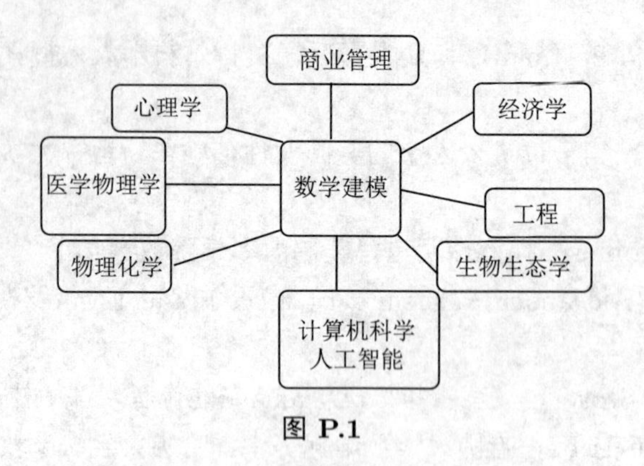

图 P.1

数学是一门语言

第三种看待数学的方式是，数学是一种具有自己的词汇和语法的语言. 实际上，数学通常被称为“自然语言”，因为它对自然界的建模非常有用. 与任何语言一样，数学可能存在掌握的熟练程度有所不同的问题. 从这个角度来看，量化思维是能在当今世界取得成功所需的熟练程度.

将数学作为一种语言，也有助于我们思考如何学习数学. 表 P.3 将学习数学与学习一种语言和学习一项艺术进行了比较.

表 P.3　学习数学与学习一种语言、一项艺术作类比

学习一种语言	学习艺术的语言	学习数学的语言
学习许多口语和写作风格，如散文、诗歌和戏剧	学习许多艺术风格，如古典、文艺复兴、印象派和现代派	学习许多数学分支的技巧，如算术、代数和几何
了解文学背后的历史和社会背景	了解艺术背后的历史和社会背景	了解数学背后的两史、目的和应用的背景
学习语言的元素——如单词、词性（名词，动词等）、语法规则——并练习它们的正确用法	学习视觉形式的元素——例如线条、形状、颜色和纹理——并在自己的艺术作品中练习使用它们	学习数学元素——例如数字、变量和运算——并练习使用它们来解决简单的问题
批判性地分析语言，如小说、短篇小说、散文、诗歌、演讲和辩论	批判性地分析艺术作品，包括绘画、雕塑、建筑和摄影	批判性地分析数学模型、统计研究、经济预测、投资策略等中的定量信息
创造性地使用语言来达到自己的目的，例如撰写学期论文或故事或者参与辩论	创造性地运用你的艺术感，例如设计房屋、拍摄照片或制作雕塑	创造性地运用数学来解决你遇到的问题，并帮助你理解现代世界中的问题

如何学好数学

如果你正在读这本书，那么你可能注册了数学课程. 学好这门课程的关键是，要以开放和乐观的心态去学习，密切关注数学在你生活中的应用和享受数学带来的乐趣，并且高效地去学习. 下面给出了一些学习时的建议.

成功的关键：学习时间

学好任何一门大学课程的唯一的关键是，花足够的时间学习. 一般来讲，你应该计划每周在课外为每个学分学习 2~3 小时. 例如，一个修 15 个学分的学生每周应该花 30~45 小时在课外学习. 加上上课时间，每周

总共有 45~60 小时——这不比一份工作所需要的时间多多少，而且你可以自己分配时间. 当然，如果你在上学期间正在工作或照顾家庭，就需要仔细规划好你的时间.

下表给出了在数学课程中分配学习时间的一些简单指导:

所选课程的学分	阅读指定课程的时间 (每周)	完成作业的时间 (每周)	复习和准备考试的时间 (平均到每周)	学习时间总和
3 学分	1~2 小时	3~5 小时	2 小时	6~9 小时
4 学分	2~3 小时	3~6 小时	3 小时	8~12 小时
5 学分	2~4 小时	4~7 小时	4 小时	10~15 小时

如果你现在花的时间比上面表格中的少，那么建议你多花时间学习来提高成绩. 如果你花的时间比表格中的多，那么你可能是学习效率低；在这种情况下，你应该向老师请教如何更高效地学习.

使用本书

教科书的这些章节主要是为了帮助你更有效地学习. 为了充分利用每一章，希望你可以考虑以下学习计划.

- 在做练习之前，请阅读指定的教材内容两遍：
  - 第一遍，通读全文，对内容和概念有一个整体的“感觉”.
  - 第二遍，仔细地阅读，同时在空白处做笔记，这将有助于以后完成课后作业和考试. 一定要用手写的方式做笔记 (如果你有电子文本，也可以打字)，不要用记号笔 (或者高亮工具)，这样太容易了，反而会被忽视.
- 接下来，再返回文中，自己做例题. 也就是说，不要只是看看，而是要试着自己去做，不会做时再去看答案.
- 做本章最后的习题. 首先要确保你能解答测验和复习题. 然后做所有指定的习题，有精力的话你可以做的更多；你可以在课本的最后查看奇数习题的答案.

学习的一般策略

- 有效地安排你的时间. 每天学习一两个小时，比作业提交前或考试前通宵学习更有效，痛苦也小得多. 注: 研究表明，为你的学习时间 (或任何其他个人承诺) 建立一份“个人合同”可能会有所帮助，在这份合同中，你可以指定完成合同时给予自己的奖励以及没有完成时受到的惩罚.
- 多动脑. 学习是一个主动的过程，不是被动的. 无论你是在阅读、听课还是写作业，都要确保你的大脑在积极参与. 当你发现自己走神了或睡着了时，可以有意识地努力让自己清醒一下，或者在必要的时候休息一下.
- 别缺课，课前做好充分准备. 听讲座，参加班级活动和讨论，这比课后看别人的笔记或者看一段视频的效果要好得多. 积极参与将有助于你记住所学的知识. 此外，一定要在讨论之前完成所有指定的阅读. 这是至关重要的，因为课堂上的讲解和讨论都是为了强化阅读中的关键思想.
- 早点开始写作业. 你给自己留的时间越多，在写作业遇到困难时，就越有时间寻求帮助. 如果有一个概念你不太理解，那么首先多去阅读或学习. 如果你还有困难，就可以寻求帮助: 你肯定可以找到朋友、同龄人或老师来帮助你学习.
- 和朋友一起学习可以帮助你理解难懂的概念. 然而，一定要注意，和你的朋友一起学习时，不要依赖他们.

- 不要试图一心多用. 研究表明，人类根本不擅长同时处理多个任务: 当我们尝试处理多个任务时，可能我们在所有的单个任务上都做得更差. 不要认为自己是一个例外，研究还表明，那些认为自己擅长处理多任务的人往往是做得最差的！所以该学习的时候，要关掉电子设备，找个安静的地方来专心学习.(如果你必须使用电子设备学习，如电子邮件或在线作业，请关闭电子邮件、文本和其他提醒，以免干扰你的注意力.)

考前准备

- 重做课外练习以及习题. 为了更好地理解所学的概念，你可以找一些其他的练习来做. 同时，再重新做一遍本学期以前的作业、测验和考试题.
- 学习课堂笔记，重读课本中的相关章节. 注意老师强调的考试内容.
- 在与朋友组队一起学习之前，自己一定要先单独学习. 只有每个人都学了，都能为小组出谋划策，这个学习小组才能发挥作用.
- 考试前不要熬夜. 在考试前的一小时内不要吃大餐（当血液进入消化系统时，会很难集中精力思考问题）.
- 在考试前和考试期间尽量放松. 如果你平时准备充分，就能考好. 保持放松会使你考试时思路更清晰.

完成布置的作业和任务

你上交的所有作业都应该整洁易读、结构合理、紧扣主题. 老师和未来的老板都会喜欢这种高质量的作业. 此外，虽然提交这种高质量的作业需要付出“额外”的努力，但这对你的学习非常有用：

1. 为了清楚地解释所做的工作，作业中所写的内容能帮助你加深对知识的理解. 写作触发的大脑区域不同于阅读、听力或口语. 因此，即使你认为已经理解了一个概念，你写下来也会加强对它的学习.
2. 把作业写清楚且单独做成一个文档（即要把作业写成你可以阅读而无须参考其他内容的文档），这样当你准备测验或考试时，它就可以作为一个有用的参考资料.

以下建议有助于确保你的作业符合大学标准：

- 使用正确的语法、拼写、句子和段落结构. 不要使用缩写或速记.
- 作业中的所有答案和内容都应完全自成一体. 一个好的检验方法是想象朋友正在读你的作业，那么他是否能准确理解你想表达的意思. 把作业大声地读出来，确保听起来清晰且连贯.
- 在需要计算的问题中：
  - 务必清楚地展示你的过程. 这样，你和你的老师都可以按照你写的过程去检查. 另外，请使用标准数学符号，而不要用“计算机使用的符号”. 例如，乘法要使用符号“×”（不要用星号），10^5 不能写为 10^5 或 10E5.
  - 用文字来描述的问题应该也用文字来描述答案. 也就是说，在你完成必要的计算之后，任何用文字描述的问题都应该给出一句或几句完整的句子来描述问题和答案的含义.
  - 给出的答案形式要能让大多数人更容易理解. 例如，如果你的结果是 720 小时，那么大多数人会觉得，如果你写成 1 个月，意义会更明确. 同样，如果精确计算得出 9 745 600 年，那么你给出的答案是“将近 1 千万年”，可能更容易理解.
- 如果有必要，可以附上图片来解释你的答案，但要确保图片简洁明了. 例如，如果你手动绘制图形，请使用标尺画直线. 如果你使用软件作图，请注意不要使用一些不必要的功能以免混淆答案.
- 如果你和朋友一起学习，你一定要独立完成自己的作业——你要避免任何可能的学术造假.

序言

讨论

1. **当代社会问题中的数学.** 描述下面的问题中使用数学的方式.

   例如：新病毒的流行学研究. 在该问题中，数学用于研究被病毒感染的概率，并确定病毒在哪里产生以及如何传播.

   a. 社会保障制度的长期可行性

   b. 联邦汽油税的标准

   c. 国家卫生保健政策

   d. 对妇女或少数民族的工作歧视

   e. 人口增长 (或下降) 对你所在社区的影响

   f. 标准化测试 (如 SAT) 中可能出现的偏差

   g. 二氧化碳排放造成的风险程度

   h. 美国的移民政策

   i. 公立学校中的暴力行为

   j. 是否应该禁止某些类型的枪支或弹药

   k. 从今天的新闻中选择一个主题

2. **新闻中的数量概念.** 找出今天的新闻中讨论的一个尚未解决的问题. 列出至少三个解决这一问题时所涉及的量化信息.
3. **数学和艺术.** 在你感兴趣的艺术领域选择一个知名的历史人物 (如画家、雕塑家、音乐家或建筑师). 简单描述一下数学是如何在他的工作中发挥作用或影响他的工作的.
4. **文学的量化信息.** 选择一个你最喜欢的文学作品 (诗歌、戏剧、短篇或长篇小说). 举例说明量化推理有助于我领悟到蕴含于作者意图中的深意.
5. **你的专业中的量化信息.** 描述量化推理在你的研究领域中的重要性.(如果你还没有选择专业，就选一个你正在考虑的专业领域.)
6. **职业准备.** 大多数美国人一生中会换几次职业，从表 P.2 中找出至少三种你感兴趣的职业. 现在你是否掌握了这些职业所需的技能？如果没有，你如何获得这些技能？
7. **对数学的态度.** 你对数学的态度是什么？如果你有消极的态度，那么这种态度是什么时候形成的？如果你态度积极，能解释一下为什么吗？你如何鼓励持消极态度的人变得更加积极？
8. **“数学学得不好”是一种社会病.** 讨论为什么人们认为“数学学得不好”在社会上是可以接受的，以及整个社会如何改变这种态度. 如果你是一名教师，为了让你的学生对数学产生积极的态度，你会怎样做？

目　录

第一章　批判性思维

本书旨在提高你的量化推理能力，这对于你学习其他大学课程，以及将来在日益复杂的社会中工作和生活都有很大的帮助. 进行量化推理不仅需要掌握基本的数学技能，还要求具备运用批判性思维和逻辑思维来解决问题的能力。因此，我们在第一章专门讨论逻辑推理，这不仅有助于你批判性地思考量化问题，而且有助于你思考更多其他问题，比如如何区分媒体信息中的事实与虚假新闻.

1.1 节

媒体时代的生活：讨论常见的谬误，或者带有欺骗性的论证，并学会如何避免它们.

1.2 节

命题和真值：学习逻辑的基本概念，包括命题、真值、真值表和逻辑连接词“并且”，“或”，以及“如果……那么”.

1.3 节

集合和维恩图：理解集合的概念，并使用维恩图把集合之间的关系可视化.

1.4 节

分析论证：学会识别和评估基本的演绎和归纳论证.

1.5 节

日常生活中的批判性思维：将逻辑应用于日常生活中的常见场景.

问题：也许你和其他数百万人一样，收到了这样的信息：“8 月 27 日，火星将看起来像满月一样大而明亮. 不要错过它，因为没有人在有生之年还能看到这一现象.” 这一说法：

A. 是正确的，因为近千年中，在这一天火星距离地球比任何时候都近.

B. 是正确的，因为在这一天火星比月球距离地球更近.

C. 在 2012 年是正确的，但在其他年份不是.

D. 错误的.

E. 是部分正确的：火星确实在这一天很明亮，但在每年的 8 月 27 日，都会发生，所以你以后还会看到.

解答：如果你和大多数学生一样，那么你可能会好奇这个问题和数学有什么关系. 答案是“很多”. 首先，逻辑是数学的一个分支，你可以用逻辑来分析关于火星的这一说法. 除此之外，这个问题还涉及多个深层次的数学问题. 例如，“火星看起来会很大……像满月一样”这一关于角度大小的描述，从数学上来讲，涉及了在人们眼中一个物体成像的大小. 另外，要完全读懂这段话，还需要了解月球是如何绕地球运转的，行星是如何围绕太阳运转的，这意味着还要了解轨道的形状 (在数学上称为椭圆)，并且严格地遵循数学的一些定律.

那么答案是什么？这里有一个关键的提示：想想火星是一颗绕太阳旋转的行星，而月球是绕地球旋转的. 鉴于这个事实，我们扪心自问，火星什么时候可能会像满月一样大而明亮. 关于答案和讨论，请参阅例 11.

实践活动　房地产泡沫破灭

通过下面的实践活动，对本章要分析的各种问题有一个直观的认识.

你可能还记得 2007 年一直持续到 2009 年的经济“大衰退”，它导致了大规模的银行救助、失业率大幅上升等许多严重的经济后果. 虽然经济衰退有很多原因，但房价的突然暴跌是其直接的导火索. 房价的暴跌导致许多房主违约，无法支付他们的房屋抵押贷款，这反过来又给银行和其他买房、售房或提供房屋抵押贷款的机构带来了危机. 如果我们想在未来避免发生类似的情况，那么关键问题是，能否在危机发生之前预警，这样个人和政策决策者可以采取措施避免发生这些问题.

图 1.A 显示的是在过去几十年中，平均房价（房价中位数）与平均收入的比值. 例如，3.0 意味着美国平均房价是美国年均家庭收入的三倍; 也就是说，如果家庭每年收入 50 000 美元，买一个一般的房子，那么房子的价格会是 150 000 美元. 注意，这一比值在 2001 年之前一直相当稳定，低于 3.5，但随后迅速上升，造成了事后看来过高的市场房价. 经济学家将这种非持续的高房价称为房地产泡沫.

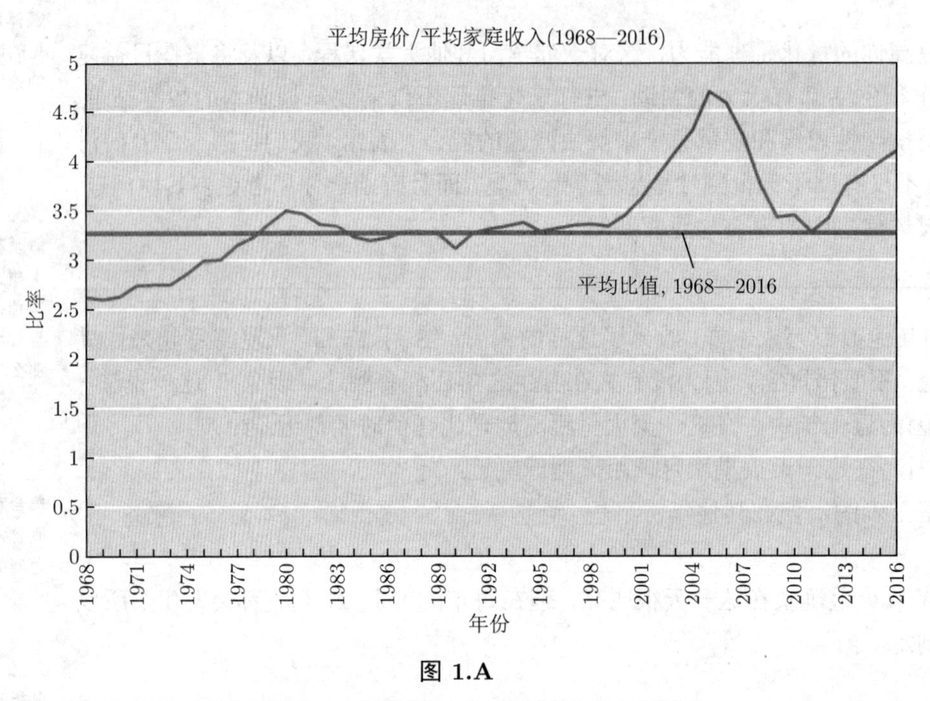

图 1.A

资料来源：数据来自哈佛大学住房研究联合中心提供的 2017 年国家住房状况资料.

房价/收入这一比值的增长是否可以作为一个应该注意的预警信号呢？用你的逻辑思维——本章的主题——来讨论以下问题.

① 考虑一个年收入为 50 000 美元的家庭. 它们曾购买了一幢普通的房子，在 2000 年当房价与收入的比值是 3.5 时，它们需要花多少钱买这幢房子？在 2005 年当房价与收入的比值是 4.7 时，它们需要花多少钱买这幢房子？

② 按百分比计算，比值从 3.5 上升至 4.7，增幅接近 35%. 因为在 2001 年之前的几十年里，这一比值一直低于 3.5，我们可以得出这样的结论：2005 年的平均房价相对于收入高出了 35%. 你能推断出，在房地产泡沫期间，一个家庭的收入用于住房的百分比是如何变化的吗？

③ 通常，一个家庭如果遇到下面的三种情况，会增加其收入中住房所占的比例：（1）收入增加，所以它可以在住房上花费更多; （2）削减其他领域的开支; （3）借更多钱. 在房地产泡沫期间大多数是这三种情况中的哪种？解释原因.

④ 总体来讲，你认为房地产泡沫的破灭是不可避免的吗？解释你的观点.

⑤ 注意，图 1.A 中的房价/收入这一比值在 2013 年又开始急剧上升，但是图中只显示了到 2016 年的数据（本书英文原版出版时的最新数据）. 简要研究自那以后房价是否继续上涨. 根据所显示的数据和你的研究，你认为我们是否处在另一个房地产泡沫中？解释你的观点.

⑥ 当你打算买房的时候，如何利用房价/收入这一比值来确定你要花多少钱？

⑦ 其他研究：这里显示的数据反映了全国的平均水平，但是房价与收入的比值在不同城市和地区的差异很大. 查找一些不同城市或地区的数据并讨论其差异.

1.1 媒体时代的生活

我们生活的时代有时被称为“媒体时代”，因为我们几乎一直都在不断接触某种媒体. 一些媒体信息出现在书籍、报纸、杂志和广告牌上. 大部分媒体信息是通过互联网、平板电脑和智能手机、电视、电影等电子资源获取的. 人们大多数都是依靠这些媒体资源来获取信息，这意味着他们的观点和思想也建立在这些资源的基础上.

然而，媒体中的大部分信息都是不准确或有偏见的，它们不是为了告诉我们真相，而是不论事情是真还是假，它们都试图让我们相信它们所说的. 因此，理解现代媒体信息就需要深入地了解它们会用哪些方式来绑架你的思想. 在 1.1 节中，我们将会介绍一些方法，可以帮助你更好地识别媒体信息. 这些方法也是本书后面重点介绍的批判性思维和量化推理的基础.

逻辑论证的概念

当你看网络上的许多新闻下面的评论时，可能常常会认为那些激烈的辩论看起来很像两个同学在“吵架”.

伊桑：死刑是不道德的.

杰西卡：不，不是.

伊桑：是的！应该弹劾那些制定死刑的法官.

杰西卡：你根本不知道死刑是如何判定的.

伊桑：我知道的比你知道的要多得多！

杰西卡：我不跟你说了. 你是个白痴！

这种类型的争论很常见，但是它们没什么么用. 它们既不能帮助人们理解其他人的想法，也不能改变人们的想法. 幸好我们有更好的方法来辩论. 我们可以使用**逻辑** (logic)，即研究推理的方法和原理. 在逻辑上论证可能还是不能改变任何一个人的立场，但它可以帮助我们理解彼此的想法.

在逻辑上，**论证** (argument) 是指一个合理的推理过程. 特别地，一个论证使用一系列事实或假设 [称为**前提** (premises)] 来支持一个结论. 一些论证为结论提供了强有力的支持，但有一些论证则不能. 一个论证不能为其结论提出令人信服的理由，可能是因为它包含一些错误推理或**谬误**（fallacy，来自拉丁文的“deceit”或“trick”）. 换句话说，一个谬误是试图说服我们接受一个结论，但仔细分析会发现它其实没什么意义.

定义

逻辑是研究推理的方法和原理.

一个**论证**使用一系列称为前提的事实或假设来支持一个结论.

谬误是一个带有欺骗性的论证——它的前提没有很好地支持结论.

常见的谬误

媒体中的谬误非常普遍，几乎不可能避免.① 尽管谬误存在逻辑错误，但它们往往听起来很有说服力，因为有些缪误是公共关系专家花费数十亿美元研究出来的，用来说服我们购买产品，或者投票支持某候选人或某特定政策. 我们从几个最常见的谬误的例子开始研究批判性思维. 每个例子中的谬误都有一个特别的名字，当然记住名字远不如学会识别错误的推理重要，因为这能帮助你批判性地思考你可能在媒体上看到的各种观点.

例 1　诉诸大众

"福特皮卡是世界上最好的皮卡车，与其他轻型卡车相比，驾驶福特皮卡的人更多."

分析　处理所有论证的第一步是确认哪些陈述是前提，哪些陈述是结论. 这个论证想说明"福特皮卡是世界上最好的"，所以这个陈述就是其结论. 它提供的支持这一结论的唯一证据是"与其他轻型卡车相比，驾驶福特皮卡的人更多". 这是论证的唯一前提. 总的来说，这一论证的形式是:

前提：与其他轻型卡车相比，驾驶福特皮卡的人更多.

结论：福特皮卡是世界上最好的皮卡车.

注意，原本在陈述这一论证时，结论放在前提之前. 这种"后置"的语言结构在日常中很常见，只要论证合理，这种结构就是完全合法的. 然而，在这一问题中，推理是错误的."驾驶福特皮卡的人更多"这一事实不一定意味着它们就是最好的.

这个论证属于"诉诸大众（或诉诸多数人)"的谬误，在这里大多数人认为的或者所作的某些行为被不恰当地用来作为证据来说明这样的信念或行为是正确的. 我们可以用一个图来表示这种谬误的一般形式，其中字母 p 表示某特定的陈述（见图 1.1）. 在这里，p 代表陈述"福特皮卡是世界上最好的皮卡车".

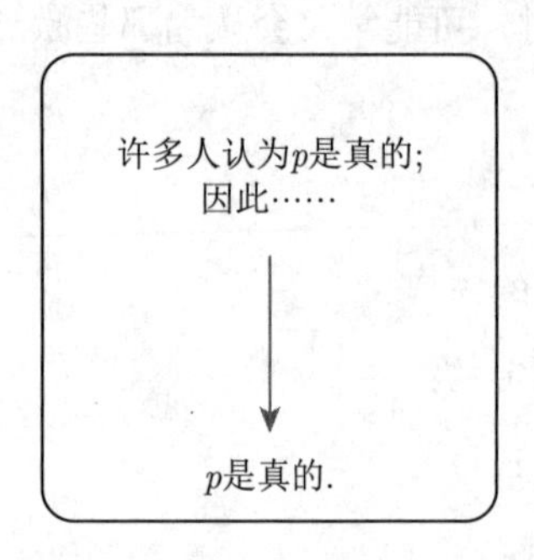

图 1.1　谬误：诉诸大众. 字母 p 和 q （在后面的图中也会用到）都表示某个陈述

▶ 做习题 11.

例 2　虚假原因

"我把这块水晶放在前额上，五分钟后我的头痛好了. 一定是这块水晶治好了我的头痛."

分析　我们把这个论证的前提和结论总结如下:

前提：我把这块水晶放在前额上.

前提：五分钟后，我的头痛好了.

结论：这块水晶治好了我的头痛.

该前提告诉我们一件事（前额上的水晶）发生在另一件事（头痛消失）之前，但它没有证明它们之间有任何关系. 也就是说，我们不能断定水晶导致头痛消失.

---

① **顺便说说**：广告中到处充满了谬误，这很大程度上是因为你通常没有很好的理由去购买某个品牌或产品。尽管如此，它们还是必须运作，因为美国企业每年花费近 2 000 亿美元 (或者说美国年人均花费近 700 美元) 来说服你买东西。

这个论证属于“虚假原因”的谬误，把一个事件在另一个事件之前发生作为前者导致后者发生的证据，这是错误的. 我们用图（见图 1.2）来说明这个谬误，其中 A 和 B 代表两个不同的事件. 在这里，A 是将水晶放在额头上的事件，B 是头痛消失的事件.（我们将在第 5 章讨论原因.）

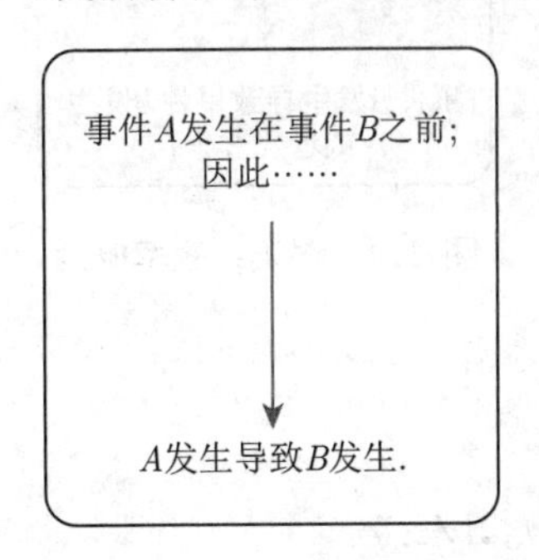

图 1.2　谬误：虚假原因. 字母 A 和 B 分别表示某一事件

▶ 做习题 12.

例 3　诉诸无知

“科学家还没有找到任何外星人访问地球的具体证据，因此，任何声称见过不明飞行物的人都一定是产生了幻觉.”

分析　如果我们将这个论证的核心提取出来，是这样的：

前提：没有证据证明外星人来过地球.

结论：外星人还没有来过地球.

这个谬误应该是很清楚的：没有来过地球的证据并不意味着一定没有外星人来过. 这种谬误被称为“诉诸无知”，因为它是由于对命题真相的无知（缺乏知识）而得出相反的结论（见图 1.3）. 我们有时把这种谬误用一句话来总结“缺乏证据不是缺席的证据”.

图 1.3　谬误：诉诸无知

▶ 做习题 13.

思考　假设一个人因犯罪被审判，但是被判无罪. 你能断定这个人是无辜的吗？解释原因. 为什么我们的法律制度要求检察官证明有罪，而不是要求被告（嫌疑人）证明自己无罪？这个想法和诉诸无知的谬误有什么关系？

例 4　轻率概括

“高压输电线路沿线出现了两例儿童白血病，该电力线路必然是导致这一疾病的原因.”

分析　这个论证的前提是发生了两例白血病，但有两例并不足以得到一个规律，更不用说断定高压电线造成了白血病.

这里的谬误是“轻率概括”，其中的结论是在没有足够数量的病例或充分地分析病例的前提下得到的. 要证明高压电线与白血病之间存在关系，提供的证据必须远比这个论证中多得多.（事实上，几十年的研究已经发现高压电线和这一疾病之间没有关系.）我们用图 1.4 来说明这种谬误，这里 A 和 B 分别代表两个事件.

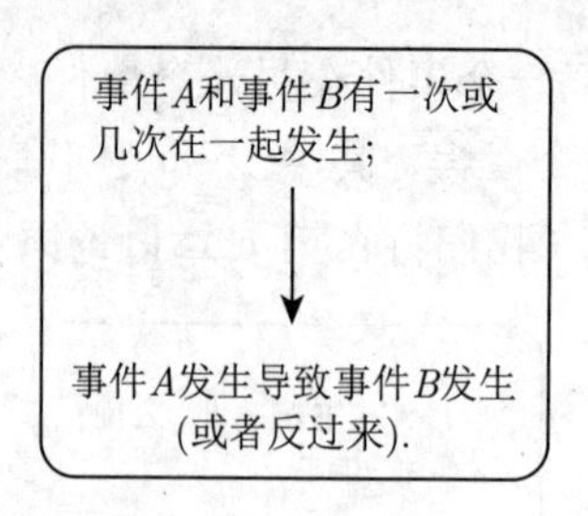

图 1.4　谬误：轻率概括

▶ 做习题 14.

例 5　有限选择

“你不支持总统，所以你不是爱国的美国人.”

分析　这个论证的形式是：

前提：你不支持总统.

结论：你不是爱国的美国人.

这个论证表明，只有两种美国人：支持总统的爱国者和不爱国的美国人. 但是还有很多其他的可能性，比如爱国但不支持某个总统的人.

这种谬误被称为“有限选择（或虚假困境)”，因为它人为排除了其他应该考虑的选择. 图 1.5 显示了这种谬误的一种常见形式. 诸如“你戒烟了吗？”等问题也存在这种有限选择. 由于不论你回答“是”还是“否”都意味着你抽过烟，所以这个问题排除了你从不抽烟的可能性.（在法律诉讼中，不允许问这种类型的问题，因为它会“误导证人”.）这种谬误的另一种简单而常见的形式是“你错了，所以我肯定是对的.”

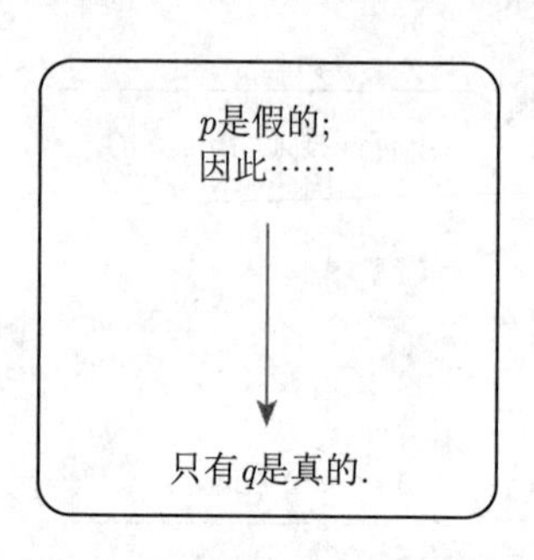

图 1.5　谬误：有限选择

▶ 做习题 15.

例 6　诉诸情感

在米其林轮胎的广告中，一张婴儿照片旁边显示：“轮胎的选择至关重要.”

分析　如果我们把它看作是一个论证，它的形式是：

前提：你爱你的宝宝.

结论：你应该购买米其林轮胎.

广告商希望你对宝宝的爱会让你想买它们的轮胎. 这种谬误称为“诉诸情感”，它利用情绪反应作为说服工具. 图 1.6 显示了当情绪反应为积极正面的时的谬误形式，有时是消极的情绪. 例如，有些政客宣称：如果我的对手当选，你的税负将会上升，他用这种说法告诉你，选另一位候选人会导致你不喜欢的后果.（在这种消极的形式中，谬误有时被称为“诉诸武力”.）

图 1.6　谬误：诉诸情感

▶ 做习题 16.

例 7　人身攻击

格温：你应该戒酒，因为它影响了你的成绩，你喝酒开车给人们带来了危险，并且也影响了你与家人的关系.

梅尔：我有时候见过你自己喝太多酒了！

分析　格温的观点是有道理的，前提条件为梅尔应该戒酒这个结论提供了强有力的支持. 梅尔利用这一点——格温自己有时候喝很多酒，来反驳格温的观点. 即使梅尔的说法是真实的，也与格温的观点无关. 梅尔用言语攻击格温个人，而不是在逻辑上争论，所以我们称这种谬误为"人身攻击"（见图 1.7）.（它也被称为 ad hominem，拉丁语为"对人而言".）

人身攻击的谬误也适用于团体. 例如，有人可能会说："这项新法案会造成环境灾难，因为它的提案人收到了石油公司的大量竞选捐款." 这个论证是错误的，因为它并不是质疑这项法案的条款，而只是质疑提案人的动机.

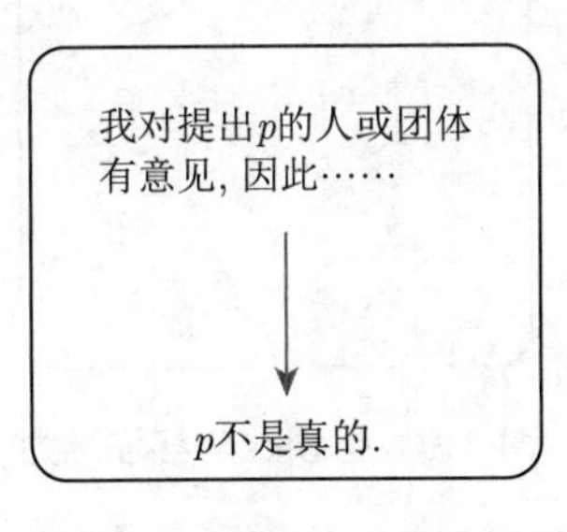

图 1.7　谬误：人身攻击

▶ 做习题 17.

思考　一个人（或群体）的性格、环境或动机有时与论证有关. 例如，这也是为什么刑事案件中的证人常常被问到关于他们个人生活的问题. 如果你是法官，你将如何决定何时允许问这样的问题？

例 8　循环推理

"社会有义务提供健康保险，因为医疗保健是公民的权利."

分析　这一论证在前提（医疗保健是人权）之前陈述了结论（社会有义务提供健康保险）. 这一论证结构很常见，也是我们认可的. 但在本例中，前提和结论都说了本质上相同的东西，因为社会义务通常是基于公认权利的定义. 因此称这个论证为"循环推理"（见图 1.8）.

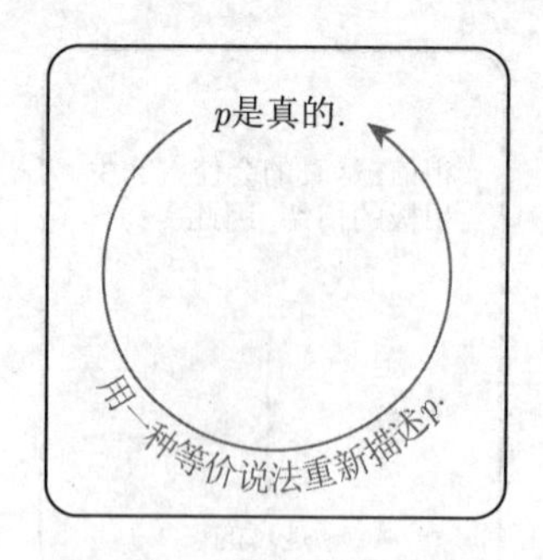

图 1.8 谬误：循环推理

▶ 做习题 18.

例 9 转移注意力（红鲱鱼）

“我们不应该继续资助克隆研究，因为涉及的道德问题太多了. 我们社会的正常运转建立在强大的道德基础上，如果最终导致道德变了，那么我们承担不了这个后果.”

分析 这个论证在开头提出它的结论——我们不应该继续资助克隆研究. 然而，后面的讨论都是关于道德的. 这个论证属于“转移注意力”谬误（见图 1.9），因为它想通过关注另一个问题（道德）来转移对实际问题（克隆研究资助）的关注. 注意力转移的问题有时被称为“红鲱鱼”谬误.（鲱鱼是一种在腐烂的时候会变红的鱼，使用“红鲱鱼”这个词可以追溯到 19 世纪，当时英国的逃犯发现他们可以通过在逃跑的路上涂抹红鲱鱼来转移追捕他们的猎犬的注意力.）注意，人身攻击（参见例 7）通常这用来转移注意力.

图 1.9 谬误：转移注意力

▶ 做习题 19.

例 10 稻草人

假设一位大城市的市长提议将吸毒合法化，以解决监狱过度拥挤的问题并节省执法费用. 在接下来的选举中他的一个反对者说：“市长认为吸毒没有任何问题，但我认为有问题.”

分析 市长没有说吸毒是可以接受的. 他关于毒品合法化的建议旨在解决另一个问题——监狱人满为患——并且关于吸毒没有提到任何观点. 发言者扭曲了市长的观点. 任何基于歪曲某人的话语或信仰的论证都被称为“稻草人”谬误（见图 1.10）. 这个术语是指，发言者歪曲了别人的观点，这种拙劣的做法就像用稻草人来顶替真人一样. 稻草人谬误与转移注意力谬误类似. 主要区别是转移注意力是对一个无关的问题进行反驳，而稻草人则是通过扭曲原来的问题来反驳.

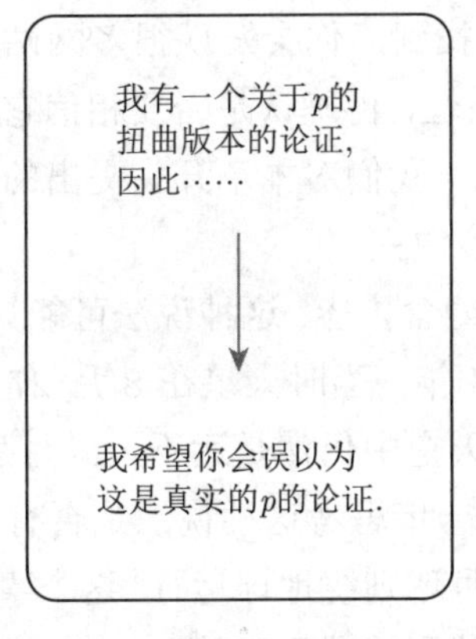

图 1.10 谬误：稻草人

▶ 做习题 20.

评估媒体信息

某些个人、团体和公司为了改变人们的想法使用了很多策略，但我们这里讨论的谬误只是其中的一小部分. 没有一种简单明了的方法能保证媒体信息的可靠性. 但是，下面我们总结了一些实用的指导原则. 不管评估媒体信息还是继续学习后面的课程，我们都要时刻想到这些原则. 本书剩下的大部分内容都在学习怎样运用这些原则来评价量化信息.

评估媒体信息的五个步骤

1. 考虑来源. 你看到的信息是否来自最原始的信息源？如果不是，你能追溯到原始来源吗？该消息来源在这个问题上可信吗？要特别注意，确保这个来源是正确的；许多传播假新闻的网站总把自己包装成真实新闻机构的合法网站.

2. 检查日期. 你能确定这一信息的日期吗？是现在，还是过去？

3. 验证准确性. 你能在其他信息源（例如，一些主要的新闻网站）上验证该信息吗？你有充分的理由相信它是准确的吗？它包含让你怀疑的内容吗？

4. 注意隐含的内容. 这些信息是否公平、客观？它是否被人操纵用来达到某种特定的或隐藏的目的？

5. 不要错过大局. 即使一段媒体信息都通过了以上步骤的检验，也退一步，再考虑它是否有道理. 例如，它是否与你认为是正确的内容相冲突？如果是这样，你如何解决这些冲突？

例 11 夜空中的火星①

现在我们来讨论本章开头提到的关于火星的信息：“8 月 27 日，火星将看起来像满月一样大而明亮. 不要错过它，因为没有人在有生之年还能看到这一现象.”

分析 现在我们应用评估媒体信息的五个步骤来分析这一信息：

1. 考虑来源. 它没有给出信息的原始来源，这意味着你无法知道来源是否具有权威性. 这一点是值得怀疑的.

2. 检查日期. 尽管信息听起来具体是在 8 月 27 日，但没有给出年份，所以你无法知道这个信息发生在今年，还是每年、过去的某一年或未来的某一年. 这是你需要进一步考虑的.

① **顺便说说**：火星的说法流传甚广，被称为“火星恶作剧”. 虽然这不是真实的，但大约每隔 26 个月，就会有好几个星期火星确实比夜空中的任何一颗恒星都明亮. 火星会达到最大亮度的最近日期是：2018 年 7 月 27 日，2020 年 10 月 13 日和 2022 年 12 月 8 日.

3. 验证准确性. 这一信息其实很容易找到，你会发现很多网站都提到它不是真的，并且同样的谎言每年都会有. 当然，你也要检查这些网站的有效性，再确认是否要相信它们，你会发现它们来自一些很可靠的网站，比如 NASA 或备受推崇的新闻网站. 因此，我们对本章开头提出的问题给出正确的答案是 D——这一信息不是真的. 不过，接下来我们继续把最后两步做完.

4. 注意隐含的内容. 这里没有明显的隐含内容. 这种说法可能只是事实的一种错误描述. 对这一事件进行调查，我们很快发现，它最初发生在 2003 年，当时火星在 8 月 27 日距离地球比以前稍近一些，这一现象至少在 200 年后会再次出现. 但是，火星在天空中仍然是远不及满月那样大而明亮.

5. 不要错过大局. 这一步要求我们退一步思考这种说法是否有意义，你可以通过本章开头提到的线索来思考：火星是一颗绕太阳运行的行星，而月球则绕地球运行. 这个事实意味着月球要比火星离我们更近；即使在最近的时候，火星到地球的距离也是月球到地球距离的 150 倍. 你可以得出结论：火星在天空中永远不会像满月一样大而明亮.（用数字来解释是：因为火星到地球的距离是月球到地球距离的 150 倍，所以如果在空中火星要看起来像满月一样大，那么火星的直径应该是月球直径的 150 倍. 但是，火星的直径只是月球的两倍.）

▶ 做习题 21~24.

在你的世界里　事实核查网站

虽然网络上经常有虚假、不准确或有偏见的信息，但它也是检查信息准确性的一个很好的来源. 只要你确认调查事实的人是足够公平和准确的，利用一些“事实核查”网站就会是一个好方法. 一些著名的事实核查网站包括：

- 检验政治事件：FactCheck.org，由无党派和非营利性质的安纳伯格 (Annenberg) 公共政策中心建立的网站；PolitiFact.com，来自《坦帕湾时报》(*Tampa Bay Times*) 的普利策奖获奖网站；“The Fact Checker”，《华盛顿邮报》(*Washington Post*) 网站上的一个博客.
- 对于谣言、城市故事和其他怪异的说法，Snopes.com 是大家公认的准确可靠的网站.
- 要检验你通过电子邮件收到的消息的有效性，请尝试网站 TruthOrFiction.com，它是一个以公平和准确著称的私人网站.

如果这些来源中没有一个涵盖了你正在调查的事件，那么直接用简单的语言在网页上搜索. 例如，如果你在一个搜索引擎中输入火星事件的第一句话（“8 月 27 日，火星看起来和满月一样大而明亮……”），你将得到几十个网页，讨论该事件以及为什么它是假的. 当然，如果你的搜索结果在准确度上有冲突，你还需要确定相信哪一种说法. 我们将在 1.5 节讨论有助于你解决这个问题的策略.

测验 1.1

选择以下每个问题的最佳答案，并用一个或多个完整的句子来解释原因.

1. 一个逻辑论证包括 (　).
   a. 至少一个前提和一个结论　　b. 至少一个前提和一个谬误　　c. 至少一个谬误和一个结论
2. 一个谬误是 (　).
   a. 一个不真实的陈述　　b. 一场激烈的争论　　c. 一个欺骗性的论证
3. 以下哪项不符合逻辑论证的特点?(　)
   a. 一系列陈述，其中结论在前提的前面
   b. 一系列没有得出结论的前提
   c. 一系列激烈的争论
4. 在一个论证中，结论基本上把前提又重申了一遍，这属于下面哪种类型的论证？(　)
   a. 循环推理　　b. 有限选择　　c. 逻辑

5. 诉诸无知的谬误是指 ( ).

   a. 一个陈述 p 为真，所以 p 的否定是假的

   b. 我们无法证明一个陈述 p 是真的，所以 p 是假的

   c. 结论 p 被忽略，因为陈述它的人是无知的

6. 考虑论证：“我不支持总统的税收计划，因为我不相信他的动机.”这一论证的结论是什么？( )

   a. 我不相信他的动机　　b. 我不支持总统的税收计划　　c. 总统不值得信任

7. 再次考虑论证：“我不支持总统的税收计划，因为我不相信他的动机.”这个论证是 ( ).

   a. 一个有充分理由的逻辑论证　　b. 一个人身攻击谬误　　c. 一个诉诸情感谬误

8. 考虑一下这个论证：“你不喜欢足球，所以你不是体育迷.”这个论证是 ( ).

   a. 一个有充分理由的逻辑论证　　b. 一个转移注意力谬误　　c. 一个有限选择谬误

9. 假设事件 A 发生在事件 B 之前，所以由这一事实得出，事件 A 的发生导致事件 B 的发生. 这个论证是 ( ).

   a. 一个有充分理由的逻辑论证　　b. 一个虚假原因谬误　　c. 一个草率概括谬误

10. 稻草人论证的意思是 ( ).

   a. 对别人的想法或思想的扭曲或错误的陈述

   b. 一个没有运用好逻辑的人

   c. 一个论证很弱，好像它是用稻草制成的

习题 1.1

复习

1. 什么是“逻辑”？简要说明逻辑的作用.
2. 我们如何定义“论证”？一个论证的基本结构是什么？
3. 什么是“谬误”？从本单元中选择三个谬误的例子，用你自己的话来描述，它们是怎样欺骗我们的.
4. 总结本单元中用于评估媒体信息的五个步骤，并解释怎样运用它们.

是否有意义？

确定下列陈述有意义（或显然是真实的）还是没意义（或显然是错误的），并解释原因.

5. 为了对安德烈陈述一个逻辑论证，朱利安不得不对她大喊大叫.
6. 我精心构造了一个没有任何前提的论证，并说服了我的父亲，使他相信我是正确的.
7. 我不相信他的论证所依据的前提，所以显然我也不相信他的结论.
8. 尽管她先说出了结论，然后用前提来支持，但是她说服了我，让我相信她是对的.
9. 我不同意你的结论，所以你的论证一定包含一个谬误.
10. 即使你的论证包含谬误，你的结论也是可信的.

基本方法和概念

11～20：分析谬误. 请考虑下面谬误的例子.

   a. 确认论证的前提和结论

   b. 简要描述论证中出现的谬误

   c. 构造一个具有同种类型谬误的论证

11.（诉诸大众）苹果智能手机的销量超过了其他智能手机，因此它一定是市场上最好的智能手机.

12.（虚假原因）我在汉堡小屋用完餐之后几个小时就病了，所以它的食物一定是导致我生病的原因.

13.（诉诸无知）人们经过几十年的搜寻并没有在其他星球上找到生命，因此宇宙中只有地球上有生命存在.

14.（草率概括）我看到有三个人用食品券来买昂贵的牛排，因此滥用食品券的现象一定普遍存在.

15.（有限选择）他拒绝通过援引宪法的第五修正案的权利作证，所以他一定有罪.

16.（诉诸情感）每年成千上万的手无寸铁的人，其中许多是儿童，都被枪械杀死. 因此是时候禁止出售枪支了.

17.（人身攻击）史密斯参议员关于农业政策的法案是错的，因为他得到了出售转基因作物种子公司的支持.

18.（循环推理）超速驾驶是违法的，违法会让你成为罪犯，所以超速驾驶的司机都是罪犯.

19.（转移注意力）进入大学需要好成绩，而大学毕业证对一个成功的职业生涯来说是必备的. 因此，出勤率应该计入高中成绩.

20.（稻草人）市长想要提高税收来资助社会项目，所以她一定不相信努力工作的价值.

21～24：媒体信息. 我们在网络上可以很容易找到下面的信息. 检查一下它们是真还是假，并简要解释原因.

21. 贝拉克・奥巴马的岳母玛丽安・鲁宾逊在奥巴马担任总统期间，因照看外孙女而领取 16 万英镑的养老金.

22. 美国第十任总统约翰・泰勒（1841—1845）的两个孙子 2013 年还健在.

23. 2016 年 12 月 12 日，奥巴马总统下令禁止给军人送圣诞卡.

24. 演员汤姆・汉克斯有一个哥哥，叫吉姆，他的声音听起来和汤姆很像，所以他为汤姆配音.

进一步应用

25～40：确认谬误. 在下面的论证中，确认其前提和结论，并解释为什么论证带有欺骗性，如果可能，确定它所代表的谬误类型.

25. 我晚餐吃了牡蛎，晚上我做了一个噩梦. 因此吃牡蛎是做噩梦的原因.

26. 美国有大约 40 000 家中国餐馆，大约 14 000 家麦当劳. 因此中国菜比汉堡更受欢迎.

27. 贝尔维德医院的所有护士都是女性，因此女性更适合从事医疗工作.

28. 州长想把公共土地卖给一家能源勘探公司，但他是一个不值得信任的机会主义者，所以我反对卖地.

29. 我叔叔从不喝酒，活到 93 岁. 所以我认为不喝酒可以长寿.

30. 国家没有权利剥夺人的生命，所以死刑应该废除.

31. 米格尔・德・塞万提斯 (Miguel de Cervantes) 的《堂吉诃德》(*Don Quixote*) 一书很受欢迎，因为自 1612 年出版以来，估计已经售出 5 亿册.

32. 关于水力压裂导致地震的说法是荒谬的. 我住在一口油井附近，从未感受过地震.

33. 我绝对不会向那些黑心的慈善机构进行捐赠，他们把资金都用来支付前台行政人员的工资了. 所以，慈善机构不可信.

34. 监狱人满为患是一个危机，我们必须通过加大死刑的力度来缓解.

35. 这位参议员是全国步枪协会的成员，所以我认为，她肯定反对禁止建大容量弹药库.

36. 拓宽公路可以缓解交通拥堵，因此我们应该修建更宽的公路，以利于旅游业的发展.

37. 对于支持将联邦最低工资翻一番的民主党人，一位共和党人说："民主党人认为每个人都应该有同样的收入."

38. 人们从未在深水区看到过大王乌贼，因此它一定在野外绝迹了.

39. 我的小儿子喜欢毛绒娃娃，而我的小女儿喜欢卡车，所以，男孩更喜欢机械玩具而女孩更喜欢毛绒玩具的说法是不对的.

40. 对于部分共和党人提出的解除对石油和天然气勘探的管制，一位民主党人士回应道："共和党人不相信政府能改善社会生活……".

41～44：其他谬误. 考虑以下谬误（文中未讨论）. 解释为什么例子中的论证属于谬误，并构造一个同种类型的谬误.

41."分离谬误"的形式：

前提：X 有一些特征.

结论：属于 X 的所有事物或人都必须具有这些相同的特征.

例如：美国人用的汽油比欧洲人多，而杰克是美国人，因此杰克用的汽油一定比欧洲人多.

42. "赌徒谬误"的形式：

前提：X 的发生已经超出了预期.

结论：X 很快就会结束.

例如：雨已经下了 10 天，这在这里很不寻常. 所以明天一定是晴天.

43. "滑坡谬误"的形式：

前提：X 已经发生并且与 Y 有关.

结论：Y 将不可避免地发生.

例如：最近，美国向两三个国家派遣了部队. 因此到处都有美国的部队.

44. "中间地带谬误"的形式：

前提：X 和 Y 是一个问题的两个极端.

结论：位于 X 和 Y 之间的 Z 一定是正确的.

示例：参议员彼得斯支持大幅减税，参议员威利斯不支持减税. 这意味着小幅减税一定是最好的.

实际问题探讨

45. **评估媒体信息**. 从当前的政策中选择一个主题（如：枪支管制，医疗保健，税收政策或其他主题）. 找到讨论这些主题的网站. 根据本单元中给出的评估媒体信息的五个步骤来评估这些媒体信息. 写一篇关于你访问过的网站的简短报告，总结其信息的可靠性.

46. **斯诺普斯**. 访问 Snopes.com 网站，从“最热门的都市传说”列表中选择一个故事. 用一两段话概括这一故事，讨论它是真还是假，并解释原因.

47. **事实核查**. 访问 FactCheck.org 或 PolitiFact.com 网站，并选择其中一个最近发表的特色故事. 用一两段话，总结故事及其准确性.

48. **广告中的谬误**. 选择某个商业广告电视频道，并分析这个频道某晚在一小时内显示的广告. 描述每个广告是如何试图说服观众的，并讨论论证是否具有欺骗性. 什么类型的广告涉及谬误？是否某个谬误类型比其他类型更常见？

49. **政治上的谬误**. 讨论双方在当前或最近的政治运动中使用的策略. 该策略有多少是建立在谬误的基础上的？描述这些谬误. 总的来说，你是否认为谬误影响（或将影响）投票结果？

50. **个人谬误**. 描述一个例子，在这个例子中，你被说服并接受了某事物，但你后来认为是错误的. 解释你是如何被说服的，以及为什么你后来改变了主意. 你是否成为谬误的受害者？如果是这样，你如何阻止将来发生同样的事情呢？

51. **评论中的谬误**. 与新闻报道一同发布的“读者评论”以包含许多常见谬误而闻名. 选择最近的一个新闻报道，查看评论部分，并找出至少三个包含一个或多个谬误的评论. 解释每个例子中的谬误.

52. **假新闻网站**. 访问一个看起来像一个真正的新闻网站但实际是一个假新闻网站的网址（搜索“假新闻网站”将显示许多列表），并选择一个当前的专题报道. 描述你如何识别出这个新闻是假的.

1.2 命题和真值

在讨论了 1.1 节中的谬误之后，我们现在讨论什么是一个合适的论证. 一个论证的基石是**命题** (propositions)——一个非真即假的陈述. 一个命题必须具有一个完整的句子结构并且做出明确的肯定或否定. 例如：

- “琼坐在椅子上”是一个命题，因为它是一个完整的句子并且是肯定的.
- “我没有拿笔”是一个命题，因为它是一个完整的句子并且是否定的.
- “你要去商店吗？”不是一个命题，因为它是一个问题，不是肯定或否定一件事.
- “从这里往南三英里”不是一个命题，因为它没有提出任何结论，也不是一个完整的句子.
- “$7+9=2$”尽管它是错的，但它也是一个命题. 因为它是一个完整的句子，并且提出了明确的结论.

▶ 做习题 13~18.

定义

一个**命题**是一个非真即假的陈述 (肯定或者否定). 它必须具有一个完整的句子结构.

否定（对立）

在逻辑上，一个命题的对立面称为它的**否定** (negation). 例如，“琼坐在椅子上”这个命题的否定就是“琼没有坐在椅子上”，命题“$7+9=2$”的否定是“$7+9\neq 2$”. 如果我们用一个字母 p 来表示一个命题，那么它的否定就是非 p （有时写成 $\sim p$）. 它的否定也是一个命题，因为它有一个完整的句子结构，可以是真的或假的.

一个命题具有**真值** (truth value)：真（T）或假（F）.① 如果一个命题是真，那么它的否定一定是假，反之亦然. 我们可以用一个简单的**真值表** (truth table) 来表示这些内容——表中每一行对应真值的每一种可能

① **历史小知识**：古希腊哲学家亚里士多德（公元前 384—前 322 年）首次提出把逻辑建立在严格的基础上. 他认为真理应遵循三个基本定律：（1）一个事物就是它本身.（2）命题或者是真或者是假.（3）没有一个命题既是真也是假. 亚里士多德定律被欧几里得（公元前 325—前 270 年）用来建立几何学的基础，并且逻辑一直是数学的重要组成部分.

的取值. 下面这个真值表表示一个命题 p 和它的否定“非 p”的取值. 因为它只有两个可能的取值，所以它有两行.

p	非 p	
T	F	← 这一行表示：如果 p 是真 (T)，那么“非 p”是假 (F).
F	T	← 这一行表示：如果 p 是假 (F)，那么“非 p”是真 (T).

定义

任意一个命题 p 都有两个可能的**真值**：T= 真或 F= 假.

一个命题 p 的**否定**也是一个命题，表示和 p 相反的内容，我们称为否命题. 记作：非 p （或者 $\sim p$），它的真值的取值和 p 的取值相反.

一个**真值表**是指表中的每一行代表命题真值的每一个可能的取值.

例 1 否命题

考虑命题“阿曼达是球队中跑得最快的”的否命题. 写出否命题. 如果否命题是假的，那么阿曼达真的是球队中跑得最快的吗？

解 给定命题的否命题是“阿曼达不是球队中跑得最快的”. 如果否命题是假的，那么原来的命题一定是真的，这就意味着“阿曼达是球队中跑得最快的”.

▶ 做习题 19~22.

双重否定

很多日常用语中包含双重（或多重）否定. 我们已经知道否命题“非 p”的取值与原始命题 p 的真值相反. 因此双重否定“非非 p”的真值一定与原命题 p 的真值相同. 我们可以用真值表来表示. 第一列是 p 的两个可能的真值. 另外两列是“非 p”和“非非 p”对应的真值.

p	非 p	非非 p
T	F	T
F	T	F

在日常语言中，双重否定很少用“不是不是”来表示，所以我们一定要仔细地分析句子才能发现.

例 2 辐射和健康

一位来自美国北卡罗来纳大学（教堂山分校）的健康专家研究了橡树岭国家实验室的老年工作者中有关低水平辐射和癌症之间关系的数据，有人问他，在其他国家实验室的年轻工人中是否有类似的关系.（博尔德本地新闻网）引用他的回答：

“我的观点是，它们之间不可能没有任何关系.”

那么这位专家是否认为在年轻工人中低水平辐射与癌症有关系？

解 由于出现了“不可能”和“没有”这两个词，这位专家的陈述包含了一个双重否定. 为了清楚地看到这些词语的效果，我们用一个更简单的命题来解释：

$p=$ 很可能存在一种关系（在低水平辐射和癌症之间）

“不可能”一词表示“不可能存在关系”，这是“非 p”.“没有”这个词又把这个最后的结果转换成了原来的陈述“不可能没有任何关系”, 我们记为“非非 p”. 因为双重否定和原命题有相同的真值，所以我们得出结论：这位专家认为在年轻工人中，低水平辐射和癌症之间可能存在关系.

▶ 做习题 23~24.

逻辑连接词

一些命题之间经常用逻辑连接词来连接，例如：“和”，“或”，“而且”以及“如果……那么……”. 例如，考虑以下两个命题：

$p=$ 测试很难.

$q=$ 我得到了 A.

如果我们将这两个命题用“并且”连接起来，我们就得到了一个新的命题“测试很难，并且我得到了 A”. 如果我们用“或”来连接，得到的命题是“测试很难或我得到了 A”. 尽管这些论述在我们的日常语言中很常见，但是我们一定要小心谨慎地进行分析.

联言命题（联结词）

一个用“并且”联结的命题称为**联言命题** (conjunction). 根据逻辑规则[①]，“p 并且 q”是真的当且仅当 p 和 q 都是真的时. 例如，“测试很难并且我得到 A”，这个命题是真的当且仅当测试确实很难并且你真的得到了 A 时.

联言命题

给定两个命题 p 和 q，则命题“p 并且 q”称为**联言命题**. 它是真的当且仅当 p 和 q 都是真的时.

要建立“p 并且 q”的真值表，我们需要分析单个命题 p 和 q 的真值的所有可能组合. 由于 p 和 q 每一个都有两种可能的真值（真或假），所以我们要考虑 $2\times2=4$ 种可能. 这四种情况列在真值表的四行中.

p 且 q 的真值表

p	q	p 并且 q		
T	T	T	←	情形 1：p，q 都是真的
T	F	F	←	情形 2：p 是真的，而 q 是假的
F	T	F	←	情形 3：p 是假的，而 q 是真的
F	F	F	←	情形 4：p，q 都是假的

注意，只有在上表的第一种情况中，当两个单独的命题都为真时联言命题才为真.[②]

► 做习题 29~30.

例 3　联言命题

分析下面两个命题的真值：

a. 法国的首都是巴黎并且南极洲很冷.

b. 法国的首都是巴黎并且美国的首都是马德里.

解

a. 这个命题包含两个单独的命题：“法国的首都是巴黎”和“南极洲很冷”. 因为这两个命题都是真的，所以它们的联言命题也是真的.

---

① 大多数搜索引擎会将搜索框中的单词自动地用逻辑联结词“和”联结。例如，搜索“电视娱乐”实际上是搜索的“电视和娱乐”，不管网页中这两个词是否挨在一起，搜索结果会返回所有包含这两个词的网页。如果你想搜索“电视娱乐”这个词组，那么你输入的时候应该给整个词组加上标记。

② **顺便说说：**逻辑规则是现代计算机科学的核心. 计算机通常用电流表示数字 0 和 1：电路中没有电流表示 0，电路中有电流表示 1. 然后，计算机科学家认为 1 为真，0 为假，并使用逻辑连接器来设计电路. 例如，只有当两个输入电路都有电流时，它们的和电路才有电流通过（其值为 1 = 真）.

b. 这个命题包含两个单独的命题："法国的首都是巴黎"和"美国的首都是马德里". 尽管第一个命题是真的，但第二个命题是假的. 因此，它们的联言命题是假的.

▶ 做习题 31~36.

例 4 三重连接

假设给定三个单独的命题 p，q 和 r. 构建命题"p，q 并且 r"的真值表. 在什么情况下它的真值为真？

解 我们已经知道"p 并且 q"有四种可能的真值. 对于这四种情况中的每一种，命题 r 可能为真，也可能为假. 因此，"p，q 并且 r"有 $4 \times 2 = 8$ 种可能的真值. 下面的真值表中的每一行对应八种情况中的一种. 注意，"p 并且 q"的四种情况重复出现了两次，一次对应 r 是真的，一次对应 r 是假的.

p	q	r	p, q 并且 r
T	T	T	T
T	T	F	F
T	F	T	F
T	F	F	F
F	T	T	F
F	T	F	F
F	F	T	F
F	F	F	F

如表中第一行所示，只有当三个命题 p、q 和 r 都是真的时，命题"p，q 并且 r"才是真的.

▶ 做习题 37~38.

思考 给定四个命题 p，q，r 和 s，命题"p，q，r 并且 s"的真值表有多少行？在哪些情况下真值为真？

理解联结词"或"

联结词"或"有两个不同的含义. 如果健康保险政策说它涵盖了生病或受伤情况下的住院治疗，那么这可能意味着它包含了生病或者受伤或两者皆有. 这是**相容或**（inclusive or）的一个例子，意味着"其中一个或者两者兼有". 相比之下，当餐厅提供汤或沙拉的选择时，你可能不能同时选择两者. 这是**排斥或**（exclusive or）的一个例子，意思是"一个或另一个".

"或"的两种类型

"或"这个词可以用两种不同的方式来解释：

- **相容或**意味着"其中一个或者两者兼有".
- **排斥或**意味着"一个或另一个，但不能两者兼有".

在日常生活中，我们根据上下文来确定"或"是相容还是排斥. 但是在逻辑上，除非另有说明，否则我们假设"或"是相容的.

例 5 相容还是排斥？

凯文的保险单规定，如果遇到地震、火灾或抢劫，都能对他的房子进行赔偿. 想象一下，他的房子的大部分在大地震中被毁了，其余的被火烧了，还有贵重物品在地震善后中遭到抢劫. 凯文更倾向于在他的保险单中"或"是相容还是排斥？为什么？

解　他更倾向于“相容或”，这样他在三种灾害（地震，火灾，抢劫）中受到的损失都能得到赔偿. 如果是“排斥或”，那么他只能得到其中一项损失的赔偿.

▶ 做习题 39~44.

选言命题（析取）

一个用“或”联结得到的复合命题称为**选言命题（析取）**(disjunction). 我们假设“或”是相容的，那么当其中一个或两个命题都为真时，选言命题“p 或 q”是真的. 只有当两个单独的命题都为假时，选言命题“p 或 q”才是假的.

逻辑词“或”

给定两个命题 p 和 q，陈述“p 或 q”称为**选言命题**. 在逻辑学中，我们假设“或”是相容的，所以，当其中一个或两个命题都为真时，选言命题“p 或 q”为真；当两个命题都为假时，选言命题“p 或 q”为假.

其真值列在下面的真值表中.

p 或 q 的真值表

p	q	p 或q		
T	T	T	←	情形 1：p, q 都为真，所以“p 或 q”为真
T	F	T	←	情形 2：p 为真，所以“p 或 q”为真
F	T	T	←	情形 3：q 为真，所以“p 或 q”为真
F	F	F	←	情形 4：p, q 都为假，所以“p 或 q”为假

▶ 做习题 45~50.

例 6　智能奶牛？

考虑命题：飞机可以飞行或奶牛可以阅读. 这是真的吗？

解　这一命题是下面两个命题的析取：(1) 飞机可以飞行；(2) 奶牛可以阅读. 第一个命题显然是真的，而第二个命题显然是错误的，这使得选言命题“p 或 q”成立. 也就是说，“飞机可以飞行或奶牛可以阅读”是真的.

▶ 做习题 51~56.

“如果……那么……”陈述（条件命题）

联结命题的另一种常见方式是用“如果……那么……”，如命题“如果所有政客都是骗子，那么史密斯先生就是骗子.”我们称这种类型的命题为**条件命题** (conditional propositions)（或蕴含），因为这类命题是指，在某些事情（命题中“如果”这部分）为真的条件下，有些事情（命题中“那么”这部分）也为真.

我们用“如果 p，那么 q”来表示这类命题，这里 p 称为**假设** (hypothesis)(或前提），q 称为**结论** (conclusion)（或结果）.

我们用一个例子来构建条件命题的真值表. 假设在竞选国会议员期间，候选人琼斯宣称：

如果我当选，那么将会提高最低工资.

这个命题的标准形式为“如果 p，那么 q”，其中“$p=$ 我当选”和“$q=$ 提高最低工资”. 因为每个单独的命题都可以为真或假，所以我们必须考虑“如果 p，那么 q”的四种可能的情况：

1. p 和 q 都为真. 在这种情况下，琼斯当选了（p 是真的），最低工资提高了（q 是真的）. 琼斯实现了她的竞选承诺，所以她的声明：“如果我当选，那么将会提高最低工资”是真的.

2. p 为真，q 为假. 在这种情况下，琼斯当选，但最低工资没有提高. 因为事实并没有像她所承诺的那样，她的声明：“如果我当选，那么将会提高最低工资”是假的.

3. p 为假，q 为真. 在这种情况下，琼斯没有当选，但最低工资仍然增加了. 这个条件命题描述的是琼斯当选时发生的事情. 因为她没有当选，所以无论最低工资是否提高，她肯定都没有违反竞选承诺. 我们认为琼斯的声明是真的，这是一条逻辑规则.

4. p 和 q 都为假. 在这种情况下，琼斯没有当选，最低工资也没有提高. 同样，因为她没有当选，即使最低工资没有提高，她也肯定没有违反竞选承诺. 与上一种情况一样，琼斯的声明为真.

总之，只有在假设 p 为真、结论 q 为假时，命题“如果 p，那么 q”为假，在其他情况下都为真. 真值表如下：

如果 p，那么 q 的真值表

p	q	如果 p，那么 q
T	T	T
T	F	F
F	T	T
F	F	T

▶ 做习题 57~58.

如果……那么

陈述“如果 p，那么 q”称为**条件命题** (conditional proposition)（或蕴含）. 其中命题 p 称为**假设**，命题 q 称为**结论**. 只有在假设 p 为真、结论 q 为假时，命题“如果 p，那么 q”才为假，在其他情况下都为真.

思考 假设候选人琼斯做出了以下竞选承诺：如果我当选，我会致力于消除世界上所有贫困. 根据上述（3）和（4）中的逻辑规则，如果琼斯未当选，我们认为这一陈述是真的. 在逻辑上定义为真，而你在听到她做出这个承诺时是否也认为是真呢？说明原因.

例 7 条件命题的真值

讨论命题“如果 $2+2=5$，那么 $3+3=4$”的真值.

解 该命题的形式为“如果 p，那么 q”，其中 p 为 $2+2=5$ 且 q 为 $3+3=4$. 显然，p 和 q 都为假. 但是，根据逻辑规则，只要 p 为假，不管 q 是什么，条件命题“如果 p，那么 q”都为真. 因此，命题“如果 $2+2=5$，则 $3+3=4$”是真的.

▶ 做习题 59~66.

条件命题的替换形式①

在日常语言中，条件命题并不总是以“如果 p，那么 q”的标准形式出现. 这时，有必要把它们改写成标准形式的陈述. 例如，“我不会回来了，如果我离开”这一说法可以改写成“如果我离开了，那么我不会回来了”. 类似地，“再下雨就会发生水灾”可以改写成“如果再下雨，那么会发生水灾”.

条件命题的两种常用方式是使用两个词语：必要和充分. 考虑一句真实的话：如果你活着，那么意味着你在呼吸. 我们重新改写这一陈述为：呼吸是活着所必需的. 注意，这种说法并不意味着呼吸是活着的唯一必需

① 本章介绍的逻辑系统最早是由古希腊人提出的，由于在系统中一个命题的真值要么为真，要么为假，但不能两者都是，当然也不存在介于两者之间的情况，所以称之为二元逻辑. 当代数学家使用的逻辑系统中还存在其他可能的真值. 在模糊逻辑中，允许在绝对真和绝对假之间有一个连续取值范围. 在许多新技术中都用到了模糊逻辑.

品；在这里它是许多必需品（如吃饭、呼吸和心跳）之一. 更一般地，“如果 p，那么 q”是真等价于 q 是 p 的必要条件.

现在我们考虑一个真实的命题“如果你在丹佛，那么你在科罗拉多州”. 我们把这一陈述改写为：在丹佛是在科罗拉多州的充分条件，因为丹佛是科罗拉多州的一个市. 注意，在丹佛不是在科罗拉多州的必要条件，因为你也可以在这个州的其他地方. 更一般地，陈述“如果 p，那么 q”为真等价于 p 是 q 的充分条件.

条件命题的替换短语

下面这些是“如果 p，那么 q”的常用替换方式：

p 是 q 的充分条件	p 将导致 q	p 蕴含着 q
q 是 p 的必要条件	q，如果 p	q 当 p 发生时

例 8　条件命题的改写

把下面的命题改写成“如果 p，那么 q”的形式：

a. 海平面上升将给佛罗里达州带来灾难.

b. 物品上的红色标记足以表示它正在出售.

c. 吃蔬菜对身体健康是必需的.

解

a. 这一说法等价于“如果海平面上升，那么将给佛罗里达州带来灾难”.

b. 这一说法可以改写成“如果物品上有红色标记，那么表示它正在出售”.

c. 这一说法可以表示为“如果一个人要想身体健康，那么这个人应该吃蔬菜”.

▶ 做习题 67~72.

逆命题、否命题和逆否命题

在联言命题和选言命题中，命题的顺序不重要. 例如，“p 并且 q”与“q 并且 p”的意思一样，“p 或 q”与“q 或 p”的意思一样. 但是，当我们改变条件命题中的顺序时，我们得到一个不同的命题，称为**逆命题**(converse). 下面的表中总结了关于命题“如果 p，那么 q”的逆命题和其他两种变换的命题.

条件命题的变形

名称	形式	例子
条件命题	如果 p，那么 q	如果你在睡觉，那么你一定在呼吸.
逆命题	如果 q，那么 p	如果你在呼吸，那么你一定在睡觉.
否命题	如果非 p，那么非 q	如果你没在睡觉，那么你一定没有呼吸.
逆否命题	如果非 q，那么非 p	如果你没有呼吸，那么你一定没在睡觉.

我们要建立一个逆命题、否命题和逆否命题的真值表. 因为这些命题都使用同样的两个命题（p，q），所以这个表共有四行. 前两列分别是 p 和 q 的真值. 因为后面我们需要考虑否命题和逆否命题，所以接下来的两列我们给出“非 p”和“非 q”的真值. 第 5 列是前面已经有的“如果 p，那么 q”的真值. 根据规则：一个条件命题只有在“假设是真的，结论是假的”这种情况下是假的，我们可以得到逆命题、否命题和逆否命题的真值.

逻辑等价（“如果 p, 那么 q”与“如果非 q, 那么非 p”）

p	q	非 p	非 q	如果 p, 那么 q	如果 q, 那么 p (逆命题)	如果非 p, 那么非 q (否命题)	如果非 q, 那么非 p (逆否命题)
T	T	F	F	T	T	T	T
T	F	F	T	F	T	T	F
F	T	T	F	T	F	F	T
F	F	T	T	T	T	T	T

逻辑等价（逆命题与否命题）

注意，条件命题“如果 p，那么 q”的真值和它的逆否命题的真值是相同的. 因此，我们说，一个条件命题和它的逆否命题**逻辑等价** (logically equivalent)，意思是，如果其中一个是真的，则另一个也是真的，反之亦然. 这张表同时也说明了逆命题和否命题是等价的.

定义

如果两个命题具有相同的真值，则它们逻辑等价，即：如果其中一个是真的，则另一个也是真的；如果其中一个是假的，则另一个也是假的.

例 9 逻辑等价

考虑一个命题：如果这个动物是鲸鱼，那么它是哺乳动物. 写出它的逆命题、否命题和逆否命题. 讨论每一个命题的真值. 哪些命题在逻辑上是等价的？

解 命题的形式为“如果 p，那么 q”，其中 $p =$ 这个动物是鲸鱼，$q =$ 这个动物是哺乳动物. 因此，我们有

逆命题（如果 q，那么 p）：如果这个动物是哺乳动物，那么它是鲸鱼. 这一命题是错的，因为大部分哺乳动物都不是鲸鱼.

否命题（如果非 p，那么非 q）：如果这个动物不是鲸鱼，那么它不是哺乳动物. 这一命题是错的；例如，狗不是鲸鱼，但它是哺乳动物.

逆否命题（如果非 q，那么非 p）：如果个动物不是哺乳动物，那么它不是鲸鱼. 像原命题一样，这一命题是真的，因为所有鲸鱼都是哺乳动物.

注意，原命题和它的逆否命题有相同的真值，是逻辑等价的. 类似地，否命题和逆命题也有相同的真值，也是逻辑等价的.

▶ 做习题 73~78.

测验 1.2

选择以下每个问题的最佳答案，并用一个或多个完整的句子来解释原因.

1. 数学很有趣，这句话是（ ）.
   a. 一个论证
   b. 一个谬误
   c. 一个命题
2. 假设你知道命题 p 的真值. 那么你也一定知道这个命题的（ ）的真值：
   a. 否定
   b. 真值表
   c. 联言命题
3. 以下哪一项是条件命题的形式？（ ）
   a. x 或 y
   b. x 且 y

c. 如果 x，那么 y

4. 假设你要为命题 x，y 或 z 创建一个真值表. 那么该表会有多少行？( )

a. 2

b. 4

c. 8

5. 假设命题“p 或 q”为真. 那么可以确定 ( ).

a. p 是真的

b. q 是真的

c. 命题中一个或两个都是真的

6. 假设命题 p 为假且命题 q 为真. 那么以下哪个命题为假？( )

a. p 且 q

b. p 或 q

c. 如果 p，那么 q

7. 命题“如果它是一只狗，那么它是哺乳动物”，可以改写为 ( ).

a. 哺乳动物是狗的充分条件

b. 哺乳动物是狗的必要条件

c. 所有哺乳动物都是狗

8. 命题“如果发动机正在运转，那么汽车一定有汽油”逻辑等价于 ( ).

a. 如果汽车有汽油，那么发动机一定正在运转

b. 如果发动机没有运转，那么汽车一定没有汽油

c. 如果汽车没有汽油，则发动机一定不会运转

9. 两个命题逻辑等价，是指 ( ).

a. 它们的意思是一样的

b. 它们有相同的真值

c. 它们都是真的

10. 考虑命题“你一定要参加比赛，如果你想赢”，把这个命题写成形式为“如果 p，那么 q”的格式，则其中 q 就是 ( ).

a. 你一定要参加比赛

b. 你想赢

c. 如果你想赢，那么你一定要参加比赛

习题 1.2

复习

1. 什么是命题？举几个例子，并解释为什么是命题.
2. 命题的否定是什么意思？你自己构建一个命题及其否命题.
3. 给出联言、析取和条件命题的定义，并且各举一例.
4. 相容或与排斥或之间有什么区别？各举一个例子.
5. 做下列所有命题的真值表：p 且 q; p 或 q; 如果 p，那么 q. 解释表中的所有真值.
6. 描述条件命题的否命题、逆命题和逆否命题. 每一个命题做一个真值表. 其中哪个命题逻辑等价于原条件命题？

是否有意义？

确定下列陈述有意义（或显然是对的）还是没有意义（或显然是错误的），并解释原因.

7. 我的逻辑命题是一个你必须回答的问题.
8. 市长反对废除手枪禁令，所以他一定支持枪支管制.
9. 我们打算抓住他，不管是死还是活.
10. 当莎莉情绪低落时，她会听音乐. 今天我看到她在听音乐，所以她一定情绪很低落.
11. 既然我已经学习了逻辑，那么对于任意命题，我总能通过制作真值表来确定它的真值.

12. 如果所有的小说都是书，那么所有书都是小说.

基本方法与概念

13~18：一个命题？ 确定以下陈述是不是命题，并给出解释.

13. 前途无量.
14. 生存或毁灭.
15. 回到未来.
16. 有些谄媚者使人昏昏欲睡.
17. 你在想什么？
18. 这个被罢免的领导很腐败.

19~22：否定. 写出下面所给命题的否定. 然后说明原命题及其否命题的真值.

19. 亚洲位于北半球.
20. 秘鲁位于北半球.
21. 甲壳虫乐队不是德国的乐队.
22. 地球是宇宙的中心.

23~28：双重否定. 对于下面给出的包含双重否定的命题，解释它们的含义. 然后回答命题后面的问题.

23. 莎拉没有拒绝去吃晚餐的提议. 莎拉去吃晚餐了吗？
24. 市长反对禁止反水力压裂集会的禁令. 市长是否批准这一集会？
25. 总统否决了减税法案. 基于这一否决，税收会降低吗？
26. 众议院未能推翻停止伐木法案的否决权. 基于此表决，还能继续伐木吗？
27. 苏反对与任何不同意在公园种树的组织有联系. 苏是否要在公园种树？
28. 参议员反对推翻州长的法案否决权. 参议员支持这项法案吗？

29~30：真值表. 写出下面命题的真值表. 其中字母 p，q，r 和 s 均代表命题.

29. q 且 r.
30. p 且 s.

31~36：联言命题. 以下命题的形式为：p且q. 写出 p 和 q，并给出它们的真值. 然后确定整个（用“且”联结的）命题是真还是假，并解释原因.

31. 狗是动物且橡树是植物.
32. $12+6=18$ 且 $3\times 5=8$.
33. 金星是行星且太阳是恒星.
34. 艾米莉・狄金森是一位诗人且坎耶・韦斯特是美国职业棒球大联盟的投手.
35. 所有鸟类都可以飞且有些鱼生活在树上.
36. 并非所有男性都长得高且并非所有女性都长得矮.

37~38：真值表. 写出下面命题的真值表. 假设 p，q，r 和 s 均代表命题.

37. q，r 且 s.
38. p，q，r 且 s.

39~44：解释“或”. 说明以下命题中的“或”是“相容或”还是“排斥或”.

39. 我步行或骑自行车去公园.
40. 在主菜之前，你可以选择汤或沙拉.
41. 我要读的下一本书是《圣经》或《古兰经》.
42. 最好 5 000 英里或三个月加一次油.
43. 下一个假期我想去潜水或冲浪.
44. 保险单涵盖了火灾或盗窃.

45~50：真值表. 写出下面命题的真值表. 假设 p，q，r 和 s 均代表命题.

45. r 或 s.
46. p 或 r.
47. p 且非 p.

48. q 或非 q.
49. p 或 q 或 r.
50. p 或非 p 或 q.

51～56：选言命题. 以下命题的形式为：p 或 q. 写出 p 和 q，并给出它们的真值. 然后确定整个（选言）命题是真还是假，并解释原因.

51. 大象是动物或大象是植物.
52. 尼罗河在欧洲或恒河在亚洲.
53. $3 \times 5 = 15$ 或 $3 + 5 = 8$.
54. $2 + 2 = 5$ 或 $3 + 3 = 7$.
55. 汽车在游泳或海豚在飞.
56. 橘子或香蕉是圆形的.

57～58：真值表. 写出下面命题的真值表. 假设 p，q，r 和 s 均代表命题.

57. 如果 p，那么 r.
58. 如果 q，那么 s.

59～66：**如果……那么……命题**. 确定以下条件命题中的假设和结论，并陈述其真值. 然后确定整个命题是真还是假.

59. 如果鳟鱼会游泳，那么鳟鱼就是鱼.
60. 如果巴黎在法国，那么纽约在美国.
61. 如果巴黎在法国，那么纽约在中国.
62. 如果巴黎在蒙古国，那么纽约在美国.
63. 如果树木可以行走，那么鸟可以戴假发.
64. 如果 $2{\times}3{=}6$，那么 $2{+}3{=}6$.
65. 如果狗会游泳，那么狗就是鱼.
66. 如果狗是鱼，那么狗会游泳.

67～72：条件命题的改写. 把下面的命题改写成“如果 p，那么 q”的形式. 把 p 和 q 写清楚.

67. 下雪时，我会觉得冷.
68. 一个波士顿人住在马萨诸塞州.
69. 呼吸是活着的充分条件.
70. 呼吸是活着的必要条件.
71. 怀孕是成为女人的充分条件.
72. 怀孕是成为女人的必要条件.

73～78：否命题、逆命题和逆否命题. 写出下列条件命题的否命题、逆命题和逆否命题. 在这四种命题中，说明哪几对是逻辑等价的.

73. 如果塔拉拥有一辆凯迪拉克，那么她拥有一辆汽车.
74. 如果病人还活着，那么他正在呼吸.
75. 如果海伦是美国总统，那么她就是美国公民.
76. 如果我正在用电，则指示灯会亮.
77. 如果发动机在运转，则油箱中有汽油.
78. 如果极地冰盖融化，那么海平面将会上升.

进一步应用

79～82：名句摘抄. 使用一个或多个条件命题（*如果p，那么q*）重新改写以下名言名句.

79. “没有激情，你就没有活力，没有活力，你就一无所有.”——唐纳德·特朗普
80. “如果我们总是等着别人或其他时机，改变永远不会到来.”——巴拉克·奥巴马
81. “即使你在麦当劳炸薯条，如果你很出色，那么每个人也都想加入你的行列.”—奥普拉·温弗瑞
82. “给我六个小时砍树，我将用前四个小时来磨斧子.”——亚伯拉罕·林肯

83～87：编写条件命题. 构建具有下列性质的命题.

83. 一个真的条件命题，其逆命题是假的.

84. 一个真的条件命题，其逆命题也是真的.
85. 一个真的条件命题，其逆否命题是真的.
86. 一个假的条件命题，其否命题是真的.
87. 一个假的条件命题，其逆命题是真的.
88. **赡养税法.** 关于赡养费支付的联邦税收政策如下：

（1）如果支付人不知道你已经再婚，则你再婚后收到的赡养费应纳税.

（2）如果支付人确实知道你已经再婚，那么你再婚后收到的赡养费不需要纳税.

（3）你的赡养费永远不会被支付人扣除.

将这三个陈述重新改写为条件命题的形式.

89～92：必要条件和充分条件. 把下面的命题改写成两种形式：（a）p 是 q 的充分条件，（b）q 是 p 的必要条件.

89.“如果你相信，你就能做到.”——图派克·夏库尔

90.“双手插在口袋里无法攀登成功的阶梯.”——阿诺德·施瓦辛格

91.“一旦你有六个孩子，你就会下定决心.”——安吉丽娜·朱莉

92.“如果你需要双手做什么，那么你的大脑也应该投入其中.”——艾伦·德杰尼勒斯

93～98：逻辑等价. 考虑以下几对语句，其中 p，q，r 和 s 均代表命题. 为每对中的每个语句分别创建一个真值表，并确定这两个语句是否逻辑等价.

93. 非（p 且 q）;（非 p）或（非 q）.
94. 非（p 或 q）；（非 p）且（非 q）.
95. 非（p 且 q）；（非 p）且（非 q）.
96. 非（p 或 q）；（非 p）或（非 q）.
97.（p 且 q）或 r;（p 或 r）且（p 或 q）.
98.（p 或 q）且 r;（p 且 r）或（q 且 r）.
99. **逻辑等价.** 解释为什么逆否命题被称为逆命题的否命题. 逆否命题也是否命题的逆命题吗？

实际问题探讨

100. **逻辑词“或”**. 查找使用联结词“或”的新闻或广告. 它是“相容或”还是“排斥或”? 在给定的上下文中解释其含义.
101. **多重否定.** 查找使用双（或多）重否定的新闻或广告. 解释该句的含义.
102. **有条件命题的新闻.** 查找使用条件命题的新闻文章或社论. 如有必要，把它改写成条件命题的标准形式“如果 p，那么 q”. 讨论单个命题 p 和 q 以及命题“如果 p，那么 q”的真值.

1.3 集合和维恩图

我们已经知道，一个命题有多种形式. 通常，唯一的要求是命题必须提出明确的主张（肯定或否定）. 在本节中，我们将重点关注描述两类事物之间关系的命题. 例如，“所有鲸鱼都是哺乳动物”的命题表示鲸鱼完全包含在哺乳动物类别中.

这类命题用以下两种工具来研究是最容易的. 第一个是集合，它实际上只是同类事物的汇集的代名词. 第二个是维恩图，这是把集合之间关系可视化的一种简单方法. 这两种工具对于组织信息非常有用，因此是批判性思维的重要工具.

集合之间的关系

集合 (set) 是有生命或无生命的对象汇总而成的集体. 每一个特定的对象称为集合中的**元素** (members). 例如：

- 集合：一个星期.

  元素：星期日，星期一，星期二，星期三，星期四，星期五和星期六.

- 集合：美国军队.[①]
  元素：陆军，海军，空军，海军陆战队.
- 集合：获得奥斯卡奖的女演员.
  元素：所有至少获得一次奥斯卡奖的女演员个体.

集合的表示

集合的表示通常是一个大括号 { }，里面列出所有元素，每个元素用逗号分隔开. 例如，“美国军队”的集合可以表示为：

美国军队：{ 陆军，海军，空军，海军陆战队}

有些集合中元素太多，很难或根本不可能列出所有元素. 在这种情况下，我们可以使用三个点“…”来表示后面还有很多类似的元素.（这三个点称为省略号，但大多数人读作“点-点-点”.）如果这些点出现在元素序列的末尾，则表示序列后面有无穷多元素. 例如，我们可以将犬种的集合写为：

犬种：{罗威纳，德国牧羊犬，贵宾犬，…}

这三个点表示序列还可以继续列出来，这里是指所有其他犬种的名称. 只要格式清楚，无论你列出的元素数量有多少，都没有关系. 如在犬种列表中，列出三个成员通常足以说明问题.

在其他情况下，点可能出现在序列的中间，表示未明确列出的元素. 例如，在表示大写字母的集合中我们用点，这样就不必在大括号里写出每一个字母：

大写字母：{A，B，C，…，Z}

还有一种不太常见的方式，三个点也可以在序列的开头. 例如，我们把负整数的集合表示为：

负整数：{…，−3，−2，−1}

这里，这些点表示该序列向左边数字延续，越来越小（负）.

定义

一个集合是某些对象的汇总；其中单个对象是这个集合的元素. 我们通常用一个大括号 { } 并在里面列出所有元素来表示一个集合. 如果一个集合中元素太多，无法一一列出，那么我们用三个点“. . . ”来表示省略的元素.

思考　如何用大括号来表示你数学课上所有学生的集合？或者你参观过的那些国家？再描述一个影响你个人的集合的例子，并用大括号表示.

例 1　集合的表示

用大括号表示下面的集合：

a. 领土面积比美国面积大的国家构成的集合.

b. 冷战时期的每一年构成的集合（一般认为冷战始于 1945 年，结束于 1991 年）.

c. 大于 5 的所有自然数构成的集合.

解

a. 土地面积比美国大的国家：{俄罗斯，加拿大}.

---

① **顺便说说**：这四个军种是由美国国防部管理的. 美国海岸警卫队经常与这些机构合作，但由国土安全部管理.

b. 冷战时期：{ 1945 年，1946 年，1947 年，…，1991 年}；这里，这些点表示这个集合还包括 1947 年至 1991 年之间的所有年份，尽管它们没有被明确列出来.

c. 大于 5 的自然数：{6，7，8，…}；这里，这些点表示后面的数字越来越大.

▶ 做习题 29~36.

用维恩图来表示集合之间的关系

英国逻辑学家约翰・维恩 (John Venn)[1]（1834—1923 年）发明了一种描述集合之间关系的简单的可视化方式. 他的图表，现在称为维恩图，用圆来表示集合. 维恩图很直观，通过例子我们会更容易理解.[2]

考虑鲸鱼和哺乳动物这两个集合. 由于所有鲸鱼都属于哺乳动物，所以我们称“鲸鱼”这个集合是“哺乳动物”集合的子集. 我们用一个维恩图来表示这一关系，鲸鱼所代表的圆在哺乳动物所代表的圆内（见图 1.11）. 注意，这个图只表示集合之间的关系，和圆的大小无关.

圆的外面被一个矩形包围，所以此图有三个区域：

- 代表“鲸鱼”的圆围成的区域表示所有鲸鱼构成的集合.
- 在代表“鲸鱼”的圆外，同时在代表“哺乳动物”的圆内的区域表示除了鲸鱼之外的哺乳动物（如牛，熊和人）构成的集合.
- “哺乳动物”圆外的区域表示非哺乳动物的集合；从上下文来看，我们理解这个区域代表动物（或生物）中不是哺乳动物的，如鸟类、鱼类和昆虫.

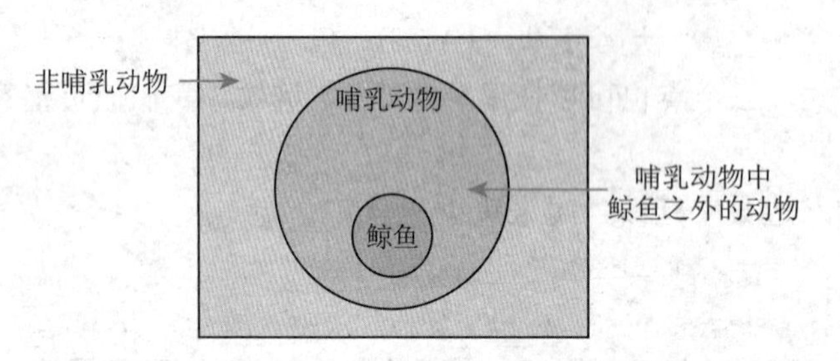

图 1.11　鲸鱼的集合是哺乳动物集合的子集

接下来，我们考虑狗的集合和猫的集合. 一个宠物可以是狗，也可以是猫，但不能两者都是. 因此，在维恩图中我们用两个不相交的圆来表示，并且我们称“狗”的集合和“猫”的集合是两个**不相交的集合** (disjoint sets)（见图 1.12）. 然后，我们再把这些圆放在一个矩形中. 这一次，根据上下文，两个圆之外的区域代表既不是狗也不是猫的宠物，如鸟类和仓鼠.

对于我们的最后一种情况，考虑“护士”的集合和“女性”的集合. 如图 1.13 所示，这是**相交的集合** (overlapping sets)，因为一个人可能既是女性同时也是一名护士. 由于有重叠，该图有四个区域：

- 重叠区域代表既是女性又是护士的人，即女护士.
- 在代表护士的圆内并且是非重叠区域表示那些不是女性的护士，即男护士.
- 在代表女性的圆内并且是非重叠区域表示那些不是护士的女性.
- 根据上下文，在两个圆的外面的区域代表既不是护士也不是女性的人，即不是护士的男性.

注意，区域的大小不重要. 例如，在图 1.13 中重叠区域小不代表女护士比男护士少. 事实上，还可能有些区域根本没有元素. 例如，想象一下，如果图 1.13 代表一个单独的诊所，在这一诊所内只有四名护士且都是

① **历史小知识**：约翰・维恩 (John Venn) 是一位牧师，他写过逻辑、统计和概率方面的书. 他还写了剑桥大学的历史，在剑桥大学，他既是学生又是老师. 尽管他由于在逻辑学方面做出了很多贡献而受人尊敬，但他最著名的是以他的名字命名的维恩图.

② **说明**：一些逻辑学家根据使用圆的不同方式来区别“维恩图”和“欧拉图”（以数学家莱昂哈德・欧拉（Leonhard Euler）的名字命名）. 在本书中，我们使用术语“维恩图”来表示所有带有圆的图.

男性. 在这种情况下，代表女护士的重叠区域就没有元素了. 更一般地，不管两个集合有没有公共元素，我们都用重叠区域来表示.[①]

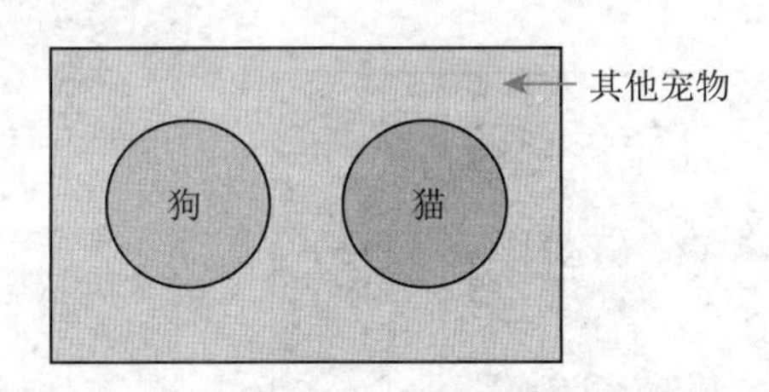

图 1.12　狗的集合与猫的集合不相交

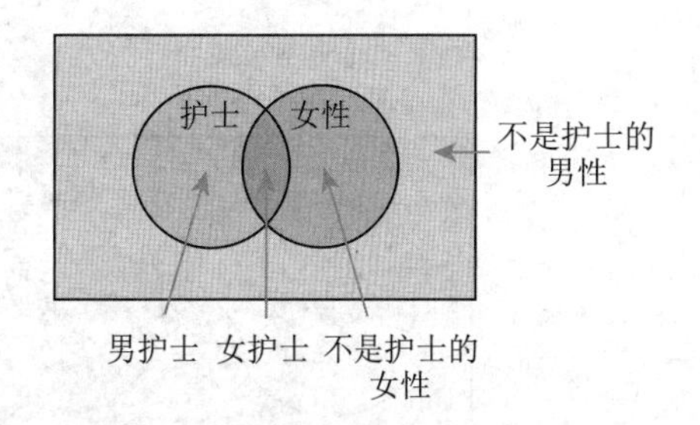

图 1.13　护士的集合与女性的集合相交

集合的关系和维恩图

两个集合 A 和 B 存在下面三种基本关系：

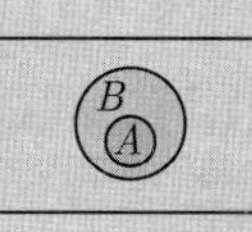

- A 是 B 的一个**子集** (subset)（反之亦然），意思是 A 的所有元素都属于 B. 用维恩图来表示这种情况即代表集合 A 的圆在代表集合 B 的圆内.

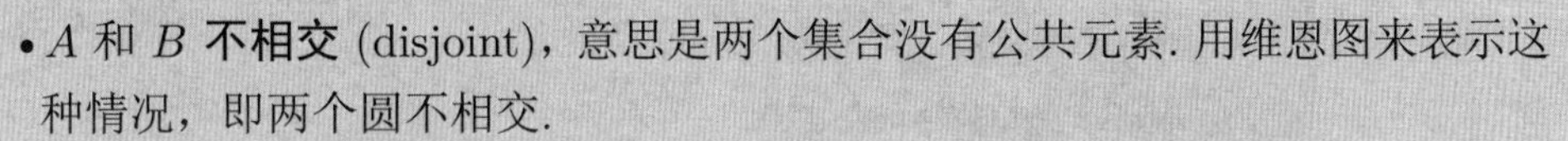
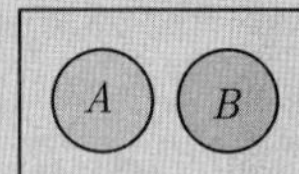

- A 和 B **不相交** (disjoint)，意思是两个集合没有公共元素. 用维恩图来表示这种情况，即两个圆不相交.

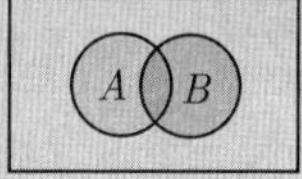

- A 和 B **相交** (overlapping)，意思是两个集合有相同的元素. 用维恩图来表示这种情况，即两个圆有重叠的部分. 我们也用重叠区域来表示两个集合有公共元素.

例 2　维恩图

描述给定的每对集合之间的关系，并用维恩图来表示这一关系. 解释维恩图中的所有区域.

a. 民主党和共和党（党派）.

b. 诺贝尔奖获得者和普利策奖获得者.

解

a. 一个人只能注册一个政党，所以“民主党”的集合和“共和党”的集合是不相交的. 图 1.14a 是维恩图. 两个圆外面的区域代表既不是民主党也不是共和党的人，也就是说，注册其他政党，或者独立的或没有注册任何政党的人.

b. 一个人可能既获得诺贝尔奖又获得普利策奖[②]，所以这两个集合是相交的. 图 1.14b 是维恩图. 两个圆外的区域代表没有获得两个奖项的人，这意味着大多数人.

▶ 做习题 37~42.

例 3　数的集合

用维恩图来表示下面这些集合的关系：自然数，非负整数，整数，有理数，实数. 在这幅图中哪个区域代表无理数？（如果你忘记了这些数字集合的含义，可以参考下面的“简要回顾”部分.）

解　自然数也属于非负整数，这意味着自然数集合是非负整数集合的子集. 类似地，所有非负整数也是整数，因此非负整数集合是整数集合的子集. 进一步，整数集合是有理数集合的子集，有理数集合是实数集合的子集.

---

① **说明**：在数学上，两个集合的关系还有第四种：相等，这意味着这两个集合的元素完全相同.

② **顺便说说**：同时获得诺贝尔 (文学) 奖和普利策奖的人有托尼·莫里森 (Toni Morrison)、珀尔·巴克 (Pearl Buck)、欧内斯特·海明威 (Ernest Hemingway)、威廉·福克纳 (William Faulkner)、约翰·斯坦贝克 (John Steinbeck) 和索尔·贝娄 (Saul Bellow).

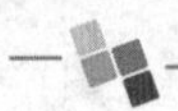

图 1.15 用一组嵌套的圆来表示这些集合的关系. 由于无理数是实数但不是有理数，所以无理数的集合位于有理数的圆外面，同时又在实数的圆内.[①]

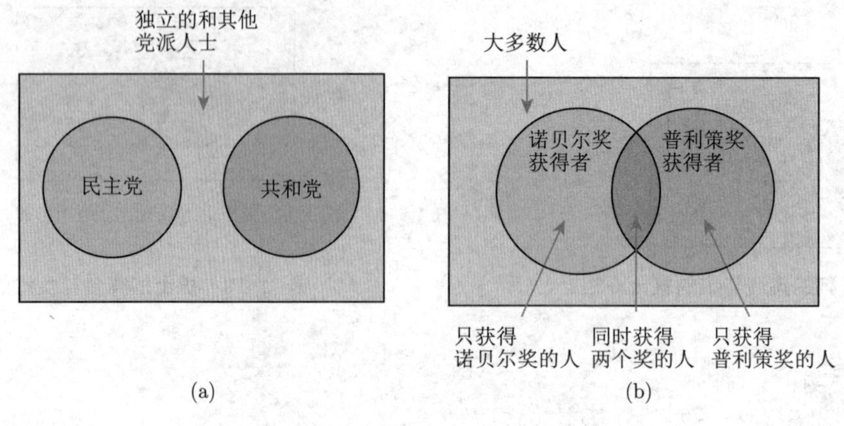

图 1.14

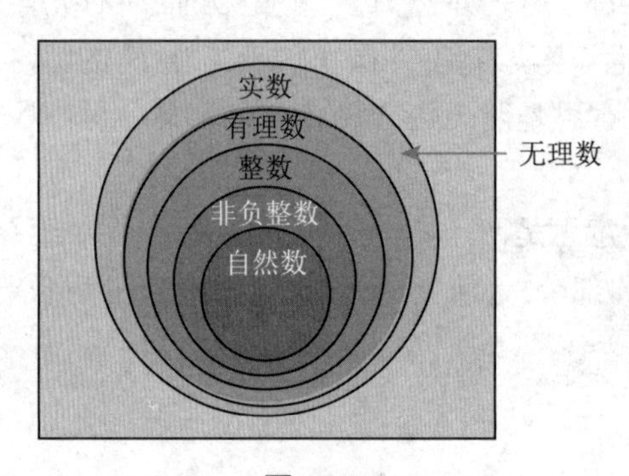

图 1.15

简要回顾　数的集合

下面列出的集合是在数学中非常重要的常用数集.

自然数 (natural numbers)（或计数）的集合是

$$\{1, 2, 3, \cdots\}$$

我们可以用数轴上从 1 开始一直向右等间距的点来表示这些自然数.

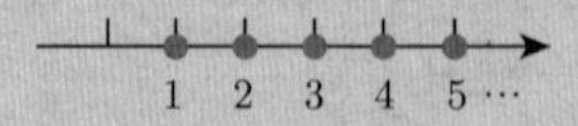

非负整数 (whole numbers) 集除了包含与自然数集相同的元素以外，还包含 0. 它是

$$\{0, 1, 2, 3, \cdots\}$$

我们可以用数轴上从 0 开始一直向右等间距的点来表示这些非负整数.

① **顺便说说**：你想知道图 1.15 中实数圆之外的是什么吗？答案是非实数，称为复数. 复数利用虚数 i 来定义，其中 $i = \sqrt{-1}$，它没有实数值. 复数和虚数在科学和工程中很常用.

$$0 \quad 1 \quad 2 \quad 3 \quad 4 \quad 5\cdots$$

整数 (integers) 集包含所有正整数、负整数和 0. 它是

$$\{\cdots,-3,-2,-1,0,1,2,3,\cdots\}$$

在数轴上，整数是向左右两边一直延伸.

$$\cdots \ -5 \ -4 \ -3 \ -2 \ -1 \ 0 \ 1 \ 2 \ 3 \ 4 \ 5\cdots$$

有理数 (rational numbers) 集包括整数和那些可以通过一个整数除以一个非零的整数得到的分数.（有理数是指整数的比值.）换句话说，有理数可以用下面的形式表示

$$\frac{x}{y}，这里\ x\ 和\ y\ 都是整数，并且\ y \neq 0$$

（注意符号 $\neq$ 表示“不等于”.）

当以十进制形式表示时，有理数要么是有限位数的小数（如 0.25，即 $\frac{1}{4}$），要么是重复某些数字的无限循环小数（如 0.333…，即 $\frac{1}{3}$）.

无理数 (irrational numbers) 是不能用 x/y 的形式表示的数，这里 x 和 y 是整数. 当写成小数时，无理数既不是有限位终止，也不是无限循环. 例如，$\sqrt{2}$ 是无理数，因为它不能精确地表示成 x/y 的形式；如果写成小数，它是 1.414 213 562…，这里省略号意味着数字是无限不循环的. π 也是一个无理数，写成小数是 3.141 592 65….

实数 (real numbers) 集由有理数和无理数组成；因此用整个数轴表示. 数轴上的每个点都对应一个实数，而每个实数在数轴上都有一个对应的点. 换句话说，实数是整数和“介于整数之间的所有数”. 下面的数轴上显示了一些特定的实数.

$$-\sqrt{2} \quad \sqrt{2} \quad \pi$$
$$-2 \ -\tfrac{3}{2} \ -1 \ -\tfrac{1}{2} \ 0 \ \tfrac{1}{2} \ 1 \ \tfrac{3}{2} \ 2 \ \tfrac{5}{2} \ 3 \ \tfrac{7}{2} \ 4$$
$$\sqrt{3}$$

例：

- 数字 25 是一个自然数，这意味着它也是一个非负整数、一个整数、一个有理数和一个实数.
- 数字 -6 是一个整数，这意味着它也是一个有理数和一个实数.
- 数字 $\frac{2}{3}$ 是一个有理数，这意味着它也是一个实数.
- 数字 7.984 18…是一个无理数；省略号表示无限不循环. 它也是一个实数.

▶ 做习题 13~28.

▶ 做习题 43~44.

直言命题

既然我们已经讨论了集合之间的关系，我们就可以研究关于集合关系的命题了. 例如，“所有鲸鱼都是哺乳动物”这一命题是指“鲸鱼”集合是“哺乳动物”集合的一个子集. 这种类型的命题称为**直言命题** (categorical propositions)，因为它们表明了两个类别或集合之间的某种特定关系.

像所有命题一样，直言命题一定有一个完整的句子结构. 除此之外，直言命题还有一个重要特征. 直言命题中的两个集合，一个出现在句子的主语中，一个出现在句子的谓语中. 例如：命题“所有鲸鱼都是哺乳动物”，“鲸鱼”集合称为**主项集合** (subject set)，“哺乳动物”集合称为**谓项集合** (predicate set).我们通常用字母 S 来代表主项集合，用字母 P 来代表谓项集合，所以我们把命题“所有鲸鱼都是哺乳动物”改写成：

所有 S 是 P，这里 $S=$ 鲸鱼，$P=$ 哺乳动物

直言命题有如下四种标准形式.

直言命题的四种标准形式

形式	例子	主项集合 (S)	谓项集合 (P)
所有 S 都是 P	所有鲸鱼都是哺乳动物	鲸鱼	哺乳动物
没有 S 是 P	没有鱼是哺乳动物	鱼	哺乳动物
有 S 是 P	有些医生是女性	医生	女性
有 S 不是 P	有些教师不是男性	教师	男性

直言命题的维恩图

我们用维恩图来更直观地表示直言命题. 图 1.16 至图 1.19 给出了上表中四个命题示例的维恩图. 这些图的主要特征有：

- 图 1.16 是命题“所有鲸鱼都是哺乳动物”的维恩图. 因为集合 $S=$“鲸鱼”是集合 $P=$“哺乳动物”的子集，所以代表集合 S 的圆在代表集合 P 的圆的内部. 所有形如“所有 S 都是 P”形式的命题对应的维恩图都是相同的.
- 图 1.17 是命题“没有鱼是哺乳动物”的维恩图. 在这里，表示集合 $S=$“鱼”的圆和表示集合 $P=$“哺乳动物”的圆没有共同的元素（它们没有交集）. 因此，维恩图用两个分离的圆来表示.
- 图 1.18 是命题“有些医生是女性”的维恩图，这里两个集合 $S=$“医生”，$P=$“女性”所代表的圆有交集. 但是，只用两个相交的圆并不能代表这一命题，因为它没有说明哪个区域有元素. 在这里，命题断言，有些人（至少一个）既是医生也是女性. 我们在图的重叠区域中用一个“X”来表示.(注意，这个命题没有告诉我们非重叠区域是否包含元素).
- 图 1.19 是命题“有些老师不是男性”的维恩图，这里也需要有重叠区域. 这个命题断言，有些人（至少一个）在集合 $S=$“老师”对应的圆中但不在集合 $P=$“男性”对应的圆中. 因此，我们在教师代表的圆中的非重叠区域用一个“X”来表示.

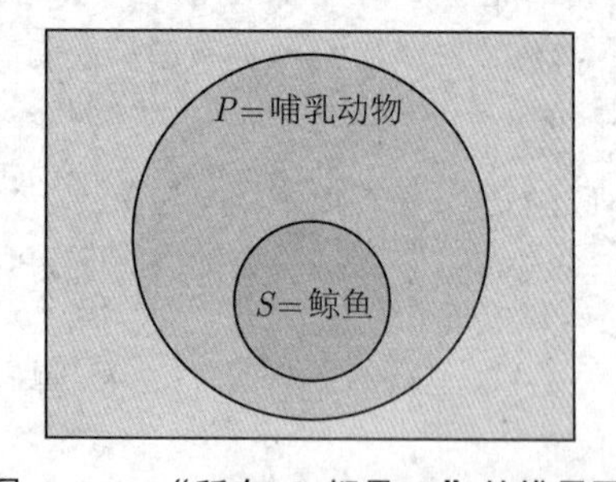

图 1.16 “所有 S 都是 P”的维恩图

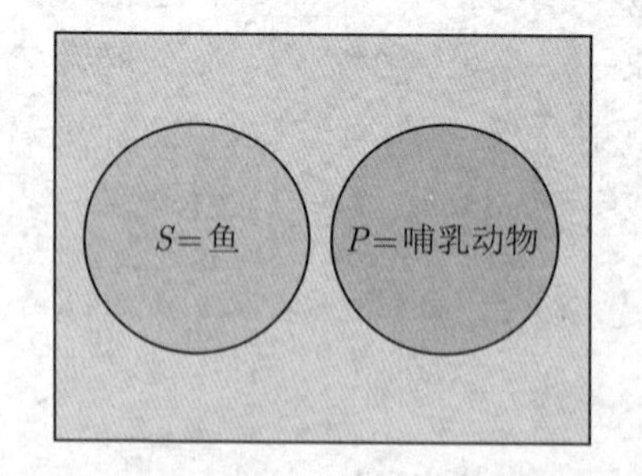

图 1.17 “没有 S 是 P”的维恩图

例 4 解释维恩图

只基于维恩图提供的信息来回答下面的问题. 也就是说，不要考虑你对于这些集合的任何先验知识.

a. 基于图 1.16，你能不能得出结论：有些哺乳动物不是鲸鱼？

b. 基于图 1.17，有没有可能有些哺乳动物是鱼？

c. 基于图 1.18，有没有可能所有医生都是女性？

d. 基于图 1.19，有没有可能男性都不是老师？

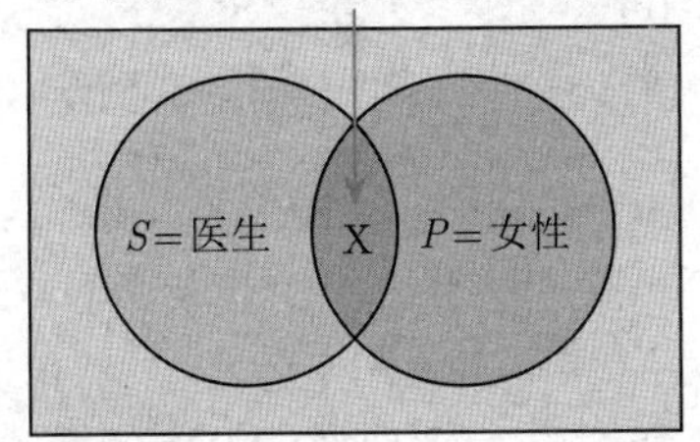

图 1.18 "有 S 是 P"的维恩图

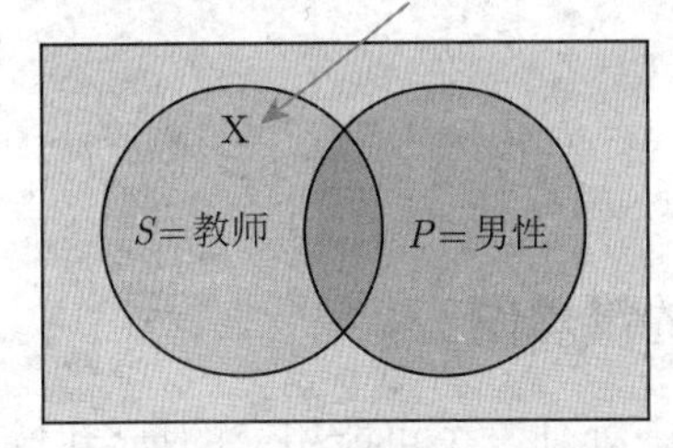

图 1.19 "有 S 不是 P"的维恩图

解

a. 不能. 这个图只是说明集合 S="鲸鱼"中的所有元素也是集合 P="哺乳动物"的元素，但是它没有告诉我们在"鲸鱼"对应的圆外有没有其他哺乳动物.

b. 不可能. 集合 S="鱼"和集合 P="哺乳动物"没有交集，意味着它们没有公共元素.

c. 有可能. 在重叠区域中有一个 X，这告诉我们，一定有女性是医生. 但是在其他地方没有 X，所以可能其他区域都没有元素，这种情况下所有女性都是医生.

d. 有可能. 在代表 P="男性"的圆外面有一个 X，所以我们没有信息说明是否所有男性都是老师.

▶ 做习题 45~46.

思考 一所小学校长说，在她的学校里，有些老师不是男性. 你能否得出这样的结论：有些教师是男性？为什么？你可以得出结论：没有一个教师是男性吗？为什么？

把直言命题转换成标准形式

在我们的日常用语中，经常会提到两类或两个集合的关系. 但从表面上看起来，和四种标准形式中的命题都不完全相同. 所以我们有必要将它们改写成标准形式的命题. 例如，"所有钻石都很有价值"这一命题可以改写为"所有钻石都是有价值的东西". 现在命题的形式是"所有 S 都是 P"，其中 S="钻石"和 P="有价值的东西".

例 5 改写成标准形式

把下面的命题改写成直言命题的标准形式. 然后画出维恩图.

a. 有些鸟会飞.

b. 大象永远不会忘.

解

a. "有些鸟会飞"可以改写成"有些鸟是会飞的动物". 现在它的形式为"有 S 是 P"，其中 S="鸟"，P="会飞的动物". 图 1.20(a) 是维恩图，这里在重叠区域有个"X"，表示有一些鸟会飞.

b. "大象从来不会忘"可以改写成"没有大象是会忘的动物". 这种命题形式是"没有 S 是 P"，如图 1.20(b) 所示，这里 S="大象"，P="会忘的动物".

▶ 做习题 47~52.

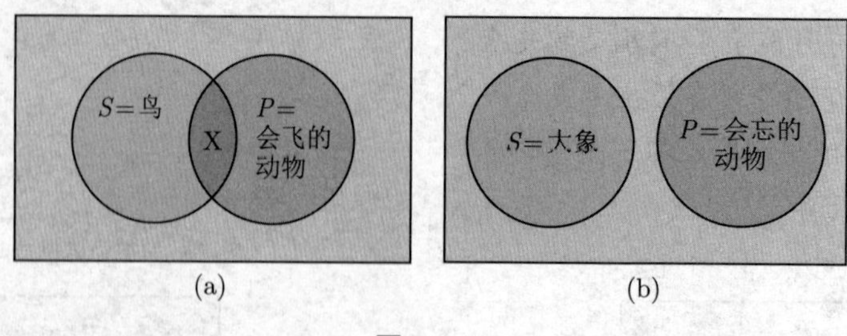

图 1.20

三个集合的维恩图

维恩图在处理三个可能相交的集合时特别有用. 例如，假设你正在进行一项研究，以了解青少年的就业率在男生和女生之间以及在优等生和其他学生之间的差异. 对于你研究的每一个青少年，你需要记录这三个问题的答案:

- 这个青少年是男生还是女生？
- 这个青少年是不是优等生？
- 这个青少年有没有工作？

图 1.21 是维恩图，它可以帮助你更好地组织信息. 注意，它有三个圆，分别代表“男生”、“优等生”和“就业生”. 这些圆彼此重叠，共形成八个区域（包括三个圆以外的区域）. 请务必理解每个区域所代表的类型.

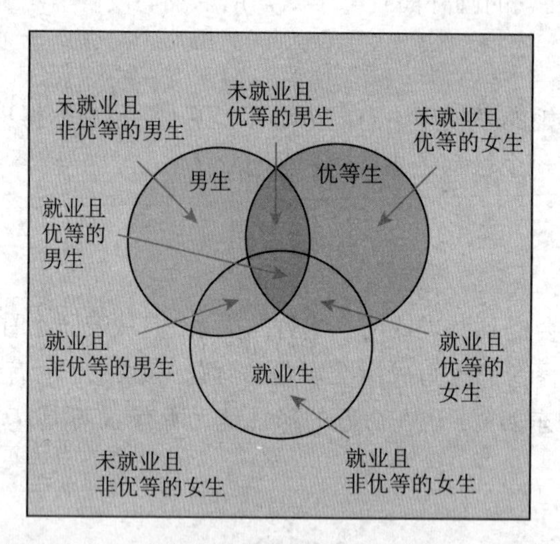

图 1.21 三个集合相交的维恩图有 $2^3=8$ 个区域

思考 如果我们把维恩图中代表“男生”的圆换成代表“女生”的圆 (但其他两个圆保持不变)，那么图 1.21 中的信息还能表示出来吗？如果是，怎么做？如果不是，为什么呢？如果这三个圆分别是女生、男生和未就业者，这些信息可以表示出来吗？解释原因.

例 6 在维恩图中记录数据

你聘请一位助理帮助你完成上面所描述的青少年就业研究. 他调查了一部分在同一学校上学的青少年. 关于这个群体他得到了以下事实:

- 一些是优等生的男生没有工作.
- 一些非优等生的女生就业了.

将 X 放在图 1.21 中的适当位置来表示该区域肯定有元素. 根据这份报告, 你觉得是否所有学校的优等女生都没有工作? 是或不是, 为什么?

解　图 1.22 中展示了 X 所在的正确区域（请参考图 1.21 中这些区域是如何标记的）. 没有工作且优等的女生对应于优等生所在圆中的无色区域. 因为给定的信息没有告诉我们这个区域是否有元素, 所以这里没有 X. 因此, 在学校的青少年中, 我们不知道是否所有优等女生都失业了.

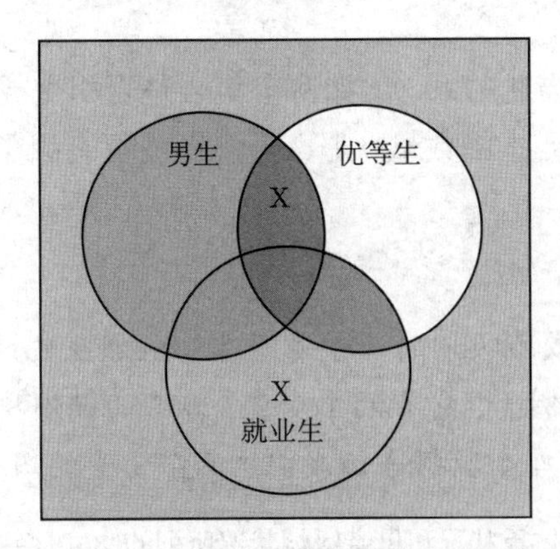

图 1.22　区域中标有 X 表示有元素

▶ 做习题 53~55.

例 7　彩色显示器

在彩色电视机和电脑显示器中, 你所看到的颜色都是通过组合像素 (图像元素) 产生的, 这些像素只有三种基本颜色: 红色、绿色和蓝色. 这些颜色的两两组合 (两种颜色的强度相等) 能产生以下结果:

组合	结果
红-绿	黄色
红-蓝	紫色（或品红色）
蓝-绿	浅蓝（或青色）

白色是由三种颜色混合而成的, 而黑色不使用任何颜色而得到. 画维恩图来表示所有的颜色信息. (在老式的低分辨率电视机上, 你用放大镜可以看到单个的红色、蓝色和绿色的点.)

解　图 1.23 中的维恩图用三个相互重叠的圆来表示颜色组合. 没有重叠的区域表示三种基本颜色（红色、绿

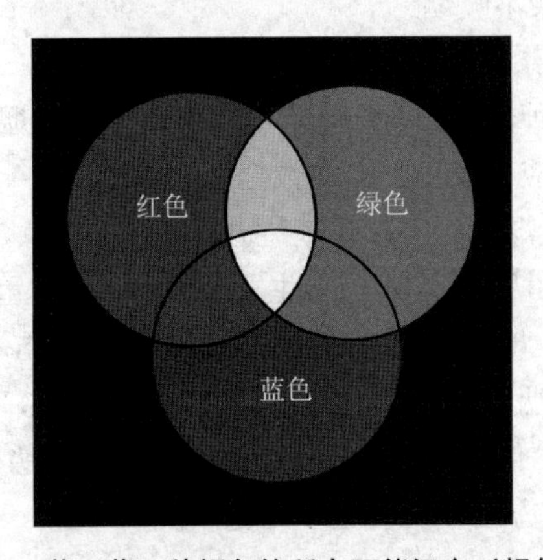

图 1.23　红、黄、蓝三种颜色的所有可能组合（颜色强度相同）

注: 单色印刷, 此处颜色不易区分.

色和蓝色）. 红-绿、红-蓝和蓝-绿组合出现在两个圆重叠的区域. 白色出现在中心区域，所有三种颜色都在该区域. 而黑色出现在三个圆的外面，这里没有颜色. 一个真正的显示器可以通过改变颜色的相对强度来生成范围更广的颜色.

▶ 做习题 56~58.

使用数字的维恩图

到目前为止，我们只用维恩图来描述关系，比如两个集合是否相交或交集是否有公共元素. 如果我们添加特定的信息，如每个集合或者交集中元素的数量，那么维恩图就更有用了. 下面的例子给出了维恩图和数字一起使用的方法.

例 8 吸烟和怀孕①

考虑表 1.1，该表旨在了解吸烟或不吸烟的母亲是否会影响新生儿的体重，即新生儿体重是低还是正常. 这个表格是我们所说的双向表的一个例子，它有两个变量：母亲的吸烟状况和新生儿的出生体重状况. 表格告诉我们这项研究涉及 350 名新生儿，四个数据告诉我们这两个变量的四个可能组合所对应的新生儿数量.

表 1.1 按出生体重状况和母亲吸烟状况所列的 350 名新生儿分布情况

		新生儿出生体重数据	
		体重偏低的新生儿数	体重正常的新生儿数
母亲吸烟数据	母亲吸烟的新生儿数	18	132
	母亲不吸烟的新生儿数	14	186

资料来源：美国国家卫生统计中心.

a. 总结表格中显示的四个关键信息.

b. 绘制维恩图来表示表格数据.

c. 基于维恩图，简要总结研究结果.

解

a. 表中的四个部分告诉我们以下关键信息：

- 18 名新生儿体重偏低，其母亲吸烟.
- 132 名新生儿体重正常，其母亲吸烟.
- 14 名新生儿体重偏低，其母亲不吸烟.
- 186 名新生儿体重正常，其母亲不吸烟.

b. 图 1.24 给出了画维恩图的一种方法. 两个圆分别代表“母亲吸烟的新生儿”的集合和“体重偏低的新生儿”的集合. 四个区域上的数字对应于表 1.1 中的数据.

c. 从维恩图可以很容易地看出吸烟是如何影响新生儿体重的. 注意，在吸烟者 (132 名正常体重新生儿和 18 名低体重新生儿) 和非吸烟者 (186 名正常体重新生儿和 14 名低体重新生儿) 中正常体重的新生儿都比低体重新生儿多. 不过，看比例更有用. 母亲吸烟的新生儿总共有 132+18=150 名，其中有 18 个低体重新生儿，所以占比为 18/150，即 12%. 母亲不吸烟的新生儿总共有 186+14=200 名，其中有 14 名低体重新生儿，占比 14/200，即 7%. 母亲吸烟的新生儿中低体重的比例明显较高. 这表明吸烟会增加新生儿体重偏低的风险，人们已经用严谨的统计分析和其他研究方法证实了这一结论.

---

① **顺便说说：** 母亲吸烟会导致新生儿体重过轻和其他有害健康的结果，其原因与尼古丁密切相关. 这也意味着，在怀孕期间使用电子烟可能也对身体有害，相关研究还在进行中.

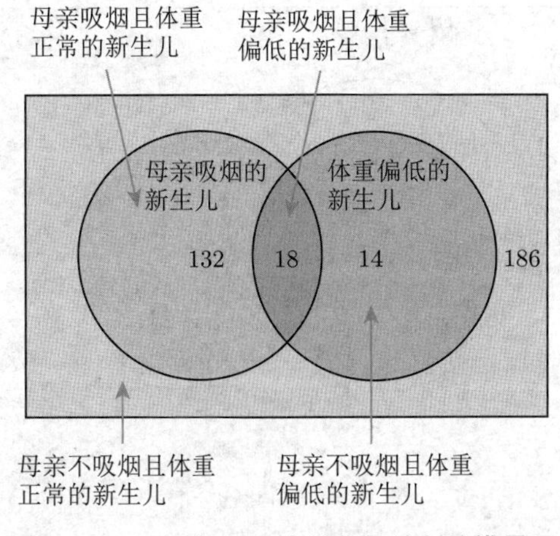

图 1.24　根据表 1.1 中的数据绘制的维恩图

▶ 做习题 59~62.

思考　解释为什么例 8 中的维恩图也可以把“母亲不吸烟的新生儿”集合和“正常体重的新生儿”集合的圆画出来. 根据这种情况绘制维恩图，然后把表 1.1 中的数据放入正确的区域.

例 9　带有数字的三个集合——血型[①]

人类血液通常根据是否存在三种抗原 A、B 和 Rh 来分类. 首先根据抗原 A 和 B 来表示：仅含有 A 的血液称为 A 型，仅含有 B 的血液称为 B 型，含有 A 和 B 的血液称为 AB 型，不含 A 或 B 的血液称为 O 型. Rh 的存在或不存在通过添加阳性 (有) 或阴性 (无) 或相应的符号 (+ 或 −) 来表示. 表 1.2 显示了美国人口中的 8 种血型以及每类人的占比. 画一个维恩图来说明这些数据.

表 1.2　美国人口的血型

血型	人口百分比
A 型阳性	34%
B 型阳性	8%
AB 型阳性	3%
O 型阳性	35%
A 型阴性	8%
B 型阴性	2%
AB 阴性	1%
O 型阴性	9%

解　我们可以将含有这三种抗原的人看成三个集合 A、B 和 Rh（阳性）. 因此，我们的维恩图由三个相交的圆组成. 如图 1.25 所示，图中有八个区域，每个区域都标注了其类型和人口百分比. 例如，中心区域对应于所有三种抗原（AB 阳性）都存在的情况，所以占比为 3%. 根据表 1.2 的数据来标记这八个区域.

① **历史小知识**：人类的血型是由奥地利生物化学家卡尔・兰德斯坦纳（Karl Landsteiner）于 1901 年发现的. 1909 年，他将血型分为 A、B、AB 和 O 型. 他还发现输血时如果提供者和接受者血型相同，则可以成功. 他因为这项工作获得了 1930 年诺贝尔医学奖.

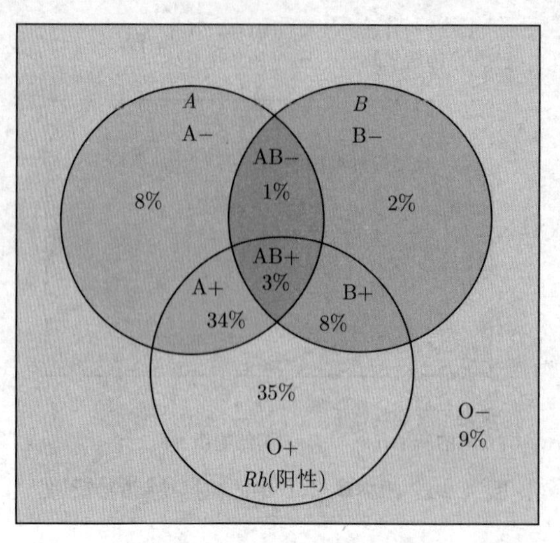

图 1.25　美国人口血型的维恩图

▶ 做习题 63~66.

测验 1.3

选择以下每个问题的最佳答案，并用一个或多个完整的句子来解释原因.

1. 考虑集合：{亚拉巴马州，阿拉斯加州，亚利桑那州，…，怀俄明州}，其中“…”代表 (　).

   a. 事实上，我们不知道该集合的其他元素

   b. 美国其他 46 个州

   c. 科罗拉多州，加利福尼亚州，佛罗里达州和密西西比州

2. 以下哪一项不是整数集合的元素？(　)

   a. -107　　　　b. 481　　　　c. $3\frac{1}{2}$

3. 基于下面的维恩图，我们得出结论：(　).

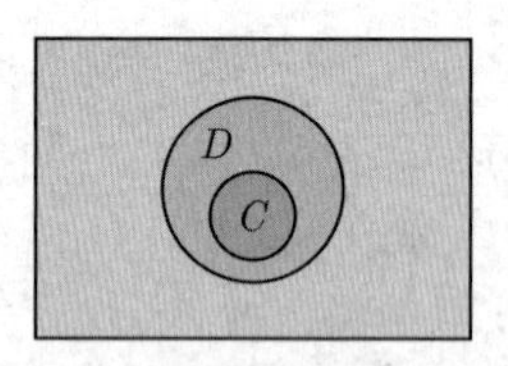

   a. C 是 D 的子集.　　　　b. D 是 C 的子集.　　　　c. C 与 D 不相交

4. 假设 A 代表猫的集合，B 代表狗的集合. 在下面的图形中，能够正确表示这两个集合之间关系的维恩图是：(　).

a.
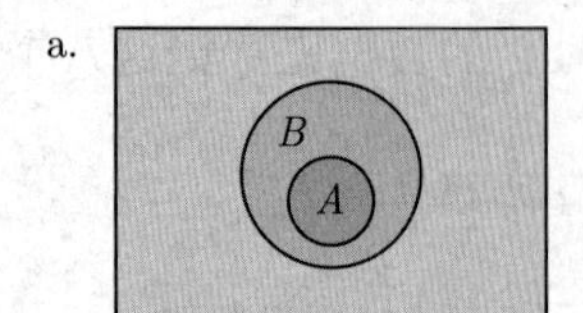

b.
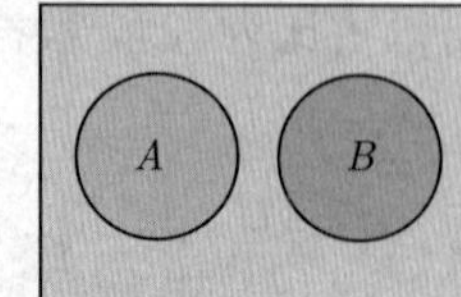

c.
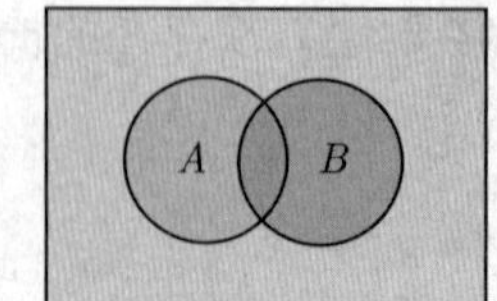

5. 假设 A 代表所有苹果的集合，B 代表所有水果的集合. 在下面的图形中，能够正确表示这两个集合之间关系的维恩图是：(　).

a. 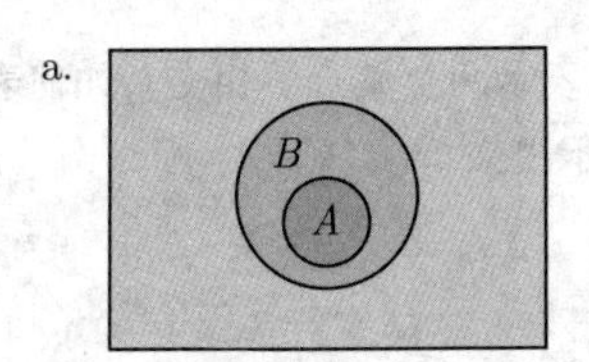

b. 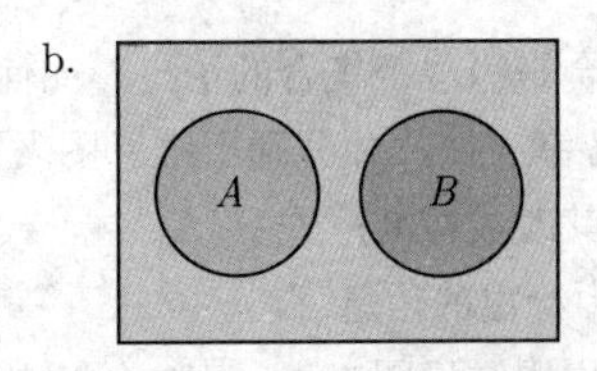

c. 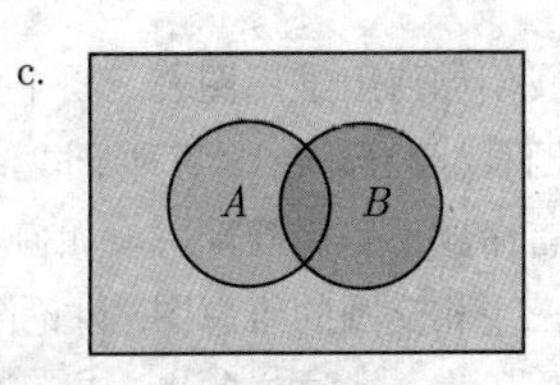

6. 假设 A 代表所有高中越野跑运动员的集合，B 代表所有高中游泳运动员的集合. 在下面的图形中，能够正确表示这两个集合之间关系的维恩图是：(　).

a. 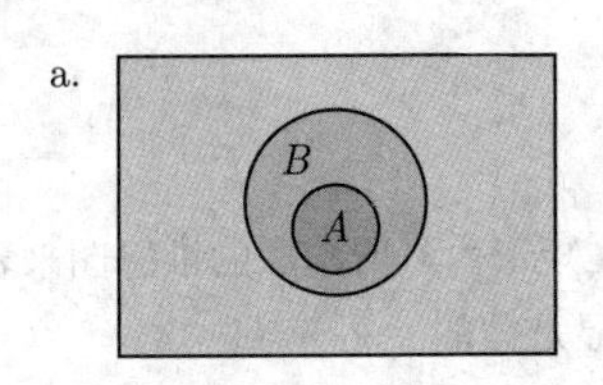

b. 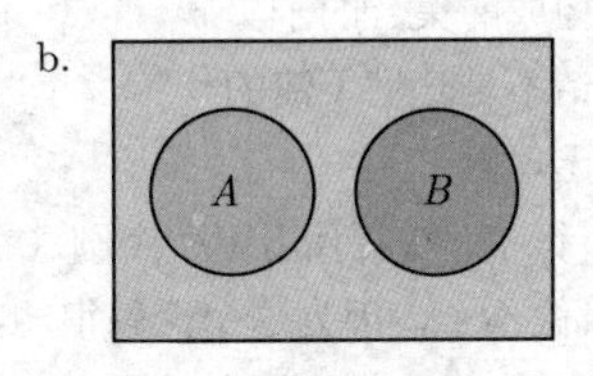

c. 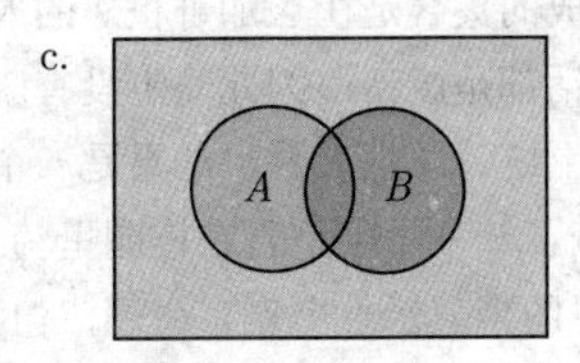

7. 在下面的维恩图中，X 表示：(　).

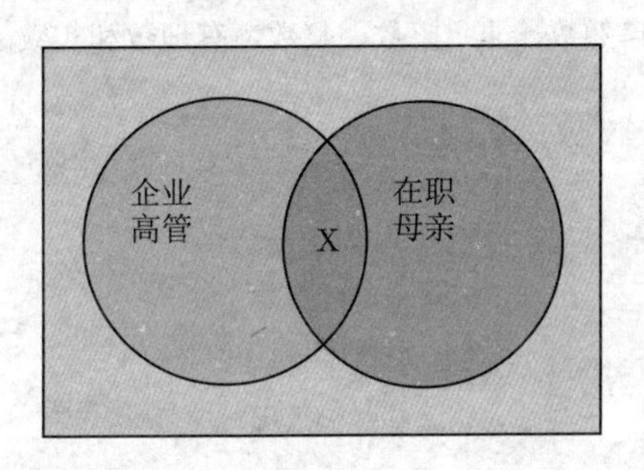

a. 一些在职母亲是企业高管　　b. 没有在职母亲是企业高管　　c. 一些在职母亲不是企业高管

8. 下面维恩图中带有 X 的区域表示：(　).

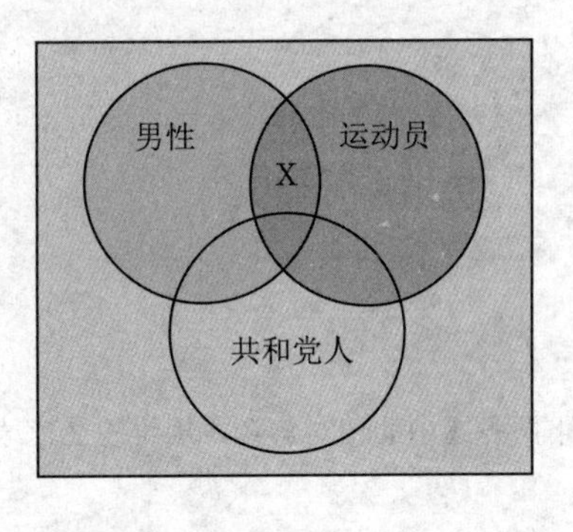

a. 男性共和党运动员　　b. 不是运动员的男性共和党人　　c. 不是共和党人的男运动员

9. 再次考虑习题 8 中的维恩图. 图的中间区域代表的是：(　).

a. 男性共和党运动员

b. 男性或共和党人或运动员

c. 既不是男性，也不是共和党人，也不是运动员

10. 查看表 1.1 中的数据. 体重偏低的新生儿总数是：(　).

a. 14　　b. 18　　c. 32

习题 1.3

复习

1. 什么是集合？描述如何使用大括号列出集合的元素.

2. 什么是维恩图？我们如何用维恩图表示一个集合是另一个集合的子集？如何表示两个集合不相交？如何表示两个集合相交？
3. 列出直言命题的四种标准形式. 对每种形式，各举一例，并分别用维恩图表示出来.
4. 简要讨论如果直言命题不是标准形式，如何将其改成标准形式.
5. 解释如何做包含三个相交圆的维恩图. 讨论图中给出的信息.
6. 解释如何分析类似于表 1.1 这样的表，以及怎样用维恩图来表示表中给出的信息.

是否有意义？

确定下列陈述是有意义的（或显然是真实的）还是没有意义的（或显然是错误的）. 解释你的原因.

7. 芝加哥的居民构成的集合是在芝加哥租房的人构成的集合的子集.
8. 所有含糊不清的话都是废话，因此一定没有废话不是含糊不清的.
9. 我在统计学课堂上统计学生人数，结果是一个无理数.
10. 我在课堂上调查了一下学生是否在校园里骑自行车. 然后我用由一个圆（在矩形内）所构成的维恩图来表示结果.
11. 教授让我用维恩图来表示一个直言命题，但我做不了，因为这个命题很明显是假的.
12. 我用了一个有三个圆的维恩图来表示校园里有多少学生是素食主义者、共和党人和/或女性.

基本方法和概念

13～28：数字分类. 从下面的数字中选出自然数、非负整数、整数、有理数和实数.

13. 888　　14. -23
15. $3/4$　　16. $-6/5$
17. 3.414　　18. 0
19. π　　20. $\sqrt{8}$
21. -45.12　　22. $\sqrt{98}$
23. $\pi/4$　　24. $-34/19.2$
25. $-123/79$　　26. -923.66
27. $\pi/129$　　28. 93 145 095

29～36：集合的表示. 使用大括号描述下面的集合，或者说明该集合没有元素. 可以用“…”来表示元素.

29. 7 月的每一天.
30. 介于 23 到 35 之间的奇数.
31. 与密西西比州接壤的各州.
32. 从 6 开始，6 到 25 之间相差 3 的数.
33. 10 到 40 之间能开方为整数的数.
34. 以字母 K 开头的州.
35. 2 到 35 之间的奇数，并且是 3 的倍数.
36. 英文字母中的元音字母.

37～44：两个集合的维恩图. 用两个圆代表下面各题中的一对集合，用维恩图来表示集合之间的关系，并对维恩图做出说明.

37. 教师和女性.
38. 笼中格斗士和红头发的人.
39. 衬衫和衣服.
40. 客机和汽车.
41. 诗人和水管工.
42. 女性和美国总统.
43. 青少年和 80 多岁的人.
44. 小说和推理小说.

45～52：直言命题. 对于给定的直言命题，完成以下任务.

a. 请将命题改写成标准形式.
b. 陈述主项和谓项的集合.
c. 绘制命题的维恩图，并标记图的所有区域.
d. 仅基于维恩图（不是你知道的任何其他知识），回答每个命题后面的问题.

45. 所有国王都是男性. 你能断定有些男性不是国王吗?
46. 没有胡萝卜是水果. 有没有可能有些胡萝卜是水果?
47. 有些外科医生是渔民. 你能断定有些渔民不是外科医生吗?
48. 每条鱼都会游泳. 你能断定一些会游泳的不是鱼吗?
49. 和尚不骂人. 有没有可能一些骂人的是和尚?
50. 有些日子是星期二. 基于这一命题, 你能得出结论: "有些日子不是星期二" 吗?
51. 有些神枪手不是男性. 有没有可能至少有一个神枪手是男的?
52. 有些游击手是金发女郎. 你能断定有红头发的游击手吗?

53～58: 三个集合的维恩图. 根据以下三个集合, 做包含三个相交圆 (八个区域) 的维恩图. 描述每个区域的元素, 或说明该区域没有元素.

53. 女性、共和党人和厨师.
54. 曲棍球运动员、花样滑冰运动员和男子.
55. 诗人、剧作家、画家.
56. 海洋、咸水和淡水.
57. 以 t 开头的单词、名词和少于 5 个字母的单词.
58. 老师、游泳运动员和高个子.
59. **双向表.** 各种利手研究的结果表明, 在随机抽样的成年人中, 平均 12% 的男性是左撇子, 9% 的女性是左撇子.(假设其余都是右撇子.) 假设你有一组由 200 名女性和 150 名男性构成的样本, 其中左撇子和右撇子的数量反映了平均百分比. 用一个双向表格来表示这些数据.
60. **双向表.** 根据 2016 年总统选举的出口民调, 唐纳德 · 特朗普在白人女性中获得了大约 52% 的选票, 在黑人女性中获得了 4% 的选票, 在白人男性中获得了 62% 的选票, 在黑人男性中获得了 13% 的选票. 用双向表来表示这些数据.

61～62: 带数字的两个圆的维恩图. 根据维恩图回答以下问题.

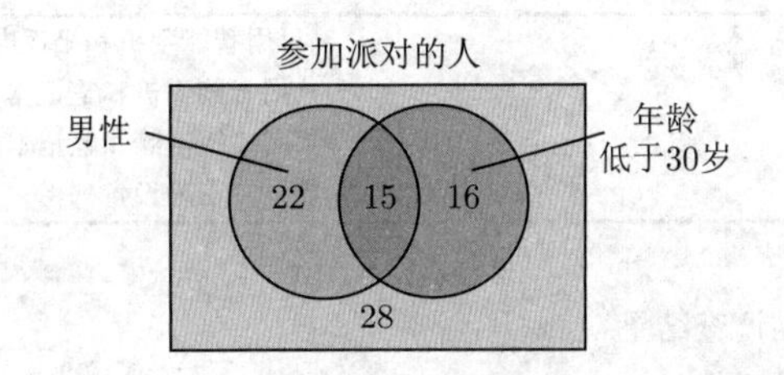

61. a. 派对上有多少人小于 30 岁?
    b. 派对上有多少女性不小于 30 岁?
    c. 派对上有多少男性?
    d. 派对上有多少人?
62. a. 派对上有多少男性不小于 30 岁?
    b. 派对上有多少女性?
    c. 派对上有多少女性小于 30 岁?
    d. 派对上有多少人不小于 30 岁?

63～64: 带数字的三圆维恩图. 使用维恩图回答以下问题.

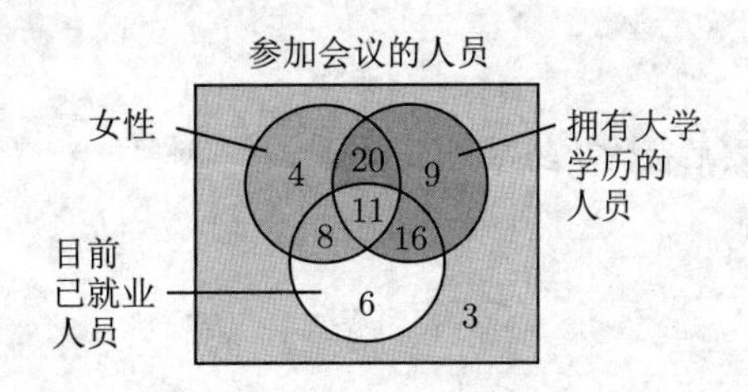

63. a. 参加会议的有多少人是有大学学历的已就业的男性?

b. 参加会议的有多少人是未就业女性?

c. 参加会议的有多少人是没有大学学历的已就业女性?

d. 有多少女性参加了会议?

64. a. 参加会议的有多少人是有大学学历的已就业女性?

b. 参加会议的有多少人是已就业男性?

c. 参加会议的有多少人是没有大学学历的未就业男性?

d. 有多少人参加了会议?

65. **医院用药.** (假设) 医院的患者一天服用抗生素 (A)、降压药 (BP) 和止痛药 (P) 的数量如下:

只用 A	12	只用 A 和 BP	15
只用 BP	8	只用 A 和 P	24
只用 P	22	只用 BP 和 P	16
都不用	2	三种药物都用	20

a. 绘制一个包含三个圆的维恩图,表示表中的结果.

b. 有多少患者服用了止痛药或降压药?

c. 有多少患者服用了降压药,但没有服用抗生素?

d. 有多少患者 (至少) 服用了降压药?

e. 有多少患者只服用了止痛药?

f. 有多少患者服用了恰好两种药物?

66. **与科技相关的调查.** 针对 150 名大学生进行的一项调查结果显示,他们中使用智能手机、平板电脑和/或笔记本电脑的人数如下 (基于皮尤研究中心的数据):

只用智能手机	51	只用智能手机和平板电脑	35
只用平板电脑	8	只用智能手机和笔记本电脑	37
只用笔记本电脑	12	只用平板电脑和笔记本电脑	4
都不用	2	三种设备都用	1

a. 用一个包含三个圆的维恩图来总结调查结果.

b. 有多少学生 (至少) 使用一部智能手机?

c. 有多少学生使用一台平板电脑或笔记本电脑?

d. 有多少学生只使用一部智能手机和一台笔记本电脑,但不使用平板电脑?

e. 有多少学生恰好使用其中的两种电子设备?

f. 有多少学生只使用一台笔记本电脑或一部智能手机,但不使用平板电脑?

进一步应用

67~70 维恩图分析

67. 一位影评人评论了 36 部电影,其中 12 部是纪录片,24 部是故事片. 她给了 8 部纪录片好评,给了 6 部故事片差评.

a. 用一个双向表来总结评论的结果.

b. 根据 (a) 中表格中的数据做一个维恩图.

c. 有多少纪录片获得了差评?

d. 有多少故事片获得了好评?

68. 所有参加马拉松比赛的运动员都在比赛后接受了药物测试. 在测试呈阳性的 24 人中,有 6 人进入了前 10 名. 测试呈阴性的有 35 人.

a. 用一个双向表总结测试结果.

b. 用 (a) 中的表格做一个维恩图.

c. 有多少测试呈阴性的运动员没有进入前十?

d. 有多少人参加了测试?

69. 对在纳什维尔或旧金山长大的 100 人进行了调查，以确定他们是喜欢乡村音乐还是布鲁斯音乐（不包括两者都喜欢或都不喜欢）. 在旧金山长大的人中，有 30 人更喜欢布鲁斯音乐，19 人更喜欢乡村音乐. 在纳什维尔长大的人中，35 人更喜欢乡村音乐.

a. 做一个双向表来总结调查结果.

b. 根据（a）中表格中的数据做维恩图.

c. 有多少在纳什维尔长大的人更喜欢布鲁斯音乐？

d. 有多少受访者更喜欢布鲁斯音乐？

70. 在一项新的过敏药物试验中，75 人服用了这种药物，75 人服用了安慰剂. 在服用药物的人中，55 人的过敏症状有所改善. 在服用安慰剂的人中，45 人的过敏症状没有得到改善.

a. 用一个双向表来总结结果.

b. 根据（a）中表格中的数据做维恩图.

c. 有多少人服用药物后病情没有改善？

d. 服用安慰剂的人中有多少病情得到改善？

71~74：双向表.

71~72：按性别划分得到的选举结果. 每张表都给出了在最近的总统选举中，两个主要政党候选人在全国范围内获得的普选票数的大致百分比. 分别用由两个圆组成的维恩图来表示表中的结果. 选择两个圆的方法不止一个. (因为从个人投票中看不出性别，所以性别分类是投票后经调查得到的；由于有第三方候选人和选择不回答投票后问题的人，所以投票总数不会达到 100%.)

71.**2012 年总统选举.**

	奥巴马	罗姆尼
女性选民	55%	44%
男性选民	45%	52%

72.**2016 年总统选举.**

	特朗普	克林顿
女性选民	42%	54%
男性选民	53%	41%

73. **测谎仪准确度.** 研究人员查尔斯·霍恩茨（博伊西州立大学）和戈登·巴兰（美国国防部测谎研究所）对测谎仪的准确性进行了测试. 下表显示了当受试者接受测谎仪测试时的部分结果，假设研究人员提前知道他们是否真的说谎了.

	受试者说谎	受试者未说谎	总计
测谎仪结果：说谎		42	57
测谎仪结果：未说谎	32		
总计		51	

a. 把表格中缺少的数字填上.

b. 测谎仪能正确检测出受试者是否真的说谎的比例有多大？

c. 测谎仪未能检测出受试者是否真的说谎的比例有多大？

d. 在此基础上，对测谎仪测试的准确性进行评价.

74. **驾驶员安全.** 针对高中生开展了一项关于开车时发短信和系安全带的调查研究（“Texting while driving and other risky motor vehicle behaviors among U.S. high school students,” O’Mally, Shults and Eaton, *Pediatrics*, 131, 6). 部分结果见下表.

	规范使用安全带	不规范使用安全带	总计
开车时发短信	1 737		3 785
开车时不发短信		2 775	
总计	3 682		

a. 把表格中缺少的数字填上.

b. 报告中有这两类危险行为（发短信和不规范系安全带）的学生占多大比例？

c. 在报告中，只在开车时发短信的学生占多大比例？

d. 根据这些数据，讨论一下这两类危险行为是否存在关联.

75～78: **三个以上集合**. 用维恩图来说明给定集合之间的关系. 图中每个集合对应一个圆. 一个圆可以完全位于其他圆的内部，也可以与其他圆相交，或者可能与其他圆完全分开.

75. 动物，宠物，狗，猫，金丝雀.

76. 运动员，妇女，职业足球运动员，业余高尔夫球手，坐诊的医生.

77. 会飞的东西，鸟，喷气式飞机，滑翔机，老鹰.

78. 画家，艺术家，音乐家，钢琴家，小提琴家，抽象派画家.

实际问题探讨

79. **直言命题.** 在新闻报道或广告中找到至少三个直言命题的例子. 描述每个命题所涉及的集合，并分别用维恩图表示出来.

80. **生活中的维恩图.** 描述你自己的生活中可以使用维恩图描述或分析的情况.

81. **双向表.** 找一篇可以用类似表 1.1 的双向表概括的新闻报道或研究报告. 用维恩图来表示表格中的数据.

82. **国家政治.** 了解有多少个州在州立法机构的下议院中拥有共和党多数席位，有多少个州在上议院 (参议院) 中拥有共和党多数席位. 用维恩图来说明情况.

83. **美国总统.** 收集每位前任美国总统的以下信息：

- 单身或已婚（如果在任期间结婚，则归类为已婚）.
- 在 50 岁之前或之后就职.
- 服务一个任期（或更短）或不止一个任期.

用包含三个圆的维恩图来表示你的结果.

1.4 分析论证

回想一下，在 1.1 节中，我们定义，一个论证是用一组前提来支持一个或多个结论. 如果一个论证从前提出发能够合理地推出结论，那么这个论证构建得很好. 但是，我们如何确定一个论证是否合理且很有说服力呢？我们将在本节讨论这个问题.

论证的两种类型：归纳和演绎

论证有两种基本类型，称为归纳和演绎. 我们用下面两个例子来说明. 针对每一个例子，思考一下，从它的前提能否合理地得出结论.

论证 1（归纳）

前提：鸟飞到空中最终会落下.

前提：人跳到空中会落下.

前提：石块投到空中会落下.

前提：球抛到空中会落下.

结论：上升的物体一定会落下.

论证 2（演绎）

前提：所有政客都结婚了.

前提：参议员哈里斯是一名政客.

结论：参议员哈里斯已婚.

请注意，论证 1 以一系列相当具体的前提开始，每一个前提都是针对某特定类型的对象. 而论证 1 的结论是关于任意一种物体的更一般的陈述. 这种类型的论证的结论是把具体的前提推广到一般而形成的，被称为**归纳论证** (inductive argument). (“inductive”这个术语以“induce”为词根，意思是“to lead by persuasion”.)

相反地，论证 2 以关于政客的一般性陈述开始，然后对特定的政客推出具体结论. 论证 2 被称为**演绎论证** (deductive argument)，因为它是从更一般的前提推出一个具体的结论.

定义

归纳论证是从具体的前提得到一般性的结论.

演绎论证是从一般性的前提得到具体的结论.

评估归纳论证

我们更进一步详细地研究论证 1. 它的前提显然是真实的，每一个前提都支持结论. 前提引用的各种具体实例使这个论点显得很有说服力，而且事实上，人们长期以来一直认为，“上升的物体必然会落下”这一结论是正确的. 不过，我们现在知道这一结论是错误的，因为火箭以足够快的速度发射就可以永远地离开地球[①]. 因此，我们发现归纳论证的一个重要事实：不管一个归纳论证看上去多么强大，它都不能证明其结论是正确的.

更正式地讲，我们用**强度** (strength) 一词来评估归纳论证. 尽管一个强有力的论证不能证明结论是正确的，但是它的结论看起来很有说服力. 一个弱的论证是指它似乎并没有对这一结论给予很大的支持. 注意评估论证的强弱和个人判断有关. 一个人认为很强的论证可能其他人觉得很弱.

还要注意，归纳论证的强度并不一定与结论的真实度相关. 论证 1 足够强大，可以说服从古至今的很多人，但它的结论是错误的. 反之，一个弱的论证可能有一个真实的结论. 例如，简单的论证，“天空是蓝色的，因为是我说的”. 尽管其结论是正确的，但是看起来很弱.

归纳论证的评估

归纳论证不能证明其结论是正确的，因此只能根据其**强度**进行评估. 如果它的结论由令人信服的前提来支持，那么该论证是强的. 如果其结论得不到前提很好的支持，该论证就是弱的.

例 1 热门电影

一位电影导演告诉她的制片人（电影投资人）不要担心，她的电影一定会大卖. 理由如下：她聘请了大明星作为主角，她有一个规模宏大的广告宣传活动计划，并且这是她的上一个热门电影的续集. 解释为什么这个论证是归纳论证，并评估其强度.

解 这三个理由都是关于这部电影的具体事实，导演用这些事实来支持结论：她的电影会大受欢迎. 因为结论比前提更一般，所以论证是归纳性的. 然而，这一论证相对较弱，因为即使是计划最好的电影也可能失败.

▶ 做习题 15~22.

思考 假设你是例 1 中的导演，制片人说她需要更多证据证明电影会大卖. 你会搜集什么证据？

例 2 地震

评估以下论证，并讨论结论的真实性.

地质数据资料表明，几千年来，圣安地列斯断层至少每隔一百年就遭受一次大地震. 所以我们预计下一个百年会发生一次地震.

---

① **顺便说说**：第一颗离开地球的人造卫星是苏联于 1957 年 10 月 4 日发射的“斯普特尼克”(Sputnik) 1 号.“斯普特尼克”1 号环绕地球几个月之后，才由于大气阻力返回地球. 到 1959 年初，美国和苏联都发射了永远不会返回地球的卫星.

解 这个论证是归纳性的，因为它引用了很多过去的具体事件来证明另一次地震会发生. 这种模式已经持续了几千年，表明有很大的可能性将继续下去. 虽然这个论证并不能证明另一次地震会发生，但它说明另一次地震有很大可能会发生. 这一论证很强.

► 做习题 23~28.

演绎论证的评估

现在我们来讨论论证 2. 如果你接受它的两个前提——“所有政客都结婚了”和“参议员哈里斯是一名政客”，那么必然得到结论：参议员哈里斯已婚. 从这个意义上说，这个论证看起来很稳固. 但是，第一个前提在这里显然是不成立的 (因为有很多政客没有结婚)，所以我们不能确定哈里斯参议员是否已婚. 这个例子告诉我们，评估一个演绎论证需要回答两个关键问题:

- 结论是否必然由前提得到?
- 前提是否正确?

只有对这两个问题的答案是肯定的，我们才能确定结论是正确的.

严格地讲，上述第一个问题涉及论证的**有效性** (validity). 如果一个演绎论证的结论必然地由前提得到，那么我们称这个论证是**有效的** (valid). 注意，有效性只涉及论证的逻辑结构. 有效性不涉及个人判断，与前提和结论的真假无关.

如果演绎论证是有效的并且它的前提都是真实的，那么我们就说这个论证是**可靠的** (sound). 可靠代表了演绎论证的最高级别，因为至少在原则上，一个可靠的论证能够证明其结论是正确的. 但是，如果前提的真实性存在争议，则可靠性仍可能涉及个人判断.

论证 2 是有效的，因为结论必然来自前提. 但这并不可靠，因为第一个前提 (“所有政客都结婚了”) 是假的.

评估演绎论证

我们应用两个标准来评估演绎论证:

- 如果无论前提或结论是真还是假，它的结论都必然来自其前提，那么我们就称该论证是**有效的**.
- 如果论证是有效的并且它的前提都是真的，则该论证是**可靠的**.

思考 针对你最近做的几项决定，思考你得到结论所使用的论证是归纳论证还是演绎论证，解释你的推理过程.

有效性检验

前面我们从直觉上就能确定关于哈里斯参议员的论证的有效性. 但是，有的演绎论证可能是很复杂的，这时我们可以用维恩图（见 1.3 节）来检验论证的有效性. 这个过程包括两个基本步骤，关于参议员哈里斯的论证如图 1.26 所示：

第一步： 我们首先用维恩图来表示前提中包含的信息. 即:

- 第一个前提“所有政客都结婚了”告诉我们，政客构成的集合是已婚人士的子集. 所以，我们用维恩图表示时，把代表政客的圆放在代表已婚人士的圆内.
- 第二个前提告诉我们哈里斯参议员是一名政客. 所以，我们用维恩图表示时，在政客的圆内放一个代表参议员的“X”.

第二步： 现在，我们通过维恩图来检查结论是否成立. 在这种情况下，“X”也在已婚人士的圆内，正如结论中所说，参议员哈里斯是已婚人士. 维恩图表明，前提必然导致结论，说明论证是有效的.

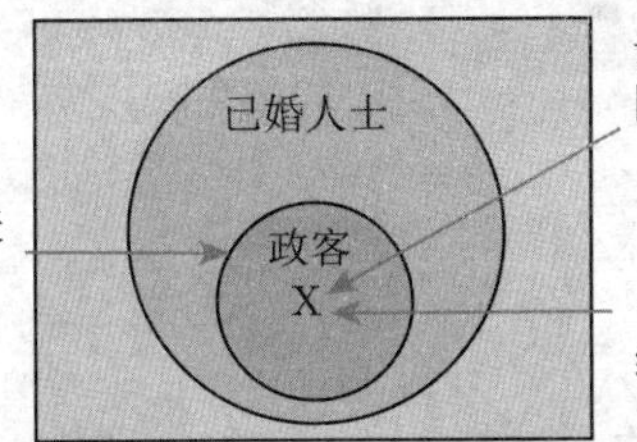

图 1.26　用维恩图来说明为什么关于哈里斯议员的论证 (论证 2) 是有效的

用维恩图来检验有效性

用维恩图来检验演绎论证的有效性需要以下步骤：

1. 画维恩图，图中应包含前提的所有信息.
2. 检查维恩图是否证实了结论. 如果是，那么论证是有效的. 否则，论证无效.

例 3　无效的论证

评估以下结论的有效性和可靠性.

前提：所有鱼都生活在水中.

前提：鲸鱼不是鱼.

结论：鲸鱼没有生活在水中.

解　显然，两个前提都是正确的，但结论是错误的. 由于它的逻辑结构存在缺陷，所以论证无效. 我们可以通过维恩图（见图 1.27）来看一下。

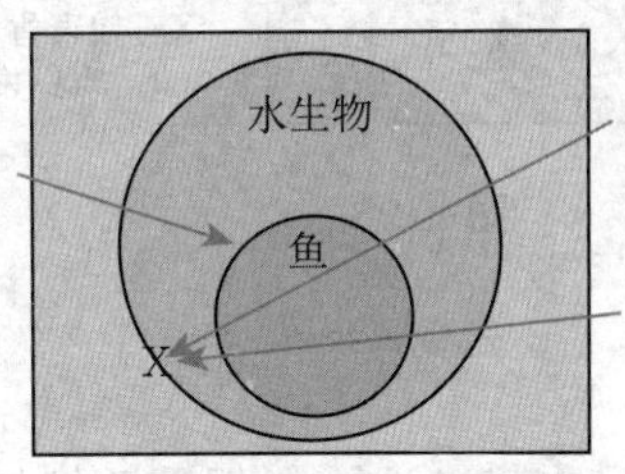

图 1.27

第一步： 我们把前提包含的信息表示如下：

- 第一个前提：“所有鱼都生活在水中”，意味着鱼的集合是水生物的集合的一个子集，所以我们把代表鱼的集合的圆放在代表水生物的集合的圆内.
- 第二个前提：“鲸鱼不是鱼”，我们通过把“X”(代表鲸鱼) 放在代表鱼的圆的外面来表示. 但是，注意到前提并没有告诉我们鲸鱼是否属于水生物那个集合. 因此, 为了保持两种可能性，我们把“X”放在这个圆的边界上，表示它可能在圆的内部也可能在圆的外部.

第二步： 现在我们来检验结论的有效性. 结论指出，鲸鱼不会生活在水中，这意味着代表鲸鱼的“X”应该在水生物的圆的外部. 但事实上它不是；它位于边界，这意味着我们没有足够的信息确认它究竟是在圆内还是圆外. 因此，由前提不能必然得到结论，论证无效.

总之，这个论证是无效的，由于论证的可靠性需要前提是真的并且论证是有效的，所以该论证不是可靠的.

▶ 做习题 39~42.

例 4　论证无效但结论真实

评估以下论证的有效性和可靠性.

前提：20 世纪的所有美国总统都是男性.

前提：约翰·肯尼迪是男性.

结论：约翰·肯尼迪是 20 世纪的美国总统.

解　这个论证乍一看似乎很有说服力，因为它的前提和结论都是正确的. 然而，请注意观察维恩图（见图 1.28）：

第一步： 我们把前提包含的信息表示如下：

- 第一个前提，“20 世纪的所有美国总统都是男性”，意味着 20 世纪的所有美国总统构成的集合是男性集合的一个子集. 因此，我们将代表 20 世纪的美国总统的圆放在代表男性的圆内.
- 第二个前提，“约翰·肯尼迪是男性”，告诉我们，要把“X”(代表约翰·肯尼迪) 放在代表男性的圆内. 然而，前提并没有告诉我们，“X”是否也属于 20 世纪的美国总统的圆内，所以我们把它放在这个圆的边界上.

第二步： 现在我们来检验结论的有效性. 结论指出，“X”（代表肯尼迪）应该在代表 20 世纪的美国总统的圆内部. 但它不是 (它在边界上)，所以论证是无效的.

综上所述，论证是无效的，因此也是不可靠的.

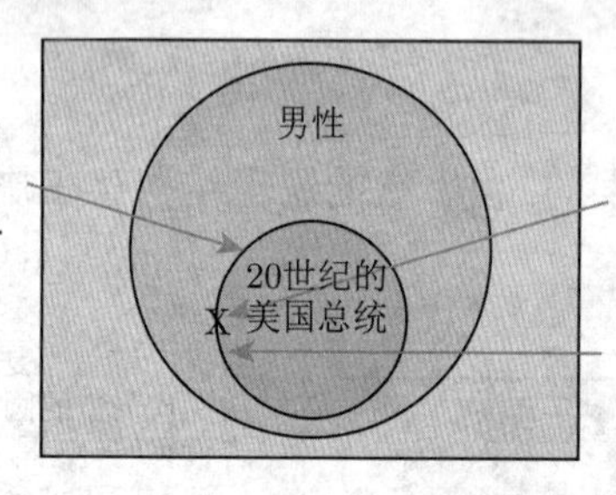

图 1.28

▶ 做习题 33~36.

思考　对于例 4 中的论证，将约翰·肯尼迪替换为一个不是总统的人，如阿尔伯特·爱因斯坦. 前提是否仍然是正确的？这样的替换是否有助于你理解论证的有效性？

条件论证

请考虑以下论证：

前提：如果一个人住在芝加哥，那么这个人喜欢刮风的日子.

前提：卡洛斯住在芝加哥.

结论：卡洛斯喜欢大风天.

在上面的演绎论证中，第一个前提是条件命题，“如果 p，那么 q”(其中，$p=$ 一个人住在芝加哥，$q=$ 这个人喜欢刮风的日子)，这是最常见也是最重要的论证类型. 你可能看出此论证有效：如果那些住在芝加哥的人喜欢刮风的日子并且卡洛斯住在芝加哥，那么必然能得出，卡洛斯喜欢刮风的日子.

条件论证有四种基本形式. 每种都有一个特定的名字，首先注意，在“如果 p，那么 q”中，p 称为假设，q 称为结论. 例如，关于卡洛斯的上述论证的第二个前提断言关于卡洛斯的假设是真的，所以这个论证被称为肯定假设. 下面的表格中总结了四种形式的条件论证及其有效性.

四种基本的条件论证

	肯定假设 *	肯定结论	否定假设	否定结论 **
结构	如果 p，那么 q； p 是真的	如果 p，那么 q； q 是真的	如果 p，那么 q； p 是假的	如果 p，那么 q； q 是假的
	q 是真的	p 是真的	q 是假的	p 是假的
有效性	有效	无效	无效	有效

∗ 拉丁语称为 modus ponens.

∗∗ 拉丁语称为 modus tollens.

正如我们前面所做的，我们也可以用维恩图来检验条件论证的有效性. 注意，“如果 p, 那么 q”意味着，如果一个元素属于集合 p, 那么它也一定是集合 q 中的元素. 因此, 我们要用维恩图来表示“如果 p, 那么 q”，就可以把代表 p 的圆放在代表 q 的圆内 (见图 1.29). 以下四个例子说明了我们如何检验四个基本条件论证的有效性.①

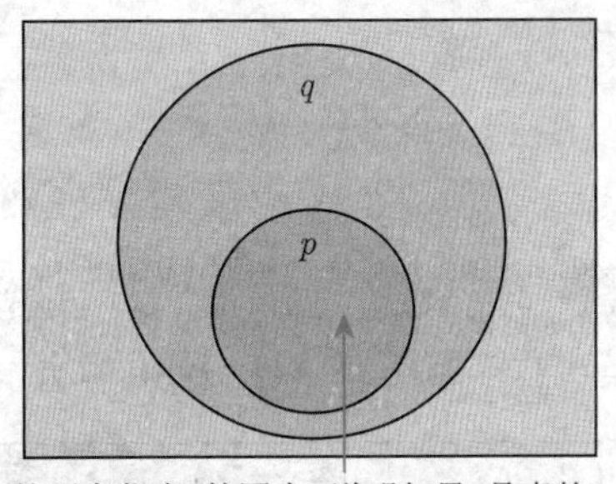

代表p的圆在代表q的圆内, 说明如果p是真的，那么q也一定是真的.

图 1.29　“如果 p，那么 q”的维恩图

例 5　肯定假设（有效）

用维恩图来证明关于卡洛斯和芝加哥的论证 (肯定假设) 是有效的.

解　如图 1.30 所示：

第一步： 我们把前提包含的信息表示如下：

- 第一个前提，“如果 p，那么 q”, 其中 $p=$ 一个人住在芝加哥，$q=$ 这个人喜欢刮风的日子. 因此，我们在维恩图中，把代表 p 的圆放在代表 q 的圆内.
- 第二个前提，“卡洛斯住在芝加哥”, 所以我们把“X”(代表卡洛斯) 放在代表 p 的圆内.

第二步： 现在我们来检验结论的有效性. 结论是，卡洛斯喜欢刮风的日子，意味着代表卡洛斯的“X”应该在代表 q 的圆内. 而“X”确实在代表 q 的圆内, 因此这一论证是有效的.

① **说明：**为了用维恩图来评估条件论证，我们把 p 和 q 当作集合，而不是条件语句“如果 p, 那么 q”中的命题. 更具体地说，维恩图中的圆 p 代表 p 为真的所有情况的集合，而圆 q 代表 q 为真的所有情况的集合.

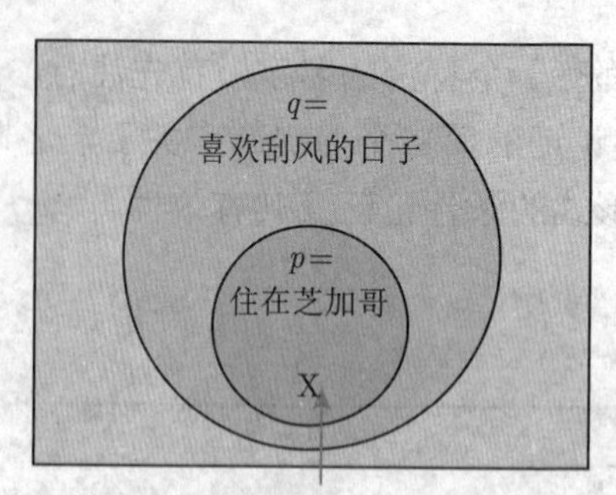

图 1.30

▶ 做习题 37~38

例 6 肯定结论（无效）

下面的例子称为肯定结论的条件论证，利用维恩图来检验它的有效性.

前提：如果一个员工经常迟到，那么该员工将被解雇.

前提：莎朗被解雇了.

结论：莎朗经常迟到.

解 如图 1.31 所示：

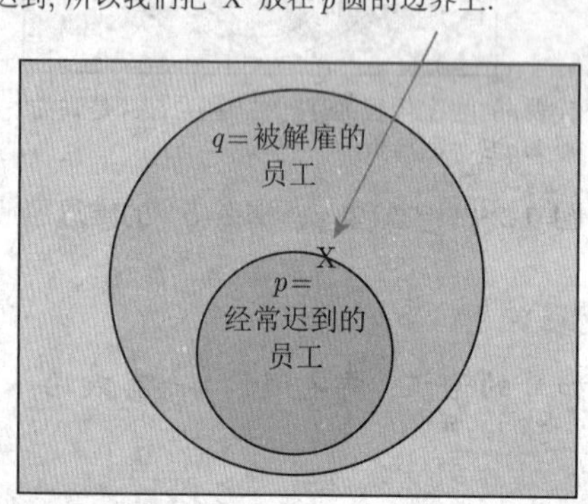

图 1.31

第一步： 我们从维恩图开始，"如果 p，那么 q"，这意味着 p 圆在 q 圆内. 在这里，$p=$ 经常迟到的员工，而 $q=$ 被解雇的员工. 接下来，我们表示第二个前提"莎朗被解雇了"，把代表莎朗的"X"放在 q 圆内. 然而，因为前提并没有告诉我们莎朗是否经常迟到，所以我们把"X"放在 p 圆的边界上，这表示我们不知道"X"属于这个圆的内部还是外部.

第二步： 结论是，莎朗经常迟到, 这意味着代表莎朗的"X"应该在 p 圆内. 但是它不在（"X"在边界上), 因此论证是无效的. 换句话说，我们不能得出结论：莎朗是由于迟到而被解雇的. 她可能是由于其他原因被解雇的.

▶ 做习题 39~40.

例 7 否定假设（无效）

下面的例子称为否定假设的条件论证，利用维恩图来检验它的有效性.

前提：如果你喜欢这本书，那么你会喜欢这部电影.

前提：你不喜欢这本书.

结论：你不喜欢这部电影.

解

如图 1.32 所示：

前提：你不喜欢这本书, 我们把“X”(代表你) 放在 p 圆外. 但是它并没有告诉我们, 你是否喜欢这部电影, 因此我们把“X”放在q圆的边界上.

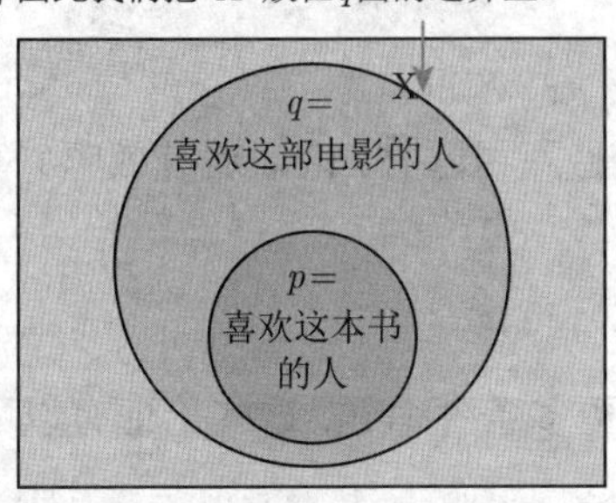

图 1.32

对于由前提要推出的结论“X”(代表你) 一定位于 q 圆外. 但前提只告诉我们“X”在 p 圆外. 因此，该论证无效.

第一步： 我们从维恩图开始，“如果 p，那么 q”，在这里，$p=$ 喜欢这本书的人，而 $q=$ 喜欢这部电影的人. 第二个前提是“你不喜欢这本书”, 我们把“X”（代表你）放在 p 圆外. 但是它并没有告诉我们，你是否喜欢这部电影, 因此我们把“X”放在 q 圆的边界上.

第二步： 结论是，你不喜欢这部电影, 这意味着“X”应该在 q 圆外. 但它不在，所以该论证无效. 换句话说，你可能虽然不喜欢这本书，但仍然喜欢这部电影.

► 做习题 41~42.

例 8 否定结论（有效）

下面的例子称为否定结论的条件论证，利用维恩图来检验它的有效性.

前提：麻醉剂会上瘾.

前提：阿司匹林不会上瘾.

结论：阿司匹林不是麻醉剂.

解

如图 1.33 所示：

第一步： 在这里，我们必须首先用条件命题的标准形式重新描述第一个前提: 如果一种物质是麻醉剂，那么它会让人上瘾. 我们确定 $p=$ 麻醉剂，$q=$ 令人上瘾的物质，并做维恩图. 第二个前提是, 阿司匹林不会上瘾, 因此, 我们把“X”(代表阿司匹林) 放在 q 圆外.

第二步： 由于“X”在 p 圆 (代表麻醉剂) 外，因此可以推出结论, 即该论证是有效.

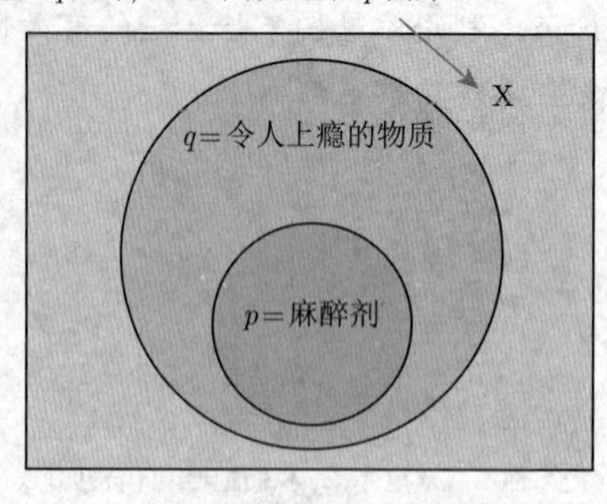

图 1.33

▶ 做习题 43~44.

思考 假设你在例 8 中用海洛因代替阿司匹林. 论证还有效吗？可靠吗？

由一组条件命题构成的演绎论证

另一种常见的演绎论证涉及三个或更多条件命题. 这些论证有以下形式:

前提：如果 p，那么 q.

前提：如果 q，那么 r.

结论：如果 p，那么 r.

由以上条件命题构成的论证是有效的：p 成立意味着 q 成立，q 成立意味着 r 成立，所以 p 成立意味着 r 成立.

例 9 一组条件命题构成的演绎论证

检验下面论证的有效性：如果玛丽亚·洛佩兹当选学校董事会成员，那么他会要求学校提高教学标准，这对我孩子的教育有好处. 因此，如果玛丽亚·洛佩兹当选学校董事会成员，我的孩子会受益.

解 这一论证可以重新用一组条件命题的形式来改写:

前提：如果玛丽亚·洛佩兹当选学校董事会成员，那么学校将提高教学标准.

前提：如果学校提高教学标准，那么我的孩子会受益.

结论：如果玛丽亚·洛佩兹当选学校董事会成员，那么我的孩子会受益.

以这种形式来表示，条件命题从 $p=$ 玛丽亚·洛佩兹当选学校董事会成员，$q=$ 学校将提高教学标准，到 $r=$ 我的孩子会受益，形成一条清晰的条件命题的链条. 因此，该论证是有效的.

▶ 做习题 45~46.

例 10 无效的条件论证

确定以下论证的有效性：“我们同意，如果你买菜，我会做晚餐. 我们也同意，如果你扔垃圾，我会做晚餐. 因此，如果你买菜，那么你应该扔垃圾.”

解 假设 $p=$ 你买菜，$q=$ 我做晚餐，$r=$ 你扔垃圾. 那么这个论证有以下形式:

前提：如果 p，那么 q.

前提：如果 r，那么 q.

结论：如果 p，那么 r.

结论无效，因为从 p 到 r 没有形成一个条件命题的链条.

▶ 做习题 47~48.

数学的归纳与演绎

也许与其他学科相比，数学更依赖于证明. 数学证明是一种演绎论证，它证明了某个主张或定理的真实性. 如果一个定理得到有效和可靠的论证，那么我们认为该定理被证明了. 虽然数学证明使用演绎论证，但定理往往是通过归纳发现的.

勾股 (毕达哥拉斯 (Pythagorean)) 定理[①]适用于直角三角形（有一个角是 90° 的三角形）. 定理是指，$a^2+b^2=c^2$，其中 c 是最长边或斜边的长度，a 和 b 是其他两边的长度（见图 1.34(a)）. 在 $a=3, b=4$ 和 $c=5$ 的情况下, 从几何图形可以看出这些正方形的边之间的关系（见图 1.34(b)）. 在任意直角三角形中都可以找到同样的关系，因此这是一个很强的归纳论证，表明该定理适用于所有直角三角形.

当你遇到比较难记的某个特定定理或数学规则时，用归纳论证是一个非常有效的方法. 用一些例子去检验这一规则是否有效，往往对我们很有帮助. 虽然例子永远不能构成证明，但它们通常足以说服你相信这个规则是真的. 反之，即使只有一个例子失败，也说明该规则不可能成立.

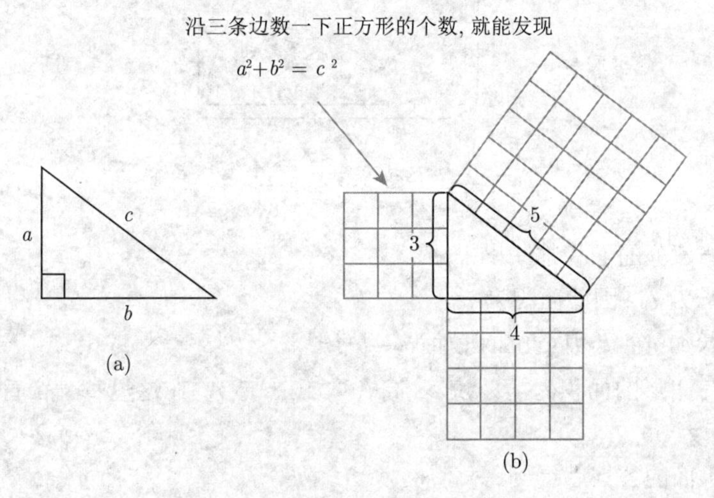

图 1.34

例 11 利用归纳法来验证数学规则

验证以下规则：对于所有数 a 和 b，$a\times b=b\times a$.

解 我们从一些例子开始，根据需要可以使用计算器.

$7\times 6=6\times 7$ 对吗？ $\Rightarrow$ 对！

$(-23.8)\times 9.2=9.2\times(-23.8)$ 对吗？ $\Rightarrow$ 对！

$4.33\times\left(\dfrac{1}{3}\right)=\left(\dfrac{1}{3}\right)\times 4.33$ 对吗？ $\Rightarrow$ 对！

虽然三个例子各不相同（包含分数、小数和负数），但规则全部适用. 这个结果为该规则提供了很强的归

① **顺便说说**：毕达哥拉斯定理是以古希腊哲学家毕达哥拉斯 (公元前 580—前 500 年) 的名字命名的，因为他是人们知道的第一个用演绎论证来证明它的人. 然而，这个定理在毕达哥拉斯时代之前，在许多古代文化中，至少已经使用了一千年. 这些古老的文化可能从未想去证明它. 他们只是注意到每次使用这个定理时都是正确的，而且它在艺术、设计和建筑业中都非常有用.

纳论证. 虽然我们还没有证明这一规则 $a \times b = b \times a$，但我们有充分的理由相信它是真的. 如果我们能够找到符合规则的更多其他例子，就会更加坚信这一规则是成立的.

▶ 做习题 49~50.

数学视角　　毕达哥拉斯定理的演绎证明

用演绎论证来证明毕达哥拉斯定理的方式有很多种，但最简单的方法之一就是 12 世纪的印度数学家巴斯卡拉 (Bhaskara) 给出的. 他的证明是，首先在一个大的正方形里面有一个较小的正方形，它被四个全等的直角三角形围起来（见图 1.35）. 注意，该图将大的正方形划分为五个单独的区域（一个小正方形和四个直角三角形），因此，

大正方形的面积 = 小正方形的面积 + 4 × 直角三角形的面积

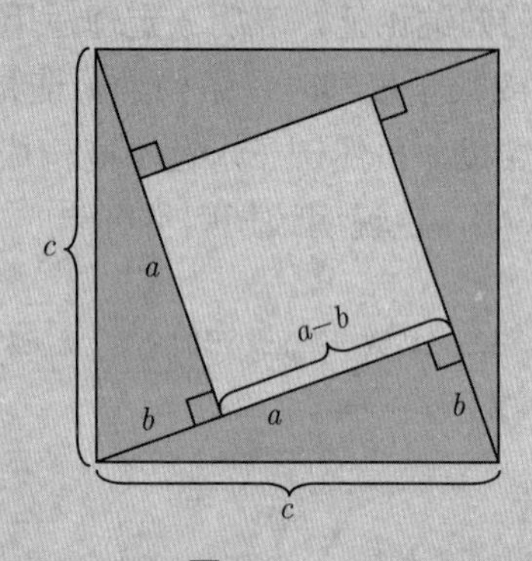

图 1.35

下面，我们把每一部分的面积都写出来：

- 大正方形的边长为 c，因此面积为 c^2.
- 小正方形的边长为 $a-b$，因此面积为 $(a-b)^2$.
- 任意一个直角三角形的面积为 $\dfrac{1}{2}\times$ 底 $\times$ 高（见 10.1 节），在这里每一个直角三角形的底为 a、高为 b，因此面积为 $ab/2$.

把这些面积代入上面的公式就得到：

$$\underbrace{c^2}_{\text{大正方形的面积}} = \underbrace{(a-b)^2}_{\text{小正方形的面积}} + 4 \times \underbrace{\frac{ab}{2}}_{\text{直角三角形的面积}}$$

$$= (a-b)^2 + 2ab.$$

我们把等号右边的第一项展开：$(a-b)^2 = a^2 - 2ab + b^2$，代入上面的公式得到：

$$\begin{aligned} c^2 &= (a-b)^2 + 2ab \\ &= a^2 - 2ab + b^2 + 2ab \\ &= a^2 + b^2. \end{aligned}$$

我们始终遵循演绎的逻辑链来得到毕达哥拉斯定理. 据说，当巴斯卡拉向其他人展示他的证明时，他只用一句话, 就说：“看那！”

例 12　验证一个数学规则无效

假设你不记得，将一个分数（例如 2/3）的分子和分母（上面和下面）都添加相同的数之后是否不变. 也就是说，你想知道对于任意数字 a，下面的式子是否成立：

$$\frac{2}{3}=\frac{2+a}{3+a}.$$

解　我们还是通过例子来检验这一规则：

假设 $a=0$，则 $\frac{2}{3}=\frac{2+0}{3+0}$ 对吗 ⇒ 对！

假设 $a=1$，则 $\frac{2}{3}=\frac{2+1}{3+1}$ 对吗？⇒ 不对！

虽然规则在第一个例子中成立，但在第二个例子中不成立. 因此把相同的数添加到分数的分子和分母上后所得的分数通常与原分数不等.

▶ 做习题 51~52.

测验 1.4

选择以下每个问题的最佳答案，并用一个或多个完整的句子来解释原因.

1. 要证明某个陈述是真的，你必须使用（　）.
   a. 归纳论证　　b. 演绎论证　　c. 条件论证
2. 如果一个演绎论证有效，那么其结论是（　）.
   a. 真的　　b. 可靠的　　c. 由其前提自然得到的结果
3. 一个演绎论证不可能（　）.
   a. 既有效又可靠　　b. 有效但不可靠　　c. 可靠但无效
4. 考虑一个论证，其中前提 1 是“所有骑士都是英雄”，前提 2 是“保罗是英雄”，如果“X”代表保罗，那么下面哪幅维恩图正确地表示了两个前提？（　）

a.
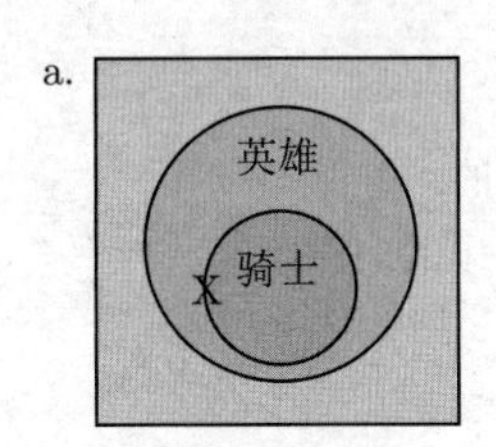

b.
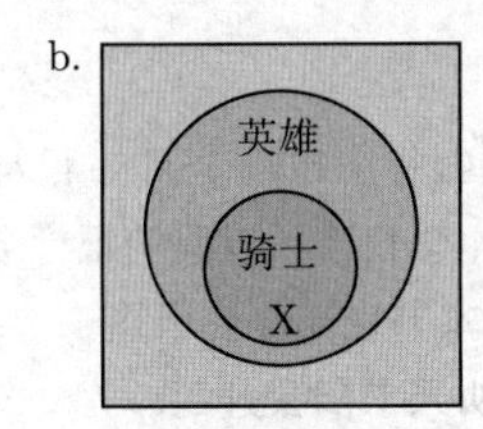

c.
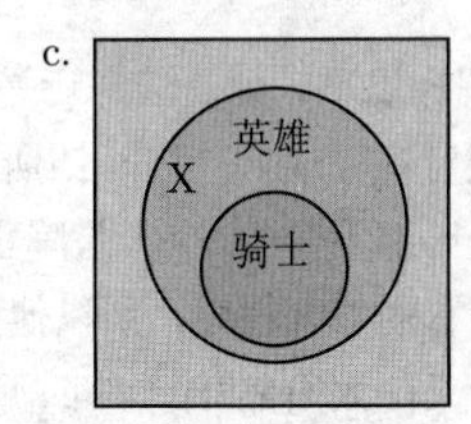

5. 再次考虑问题 4 的论证. 以下哪个结论是正确的？（　）
   a. 保罗是骑士　　b. 保罗不是骑士　　c. 保罗可能是也可能不是骑士
6. 考虑一个论证，其中前提 1 是“如果 p，那么 q”，而前提 2 是“q 不是真的”. 你能得出什么关于 p 的结论？（　）
   a. p 是真的　　b. p 不是真的　　c. 我们无法得出关于 p 的任何结论
7. 考虑一个论证，其中前提 1 是“如果 p，那么 q”，而前提 2 是“q 是真的”. 你能得出什么关于 p 的结论吗？（　）
   a. p 是真的　　b. p 不是真的　　c. 我们无法得出关于 p 的任何结论
8. 一个论证的第一个前提是“如果 a，那么 b”. 结论是“如果 a，那么 d”. 要使这个论证有效，那么第二个前提是：（　）.
   a. 如果 a，那么 c　　b. 如果 c，那么 d　　c. 如果 b，那么 d
9. 直角三角形的最长边称为（　）.
   a. 勾股定理　　b. 斜边　　c. 斜线
10. 考虑下面的直角三角形，图中已经标出两个边长，还有一个未知的边长 c. 下面哪个论述是对的？（　）
   a. $c=6$　　b. $c^2=41$　　c. $c=41$

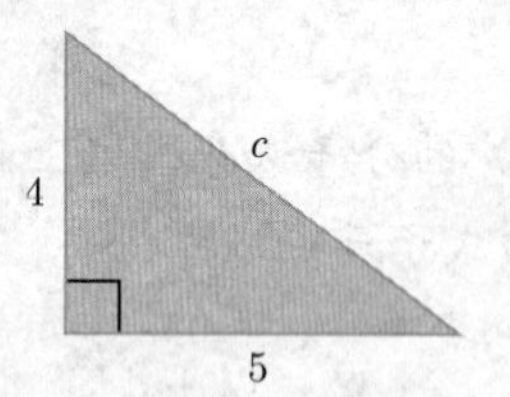

习题 1.4

复习

1. 总结演绎论证和归纳论证之间的差异. 每种类型各举一例.
2. 简要解释归纳论证强度的含义，以及如何应用于归纳论证. 归纳论证可以证明其结论是正确的吗？归纳论证是有效的吗？是可靠的吗？
3. 简要解释在演绎论证中有效性和可靠性的概念以及它们如何应用于演绎论证. 一个有效的演绎论证是否不可靠？一个可靠的演绎论证可以是无效的吗？说明理由.
4. 描述用维恩图检验演绎论证有效性的过程.
5. 对于四种基本的由条件命题构成的论证，每种各举一例. 然后解释为什么你的论证是有效或无效的.
6. 什么是一组条件命题构成的论证？举一个有效论证的例子.
7. 可以使用归纳论证来证明数学定理吗？说明原因.
8. 如何使用归纳论证来验证数学规则？举例说明.

是否有意义？

确定下列陈述是有意义的（或显然是真实的）还是没有意义的（或显然是错误的）. 解释原因.

9. 我的归纳论证绝对能够证明你的当事人有罪.
10. 有许多癌症患者化疗之后癌症治愈，这为化疗可以治愈癌症提供了强有力的证据.
11. 我的论证是有效的演绎论证，所以如果你认同我的前提是真的，那么你也一定认同我的结论是真的.
12. 如果我的论证是有效的，那么你必须认同我的结论是真的.
13. 如果你使用逻辑，那么你的生活将会有条理. 因此，如果你的生活有条理，你必须使用逻辑.
14. 费马大定理在 1637 年被提出，但是数学家们到了 1994 年才用演绎论证证明了它是真的.

基本方法与概念

15～22：论证类型. 解释以下论证是演绎还是归纳.

15. 我从未见过一家银行在 7 月 4 日开门. 所以所有银行一定在 7 月 4 日是关闭的.
16. 所有银行在国庆假日都不营业. 今天是阵亡将士纪念日，所以我的银行今天必须关门.
17. 约翰·格里森姆所有的书都很棒，所以他的下一本书也一定会很棒.
18. 在我生命中的每一天，太阳都升起来了. 所以，明天太阳会升起.
19. 如果我睡不好，醒来时就会感到心不在焉. 如果我心不在焉，我会忘记吃午饭. 因此，如果我睡不好，我就会错过午餐.
20. 如果自然数的各位数之和能被 9 整除，那么这个数本身就能被 9 整除，279 的各位数之和是 18，可以被 9 整除，所以我们可以得出结论，279 可以被 9 整除.
21. 星期天总是下雨. 明天是星期天，所以明天会下雨.
22. 我家每个人都是右撇子，所以我的孩子也会是右撇子.

23～28：分析归纳论证. 确定以下论证的前提的真实性. 然后评估每个论证的强度并讨论结论的真实性.

23. 前提: 米开朗基罗、马奈、莫奈、莫迪利亚尼、蒙克和米罗都是伟大的画家.
    结论: 名字以 M 开头的画家都很伟大.
24. 前提: 如果我吃冰淇淋，我体重会增加.
    前提: 如果我吃蛋糕，我就会长胖.
    结论: 吃甜品导致我体重增加.
25. 前提: 知更鸟和鹪鹩是鸟，它们会飞.
    前提: 雕和隼是鸟，它们会飞.

前提: 鹰和秃鹫是鸟，它们会飞.

结论: 企鹅是鸟，它们会飞.

26. 前提: 类人猿和狒狒有毛发，它们是哺乳动物.

前提: 老鼠有毛，它们是哺乳动物.

前提: 老虎和狮子有毛，它们是哺乳动物.

结论: 有毛的动物都是哺乳动物.

27. 前提：$2+3=5$.

前提：$5+4=9$.

前提：$7+6=13$.

结论：偶数与奇数之和是奇数.

28. 前提：$(-6)\times(-4)=24$.

前提：$(-2)\times(-1)=2$.

前提：$(-27)\times(-3)=81$.

结论：两个负数相乘的结果是一个正数.

29～36：分析演绎论证. 请考虑以下论证.

a. 用维恩图来检验论证是否有效.

b. 讨论前提的真值，并说明论证是否可靠.

29. 前提: 所有欧洲国家都是欧盟国家.

前提: 英国是欧洲国家.

结论: 英国是欧盟国家.

30. 前提: 所有水果都是含糖的食物.

前提: 巧克力棒含糖.

结论: 巧克力棒是水果.

31. 前提: 密西西比河以东的所有州都是小州.

前提: 艾奥瓦州是个小州.

结论: 艾奥瓦州位于密西西比河以东.

32. 前提: 女王都是女性.

前提: 梅丽尔・斯特里普是女性.

结论: 梅丽尔・斯特里普是女王.

33. 前提: 所有 8 000 米高的山峰都在亚洲.

前提: 德纳里不在亚洲.

结论: 德纳里不是 8 000 米高的山峰.

34. 前提: 所有蔬菜都是绿色的.

前提: 豆子是绿色的.

结论: 豆子是蔬菜.

35. 前提: 电影明星都是有钱人.

前提: 马特・达蒙有钱.

结论: 马特・达蒙是电影明星.

36. 前提: 每个岛屿都是一个国家.

前提: 冰岛是一个岛屿.

结论: 冰岛是一个国家.

37～44：带有条件命题的演绎论证. 请考虑以下论证.

a. 确定每一个论证的类型，并使用维恩图确定其有效性.

b. 讨论前提的真值，并说明论证是否可靠.

37. 前提: 如果这个动物是猫，那么它是哺乳动物.

前提: 暹罗猫是猫.

结论: 暹罗猫是哺乳动物.

38. 前提: 如果这辆车是两轴车，那么它有四个轮子.
    前提: 大众是两轴车.
    结论: 大众有四个轮子.
39. 前提: 如果你住在凤凰城，那么你就住在亚利桑那州.
    前提: 布鲁诺住在亚利桑那州.
    结论: 布鲁诺住在凤凰城.
40. 前提: 如果你做面包，那么你必须使用烤箱.
    前提: 杰西卡用过烤箱.
    结论: 杰西卡烤过面包.
41. 前提: 如果你住在凤凰城，那么你就住在亚利桑那州.
    前提: 阿曼达不住在凤凰城.
    结论: 阿曼达不住在亚利桑那州.
42. 前提: 如果一部小说写于 19 世纪，那么它就是手写的.
    前提: 杰克去年完成了他的第一部小说.
    结论: 杰克的第一部小说不是手写的.
43. 前提: 如果一棵树是落叶树，那么它在冬天就会落叶.
    前提: 冷杉树在冬天不会落叶.
    结论: 冷杉树不是落叶树.
44. 前提: 如果你有文化，那么你是大学毕业生.
    前提: 汤姆不是大学毕业生.
    结论: 汤姆没文化.

45～46：条件命题的论证. 对于下面的每一个论证，写出论证结构 (如果p，那么q；如果q；那么r；如果p，那么r) 所对应的 p，q 和 r. 然后确定整个论证是否有效.

45. 前提：如果一个自然数可以被 18 整除，那么它可以被 9 整除.
    前提：如果一个自然数可以被 9 整除，那么它可以被 3 整除.
    结论：如果一个自然数可以被 18 整除，那么它可以被 3 整除.
46. 前提：如果税收增加，那么纳税人的可支配收入就会减少.
    前提：随着可支配收入减少，支出将减少，经济增长将减缓.
    结论：增加税收将减缓经济增长.

47～48：评估条件命题的论证. 确定下面每个论证的有效性.

47. 前提: 如果大家都遵守黄金法则，那么争论就少了.
    前提: 如果争论少了，那么世界会变得更加和平.
    结论: 如果世界变得更加和平，那么每个人一定都在遵守黄金法则.
48. 前提：如果减税，那么美国政府的收入会减少.
    前提：如果收入减少，那么联邦赤字会增加.
    结论：减税将导致联邦赤字增加.

49～52：检验数学规则. 使用几组不同的数字来检验以下规则. 如果可能，尝试找到一个反例（一组不满足规则的数字）. 你认为该规则是否成立？

49. 所有实数 a 和 b 都满足 $a+b=b+a$，是真的吗？
50. 所有非零实数 a，b 和 c 都满足：

$$\frac{a}{b+c}=\frac{a}{b}+\frac{a}{c},$$

是真的吗？

51. 所有正实数 a 和 b 都满足：

$$\sqrt{a+b}=\sqrt{a}+\sqrt{b},$$

是真的吗?

52. 所有正整数 n 都满足:

$$1+2+3+\cdots+n=\frac{n(n+1)}{2},$$

是真的吗?

进一步应用

53～58：有效性和可靠性. 说明演绎论证是否具有以下性质. 如果有，那么举一个简单的三个命题的论证来说明你的结论. 如果没有，请解释原因.

53. 有效且可靠.
54. 无效但可靠.
55. 有效但不可靠.
56. 有效并且前提为假，结论为真.
57. 无效并且前提为真，结论为真.
58. 有效并且前提为假，结论为假.

59～62：构造论证. 构造具有以下形式且包含三个命题的简单论证.

59. 肯定假设.
60. 肯定结论.
61. 否定假设.
62. 否定结论.
63. **哥德巴赫猜想.** 回想一下，素数是一个自然数，它的因子只有自身和 1(素数的例子如：2、3、5、7 和 11).1742 年提出的哥德巴赫猜想声称，每个大于 2 的偶数都可以表示为两个素数之和. 比如 $4=2+2$，$6=3+3$，$8=5+3$. 这个猜想的演绎证明一直没有找到. 请至少用 10 个偶数来验证该猜想，并给出其真实性的归纳论证. 你认为这个猜想是真的吗？为什么？
64. **孪生素数猜想.** 如果你写出前几个素数 (2，3，5，7，11，13，17，19，23，$\cdots$)，你会看到有时两个连续素数之间的间隔是 2 (例如 5 和 7，17 和 19). 这些间隔为 2 的素数对被称为孪生素数. 一个著名的猜想声称孪生素数是无穷多的. 虽然人们还未找到这一猜想的演绎证明，但已经确定找出了近 400 000 个孪生素数，这为猜想提供了支持. 找出前 10 对孪生素数，为猜想的真实性给出归纳证明. 你认为这个猜想是真的吗？为什么？

实际问题探讨

65. **毕达哥拉斯定理.** 了解毕达哥拉斯定理的发展历史，下载一篇关于历史的简短报告. 例如，你可以写它在毕达哥拉斯定理之前的文化中的使用，或者用它的历史背景去描述定理的另一个证明.
66. **生活中的演绎论证.** 举一个你在日常生活中使用演绎论证的例子. 描述你思考的步骤，并说明为什么它是演绎论证.
67. **生活中的归纳论证.** 举一个你在日常生活中使用归纳论证的例子. 描述你思考的步骤，并说明为什么它是归纳论证.
68. **社论中的论证.** 在社论中找到三个简单的论证. 说明每一个是演绎论证还是归纳论证，并进行评估.
69. **支持你的论证.** 选择一个你非常关注的问题，并创建一个支持你立场的论证. 你的论证是归纳还是演绎？评估你的论证.
70. **为你的对立面寻找论证.** 选择一个你非常关注的问题，并创建一个与你的立场相矛盾的论证. 也就是说，尝试为另一方创建一个论证. 你的论证有说服力吗？该论证是否有助于你理解问题的另一面？

1.5 日常生活中的批判性思维

前面几节中讨论的方法本身都很有用. 但培养**批判性思维** (critical thinking) 需要的不仅仅是这些单独的方法. 它还需要仔细地阅读（或倾听）、敏锐地思考、逻辑分析、很好的可视化、合理的推测等.

因为批判性思维包含范围很广，所以不能用简单的步骤来描述. 你需要对你面临的每一个结论或决定进行质疑和分析，在此基础上积累经验，逐步培养批判性思维. 但是，一些通用指南或提示也对培养批判性思维很有帮助。我们将在本节讨论这些内容.

提示 1：仔细阅读（或倾听）

人们的语言有时很复杂，所以我们需要谨慎地理解. 一定要仔细阅读（或倾听），以确保你已经准确地掌握了所有内容. 还要确保你已经确认实际要说的内容是什么，哪些是假设以及哪些是已经确定的内容.

例 1　令人困惑的选票措辞

以下内容是 2016 年内布拉斯加州选民遇到的一个投票问题（公投 426）的原文.

2015 年内布拉斯加州第 104 届立法机关第一次会议通过的第 268 号立法法案的目的是废除死刑，将一级谋杀罪的最高刑罚改为无期徒刑. 第 268 号法案是否应该废除？[选中下面的一个框]

□ 保留

□ 废除

考虑一个支持死刑的人. 她应该投票“保留”还是“废除”?

解　注意，投票问题询问的是，保留还是废除要废除死刑的法案. 因此:

- 投票“保留”意味着该法案继续有效，死刑仍然被废除.
- 投票“废除”意味着废除死刑的法案被撤销，因此死刑得以恢复.

换句话说，支持死刑的人应该投票废除该法案. 你可以看出，问题的措辞实质上涉及了双重否定，因为赞成死刑的人需要投票废除这一取消死刑的法案. [①]

► 做习题 11~14.

思考　如果选民真的误解了内布拉斯加州关于投票的措辞，那么这种误解对双方产生的影响是平等的，还是对一方比对另一方更有利? 请说明原因.

提示 2：寻找隐藏的假设

我们在 1.4 节研究的论证中，那些结论的前提都很明确. 而许多实际论证缺乏这种清晰度，包含含糊不清的术语或隐藏的假设. 通常，演讲者（或作者）可能认为这些前提是“显而易见”的，但听众（或读者）可能不这么认为. 的确，一个论证对于演讲者来说可能是一个很令人信服的观点，但对于一个不了解隐藏假设的听众来讲，它可能是很没有说服力的.

例 2　建造更多监狱

分析以下论证:

我们应该建造更多监狱，因为监禁更多罪犯会降低犯罪率.

解　这个论证很短，看起来很简单. 它的结论是基于一个单一的前提——监禁更多罪犯会降低犯罪率. 如果我们将前提看作条件命题，则论证具有下面的形式:

前提：如果我们监禁更多罪犯，那么犯罪率就会降低.

结论：我们应该建造更多监狱.

因为这个前提根本没有提到建造监狱，所以从这个角度来看，这个论证根本没有任何意义. 显然，发言者或者作者一定有一些隐藏的假设，而且认为对听众来说它们是“显而易见”的.

我们要理解这一论证，首先要确认那些可能的隐藏假设. 论证可能如下所示:

隐藏的假设 1：如果我们建造更多监狱，那么可以监禁更多罪犯.

---

① **顺便说说**：内布拉斯加州选民以大约 61% 对 39% 的优势选择了“废除”选项，从而内布拉斯加州恢复了死刑.

陈述的前提：如果我们监禁更多罪犯，那么犯罪率将会降低.

隐藏的假设 2：如果犯罪率降低，那么我们的社会将会变得更加美好.

隐藏的假设 3：如果一项政策使我们的社会变得更加美好，那么我们应该执行它.

结论：我们应该建造更多监狱.

有了这三个隐藏的假设，论证就是由一长串条件命题组成的有效演绎论证. 但即使我们假设发言者把这些假设都"显而易见"地说出来，那也只有当你认为陈述的前提和三个隐藏的假设都是真实的时，这个论证才是可靠的. 而实际上这些都是有争议的.

例如，许多人会质疑隐藏的假设 1，因为监禁更多罪犯不仅需要更多监狱空间，而且需要更高效的法院系统. 陈述的前提也有争议：研究认为较高的监禁率不一定会降低犯罪率. 人们对隐藏的假设 2 也有质疑：减少犯罪可能不会使我们的社会变得更好，因为它会使得个人自由度降低. 甚至隐藏的假设 3 也值得怀疑，因为如果实施有利政策的成本很高，我们可能不会选择这一政策.

总之，只有添加了几个隐藏的假设，并且分析这些假设是否成立，原来的论证才有意义. 最后，再去讨论结论是否正确.

▶ 做习题 15~18.

提示 3：确定真正的问题

在论证中，人们有时可能试图掩盖他们的真实意图，这使得我们很难确定真正的问题是什么. 所幸，即使我们不确切知道真正的问题是什么，我们也可以通过仔细分析论证来确定是否真正的问题被隐藏了.

例 3　取缔音乐会

分析当地报纸发表的以下社论：

上周六在月光圆形剧场的音乐会上，观众很多，很明显停车问题变得更糟. 音乐会观众把车停在离圆形剧场一英里远的住宅街道上，人行道严重拥挤，堵塞了车道，扰乱了交通. 鉴于这种停车问题，应该取消以后的音乐会.

解　这个论证提出了几个关于停车问题的说法，去掉论证的细节我们归结为：

前提：在剧院开音乐会存在停车问题.

结论：以后必须禁止在剧院举行音乐会.

论证的剩余部分只简单列出了停车问题严重的原因. 但停车问题是否真的严重到必须取消以后所有的音乐会呢？毕竟，停车问题可能有很多解决方案. 例如，可以建新的停车场、使用穿梭巴士、加强违规停车的惩罚或鼓励拼车. 论证的弱点在于，我们怀疑作者是否真的只是关心停车，或者他们是否正在利用这个问题来反对音乐会本身. 或许他们正在回应一些抱怨停车问题的居民. 当然我们很难知道真实目的，但我们至少知道停车不太可能是唯一原因.[①]

▶ 做习题 19~20.

提示 4：了解所有选项

我们经常需要在有多种选择的情况下做出决定. 例如，我们面临选择哪种保险政策、哪种汽车贷款或购买

① **历史小知识**：逻辑可以解决所有争论吗？德国数学家戈特弗里德・威廉・冯・莱布尼茨 (Gottfried Wilhelm von Leibniz)(1646—1716) 认为能解决，并在长达两个世纪的"推理演算"探索中迈出了第一步. 符号逻辑就是这一研究衍生出的成果，现在被广泛应用于数学和计算中. 但是莱布尼茨通过逻辑解决争论的梦想并没有实现.1931 年，奥地利数学家库尔特・哥德尔 (Kurt Gödel) 发现，没有任何逻辑系统能够解决所有数学问题，更不用说伦理或道德问题了.

哪种新型电脑. 这些决定的关键是要先确保你了解每个选项产生的后果.

例 4 购买哪种机票

航空公司通常为同一行程提供许多不同价格的机票. 假设你提前六个月计划旅行，并且在购买机票时有两种选择:

(A) 最低票价为 400 美元，但如果你取消行程，则票价的 25% 不予退还.

(B) 票价为 800 美元，且可全额退票.

分析这一陈述.

解 我们可以将每一个选项都视为一对条件命题. 根据选项 (A)，如果你取消行程，你会损失 400 美元的 25%，即 100 美元. 也就是说，选项 (A) 代表以下一对条件命题

(1A) 如果你购买机票 A 然后去旅行，那么你将支付 400 美元.

(2A) 如果你购买机票 A 但取消旅行，那么你将支付 100 美元.

同样，选项 (B) 代表以下一对条件命题:

(1B) 如果你购买机票 B 然后去旅行，那么你将支付 800 美元.

(2B) 如果你购买机票 B 但取消旅行，那么你将支付 0 美元.

图 1.36 代表了四种可能性. 显然，如果你去旅行，选项 A 是更好的选择，如果你最终取消旅行，选项 B 是更好的选择. 但是，由于你提前六个月计划，因此无法预见可能导致你取消行程的所有情况. 因此，你可能希望分析两种可能性（去旅行或取消）时两张票之间的差异.

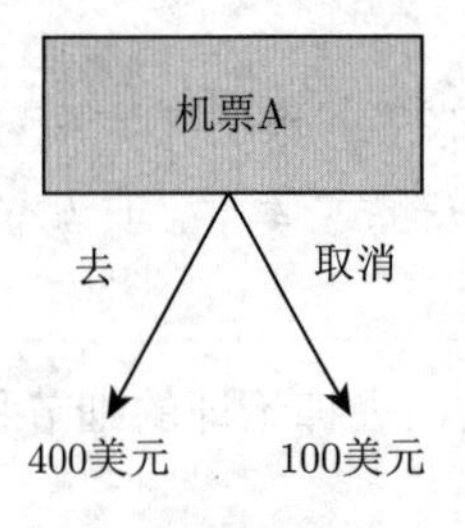

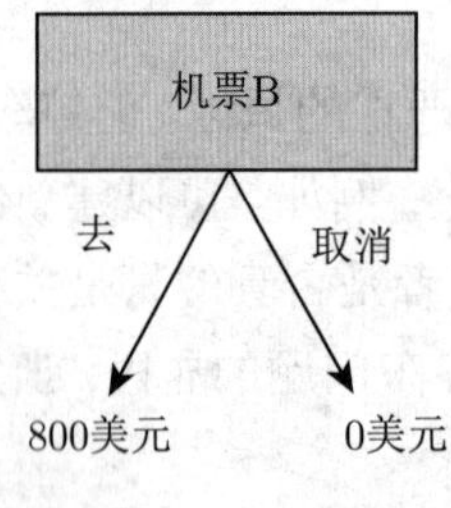

图 1.36

如果你去旅行：机票 B 比机票 A 多 400 美元.

如果你取消行程：机票 A 比机票 B 多 100 美元.

实际上，你需要衡量这两种选择带来的风险再做决定，一种是如果去旅行，需要额外多花 400 美元，另一种是如果取消旅行，需要额外花 100 美元. 你知道怎样做决定了吗?

▶ 做习题 21~22.

思考 从航空公司的角度考虑例 4 中的两种机票选择. 提供这两种机票如何帮助航空公司最大化收入?

提示 5：仔细观察精美的细节，发掘缺失信息

俗话说“细节决定成败”，这句话可能最适用于报价、交易和合同的细节. 看起来没有细则的东西可能很差. 更糟糕的是，有时甚至连细则都忽略了陈述重要信息. 运用你的批判性思维能力来决定你需要什么信息. 如果有什么遗漏，一定要在做决定之前问清楚.

例 5 一个安全的投资？①

马歇尔已接近退休年龄，所以他很担心退休以后的收入.

他认为股票市场风险太大，所以他把钱投入当地银行的存款单 (CD) 上. 像大多数 CD 一样，他在当地银行的 CD 由联邦存款保险公司 (为美国的银行存款提供保险) 担保，但利率相当低. 然后他听说了这个提议：

我们的定期存款利率是你在任何地方看到的投资机构里面最高的* ——比大多数其他银行高一倍以上！对于投资安全和高利息的组合，没有比它更好的选择.

⋆ 我们的高收益来自我们投资有价值的海外资产的能力.

马歇尔将他所有的积蓄都投入到这些高收益的 CD 上. 两年后，提供这些 CD 的银行倒闭了，马歇尔得知他无法追回损失的钱. 怎么回事？

解 马歇尔失去了他的退休储蓄，因为与大多数 CD 不同，它没有得到联邦存款保险公司的保险. 近年来数百万人都遭受了这样的损失，但如果我们多思考一下，就可以避免这些损失. 第一，马歇尔应该想一想，一家银行怎么可能提供比其他银行高得多的利率. 第二，细则表明它们是投资“海外资产”，说明这不是一个普通的 CD. 第三，因为细则没有说 CD 被投保了，所以在投资之前应该先问清楚.

▶ 做习题 23~24.

提示 6：存在其他可能的结论吗？

批判性思维最常见的失误之一涉及所谓的**确认偏差** (confirmation bias)，在这种情况下，一个人倾向于只寻找支持某些先前存在的信念或观点的证据，并且会忽略或试图解释任何与该信念或观点相反的证据. 你在自己的行为甚至思维中可能已经发现了确认偏差. 在集体讨论中，当人们加强而不是挑战彼此的共同信念或观点时，就会发生确认偏差；在这些情况下，它通常被称为群体决策.

对抗确认偏差的最好方法是，要经常对结论进行质疑. 特别是，无论某个论点的结论看起来有多令人信服，你都应该思考，在相同的证据下，是否还有其他可能的结论，并寻找其他可能的证据来证明原始结论存在缺陷.

例 6 头盖骨相学

从 19 世纪初开始，欧洲和美国的许多精神病学家和医生开始相信一种叫作“头盖骨相学”的理论. 头盖骨相学认为，对人类头骨的测量可以揭示大脑中“器官”的大小和重要性，而这些器官又被认为控制着特定的人格特征和智力. 头盖骨相学的观点在很多专业人士和公众中很普遍，它也是许多畅销书的主题. 虽然头盖骨相学在 19 世纪中叶遭到质疑 (现在人们认为没有现实依据)，但在那之后很长时期它偶尔还会出现.

a. 19 世纪早期还不存在心理学研究的严格方法. 解释这一事实如何使确认偏差有助于头盖骨相学的流行.

b. 头盖骨相学与当时的许多社会错误观念有关，包括认为某些种族优越的信念，被一些人用来证明奴隶制 (以及后来的优生学) 是正确的. 解释这种关联是如何增加确认偏差的.

---

① **顺便说说：** 例 5 是一个真实的欺诈案例，该案例涉及斯坦福金融集团出售的“存款证”，该集团声称提供安全投资，但实际投资于美国境外一家所受监管较宽松的银行持有的风险资产. 斯坦福金融集团在 2009 年破产，使投资者损失了 80 多亿美元，数千人失去了他们毕生的退休积蓄.

c. 设计一个实验，这个实验能让头盖骨相学专家怀疑人格和智力的差异有其他原因.

解

a. 如果没有对头盖骨相学的观点通过实验进行详细测试，人们很容易忽视其他对立的思想，也没有简单的方法来收集能反驳头盖骨相学的证据. 因为很多人都在寻找支持它的证据，所以一旦这种做法变得流行，对它的信仰就很容易自我强化. 没有严格的调查方法，很容易忽略对立的理论，只寻找支持的证据.

b. 支持奴隶制的人可以声称头盖骨相学是对他们的信念的“科学”验证，这反过来使他们更有可能寻找额外的理由来支持头盖骨相学. 这种观点更有利于掩盖那些怀疑头盖骨相学的证据.

c. 研究人员可以比较几个具有相似性格特征或智力的人的头骨尺寸. 然后，他们会发现颅骨测量值与性格或智力特征之间的相关性实际上并不存在.

▶ 做习题 25~26.

思考 一些人将美国人日益加剧的政治两极分化归因于有时被称为“回声室”的地方，在那里，志同道合的人只关注与他们自己的信念相呼应的网络和媒体来源. 回声室的想法和确认偏差的想法有什么相似之处？你认为可以做些什么来对抗回声室，从而减少政治极化？

提示 7: 警惕彻头彻尾的欺诈

现在，社会上出现了生产所谓**虚假新闻**（fake news）的行业，这些新闻听起来很真实，但实际上它们是虚构的故事——它们要么是为了恶意欺骗读者，要么是为了讽刺. 讽刺网站通常会明确表达它们的意图，但许多发布虚假新闻的网站会恶意地竭尽全力让它们的故事看起来和听起来都是真实的. 因此，知道如何寻找潜在的预警信息非常重要.

例 7 假新闻故事

根据对各种虚假新闻报道传播范围的统计，2016 年最大的虚假新闻报道的标题是“奥巴马签署行政命令，禁止在全国学校宣誓效忠.”哪些迹象告诉你这个故事可能是假的？

解 第一个可疑之处是标题本身，不管你对奥巴马总统有什么看法，都不清楚他为什么会签署这样一份命令，它明显有争议且对他或其他人都没有好处. 我们再进一步分析这一疑点. 例如，1.1 节“评估媒体信息的五个步骤”中的第一步告诉你要考虑来源. 稍微查找一下，你就会发现这篇文章最早来自一个自称为“美国广播公司新闻”的网站，但这不是美国广播公司新闻的真实网站 (尽管该网站看起来非常像真实的美国广播公司网站，甚至使用了类似的徽标和类似的网址). 此外，即使你没有找到最初的来源，你也会很快注意到，这样一个有争议的事件居然没有在任何一个主流新闻媒体上报道，这显然是说不通的. 这些可疑之处会立即让你怀疑这个故事可能是假的，你可以在核查事实的网站上验证这一点 (比如 1.1 节的“在你的世界里”一栏中列出的那些网站).

▶ 做习题 27~28.

提示 8: 不要错过大局

你可能听过这样的话：“只见树木，不见森林”. 这意味着你因为太专注于细节（个别树木）而错过了大局（事实上你面前有一片森林）. 细节对于辩论或论证非常重要，但是你应该在考虑它们时退一步，以确保你没有错过整个森林.

例 8 房地产泡沫的破裂

回顾一下本章开头讨论的实践活动，关于房地产市场崩溃引发全球经济衰退的事件（“房地产泡沫破裂”）. 随着房价的上涨，经济学家和房地产专业人士收集了大量数据，因此每个人都很清楚，从 2000 年到 2005 年，房价在快速上涨. 但人们继续以越来越高的价格投资房地产，贷款人继续为购房者购买房产提供贷款，因为许多人相信房地产是一种“安全”的投资. 这些论证合理吗，还是说人们错过了大局？

解 房价与收入比值的数据（参见图 1.A）表明人们错失了大局. 记住，房地产泡沫期间这一比值的上升意味着家庭必须将更多收入用于购房，而他们能够做到这一点的唯一方法是提高收入，减少其他方面的开支和增加借贷. 其他数据显示，在房地产泡沫期间，工薪家庭的平均收入（按通货膨胀调整后）没有增加，家庭也没有明显地削减其他开支. 因此，可以合理地得出结论，许多家庭购买的房屋比他们真正负担得起的房屋更贵，而贷款人还借钱给他们. 鉴于这一大局，房价的大幅下跌应该是不可避免的.

在你的世界里　谨防“最多”交易

你可能听说过有些手机提供一些例如“每月最多获得 1 GB 的免费数据流量”这样的优惠. 如果你能够充分利用它们，这些优惠可能是很好的交易. 但是“最多”这个词会带来隐患. 在这种情况下，数据可能仅在一天中的某些时段免费，或者它们可能不包括漫游费. 如果你不小心，这个特殊的交易可能会变得相当昂贵.

通常，你应该注意任何包含“最多”字样的交易. 例如，“如果你现在支付两倍的油费，那么最多可以获得五次免费加油的机会”，但事实上你可能很难实现五次免费. “达到”也可能意味着“不超过”，例如，当你听说你可以“在家工作每月最多可以赚 5 000 美元”时，这可能意味着你的收入会少得多. 在你没有仔细考虑交易的全部含义之前，最好先假设“最多”交易没有任何好处.

测验 1.5

选择以下每个问题的最佳答案. 并用一个或多个完整的句子来解释原因.

1. 批判性地思考全球变暖的问题意味着什么？(　)
   a. 你应该对全球变暖带来的危害持批评态度
   b. 你应该仔细评估在关于全球变暖的讨论中人们提出的证据和论点
   c. 你应该假设全球变暖是对我们的生存的一个严重威胁
2. “如果你想保留因财产税减少而失去的社会服务，那么投票反对提案 C.” 根据这句话，投票同意提案意味着(　).
   a. 你赞成增加财产税　　b. 你赞成降低财产税　　c. 你支持社会服务
3. 假设一个论证只有在假设它包含一个或多个未说明的隐藏假设时才能被演绎证明是有效的. 那么，原始论证(　).
   a. 也是演绎有效的　　b. 是很强的归纳论证　　c. 可能很弱
4. 一位老师说，由于拼写检查器减弱了学生的拼写技能，所以不应该允许中学生使用它们. 这个论证中做了什么隐藏的假设？(　)
   a. 传统的拼写检查方法是有效的
   b. 学生应该知道如何拼写以及进行拼写检查
   c. 拼写检查器不可靠
5. 你要买车，并且正在考虑两家银行的贷款. 贷款条款在其他方面相同，但银行 1 需要交 7% 的利息加上申请费，而银行 2 需要交 7.5% 的利息加上申请费. 基于此，你可以得出结论(　).
   a. 银行 1 是更好的交易
   b. 银行 2 可能是更好的交易，因为它可能有较低的申请费
   c. 在不知道申请费的情况下，无法确定哪个交易更好

6. 你在一家收费 30 美元的理发店理发. 这家店为你提供了一笔交易：如果你预付 150 美元买一张 5 次理发的卡，那么这家店将免费送你第 6 次理发，而且这张卡有效期是一年. 这是一个很好的交易吗？( )

a. 是的，因为你会得到一次免费理发的机会

b. 这取决于你明年是否有机会在这家店理 6 次发

c. 不，因为没有人能给出任何真正免费的东西

7. 你买了一份手机话费，它要求每月交费 20 美元，你最多可以获得 1 000 分钟的通话费. 但在特定月份，你只能使用 100 分钟. 那么你在这一特定月份的每分钟话费是 ( ).

a. 2 美分　　b. 5 美分　　c. 20 美分

8. 你计划在六个月内旅行. 你可以以 600 美元的价格购买可以全额退款的机票，或者以 400 美元的价格购买只退 50% 的机票. 如果你购买了 400 美元的机票并最终取消行程，那么你会花费 ( ).

a. 200 美元　　b. 400 美元　　c. 600 美元

9. 汽车保险 A 的年度保费为 500 美元，碰撞免赔额为 200 美元（意味着你支付碰撞索赔的前 200 美元）. 汽车保险 B 的年度保费为 300 美元，碰撞的免赔额为 1 000 美元. 以下哪一项结论不对？( )

a. 保险 B 支付的保费更少

b. 使用保险 B, 一年内保险和碰撞维修的费用更少

c. 使用保险 A，你将花费 900 美元进行碰撞修复

10. 每周六如果不下雨，史密斯都会去野餐. 如果史密斯今天没有去野餐，可以得出什么结论呢？( )

a. 今天不是星期六

b. 今天下雨了

c. 如果不下雨，那么今天不是星期六

习题 1.5

复习

1. 描述批判性思维以及为什么它对每个人都很重要.
2. 总结本书给出的提示，并解释每一个提示对批判性思维的重要性.
3. 举几个例子，说明在自己的生活中你如何使用批判性思维.
4. 给出至少一个案例，在这个案例中，由于 (你或其他人) 没有很好地运用批判性思维而做出错误决定.

是否有意义？

确定下列陈述是有意义的（或显然是真实的）还是没有意义的（或显然是错误的）. 解释你的原因.

5. 里德松了一口气, 由于他的保险公司没有拒绝他的索赔.
6. 虽然这架飞机在内华达州坠毁，但幸存者却被埋在了加利福尼亚州.
7. 苏更喜欢红色班车，因为坐红色班车她可以在一个半小时内到达机场，而坐蓝色班车需要 80 分钟.
8. 艾伦决定从特玛捷票务公司购买机票，价格为 33 美元加 10% 附加费，而不是从售票处购买，在售票处售价 35 美元，无需额外费用.
9. 两款轮胎没有价格差异，因此迈克尔选择了对轮胎进行 5 年 40 000 英里的保修，没有选择 50 个月 35 000 英里的保修.
10. 汽车保单 A 有价值 30 000 美元的碰撞保险，年保费为 400 美元. 汽车保单 B 有价值 25 000 美元的碰撞保险，年保费为 300 美元. 显然，保单 B 是更好的选择.

基本方法和概念

11. **阅读投票倡议.** 以下内容是 1992 年科罗拉多州选民需要进行投票的问题.

科罗拉多州宪法是否增订修正案来禁止该州及其政治机构通过法律来规定性少数群体的性取向、行为及关系构成或给予公民公开性取向、性别偏好或歧视的权利？

“同意”票是支持还是反对同性恋权利？请解释.

12. **政策解析.** 城市宪章关于连任的唯一政策：

连续三届任期均为四年的议员，在其连续第三个完整任期结束八年后才有资格被任命、提名或当选为议员.

a. 一名议员最多可以连任几年？

b. 连续三届任期满的议员还要等多少年才能再次参加竞选？

c. 假设一名议员已经连续两任满任，然后在连任竞选中被击败. 根据这项规定，她或他是否需要等待八年才能再次竞选公职？

d. 假设一名议员连续三届满任，10 年后再次当选. 根据这一规定，她或他当时可以连任几届？

13. **阅读投票倡议.** 考虑以下投票问题，该问题是在 2010 年俄克拉荷马州的全州选举中出现且通过的.

这项措施……要求每个出庭投票的公民都出示证明其身份的文件. 该文件必须符合以下要求. 它必须有选民的姓名和照片. 它必须由联邦、州或部落政府颁发. 必须在选举日期之前有效. 另外，65 岁及以上选民不需满足该项要求. 选民也可以提供县选举委员会颁发的选民身份证来代替，不能提供所需身份证明的选民可签署宣誓声明并进行临时投票.

a. 根据该倡议，州驾驶执照是否可以作为选民投票所需的身份证件？

b. 根据该倡议，（联邦）社会保障卡是否可以作为选民投票所需的身份证件？

c. 没有“证明自己身份的文件”，公民有哪些投票选择？

d. 获得选民身份证需要哪些文件？

14. **解释拟议修正案.** 以下是 2016 年佛罗里达州选民被要求投票的一项修正案的原文:

修正案 1——电力消费者对太阳能选择的权利. 这项修正案在佛罗里达州宪法中确立了消费者拥有或租赁安装太阳能设备以发电供自己使用的权利. 州和地方政府应保留其保护消费者权利和公共健康、安全和福利的能力，并确保不选择安装太阳能的消费者无须向选择安装太阳能的消费者补贴备用电力和电网接入费用.

在最初阅读该修正案时，大多数人认为它旨在扩大佛罗里达州太阳能的使用. 然而，考虑以下事实:(1) 虽然第一句说修正案为消费者拥有或租赁太阳能设备确立了一项权利，但这项权利在佛罗里达州已经存在.(2) 修正案支持者的意见表明，第二句的意图是允许公用事业开始收取新的费用，其效果是使得安装太阳能设备更加昂贵.

a. 修正案中有哪些文字可能会产生允许征收太阳能新费用的效果？解释一下.

b. 如果第一句中的权利已经存在，那么这句话对那些起草拟议修正案的人来说有什么用？可能目的不止一个.

c. 总体评价你是否认为修正案是故意骗人的. 解释你的观点.

15～18：隐藏的假设. 在以下论证中确定至少两个隐藏的假设.

15. 今天买房子有很多好处. 你节省的租金可以用于长期投资.

16. 我建议捐赠给联合之路慈善机构，因为它支持了许多有价值的事业.

17. 里德州长发起了减税运动. 我投了赞成票.

18. 我支持增加军费开支，因为我们需要一个强大的美国.

19～20：未说明的问题. 以下论述给出了支持某特定政治立场的几个原因. 请确定其中存在的至少一个未说明的问题，(至少对某些人来说) 这个问题可能是真正令人担忧的问题.

19. 我反对总统的支出提案. 纳税人的钱不应该用于许多纳税人不支持的计划. 过度支出也有增加预算赤字的风险. 更大的赤字会增加联邦债务，进而增加我们对外国投资者的依赖.

20. 不吃肉的人会严重缺乏营养. 到目前为止，在一种食物来源中能食用完整蛋白质和许多其他必需营养素的最简单的方法就是吃肉. 我们的祖先几千年来一直是食肉者，这是有道理的.

21. **航空公司选项.** 在提前六个月计划去新西兰旅行时，你会发现航空公司提供两种选择:

- 选项 A: 你可以花 2 200 美元购买一张可全额退款的机票.
- 选项 B: 你可以买一张 1 200 美元的票，但如果票被取消，你将支付机票价格的 25%.

描述你对是否旅行所做的选择. 你如何决定买哪张票？

22. **购买和租赁.** 你正在决定是花 18 000 美元买车还是租车. 租车需要 1 000 美元的初始费用，外加 36 个月每月 240 美元的付款. 根据租赁协议，你负责汽车服务和保险. 租期结束时，你可以花 9 000 美元购买这辆车.

a. 服务和保险的成本是否能决定你选择哪个选项？

b. 租赁协议结束时买车的总成本是否超过当初买车的成本？

c. 租车有哪些可能的好处？

23. **你赢了！** 你收到以下电子邮件通知: “通过从 2 000 多万个电子邮件地址中随机选择，你被选为我们大奖的得主——在巴哈马群岛度过为期两周的假期. 要领取奖品，请拨打我们的免费电话. 请准备好信用卡，以便进行身份识别和支付少量手续费.” 这听起来像是值得接受的交易吗？解释一下.

24. **阅读租约.** 考虑以下公寓租赁合同的摘录: 出租人应在本租约终止或房屋退租并验收后一个月内 (以先发生者为准) 将保证金返还给租房人. 假设你的租约在 6 月 30 日终止，你在 6 月 5 日搬出公寓. 解释一下，如果你在以下时间收到保证金，那么房东是否遵守了租赁条款?

a. 6 月 28 日　　　　b. 7 月 2 日　　　　c. 7 月 7 日

25. **金字塔学.** 几个世纪以来，爱好者一直在埃及金字塔的结构中寻找隐藏的代码和预言. 金字塔的尺寸和方向被认为可以预测宇宙事件、未来事件或世界末日. 解释在这些观点出现并流行的过程中，确认偏差是如何发挥作用的.

26. **核威慑.** 阅读下面的历史论证，讨论它的结论是唯一的结论还是其他结论也可能.

核武器的发展改变了世界领导人思考潜在冲突的方式. 一枚核武器就可以杀死数百万人，而美国和苏联的核武库拥有足够大的力量，可以杀死地球上的所有人很多次. 这种潜在的灾难性破坏导致了核威慑的想法，这种观点认为，美国和苏联因害怕核战争而不会直接进行战争. 在冷战的 45 年多时间里，美国和苏联从未直接打过仗. 这是人类历史上两大敌对国避免直接战争的最长时期之一. 我们只能得出结论，核威慑阻止了美苏之间的战争.

27～28. 假新闻. 以下是 2016 年总统大选前广为流传的虚假新闻标题. 对于每种情况，至少提出一个你会立即怀疑标题的原因.

27. "教皇方济各震惊世界，支持唐纳德・特朗普当选总统，发表声明."

28. "希拉里・克林顿在华盛顿哥伦比亚特区的彗星乒乓球披萨店经营秘密儿童色情圈."

进一步的应用

29～40: 仔细阅读和思考. 以下问题是一些简单的谜题，可以帮助你提高批判性阅读的能力. 对每个问题进行解答和简要说明.

29. 何塞有 6 个百吉饼，除了 4 个以外，其他的都吃了, 问还剩多少个百吉饼?

30. 一个男人有可能娶其遗孀的妹妹吗?

31. 帕丽斯・希尔顿的公鸡在布兰妮的院子里下了一个蛋. 鸡蛋归谁?

32. 一个大桶里装满了 8 个不同的水果. 你必须从桶里取出几个单独的水果 (不用看) 才能确定你会取到两个相同的水果?

33. 假设你去参加一个有 20 个加拿大人和 20 个挪威人参加的会议. 你必须遇到多少人才能确定你遇到了两个挪威人?

34. 假设你去参加一个有 20 个加拿大人和 20 个挪威人参加的会议. 你必须遇到多少人才能确定你遇到了一个挪威人和一个加拿大人?

35. 假设你去参加一个有 20 个加拿大人和 20 个挪威人参加的会议. 你必须遇到多少人才能确定你遇到了两个同国籍的人?

36. 一个男孩和他的父亲遭遇车祸，被送往急诊室. 外科医生看着男孩说:"我不能给这个男孩做手术; 他是我的儿子!" 这怎么可能?

37. 苏珊娜每周至少有一天打保龄球，但从不连续打两天. 列出苏珊娜每周可以去打保龄球的天数.

38. 一名赛车手用一分四十秒跑完了第一圈. 尽管有侧风，但他还是用同样的速度，用 100 秒跑完了第二圈. 给出一个可能的解释.

39. 聚会上一半的人是女性，一半的人喜欢巧克力. 这是否意味着派对上有四分之一的人是女性巧克力爱好者?

40. 一个国家一半的出口是玉米，一半的玉米来自喀里多尼亚州. 这是否意味着四分之一的出口是来自喀里多尼亚的玉米?

41～44: 决策. 分析以下情况，并解释你会做出什么决定以及为什么.

41. 你和你的配偶准备要小宝宝. 你目前的健康保险费用为每月 115 美元，但不包括产前护理或分娩. 你可以升级到涵盖产前护理和分娩的保单，但你的新保费将为每月 275 美元. 产前护理和分娩的费用约为 4 000 美元.

42. 你要给起居室刷涂料. 你和你的侄子可以在四个小时内完成工作，无需人工费用. 但是，你这四个小时不能正常工作，每小时损失 40 美元. 或者，你可以聘请一位粉刷工，他可以在 6 小时内以每小时 30 美元的价格粉刷房间. 假设两种选择的涂料成本相同.

43. 在一年的时间里，你每月在相距 1 500 英里的两个城市之间飞行两次，A 航空公司的平均往返费用是 350 美元，B 航空公司提供同样的旅程，只需 325 美元. 但是，A 航空公司有一个常旅客计划，在飞行 15 000 英里后，你可以获得一张免费的往返机票.B 航空公司没有常旅客计划.

44. 有一天，你的汽车保险代理人打电话来说，你的保险费率将会提高. 你可以选择保持当前的 200 美元免赔额，每年新保费为 450 美元，或者选择更高的 1 000 美元免赔额，每年保费为 200 美元. 在过去的 10 年里，你已经提出了 100 美元、200 美元和 600 美元的索赔.

45. **国税局关于谁必须提交联邦纳税申报表的指导方针.** 根据美国国税局的规定，如果符合以下任何条件，65 岁以下的个人 (非盲人) 必须提交联邦纳税申报表 (以下为 2012 年度纳税数据标准):

(i) 非劳动收入超过 950 美元.

(ii) 劳动收入超过 5 950 美元.

(iii) 总收入超过 950 美元或个人劳动收入超出最高 (5 650 美元) 300 美元.

确定以下个人 (65 岁以下且非盲人) 是否必须申报.

a. 玛丽亚的非劳动收入为 750 美元，劳动收入为 6 200 美元，总收入为 6 950 美元.

b. 范的非劳动收入为 200 美元，劳动收入为 3 000 美元，总收入为 3 500 美元.

c. 沃尔特没有非劳动收入，劳动他的总收入为 5 400 美元.

d. 海伦娜的非劳动收入为 200 美元，劳动收入为 5 700 美元，总收入为 6 000 美元.

46. **美国国税局关于受抚养儿童的指南.** 根据联邦纳税申报单，符合以下条件的儿童均可被抚养.

(i) 该儿童必须是你的儿子、女儿、继子女、养子、兄弟、姐妹、同父异母兄弟、同父异母姐妹、继兄弟、继姐妹或他们中任何一个的后代.

(ii) 该儿童年底不满 19 岁，或年底不满 24 岁并且是全日制学生，或者终身残疾.

(iii) 该儿童必须与你生活半年以上，除非是因为教育、疾病、工作、商务或服兵役而“暂时”离开.

(iv) 该儿童一年中有超过半年的时间是没有收入的.

(v) 该儿童不签署联合纳税申报单.

确定在下列情况下，你是否可以将儿童视为受抚养人.

a. 你有一个 22 岁的继女，她是一名全日制学生，常年生活在另一个州，完全依靠你的资助.

b. 你有一个 18 岁的儿子，以开发软件为全职工作，和你共同生活，能养活自己.

c. 你的侄子 (没有被其他人抚养) 是一个 20 岁的全日制学生，和你共同生活，由你抚养.

d. 你同父异母的弟弟是一个 18 岁的非全日制学生，在纳税年度的 8 个月里和你共同生活，他三分之二的开销需要由你资助.

47. **信用卡协议.** 以下规则是某信用卡协议的一则条款.

对于常规消费，最低到期付款额为 10.00 美元或你的对账单最新余额的 5% (四舍五入至 1.00 美元) 加上所有未支付的滞纳金和退回的支票费用，以及你的对账单上所有未还款金额.

如果你的购买行为属于常规消费，那么在以下任何一种情况下都不会被收取额外费用: (i) 账户中没有结欠款，或 (ii) 在付款日期截止之前，付款金额和贷款金额的总和等于或超出账户内余额. 另外，付款日期是指最后一份对账单上显示的日期之后的 25 天内. 如果在付款日期截止后，账户余额不足以抵消上一份对账单中的金额，那么从购买之日起，每次购买都将收取额外费用.

a. 如果你账户中的余额是 8 美元，而你有 35 美元未支付的滞纳金，你的最低应付款是多少？

b. 假设你以前有 150 美元的余额，并且在付款日期后一个月支付 200 美元. 你会被要求支付额外费用吗？

c. 在 (b) 部分，如果你在支付 200 美元的同一天进行购买，会对该购买支付额外费用吗？

48. **苹果 EULA.** 最终用户许可协议 (EULA) 是软件制造商和用户之间的合同，它详细说明了软件的使用条款 (我们大多数人都没有阅读就接受了！). 在苹果 iTunes 商店的 EULA 页面中，有以下条款.

a. 苹果公司保留随时修改本协议并对你使用 iTunes 服务增加新的或附加的条款或条件的权利. 此类修改、附加条款和条件将立即生效并纳入本协议. 如你继续使用 iTunes 服务将被视为接受.

b. 苹果公司不对印刷错误负责.

问：a.iTunes 商店增加的新条件需要用户同意吗？

b.EULA 的变化会通知用户吗？

c. 在条款 (a) 中，你认为用户有哪些潜在风险？

d. 在条款 (b) 中，你认为用户有哪些潜在风险？

49. **得州伦理法.** 得克萨斯州伦理委员会在其《伦理法指南》中指出:

州政府官员或雇员不应接受或索取任何礼品、优惠或服务，这些礼品、优惠或服务可能会影响官员或雇员履行公务，或者官员或雇员知道或应该知道提供这些礼品、优惠或服务是为了影响官员或雇员的公务行为.

a. 假设你是州议员. 你认为接受一个陌生人的大笔竞选捐款是合法的吗？

b. 假设你是一名州议员，请描述一种符合要求的捐款情况，然后再描述一种不符合要求的捐款情况.

50～54：批判性思维. 考虑以下支持结论的简短论证（可能只是暗示）. 使用批判性思维方法来分析论证，并确定结论是否有说服力，并认真地写出你的分析.

50. 两个世纪以来，报纸一直是美国人生活的支柱. 然而，它们的存在受到互联网新闻的威胁. 报纸作为当地新闻来源无可替代. 此外，对于国家问题，公民需要的是训练有素的独立新闻记者进行调查性报道，而不是互联网博主的偏见.

51. 全国体育协会声称代表运动员和大学的利益，但它经常采取行动来最大限度地增加体育赛事的收入，同时试图掩盖运动员的丑闻，并控制运动员加入协会所得的利益. 显然，它的真正目的只不过是保护其利润丰厚的品牌，同时阻止这些给其带来收入的劳动力——大学足球和篮球运动员——赚钱.

实际问题探讨

52. **解释第二修正案.** 关于枪支管制的大部分争论都围绕着对美国宪法第二修正案的解释. 它写道：

一个管理良好的民兵队伍对于自由国家的安全是必要的，人民持有和携带武器的权利不应受到侵犯.

枪支权利倡导者倾向于关注“人民持有和携带武器的权利”，枪支管制倡导者倾向于关注“一个管理良好的民兵队伍”，访问讨论这个问题的两个方面的几个网站，找到支持和反对枪支管制的第二修正案的解释. 根据你所学的内容，你是否认为第二修正案允许枪支管制合法？解释你的观点.

53. **投票举措.** 调查你所在州、县或城市的某个特定投票计划（或从网站中选择一个区域）. 解释关于该问题的每一方面的重要论点. 如果可能的话，找到投票的原文. 原文中的声明是否明确？解释之.

54. **细则.** 包括 mouseprint.org 在内的几个网站给出了欺骗性使用细则的例子. 描述一个你认为特别具有欺骗性或危险性的案例. 详细描述案例，并解释细则是如何起作用的.

55. **论证分析.** 在新闻或社论上查找关于对某一有争议的问题采取明确立场的文章. 使用本节中给出的提示和策略分析论证. 无论你是否同意最终结论，请说明论证是否有效.

56. **个人决定.** 讨论你自己生活中需要在做出关键决定之前仔细思考的情况. 你有没有使用批判性思维策略？现在回想起来，你是否会使用批判性思维做出不同的决定？

57. **假新闻.** 访问一个事实核查网站 (如 PolitiFact 网站、FactCheck.org 或 Snopes.com), 并简要描述最近一个人们广泛关注的虚假新闻故事，解释我们如何知道这个故事是假的.

58. **阴谋论.** 选择一些众所周知的阴谋论 (比如肯尼迪总统被中情局杀害的观点)，阅读并解释人们为什么还会相信它. 与同学讨论这些阴谋论的声明是如何说明确认偏差的. 总的来说，你正在调查的说法值得相信吗？解释你的观点.

第一章　总结

节	关键词	关键知识点和方法
1.1 节	逻辑 论证 前提，结论 谬误	确认一个论证的前提和结论 认识谬误，即错误的论证，其结论没有得到前提充分的支持 **评估媒体信息** 1. 考虑来源 2. 检查日期 3. 验证准确性 4. 注意隐含的内容 5. 不要错过大局
1.2 节	命题 真值，真值表 否命题：非 p 合取式：p 且 q 析取式：p 或 q 条件命题：如果 p，那么 q 假设，结论 逻辑等价	理解命题的否定，合取和析取以及条件命题的真值表 **相容或和排斥或** 相容或意味着其中一个或两者兼有 排斥或意味着一个或另一个，但不是二者兼有 **条件命题及其变形**：如果 p，那么 q 逆命题：如果 q，那么 p 否命题：如果非 p, 那么非 q 逆否命题：如果非 q，那么非 p
1.3 节	(一个集合的) 元素 集合 维恩图 直言命题 主项 谓项	**集合的关系** 子集，非交集，交集 **四种直言命题** 所有 S 都是 P；没有 S 是 P；有 S 是 P；有 S 不是 P **维恩图的使用** 可视化集合关系 组织信息
1.4 节	演绎论证 归纳论证 强度 有效性 可靠性	**评估论证** 演绎论证的强度 归纳论证用有效性和正确性来评估 用维恩图来检验有效性 条件命题构成的论证 **数学中的演绎和归纳** 演绎证明定理 归纳证明定理
1.5 节	批判性思维 确认偏差 虚假新闻	培养批判性思维提示 1. 仔细阅读（或倾听） 2. 寻找隐藏的假设 3. 确定真正的问题 4. 了解所有选项 5. 仔细观察精美细节，发掘缺失信息 6. 存在其他可能的结论吗？ 7. 警惕彻头彻尾的欺诈 8. 不要错过大局

第二章　解决问题的方法

在以前的数学课上，你遇到的数学问题可能只涉及数字和符号. 但是你在其他课程、工作和日常生活中遇到的数学问题几乎都是用文字表达的. 这就是第一章专注于逻辑和批判性思维的原因：这些方法可以帮助你找到隐藏在文字问题中的关键点. 本章我们开始研究解决定量问题的方法，这里的定量问题涉及文字和数字.

2.1 节

理解、求解和解释问题： 学习一般的解决问题的过程，以及非常有用的单位分析的基本原理.

2.2 节

单位分析的推广： 复习标准化单位，并将单位分析应用于涉及能量、密度和浓度的问题.

2.3 节

解决问题的提示： 寻求有效解决问题的通用提示.

问题： 我们考虑一个正在喝啤酒的正常男性，假设啤酒中的所有酒精都马上被吸收到他的血液中，那么他喝多少啤酒，就可以达到美国法律规定的醉酒的量（血液酒精含量为 0.08)?

A. 大约 3 盎司

B. 1 瓶，12 盎司

C. 3 瓶，每瓶 12 盎司

D. 1 箱，共 6 瓶，每瓶 12 盎司

E. 3 箱，每箱有 6 瓶，每瓶 12 盎司

解答： 在你读下面的内容之前，请务必先给出答案. 正确的答案是 A，大多数人都会很惊讶. 也就是说，只有 3 盎司的啤酒就有足够的酒精使普通人达到法律规定的醉酒的程度.（对于普通女性来说，这个数量要更少一些.）在实际生活中，因为你的身体一旦吸收酒精就会开始代谢，所以不可能把所有酒精都马上全部吸收到血液中，因此通常需要更多酒精才能让人达到醉酒的程度. 尽管如此，答案表明，酒精损害发生的速度比大多数人猜测的要快得多.

如果你还是感到惊讶，那么你可以自己简单地计算一下答案. 我们将在本章讨论解决这类问题所用的方法，并在 2.2 节的例 12 中来演示这一问题是如何计算的.

实践活动　全球变暖

通过下面的实践活动，对本章要分析的各种问题取得一个直观的认识.

南极洲大陆上几乎所有地方都覆盖着厚厚的白色冰层. 如果这些冰全部融化，那么海平面会发生什么变化？尽管科学家推测冰层完全融化还需要几千年的时间，但持续的全球变暖会提高融化速度，所以我们讨论的这个问题非常重要.

要回答类似这样的问题，首先需要收集一些数据. 你用网络快速地搜索一下，会发现以下内容：

- 南极洲的土地总面积约为 1 400 万平方千米.
- 南极洲冰盖的 (平均) 厚度约为 2.15 千米.
- 地球上海洋的总面积约为 3.4 亿平方千米.
- 当冰全部融入水中时，产生的水量约为原始冰量的 5/6.

单独地或分小组讨论，尝试回答以下问题. 如果你遇到困难，可能需要先仔细阅读本章的内容.

① 南极洲冰盖的总体积是多少立方千米？(提示：你只需要上面列出的两条数据.)

② 如果冰层全部融化，那么它会变成多少体积的液态水？

③ 假设冰层全部融化后变成的水都流入地球的海洋中. 假设海洋的总表面积没有变化，也就是说，海洋还是在同一个地方，而不是在大陆上蔓延. 那么海平面会上升多少？以千米、米和英尺给出答案. (附加题：你认为海洋表面积保持不变的假设是有效的吗？为什么？)

④ 格陵兰岛冰盖的冰量约为南极洲冰盖的 10%. 如果格陵兰岛的冰盖融化，海平面会上升多少？

⑤ 讨论：虽然南极或格陵兰岛冰盖的融化会使海平面升高，但北冰洋的冰融化却不会. 为什么？你能想到北冰洋冰盖融化后的潜在后果吗？

⑥ 讨论：全球变暖预计会导致极地冰盖融化，但科学家还不能预测冰融化的速度. 鉴于这种不确定性，在讨论和全球变暖相关的政治话题时，应如何应对极地融化带来的风险？

2.1 理解、求解和解释问题

解决问题更多的是一门艺术，而不是一门科学，没有哪种方法可以解决所有问题. 相反，正如我们在第一章中学习批判性思维的时候一样，我们必须利用经验，学会谨慎地、创造性地、质疑地，以及严谨地处理问题，培养解决量化问题的能力. 研究人员和教育学家已经制定了许多策略来帮助我们实施这一过程，如果你想更详细地研究解决问题的艺术，可以找到许多书籍和文章. 在这里，我们将集中讨论下面描述的三个步骤. 这个过程叫作“理解-求解-解释”，你可以记住它的缩写：U-S-E.

记住，“理解-求解-解释”问题的过程是作为解决问题的框架而设计的，通常不必明确地写出这三个步骤. 但是，你可能会发现，无论遇到什么问题，即使不是数学问题，这三个步骤也都是很有用的. 此外，如果你遇到困难，写出步骤通常是摆脱困境的好方法.

下面的例子将“理解-求解-解释”这一过程应用于一个相对简单的问题，其主要目的是展示这一过程是怎样实施的. 注意，后面的方框中概述了使用这一过程的方法，而本例中仅使用了其中的一部分，除此之外还使用了一些其他方法（例如使用单位），在讲完例题之后，我们再进行更正式的讨论.

例 1 光年

一光年有多远？

解 下面我们将按照“理解-求解-解释”这一过程的三个步骤来分析问题. 这里我们介绍的细节比你通常想到的更多，以后当你遇到更复杂的问题时，它们能对你有所帮助.

理解：这个问题问了“多远”，所以我们知道是要寻找一个“距离”作为答案，这意味着答案应该以英里或千米为单位. 如果你知道或查到这样的事实：光年定义为光可以在 1 年内传播的距离，并且光以 300 000 千米/秒（km/s）的速度传播①，那么应该可以解决问题了.

已知速度求距离的这一事实告诉我们，我们需要一个由速度计算距离的公式. 如果你不记得这个公式，那么可以考虑一个更简单但类似的问题，例如：如果你以每小时 50 英里的速度行驶，那么 2 小时你能走多远？答案显然是 100 英里（第一小时为 50 英里，第二小时为 50 英里），你会注意到，将速度乘以时间可以得到这个答案：

$$\text{速度} \times \text{时间} = \text{距离}.$$

因此，我们可以通过将光速乘以 1 年来计算以光年为单位的距离：

$$1\text{光年} = (\text{光速}) \times (1\text{年}).$$

利用这个式子我们就能找到问题的答案.

解决：我们有了所需的公式（上式），但是单位的一致性存在问题：光速以千米/秒为单位，但时间间隔为 1 年. 我们需要把时间单位调成一致的才能进行计算. 稍后我们再详细讨论单位转换，此处它的计算方式如下：

$$\begin{aligned}1\text{光年} &= (\text{光速}) \times (1\text{年})\\ &= \left(300\,000\frac{\text{千米}}{\text{秒}}\right)\\ &\quad \times \left(1\text{年} \times \frac{365\text{天}}{1\text{年}} \times \frac{24\text{小时}}{1\text{天}} \times \frac{60\text{分钟}}{1\text{小时}} \times \frac{60\text{秒}}{1\text{分}}\right)\\ &= 9\,460\,000\,000\,000\text{千米}.\end{aligned}$$

为了确保在计算器上的数值计算正确，你应该至少检查两次.

解释：我们首先检查答案是否合理：它的距离单位（千米）是我们所希望的，并且距离很长，正如我们所想的光的传播非常快. 为了更清楚地说明答案，我们注意到 9 460 000 000 000 可以表示为 9.46 万亿，这更容易说明和解释. 我们还注意到，因为每 4 年有一个闰年，所以一年并不完全是 365 天，它接近 $365\frac{1}{4}$ 天，因此这里我们至少使用了一种近似值（光速为每秒 300 000 千米也是近似值；更精确的值是 299 792 km/s）. 最后，为了更容易记住结果，我们可以将 9.46 舍入为 10（即舍入为最接近的十），用一句话来给出最终的答案：

一光年大约是 9.46 万亿千米，或者为了便于记忆，大约是 10 万亿千米.

▶ 做习题 19~20.

三步式解决问题：理解-求解-解释（U-S-E）

第 1 步：理解问题：你必须先了解问题，然后才能解决问题，因此请务必先仔细考虑问题的本质. 例如：

- 考虑问题需要你做什么. 如果这是一个类似于教科书上的问题，那么你到底应该确定什么？如果这是一个更复杂的问题，你可以把它的基本细节都提炼出来吗？具体地讲，问题中给出了哪些信

① **顺便说说**：如果将光速（300 000 千米/秒）除以地球大约 40 000 千米的赤道周长，你会发现光的传播是如此之快，以至于它可以在 1 秒内绕地球旋转近 8 次.

息（已知或输入）以及需要什么信息（未知或输出）？

- 记住画图通常可以帮助你理解问题. 它也有助于我们考虑问题的背景：它与你正在学习的内容有什么关系（对于教科书上的问题），或者为什么提出了它（对于现实世界中的问题）？
- 问一下自己解决方案应该是什么样子的. 例如，如果你正在寻找一个数字答案，你期望它是大还是小，以及应该用什么单位？答案是准确的还是估计的？尽可能具体地把解决方案可视化.
- 尝试找到一条你从理解问题到解决问题的路线（无论是心里想的还是书面上的）. 列出解决问题所需的所有信息或数据，并确定如何查找未提供的信息或数据.
- 继续执行第 2 步和第 3 步时，请不断重新理解问题. 如有必要，要重新考虑你对问题的理解或所设定的解决方案.

第 2 步：求解问题. 一旦你相信自己已经理解了问题并找到了解决方案，请开始下面的步骤和计算. 例如：

- 获取所有需要的信息或数据.
- 对于多步骤问题，请确保把所有步骤都条理清晰地记录下来，这对你以后查看或修订解决方案很有帮助.
- 仔细检查每个步骤，以免由于某一步的错误导致最后答案的错误.
- 不断重新评估你的计划. 如果你发现自己采用的方法或对问题的理解存在缺陷，请返回第 1 步并修改计划.

第 3 步：解释你的结果. 尽管许多人忽略了最后一步，但可以说这是最重要的一步. 毕竟，如果结果有误或被误解了，它就是没有用的，唯一使你对结果有信心的方法是对结果进行清楚的解释：

- 确保结果有意义. 例如，请确保它具有预期的单位，其数值是合理的，并且它是对原始问题的合理解答.
- 确定结果合理后，最好再次检查一遍计算，如果能找到一种独立的方法来检查结果，那会更好.
- 确认并理解导致结果不确定性的所有潜在的原因. 如果你做了假设，那么这些假设合理吗？
- 使用完整的句子清楚简洁地写出你的解决方案，以确保上下文和含义清晰. 如果与上下文相符，请解释和讨论所有相关的不确定性和假设以及结果的含义.

单位分析的原则

例 1 和“理解-求解-解释”的框架都谈到了“单位”，但是这个词的确切含义是什么？简而言之，它是抽象数字 (这是许多数学课程中使用数字的常见方式) 与真实世界数字 (通常代表某物的计数或度量) 之间的区别. 例如，从抽象的意义上讲，数字 5 只是数轴上的一个点，但在现实生活中，数字 5 可能代表 5 个苹果、5 美元或 5 小时.

那些描述我们正在测量或计数的词（例如苹果、美元或小时）被称为与数字关联的**单位** (units). 注意，单位为我们提供了重要的语境. 例如，如果你问修理汽车要花多长时间，然后修理工告诉你“5”，那么他说的是 5 分钟、5 小时、5 天还是 5 周就很重要. 使用单位来帮助解决问题的方法称为**单位分析** (unit analysis)（或度量分析）.

定义

数量的**单位**用来描述该数量衡量或计算的对象.

单位分析是利用单位来帮助解决问题的过程.

单位分析是一种强大的技术，可以帮助你找到解决问题的方案. 例如，假设你想找到一个计算速度的通用公式. 为此，我们可以再次考虑例 1 中使用的简单类比，从例 1 我们知道，如果你以每小时 50 英里的速度行驶 2 小时，那么你总共要行驶 100 英里. 通过这些数字，很容易看出，如果将距离除以时间，就可以得到速度[①]：

$$100\text{英里} \div 2\text{小时} = \frac{100\text{英里}}{2\text{小时}} = 50\,\frac{\text{英里}}{\text{小时}} \leftarrow \text{将} \ \frac{\text{英里}}{\text{小时}} \ \text{读作“英里每小时”}.$$

这告诉我们速度的一般公式是

$$\text{速度} = \frac{\text{距离}}{\text{时间}}.$$

注意，使用单位时，以分数形式来表示时更容易进行除法. 还要注意，当缩写单位时，我们不区分单数和复数. 例如，我们使用 mi 既表示英里的单数也表示复数.

简要回顾　分数

我们可以用三种基本方式表示分数：普通分数（例如 $\frac{1}{2}$），十进制形式的分数（例如 0.5）和百分数（例如 50%）. 常见的分数表示除法，并以 a/b 的形式书写，其中 a 和 b 可以是任意数字，只要 b 不为零即可. 上面的数字是分子，下面的数字是分母：

$$\frac{a}{b} \quad \text{意味着} \quad a \div b.$$

注意，在使用分数时，将整数写为分母为 1 的分数很有用处. 例如，我们可以将 3 写为 $\frac{3}{1}$ 或将 -4 写为 $\frac{-4}{1}$.

分数加减

如果两个分数具有相同的分母（一个公共的分母），则可以通过加或减它们的分子将它们相加或相减. 例如：

$$\frac{1}{5} + \frac{2}{5} = \frac{1+2}{5} = \frac{3}{5} \text{ 或 } \frac{7}{9} - \frac{2}{9} = \frac{7-2}{9} = \frac{5}{9}.$$

否则，我们必须在加或减之前把分数改写成相同的分母. 例如，我们可以将 $\frac{1}{2} + \frac{1}{3}$ 写成 $\frac{3}{6} + \frac{2}{6}$（这样二者有相同的分母 6），则有：

$$\frac{1}{2} + \frac{1}{3} = \frac{3}{6} + \frac{2}{6} = \frac{3+2}{6} = \frac{5}{6}.$$

分数乘法

分数相乘时我们把分子和分母分别相乘. 例如：

$$\frac{1}{3} \times \frac{2}{5} = \frac{1 \times 2}{3 \times 5} = \frac{2}{15}.$$

有时我们可以在乘分数的时候消去分子和分母中同时出现的项来化简分数. 例如：

$$\frac{3}{4} \times \frac{5}{3} = \frac{3 \times 5}{4 \times 3} = \frac{5}{4}.$$

① **顺便说说：** 记住公式“速度 = 距离/时间”的另一种好方法是，知道速度通常以每小时英里数表示，这表示距离（英里）除以时间（小时）. 你还可以重新排列公式，从而发现，距离 = 速度 × 时间 和 时间 = 距离 ÷ 速度.

分数除法

如果两个非零数字的乘积为 1，则它们互为倒数. 例如：

$$2\text{和}\frac{1}{2}\text{互为倒数, 因为}2\times\frac{1}{2}=1.$$

$$\frac{4}{3}\text{和}\frac{3}{4}\text{互为倒数, 因为}\frac{4}{3}\times\frac{3}{4}=1.$$

通常，我们通过互换分子和分母来求倒数，记住整数的分母为 1：

- a 的倒数是 $\frac{1}{a}(a\neq 0)$.
- $\frac{a}{b}$的倒数是$\frac{b}{a}(a\neq 0,b\neq 0)$.

我们可以用倒数的乘法代替除法，这意味着我们取倒数并相乘. 例如：

$$10\div\frac{1}{2}=\underbrace{10\times\underbrace{\frac{2}{1}}_{\text{倒数}}}_{\text{相乘}}=20,\quad \frac{3}{4}\div\frac{2}{5}=\underbrace{\frac{3}{4}\times\underbrace{\frac{5}{2}}_{\text{倒数}}}_{\text{相乘}}=\frac{15}{8}.$$

规则总结

加法/减法（必须有相同的分母）	$\frac{a}{c}+\frac{b}{c}=\frac{a+b}{c}$或$\frac{a}{c}-\frac{b}{c}=\frac{a-b}{c}$
乘法	$\frac{a}{b}\times\frac{c}{d}=\frac{a\times c}{b\times d}$
除法 (求倒数和相乘)	$\frac{a}{b}\div\frac{c}{d}=\frac{a}{b}\times\frac{d}{c}$

▶ 做习题 13~14.

关键词：“每”和“以”

上面的速度示例显示，词语“每”（表示“每一个”）是数学问题中的关键字，因为它告诉我们要用除法. 第二个重要的关键字是“以”，通常表示乘法. 例如，如果你以每个苹果 2 美元的价格购买 10 个苹果，你支付的总价格为：

$$10\text{苹果}\times\frac{2\text{美元}}{\text{苹果}}=20\text{美元}.$$

注意这个简短计算中的三个重要步骤：第一，我们看到单词“以”后作乘法. 第二，我们把每个苹果 2 美元的价格写成分数. 第三，正如我们可以消去出现在分数的分子和分母中的数字一样，我们可以消去相同的单位.

例 2　使用关键词

应用解决问题的三个步骤，并适当使用关键字来回答以下问题.

a. 你现在以每英亩 12 000 美元的价格购买 30 英亩的农田. 那么总费用是多少？

b. 一辆汽车每半小时行驶 25 英里. 那么它有多快？

解

a. **理解**：该问题询问“总成本”，因此我们希望得到以美元为单位的答案. 关键词“以”表示我们需要将购买的土地英亩数乘以价格.

求解：我们进行计算；注意，价格是按每英亩美元给出的，因此我们用分数形式按英亩划分. 这样就可以消去“英亩”，而最终答案以美元为单位：

$$30\text{英亩} \times \frac{12\ 000\text{美元}}{1\text{英亩}} = 360\ 000\text{美元}.$$

解释：我们发现，以每英亩 12 000 美元的价格购买 30 英亩的农田，总共要花费 360 000 美元.

b. **理解**：该问题询问“有多快”，因此我们希望答案是速度. 关键词“每”告诉我们，应将 25 英里的距离除以半小时的时间（或 $\frac{1}{2}$ 小时）.

求解：我们进行计算：

$$25\text{英里} \underbrace{\div \frac{1\text{小时}}{2}}_{\text{倒数和乘法}} = 25\text{英里} \times \frac{2}{1\text{小时}} = 50\frac{\text{英里}}{\text{小时}}.$$

注意，我们将 $\frac{1}{2}$ 小时表示为 $\frac{1\text{小时}}{2}$. 然后，为了更清楚地看出单位在最终答案中的作用，我们用倒数（“取倒数并相乘”）将除法替换为乘法.

解释：我们发现一辆半小时内行驶 25 英里的汽车以每小时 50 英里的速度行驶.

▶ 做习题 21~24.

平方、立方和连字符

和单位有关的关键词还有次幂. 例如:

• 要求一个房间的面积，我们将其长度乘以其宽度（见图 2.1）. 如果房间长 12 英尺、宽 10 英尺，那么它的面积是:

$$\begin{aligned} 12\text{英尺} \times 10\text{英尺} &= 120(\text{英尺} \times \text{英尺}) \\ &= 120\text{平方英尺}. \end{aligned}$$

我们将这个面积读作“120 平方英尺”，其中关键字“平方”意味着二次方. 注意，我们分别将数字 ($12 \times 10 = 120$) 和单位 (英尺 × 英尺 = 平方英尺) 相乘，保留结果.

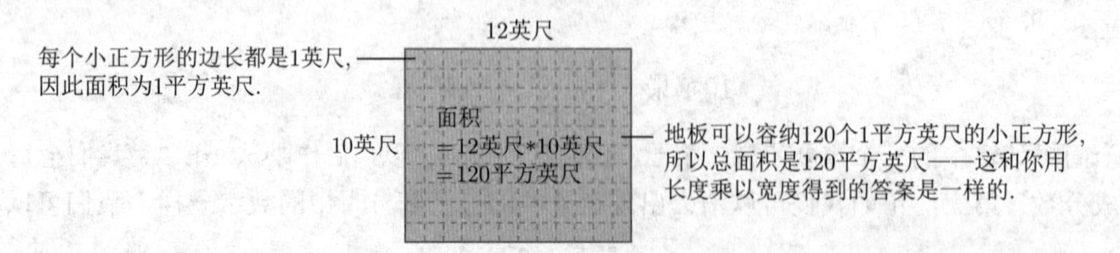

图 2.1　将以英尺为单位的长和宽相乘得到以“平方英尺”为单位的面积

• 要求一个盒子的体积，我们将其宽度、深度和高度相乘（见图 2.2）. 如果盒子宽 6 英寸、深 4 英寸、高 10 英寸，那么它的体积是

$$6\text{英寸} \times 4\text{英寸} \times 10\text{英寸} = 240(\text{英寸} \times \text{英寸} \times \text{英寸}) = 240\text{立方英寸}.$$

我们将这个体积读作“240 立方英寸”，注意，关键词“立方”意味着三次方.

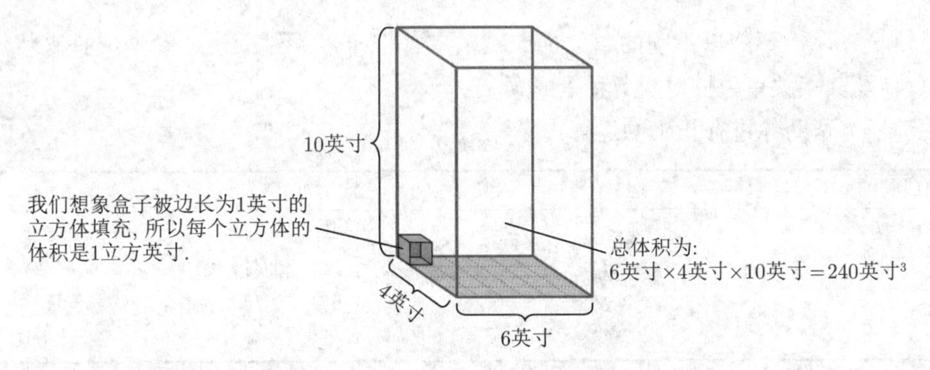

图 2.2　以英寸为一个盒子的边长单位，则得到的体积以立方英寸为单位

▶ 做习题 25~26.

到目前为止，我们提到的与单位一起使用的所有关键词应该都是日常生活中熟悉的. 然而，还有一个更常见的关键词，或者更确切地说是关键符号，通常和单位一起出现，即连字符. 例如，如果你查看公用事业账单，它可能会以“千瓦-时”为单位说明用电量. 这一连字符表示乘法. 也就是说，如果一部电影在 6 小时内使用 0.5 千瓦的灯泡，那么它的能耗就是

$$0.5\ \text{千瓦} \times 6\ \text{小时} = 3\ \text{千瓦} \times \text{小时} = 3\ \text{千瓦-小时} \quad \leftarrow \quad \text{读作“千瓦-时”}.$$

例 3　识别单位

求出以下问题的答案的单位.

a. *用汽油费（以美元为单位）除以购买的汽油总量（以加仑为单位），得到的你购买的汽油的单价.*

b. *用公式 πr^2 得到的圆的面积，其中 r 为半径，单位是厘米（注意，π 是一个常数，没有单位）.*

c. *以英亩为单位的面积乘以以英尺为单位的深度，得到的体积.*

解

a. 汽油价格的单位是美元除以加仑，我们写为 \$/gal，读作“美元每加仑”.

b. 圆的面积单位为厘米的二次幂，我们写为 cm^2，读作“平方厘米”.

c. 在这种情况下，体积单位为英亩 $\times$ 英尺，我们读作“英亩-英尺”. 这个体积单位通常由美国的水文学家（水力工程师）使用.①

▶ 做习题 27~32.

思考　在新闻报道中找到至少五个数字，并在每种情况下确定数字的单位.

单位分析——解决问题的助手

你可能已经注意到，单位分析对我们理解-求解-解释问题的过程非常有用. 实际上，单位分析的功能非常强大，以至于科学家经常通过观察问题的单位来分析问题，并且这种方法也给我们带来了很多重要的发现. 此外，一旦我们确定了答案的预期单位，就可以使用单位分析来检查我们的工作并发现错误. 下面的方框中总结了单位分析的一些关键思想，然后例 4 和例 5 说明了如何使用单位分析来帮助找到解决方案的途径.

① **顺便说说：** 最初将一英亩定义为两头牛一天可以耕种的土地面积. 今天，它被定义为一平方英里的 $\frac{1}{640}$，即 43 560 平方英尺（比没有末端区域的美式橄榄球场的面积小约 10%）. 因此，一英亩-英尺相当于 43 560 立方英尺的体积.

单位分析总结

- 在一般情况下，你不能以不同的单位加或减数字，但可以通过乘法、除法或幂来将不同的单位组合起来. 要对数字及其相关单位同时进行所有运算.
- 以下关键词将帮助你进行正确的运算：

关键词或符号	运算	例子
每	除法	英里 ÷ 小时，读作："英里每小时"
以或连字符	乘法	千瓦 × 小时，读作："千瓦–时"
平方	二次幂	英尺 × 英尺，读作："平方英尺"
立方	三次幂	英寸 × 英寸 × 英寸，读作："立方英寸"

- 如果用乘以倒数来代替除法，则更容易得到最终的单位. 例如，将除以 $60\frac{\text{秒}}{\text{分钟}}$ 写成乘以 $\frac{1\text{分钟}}{60\text{秒}}$.
- 完成计算后，请确保答案中的单位与预期的一致. 如果不一致，则说明你做错了.

例 4 使用单位来寻找解决问题的路径

如果每个箱子能装 40 个苹果，则需要多少个箱子才能装下 2 000 个苹果？

解 尽管你可能马上就知道如何求解该问题，但是这里我们在"理解"步骤中应用单位分析来展示单位分析是怎样引导我们找到答案的.

理解：该问题问了"需要多少个箱子"，因此答案应以箱子的个数为单位. 注意，"每个箱子能装 40 个苹果"这一说法意味着每箱 40 个苹果，即 40 个苹果/箱. 现在，我们要想办法把 2 000 个苹果和 40 个苹果/箱结合起来，使得最终答案中的单位是正确的. 如果你尝试了各种运算，会发现，唯一有用并能使我们得到最终正确单位（箱数）的方法是将 2 000 个苹果除以 40 个苹果/箱.

求解：我们进行计算，将 2 000 个苹果除以 40 个苹果/箱的箱容量. 像往常一样，我们用倒数（"倒数和乘法"）将除法替换为乘法，从而更容易看出"苹果"的单位被消去了，并以箱为单位得出了最终答案.

$$2\,000\text{个苹果}\underbrace{\div\frac{40\text{个苹果}}{\text{箱}}}_{\text{倒数和乘法}}=2\,000\text{苹果}\times\frac{1\text{箱}}{40\text{个苹果}}=50\text{箱}.$$

解释：每个箱子能装 40 个苹果，如果你用这样的箱子装 2 000 个苹果，那么你需要 50 个箱子才能装下.

▶ 做习题 33-40.

例 5 考试检查

你是一位数学老师. 有一道试题是："伊莱以每磅 50 美分的价格买了 5 磅苹果. 那么他买苹果一共花了多少钱？"在你要批改的作业上，有一位学生写道："50÷5=10. 他付了 10 美分."请给学生写批注，解释哪里错了.

解 亲爱的学生：首先，请注意你的答案没有任何意义. 如果 1 磅苹果花 50 美分，5 磅苹果怎么能只花 10 美分呢？你可以通过查找单位来防止出现这类错误. 在试题中，数字 50 的单位为美分/磅，数字 5 的单位为磅. 因此，你的计算"50÷5 = 10"表示

$$50\frac{\text{美分}}{\text{磅}}\div 5\text{ 磅}=50\frac{\text{美分}}{\text{磅}}\times\frac{1}{5\text{磅}}=10\frac{\text{美分}}{\text{平方磅}}.$$

（与前面一样，我们用倒数把除法换为乘以倒数.）你的计算得出的单位是"每平方磅美分"，因此，对于计算

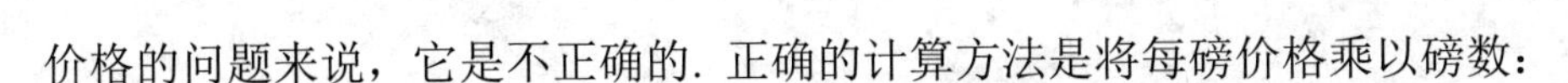

价格的问题来说，它是不正确的. 正确的计算方法是将每磅价格乘以磅数：

$$50\frac{\text{美分}}{\text{磅}}\times 5\text{磅}=250\text{美分}=2.50\text{美元}.$$

现在单位被消去了，因此，5 磅苹果的价格为 2.50 美元.

▶ 做习题 41~44.

单位换算

另一个重要的应用是将数字从一个单位转换为另一个单位，例如: 从英里到千米或从夸脱到杯. 举个简单的例子，假设我们想要将 2 英尺转换为英寸. 因为 1 英尺与 12 英寸相同，于是我们进行如下转换：

$$2\text{英尺}=2\text{英尺}\times\underbrace{\frac{12\text{英寸}}{1\ \text{英尺}}}_{\substack{(=1,\ \text{因为}\\ 12\ \text{英寸}=1\ \text{英尺})}}=24\text{英寸}.$$

注意，在乘以 $\frac{12\text{英寸}}{1\text{英尺}}$ 时，我们实际上只是乘以 1，因为 12 英寸和 1 英尺是相等的. 这个想法可以推广到所有单位转换的例子中，我们用一个适当的乘以 1 的方法，这样不会改变原始表达式的含义. 例如，下面是不同的 1 的写作方式：

$$1=\frac{1}{1}=\frac{8}{8}=\frac{\frac{1}{4}}{\frac{1}{4}}=\frac{1\text{千米}}{1\text{千米}}=\frac{1\text{周}}{7\text{天}}=\frac{12\text{英寸}}{1\text{英尺}}.$$

最后一个表达式（我们在例子中使用了）表明了单位的必要性：12 除以 1 不等于 1，而是 12 英寸除以 1 英尺等于 1.

换算因子

$\frac{12\text{英寸}}{1\text{英尺}}$ 等于 1，通常称为换算因子. 我们可以用三种等价方式来表示这个换算因子：

$$12\text{英寸}=1\text{英尺}\quad\text{或}\quad\frac{12\text{英寸}}{1\text{英尺}}=1\quad\text{或}\quad\frac{1\text{英尺}}{12\text{英寸}}=1.$$

你可以利用换算因子来解决所有单位转换问题，该换算因子为你提供了乘以 1 的适当方法.

例 6 英寸到英尺

将 102 英寸转换为以英尺为单位的长度.

解 我们从 102 英寸开始，如下所示. 我们的目标是将这个项乘以 1，将单位从英寸变为英尺. 因此，我们使用分母含英寸形式的换算因子，以便消去英寸：

$$102\text{英寸}=102\text{英寸}\times\frac{1\text{英尺}}{12\text{英寸}}=8.5\text{英尺}.$$

因此，102 英寸等于 8.5 英尺.

▶ 做习题 45~46.

例 7　秒到分钟

将 3 000 秒转换为以分钟为单位的时间.

解　1 分钟等于 60 秒，因此我们的换算因子有以下三种形式：

$$1\text{分钟} = 60\text{秒} \qquad \text{或} \qquad \frac{1\text{分钟}}{60\text{秒}} = 1 \qquad \text{或} \qquad \frac{60\text{秒}}{1\text{分钟}} = 1.$$

我们从 3 000 秒开始，注意利用中间的换算因子把秒消去，然后给出以分钟为单位的答案：

$$3\,000\text{秒} = 3\,000\text{秒} \times \frac{1\text{分钟}}{60\text{秒}} = \frac{3\,000}{60}\text{分钟} = 50\text{分钟}.$$

因此，3 000 秒等于 50 分钟.

▶ 做习题 47~48.

思考　在例 7 中，假设你使用了第三种形式的转换 $\left(\frac{60\text{秒}}{1\text{分钟}}\right)$. 你的答案有哪些单位？你怎么知道这个问题你做错了？

例 8　使用一系列转换

一天有多少秒？

解　我们大多数人都不会马上知道这个问题的答案，但我们知道 1 天 = 24 小时，1 小时 = 60 分钟，1 分钟 = 60 秒. 通过一系列的单位转换就能解决这个问题，这里我们从 1 天开始并以秒结束：

$$1\text{天} = 1\text{天} \times \frac{24\text{小时}}{1\text{天}} \times \frac{60\text{分钟}}{1\text{ 小时}} \times \frac{60\text{秒}}{1\text{分钟}} = 86\,400\text{秒}.$$

通过使用换算因子适当地消去单位，我们可以在几秒钟内得到答案.（注意与例 1 中使用的一系列单位转换相似.）一天有 86 400 秒.

▶ 做习题 49~52.

简要回顾　小数部分

对于十进制形式的分数，每个数字对应一个特定的位置值，该位置值始终是 10 的幂（例如 10，100，1 000，…）. 下面的示例显示数 3.141 中小数位的值.

3	.	1	4	1
个位	↑	十分之一	百分之一	千分之一
(1)	(小数点)	$\left(0.1 = \frac{1}{10}\right)$	$\left(0.01 = \frac{1}{100}\right)$	$\left(0.001 = \frac{1}{1\,000}\right)$

转换为普通形式

将分数从十进制转换为通用形式需要识别十进制中的最后一位数字. 例如：

$$0.4 = \frac{4}{10}, \quad 3.15 = \frac{315}{100},$$

$$0.097 = \frac{97}{1\,000}.$$

转换为小数形式

为了将普通分数转换为十进制形式，我们把分数转化为相应的除法运算. 例如：

$$\frac{1}{4}=1\div 4=0.25.$$

许多常见的分数不能确切地以十进制形式书写. 例如，十进制形式的 $\frac{1}{3}$ 包含一个无限循环的 3 的序列：

$$\frac{1}{3}=0.333\,333\,3\cdots.$$

在数学中，我们经常用一个横线表示这种模式. 例如，$0.\bar{3}$ 中 3 上方的横线表示 3 无限重复. 在日常生活中，我们通常将这种循环小数四舍五入，如 $\frac{1}{3}$ 通常会四舍五入为 0.33.

▶ 做习题 15~18.

次幂的单位转换

对于次幂的单位转换，我们必须特别小心. 例如，假设我们想知道一平方码对应的平方英尺数. 我们可能不知道平方码（yd^2）和平方英尺（ft^2）之间的换算因子，但我们知道 1 码 = 3 英尺. 因此，当我们写出 1 平方码时，可以用 3 英尺替换 1 码：

$$1\text{平方码}=1\text{码}\times 1\text{码}=3\text{英尺}\times 3\text{英尺}=9\text{平方英尺}.$$

也就是说，1 平方码与 9 平方英尺相等. 我们还可以通过把码到英尺的转换两边同时平方来找到这个换算因子：

$$1\text{码}=3\text{英尺}\xrightarrow{\text{两边平方}}(1\text{ 码})^2=(3\text{ 英尺})^2\xrightarrow{\text{每项分别平方}}$$

$$1\text{平方码}=9\text{平方英尺}.$$

图 2.3 证实 9 平方英尺等于 1 平方码. 像前面一样，我们可以以三种等价形式写出换算因子：

$$1\text{平方码}=9\text{平方英尺}\quad\text{或}\quad\frac{1\text{平方码}}{9\text{ 平方英尺}}=1$$

$$\text{或}\quad\frac{9\text{ 平方英尺}}{1\text{平方码}}=1.$$

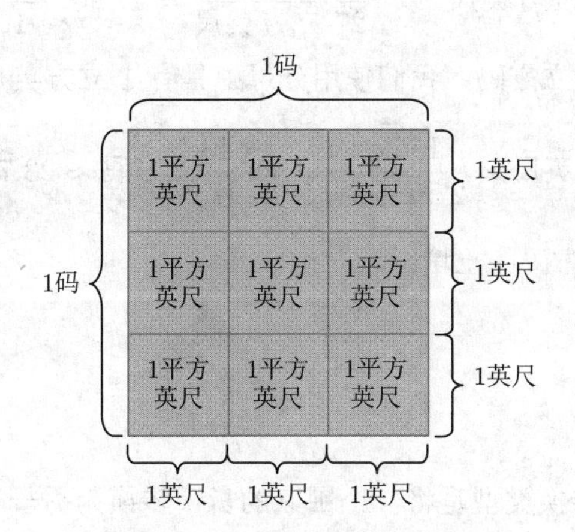

图 2.3 1 平方码等于 9 平方英尺

例 9　用地毯铺房间

你想用地毯铺一个 10 英尺乘 12 英尺、面积为 120 平方英尺的房间. 但地毯通常以平方码为单位出售. 那么你需要多少平方码的地毯?

解　我们需要将房间的面积从平方英尺转换为平方码，因此我们使用分母中具有平方英尺的形式的换算因子:

$$120\text{平方英尺}\times\frac{1\text{平方码}}{9\text{平方英尺}}=\frac{120}{9}\text{平方码}\approx 13.3\text{平方码}.$$

符号 ≈ 意味着近似等于

注意，我们将答案舍入到最接近的 0.1 平方码. 大多数商店不会出售低于一平方码的地毯，因此对于一个 10 英尺乘 12 英尺的房间，你需要购买 14 平方码的地毯.

▶ 做习题 53~56.

思考　尽管我们没有在例 9 中列出“理解-求解-解释”的各个步骤（在本书中大多数情况下也不会列出），但它们隐含在解决方案中. 描述一下我们是如何写出这三个步骤的. （注意：如果你需要更多解决问题的练习，可能会发现在后面的例子中确定这三个步骤是很有用的.）

例 10　立方单位：购买填充花园的土壤

你正在准备用足够的土壤来填充一个 40 英尺长、16 英尺宽、1 英尺深的菜园，商店以立方码为单位出售土壤. 你要订多少土?

解　为了求出你需要的土壤体积，我们将花园的长度（40 英尺）、宽度（16 英尺）和深度（1 英尺）相乘:

$$40\text{英尺}\times 16\text{英尺}\times 1\text{英尺}=640\text{立方英尺}.$$

由于土壤以立方码出售，所以我们需要将此体积从立方英尺转换为立方码. 我们知道 1 码 =3 英尺，所以我们通过把这个等式的两边同时取立方来求出所需的换算因子:

$$1\text{码}=3\text{英尺}\xrightarrow{\text{两边取立方}}(1\text{ 码})^3=(3\text{ 英尺})^3\xrightarrow{\text{每一项取立方}}$$

$$1\text{立方码}=27\text{ 立方英尺}.$$

在最后一步中，我们有 $3^3=3\times 3\times 3=27$. 像以前一样，我们可以用三种等价形式写出这个换算因子:

$$1\text{立方码}=27\text{立方英尺}\ \text{ 或 }\ \frac{1\text{ 立方码}}{27\text{ 立方英尺}}=1\ \text{ 或 }\ \frac{27\text{立方英尺}}{1\text{ 立方码}}=1.$$

为了将土壤体积从立方英尺转换为立方码，我们使用分母中具有 1 立方英尺（ft^3）的换算因子:

$$640\text{立方英尺}\times\frac{1\text{立方码}}{27\text{立方英尺}}=\frac{640}{27}\text{立方码}\approx 23.7\text{立方码}.$$

所以，你需要为花园订购约 24 立方码的土壤.

▶ 做习题 57~60.

货币转换

日常生活中一种特别重要的转换类型是将一个国家的货币转换为另一个国家的货币. 货币之间的转换是单位转换问题，其中换算因子称为汇率. 表 2.1 显示了常用的货币汇率表:

表 2.1　货币汇率（2017 年 1 月）

货币	每外币兑换美元	每美元兑换外币
英镑	1.221	0.819 1
加元	0.758 6	1.318
欧元	1.058	0.944 9
日元	0.008 658	115.5
墨西哥比索	0.045 74	21.86

实用技巧

汇率在不断变化，但是你在任意搜索引擎中键入“汇率”后就能得到当前的汇率. 谷歌也能进行直接转换；例如，输入“25 euros in dollars”(25 欧元是多少美元)”，它将会告诉你今天 25 欧元值多少美元.

- 根据“每外币兑换美元”的列将外币兑换成美元. 例如，此列显示 1 欧元 = 1.058 美元.
- 根据“每美元兑换外币”的列将美元兑换成外币. 例如，此列显示 1 美元 = 0.944 9 欧元.

思考　求出表 2.1 中“每外币兑换美元”这一列中数字的倒数. 你的结果是“每美元兑换外币”列中的数字吗？为什么？

例 11　价格转换

在一家法国百货商店，一条牛仔裤的价格是 85 欧元[①]. 换算成美元价格是多少？使用表 2.1 中的汇率.

解　从表 2.1 中“每外币兑换美元”这一列，我们看到 1 欧元 = 1.058 美元. 像以前一样，我们可以用另外两种等价形式写出这个换算因子：

$$\frac{1\text{欧元}}{1.058\text{美元}} = 1 \quad \text{或} \quad \frac{1.058\text{美元}}{1\text{欧元}} = 1.$$

我们用后者把价格从欧元转换为美元：

$$85\text{欧元} \times \frac{1.058\text{美元}}{1\text{欧元}} = 89.93\text{美元}.$$

因此，85 欧元等于 89.93 美元.

▶ 做习题 61~62.

例 12　兑换货币

你在墨西哥度假，需要现金. 100 美元可以换多少比索？使用表 2.1 中的汇率并忽略交易费用.

解　从表 2.1 中的“每美元兑换外币”这一列，我们看到 1 美元 = 21.86 比索. 我们利用这种美元在分母上的转换形式，就可以消去美元：

$$100\text{美元} \times \frac{21.86\text{比索}}{1\text{美元}} = 2\ 186\text{比索}.$$

所以 100 美元可以换成 2 186 比索.

▶ 做习题 63~64.

① **顺便说说：** 欧元于 1999 年首次使用（尽管硬币和纸币直到 2002 年才流通），是欧元区的官方货币，欧元区包括欧盟的大多数但不是所有国家. 欧元的创建既使国家（以前都拥有自己的货币）之间的金融交易更加容易，也有助于建立共同市场. 但是，评论家们认为，使用欧元已经对经济疲弱的国家造成了伤害，截至 2017 年，几个国家提出要退出欧元区，并恢复使用其本国货币.

例 13 每升汽油的价格

加拿大的加油站以每升 1.34 加元（CAD）的价格出售汽油.（CAD 是加元的缩写.）每加仑汽油的价格换算成美元是多少？利用表 2.1 中的货币汇率以及 1 加仑等于 3.785 升的事实.

解 我们使用一系列转换：先将加元转换为美元，然后将升转换为加仑. 从表 2.1 可以看出，1 加元转换为 0.758 6 美元，并且我们使用等式 1 加仑 =3.785 升，这表示每加仑转换成 3.785 升.

$$\frac{1.34\text{加元}}{1\text{升}}\times\frac{0.758\,6\text{美元}}{1\text{加元}}\times\frac{3.785\text{升}}{1\text{加仑}}\approx\frac{3.85\text{美元}}{1\text{加仑}}.$$

汽油的价格大约是每加仑 3.85 美元.

▶ 做习题 65~66.

在你的世界里 在国外兑换货币

兑换货币需要花钱，所以你要找一个最合适的交易. 有两个因素影响货币兑换成本：(1) 汇率；(2) 交易所的费用.

公布的汇率通常只适用于银行的“批发”汇率. 大多数货币兑换商——包括自动取款机以及机场、酒店和街道上的交易所——为了赚钱，会给你一个比银行高的汇率. 例如，如果银行价格为 21.9 比索兑换 1 美元，货币兑换商可能会给你每美元 20.1 比索.

小费也会影响货币兑换的成本. 每次进行交换时，许多货币兑换商（尤其是酒店、商店和街头摊位）都会收取小费. 以下是一些兑换货币的提示：

- 出发前，从本地银行先兑换少量目的地的货币. 这样，如果你在抵达时需要现金，你将不会被迫接受很高的汇率或高额费用.
- 一旦到达目的地，银行通常提供比其他货币兑换商更好的汇率. 最好的交易可能是你的 ATM 卡，但一定要查明你的银行是否收取在外国 ATM 交易的费用.
- 考虑使用信用卡购物以及支付酒店和餐馆账单. 信用卡通常提供良好的汇率，与现金不同，如果丢失或被盗，可以更换. 但是，大多数信用卡都会增加在国外购买的费用. 除非是紧急情况，否则请不要使用你的信用卡提取现金，因为现金预付款的费用和利率通常特别高.

测验 2.1

选择以下每个问题的最佳答案，并用一个或多个完整的句子来解释原因.

1. 要想最终得到速度的单位，你需要（ ）.
   a. 用距离乘以时间　　b. 用距离除以时间　　c. 用时间除以距离
2. “每”这个词意味着什么？（ ）
   a. 除以　　b. 乘以　　c. 此外
3. “以”这个词意味着什么？（ ）
   a. 除以　　b. 乘以　　c. 此外
4. 系统会为你提供两条信息：(1) 汽油的价格（美元/加仑）；(2) 汽车的油耗（英里/加仑）. 你要计算开这辆车的费用，单位是美元/英里，那么你应该（ ）.
   a. 把油价除以汽车的油耗　　b. 把油价乘以汽车的油耗　　c. 把汽车的汽油里程除以汽油价格
5. 以下哪项的面积表示 9 平方英里？（ ）
   a. 一排 9 英里长的小正方形　　b. 边长为 3 英里的正方形　　c. 边长为 9 英里的正方形
6. 如果将平方英尺的面积乘以英尺的高度，则结果的单位为（ ）.

a. 英尺 b. 平方英尺 c. 立方英尺

7. 一英里等于 1 760 码. 因此，一立方英里代表 ( ).

a. 1 760 平方码 b. $1\ 760^3$ 立方码 c. $1\ 760^3$ 码

8. 一平方英尺相当于 ( ).

a. 12 平方英寸 b. 120 平方英寸 c. 144 平方英寸

9. 你在欧洲旅行时买苹果. 价格最有可能使用下面哪个单位？( )

a. 欧元/千克 b. 欧元/毫升 c. 欧元/千米

10. 如果当前汇率为每欧元 1.058 美元，那么 ( ).

a. 1 美元的价值超过 1 欧元 b. 1 欧元的价值超过 1 美元 c. 1 美元等于 0.8 欧元

习题 2.1

复习题

1. 简要描述“理解-求解-解释”这一解决问题的方法，并举例说明每个步骤中需要考虑的细节.
2. 什么是单位？简要描述如何运用单位检查答案和解决问题. 举例说明.
3. 描述关键词“每”、“以”、“平方”和“立方”的含义，并以单位形式解释连字符的含义.
4. 解释为什么单位转换实际上只涉及乘以 1 的运算. 给出 1 磅 = 16 盎司所对应的两种 1 的转换形式.
5. 用文字或图片说明为什么 1 平方码有 9 平方英尺，1 立方码有 27 立方英尺. 然后大致描述如何找到平方或立方的换算因子.
6. 描述如何阅读和使用表 2.1 中的货币数据.

是否有意义？

确定下列陈述是有意义的（或显然是真实的）还是没有意义的（或显然是错误的）. 解释你的原因.

7. 我在整个行程中开车的速度是 35 英里.
8. 1 美元约合 115 日元，因此 1 日元比 1 美元值钱.
9. 我把到北京的距离除以飞机的速度，计算出坐飞机到北京要花多长时间.
10. 我有一个容积为 2 平方英尺的盒子.
11. X 超市卖的布料价格是每平方英尺 3 美元，而 Y 超市的价格是每平方码 15 美元，因为 X 超市比 Y 超市更便宜，所以我在 X 超市买布料.
12. 一则真实的广告：“固特异水胎面轮胎每秒可以排出 1 加仑水. 每秒一加仑，相当于每英里 396 加仑.”

基本方法和概念

13~18：复习数学. 完成以下习题需要用到本单元简要回顾部分讲述的知识.

13. 计算以下表达式.

a. $\frac{3}{4}\times\frac{1}{2}$ b. $\frac{2}{3}\times\frac{3}{5}$ c. $\frac{1}{2}+\frac{3}{2}$ d. $\frac{2}{3}+\frac{1}{6}$ e. $\frac{2}{3}\times\frac{1}{4}$ f. $\frac{1}{4}+\frac{3}{8}$ g. $\frac{5}{8}-\frac{1}{4}$ h. $\frac{3}{2}\times\frac{2}{3}$

14. 计算以下表达式：

a. $\frac{1}{3}+\frac{1}{5}$ b. $\frac{10}{3}\times\frac{3}{7}$ c. $\frac{3}{4}-\frac{1}{8}$ d. $\frac{1}{2}+\frac{2}{3}+\frac{3}{4}$ e. $\frac{6}{5}+\frac{4}{15}$ f. $\frac{3}{5}\times\frac{2}{7}$ g. $\frac{1}{3}+\frac{13}{6}$ h. $\frac{3}{5}\times\frac{10}{3}\times\frac{3}{2}$

15. 将以下各项表示为常用的分数形式.

a. 3.5 b. 0.3 c. 0.05 d. 4.1 e. 2.15 f. 0.35 g. 0.98 h.4.01

16. 将以下各项为常用的分数形式.

a. 2.75 b. 0.45 c. 0.005 d. 1.16 e. 6.5 f. 4.123 g. 0.000 3 h. 0.034

17. 将以下分数转换为十进制形式；如有必要，四舍五入到最接近的千分之一.

a. $\frac{1}{4}$ b. $\frac{3}{8}$ c. $\frac{2}{3}$ d. $\frac{3}{5}$ e. $\frac{13}{2}$ f. $\frac{23}{6}$ g. $\frac{103}{50}$ h. $\frac{42}{26}$

18. 将以下分数转换为十进制形式；如有必要，四舍五入到最接近的千分之一.

a. $\frac{1}{5}$ b. $\frac{4}{9}$ c. $\frac{4}{11}$ d. $\frac{12}{7}$ e. $\frac{28}{9}$ f. $\frac{56}{11}$ g. $\frac{102}{49}$ h. $\frac{15}{4}$

19~20：使用“理解-求解-解释”的步骤求解问题. 回答下列问题，并写出“理解-求解-解释”过程的三个步骤.

19. 一个普通的水床有多重？要用的数据：1 立方英尺的水重 64.2 磅，一个普通的水床能容纳 28 立方英尺的水.
20. 地球旋转的速度有多快？要用的数据：在地球一次完整的自转中，赤道上的一个点在 24 小时内移动约 25 000 英里.

21~24：使用关键词. 回答下列问题时，写出“理解-求解-解释”过程的三个步骤. 把过程和单位写清楚.

21. 你要买 2.5 磅苹果，每磅 1.25 美元，需花多少钱？
22. 每个篮球重 22 盎司，11 个球的总重量是多少？
23. 如果你工作 23 小时的工资是 420 美元，那么你每小时的工资是多少？
24. 如果每辆公共汽车可容纳 45 人，那么运送 495 人需要多少辆公共汽车？
25. **面积和体积的计算.** 写清楚以下计算中使用的单位.

    a. 储藏室的地板是 20 英尺乘 12 英尺的矩形，高 8 英尺. 求出地板的面积和储藏室的体积.

    b. 一个游泳池长 25 码，宽 20 码，深 2 码. 求出游泳池的表面积（水面）和游泳池的总水量.

    c. 一个凸起的花坛长 30 英尺，宽 6 英尺，高 1.2 英尺. 求出它的底面积和土壤的容量.
26. **面积和体积的计算.** 写清楚以下计算中使用的单位.

    a. 仓库长 60 码，宽 30 码，高 6 码. 仓库的地面面积是多少？如果仓库里堆满了包装严实的箱子，那么箱子的总体积是多少？

    b. 房间的地板是 24 英尺乘 16 英尺的矩形，高 8 英尺. 则地板的面积是多少？该房间的容积是多少？

    c. 粮仓的地面是圆形，面积为 260 平方英尺，高 22 英尺. 它的总体积是多少？

27~32：识别单位. 确定以下数量的单位. 用数学符号（例如，mi/hr）和文字（例如，英里/小时）来表示单位.

27. 你骑自行车的平均速度，用以英里为单位的行驶距离除以以小时为单位的行驶时间.
28. 机票每英里的价格，用以英里为单位的旅行距离除以以美元为单位的机票价格.
29. 淋浴喷头的流量，在以秒为单位的一段时间内，将喷头的出水量除以立方英寸.
30. 一瓶法国香水的价格，用单位为欧元/毫升的香水价格乘以单位为毫升的香水的体积.
31. 汽车旅行的成本，用以美元/加仑为单位的油费除以以英里/加仑为单位的汽车里程，再乘以以英里为单位的旅行里程.
32. 面包店生产的百吉饼的数量，用每小时每个面包店的百吉饼的生产率乘以小时数以及面包师的数量.

33~40：单位分析. 回答下列问题，并写出“理解-求解-解释”过程的三个步骤.

33. 如果每立方码土壤卖 24 美元，那么 1.2 立方码土壤的总价格是多少？
34. 一根软管以每分钟 4.5 加仑的速度向浴缸注热水. 则注满一个 400 加仑的浴缸需要多少分钟？
35. 以每盎司 1 200 美元的价格购买 2.5 盎司的黄金需要多少钱？
36. 假设你每小时挣 10.30 美元，一个月工作 24 天，每天工作 8 小时. 那么这个月你能挣多少钱？
37. 2016 年，595 700 名美国人死于（所有形式的）癌症. 假设美国人口有 3.21 亿，那么每 10 万人的死亡率是多少？
38. 人口密度最大的城市是菲律宾的马尼拉. 该市人口 180 万，面积 16.6 平方英里. 它的人口密度以每平方英里人口数为单位计算的话是多少？
39. 如果你的汽车每加仑汽油能跑 32 英里，那么当汽油的价格为每加仑 2.55 美元时，开 30 英里需要多少美元？
40. 洛杉矶道奇队投手克莱顿 • 克肖签了一份七年的合同，合同规定平均年薪为 3 070 万美元. 假设他在一个季度进行了 30 场比赛（并且这样就可以得到全部薪水），每场比赛他能挣多少钱？

41~44：哪里出了问题？ 考虑下列试题和学生的解决方案. 确定每个解决方案是否正确. 如果不正确，给学生写批注来解释错误的原因并给出正确的解决方案.

41. 考试题：一家糖果店以每磅 7.70 美元的价格出售巧克力. 你要买一块重 0.11 磅的巧克力，需要多少钱？精确到一美分（忽略销售税）.

    学生答案：$0.11 \div 7.70 = 0.014$. 将花费 0.014 美元.
42. 考试题：你以每小时 5 英里的速度骑自行车上陡峭的山路. 你三个小时能走多远？

    学生答案：$5 \div 3 = 1.7$. 我能骑 1.7 英里.
43. 考试题：你可以花 11 美元买一袋 50 磅的面粉，也可以花 0.39 美元买一袋 1 磅的面粉. 比较大袋和小袋的每磅价格.

    学生答案：大袋的价钱是 $50 \div 11$美元 $= 4.55$美元，这比小袋每磅 39 美分的价钱贵.
44. 考试题：一般人每天消耗 1 500 卡路里. 一罐可乐含有 140 卡路里. 你需要喝多少可乐才能满足你每天的卡路里需求？（注意：这种饮食不能满足其他营养需要！）

    学生答案：$1\,500 \times 140 = 210\,000$. 你必须喝 21 万罐可乐才能满足你一天的卡路里需求.

45~52：单位转换. 完成以下单位转换. 必要时，舍入到最接近的百分位.

45. 将 32 英尺转换为英寸.

46. 将 16 英尺转换为码.

47. 将 35 分钟转换为秒.

48. 将 17 年转换为天（忽略闰年）.

49. 将 4.2 小时转换为秒.

50. 将空间站的每小时 17 200 英里的轨道速度转换为每秒英里数.

51. 将 4 年转换为小时（忽略闰年）.

52. 利用下面的公式将 45 789 英寸转换为英里: 1 英里 = 1 760 码，1 码 = 3 英尺，1 英尺 = 12 英寸.

53～60：平方单位和立方单位的转换.

53. 找到平方英尺和平方英寸之间的换算因子. 写出它的三种形式.

54. 以平方英尺为单位找到一个 20 码乘 12 码的矩形花园的面积.

55. 如果你买了一块 3.5 英亩的地，那么换算成平方英尺是多少？(1 英亩 =43 560 平方英尺）

56. 100 码乘以 60 码的足球场的面积是多少平方英尺？

57. 找出立方米和立方厘米之间的换算因子. 写出它的三种形式.

58. 一条新的人行道宽 4 英尺，长 150 英尺，并用混凝土填充 6 英寸（0.5 英尺）的深度. 问需要多少立方码的混凝土？

59. 空调系统每分钟可循环 350 立方英尺的空气，那么换算成立方码，每分钟循环多少空气？

60. 热水浴缸泵每分钟循环 3.5 立方英尺的水，那么换算成立方英寸，每分钟循环多少水？

61～66：货币转换. 使用表 2.1 中的货币汇率来解答以下问题.

61. 你在伦敦的晚餐花费了 82 英镑. 换算成美元是多少？

62. 你在东京的酒店房价是每晚 45 000 日元. 换算成美元每晚是多少？

63. 当你离开巴黎时，你将 320 欧元兑换成美元. 你会得到多少美元？

64. 你从墨西哥带了 2 500 比索回来. 换算成美元值多少钱？

65. 汽油在波恩的售价为 1.5 欧元/升. 以美元/加仑为单位，价格是多少？(1 加仑 =3.785 升）

66. 你在墨西哥购买新鲜草莓，每千克 28 比索. 以美元/磅为单位，价格是多少？(1 千克 =2.205 磅）

进一步应用

67～71：单位转换的进一步练习. 使用单位分析回答以下问题.

67. 通勤列车在 34 分钟内行驶 45 英里. 它的速度是多少英里/小时？

68. 跳伞运动员的比赛速度达到了创纪录的每小时 614 英里. 以这样的速度，每秒会降落多少英尺？

69. 2015 年，美国大约有 3 998 000 个婴儿出生. 求出以每分钟出生数为单位的出生率. 假设美国人口为 3.21 亿，那么每 1 000 人的年出生率是多少？

70. 如果你平均每晚睡 7.5 小时，你一年睡多少小时？

71. 假设人类平均每分钟心跳 65 次，平均寿命为 80 年. 那么平均一生心跳多少次？

72～75：加油里程. 回答以下实际的油耗问题.

72. 你计划开车旅行 2 000 英里，平均每加仑汽油跑 32 英里. 你应该用多少加仑汽油？如果一辆汽车的油耗是它的一半（每加仑 16 英里），那么消耗的汽油是它的两倍吗？解释一下.

73. 两个朋友各自开车一起进行一场 3 000 英里的越野旅行. A 车的油箱容量为 12 加仑，平均每加仑行驶 40 英里；B 车的油箱容量为 20 加仑，平均每加仑行驶 30 英里. 假设两位司机平均每加仑汽油要付 2.55 美元.

　a. A 车一箱油需要多少钱？B 车呢？

　b. 在这次旅行中，A 车和 B 车各用多少箱汽油？

　c. 在这次旅行中，A 车和 B 车的司机每人付多少汽油费？

74. 如果你的汽车的平均时速是 55 英里，那么你的车在高速路上平均每加仑汽油行驶 38 英里，而如果你的汽车的平均时速是 70 英里，那么在高速路上平均每加仑汽油行驶 32 英里.

　a. 如果你以平均每小时 55 英里的速度开车，那么 2 000 英里的路程需要多长时间？如果以每小时 70 英里的速度行驶呢？

　b. 假设汽油价格为每加仑 2.55 美元. 如果你以平均每小时 55 英里的速度开车，2 000 英里的路程汽油费是多少？每小时 70 英里的汽油费是多少？

75. 如果你的汽车的平均时速是 60 英里，那么你的车在高速路上平均每加仑汽油行驶 32 英里，而如果你的汽车的平均时速是 75 英里，在高速路上平均每加仑汽油行驶 25 英里.

a. 如果你以平均每小时 60 英里的速度开车，那么 1 500 英里的路程需要多长时间？如果以每小时 75 英里的速度行驶呢？

b. 假设汽油价格为每加仑 2.55 美元. 如果你以平均每小时 60 英里的速度开车，1 500 英里的路程汽油费是多少？每小时 75 英里时汽油费是多少？

76. **职业篮球运动员的薪水.** 在 2016—2017 赛季，勒布朗・詹姆斯打了 80 场比赛，每场比赛持续 48 分钟，赚了 3 100 万美元.（假设没有加时赛.）

a. 詹姆斯每场比赛挣多少钱？

b. 假设詹姆斯每场比赛每分钟都上场，他每分钟能挣多少钱？

c. 假设在一年中，詹姆斯打满每场比赛的每一分钟，为准备每场比赛会练习或训练 40 小时. 把训练时间也包含在内，他的时薪是多少？

77. **呼气.** 普通人每分钟呼吸 6 次（休息时），每次吸入和呼出半升空气. 如果以升为单位，那么普通人每天呼出多少“热气”（空气在体内变热）？

78. **看书.** 假设你的平板电脑容量为 16 千兆字节. 对于一本纯文本的书，一个字节通常对应一个字符，平均每个页面由 2 000 个字符组成. 假设所有 16 千兆字节都是纯文本书籍.

a. 平板电脑可以容纳多少页文本？

b. 平板电脑可容纳多少本 500 页的书？

79. **园林绿化项目.** 假设你计划在院子里做一个 60 英尺乘 35 英尺的园林景观. 确定在本地商店里所需商品的价格，并利用这些价格回答以下问题.

a. 用草籽种植该地区需要多少钱（用每磅种子可以覆盖的平方英尺数来计算)？

b. 用草皮覆盖该地区需要多少钱？

c. 用高质量的表层土覆盖该地区，然后每平方英尺种植两个开花球，需要多少钱？

实际问题探讨

80. **解决现实世界的问题.** 选择新闻中的一些主要问题（例如，基础设施项目的成本或税收政策变化），虽然不需要你解决这些问题，但描述如何利用“理解-求解-解释”过程帮助你解决问题.

81. **教育孩子.** 想象一下，你是一个老师或家长，正在和一个七年级的学生打交道，他被课本上的“故事问题”难住了. 你会怎样帮助这个孩子？尽可能具体地描述.

82. **高速公路上的单位.** 下次你在高速公路上行驶时，请查找三个带数字的标志（例如速度限制或到最近出口的距离). 这些数字有单位吗？如果没有，你怎么确定这些单位？如果没有单位，你认为这些单位对每个人都是显而易见的吗？为什么？

83. **单位是否清楚？**查找涉及数字的新闻报道. 报道中所有数字的单位都正确，还是某些单位的含义不清楚？简要总结新闻报道使用单位的情况.

84. **南美冒险.** 假设你计划在南美洲的一些国家进行长途旅行. 从网上众多货币兑换网站中选择一个，得到你需要的所有汇率. 制作一张简短的表格，显示你需要的每种货币以及每种货币对应的美元.

实用技巧

85. **货币转换.** 利用网络搜索将 100 美元转换成以下货币.

a. 巴西的雷亚尔　b. 以色列的谢克尔　c. 摩洛哥的迪拉姆　d. 俄罗斯的卢布

e. 土耳其的里拉　f. 中国的人民币　g. 哥伦比亚的比索　h. 印度的卢比

2.2 单位分析的推广

我们已经看到了单位分析在解决问题时是如何发挥作用的. 如果我们了解了在更大范围内经常使用的单位，那么我们可以做得更多. 例如，我们可以使用单位来解决涉及能量、密度和浓度的实际问题，包括本章开篇提出的那种类型的问题. 现在，我们将把注意力集中在这类问题所使用的单位上，首先概述两个常用的标准单位制系统.

标准单位制系统

今天，我们都知道像英寸或英尺这样的单位具有清晰、明确的含义. 但最初大多数测量是因人而异的. 例如，英尺以前一直是指进行测量的人的脚的长度，我们的单词“英寸”来自拉丁语 uncia，意思是“拇指宽度”. 一英尺有 12 英寸，是因为罗马人发现大多数成人脚长约 12 个拇指宽. 罗马人采用了更远的距离作为单位. 单词“英里”来自拉丁语 milia passum，意思是“一千步”.

思考　如果你光脚，你的脚有多少个拇指宽度那么长？罗马人认为一英尺有 12 个拇指宽度长是正确的吗？

你可能想象到，长度因人而异会导致很多困难. 例如，如果你购买的是 10 英尺长的绳索，那么应该用来测量绳索的是你的脚还是卖方的脚？出于这个原因，单位最终需要标准化，它们对每个人都应具有相同的含义. 今天，人们广泛使用仅有的两个标准化单位系统：

• 在美国[①]，大多数日常测量通常都是使用被称为英国单位制的系统，但更正式的说法是美国通用系统（USCS）.

• 国际公制单位系统, 简称 SI(源自法国国际单位制), 尽管该系统有时也用于非官方用途，但是世界其他地区都在使用它.

美国通用单位制系统

美国通用单位制的历史可以追溯到几千年前，它的单位标准化的方式常常令人很惊讶. 例如，现代长度的一码是由英国国王亨利一世（1100—1135）定义的，他规定一码是从他的鼻尖到他伸出的手臂上的拇指尖的距离.

表 2.2 总结了美国通用单位制系统，显示了长度、重量和体积的标准单位. 注意，系统非常复杂，相同的单词可以有多种含义. 例如，一品脱固体的体积是 33.60 立方英寸，而一品脱液体的体积只有 28.88 立方英寸，这意味着一个盛 1 品脱水的容器对于 1 品脱面粉来说太小了（见图 2.4）.（还要注意，“英式品脱”与这两种不同！）更糟糕的是，美国通用单位制有三套重量单位：我们最常用的是常衡重量，但珠宝商使用特洛伊重量，药剂师通常使用美国药典重量.（这三组的基本重量单位都是谷物，这是一种古老的单位，最初建立在普通小麦重量的基础上.）

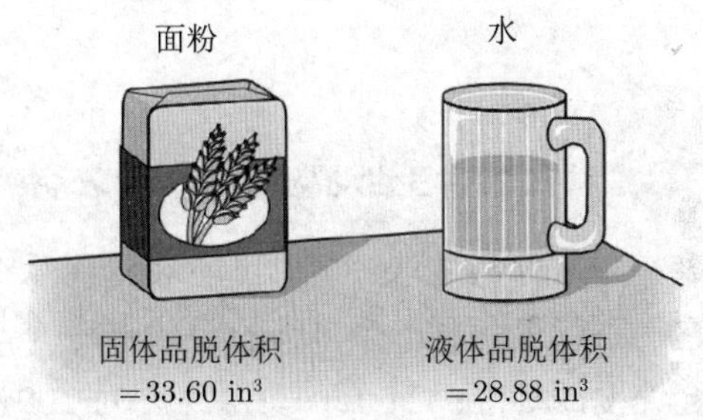

图 2.4　在美国通用单位制中，1 品脱的体积取决于你要测量的是固体还是液体

例 1　肯塔基赛马会

在肯塔基赛马会比赛的距离为 10 弗隆. 以英里为单位，有多远？

解　从表 2.2 中可以看出，1 弗隆 $=\frac{1}{8}$ 英里 =0.125 英里. 如 2.1 节所述，我们可以将这个换算因子写成另外两种等价形式：

$$\frac{1\text{弗隆}}{0.125\text{英里}}=1 \quad \text{或} \quad \frac{0.125\text{英里}}{1\text{弗隆}}=1$$

我们可以利用第二种形式把弗隆转化为英里：

① **顺便说说**：美国是世界上仅有的没有完全采用国际单位制系统的三个国家之一. 另外两个国家是利比里亚和缅甸，不过这两个国家都在转变过程中. 然而，自 1866 年以来，在美国使用国际单位制一直是合法的，美国通用单位的官方定义是基于其公制等价物.

$$10\text{弗隆} \times \frac{0.125\text{英里}}{1\text{弗隆}} = 1.25\text{英里}.$$

肯塔基赛马中比赛的距离为 1.25 英里.

表 2.2 美国通用单位制系统 (括号中为常用缩写)

长度	1 英寸（in）=2.54 厘米	1 弗隆 =40 杆 =$\frac{1}{8}$ 英里	
	1 英尺（ft）=12 英寸	1 英里（mi）=1 760 码 =5 280 英尺	
	1 码 =3 英尺	1 海里 =1.852 千米 ≈6 076.1 英尺	
	1 杆 =5.5 码	1 海里格 (marine)=3 海里	
	1 英寻 =6 英尺		
重量	常衡制	金衡制	药剂制
	1 格令 =0.064 8 克	1 格令 =0.064 8 克	1 格令 =0.064 8 克
	1 盎司 =437.5 格令	1 克拉 =0.2 克 =3.086 格令	1 微量 =20 格令
	1 磅 =16 盎司	1 便士 =24 格令	1 德拉姆 =3 微量
	1 吨 =2 000 磅	1 盎司 =480 格令	1 盎司 =8 德拉姆
	1 长吨 =2 240 磅	1 磅 =12 盎司	1 磅 =12 盎司
体积	液体度量	固体度量	
	1 汤匙（tbsp 或 T）=3 茶匙（tsp 或 T）	1 立方英寸 ≈16.387 立方厘米	
	1 液体盎司（fl oz）=2 汤匙 =1.805 立方英寸	1 立方英尺 =1 728 立方英寸 =7.48 加仑	
	1 杯（c）=8 液盎司	1 立方码 =27 立方英尺	
	1 品脱（pt）=16 液体盎司 =28.88 立方英寸	1 固体品脱（pt）=33.60 立方英寸	
	1 夸脱（qt）=2 品脱 =57.75 立方英寸	1 固体夸脱（qt）=2 固体品脱 =67.2 立方英寸	
	1 加仑（gal）=4 夸脱	1 配克 =8 固体夸脱	
	1 桶石油 =42 加仑	1 蒲式耳 =4 配克	
	1 桶液体 =31 加仑	1 弦 =128 立方英尺	

▶ 做习题 15~20.

在你的世界里　宝石和黄金首饰

如果你买过珠宝，你可能会看到标签上写着开（karats）或克拉（carats）. 但你可能会惊讶地发现，它们不仅仅是同一个单词的替代拼写. 一克拉是重量单位，精确定义为 0.2 克（见表 2.2）. 一开是衡量黄金纯度的标准：24 开的黄金纯度为 100%，18 开的黄金纯度为 75%，14 开的黄金纯度为 58%（原因是 $\frac{14}{24} \approx 0.58$)，依此类推.

如果你买的是黄金首饰，找出表明它的纯度和重量（通常以克计）的标签；那么你实际购买的黄金量就取决于两者. 例如：

- 10 克 18 开黄金含有 7.5 克纯金，因为 18 开黄金纯度为 75%.
- 10 克 14 开黄金含有 5.8 克纯金，因为 14 开黄金纯度为 58%.

虽然开数越大，纯度越高，但同时你需要权衡其他因素. 黄金是一种软金属，金属（“通常是银和铜”）混合到低开纯度的黄金中，能增加它的强度. 这就是为什么 14 开金环比 18 开金环更坚实、更持久.

如果你买宝石（如钻石或绿宝石），你会与克拉打交道（以 c 开头）. 因为 1 克拉是 0.2 克，所以克拉数告诉你宝石的精确重量，但是除了重量以外，还有其他因素会影响宝石的价格，比如形状和颜色. 如果你要购买宝石，你需要在预算之内，考虑这些因素以做出权衡. 例如，10 000 美元可以买到颜色和清晰度都很好的 1 克拉钻石，或者颜色和清晰度较差的 2 克拉钻石. 大多数宝石的价格很高，所以你应该在购买前仔细比较它们的价格.

例 2　价格对比

你打算制作香蒜酱，需要买罗勒. 在杂货店，你可以以 2.99 美元一瓶的价格购买罗勒，其中每瓶罗勒重 2/3 盎司. 在农贸市场，你可以以每磅[1] 12 美元的价格购买罗勒. 哪个是更好的交易？

解　为了比较价格，我们需要把它们变成相同的单位. 我们将瓶装价格转换为每磅价格. 我们从价格为每 2/3 盎司 2.99 美元开始计算，然后我们乘以每磅 16 盎司的换算值：

$$1\text{ 瓶罗勒的价格} = \frac{2.99\text{美元}}{\frac{2}{3}\text{盎司}} \times \frac{16\text{盎司}}{1\text{磅}} = \frac{71.76\text{美元}}{1\text{磅}}$$

这些瓶装罗勒的价格接近每磅 72 美元，是农贸市场价格的 6 倍.

▶ 做习题 21~24.

国际单位制系统

国际单位制系统是 18 世纪晚期法国[2] 发明的，主要有两个原因：（1）用几个基本单位代替许多通用单位；（2）通过使用小数（基数 10）[3]系统简化转换. 公制系统中长度、质量、时间和体积的基本单位是：

- 长度单位：米，记为 m.
- 质量单位：千克，记为 kg.
- 时间单位：秒，记为 s.
- 体积单位：升，记为 L.

这些基本单位都可以与表示乘以 10 的幂的前缀组合. 例如，“千”意味着 1 000，所以一千米是 1 000 米，而“微”意味着百万分之一，所以一微克是百万分之一克. 表 2.3 列出了常用的度量前缀.

思考　人们常说昂贵的东西花费了“一大笔钱”(megabucks). 这句话的字面意思是什么？你能想到公制前缀放入流行语言的其他情况吗？

表 2.3　常用度量前缀

小值			大值		
前缀	缩写	值	前缀	缩写	值
分	d	10^{-1}(十分之一)	十	da	10^{1}(十)
厘	c	10^{-2}(百分之一)	百	h	10^{2}(百)
毫	m	10^{-3}(千分之一)	千	k	10^{3}(千)
微	μ或mc*	10^{-6}(百万分之一)	百万	M	10^{6}(百万)
纳	n	10^{-9}(十亿分之一)	十亿	G	10^{9}(十亿)
皮	p	10^{-12}(万亿分之一)	兆	T	10^{12}(万亿)

* 微通常缩写为 μ（希腊字母 mu），但在医学应用中，通常使用“mc”代替.

例 3　使用公制前缀.

a. 将 2 759 厘米转换为米.

b. 微秒等于多少纳秒？

① **顺便说说**：磅的缩写（lb）来自拉丁“libra”（天秤座），意思是“秤”.

② **历史小知识**：法国公制的发明者从美国的“开国元勋”那里汲取了灵感. 托马斯·杰斐逊和本杰明·富兰克林都曾担任驻法大使，并推广了十进制计量；杰斐逊发明了十进制货币，即在 1790 年 1 美元 =100 美分，在华盛顿总统的支持下，杰斐逊（时任国务卿）提议国会采用公制. 如果当时国会同意，美国将会是第一个采用公制的国家，领先于 1795 年采用公制的法国.

③ **历史小知识**：世界各地的人们使用相同的基数 10（十进制）计数系统. 这似乎很自然，因为我们有 10 个手指，但是各种古代文化都有使用 2、3、5、20 和其他基数的情况. 其他基数仍保留在我们的语言中. 例如，由于古巴比伦人以 60 为基数，所以我们每分钟有 60 秒，每小时有 60 分钟. 同样，一打是 12，而 1 罗是 $12 \times 12 = 144$，大概是因为基数 12 在北欧曾经很常见.

解

a. 表 2.3 显示，厘表示 10^{-2}，因此 1 厘米 = 10^{-2} 米或等价地, 1 米 =100 厘米. 因此，2 759 厘米等于 27.59 米：

$$2\ 759\text{厘米} \times \frac{1\text{米}}{100\text{厘米}} = 27.59\text{米}.$$

b. 我们通过将较长的时间（微秒）除以较短的时间（纳秒）来比较这两个量：

$$\frac{1\text{微秒}}{1\text{纳秒}} = \frac{10^{-6}\text{秒}}{10^{-9}\text{秒}} = 10^{-6-(-9)} = 10^{-6+9} = 10^{3}.$$

微秒是纳秒的 10^3 或 1 000 倍，因此一微秒有 1 000 纳秒.

► 做习题 25~30.

简要回顾　10的次幂

10 的次幂表示 10 乘以 10 的次数：

$$\begin{aligned} 10^2 &= 10 \times 10 = 100 \\ 10^6 &= 10 \times 10 \times 10 \times 10 \times 10 \times 10 \\ &= 1\ 000\ 000. \end{aligned}$$

负次幂是正次幂的倒数：

$$\begin{aligned} 10^{-2} &= \frac{1}{10^2} = \frac{1}{100} = 0.01. \\ 10^{-6} &= \frac{1}{10^6} = \frac{1}{1\ 000\ 000} = 0.000\ 001. \end{aligned}$$

注意，10 的幂遵循两个基本规则：

1. 正指数表示 1 后面有多少个零. 例如，10^0 是 1 后不跟零；10^8 是 1 后跟八个零.

2. 负指数表示小数点右边有多少位 (包括 1). 例如，10^{-1}=0.1 在小数点右边有一位；10^{-6}=0.000 001 在小数点右边有六位.

10 的次幂的乘法和除法

下面这些示例表明，我们可以通过添加指数来乘以 10 的幂：

$$\begin{aligned} 10^4 \times 10^7 &= \underbrace{10\ 000}_{10^4} \times \underbrace{10\ 000\ 000}_{10^7} \\ &= \underbrace{100\ 000\ 000\ 000}_{10^{4+7}=10^{11}} \end{aligned}$$

$$\begin{aligned} 10^5 \times 10^{-3} &= \underbrace{100\ 000}_{10^5} \times \underbrace{0.001}_{10^{-3}} \\ &= \underbrace{100}_{10^{5+(-3)}=10^2} \end{aligned}$$

$$10^{-8}\times 10^{-5}=\underbrace{0.000\ 000\ 01}_{10^{-8}}\times\underbrace{0.000\ 01}_{10^{-5}}$$
$$=\underbrace{0.000\ 000\ 000\ 000\ 1}_{10^{-8+(-5)}=10^{-13}}$$

我们可以通过减去指数来除以 10 的次幂：

$$\frac{10^5}{10^3}=\underbrace{100\ 000}_{10^5}\div\underbrace{1\ 000}_{10^3}=\underbrace{100}_{10^{5-3}=10^2}$$

$$\frac{10^3}{10^7}=\underbrace{1\ 000}_{10^3}\div\underbrace{10\ 000\ 000}_{10^7}=\underbrace{0.000\ 1}_{10^{3-7}=10^{-4}}$$

$$\frac{10^{-4}}{10^{-6}}=\underbrace{0.000\ 1}_{10^{-4}}\div\underbrace{0.000\ 001}_{10^{-6}}=\underbrace{100}_{10^{-4-(-6)}=10^2}$$

10 的次幂的次幂

我们可以使用乘法和除法规则将 10 的幂加上其他次幂. 例如:

$$(10^4)^3=10^4\times 10^4\times 10^4=10^{4+4+4}=10^{12}.$$

或者我们可以通过乘以两个幂得到相同的结果:

$$(10^4)^3=10^{4\times 3}=10^{12}.$$

10 的次幂的加法和减法

没有用于 10 的次幂加法和减法的简便方法. 必须使用长表达式来表示值. 例如:

$$10^6+10^2=1\ 000\ 000+100$$
$$=1\ 000\ 100$$
$$10^8+10^{-3}=100\ 000\ 000+0.001$$
$$=100\ 000\ 000.001$$
$$10^7-10^3=10\ 000\ 000-1\ 000$$
$$=9\ 999\ 000$$

小结

10 的次幂的乘法，指数相加	$10^n\times 10^m=10^{n+m}$
10 的次幂的除法，指数相减	$\frac{10^n}{10^m}=10^{n-m}$
将 10 的次幂的次幂，指数相乘	$(10^n)^m=10^{n\times m}$

▶ 做习题 13~14.

公制-USCS 转换

我们在公制和 USCS 单位之间进行转换，就像任何其他单位转换一样. 表 2.4 列出了一些常用的换算因子. 记住这些转换非常有用，特别是当你计划出国旅行或者从事体育或商业方面的工作时，可能会使用公制单位. 例如，如果你知道一千米大约 0.6 英里，你就会知道 10 千米的公路赛跑大约是 6 英里. 同样地，如果

你知道一米的长度比一码大约长 10%，你就会知道 100 米的比赛与 110 码的比赛大致相同.[1]

表 2.4 公制-USCS 转换

USCS 到公制	公制到 USCS
1 英寸 = 2.540 厘米	1 厘米 = 0.393 7 英寸
1 英尺 = 0.304 8 米	1 米 = 3.28 英尺
1 码 = 0.914 4 米	1 米 = 1.094 码
1 英里 = 1.609 3 公里	1 公里 = 0.621 4 英里
1 磅 = 0.453 6 千克	1 千克 = 2.205 磅
1 盎司 = 29.574 毫升	1 毫升 = 0.033 81 盎司
1 夸脱 = 0.946 4 升	1 升 = 1.057 夸脱
1 加仑 = 3.785 公升	1 升 = 0.264 2 加仑

例 4 马拉松赛程

马拉松跑步比赛大约 26.2 英里. 大概有多少公里呢?

解 表 2.4 显示 1 英里 = 1.609 3 公里. 我们使用分母中带有英里数的转换来求:

$$26.3\text{英里} \times \frac{1.609\ 3\text{公里}}{1\text{英里}} = 42.2\text{公里}.$$

保留到小数点后一位，马拉松赛程为 42.2 公里.

▶ 做习题 31~34.

例 5 平方英里到平方公里的转换

一平方英里等于多少平方公里?

解 我们将换算因子 1 英里 = 1.609 3 公里的两边平方:

$$(1\text{英里})^2 = (1.609\ 3\text{公里})^2 \Rightarrow 1\text{平方英里} = 2.589\ 8\text{平方公里}.$$

所以，1 平方英里约等于 2.6 平方公里.

▶ 做习题 35~40.

例 6 南极洲冰盖融化

本章的开头提出了问题：南极洲和格陵兰岛的冰盖融化的影响. 如果你完成了问题的前两部分，你会发现南极洲冰盖融化会释放大约 2 500 万立方千米的水，这些水将扩散到地球 3.4 亿平方千米的海面上. 使用单位分析求出，如果南极洲所有的冰都融化了，那么海平面上升多少.

解 此问题比较复杂，因此我们写出理解-求解-解释问题的步骤.

理解 我们想知道海平面会上升多少，因此我们希望得到以长度单位（例如公里）为单位的答案. 在这一点上，我们可以利用单位分析找到答案. 注意，我们给出的两条信息分别是以长度^3 为单位的体积和以长度^2 为单位的面积. 因为将长度^3 除以长度^2 得出长度，所以我们可以通过将水量除以海洋表面积来找到具有正确单位的答案.

① **顺便说说:** 严格地说，磅是重量单位，而千克是质量单位，因此磅和千克之间的给定转换仅在地球上有效. 例如，一名 50 千克重的宇航员在地球上约重 110 磅；在地球轨道上，宇航员虽然没有重量，但仍然有 50 公斤的质量.

现在我们只需要思考一下这种方法是否正确，可以通过类似但更简单的实验来检验这种方法是否可行：如果将 150 立方厘米的水倒入底部面积为 10 平方厘米的玻璃杯中，发现水将被填充到 150 立方厘米 ÷ 10 平方厘米 =15 厘米的高度（见图 2.5）.

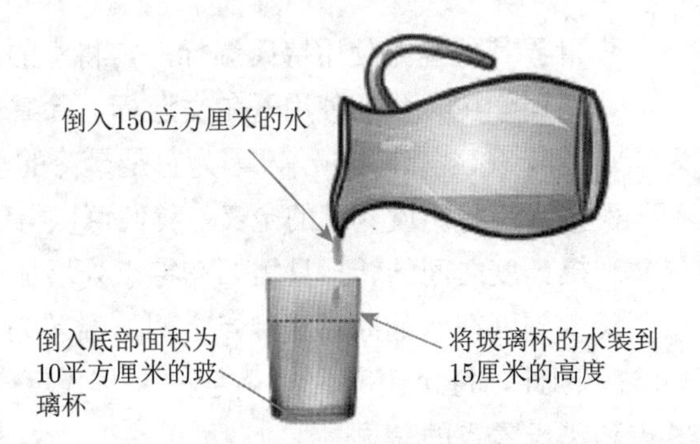

图 2.5 一个简单的实验（例如将已知体积的水倒入玻璃杯中）将证明你可以通过将水量除以水的扩散面积来计算水的高度

求解 现在，我们将给定的融化到海洋中的水量除以给定的海洋表面积，计算得：

$$\frac{2\,500\text{万立方千米}}{34\,000\text{万平方千米}} \approx 0.074\text{千米}.$$

解释 我们已经找到了解决海平面上升问题的方法，但由于它只是一千米的一小部分，因此如果将其转换为米和英尺，就更容易解释了：

$$0.074\text{千米} \times \frac{1\,000\text{米}}{1\text{千米}} = 74\text{米} \quad \text{且} \quad 74\text{米} \times \frac{3.28\text{英尺}}{1\text{米}} \approx 240\text{英尺}.$$

我们发现，南极洲冰盖的完全融化会使海平面上升约 74 米（约 240 英尺）. 根据理解-求解-解释过程的第三步，我们还应该讨论此答案的含义，如下所示：预计全球变暖将导致全世界冰的融化加快. 幸运的是，即使在最坏的情况下，科学家推测南极洲冰盖完全融化至少需要几千年. 然而，这种完全融化将使海平面上升 200 英尺以上，这迫使我们不得不面临一个令人沮丧的事实，即除非我们解决全球变暖问题，否则我们的后代将需要深海潜水设备来探访沿海城市的遗迹.[①]

▶ 做习题 41~42.

标准化温度单位

另一套重要的标准化单位是我们用来测量温度的单位. 通常使用三种温标（见图 2.6）:

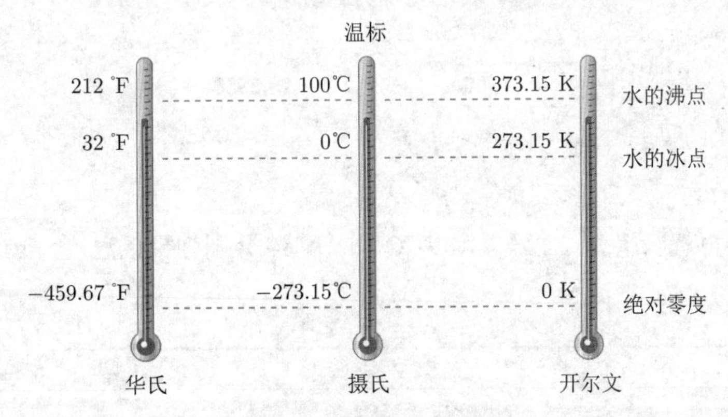

图 2.6 三种温度度量

- 美国通常使用**华氏温标**[②]，它将水的冰点定在 32°F，沸点定在 212°F.

① **顺便说说：** 科学家们并不完全了解全球变暖导致的极地冰融化速度的决定因素. 尽管如此，大多数科学家预计，到 21 世纪末，全球变暖将导致海平面至少上升 1 米（3 英尺），并且一些模型表明，这种上升可能高达约 6 米（20 英尺）. 即使小幅上涨也会产生影响. 例如，在过去的一个世纪中，海平面已经上升了约 1 英尺，这一事实被认为是造成风暴潮期间海岸线沿线被破坏的原因.

② **历史小知识：** 华氏温度由德国出生的科学家加布里埃尔·法伦海特（Gabriel Fahrenheit）于 1714 年发明. 他最初对标度的定义为：0°F 代表冰和盐的混合物可能产生的最冷温度，100°F 代表对人体的粗略估计温度. 摄氏温度是由瑞典天文学家安德斯·摄尔修斯（Anders Celsius）于 1742 年发明的. 开尔文温度是由英国物理学家威廉·汤姆森（William Thomson）于 1848 年发明的，他后来被称为开尔文勋爵.

• 世界其他地方使用**摄氏温标**，它将水的冰点定在 0°C，沸点定在 100°C.

• 在科学中，我们使用**开尔文温标**，除零点对应 −273.15°C 外，该温度与摄氏标度相同. 温度 0 K 被称为**绝对零度** (obsolute zero)，因为它是最冷的温度（开尔文刻度不使用度数符号 [°]）.

根据这三种温度刻度的定义，我们可以得到它们之间进行转换的简单公式，总结在下面的框中. 注意，开尔文和摄氏度之间的转换只需要在零点处增加或减去 273.15°C 即可. 要了解摄氏和华氏度之间的转换，需注意摄氏度刻度在水的冰点和沸点之间的温差为 100°C，而华氏度刻度在这两点之间的温差为 212°F−32°F = 180°F. 因此，每摄氏度代表 $\frac{180}{100}$=1.8 华氏度，这解释了转换中的 1.8 因子（或 $\frac{9}{5}$）. 加或减的 32 代表摄氏零点和华氏零点的差异.

实用技巧　公制装换

你可以选择计算器上相应的换算因子来进行单位转换. 但是，用一些技巧可以更容易.

Microsoft Excel　使用内置函数 CONVERT 时可以在引号中输入要转换的数字以及正确的单位缩写. 下面的屏幕截图显示了如何完成 35 公里到英里的换算. 单击回车后在单元格中会输出数字答案（在本例中为 21.75）. 若要查找必要的单位缩写，请在 Excel 的“帮助”菜单上的搜索框中键入“转换”.

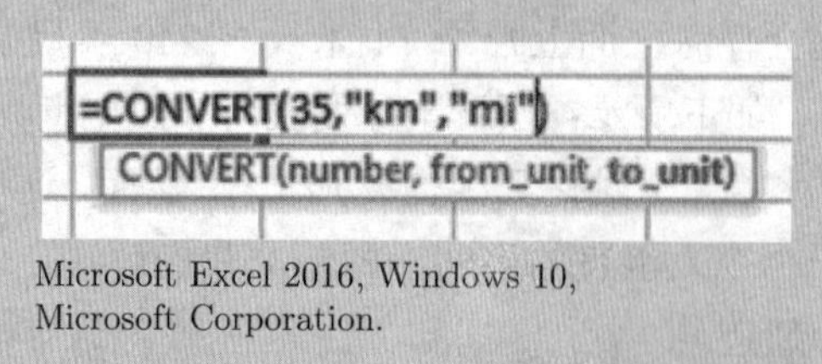

Microsoft Excel 2016, Windows 10,
Microsoft Corporation.

谷歌　你只需在谷歌搜索框中键入要转换的内容即可进行基本的单位转换. 下面的屏幕截图显示了谷歌如何将 50 升汽油转换为加仑. 当你单击回车时，结果将显示在搜索框下方.

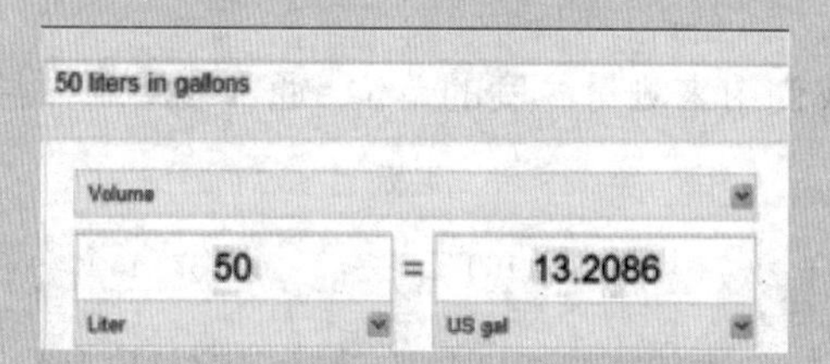

温度转换

转换既可以用文字也可以用公式给出，其中 C，F 和 K 分别为摄氏温度、华氏温度和开尔文温度.

转换	文字转换	换算公式
摄氏到华氏	乘以 1.8（或 $\frac{9}{5}$），然后加 32	$F = 1.8\,C + 32$
华氏到摄氏	减去 32，然后除以 1.8 （或 $\frac{9}{5}$）或等价地乘以 $\frac{5}{9}$	$C = \frac{F-32}{1.8}$
摄氏到开尔文	加 273.15	$K = C + 273.15$
开尔文到摄氏	减 273.15	$C = K - 273.15$

例 7　人体温度

人体平均温度为 98.6°F. 用摄氏温度和开尔文温度来表示，分别是多少？

解　我们通过减去 32 然后除以 1.8，将华氏温度转换为摄氏温度：

$$C=\frac{F-32}{1.8}=\frac{98.6-32}{1.8}=\frac{66.6}{1.8}=37°\text{C}.$$

我们把摄氏温度加上 273.15 得到开尔文温度：

$$K=C+273.15=37+273.15=310.15\text{K}.$$

所以人体温度是 37 度或 310.15 开.

▶ 做习题 43~46.

思考　当地天气预报说，明天的气温将是 59°，但没有说明它是摄氏温度还是华氏温度. 你能分辨出它是什么吗？为什么？

能量和功率单位

我们现在要将单位分析法扩展到涉及能量、密度和浓度的问题. 我们先从大家熟悉的能量问题开始，比如我们要向电力公司缴纳能源费，要用汽油来驱动汽车，我们还讨论哪些是目前化石燃料能源的最佳替代品。但什么是能量呢？

从广义上讲，能量是物质移动或升温的动力. 我们需要来自食物的能量来保持心脏跳动，保持体温，走路或跑步. 以汽油为动力的汽车需要能量来移动发动机中的活塞，从而转动车轮. 灯泡需要能量来产生光.

对于美国人来说，最熟悉的能量单位是食物中的大卡（大写 C）[①]，用于测量我们的身体可以从食物中提取的能量. 一个普通的成年人每天消耗大约 2 500 大卡的能量. 能量的国际公制单位是**焦耳** (joule). 一大卡相当于 4 184 焦耳.

能量和功率的区别

“能量”和“功率”这两个词经常一起使用，但是它们并不相同. 功率是能量使用的速率，这意味着它的单位是能量除以时间. 最常见的功率单位是**瓦** (watt)，定义为每秒 1 焦耳.

> **能量和功率**
>
> **能量**是物质移动或升温的动力. 能量的国际公制单位是**焦耳**.
>
> **功率**是使用能量的速率. 功率的国际公制单位是**瓦**，定义为
>
> $$1\text{瓦}=1\frac{\text{焦耳}}{\text{秒}}.$$

例 8　脚踏板能量

当你骑自行车健身时，显示屏表示你每小时消耗 500 大卡的能量. 这些能量能够点亮一个 100 瓦的灯泡吗？(1 大卡 = 4 184 焦耳)

① **说明：**　食物热量一大卡（大写 C）等于 1 000 卡路里（小写 c）. 卡路里曾经在科学中被普遍使用，但今天的科学家几乎总是以焦耳为单位来测量能量.

解 我们从大卡/小时到焦耳/秒使用一系列转换：

$$\frac{500\text{大卡}}{1\text{小时}}\times\frac{4\,184\text{焦耳}}{1\text{大卡}}\times\frac{1\text{小时}}{60\text{分钟}}\times\frac{1\text{分钟}}{60\text{秒}}\approx 581\frac{\text{焦耳}}{\text{秒}}.$$

你的脚踏板以每秒 581 焦耳的速度产生能量，这是 581 瓦的功率——足以点亮五个（几乎六个）100 瓦的灯泡.

▶ 做习题 47~48.

电费单[①]

在水电费上，电能通常以**千瓦-时** (kilovatt-hours) 为单位来测量. 回想一下，连字符意味着乘法，一千瓦意味着 1 000 瓦，即 1 000 焦耳/秒. 因此，我们发现：

$$1\text{千瓦-时}=\frac{1\,000\text{焦耳}}{1\text{秒}}\times 1\text{小时}\times\frac{60\text{分钟}}{1\text{小时}}\times\frac{60\text{秒}}{1\text{分钟}}=3\,600\,000\text{焦耳}.$$

定义

千瓦-时是一个能量单位：

$$1\text{千瓦-时}=360\text{万焦耳}$$

例 9 灯泡的使用成本

你的公司每千瓦-时电费为 15 美分. 一个百瓦灯泡开启一周需要多少钱？如果将其替换成一个 LED 灯泡，只需 25 瓦的功率就可以提供相同的光量，那么一年内你能节省多少钱？

解 首先，我们求出灯泡开启一周所需要的能量. 我们已知灯泡的耗电量（100 瓦），并且假设已经使用了一周. 由于功率是能量使用的速率，因此我们将功率乘以时间即可得出总的能量使用量. 但是，如果使用给定的单位执行此操作，则最终得到的单位为“瓦-周”. 能量通常以千瓦-时表示，因此我们使用一系列转换，将灯泡的 100 瓦转换为千瓦，将一周转换为小时：

$$100\text{瓦}\times\frac{1\text{千瓦}}{1\,000\text{瓦}}\times 1\text{周}\times\frac{7\text{天}}{1\text{周}}\times\frac{24\text{小时}}{1\text{天}}=16.8\text{千瓦-时}.$$

已知使用的总能量，我们现在通过乘以每千瓦-时 15 美分（或 0.15 美元）的价格来求出这种能源的成本：

$$16.8\text{千瓦-时}\times 15\frac{\text{美分}}{\text{千瓦-时}}=252\text{美分}=2.52\text{美元}.$$

灯泡的电费为每周 2.52 美元. 如果用 25 瓦的 LED 替换 100 瓦的灯泡，你只需使用 $\frac{1}{4}$ 的能量，这意味着你每周的成本只有 63 美分. 换句话说，你每周节省了 2.52 美元–0.63 美元 = 1.89 美元，所以在一年内你可节省：

$$\text{一年节约电费：}\ \frac{1.89\text{美元}}{\text{周}}\times 52\frac{\text{周}}{\text{年}}\approx 98\text{美元/年}.$$

如果你每天一直开着灯，那么更节能的灯泡每年可节省近 100 美元. 当然，你可能每天只需开几个小时的灯.

▶ 做习题 49~50.

思考 查看公用事业账单（你的或朋友的）. 用电量是以千瓦-时（通常缩写为千瓦时）为单位计量的吗？如果不是，那么它使用的是什么单位？如果是，每千瓦时的价格是多少？

---

① **顺便说说：** 如果你购买燃气灶具，例如燃气灶或煤油加热器，则其能量要求可能会用英制热量单位或 BTU 标明.1 BTU 等于 1 055 焦耳.

密度和浓度单位[①]

“密度”和“浓度”这两个词会出现在各种不同的情况中. **密度** (density) 描述紧凑性或拥挤的程度.具体单位视情况而定. 例如:

• 材料密度的单位以每单位体积的质量给出，例如克每立方厘米 (1 克/厘米 ^{3}). 常常以水的密度——约 1 克/厘米 ^{3} 为参考. 密度小于 1 克/厘米 ^{3} 的物体漂浮在水中，而较高密度的物体下沉.

• 人口密度的单位由每单位面积的人数给出. 例如，如果 750 人居住在边长为 1 英里的正方形区域，则该区域的人口密度为 750 人/平方英里.

• 信息密度通常用于描述数字媒体可以存储多少数据. 例如，双层蓝光光盘表面上每平方英寸可容纳大约 1 千兆字节的信息，因此我们说光盘的信息密度为 1GB/ 平方英寸.

思考 利用密度的概念来解释为什么当你的肺充满空气而不是完全呼出气体时，你在游泳池中漂浮得更好.

浓度 (concentration) 描述了一种物质与另一种物质混合的量.例如:

• 空气污染物的浓度通常通过每 100 万个分子空气中污染物的分子数来衡量. 例如，如果每 100 万个空气分子中有 12 个一氧化碳分子，则一氧化碳浓度为百万分之十二 (12ppm).（美国环境保护署表示，如果一氧化碳浓度高于 9ppm，空气就是不健康的.）

• 药物剂量通常需要根据人体每千克体重包含药物浓度或在液体药物及静脉注射中包含的活性成分浓度进行计算. 例如，推荐剂量可以是 2 毫克每千克（2 毫克/千克）体重，并且液体悬浮液中药物的浓度也可以是 10 毫克每毫升（10 毫克/毫升）.

• **血液酒精含量**（blood alcohol content, BAC）描述了人体内酒精的浓度. 通常以每 100 毫升血液中的酒精克数为单位来计量. 例如，在美国的大多数地区，如果 21 岁以上的驾驶员的血液酒精含量等于或高于每 100 毫升血液 0.08 克酒精（写为：0.08 克/100 毫升），则在法律意义上被认为是醉酒的状态.[②]

在你的世界里　省钱以及拯救地球

通过将标准（白炽灯）灯泡替换为更节能的灯泡，例如紧凑型荧光灯或 LED（发光二极管），可以节省金钱和能源. 这些灯泡节省了能源，因为与产生更多热量的标准灯泡相比，它们使用的能源中有很大一部分用来照明. 实际上，紧凑型荧光灯和 LED 通常只需要标准灯泡四分之一的能量就能产生相同数量的光. 例如，一个 25 瓦的紧凑型荧光灯可以产生与 100 瓦标准灯泡一样多的光.

节能效果可能非常可观. 在例 9 中，我们发现，如果一个灯泡始终处于打开状态，则每年可节省近 100 美元. 更现实的是，每晚平均使用灯泡 3 小时，即每天 24 小时的 $\frac{1}{8}$，每年仍将节省超过 12 美元. 如果持续几年都使用紧凑型荧光灯和 LED，那么节省的成本会远远超过其最初的成本.

---

① **历史小知识：** 一位国王曾经要求著名的希腊科学家阿基米德（公元前 287—前 212 年）测试王冠是由金匠声称的纯金制成，还是由银和金的混合物制成. 阿基米德不确定该怎么做，但是根据后来罗马作家（维特鲁威斯，生于公元前 81 年）的传闻，有一天他洗澡时突然有了想法. 他知道银比黄金密度低，因此意识到可以比较王冠和等重量纯金的水位上升. 他对这种想法感到很兴奋，他赤裸裸地穿过街道喊着“尤里卡!”（意思是“我找到了它”）. 值得一提的是：阿基米德很可能没有在故事中使用该方法，因为这可能需要比当时更高的测量精度. 相反地，他可能已经根据浮力原理使用了更复杂的技术，浮力也是他发现的.

② **顺便说说：** 大多数国家/地区在驾车时对 BAC 的法律限制均低于美国. 例如，在欧洲、加拿大、澳大利亚和南非的大部分地区，若 BAC 为 0.05，在法律上就被认为是醉酒的，而在挪威和瑞典，合法的驾驶限制为 0.02. 美国国家运输安全委员会（National Transportation Safety Board）预测，如果将美国的限制降至 0.05，每年将挽救大约 7 000 条生命（通过减少醉酒司机造成的死亡）.

例 10　纽约

曼哈顿岛人口约 160 万，居住面积约 57 平方千米. 人口密度是多少？如果没有高层公寓，平均每人可以占用多少空间？

解　我们将人口数除以该地区的面积得到:

$$\text{人口密度}=\frac{1\ 600\ 000\text{人}}{57\text{平方千米}}\approx 28\ 000\frac{\text{人}}{\text{平方千米}}.$$

曼哈顿的人口密度约为每平方千米 28 000 人. 如果没有高层建筑，每个居民将拥有 1/ 28 000 平方千米的土地. 如果我们将平方千米转换为平方米，则此数字更容易理解：

$$\frac{1\text{平方千米}}{28\ 000\text{人}}\times\left(\frac{1\ 000\text{米}}{1\text{千米}}\right)^2=\frac{1\text{平方千米}}{28\ 000\text{人}}\times\frac{1\ 000\ 000\text{平方米}}{1\text{平方千米}}\approx 36\frac{\text{平方米}}{\text{人}}.$$

没有高层建筑，每个人只有 36 平方米，相当于一个边长为 6 米或大约 20 英尺的房间——这还不包括任何道路、学校或其他公共设施的空间. 显然，如果没有高楼大厦，曼哈顿岛是无法容纳这么多居民的.

▶ 做习题 51-56.

例 11　耳朵感染

一个体重 15 千克的孩子患了细菌性耳朵感染. 医生用阿莫西林治疗，剂量是每天每千克体重 30 毫克的量，每 12 小时服用一次.

a. 每 12 小时给孩子服用多少阿莫西林？

b. 如果药物要通过浓度为 25 毫克/毫升的液体悬浮液服用，孩子每 12 小时服用多少毫升液体？

解

a. 处方剂量为每天 30 毫克/千克，但因为它分两剂（每 12 小时）给药，每次剂量是总量的一半，即 15 毫克/千克. 因此，对于体重 15 公斤的儿童，剂量应该是:

$$\text{每 12 小时的剂量}=\underbrace{\frac{15\text{毫克}}{\text{千克}}}_{\text{每千克体重的剂量}}\times\underbrace{15\text{千克}}_{\text{儿童的体重}}=225\text{毫克}.$$

b. 液体悬浮液每毫升含有 25 毫克阿莫西林，并且从（a）中我们知道每剂中阿莫西林的总量应为 225 毫克. 我们要求的是每次应给孩子服用的液体总量，因此答案应该是以毫升为单位. 得到正确答案单位的唯一方法是除法，可以用乘以倒数替换除法:

$$\text{液体总量}=\underbrace{225\text{毫克}}_{\text{所需的阿莫西林剂量}}\div\underbrace{\frac{25\text{毫克}}{\text{毫升}}}_{\text{液体悬浮液的浓度}}=225\text{毫克}\times\frac{1\text{毫升}}{25\text{毫克}}=9\text{毫升}.$$

所以，每 12 小时应该给孩子服用 9 毫升的液体.

▶ 做习题 57~58.

例 12　血液酒精含量（BAC）

我们现在解决本章开头提出的问题. 一个普通人只有大约 5 升（5 000 毫升）血液，一罐 12 盎司的啤酒平均约含 15 克酒精（假设啤酒的酒精含量约为 6%）. 如果一个普通男性很快喝完一罐啤酒，且所有酒精都立即被吸收到血液中，那么他的血液酒精含量是多少？喝多少啤酒会达到法律规定的醉酒程度（BAC 为 0.08)？

解　我们首先要求出人的血液酒精含量（BAC），其前提是啤酒喝完之后所有酒精都会马上被血液吸收. 我们知道啤酒中的酒精含量（15 克）和人的血液量（5 000 毫升），因此可以通过下式求出 BAC：

$$\frac{15\text{克酒精}}{5\,000\text{毫升血液}}.$$

我们分两步将其转换为血液酒精含量的标准单位. 首先，我们用除法求出以克/毫升为单位的浓度：

$$\frac{15\text{克}}{5\,000\text{毫升}}=0.003\frac{\text{克}}{\text{毫升}}.$$

接下来，我们将分数的分子和分母同时乘以 100，得到单位为克每 100 毫升的浓度：

$$0.003\frac{\text{克}}{\text{毫升}}\times\frac{100}{100}=0.3\frac{\text{克}}{100\text{毫升}}.$$

该男子的血液酒精浓度为每 100 毫升血液 0.3 克，几乎是法定限量 0.08 克/100 毫升的四倍. 因此，只需约四分之一的罐装啤酒或 3 盎司啤酒即可达到法定限量. 在实际中，由于人体会代谢掉一部分吸收的酒精（以每小时约 10 ~15 克的速度），而且所有酒精都需要一些时间才能被吸收到血液中（通常空腹 30 分钟，最多 2 小时），所以男子的血液酒精含量不会因为一罐啤酒就达到这么高. 但是尽管如此，一罐啤酒也足以导致大脑功能受损，使得驾驶不安全，这个例子说明一个人会很容易并且很快达到醉酒的状态.①

▶ 做习题 59~60.

思考　许多大学生因为快速喝酒精饮料而失去了生命. 解释为什么即使消耗的酒精总量可能听起来不是很多，如此快速喝酒也会导致死亡.

测验 2.2

选择以下每个问题的最佳答案，并用一个或多个完整的句子来解释原因.

1. 1 升 = 1.057 夸脱可以写成换算因子是（ ）.

   a. 1.057 夸脱/升　　b. 1.057 升/夸脱　　c. 1 夸脱/1.057 升

2. 1 200 米和 3 600 英尺哪个更大？（ ）

   a. 1 200 米　　b. 3 600 英尺　　c. 一样大

3. 你有两个信息：（1）以立方英尺为单位的湖泊体积；（2）以英尺为单位的湖泊平均深度. 要求出以平方英尺为单位的湖面面积. 你应该（ ）.

   a. 将体积乘以深度　　b. 将体积除以深度　　c. 将深度除以体积

4. 以下哪一项不是能量单位？（ ）

   a. 焦耳　　b. 瓦　　c. 千瓦时

5. 如果你想知道点亮一个 100 瓦灯泡需要多少能量，那么你还需要更多信息吗？（ ）

   a. 不需要　　b. 是；你需要知道灯泡打开时的温度　　c. 是；你需要知道灯泡使用的时间有多长

6. 新墨西哥人口密度约为每平方英里 12 人，面积约为 120 000 平方英里. 要求出它的实际人口数，你应该（ ）.

   a. 将人口密度乘以面积　　b. 将人口密度除以面积　　c. 将面积除以人口密度

7. 110°C 是（ ）.

   a. 菲尼克斯夏天的常见温度　　b. 冬季南极洲的常见温度　　c. 热到可以烧开水的温度

8. 地球大气层中二氧化碳的浓度可以表示为（ ）.

   a. 克每米　　b. 百万分之一　　c. 焦耳每瓦

① **顺便说说**：根据美国医学协会的说法，当血液中的酒精含量达到 0.04g/100mL 时——是美国法律规定的 0.08g/100mL 的一半，脑功能就会受到损害. 血液酒精含量等于或大于 0.3g/100 mL 可能导致昏迷，有时甚至导致死亡.

9. 某药物的使用手册规定每天每千克体重服用的剂量为 300 毫克. 为了求出每 8 小时给一个重 30 千克的孩子服用多少药物,你应该 ( ).

a. 将 300 毫克/千克/天乘以 30 千克,再乘以 3

b. 将 300 毫克/千克/天除以 30 千克,再乘以 3

c. 将 300 毫克/千克/天乘以 30 千克,再除以 3

10. 血液酒精含量(BAC)为 0.08 克/100 毫升表示 ( ).

a. 一个人 4 升血液中含有 $0.08/4 = 0.02$ 克酒精

b. 一个人 4 升血液中含有 $0.08\times 40 = 3.2$ 克酒精

c. 一个人 4 升血液中含有 $0.08/40 = 0.002$ 克酒精

习题 2.2

复习

1. 标准化单位是什么意思?有什么作用?
2. 长度、质量、时间和体积的基本度量单位是什么?度量前缀如何使用?
3. 什么是能量?列出至少三个常见的能量单位. 分别在什么情况下会使用这些不同的单位?
4. 举例说明如何在华氏温度、摄氏温度和开尔文温度之间进行转换.
5. 能量和功率有什么区别?功率的标准单位是什么?
6. 密度是什么意思?浓度是什么意思?举例说明描述密度、浓度和血液酒精含量的常用单位.

是否有意义?

确定以下每个陈述是有意义的(或显然是真实的)还是没有意义的(或显然是错误的). 解释你的原因. 提示:请务必考虑该陈述中使用的单位是否合适,以及所述数量是否合理. 例如,有人身高 15 英尺,这样的叙述使用的单位(英尺)是有意义的,但不合理,因为没有人那么高.

7. 我每天喝 2 升水.
8. 我认识一个体重 300 公斤的专业自行车手.
9. 我的汽车的油箱可容纳 12 米的汽油.
10. 我每天的食物摄入量为我提供约 1 000 万焦耳的能量.
11. 我们玩过的沙滩球的密度为每立方厘米 10 克.
12. 我住在一个人口密度为每平方公里 15 人的大城市.

基本方法和概念

13~14:复习数学. 进行以下计算.

13. a. $10^4 \times 10^7$ b. $10^5 \times 10^{-3}$ c. $\dfrac{10^6}{10^2}$ d. $\dfrac{10^8}{10^{-4}}$ e. $\dfrac{10^{12}}{10^{-4}}$ f. $10^{23} \times 10^{-23}$ g. $10^4 + 10^2$ h. $\dfrac{10^{15}}{10^{-5}}$

14. a. $10^{-2} \times 10^{-6}$ b. $\dfrac{10^{-6}}{10^{-8}}$ c. $10^{12} \times 10^{23}$ d. $\dfrac{10^{-4}}{10^5}$ e. $\dfrac{10^{25}}{10^{15}}$ f. $10^1 + 10^0$ g. $10^2 + 10^{-1}$ h. $10^2 - 10^1$

15~20:USCS 单位. 回答以下涉及 USCS 单位制内转换的问题.

15. 肯塔基赛马会比赛的距离为 10 弗隆. 换算成(a)英里,(b)码, 分别是多少?

16. 挑战者深渊 (Challenger Deep) 的深度是 36 198 英尺. 换算成(a)英寻,(b)里格(海军),分别是多少?(四舍五入到百分之一.)

17. 一立方英尺可以容纳 7.48 加仑水,1 加仑水重 8.33 磅. 6 立方英尺的水重多少磅?重多少吨?

18. 一袋花园土壤重 40 磅,体积为 2 立方英尺. 求出 15 袋的重量(公斤)和 15 袋的体积(立方码).

19. 尼米兹级(核动力)航母的最高时速为 30 节,排水量约为 102 000 吨. 分别以英里/小时为单位来表示最高速度,以吨为单位来表示排量.(1 节 =1 海里/小时;1 公吨 =1 000 公斤)

20. 如果你在 4 分钟内跑了一英里,那么你的平均速度以每小时英里为单位是多少?以每秒英尺呢?

21~24:价格比较. 在以下各题中,确定两个给定价格中的哪一个是更好的交易并解释原因.

21. 你可以用 3.99 美元购买 6 盎司的瓶装洗发水,或者用 9.49 美元购买 14 盎司的瓶装洗发水.

22. 你可以花 165 美元买一盒 (150 支) 记号笔,或者花 13.50 美元买一打.

23. 你可以花 35.25 美元把 15 加仑的油箱装满，也可以以 2.55 美元每加仑的价格买汽油.
24. 你可以以每月 30 美元/平方码的价格租用储物柜，也可以以每周 1.90 美元/平方英尺的价格租用储物柜.

25～30：公制前缀. 用 10 的大于 1 的次幂完成下列句子.

25. 一千米是一米的 ________ 倍.
26. 一千克是一微克的 ________ 倍.
27. 一升是一微升的 ________ 倍.
28. 一千米是一纳米的 ________ 倍.
29. 一平方米是一平方毫米的 ________ 倍.
30. 一立方米是一立方厘米的 ________ 倍.

31～40：USCS-公制换算. 将以下数量转换为指定的单位. 必要时，四舍五入到小数点后一位.

31. 13 升到夸脱.
32. 3.5 米到英尺.
33. 34 磅到千克.
34. 8.6 英里到千米.
35. 3 平方千米到平方英里.
36. 70 公里/小时到英里/小时.
37. 47 英里/小时到米/秒.
38. 200 立方厘米到立方英寸.
39. 23 克/立方厘米到磅/立方英寸.
40. 2 500 英亩到平方千米.

41. 格陵兰岛冰盖. 格陵兰岛冰盖含有约 300 万立方千米的冰. 如果完全融化，这些冰将释放约 250 万立方千米的水，这些水将扩散到地球 3.4 亿平方公里的海面上. 那么海平面上升多少？

42. 火山爆发. 历史上最大规模的火山爆发发生在 1815 年印度尼西亚松巴瓦岛上，当时坦博拉火山喷出了大约 100 立方千米的熔岩. 假设所有喷出的熔岩落在面积为 600 平方公里的区域. 求火山爆发产生的火山灰和岩石层的平均深度.

43～44：摄氏-华氏温度转换. 将以下温度从华氏温度转换为摄氏温度，或者反过来.

43. a. 45°F　b. 20°C　c. −15°C　d. −30°C　e. 70°F
44. a. −8°C　b. 15°F　c. 15°C　d. 75°F　e. 20°F

45～46：摄氏-开尔文温度转换. 将以下温度从开尔文转换为摄氏度，或者反过来.

45. a. 50K　b. 240K　c. 10°C
46. a. −40°C　b. 400K　c. 125°C

47～48. 功率输出. 在每种情况下，求以瓦为单位的平均功率.

47. 假设跑步每英里消耗热量 150 大卡. 如果你以 6 分钟/英里的速度跑步，那么以瓦为单位，跑 1 小时的平均功率为多少？
48. 假设骑自行车每英里消耗热量 100 大卡. 如果你以每小时 20 英里的速度骑自行车，那么以瓦为单位，你产生的平均功率是多少？

49～50. 节能. 在下面这些问题中，假设一年有 365 天.

49. 你的公用事业公司每千瓦-时的电费为 13 美分. 如果每天用一只 100 瓦的灯泡 12 小时，那么费用是多少？如果你把灯泡换成 LED 灯，只用 25 瓦的功率但能产生同样的光，那么一年你能省多少钱？
50. 假设你有一台功率为 4 000 瓦的干衣机，你每天平均开 1 个小时. 如果你的公用事业公司的电费标准为每千瓦-时 14 美分，那么干衣机平均每天的费用是多少？如果你用一台功率只有 2 000 瓦的高效干衣机来代替，那么你会在一年内节省多少费用？

51～56：密度. 使用适当的单位计算以下问题中的密度.

51. 一块橡木的体积为 200 立方厘米，重 0.12 公斤. 它的密度是多少？它会浮在水上吗？
52. 泡沫塑料的密度为每立方英寸 0.03 盎司. 那么它的密度是多少克/立方厘米？它会浮在水面上吗？
53. A 县：面积 100 平方英里，人口密度 25 人/平方千米；B 县：面积 25 平方公里，人口密度 100 人/平方公里. 哪个县人口更多？
54. 人口密度最大的国家是摩纳哥，约有 38 000 人居住在 1.95 平方公里的区域内. 以每平方公里人口数为单位，摩纳哥的人口密度是多少？美国的人口密度约为每平方公里 35 人，比较这两个国家的人口密度.

55. 新泽西州和阿拉斯加州的人口分别为 900 万和 73.8 万（美国人口普查局，2008 年）. 它们的面积分别是 7 417 平方英里和 571 951 平方英里. 计算这两个州的人口密度.

56. 标准 DVD 的表面积为 134 平方厘米. 根据格式的不同，它能容纳 4.7（单面）或 9.4 千兆字节（双面）. 求这两种情况下的数据密度.

57～58：药物剂量.

57. 抗组胺药苯海拉明经常用于治疗过敏症. 对于体重为 100 磅的人常用的剂量是每 6 小时 25 毫克.

a. 按照这样的剂量，一周内应该吃多少片 12.5 毫克的咀嚼片？

b. 液体形式的苯海拉明浓度为 12.5 毫克/5 毫升. 按照规定的剂量，体重为 100 磅的人一星期应喝多少液体的苯海拉明？

58. 假设用于治疗细菌感染的青霉素需每 6 小时服用一次，剂量为 9 000 单位/千克，4 00 000 单位青霉素重 250 毫克.

a. 求以每千克体重毫克数 (毫克/千克) 为单位的剂量.

b. 一个体重为 20 公斤的孩子一天需要多少毫克青霉素？

59. **血液酒精含量：葡萄酒.** 通常一杯葡萄酒约含 20 克酒精. 考虑一个体重为 120 磅的女性，她喝了两杯酒，体内血液含量约为 4 升（4 000 毫升）.

a. 如果所有酒精被立即吸收到她的血液中，那么她的血液酒精含量是多少？解释：为什么值得庆幸的是，在现实中，酒精不会被立即吸收.

b. 仍假设所有酒精被立即吸收，但现在认为她的身体以每小时 10 克的速度消耗了酒精（通过代谢）. 喝葡萄酒 3 小时后她的血液酒精含量是多少？这时开车是安全的吗？说明原因.

60. **血液酒精含量：烈酒.** 一瓶 8 盎司的烈酒（例如威士忌）通常含有约 70 克酒精. 考虑一个体重为 180 磅的男性，血液含量约 6 升（6 000 毫升），快速地喝完 8 盎司烈性酒.

a. 如果所有酒精被立即吸收到他的血液中，那么他的血液酒精含量是多少？解释为什么值得庆幸的是，在现实中，酒精不会被立即吸收.

b. 仍假设所有酒精被立即吸收，但现在他的身体以每小时 15 克的速度消耗了酒精（通过代谢）. 饮酒 4 个小时后他的血液酒精含量是多少？他在这时开车是安全的吗？说明原因.

进一步应用

61. **公制英里.** 考虑以下田径世界纪录（截至 2017 年），包括 1 英里（USCS 1 英里）和 1 500 米（公制英里）赛跑.

	男	女
1 英里	3：43：13	4：12：56
1 500 米	3：26：00	3：50：07

a. 填空：1 500 米比赛在长度上是 1 英里的 ______%.

b. 计算并比较男子 1 英里和 1 500 米赛跑的平均速度, 以英里/小时为单位.

c. 计算并比较女子 1 英里和 1 500 米的比赛中的平均速度, 以英里/小时为单位.

d. 如果以 1 500 米比赛的平均速度来跑一英里比赛，世界纪录会变为多少？对男子和女子分别回答.

62. **什么是里格？**在儒勒・凡尔纳的小说《海底两万里》（*20000 Leagues Under the Sea*）(1870 年出版) 中，这个标题是指海洋的深度还是指旅行的距离？解释原因.

63～66：货币兑换. 使用表 2.1 中给出的汇率回答以下问题.

63. 一瓶 0.8 升墨西哥葡萄酒的价格是 100 比索. 按这个价格，一罐 0.5 加仑的同一种酒需多少美元？

64. 英国一家家居用品商店的地毯每平方米售价 16 英镑（货币）. 那么每平方码多少美元？

65. 摩纳哥蒙特卡洛一套 80 平方米公寓的月租金为 1 150 欧元. 新墨西哥圣菲的 500 平方英尺公寓的月租是 800 美元. 按单位面积的价格计算，哪一套公寓比较便宜？

66. 在法国，汽油每升售价为 1.40 欧元. 那么每加仑售价多少美元？

67～70：宝石和黄金. 如“在你的世界里　宝石和黄金首饰”所讨论的，利用克拉和开来回答以下问题.

67. 45.52 克拉希望钻石的重量是多少克？是多少盎司？

68. 14 开金戒指的纯度（百分比）是多少？

69. 重 2.2 盎司的 16 开金链中有多少盎司黄金？

70. 一颗重 0.15 盎司的钻石重多少克拉？

71. **库里南钻石.** 库里南钻石是迄今为止发现的最大的单一宝石级毛坯钻石，重 3 106 克拉. 库里南钻石的重量是多少毫克？以磅（重量）为单位呢？

72. **非洲之星.** 非洲之星是从库里南钻石中切割出来的，重 530.2 克拉；它是英国皇冠珠宝收藏的一部分. 非洲之星的重量是多少毫克？以磅（重量）为单位呢？

73. **淋浴与浴缸.** 假设你用浴缸洗澡，浴缸的尺寸为 6 英尺乘 3 英尺乘 2.5 英尺，你一般加水到浴缸一半. 如果你使用淋浴，那么淋浴头的流速为每分钟 1.75 加仑，你通常需要花 10 分钟淋浴. 其中一立方英尺能容纳 7.5 加仑.

a. 用淋浴和浴缸洗澡哪种用水量更多？

b. 如果你用和浴缸一样多的水来淋浴，那么需要洗多长时间？

c. 假设你可以在浴缸里淋浴，用非数学的方式做实验来比较用浴缸和淋浴洗澡的用水量.

74. **超级油轮.** 一艘超级油轮的总重量为 30 万吨 (可以承载的船员、物资和货物的总量).

a. 油轮可以承载多少千克？

b. 假设油轮装载的全部是石油. 如果石油的密度是每立方米 850 千克，油轮可以装载多少立方米石油？

c. 假设一桶 1 000 升石油的体积为 1 立方米. 这个油轮可以携带多少桶石油？（使用表 2.2 和表 2.4 中的数据.）

d. 以美元为单位，查找每桶石油的当前价格. 这个油轮装满石油值多少钱？

75. **卡特里娜飓风.** 专家估计，2005 年卡特里娜飓风过后，环绕新奥尔良的堤坝坏了，水流量达到每天 90 亿加仑的高峰. 一立方英尺有 7.5 加仑.

a. 求以每秒立方英尺（cfs）为单位的流速. 将此流速与大峡谷中科罗拉多河的平均流速即 30 000 cfs 进行比较.

b. 假设城市被洪水淹没的部分面积为 6 平方英里. 估算在给定流速下一天内水位上升多少（以英尺为单位）.

76. **格伦峡谷洪水.** 内政部每隔一段时间都会从格伦峡谷大坝向科罗拉多河释放“尖峰洪水”. 目的是恢复河流和沿岸的栖息地，特别是大峡谷地区. 大坝后面的水库（鲍威尔湖）有大约 1.2 万亿（1 200 000 000 000）立方英尺的水. 在最近长达一周的泄洪期间，水以每秒 25 800 立方英尺的速度释放. 在为期一周的泄洪期间释放了多少水？泄洪期间被释放的水占水库总水量的百分比是多少？

77. **测量木材.** 在美国和加拿大测量未加工的木材的标准单位是板脚（缩写为 fbm, 用于测量木板尺寸）. 1fbm 是 1 英尺乘 1 英尺乘 1 英寸的木板的体积.

a. 假设一棵铁杉树大约是一个半径 15 英寸、高 120 英尺的圆柱体. 估计这棵树的板脚数. 圆柱体积为 $V=\pi r^2 h$.

b. 假设没有浪费，可以从 150 板脚的木料中切成多少个 8 英尺的 2×4 木材？2×4 的实际尺寸为 1.5 英寸 ×3.5 英寸.

c. 建一栋房子需要 75 个长 12 英尺的 2×6 木材. 2×6 的实际尺寸为 1.5 英寸 ×5.5 英寸. 这需要多少板脚的木材？

78. **切割木材.** 一大片冷杉树占地 60 英亩. 这些树的平均密度为每 20 英亩 200 棵，林务员估计每棵树能做成 400 板脚的木材. 如果砍伐十分之一的树木，以板脚为单位估计木材的产量.

79. **施肥冬小麦.** 种植冬小麦所需补充的氮肥取决于土壤中的含氮量（通过土壤试验确定）、肥料价格和收割时的小麦价格. 假设某农场的土壤含氮量为 2ppm（百万分之一），小麦种植面积为 50 英亩. 考虑两种定价方案.

- 方案 A：化肥价格为 0.25 美元/磅，小麦价格为 3.50 美元/蒲式耳，预期产量为 60 蒲式耳/英亩.
- 方案 B：化肥价格为 0.50 美元/磅，小麦价格为 4.50 美元/蒲式耳，预期产量为 50 蒲式耳/英亩.

在方案 A 中，建议每英亩添加 100 磅氮，而在方案 B 中，每英亩添加 70 磅氮.

假设所有其他因素都相同，计算并比较两种方案的净利润（收入减去支出）.

80. **公制面积.** 首次提出公制时，面积单位用公亩表示，1 公亩 =100 平方米. 今天，公认的面积单位是公顷，其中 1 公顷 =100 公亩. 这个单位用于世界各地的林业和农业.

a. 1 公顷是多少平方米（使用 10 的次幂表示）？

b. 用公顷表示 1 平方千米.

c. 求出公顷和英亩之间的换算因子.

d. 根据表 2.1 中的货币换算数据，比较 5 000 美元/英亩和 10 000 欧元/公顷哪个土地价格更高.

81~82：电费单. 考虑下面的电费单.

a. 以焦耳为单位计算使用的总电量.

b. 以瓦为单位计算平均功率.

c. 假设你的电力供应商通过燃烧石油来发电. 请注意，1 升油释放 1 200 万焦耳的能量. 你使用的电量需要多少油？以升和加仑为单位分别给出答案.

81. 5 月，你用了 900 千瓦-时的电能.

82. 10 月，你用了 1 050 千瓦-时的电能.

83. **人体瓦数.** 假设你每天需要 2 500 大卡的热量.

a. 以瓦为单位，你的平均功率是多少？将你的答案与某些熟悉设备的瓦数进行比较.

b. 以焦耳为单位，一年内你需要从食物中获得多少热量？把所有形式的能源（如汽油、电力和供暖能源）都加起来，美国普通民众每年消耗约 4 000 亿焦耳的能量. 将这一数值与食物单独产生的能量进行比较.

84. **电力温泉.** 一个室外温泉（热水浴缸）需要 1 500 瓦电力以保持水温. 如果公用事业公司对每千瓦-时收取 0.10 美元，冬季（每天 24 小时）运行四个月温泉的费用是多少？

85. **核电厂.** 华盛顿州里奇兰市附近的一个核电厂——哥伦比亚核电站如果满负荷运转，可发电 11.9 亿瓦，1 千克铀的核裂变（以铀-235 的形式）释放出 1 600 万千瓦时-的能量. 以千瓦时为单位，这个核电厂每月能产生多少能量？该核电厂每个月需要多少公斤铀？如果一个普通家庭每月使用 1 000 千瓦-时，这个核电厂产生的能量可以供多少家庭使用？

86. **煤电厂.** 一个新的燃煤发电厂可以产生 15 亿瓦的电量. 燃烧 1 千克煤约能产生 450 千瓦-时的能量. 以千瓦-时为单位，这个电厂每月产生多少能量？以公斤为单位，该电厂每月需要多少煤？如果一个普通家庭每月使用 1 000 千瓦-时，这个电厂供应的能量可以供多少家庭使用？

87～88：太阳能. 在以下习题中使用这些事实：太阳能（光伏）电池将阳光直接转换为电能. 如果太阳能电池转换效率为 100%，那么当暴露在直射阳光下时，它们的每平方米表面积会产生大约 1 000 瓦的功率. 效率较低时，它们会产生相应较少的功率. 例如，10%有效电池在直射阳光下产生 100 瓦的功率.

87. 假设一块 1 平方米的太阳能电池板的效率为 20%，每天可以获得 6 小时的直射阳光. 那么以焦耳为单位，它每天能产生多少能量？这块太阳能电池板产生的平均功率（以瓦为单位）是多少？

88. 假设你想通过将太阳能电池板放在屋顶上来为房屋提供 1 千瓦的电力（平均家庭电力需求）. 对于习题 87 中描述的太阳能电池，你需要多少平方米的太阳能电池板？假设你可以使用太阳能电池的平均功率（例如，可以在电池板中存储能量，需要的时候再用）.

89. **风力发电：一台涡轮机.** 现代风力发电“农场”用大风力涡轮机产生风力来发电. 一般情况下，单个现代涡轮机可以产生大约 2.5 兆瓦的平均功率.（这个平均值考虑了风的变化.）以千瓦-时为单位，这样的涡轮机能在一年内产生多少能量？鉴于普通家庭每年使用大约 10 000 千瓦-时的能量，一台风力发电机可以给多少个家庭供电？

90. **加利福尼亚风力发电.** 截至 2016 年，加利福尼亚风力发电厂的总发电量为 61 亿瓦 (约占该州总发电量的 5%).

a. 假设风力发电厂能产生 30% 的发电量，那么以千瓦-时为单位，加利福尼亚风力发电厂一年内产生多少电量？鉴于家庭平均每年使用约 10 000 千瓦-时的电量，这个风力发电厂可以给多少家庭供电？

b. 风力发电的一大优势是它不会产生导致全球变暖的二氧化碳. 平均而言，化学燃料产生的能量每千瓦-时产生约 1.5 磅二氧化碳. 假设加利福尼亚州没有风力发电厂，能源都是来自化学燃料. 每年有多少二氧化碳进入大气层？

91. **溶液浓度.**

a. 浓度为 5% 的葡萄糖溶液（D5W）每 100 毫升溶液含有 5 毫克葡萄糖. 那么 750 毫升 5% 的溶液中含多少毫克葡萄糖？对于需要 50 毫克葡萄糖的患者，应该给多少毫升的 D5W 溶液？

b. 浓度为 0.9% 的生理盐水（NS）每 100 毫升含 0.9 毫克氯化钠. 在 1.2 升的 NS 中包含多少毫克氯化钠？应该给一个需要 15 毫克氯化钠的患者多少毫升的 NS？

92. **葡萄糖的输注速率（D5W）.** 静脉输入 5% 的葡萄糖溶液（每 100 毫升溶液含 5 毫克）. 假设在 12 小时内总共输了 1.5 升溶液.

a. 以毫升/小时为单位的输注速率是多少？以毫克/小时为单位的输注速率呢？

b. 如果每毫升含有 15 滴（滴落因子表示为 15 滴（ggt）/毫升，其中缩写 gtt 来自拉丁语 gutta，表示滴），则以滴/小时为单位的输注速率是多少？

c. 在 12 小时内，输了多少葡萄糖溶液？

93. **生理盐水（NS）的输注速率.** 生理盐水溶液（每 100mL 溶液含 0.9mg 氯化钠）通过静脉输入，在 4 小时内共输入 0.5 升溶液.

a. 以毫升/小时为单位的输注速率是多少？以毫克（氯化钠）/小时为单位的输注速率呢？

b. 如果每毫升含 20 滴（表示为 20 滴/毫升），以滴/小时为单位的输注速率是多少？

c. 在 4 小时内，输了多少氯化钠溶液？

94. **多巴胺的输注速率.** 以 10 毫升/小时的速度给患者输入 200 毫升含有 300 毫克多巴胺的液体.

a. 以毫克/小时为单位的多巴胺溶液的输注速率是多少?

b. 如果患者处方是需要 60 毫克多巴胺，需输这种液体多长时间?

95. **注射抗生素.** 抗生素头孢氨苄以浓度为每 5 毫升 250 毫克的液体形式使用，或者以 250 毫克的胶囊形式使用. 推荐剂量是 25 毫克/千克/天.

a. 每 6 小时给体重 40 公斤的患者应该服用多少粒胶囊?

b. 假设输液管以 60 滴/毫升的速度将抗生素溶液从一个体重 40 公斤的患者的静脉输入，共 6 小时. 以滴/小时为单位的输注速率是多少?

96. **注射青霉素.** 医生给一个体重 36 公斤的患者使用青霉素 V，剂量是 50 毫克/千克/天. 假设青霉素 V 可以从 200 毫克/5 毫升的溶液或 300 毫克片剂中获得.

a. 一个体重为 36 公斤的患者应该每四小时服用多少片?

b. 输液管以 15 滴/毫升的速度用 8 小时将药物从静脉输送给患者. 以滴/小时为单位的输液速率是多少?

97. **输液.** 药物通常是通过静脉（IV）输液管输送的，输液管以固定的速率输送定量的药物. 输液时都有一个特定的滴落因子，即每毫升溶液的滴数（简称滴/毫升）.

a. 一个输液系统的滴落因子为 20 滴/毫升，0.5 升生理盐水袋可以滴多少滴?

b. 一个输液系统的滴落因子为 60 滴/毫升，1 升 D5W（葡萄糖）有多少滴?

c. 假设在整个系统中，5 小时内以 15 滴/毫升的滴落因子输了 1 升生理盐水. 那么一共输了多少滴? 以滴/分钟为单位的输注速率是多少?

98. **药物剂量.** 某药物上的标签显示每天每公斤体重服用 75～150 毫克药物. 对于一个重 20 磅的孩子，医生开的处方是每 8 小时服用 200 毫克的药物. 医生开的处方是否与标签建议的一致?

实际问题探讨

99. **美国应该采用公制吗?** 研究历史上将美国单位制转换为公制的尝试. 你认为这最终会实现吗? 你认为这是个好主意吗?

100. **极地冰融化.** 从搜索“冰盖”或“冰盖学”（冰盖研究）开始，使用网络了解有关极地冰融化的更多信息. 关注问题的一个方面，例如全球变暖是否导致冰融化、环境问题对冰融化的影响或冰河时代的地质历史. 总结你了解的内容.

101. **电费单.** 分析公用事业账单. 解释账单上显示的所有单位，并确定不同能源使用的相对成本. 如果收到账单的人希望降低能源成本，你会建议做哪些改变?

102. **电动汽车.** 在行驶同样距离所需的能量方面，电动汽车的效率远远高于汽油动力汽车. 找出原因，以及如何在购买电动汽车或汽油动力汽车之间进行权衡. 用一页纸概括你的内容.

103. **空气污染.** 选择美国的一个主要城市，调查该城市中各种污染物的平均浓度. 找出每种污染物的 EPA 标准，以及与每种污染物接触带来的危害. 追溯这个城市在过去 20 年里污染水平的变化. 根据你的调查，你认为这个城市的污染在未来十年会好转还是恶化? 用一到两页的报告来总结你的发现和结论.

104. **酒精中毒.** 研究酒精危害的某些方面，如酒后驾车或酒精中毒. 查找与此问题相关的统计数据，尤其是那些描述血液酒精含量与某些特定危害之间关系的数据. 写一个简短的报告，讨论社会如何对抗这些危害，总结你的调查结果.

2.3 解决问题的提示

2.1 节中介绍的理解-求解-解释过程为解决问题提供了一个程序框架，而我们所讨论的单位分析方法也对解决问题很有帮助. 然而，解决问题是一门艺术，而唯一能让你更有创造力和提高解决问题能力的方法就是实践. 在本节中，我们将讨论八个有助于解决问题的常用提示，每一个都举例说明.

提示 1：可能有多个答案

社会如何才能最大限度地减少排放到大气中的温室气体总量? 我们很难回答这一问题，但应该指出没有单一可用的最好答案. 而实际上，许多不同的政治和经济战略都可以提供类似的减少温室气体排放的方案.

大多数人都认识到政策问题没有唯一的答案，但许多数学问题也是如此. 例如，$x=4$ 且 $x=-4$ 都是方程 $x^2=16$ 的解. 如果没有进一步的信息和背景，我们无法确定对一个特定问题来说这两个答案哪个更合适. 因为没有足够的信息可以区分各种答案的可能性，所以经常会出现答案不唯一的情况.

例 1　门票收据

筹款活动的门票价格为儿童 10 美元，成人 20 美元. 肖娜在票房的第一班工作，售出了总价值为 130 美元的门票. 然而，她没有仔细计算她出售的儿童票和成人票的数量. 请问，她卖的每种类型（儿童和成人）的票数各是多少？

解　我们通过试探法来进行计算. 假设肖娜只卖了一张 10 美元的儿童票. 在这种情况下,她会卖掉 130 美元 − 10 美元 = 120 美元的成人票. 因为成人票价每人 20 美元，这意味着她将卖出 120 美元 ÷（每张成人票 20 美元）= 成人票 6 张. 我们找到了一个答案：肖娜可以通过出售 1 张儿童票和 6 张成人票得到 130 美元. 但这不是唯一的答案，我们可以再考虑其他情况. 例如，假设她卖掉了售价 10 美元的儿童票 3 张，共计 30 美元. 然后她会卖掉 130 美元 −30 美元 = 100 美元的成人票，这意味着 20 美元的成人票有 5 张. 我们有第二个可能的答案——3 张儿童票和 5 张成人票——并且无法知道哪个答案是实际售票数量.

事实上，这个问题有七个可能的答案. 除了我们已经找到的两个答案之外，其他可能的答案是 5 张儿童票和 4 张成人票；7 张儿童票和 3 张成人票；9 张儿童票和 2 张成人票；11 张儿童票和 1 张成人票；13 张儿童票和 0 张成人票. 没有进一步的信息，我们不知道哪个答案是真实的销售记录.

► 做习题 7~8.

思考　验证在例 1 中列为可能解决方案的每个儿童/成人票组合确实总计达到 130 美元. 然后解释为什么没有包含偶数张儿童票的解决方案.

提示 2：可能有多个策略

正如可能有多个正确答案一样，也可能可以通过多种策略找到答案. 但并非所有策略都同样有效. 如下例所示，有效的策略可以节省大量时间和工作.

例 2　吉尔和杰克的比赛

吉尔和杰克参加了一场 100 米的比赛. 吉尔赢了 5 米；也就是说，当吉尔越过终点线时杰克只跑了 95 米. 他们决定再次参赛，但这次吉尔在起跑线后面 5 米处开始. 假设两人的速度与以前相同，那么谁会赢？

解决策略 1　解决这个问题的一种方法是分析——定量地分析两个人的速度. 我们不知道吉尔或杰克跑得多快，所以我们可以设置一些合理的数值. 例如，我们可以假设吉尔在第一场比赛中 20 秒跑了 100 米. 在这种情况下，她的速度是 100 米 ÷20 秒 = 5 米每秒（5 米/秒）. 因为杰克在相同的 20 秒内只跑了 95 米，他的速度是 95 米 ÷20 秒 = 4.75 米每秒.

对于第二场比赛，吉尔必须跑 105 米（因为她在起跑线后 5 米处开始）才能到达杰克的 100 米. 我们通过将他们各自的比赛距离除以第一场比赛的速度来推测他们的时间：

$$\text{吉尔：}105\text{米}\div 5\frac{\text{米}}{\text{秒}}=105\text{米}\times\frac{1\text{ 秒}}{5\text{米}}=21\text{秒}.$$

$$\text{杰克：}100\text{米}\div 4.75\frac{\text{米}}{\text{秒}}=100\text{米}\times\frac{1\text{ 秒}}{4.75\text{米}}\approx 21.05\text{秒}.$$

所以，吉尔将以微弱优势赢得第二场比赛.

解决策略 2 虽然上述分析方法很有效，但我们可以使用更直观、更直接的解决方案. 在第一场比赛中，吉尔在杰克跑 95 米的同时跑了 100 米. 因此，在第二场比赛中，吉尔将在距离起跑线 95 米的地方与杰克到达同一位置. 在剩下的 5 米内，吉尔将以更快的速度获胜. 注意，要了解这一方案是如何避免解决策略 1 中的计算的.

▶ 做习题 9.

提示 3. 使用适当的工具

你不需要计算机来计算餐馆中的账单，但你也不想用算盘来计算所得税. 对于任何给定的任务，都需要从类型和效率方面选择相应水平的合适的工具. 在遇到问题时，你可以选择使用各种工具. 但选择最适合的工具能使你更容易完成任务.

例 3 汽车和金丝雀

两辆相距 120 英里的汽车开始在一条笔直的道路上相向行驶. 一辆汽车每小时行驶 20 英里，另一辆汽车每小时行驶 40 英里（见图 2.7）. 与此同时，金丝雀从一辆汽车处开始在两辆汽车相互靠近时来回飞行. 如果金丝雀每小时飞行 150 英里，并且碰到一辆汽车时立即转弯，那么当汽车相遇时它会飞多远？

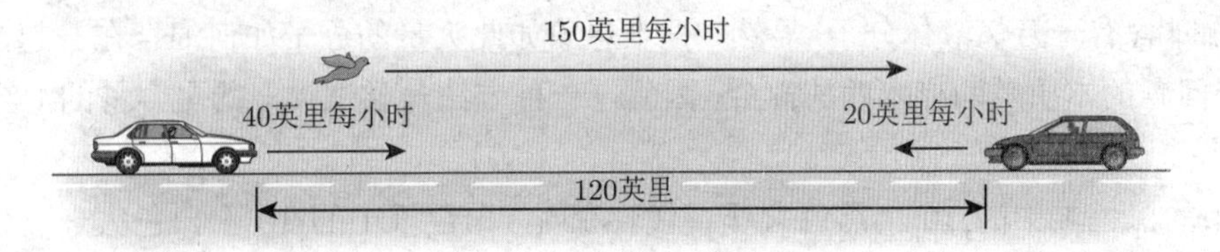

图 2.7 汽车和金丝雀问题

解 因为问题是“多远”，所以我们可能想要计算金丝雀在汽车之间每次来回行驶的距离. 然而，随着汽车相互接近，这些行程会变短，我们必须将所有单独的距离加起来. 原则上，我们需要加上无数个较小的距离——这是一个涉及微积分学的问题.

但请注意，如果我们专注于时间而不是距离，会发生什么. 汽车将以 60 英里/小时的相对速度相互接近（因为一辆汽车的行驶速度为 20 英里/小时，另一辆汽车相向行驶，行驶速度为 40 英里/小时）. 因为它们最初相距 120 英里，所以它们将在 2 小时内相遇：

$$120\text{英里} \div 60\frac{\text{英里}}{\text{小时}} = 120\text{英里} \times \frac{1\text{小时}}{60\text{英里}} = 2\text{小时}.$$

金丝雀以每小时 150 英里的速度飞行，因此 2 小时将会飞行：

$$2\text{小时} \times 150\frac{\text{英里}}{\text{小时}} = 300\text{英里}.$$

金丝雀在汽车相遇前飞行了 300 英里. 我们原本要用微积分找到答案，但是为什么我们能够通过更简单的乘法和除法来做到这一点呢？

▶ 做习题 10.

提示 4：考虑更简单但类似的问题

有时你会遇到一个问题，一开始看起来很棘手. 我们的第四个提示是考虑一个更简单但类似的问题. 从解决更容易的问题中获得的想法可以帮助你理解原始问题.

例 4 咖啡和牛奶

假设你面前有两个杯子：一杯是咖啡，一杯是牛奶（见图 2.8）. 你从牛奶杯中取出一茶匙牛奶，然后将其搅拌到咖啡杯中. 接下来，你将咖啡杯中一茶匙的混合物放回牛奶杯中. 在两次转移之后，将出现：(1) 牛奶杯中的咖啡多于咖啡杯中的牛奶，(2) 牛奶杯中的咖啡少于咖啡杯中的牛奶，或 (3) 牛奶杯中的咖啡与咖啡杯中的牛奶相等. 这三种可能性中的哪一种是正确的？

图 2.8 咖啡和牛奶问题

解 一杯牛奶或咖啡含有一万亿液体分子. 显然，很难想象如此大量的分子如何混合在一起，更不用说计算结果了. 然而，这个问题的本质是两样东西的混合. 因此，一种方法是尝试类似的更容易的混合问题：混合两堆大理石.

假设图 2.9 中的黑色堆中的 10 个黑色大理石代表咖啡. 白色堆中的 10 个白色大理石代表牛奶. 在这个更简单的问题中，我们可以通过将两个白色大理石移动到黑色堆中来代表第一次转移——把一茶匙牛奶放入咖啡杯. 这使得白色堆中只有 8 个白色大理石，而黑色堆中现在有 10 个黑色大理石和 2 个白色大理石.

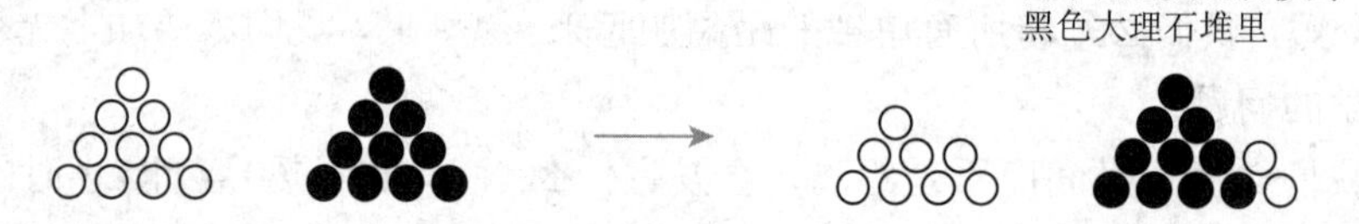

图 2.9 两堆白色和黑色大理石分别代表牛奶和咖啡，把两个白色大理石放到黑色堆中来代表把一茶匙牛奶放入咖啡杯中

我们用从黑色堆中任意取出两个大理石并将它们放入白色堆中来代表从咖啡杯到牛奶杯的第二次转移，然后我们可以提出一个问题 (类似于原问题)：白色堆中的黑色大理石比黑色堆中的白色大理石多还是少？

因为大理石代表完全混合的分子，所以必须随机抽取第二次转移的两个大理石，这样就出现了三种可能的情况：第二次转移中的两个大理石既可以是黑色，也可以是白色，也可以是其中之一. 但是，如图 2.10 所示，在所有三种情况下，我们最终发现黑色堆中的白色大理石和白色堆中的黑色大理石数量相同. 通过类比，我们得到了原问题的答案：在两次转移之后，牛奶杯中的咖啡量和咖啡杯中的牛奶量是相等的.

两个黑色大理石被转移走　　两个白色大理石被转移走　　一个黑色和一个白色大理石被转移走

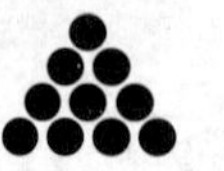

图 2.10

当我们将两个大理石转移回白色堆时，两个大理石可能都是黑色（左）、都是白色（中）或一个黑色和一个白色（右）. 在这三种情况下，我们最终得到黑色堆中白色大理石的数量与白色堆中黑色大理石的数量相等.

唯一剩下的步骤是确认更简单的问题是真实问题的合理表示. 我们选择使用两个大理石代表一茶匙是任意的. 如果我们用一个、三个或任何其他数量的大理石转移来重做这个例子，我们就会发现相同的结果：白色堆中的黑色大理石和黑色堆中的白色大理石数量相等. 在开始的时候，每堆中的十个大理石也是任意的；如果我们用二十、五十万或一万亿个大理石，那么结论仍然是一样的. 因为对于这个问题，分子可以被认为是微小的大理石，真正的问题与大理石问题没有本质区别.

▶ 做习题 11.

思考　大多数人都对咖啡和牛奶问题的结果感到惊讶. 你呢？现在你已经知道了答案，能否用简单的语言来解释一下这个问题，说服那些感到惊讶的朋友？

数学视角　芝诺悖论

古希腊哲学家芝诺（Zeno of Elea）（约公元前 460 年）提出了几个悖论，这些悖论数千年来无法解决.（悖论是一种似乎违反常识或自相矛盾的情况或陈述.）一个悖论是讲述战士阿基里斯和缓慢移动的乌龟赛跑. 乌龟先开始跑步，但我们的常识认为，行动迅速的阿基里斯将很快超越乌龟并获胜.

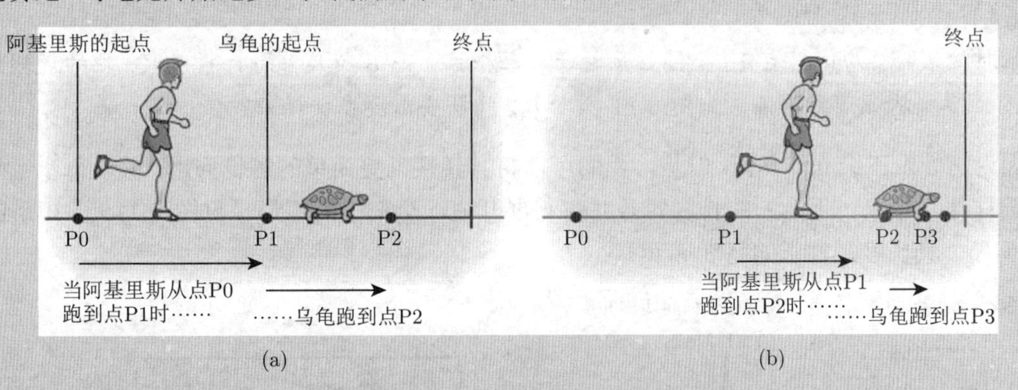

(a)　　(b)

芝诺提出了一种不同的方式来考虑这场比赛. 假设，如上图所示，阿基里斯从点点 P0 开始，乌龟从点 P1 开始. 在阿基里斯达到点 P1 时，缓慢移动的乌龟将向前移动到点 P2. 当阿基里斯继续前进到点 P2 时，乌龟将继续前进到点 P3，等等. 也就是说，阿基里斯必须覆盖一组无限小的距离才能追上乌龟（即从点 P0 到点 P1，从点 P1 到点 P2 等）. 从这个角度来看，似乎阿基里斯永远不会追上乌龟.

这个悖论使哲学家和数学家困惑了 2 000 多年. 它的答案建立在一个关键的数学概念上，在 17 世纪的微积分出现后变得清晰：它不一定需要无限量时间来覆盖无限段的距离. 例如，假设阿基里斯所覆盖的无限段距离集合开始于 1 英里，然后是 1/2 英里，然后是 1/4 英里，依此类推. 然后他所覆盖的总距离（英里）为：

$$1+\frac{1}{2}+\frac{1}{4}+\frac{1}{8}+\frac{1}{16}+\frac{1}{32}+\frac{1}{64}+\frac{1}{128}+\frac{1}{256}$$
$$+\frac{1}{512}+\frac{1}{1\,024}+\frac{1}{2\,048}+\cdots$$

这个和被称为**无穷级数** (infinite series)，因为它是无穷多项的总和. 你可能会猜测无穷多项的总和为无穷大. 但请注意当我们先求前四项的和，然后是前八项的和，然后是前十二个项的和时，看看会发生什么. 你可以使用计算器确认以下结果.

$$1+\frac{1}{2}+\frac{1}{4}+\frac{1}{8}=1.875$$

$$1+\frac{1}{2}+\frac{1}{4}+\frac{1}{8}+\frac{1}{16}+\frac{1}{32}+\frac{1}{64}+\frac{1}{128}=1.992\ 187\ 5$$

$$1+\frac{1}{2}+\frac{1}{4}+\frac{1}{8}+\frac{1}{16}+\frac{1}{32}+\frac{1}{64}+\frac{1}{128}+\frac{1}{256}+\frac{1}{512}+\frac{1}{1\ 024}+\frac{1}{2\ 048}=1.999\ 511\ 718\ 75$$

如果你继续在后面加更多项，就会发现总和越来越接近 2，但不会超过 2. 实际上，可以通过演绎证明这个无限级数的总和为 2. 因此，即使在悖论中阿基里斯覆盖无限数量的短距离，他跑过的总距离也是有限的——在这个例子中，它是 2 英里. 很明显，他不会花很长时间跑 2 英里的有限距离，所以他会超过较慢的乌龟并赢得比赛.

提示 5：转化为更简单的等价问题

在上面的例子中我们发现，用类似的、更简单的问题替换原问题可以揭示问题的本质. 然而，当我们需要用数值做答案时，“相似”并不能解决问题. 在这种情况下，解决难题的有效方法是寻找等价问题. 等价问题和原问题有相同的数值答案，但可能更容易解决.

例 5　派对装饰品

胡安正在为派对做装饰，房间里有 10 个圆柱形柱子，每根柱子高 8 英尺，周长 6 英尺. 他的计划是在每个柱子上缠绕 8 圈丝带（从底部到顶部，如图 2.11 所示）. 问胡安需要多少丝带？

解　问题很难，因为它涉及三维立体几何. 但是，我们可以将其转换为更简单的等价问题. 假设每个包裹的柱子都是一个空心圆柱体，想象一下沿它的长度剪开并将其展开成一个扁平的矩形（见图 2.11）. 矩形的宽度是柱子的周长 6 英尺，其长度是柱子的高度 8 英尺.

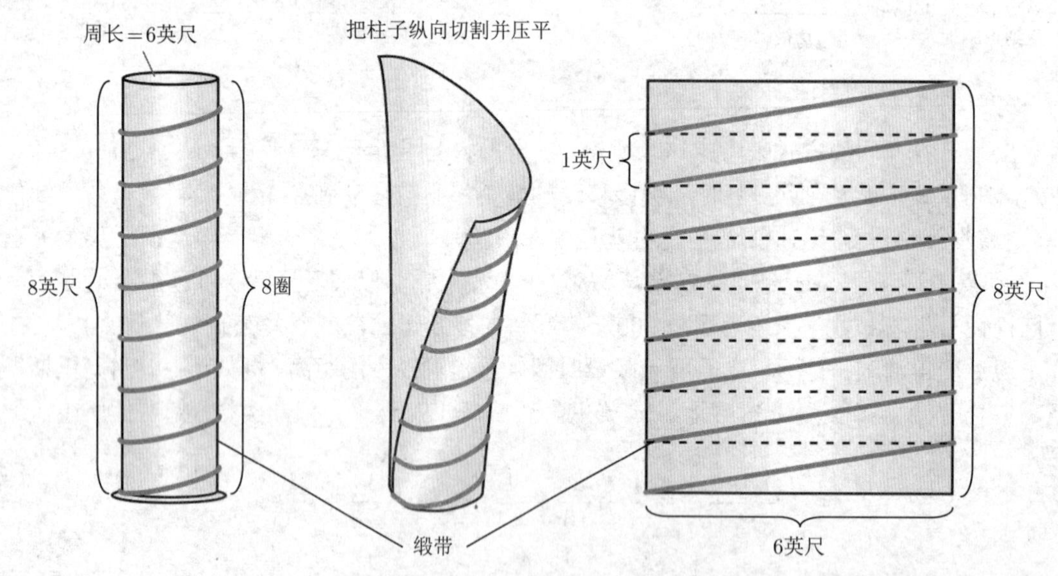

图 2.11　我们要计算缠绕在柱子上（左）的丝带长度. 可以通过想象我们纵向切开柱子（中）来简化问题. 当柱子被压平时，丝带变成直线，每一段都是直角三角形的斜边

现在，我们不是处理缠绕在三维柱子上的丝带，而是处理一个简单的矩形和 8 条丝带. 8 条丝带的总长度是原问题中一个柱子所需的丝带长度. 每个三角形的高度是矩形长度的 $\frac{1}{8}$，即 8 英尺 $\div 8=1$ 英尺. 每个三角形的底边是矩形的 6 英尺宽. 毕达哥拉斯定理告诉我们：

$$底^2+高^2=斜边^2 \qquad 或 \qquad 斜边=\sqrt{底^2+高^2}.$$

把 6 英尺作为底边，1 英尺作为高，代入：

$$斜边 = \sqrt{6英尺^2 + 1英尺^2} \approx 6.1英尺.$$

每个丝带的长度为 6.1 英尺，丝带的总长度为 8×6.1 英尺 $= 48.8$ 英尺. 为了装饰 10 个柱子，胡安需要 10×48.8 英尺 $= 488$ 英尺的丝带. 注意，解决这个等价问题比原问题容易很多.

▶ 做习题 12.

提示 6：近似值可能很有用

另一个有用的策略是使用近似值使问题变得更容易. 大多数实际问题都可以先考虑取近似值，近似值通常足以得出最终答案. 在很多情况下，近似值能揭示问题的基本特征，使其更容易达到答案的精确值. 近似值也提供了一个有用的检验方法：如果你得到一个不接近近似值的“答案的精确值”，可能就会出现问题.

例 6　弯曲的铁轨

想象一下一英里长的金属条，沿着铁轨铺设. 假设铁轨固定在两端（相距一英里），在炎热的天气中，铁轨长度会增加 1 英尺. 如果增加的长度导致铁轨以圆弧状向上弯曲，如图 2.12(a) 所示，铁轨中心高出地面多少？

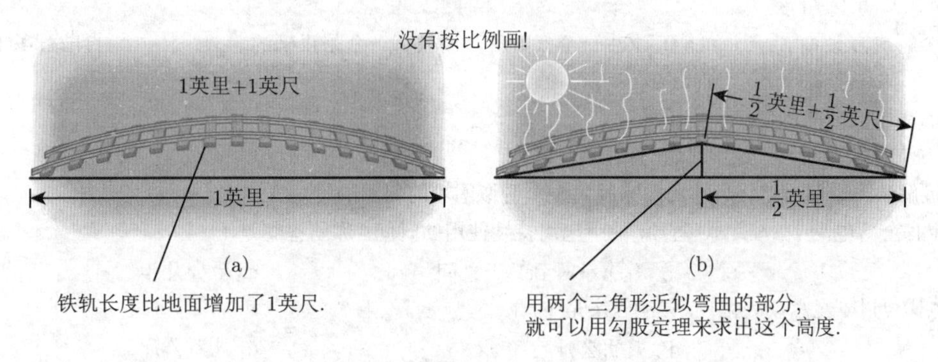

图 2.12

(a) 如果铁轨两端固定的同时长度变长，它将向上弯曲，如图所示；(b) 我们可以忽略它的弯曲并假设每个边都是三角形来找到铁轨离地面的近似高度.

解　由于增加的长度与原长度相比很短，故我们可以用两条直线近似表示弯曲的轨道（见图 2.12(b)）. 我们现在有两个直角三角形，可以应用毕达哥拉斯定理. 两个直角三角形的底边长度的和为原铁轨长度 1 英里，因此每个底边长度为 $\frac{1}{2}$ 英里. 两个斜边的和为 1 英里 + 1 英尺的扩展长度，因此每个斜边长是 $\frac{1}{2}$ 英里 $+\frac{1}{2}$ 英尺. 因为一英里有 5 280 英尺，所以 $\frac{1}{2}$ 英里等于 2 640 英尺. 离开地面的铁轨高度大约是三角形的高：

$$三角形的高 = \sqrt{(2\,640.5英尺)^2 - (2\,640英尺)^2} \approx 51.4英尺.$$

根据我们的近似值，铁轨的中心将离地面超过 50 英尺！因为三角形会比具有相同底边长度的曲线高，所以实际高度小于近似高度. 准确的答案是，弯曲轨道的顶部离地面大约 48 英尺.

▶ 做习题 13.

思考 你对例 6 的答案感到惊讶吗？如何使用近似值来发现原问题至少包含一些不切实际的假设？你认为哪些假设是不切实际的？

提示 7：尝试另类思维模式

尽量避免僵化的思维模式，因为这种思维模式往往会一遍又一遍地提出同样的想法和方法. 相反，以开放的心态处理每一个问题，会提出创新的想法. 这方面的典型代表是被称为“啊哈!”的数学问题，它的推广者是马丁・加德纳 (Martin Gardner，1914—2010). 这些问题的最佳解决方案需要敏锐的洞察力，将问题简化，只留下最关键的部分.

提示 8：不要旋转你的车轮

最后，每个人都有遇到问题“陷入困境”的经历. 当你的车轮旋转时，停下来，放松！解决问题的最佳策略通常是将问题放在一边几个小时或几天. 当你重新考虑它时，你会惊讶于你所看到的（以及你忽略的）.

测验 2.3

选择以下每个问题的最佳答案，并用一个或多个完整的句子来解释原因.

1. 日常生活中的量化问题 ( ).
   a. 总是只有一个解决方案　b. 可能有不止一个代数解，但只有一个是正确的　c. 可能有多个正确的答案
2. 下列哪项陈述不正确？( )
   a. 有数值答案的数学问题总是有唯一解
   b. 可能有几种方法可以得到一个数学问题的相同解
   c. 有时可以通过解决一个简单但相似的问题来找到一个看似困难的问题的解决方案
3. 请你计算一个配有全新电池 (标准 AA 型号) 的手电筒持续使用的时间. 你的答案是 ( ).
   a. 几分钟　b. 几个小时到几天之间　c. 至少几年
4. 请你计算酒店电梯可以安全承载的重量. 你的答案是 ( ).
   a. 不到 10 公斤　b. 几百公斤　c. 几万公斤
5. 如果你把无数个越来越小的分数加起来，答案是 ( ).
   a. 一定是无限　b. 可能是有限，也可能是无限　c. 一定为零
6. 一个圆柱体，圆周长为 10 英寸，高度为 20 英寸（两端没有盖），它的表面积与下面哪个图形的面积相等?( )
   a. 一个 10 英寸乘 20 英寸的矩形　b. 周长为 10 英寸的圆
   c. 一个直角三角形，其两个直角边的尺寸分别为 10 英寸和 20 英寸
7. 当遇到一个复杂的问题时，为什么考虑一个更简单、类似的问题会有用呢？( )
   a. 简单问题的答案总是和复杂问题的答案一样
   b. 用比例因子乘以简单问题的答案，你就能找到复杂问题的答案
   c. 更简单的问题可能会给你提供思路，帮助你解决更复杂的问题
8. 编号为 1~40 的 40 个球混在一起放在桶中. 你必须至少从桶中抽出多少个球（不看）才能确保你抽到两个偶数球？( )
   a. 3　b. 40　c. 22
9. 凯伦每天都随机到达地铁站，然后乘坐到站的第一列地铁. 如果她乘坐每小时定时到达的 A 车，那么她会去博物馆. 如果乘坐每小时定时到达的 B 车，那么她会去海滩. 在这样持续一个月后，她已经去海滩 25 次，去博物馆 5 次. 在以下选项中，最可能的解释是什么？( )
   a. A 车整点到达，B 车总是 30 分钟后到达
   b. A 车总是比 B 车晚到 10 分钟
   c. A 车总是比 B 车早到 10 分钟

10. 一个小烤架一次可以同时烤两个汉堡包. 如果烤汉堡包的一面需要 5 分钟，那么烤三个汉堡包，每一个都烤两面，所需的最短时间为 (　).

a. 20 分钟　　b. 15 分钟　　c. 10 分钟

习题 2.3

复习

1. 总结本节给出的解决问题的提示，并分别举例说明.
2. 举例说明一个问题有不止一个正确的数值解.

是否有意义?

确定以下每个陈述是有意义的（或显然是真实的）还是没有意义的（或明显是错误的）. 解释原因.

3. 我用简单的解题方法可以解决所有数学问题.
4. 无论是数学问题还是其他问题，最好先花些时间确保你理解问题的本质.
5. 数学需要精确，所以不应该使用近似值.
6. 一旦我决定了解决问题的初始方案，我就不会改变它.

基本方法和概念

7. **一个收费亭.** 高速公路上的收费标准是，每辆小汽车收费 2 美元，每辆公共汽车收费 3 美元，收费员 1 小时共收了 32 美元. 在此期间有多少辆小汽车和公共汽车通过收费站？列出所有可能的答案.

8. **捐款.** 公共广播电台募捐活动中提供两种级别的捐款. 级别 1 是 25 美元的捐款，级别 2 是 50 美元的捐款. 在这一天结束时，募捐活动已经收到 350 美元的捐款. 这个募捐过程中收到多少级别 1 和级别 2 的捐款？列出所有可能的答案.

9. **第二场赛跑.** 乔丹和阿玛瑞参加了 200 米赛跑，乔丹赢了 10 米. 他们决定再进行一次 200 米赛跑，这次乔丹在原来的起跑线后面 10 米开始.

　a. 假设他们在第二场比赛中以同样的速度跑步，谁会赢得第二场比赛？

　b. 假设乔丹在第二场比赛中，起跑线在第一次比赛的后面 5 米. 谁会赢得比赛？

　c. 假设乔丹第二场比赛的起跑线在第一次比赛的后面 15 米. 谁会赢得比赛？

　d. 在第二场比赛中乔丹起跑线落后多远会使得比赛是平局？首先估算一个尽可能接近的距离. 然后尝试找到准确值.

10. **追赶.** 一个行人以 5m/s 的速度前进，沿着一条直路追赶一条以 1m/s 的速度行走的土狼. 当土狼在行人前方 100 米的 A 点处时，行人开始追.

　a. 行人到达 A 点需要多长时间？在这段时间里，土狼走了多远？土狼的新位置是 B 点.

　b. 从 A 点开始，行人到达 B 点需要多长时间？在这段时间里，土狼走了多远？土狼的新位置是 C 点.

　c. 从 B 点开始，行人到达 C 点需要多长时间？在这段时间里，土狼走了多远？

　d. 根据行人到达 A，B 和 C 点的时间，估算行人追上土狼所需的时间.

　e. 假设行人追上土狼需要 25 秒. 那么行人跑了多远？土狼跑了多远？

11. **混合大理石.** 考虑两堆大理石中最初各自包含 15 个（见本节例 4）的情况. 假设在第一次转移时，三个黑色大理石被移动到白色大理石堆中. 在第二次转移时，从白色堆中任意取三个放入黑色堆中. 用图和文字来演示，最终白色堆中黑色大理石的数目和黑色堆中白色大理石的数目一样多.

12. **缠绕问题.** 假设八匝的电线缠绕在长为 20 厘米和周长为 6 厘米的管子上. 所需电线的长度是多少？

13. **弯曲的铁路.** 假设一条铁路轨道长 1 公里，它在炎热的天气里膨胀了 10 厘米. 那么铁轨的中心将会高于地面多少？

14. **另类思维：修道士与山.** 黎明时分，一个修道士从山谷中的一座修道院出发. 他整天走在蜿蜒的小路上，除了吃午饭和小睡. 黄昏时分，他来到位于山顶的寺庙. 第二天，修道士要回到山谷的修道院，在黎明时分离开，同样的路走了一整天，然后在晚上到达修道院. 在上山和下山的路上，修道士是否至少会在一天的同一时间经过同一个地点？（资料来源:《创作法》(*The Act of Creation*)，亚瑟・凯斯特勒（Arthur Koestler））

15. **越过护城河.** 一座城堡被一条深达 10 英尺的护城河环绕（见图 2.13）. 执行救援任务的骑士只能使用两个 $9\frac{1}{2}$ 英尺的木板越过护城河. 不使用胶水、指甲或超自然手段，他该怎么做？

进一步应用

16. **院子的围栏.** 假设你正在设计一个长方形花园，并且用一个 20 米长的围栏围住花园.

a. 你可以用已有的围栏围住一个 7 米长、3 米宽的花园吗？花园的面积有多大？

b. 你可以用已有的围栏围住一个 8 米长、2 米宽的花园吗？花园的面积有多大？

c. 计算可以用 20 米长的围栏围起来的其他可能的花园的面积，找到或估计具有最大面积的花园的尺寸.

17. **交通计数器.** 一根横跨街道的细管用来计算通过它的车轮的对数. 两轴的一辆小汽车记两个数. 有三个轴的轻型卡车记三个数. 在 1 小时内，交通计数器记了 35 个数. 问有多少辆汽车和轻型卡车通过这一计数器？列出所有可能的解决方案.

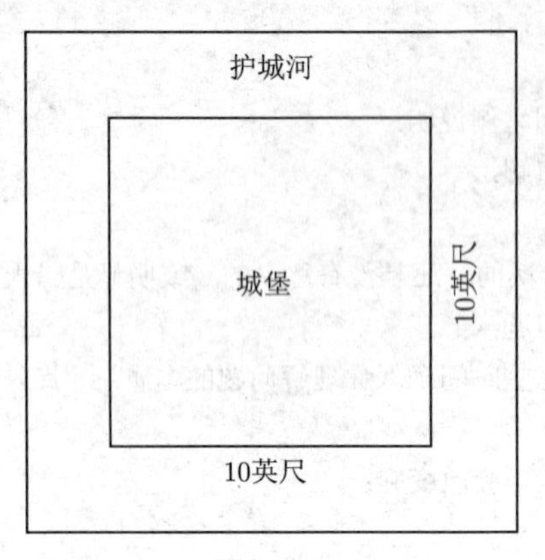

图 2.13

18. **蚂蚁之旅.** 想象一下一个具有 8 英尺高天花板和 12 英尺乘 10 英尺长的矩形地板的盒子形房间. 一只蚂蚁高高地坐在 12 英尺宽的墙壁上，离天花板 1 英尺，距侧壁 1 英尺. 它的目标是走到对面的 12 英尺宽的墙上的某个点，离天花板 1 英尺，离侧壁 1 英尺. 最短路径的长度是多少？(提示：画图，把房间展开，墙壁在地板上平放. 然后确定蚂蚁的开始和结束位置，在这两点之间画一条线，并使用勾股定理.)

19. **常见错误：平均速度.** 假设你家距朋友家 2 英里，你去的时候以每小时 4 英里的速度步行. 到回家的时候，你累了，以每小时 2 英里的速度步行.

a. 你从家步行到朋友家花了多长时间？

b. 你回家花了多长时间？

c. 往返的平均速度是每小时 4 英里和每小时 2 英里的平均 (即每小时 3 英里)，对吗？(提示：你如果以每小时 4 英里或每小时 2 英里的速度步行，是否会花更多时间？)

d. 你往返的平均速度是多少？

20～31：难题. 以下难题需要仔细阅读和思考. “啊哈！”解决方案可能是可行的.

20. 从建筑物的一楼 (地面) 走到三楼需要 30 秒. 从一楼走到六楼需要多长时间 (假设所有楼层都有相同的高度，以同样的速度行走)？

21. 鲁本说：“两天前我才 20 岁. 明年晚些时候我将 23 岁.” 这可能吗？如果是的话，怎么解释；如果不是，为什么？

22. 三种苹果都混在一个篮子里. 你必须从篮子中至少拿多少个苹果 (不看)，才能确保至少有两个是同一种类的？

23. 一位女士以 500 美元的价格买了一匹马，然后以 600 美元的价格卖掉了它. 她又花 700 美元买了回来，然后卖了 800 美元. 在这个交易中她得到或失去了多少钱？

24. 有三盒水果，盒子上分别标有标签：苹果，橘子，苹果和橘子. 每个标签都是错误的. 只从一个盒子中选择一个水果，你怎么确定这些箱子的正确标签？

25. 10 个大桶中每一个都装满了看起来很相似的高尔夫球. 其中九个桶中的球重 1 盎司，还有一个桶中的球重 2 盎司. 只有一个称重秤，你怎么确定哪个桶包含重的高尔夫球？

26. 一位女士带着一只狼、一只鹅和一只老鼠一起旅行. 她们要坐船过河，船上只能容纳自己和另一只动物. 如果把它们留在岸的一边，狼会吃鹅，鹅会吃老鼠. 她要往返几次才能保证所有动物都活着过河？

27. 你正想买 12 枚看起来相似的金币，但被告知其中一枚是重的假币. 你如何称三次找到那枚重的假币？

28. 假设你的抽屉里有 40 只蓝色袜子和 40 只棕色袜子. 你必须从抽屉拿多少只袜子 (不看)，才能确保拿到一对相同颜色的？

29. 有不同颜色的五本书放在架子上. 橙色书在灰色和粉红色书之间，并且这三本书是挨着的. 金色书不在架子的最左侧，粉色书不在最右侧. 棕色书与粉色书被两本书分开. 如果金色书不挨着棕色书，那么这五本书的完整顺序是什么？

30. 如果一个时钟到达 5 点需要敲 5 秒钟（鸣响 5 次），那么 10 点需要敲多长时间（鸣响 10 次）？假设每个钟声之间是连续的（没有时间间隔）.

31. 某天在产科病房，四个女婴的名字标签混在了一起.

  a. 如果两个婴儿被正确标记，另外两个婴儿被错误标记，共有多少种方式？

  b. 如果三个婴儿被正确标记，一个婴儿被错误标记，共有多少种方式？

32～39：现实中的问题. 考虑以下复杂问题，这些问题没有一个直接的解决方案. 描述你将如何解决这些问题（不实际执行过程）. 列出执行解决方案所需的假设和信息. 评估这些假设和数据的不确定性. 确定你是否相信问题可以解决以及解决方案是否可能产生争议.

32. 计算在校园安装足够的自行车架以解决自行车停放问题的成本.

33. 安装足够的电池充电站（用于手机和其他小型电子设备）为学校内的学生提供服务的成本和风险是什么？

34. 参加全国排名的足球比赛比你在大学参加学术项目挣的多还是少？

35. 某城市实施一项法律，要求所有驾驶员在交通信号灯处停车时必须关闭发动机. 估计该法律可能使得燃料使用减少百分之多少. 该法律可能会带来哪些不利影响？

36. 为了保护环境，你决定将家庭供暖和热水系统转换为太阳能. 在未来 10 年内，此转换会花费或节省多少钱？

37. 假设印度决定利用其丰富的煤炭储备，以与美国相同的人均水平向本国人民提供能源. 大气中会增加多少二氧化碳？

38. 假设一个城市增加了新的公交线路并免费发放了公共汽车通行证. 那么会有多少人放弃自驾而转向公交车？总体而言，这需要花多少钱来拯救城市的交通状况？

39. 你打算要一个孩子. 假设你以自己认为最好的方式抚养孩子，那么在接下来的 18 年中抚养孩子需要多少费用？

实际问题探讨

40. **教科书分析.** 虽然研究表明，如今大多数成年人都有“故事问题”的困难，但我们也许希望下一代的难度会降低. 查找目前在中学使用的数学教科书. 仔细阅读教科书中的“故事问题”. 写下对问题的批判性分析，并总结一下这些问题是否会使数学变得更有意义.

41. **多种解决方案.** 找一个真实问题的例子，在这一问题中由于数据不足，我们无法区分两种或多种可能的解决方案. 问题可能来自新闻报道或你自己的经历. 哪些额外数据是有用的？

42. **多重战略.** 找一个可以通过两个或更多竞争策略解决的真实问题的例子. 问题可以来自新闻报道或你自己的经历. 描述每个策略. 你觉得哪一个更好？为什么？

43. **新颖的解决方案.** 找一篇有关商业或科学的新闻报道，报道中用一种出人意料的方法来解决某个问题. 描述该方法，解释为什么它很有用.

第二章　总结

节	关键词	关键知识点和方法
2.1 节	理解-求解-解释 单位 单位分析 换算因子 货币	应用三步解决问题的过程： 1. 理解问题 2. 求解问题 3. 解释结果 理解 关键词“每”,“以”,“平方”和“立方”以及关键的连字符 应用单位分析来检查答案并帮助解决问题 会写换算因子的三种等价形式 理解为什么单位转换意味着乘以 1 应用单位转换以及单位的次幂转换
2.2 节	美国通用单位制系统 (USCS) 国际单位制系统 (SI) 摄氏，华氏，开尔文，绝对零度 能量单位：卡路里、焦耳、千瓦-时 功率单位：1 瓦 =1 焦耳/秒 密度 浓度 血液酒精含量 (BAC)	知道度量标准前缀 理解 USCS 和国际单位制之间的转换 知道温度单位：°F，°C 和开尔文温度之间的转换 理解能量和功率的区别：功率是能量被使用的速率 应用能量单位到单位分析和问题解决中 应用密度来讨论材料、人口和信息 应用浓度的概念来讨论医疗剂量问题、空气和水污染问题
2.3 节		牢记解决问题的八个提示： 1. 可能有多个答案 2. 可能有多个策略 3. 使用适当的工具 4. 考虑更简单但类似的问题 5. 转化为更简单的等价问题 6. 近似值可能很有用 7. 尝试另类思维模式 8. 不要旋转你的车轮

第三章 现实生活中的数字

生活中充满数字, 这乍听上去好像有点不可思议: 数十亿人口, 数万亿美元的政府预算, 从纳米到光年的距离, 等等. 此外, 数字还出现在很多表格中, 包括百分比和指数(比如消费者物价指数), 当然常常也伴随着不确定性因素. 在本章中, 我们将重点讨论如何应用和解释日常生活中遇到的数字.

3.1 节

百分比的使用和滥用: 熟悉百分比的正确使用方法和滥用方式.

3.2 节

正确理解数字: 通过一些方法, 我们能够真正理解日常生活中遇到的许多大的数字和小的数字.

3.3 节

处理不确定性: 了解影响测量数据的误差种类和探索处理日常新闻中出现的数字不确定性的方法.

3.4 节

指数: 消费者物价指数及其他: 研究指数在现代生活中的作用, 特别是消费者物价指数 (CPI).

3.5 节

数字是如何骗人的: 测谎仪、乳房 X 光检查等: 探索如何利用正确的方法来解释数字带来的欺骗.

问题: 当今的核电站采用的是一个叫作核裂变的过程, 在这个过程中, 大原子 (如铀或钚的原子) 被分裂. 相反, 假设利用从普通水中提取的氢作为燃料, 我们有能力通过核聚变来产生能量——将氢原子结合成无害的气体氦. 如果你有一个便携式核聚变发电机, 并把它连接到家里厨房水槽的水龙头上, 那么从流经它的水的氢气中能产生多少能量呢?

A. 这些能量足够满足你的家庭或公寓所需的电力、暖气和空调的能源需求

B. 这些能量足够满足 10 个家庭或公寓的能源需求

C. 这些能量足够满足 100 个家庭或公寓的能源需求

D. 这些能量足够满足 1 000 个家庭或公寓的能源需求

E. 这些能量足够满足整个美国的能源需求

解答: 这个问题是我们所说的"数量级" (order of magnitude) 问题的一个例子, 这里并不是要求我们去寻找一个精确的答案, 而是要求我们寻找一个答案的大致范围. 在本例中, 每个选项与前一个选项的差异至少为 10 倍. 只知道十分之一的东西似乎知道的很少, 但它往往是相当有意义的. 例如, 如果一个企业估计其客户基数为 1 000 人, 而不是 100 人或 10 000 人, 那么它的运营方式将非常不同. 同样地, 对于我们的核聚变问题, 每个答案的选择都会让我们对如何利用聚变的方式有一个非常不同的理解.

那么你怎么算出答案呢? 你可能靠猜, 但是通过对其他学生的调查发现, 很少有人猜对了. 更好的方法是计算, 在这种情况下, 你只需要两个现成的数据就可以找到问题的答案. 想想你将如何处理这个问题, 当你准备好了, 你可以翻看 3.2 节的例 5 来验证你的答案.

实践活动 大的数字

利用这个活动来帮助你理解这一章中出现的各类问题.

作为一个热身, 我们来思考一下现实世界中应用到数字的各种方式, 我们来研究一些在我们的生活中扮演重要角色的大数字. 利用网络去查找下面问题中涉及的一些数字. 如果可能的话, 可以和两三个同学一起, 每个人分别查找出下面问题中需要的全部数字. 你可能会发现你和你的同学找到的数字是不同的, 如果是这样的话, 讨论一下, 你们是如何获得数字的, 为什么会不同, 哪一个才是更好的答案.

① 目前美国和世界的人口数是多少? 美国人口占世界人口的比例是多少?

② 联邦政府在本年度的财政赤字预计是多少? 平均到每个人身上是多少?

③ 美国目前的联邦债务是多少? 平均到美国的每个人身上是多少? (若不清楚"赤字"与"债务"的区别, 可以参见 4.6 节)

④ 美国每年使用多少汽油? 平均每个人使用多少? 平均每个人的使用费用是多少?

⑤ 找到你所在学校的年度总预算和注册学生总人数. 用这个预算除以学生人数来确定每个学生在教育上的平均花费. 用这个数字与你实际缴纳的学费比较一下, 能解释一下为什么两个数据是不同的吗?

⑥ 目前 YouTube 上发布的视频有多少个? 平均每个视频的点击率是多少? 最热门的视频的点击率是多少?

3.1 百分比的使用和滥用

新闻报道经常用百分比表达定量的信息. 虽然百分比自身相对基本 (它们只是替代分数的有效形式), 然而它们经常会以非常微妙的方式被使用. 例如, 考虑下面一段关于 2014 年至 2015 年电子香烟使用量变化的陈述:

中学生电子香烟使用率上升 36%, 达到 5.3%.

在句子中正确地使用了百分比, 然而短语"上升 36%, 达到 5.3%"解释起来并不容易. 在本节中, 我们将研究这些陈述 (见例 11), 以及其他微妙地使用和滥用百分比的问题.

三种使用百分比的方法

考虑如下新闻报道中的陈述:

- 共有 13 000 名报社雇员, 其中 2.6% 的人被解雇;
- 公司的股价上周下跌 15%, 跌至 44.25 美元;
- 高科技电池比普通电池的使用寿命长 125%, 但是价格贵 200% 以上.

仔细观察可以发现, 百分比以不同方式被用到了上述的每个陈述中. 第一个用百分比描述了总劳动力的一部分. 第二个用百分比描述了股价的变化. 第三个用百分比比较了电池的性能和成本.

用百分比描述一部分

百分比只是"除以 100"的一种特定的表达方式, 所以"$P\%$"就意味着 $P/100$. 比如 5.3% 即 5.3/100, 或 0.053. 因此, 若中学生有 100 000 人, 使用电子香烟的占 5.3%, 则使用电子香烟的中学生人数即为 100 000 人的 5.3%, 即为

$$5.3\% \times 100\ 000 = 0.053 \times 100\ 000 = 5\ 300.$$

注意，“* 的百分之几”可用乘法来计算. 我们发现, 若中学生中电子香烟使用率为 5.3%, 则 100 000 中学生中就有 5 300 人使用电子香烟.

简要回顾　百分比

百分比即“每 100”或“除以 100”. 为简洁起见, 我们用符号“%”来记百分比. 比如, 我们将 50% 读为百分之 50, 意思是

$$50\% = \frac{50}{100} = 0.5.$$

更一般地, 对于一个数字 P

$$P\% = \frac{P}{100}.$$

比如

$$100\% = \frac{100}{100} = 1, \qquad 200\% = \frac{200}{100} = 2, \qquad 350\% = \frac{350}{100} = 3.5.$$

注意, 一个数乘以 100%, 从数值上看是没有改变的, 因为 100% 就是 1 的另外一种写法. 比如, 1.25 乘以 100%, 即为

$$1.25 \times 100\% = 125\%.$$

也就是说，125% 只是 1.25 的另外一种表达方式. 这个规则使得我们可以在百分比和小数或者分数之间相互转换.

- **将百分比转换成分数**: 将 % 符号换成除以 100. 例如，

$$25\% = \frac{25}{100} = \frac{1}{4}.$$

- **将百分比转换成小数**: 去掉 % 符号, 并除以 100 (等价于将小数点向左移动两位). 例如，

$$25\% = \frac{25}{100} = 0.25.$$

- **将小数转换成百分比**: 乘以 100(等价于将小数点向右移动两位), 并加上 % 符号. 例如，

$$0.43 = \frac{43}{100} = 43\%.$$

- **将分数转换成百分比**: 先把分数转化为小数, 然后将小数转化为百分比的形式. 例如，

$$\frac{1}{5} = 0.2 = 20\%.$$

▶ 做习题 15~30.

例 1　总统调查

一项民意调查显示, 在接受调查的 1 069 人中, 有 35% 的人认为总统做得很好. 请问有多少人认为总统做得很好?

解　由题意可知, 1 069 人的 35% 可以表示为

$$35\% \times 1\ 069 = 0.35 \times 1\ 069 = 374.15 \approx 374.$$

由此可知, 1 069 人中大约有 374 人认为总统做得很好. 注意, 我们将答案四舍五入到最接近的整数, 因为对于这个调查来说, 人数为小数是没有意义的.

▶ 做习题 37~42.

用百分比描述变化

百分比通常可以用来描述一个量是如何随时间变化的. 举个例子, 假设一个城镇的人口数从十年前的 10 000 人增加到现在的 15 000 人. 我们可以用两种基本方式来表达人口的变化:

- 因为人口数增加了 5 000 (从 10 000 人增加到 15 000 人), 所以我们可以称人口的**绝对变化** (absolute change) 是 5 000 人.
- 因为增加的 5 000 人是原人口数 10 000 人的 50%, 所以我们可以称人口的**相对变化** (relative change) 是 50% 或者 0.5.

一般来说, 计算绝对或者相对变化总是涉及两个数值: 一个初始值或称为**参照值** (reference value) 和一个**新值** (new value). 一旦我们确定了这两个值, 便可以利用下面的公式来计算绝对变化和相对变化. 但是要注意一点, 若新值大于参照值, 则绝对变化和相对变化为正; 若新值小于参照值, 则绝对变化和相对变化为负.

绝对变化和相对变化

绝对变化描述了从参照值到新值的实际增加或减少量:

$$\text{绝对变化} = \text{新值} - \text{参照值}$$

相对变化是绝对变化与参照值之间比值的大小, 可以表示为百分比的形式:

$$\text{相对变化} = \frac{\text{新值} - \text{参照值}}{\text{参照值}} \times 100\%$$

例 2 股价上涨

在过去的六个月期间, 月能工业 (Lunar Industry) 的股价翻了一番, 从 7 美元涨到 14 美元. 该股票的绝对变化和相对变化各是多少?

解 由题意可知, 该股票的参照值为初始股票价格 7 美元, 新值是后来的股票价格 14 美元, 因此可以得到绝对变化为

$$\text{绝对变化} = \text{新值} - \text{参照值} = 14\text{美元} - 7\text{美元} = 7\text{美元}.$$

相对变化为

$$\text{相对变化} = \frac{\text{新值} - \text{参照值}}{\text{参照值}} \times 100\% = \frac{14\text{美元} - 7\text{美元}}{7\text{美元}} \times 100\% = 100\%.$$

月能工业的股票价格从 7 美元翻倍到 14 美元, 代表了 7 美元的绝对变化和 100% 的相对变化.

▲ **注意!** 当一个数量的值翻倍时, 它比以前的值增加了 100%(不是很多人猜测的 200%). ▲

▶ 做习题 43~44.

思考 选择并解释正确答案: 如果人口变为三倍, 那么它增加了 ______.

(a) 100% (b) 200% (c) 300% (d) 400%

例 3　世界人口增长 [①]

据估计, 世界人口数从 1953 年的 27 亿增加到了 2018 年的 75 亿. 请描述这 65 年期间人口的绝对变化和相对变化.

解　由题意可知, 参照值为 1953 年的人口数即 27 亿人, 新值是 2018 年的人口数即 75 亿人, 因此可以得到绝对变化为

$$\text{绝对变化} = \text{新值} - \text{参照值} = 75\text{亿} - 27\text{亿} = 48\text{亿}.$$

相对变化为

$$\begin{aligned}\text{相对变化} &= \frac{\text{新值} - \text{参照值}}{\text{参照值}} \times 100\% \\ &= \frac{75\text{亿} - 27\text{亿}}{27\text{亿}} \times 100\% \approx 178\%.\end{aligned}$$

也就是说，世界人口从 1953 年到 2018 年共增加了 48 亿人, 或者说增长了 178%.

▶ 做习题 45~46.

例 4　贬值的电脑

三年前你花了 1 000 美元买了一台笔记本电脑, 现在它只值 300 美元. 请问这台笔记本电脑价格的绝对变化和相对变化分别是多少?

解　由题意可知, 参照值为笔记本电脑三年前的价格 1 000 美元, 新值是目前的价格 300 美元, 因此可以得到绝对变化为

$$\text{绝对变化} = \text{新值} - \text{参照值} = 300\text{美元} - 1\,000\text{美元} = -700\text{美元}.$$

相对变化为

$$\begin{aligned}\text{相对变化} &= \frac{\text{新值} - \text{参照值}}{\text{参照值}} \times 100\% \\ &= \frac{300\text{美元} - 1\,000\text{美元}}{1\,000\text{美元}} \times 100\% = -70\%.\end{aligned}$$

笔记本电脑价格的绝对变化是 −700 美元, 相对变化是 −70%. 答案中的负号表明, 笔记本电脑的价格随着时间的推移下降了.

▶ 做习题 47~48.

用百分比描述比较

百分比也常常用于比较两个数字. 假设我们想比较 50 000 美元的梅赛德斯车和 40 000 美元的雷克萨斯车的价格. 梅赛德斯车和雷克萨斯车的价格差为

$$50\,000\text{美元} - 40\,000\text{美元} = 10\,000\text{美元}.$$

也就是说，梅赛德斯车比雷克萨斯车贵 10 000 美元. 我们也可以把这个价格差表示为雷克萨斯车价格的百分比

$$\frac{10\,000\text{美元}}{40\,000\text{美元}} = 0.25 = 25\%.$$

这表明相对而言, 梅赛德斯车比雷克萨斯车贵 25%.

因为我们对比的是雷克萨斯车的价格, 所以我们称雷克萨斯车的价格为**参照值** (reference value). 注意，参照值是在“比”字之后的那个值. 梅赛德斯车的价格是**比较值** (compared value). 现在我们可以定义数量的绝

① **顺便说说**：如果你是一名 18 岁的大学生，那么今天的世界人口比你出生时的 14 亿人口或是现在美国人口的四倍还要多.

对和相对差异的概念, 正如我们之前所定义的绝对变化和相对变化一样. 如果比较值大于参照值, 则绝对差异和相对差异为正; 反之若比较值小于参照值, 则绝对差异和相对差异为负.

绝对差异和相对差异

绝对差异 (absolute difference) 描述了比较值和参照值之间实际的差异:

$$\text{绝对差异} = \text{比较值} - \text{参照值}$$

相对差异 (relative difference) 是绝对差异与参照值之间比值的大小, 可以表示为百分比的形式:

$$\text{相对差异} = \frac{\text{比较值} - \text{参照值}}{\text{参照值}} \times 100\%$$

所有比较的信息基本都有了, 只需要说明一点, 并没有什么特别的原因让我们选择雷克萨斯车的价格作为参照值. 我们也可以使用梅赛德斯车的价格作为参照值. 在这种情况下, 雷克萨斯车的价格则变为比较值, 那么绝对差异即为

$$\text{雷克萨斯车的价格} - \text{梅赛德斯车的价格} = 40\,000\text{美元} - 50\,000\text{美元} = -10\,000\text{美元}.$$

这里的负号告诉我们, 雷克萨斯车比梅赛德斯车便宜 10 000 美元. 相对差异为

$$\begin{aligned}&\frac{\text{雷克萨斯车的价格} - \text{梅赛德斯车的价格}}{\text{梅赛德斯车的价格}} \times 100\% \\ =&\frac{-10\,000\text{美元}}{50\,000\text{美元}} \times 100\% = -20\%.\end{aligned}$$

式子里面的负号说明了雷克萨斯车比梅赛德斯车便宜 20%.

我们现在有两种方式来表达汽车价格的相对差异:

- 梅赛德斯车比雷克萨斯车贵 25%;
- 雷克萨斯车比梅赛德斯车便宜 20%.

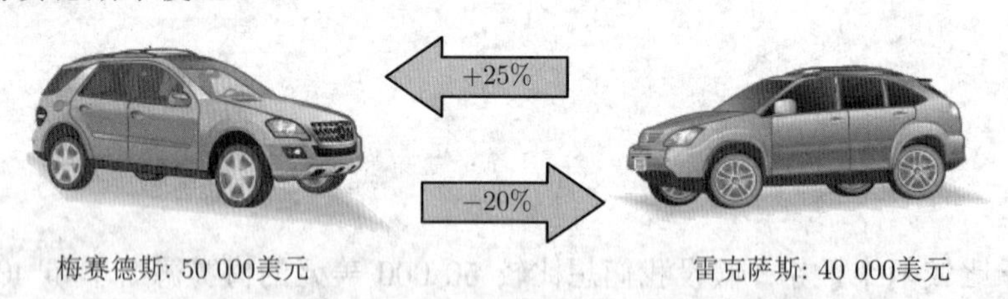

两种叙述方式都是正确的, 然而我们得到的是不同的百分比值. 这便是我们要非常认真地搞清楚谁是参照值、谁是比较值的原因.

总结一下, 我们可以得到如下结论: 若一个量 A 比量 B 多 $P\%$, 则有量 B 比量 A 少 $\dfrac{100P}{100+P}\%$.

例 5 收入比较

最新数据显示, 在全美 50 个州中, 加利福尼亚州的人均收入排名第一, 约为 68 900 美元, 而西弗吉尼亚州的人均收入排名倒数第一, 约为 46 600 美元.

a. 西弗吉尼亚州的平均收入比加利福尼亚州低多少?

b. 加利福尼亚州的平均收入比西弗吉尼亚州高多少?

用绝对差异和相对差异两种方式回答这两个问题.

解　a. 这个问题所求的是西弗吉尼亚州比加利福尼亚州的收入低多少. 由前面学习过的内容可知, 参照值是"比"后面的那个对象, 因此我们将加利福尼亚州的收入作为参照值, 将西弗吉尼亚州的收入作为比较值, 我们有

$$\text{绝对差异} = \text{比较值} - \text{参照值} = 46\ 600\text{美元} - 68\ 900\text{美元} = -22\ 300\text{美元}.$$

$$\begin{aligned}\text{相对差异} &= \frac{\text{比较值} - \text{参照值}}{\text{参照值}} \times 100\% \\ &= \frac{46\ 600\text{美元} - 68\ 900\text{美元}}{68\ 900\text{美元}} \times 100\% = -32.4\%.\end{aligned}$$

答案中的负号告诉我们, 西弗吉尼亚州的平均收入比加利福尼亚州少 22 300 美元, 或者少 32.4%.

b. 这一次西弗吉尼亚州在"比"后面, 所以我们将西弗吉尼亚州的收入作为参照值, 将加利福尼亚州的收入作为比较值, 我们有

$$\text{绝对差异} = \text{比较值} - \text{参照值} = 68\ 900\text{美元} - 46\ 600\text{美元} = 22\ 300\text{美元}.$$

$$\begin{aligned}\text{相对差异} &= \frac{\text{比较值} - \text{参照值}}{\text{参照值}} \times 100\% \\ &= \frac{68\ 900\text{美元} - 46\ 600\text{美元}}{46\ 600\text{美元}} \times 100\% = 47.9\%.\end{aligned}$$

加利福尼亚州的平均收入比西弗吉尼亚州多 22 300 美元, 或者多 47.9%.

▲ **注意!** 尽管无论你选择哪个值作为参照值, (a) 和 (b) 中的绝对差异除了符号 (正或负) 之外都是相同的, 但相对差异不相同. 因此, 你必须在题目的最后做一个说明, 以区分比较值和参照值的选择. ▲

▶ 做习题 49~52.

"是谁的百分之几"与"比谁多百分之几"的表达

考虑人口从 200 增加到 600 的三倍增长现象. 这件事利用百分比有两种等价的表述:

• 利用"比谁多百分之几"来描述. 最新人口数量比原始人口数量多 200%. 这里我们可以利用相对变化来描述人口数:

$$\begin{aligned}\text{相对变化} &= \frac{\text{新值} - \text{参照值}}{\text{参照值}} \times 100\% \\ &= \frac{600 - 200}{200} \times 100\% = 200\%.\end{aligned}$$

• 利用"是谁的百分之几"来描述. 最新人口数量是原始人口数量的 300%, 即为原始人口数量的三倍. 这里我们可以考虑最新人口数量与原始人口数量的比值:

$$\frac{\text{最新人口数量}}{\text{原始人口数量}} = \frac{600}{200} = 3.00 = 300\%.$$

注意,"是谁的百分之几"和"比谁多百分之几"的表达之间存在如下关系, 即 300% = 100% + 200%. 这便引出了下面的结论.

"是谁的百分之几"与"比谁多百分之几"

- 若新值或者比较值比参照值多 $P\%$, 则它为参照值的 $(100 + P)\%$.
- 若新值或者比较值比参照值少 $P\%$, 则它为参照值的 $(100 - P)\%$.

思考 利用相对变化公式确认人口从 200 增长到 600 的增长率是 200%.

例 6 收入差异

卡罗尔比威廉的收入多 200%. 卡罗尔的收入占威廉收入的百分比是多少? 卡罗尔的收入是威廉的多少倍?

解 由前面结论可知, 比谁多 $P\%$ 即为谁的 $(100+P)\%$. 因为卡罗尔的收入比威廉多 200%, 故可设 $P=200$. 因此卡罗尔的收入是威廉的 $(100+200)\%=300\%$. 因为 $300\%=3$, 故卡罗尔的收入是威廉的 3 倍.

▲ **注意!** 遗憾的是, 人们常常会错误使用 "比谁多" 这个概念. 这个例子表明, 因为卡罗尔的收入比威廉多 200%, 所以她的收入是威廉的 3 倍. 如果你说卡罗尔的收入比威廉多 3 倍 (很多人会这么说), 那么你的说法是错误的, 因为这意味着卡罗尔多挣了 300%, 而不是 200%. ▲

▶ 做习题 53~56.

例 7 大甩卖

一家商店以降价 25% 的折扣进行大甩卖. 请问一个商品的销售价格和原始价格相比是怎样的?

解 降价 25% 意味着一个商品的价格比原始价格少了 25%, 即这个商品的销售价格是原始价格的 $(100-25)\%=75\%$. 例如, 若原始价格为 100 美元, 则销售价格为 75 美元.

▶ 做习题 57~60.

思考 一个商场标注 "每件商品降价 30%", 另一个商场标注 "每件商品售价是原来的 30%". 比较一下哪家优惠力度更大, 并给出解释.

百分比的百分比

当一个值本身是百分比时, 其百分比变化或比较会令人特别困惑. 假设一家银行提高了抵押贷款利率, 从 3% 提高到 4%. 说利率提高 1% 是很诱人的, 但是这个陈述是非常含糊不清的. 利率提高了一个百分点, 但是利率的相对变化为

$$\frac{\text{新值}-\text{参照值}}{\text{参照值}}\times 100\%=\frac{4\%-3\%}{3\%}\times 100\%=33\%.$$

换句话说, 你可以说银行提高了 33% 的利率, 尽管这个利率只上升了一个百分点. 具体来说, 利率的绝对变化是一个百分点, 而相对变化是 33%.

百分点与百分比 (%)

当你看到用 "百分点" (percentage point) 这个词来描述变化或差异时, 你可以认为它指的是绝对变化或绝对差异. 而当我们用 "百分比" (percent) 这个词或符号 % 的时候, 则一般是指相对变化或相对差异.

简要回顾　什么是比值

假设我们想比较两个量, 例如一台宝马车的价格是 80 000 美元, 一台本田车的价格是 20 000 美元. 我们当然可以找到这两个量的绝对差异和相对差异. 但是还有一种比较的方式, 就是计算它们的比值. 例如, 利用 80 000 美元和 20 000 美元, 可以计算出它们的比值为

$$\frac{80\,000\text{美元}}{20\,000\text{美元}}=\frac{4}{1}=4.$$

注意到“美元”这个数量单位在做除法的时候被消掉了，这便是比值的一个特征，因为做比值时比较的一般都是相同单位的量，因此比值最后是没有单位的．我们也可以将这个规则转换成其他几种说法：

- 宝马车的价格与本田车的价格之比是 4 比 1．(比值也可以写成 4，但是 4 比 1 更常用．)
- 宝马车的价格是本田车的价格的 4 倍．
- 本田车的价格与宝马车的价格之比是 1 比 4，我们也可以写成 $\frac{1}{4}$，0.25，或者 25%．

例：地球的平均密度大约是每立方米 5.5 克，土星的平均密度大约是每立方米 0.7 克．它们的密度之比是多少？

解：我们用地球的密度除以土星的密度，有

$$\frac{\text{地球的平均密度}}{\text{土星的平均密度}}=\frac{5.5\mathrm{g/cm^3}}{0.7\mathrm{g/cm^3}}\approx 8.$$

地球的平均密度与土星的平均密度之比大约为 8 比 1．或者，我们可以说地球的平均密度是土星平均密度的 8 倍，又或是土星的平均密度大约是地球平均密度的 $\frac{1}{8}$．注意，其中的单位全部消掉了，比值没有单位．

▶ 做习题 31-36．

例 8　报纸读者群下降

皮尤研究中心 (Pew Research Center) 的调查显示，经常阅读新闻报纸的成年人的比例由 2004 年的 54% 下降至 2017 年的 38%．请描述报纸读者的这种变化．

解　读者人数从 54% 下降到 38% 意味着下降了 $54-38=16$ 个百分点，这是每天读报的成年人比例的绝对变化．读者的相对变化为

$$\frac{\text{新值}-\text{参照值}}{\text{参照值}}\times 100\%=\frac{38\%-54\%}{54\%}\times 100\%\approx -30\%.$$

这里的负号表明读者人数在减少．我们可以说，日常读报的读者数量减少了约 30%，或者说下降了 16 个百分点．

▲ **注意！** 虽然从 54% 下降到 38% 代表下降了 16 个百分点，但若说成是下降了 16% 是不正确的．(正如我们刚刚发现的，从 54% 下降到 38% 意味着相对下降了 30%．) ▲

▶ 做习题 61~64．

例 9　注意措辞

假设卡森城 40% 的登记选民是共和党人．仔细阅读下面的问题，并给出最恰当的回答．

a. 在弗里敦登记为共和党的选民比卡森城的高 25%．问弗里敦登记选民中有百分之多少是共和党人？

b. 在弗里敦登记为共和党的选民比卡森城的高 25 个百分点．问弗里敦登记选民中有百分之多少是共和党人？

解　a. 已知卡森城登记选民中共和党人的比例是 40%，且弗里敦的比它高 25%．可以把这 25% 解释为一个相对差异．因为 40% 的 25% 是 10%($0.25\times 0.40=0.10$)，将这个值代入卡森城的百分比中，可以得到弗里敦登记选民中共和党的百分比为 $40\%+10\%=50\%$．

b. 可以把 25 个百分点解释为绝对差异，所以我们可以将这个值加上卡森城共和党的百分比，可以得到弗里敦登记选民中共和党人的百分比为 $40\%+25\%=65\%$．

▶ 做习题 65~66．

解决百分比问题

考虑如下陈述:

零售价格比批发价格高 25%.

如果你知道批发价格, 怎么计算零售价格? 一种方法是将"高出"这样的陈述变为"是谁的百分之几"的陈述. 陈述可变为

零售价格是批发价格的$(100+25)\%=125\%$.

用乘法代替"是谁的百分之几"的陈述, 可以将上述表达表示为

$$\text{零售价格}=125\%\times\text{批发价格}.$$

由这个式子, 我们可以通过批发价格计算出零售价格. 例如, 若批发价格是 10 美元, 则零售价格是

$$125\%\times 10\text{美元}=12.5\text{美元}.$$

我们也可以重新整理一下这个问题, 从零售价格得到批发价格. 为了得到这样的结果, 可先将式子两端同时除以 125%:

$$\frac{\text{零售价格}}{125\%}=\frac{125\%\times\text{批发价格}}{125\%}.$$

然后交换左右两边, 可以得到

$$\text{批发价格}=\frac{\text{零售价格}}{125\%}.$$

例如, 若零售价格是 15 美元, 则批发价格是 $15\text{美元}/1.25=12$ 美元. 我们可以将这样的结果推广一下.

解决百分比问题

如果某个最终 (或比较) 值比初始 (或参照) 值多 $P\%$, 那么若首先将"比谁多百分之几"的陈述转换为"是谁的百分之几"的陈述, 则计算会更容易:

$$\text{最终值}=(100+P)\%\times\text{初始值}.$$

如果给定 P 和初始值, 则可使用上述方程得到最终值. 如果给定最终值并希望求出初始值, 则可将上述方程改写为:

$$\text{初始值}=\frac{\text{最终值}}{(100+P)\%}.$$

如果最终值小于初始值, 则在上述方程式中用 $(100-P)$ 替代 $(100+P)$ 即可.

例 10 税收计算①

a. 你买了一件标价 17 美元 (税前) 的 T 恤. 当地的销售税税率是 5%. 你购买的 T 恤的最终价格是多少 (含税)?

b. 收据显示你花 19.26 美元 (含税) 买了一个手机壳, 当地的销售税税率是 7%, 这个手机壳的标价 (税前) 是多少?

c. 你可以享受 15% 的学生折扣去购买一张标价是 55 美元的篮球票. 你要支付多少钱?

① **顺便说说:** 百分比通常称为比率. 例如, 6% 的销售税称为 6% 的税率. 如果 5.3% 的中学生吸电子烟, 我们称中学生电子烟的使用率是 5.3%.

解　a. 为了确保过程清晰, 可以应用理解-求解-解释策略.

理解: 我们需要求出这件 T 恤的最终价格, 已知其标价是 17 美元, 销售税税率是 5%. 一种方法是认识到最终价格将比标价高 5%, 也就是说最终价格将是标价的 105%.

求解: 我们将其用乘法表示出来, T 恤的标价为 17 美元, 则

$$\text{最终价格} = 105\% \times \text{商品标价} = 1.05 \times 17\text{美元} = 17.85\text{美元}.$$

解释: 我们发现标价为 17 美元, 税率为 5% 的 T 恤的最终价格为 17.85 美元.

b. 我们可以利用和 (a) 中完全相同的步骤来解决问题, 但是这里将略去一些细节. 我们知道若税率为 7%, 则最后手机壳的价格会比其标价贵 7%, 即

$$\text{最终价格} = (100 + 7)\% \times \text{商品标价} = 107\% \times \text{商品标价}.$$

本题中我们已知最终价格是 19.26 美元, 要求出商品标价, 我们可以采用如下步骤:

原始方程:	最终价格=107%×商品标价
两端同时除以107%:	$\text{商品标价}=\dfrac{\text{最终价格}}{107\%}$
将107%改写成1.07, 将最终价格用19.26美元代入, 并计算:	$\text{商品标价} = \dfrac{\text{最终价格}}{1.07} = \dfrac{19.26\text{美元}}{1.07} = 18.00\text{美元}$

这说明手机壳的标价为 18 美元. 你可以验证一下这个答案: 如果我们给一个价格为 18 美元的物品添加一个 7% 的销售税, 则其最终价格为 $1.07 \times 18\text{美元} = 19.26\text{美元}$.

c. 这个问题与 (a) 中的非常类似, 只不过是 15% 的折扣, 即最后票价会比其标价便宜. 因此我们可以从 100% 中减去 15%(也可以认为是在 100% 上加了 $P = -15\%$):

原始方程:	最终价格=$(100 - P)\%$ × 商品标价
代入给定值:	最终价格=$(100 - 15)\% \times 55\text{美元} = 85\% \times 55\text{美元}$
将85%改写成0.85, 并计算:	最终价格 $= 0.85 \times 55\text{美元} = 46.75\text{美元}$

这张打折票的票价为 46.75 美元.

▶ 做习题 67~68.

例 11　上涨 36%, 达到 5.3%

思考本节最开始的一个陈述:

中学生电子香烟使用率上升 36%, 达到 5.3%.

中学生电子烟以前的使用率是多少?

解　这里 5.3% 告诉我们, 现在中学生电子烟的使用率是 5.3%. 36% 表示的是电子烟以前的使用率到现在的使用率的一个相对变化, 即现在的使用率比以前的使用率多 36%. 将 "比谁多百分之几" 的陈述转化为 "是谁的百分之几" 的陈述, 并用乘法关系表示, 有

$$\text{现在的使用率} = (100 + 36)\% \times \text{以前的使用率} = 136\% \times \text{以前的使用率}.$$

上式两端同时除以 136% = 1.36, 有

$$\text{以前的使用率} = \frac{\text{现在的使用率}}{136\%} = \frac{\text{现在的使用率}}{1.36}.$$

现在我们用 5.3% 代替现在的使用率, 则有

$$\text{以前的使用率} = \frac{5.3\%}{1.36} \approx 3.9\%.$$

这说明中学生电子烟以前的使用率为 3.9%. 注意, 在这种情况下, 我们把分子写成百分比的形式，留在上面的公式中 (而不是把它转换成小数的形式), 这样我们得到的答案就是一个百分比.

▶ 做习题 69~70.

百分比的误用

因为百分比可以如此微妙, 所以被许多人误用, 当然有时候是不经意的, 有时却是故意的. 在本节的其余部分, 我们将探讨几个百分比经常被误用的问题.

注意参照值的转移

考虑以下情况: 由于雇主的损失, 你同意临时减薪 10%. 你的雇主答应 6 个月后给你加薪 10%. 加薪后你会恢复原来的薪水吗?

我们可以通过假设一些任意的数字来回答这个问题. 例如, 你的原始周薪是 500 美元. 10% 的减薪意味着你的工资将减少 500 美元的 10%, 或者说减少 50 美元, 所以你的周薪减过之后变为

$$500\text{美元} - 50\text{美元} = 450\text{美元}.$$

接下来增长的是这 450 美元的 10%, 或者说增长 45 美元, 这使得你的新的周薪变为

$$450\text{美元} + 45\text{美元} = 495\text{美元}.$$

注意, 10% 的减薪加上 10% 的加薪使你的钱变少了. 造成这一结果的原因是, 在计算中, 参照值被转移了. 第一次计算的参照值是 500 美元, 而第二次计算的参照值变成了 450 美元.

例 12 投资价值的转移

一位股票经纪人向愤怒的投资者提供了如下辩护: “我承认在我工作的第一年, 你的投资收益下降了 60%. 然而今年, 它们的价值增加了 75%, 所以你现在多赚了 15%! ” 请评估这位股票经纪人的辩护.

解 假设你一开始投资 1 000 美元. 在第一年, 你的投资损失了 60%, 即损失了 600 美元, 还剩 400 美元. 一年后, 你的投资获得了 400 美元的 75% 的收益, 即收益为 0.75×400 美元 $=$ 300 美元. 因此, 在第二年结束时, 你的投资变为 400美元 $+$ 300美元 $=$ 700美元, 这显然仍然低于你原来的投资 1 000 美元. 所以当然不是 15% 的整体收益. 我们可以将股票经纪人辩护的问题追溯到一个不断变化的参照值问题上: 它第一次计算时参照值是 1 000 美元, 第二次计算时参照值是 400 美元.

▶ 做习题 71~72.

例 13 减税

一个政治家承诺 “如果我当选, 我会在任期内的前三年每年给你们减税 20%, 一共减税 60%.” 请对这个承诺给出评价.

解 这个政治家忽视了参照值转移的影响. 三年每年减少 20%, 不会导致三年整体减少 60%. 假设你现在需支付 1 000 美元的税, 我们一起看看会发生什么. 下面这张表显示了税收在三年内发生的变化:

年份	前一年的税收	前一年税收的20%	该年的新税
1	1 000美元	200美元	800美元
2	800美元	160美元	640美元
3	640美元	128美元	512美元

由此可见, 三年税收下降为 1 000 美元 −512 美元 =488 美元. 这只是 1 000 美元的 48.8%. 因此三年下来, 税收不是下降了 60%, 而只是下降了 48.8%.

▶ 做习题 73~74.

比什么都没有还少①

我们经常看到代表“多于”的各种百分比的数字. 例如 40 美元的价格比 10 美元多 300%. 然而, 在大多数情况下, 我们却不能用比 100% 还大的百分比去描述比谁少的情形. 要想知道原因, 可以看一则广告, 厂家声称用节能灯泡替代标准灯泡可以节省 200% 的能源消耗. 仔细思考一下就会发现, 这样的节约是不可能的. 如果新灯泡使用的能耗降低了 100%，它就已经完全不耗能了. 唯一能解释可以减少 200% 的一种可能性就是灯泡还可以产生能量. 所以很显然, 写广告的人犯了一个错误.

例 14　不可能的销售

一家商店广告说将把所有商品的价格“降低 150%”. 如果是这样的话, 当你去柜台购买一件 500 美元的东西时将会发生什么事?

解　如果价格降低 100%, 该物品将是免费的. 所以如果价格是 150% 的折扣, 则商店应该付给你一半的物品费用, 或者说商店应付给你 250 美元. 更多的可能性是, 商店的经理根本不懂百分比.

▶ 做习题 75~80.

思考　运动员能付出 110% 的努力吗? 一杯果汁可以提供维生素 C 每日最低需求量的 110% 吗? 请给出解释.

不能对百分比进行平均

假设你在期中考试中答对了 70% 的题目, 期末考试中答对了 90% 的题目. 我们可以说你在所有考试中答对了 80% 的题目吗? 你可能会说“是”, 毕竟 80% 是 70% 和 90% 的平均数. 但是那就错了, 除非两个测试碰巧有相同数量的问题②.

我们可以通过一个例子来看看不对的原因, 假设期中考试有 10 个问题, 期末考试有 100 个问题, 那么所有考试就有 110 个问题. 你在期中考试中答对了 70%, 即你答对了 7 个问题; 而你在期末考试中答对了 90%, 即你答对了 90 个问题. 因此, 在两次考试中, 你一共答对了 110 个问题中的 97 个, 即答对率为 88.2% (因为 $97/110 = 0.882$). 这比两个正确率的平均值 80% 要高.

这个例子给出了一个重要启示: 一般情况下, 不能对百分比进行平均.

例 15　打击率

在棒球运动中, 运动员的打击率表示击球手击中球的百分比. 例如, 打击率为 0.350, 意味着击球手的命中率为 35%. 假设一名球员在上半赛季的打击率为 0.200, 在下半赛季的打击率为 0.400, 我们能说他整个赛季的打击率为 0.300(0.200 和 0.400 的平均) 吗? 请解释原因, 并举例说明你的推理.

解　不能. 假设他在上半赛季有 300 次击球, 在下半赛季有 200 次击球, 则整个赛季共有 500 次击球. 他在上半赛季打击率为 0.200, 意味着他击中了 $300 \times 20\% = 60$ 个球; 在下半赛季打击率为 0.400, 意味着他击中了 $200 \times 40\% = 80$ 个球; 那么整个赛季他一共击中了 $60 + 80 = 140$ 个球, 所以打击率为 $140/500 = 28\%$, 或者

---

① **顺便说说**: 与此相关的灯泡例子在杜德尼 (A.K.Dewdney) 的《一无所有》(*200% of Nothing*)(Wiley 出版社, 1993 年) 一书中被用作故事的标题. 这本书包含了其他许多有趣的误用数字的故事.

② **说明**: 我们通常认为两个数的平均值是它们的和除以 2. 从技术上讲, 这种平均被称为算术平均. 我们将在 6.1 节中对平均给出其他定义.

说是 0.280, 而不是两个赛季打击率的平均值 0.300. (事实上, 若希望整个赛季的打击率为 0.300, 那么在上下两个赛季中每个赛季的击球数需要是相同的.)

▶ 做习题 81~82.

测验 3.1

为下列各题选择一个最佳答案, 并简单叙述理由.

1. 几十年前, 在四星餐厅用餐的价格仅为 100 美元, 如今已上涨 200%. 现在在四星餐价用餐的价格是 ( ).

 a. 200 美元 b. 300 美元 c. 400 美元

2. 一个城镇的人口从 50 000 增加到 75 000. 人口的绝对变化和相对变化各是多少?( ).

 a. 绝对变化 = 25 000; 相对变化 = 25%

 b. 绝对变化 = 25 000; 相对变化 = 50%

 c. 绝对变化 = 25 000; 相对变化 = −25%

3. 假设一套房子的价值在过去五年里变化了 −20%. 这意味着 ( ).

 a. 在计算中犯了一个错误, 因为相对变化不能是负的 b. 该房子在过去五年里增值了 c. 该房子在过去五年里贬值了

4. 艾米丽的 SAT 成绩比约书亚高 50%. 这意味着 ( ).

 a. 约书亚的分数比艾米丽低 50% b. 约书亚的分数是艾米莉的一半 c. 约书亚的分数是艾米莉的三分之二

5. 电影票的价格从 10 美元涨到 12 美元. 这意味着新价格是 ( ).

 a. 旧价格的 20% b. 旧价格的 80% c. 旧价格的 120%

6. 你的收据显示你花 47.96 美元买了一件新衬衫, 包括销售税. 已知销售税是 9%, 你交的销售税是多少?( ).

 a. $47.96\text{美元} \times 0.09$ b. $\dfrac{47.96\text{美元}}{1.09}$ c. $47.96\text{美元} - \dfrac{47.96\text{美元}}{1.09}$

7. 对于如下陈述“汽车贷款利率在过去十年中增长了 50%, 现在达到 6%.”你能得出什么结论?( ).

 a. 十年前的利率是 4% b. 十年前的利率是 3% c. 十年前的利率是 9%

8. 一个朋友有一本教科书, 其原始价格为 150 美元. 那个朋友说, 你可以用比他付的钱少 100% 的价钱买下它. 你应该支付的价格是 ( ).

 a. 50 美元 b. 75 美元 c. 0 美元 (免费)

9. 你现在每月挣 1 000 美元, 但是你期望你的收入每年增长 10%. 这意味着五年后你期望的收入是 ( ).

 a. 每月不到 1 500 美元 b. 每月正好 1 500 美元 c. 每月多于 1 500 美元

10. 在高中时, 伊丽斯赢得了她参加的 30% 的游泳比赛. 在大学期间, 伊丽斯赢得了她参加的 20% 的游泳比赛. 我们可以得出这样的结论: 在高中和大学期间, 伊丽斯赢得了 ( ).

 a. 她参加的比赛的 25% b. 她参加的比赛的超过 20% 但不到 30% c. 她参加的比赛的超过 26% 但不到 28%

习题 3.1

复习

1. 描述百分比的三个基本用途. 对于每一个用途, 给出一个例子.
2. 区分绝对变化和相对变化. 举例说明如何计算相对变化.
3. 区分绝对差异和相对差异. 举例说明如何计算相对差异.
4. 解释“是谁的百分之几”和“比谁多百分之几”这两个关键词在处理百分比时的区别. 两者有什么关系?
5. 解释百分比 (%) 和百分点之间的差异. 举例说明在相同的情况下它们之间的区别.
6. 举例说明, 为什么在一般情况下, 直接对百分比做平均计算是不合理的.

是否有意义?

确定下列陈述是有意义的 (或显然是真实的), 还是没意义的 (或显然是错误的), 并解释原因.

7. 在许多欧洲国家, 最近几十年中人口的百分比 (相对) 变化已经是负数.
8. 如今的学费已经是我父母上学时候的三倍, 即价格增长了 200%.
9. 我的卡路里摄入量减少了 125%, 这有助于我减肥.

10. 如果你赚的比我多 20%, 那么我一定赚的比你少 20%.
11. 如果每年提高 10% 的税收, 那么十年后我们将把赚到的所有钱都用来交税.
12. 我们发现, 生活在有毒垃圾填埋场附近的儿童比一般人群患罕见癌症的可能性高出 700%.
13. 我们基金的回报率增加了 50%, 达到了 15%.
14. 我的银行把我储蓄存款的利率从 2% 提高到 4%, 提高了 100%.

基本方法和概念

15~30: 分数, 小数, 百分数. 用三种形式表示下列数字: 最简分数、小数和百分数. (参阅"简要回顾 百分比")

15. 2/5	16. 30%	17. 0.20	18. 0.85
19. 150%	20. 2/3	21. 4/9	22. 1.25
23. 5/8	24. 44%	25. 69%	26. 4.25
27. 7/5	28. 121%	29. 4/3	30. 0.666...

31~36: 比值的复习. 利用三种方式比较下列数组 A 和 B. (参阅"简要回顾 什么是比值")

a. 求 A 和 B 的比值.

b. 求 B 和 A 的比值.

c. 完成句子: A 是 B 的 ____%.

31. $A=52\ 252$ 是 1995 年美国因艾滋病死亡的人数, $B=12\ 333$ 是 2014 年美国因艾滋病死亡的人数.
32. $A=40\ 229\ 000$ 是 2010 年美国 65 岁以上的人口数, $B=88\ 458\ 000$ 是 2050 年预计美国 65 岁以上的人口数.
33. $A=160$ 万是费城 2017 年的人口数, $B=210$ 万是休斯顿 2017 年的人口数.
34. $A=472$ 是缅因州数学 SAT 平均分, $B=523$ 是佛蒙特州数学 SAT 平均分.
35. $A=6\ 950$ 万是巴拉克・奥巴马在 2008 年获得的票数, $B=6\ 298$ 万是唐纳德・特朗普在 2016 年获得的票数.
36. $A=90.8\%$ 是 2015 年艾奥瓦州高中毕业率 (全国第一), $B=68.6\%$ 是新墨西哥州高中毕业率 (全国最后).

37~42: 分数百分比. 在下面的语句中, 将第一个数字表示为第二个数字的百分比.

37. 2016 年, 唐纳德・特朗普共获得 302 张选票, 选票总数为 538 张.
38. 2015 年, 苹果公司的收益为 2.33 亿美元, 沃尔玛为 4.82 亿美元.
39. 2015 年, 美国男性全年全职工资中位数为 50 383 美元, 美国女性全年全职工资中位数为 39 621 美元.
40. 2015 年, 美国 15 岁以下人口为 0.61 亿, 总人口为 3.21 亿.
41. 加州人口 2015 年约为 3 910 万, 2010 年约为 3 390 万.
42. 据估计, 美国拥有 7 000 枚核武器, 全球共有 15 350 枚核武器 (截至 2016 年).
43. **工资比较.** 在三年时间内, 克林特的工资从 25 000 美元增加到 35 000 美元. 同一时期, 海伦的工资从 30 000 美元增加到 42 000 美元. 从绝对数量上来看, 谁的工资增长得快? 从相对数量来看结果又是怎么样的? 给出解释.
44. **人口比较.** 从 2010 年美国人口普查到 2015 年美国人口普查, 得克萨斯州埃尔帕索的人口数约从 649 000 增加到 681 000. 同一时期, 亚利桑那州钱德勒的人口数约从 236 000 增加到 260 000. 哪个城市的人口绝对变化更大? 哪个城市的人口相对变化更大?

45~48: 百分比变化. 找出以下各问题的绝对变化和相对变化.

45. 世界难民人数从 2005 年的 870 万增加到 2015 年的 1 610 万.
46. 本科毕业后, 学生贷款平均债务从 2004 年的 18 550 美元增加到 2014 年的 28 950 美元.
47. 美国人均牛肉消费量从 2000 年的 67.8 磅下降到 2016 年的 55.4 磅.
48. 美国老式商业电台的数量从 2006 年的 729 个减少到 2016 年的 351 个.

49~52: 百分比比较. 完成下列句子.

49. 美国女性 (出生时) 的预期寿命 (81.2 岁) 比男性的预期寿命 (76.4 岁) 高 ____%.
50. 美国人在 2014 年的 (出生时) 预期寿命 (78.8 岁) 比 1900 年的预期寿命 (47.3 岁) 多 ____%.
51. 2015 年, 美国女性初婚年龄中值 (27.1 岁) 比男性初婚年龄中值 (29.2 岁) 低 ____%.
52. 2014 年美国的结婚率 (每 1 000 人中有 6.9 人结婚) 比 1980 年的结婚率 (每 1 000 人中有 10.6 人结婚) 低了 ____%.

53~56: "是谁的百分之几"和"比谁多百分之几". 在下列题目的空格处填入答案.

53. 密歇根州的人口比密苏里州的人口多 63%, 所以密歇根州的人口是密苏里州人口的 ____%.
54. 挪威的面积比科罗拉多的面积多 24%, 所以挪威的面积是科罗拉多面积的 ____%.

55. 夏威夷的人口比阿肯色州的人口少 52%, 所以夏威夷的人口是阿肯色州人口的 ____%.

56. 沃伦 · 巴菲特的净资产比比尔 · 盖茨少 18.9%, 所以沃伦 · 巴菲特的净资产是比尔 · 盖茨的 ____%.

57~60: 价格和销售. 在下列题目的空格处填入答案.

57. 烤面包机的批发价格比零售价格低 30%. 因此, 批发价格是零售价格的 ____ 倍.

58. 商店减价 50%. 因此, 商品的原价是销售价的 ____ 倍.

59. 电视机的原价比销售价高出 20%. 因此, 原价是销售价的 ____ 倍.

60. 一家商店正在降价四分之一 (降价 25%) 销售. 原价 120 美元的商品的销售价为 ____.

61~64: 百分比的百分比. 用两种方式描述下列每一项变化: 用百分点表示的绝对变化和用百分比表示的相对变化.

61. 众议院共和党议员的比例从 2010 年的 40.9% 上升到 2016 年的 55.3%.

62. 冰岛人上网的比例从 2000 年的 44.5% 上升到 2015 年的 98.2%(全球最高).

63. 高中生饮酒比例从 2000 年的 50.0% 下降到 2015 年的 35.3%.

64. 美国制造的汽车占世界汽车的比例从 1950 年的 75.5% 下降到 2015 年的 13.3%.

65. **注意措辞**. 假设卡森城有 30% 的城市员工乘坐公共汽车上班. 考虑以下两个陈述:

- 在弗里敦乘坐公共汽车上班的城市员工比例比卡森城高 10%.
- 在弗里敦乘坐公共汽车上班的城市员工比例比卡森城高 10 个百分点.

对于每种情况, 请说明在弗里敦市乘坐公共汽车上班的城市员工的百分比. 简要解释为什么这两个陈述有不同的含义.

66. **模棱两可的消息**. 新罕布什尔州华盛顿山的年平均降水量为 90 英寸. 在一个降水量偏多的年份, 不同的新闻报道发表了以下声明.

- 本年度降水量为正常降水量的 200%.
- 本年度降雨量比正常值高出 200%.

这两种说法有相同的含义吗? 每一场降水有多少英寸? 请给出解释.

67~70: 解决百分比问题. 解决以下百分比问题.

67. 一台笔记本电脑的总成本 (税后) 是 1 278.24 美元. 当地的销售税税率为 7.6%. 零售价格 (税前) 是多少?

68. 一家商店以批发价格从制造商那里购买了割草机, 并将价格提高了 40% 作为零售价格. 完成填空题: 批发价格是零售价格的 ____ 倍.

69. 2015 年, 高中毕业生的饮酒量比前一年下降了 5.6%, 降至 35.3%. 2014 年高中毕业生酒的使用率是多少?

70. 从 2000 年到 2015 年, 美国双胞胎婴儿的数量增加了 13%, 约为 13.5 万. 2000 年有多少双胞胎?

71~74: 参照值的改变. 说明以下陈述是对还是错, 并解释原因. 如果陈述是错误的, 请给出正确的说法.

71. 如果全国失业率连续 3 年以每年 2% 的速度下降, 那么在 3 年内失业率将下降 6%.

72. 你得到 6% 的加薪, 然后得到 6% 的减薪. 两次工资调整后, 你的工资不变.

73. 如果你的披萨店的销售额第一年增长 11%, 第二年下降 3%, 你的销售额在两年内增长 8%.

74. 一所高中报告说, 该校学生的 SAT 成绩在一年内下降了 10%. 然而, 第二年 SAT 分数上升了 20%. 这位高中校长宣布, "总的来说, 过去两年的考试成绩提高了 10%. "

75~80: 有可能吗? 判断以下陈述是否正确. 解释你的答案.

75. 安娜在网上买了一个冲浪板, 节省了 125%.

76. 斯科特比他儿子高 200%.

77. 酒店的平均房价在过去 20 年里上涨了 100%.

78. 通过艰苦的训练, 芮妮把 10 公里的跑步时间提高了 100%.

79. 你的电脑的存储量比我的多 200%.

80. 你的电脑的存储量比我的少 200%.

81. **平均百分比**. 假设在一个课堂中平时成绩你得到了 80% 的分数，期末考试你得到了 90% 的分数. 一般来说, 这是否意味着你整个课程的平均成绩是 85%? 解释一下.

82. **平均百分比**. 在职业生涯中, 一个罚球命中率为 80% 的篮球运动员在一场比赛中罚球全部命中 (平均为 100%). 这是否意味着他的新的罚球命中率是 $(80\% + 100\%)/2 = 90\%$? 解释一下.

进一步应用

83~86: 分析百分比陈述. 假设给定的信息是准确的, 确定以下陈述是否正确. 给出解释.

83. 新生培训会上 40% 的学生是女生, 20% 的女生是工科学生. 因此, $40\% \times 20\% = 8\%$ 的新生是工科女生.
84. 60% 的新生是男性, 30% 的新生是艺术专业的. 因此, $60\% \times 30\% = 18\%$ 的新生是艺术专业男生.
85. 出租的汽车中, 50% 有蓝牙功能, 20% 有 GPS 功能. 因此, $50\% + 20\% = 70\%$ 的汽车有蓝牙或 GPS 功能.
86. 30% 的通勤者乘火车进城, 55% 的通勤者开车进城. 因此, $30\% + 55\% = 85\%$ 的通勤者要么乘坐火车要么开车进城.

87~90 解决百分比问题. 解决以下百分比问题.

87. 竞技场中的 4 550 名男子占了 85%. 竞技场里有多少人?
88. 2016 年, 有线电视用户占 84.0%, 比 2000 年增长了 7.8%. 2000 年, 拥有电视的家庭中有线电视的比例是多少?
89. 拥有 240 万数字用户的《游戏信息杂志》(*Game Informer Magazine*)(排名第一) 比《国家地理》(*National Geographic*) 杂志 (排名第三) 的数字用户多 1 150%. 《国家地理》杂志有多少数字用户?
90. 从 2000 年到 2015 年, 美国日报和晚报的数量减少了 46.5%, 降至 389 份. 2000 年美国有多少日报和晚报?

91~94: 新闻中的百分比. 回答来自新闻来源的每个引语后面的问题.

91. “自 2008 年以来, 杰克逊家族葡萄酒公司每年的用水量减少了 31%.” 2008 年用水量用分数表示减少了多少?
92. “在此期间, 布鲁克林的让利幅度增加了一倍多, 从 6.6% 增至 15.4%.” 在此期间, 让利的百分比增加了多少?
93. “失业率上升了一个多百分点, 从去年 11 月的 7.1% 上升到今年 2 月的 8.5%. ” 失业率以百分比表示的相对变化是什么?
94. “代表独立书商的美国书商协会包括 2 500 个地点的 1 500 家企业. 20 年前, 它代表的是在 5 500 个地点的 47 00 家企业.” 企业数量和地区数量变化的百分比是多少?

95. 股票市场损失

a. 道琼斯工业股票平均价格指数单日最大跌幅发生在 2008 年 9 月 29 日, 当天下跌 778 点, 收于 10 365 点. 变化的百分比是多少?

b. 道琼斯工业股票平均价格指数单日最大百分比跌幅发生在 1987 年 10 月 19 日, 当天股市收于 1 739 点, 下跌 22.6%. 变化的点数是多少?

实际问题探讨

96. **百分比**. 查找三个引用百分比的最近的新闻报道. 在每种情况下, 描述百分比的使用 (用于描述一部分、描述变化或描述比较), 并解释其上下文.
97. **百分比变化**. 查找引用百分比变化的最近的新闻报道. 描述变化的含义.
98. **滥用百分比**. 找到一篇新闻文章或报道, 在其中使用百分比是可疑的或错误的. 如有可能, 澄清或更正该陈述.

3.2　正确理解数字

当谈到政府开支或者手机和电脑的内存时, 我们几乎每天都可以听到数百万、数十亿甚至数万亿的数字. 然而, 可能只有少部分人能理解这些庞大数字的真正含义. 在本节中, 我们将学习几种技巧来帮助大家理解这些大数字 (或小数字) 的真正含义.

大数字和小数字的书写

当我们用**科学记数法** (scientific notation) 来记数时, 许多大数字和小数字书写起来就容易得多. 这种记数法就是先写一个 1 到 10 之间的数字, 后面再乘上一个数字 10 的某个幂次. (参阅“简要回顾　使用科学记数法”). 例如, 10 亿 (billions)①可以写成 10^9, 60 亿可以写成 6×10^9. 类似地，我们可以利用科学记数法将 420 写成 4.2×10^2，将 0.67 写成 6.7×10^{-1}.

定义

科学记数法是一种格式, 将一个数表示为 1 到 10 之间的一个数字乘以 10 的一个幂次的形式.

① **顺便说说**: 在美国, a billion 是十亿, 即 10^9, a trillion 是一万亿, 即 10^{12}. 但在英国和德国, a billion 是一万亿, 即 10^{12}, a trillion 是 10^{18}. 在本书中我们只使用美国说法.

利用科学记数法可以很容易地写出大的数字和小的数字. 但是, 我们一定要小心, 不要让这种简单的形式蒙蔽了我们. 例如, 我们可以很容易写出数字 10^{80}, 它让我们觉得这个数字好像也没有那么大, 但是其实这个数字比宇宙中已知的全部原子数的总和还大.

例 1　用科学记数法记录数字

用科学记数法重写下列语句:

a. 新联邦预算的总支出为 4 200 000 000 000 美元;

b. 氢原子核的直径大约是 0.000 000 000 000 001 米.

解　利用科学记数法来书写这些数字要容易得多.

a. 新联邦预算的总支出为 4.2×10^{12} 美元;

b. 氢原子核的直径约为 1×10^{-15} 米.

▶ 做习题 23~26.

利用科学记数法做近似

科学记数法可以帮助我们不通过计算便给出某些问题的近似答案. 例如, 我们可以快速地估算出 5 795 × 3 26 的答案, 5 795 约为 6 000, 326 约为 300, 我们有

$$5\,795 \times 326 \approx (6 \times 10^3) \times (3 \times 10^2) = 18 \times 10^5 = 1\,800\,000.$$

因为这个题目的准确答案是 1 889 170, 因此上面得到的数据是一个比较好的近似.

简要回顾　使用科学记数法

将普通记数法转换为科学记数法

将数字从普通记数法转换为科学记数法:

步骤 1. 将小数点移动到第一个非零数字之后.

步骤 2. 对于 10 的幂次, 使用小数点移动位数; 如果小数点向左移动, 则幂次为正; 如果小数点向右移动, 则幂次为负.

例:

$$3\,042 \xrightarrow[\text{移动 3 位}]{\text{小数点向左}} 3.042 \times 10^3$$

$$0.000\,12 \xrightarrow[\text{移动 4 位}]{\text{小数点向右}} 1.2 \times 10^{-4}$$

$$226 \times 10^2 \xrightarrow[\text{移动 2 位}]{\text{小数点向左}} (2.26 \times 10^2) \times 10^2 = 2.26 \times 10^4$$

将科学记数法转换为普通记数法

将数字从科学记数法转换为普通记数法:

步骤 1. 10 的幂次表示小数点要移动多少位. 如果 10 的幂次为正, 则向右移动; 如果 10 的幂次为负, 则向左移动.

步骤 2. 如果移动小数点会产生新的位置, 请用零填充.

例:

$$4.01 \times 10^2 \xrightarrow[\text{移动 2 位}]{\text{小数点向右}} 401$$

$$3.6 \times 10^6 \xrightarrow[\text{移动 6 位}]{\text{小数点向右}} 3\ 600\ 000$$

$$5.7 \times 10^{-3} \xrightarrow[\text{移动 3 位}]{\text{小数点向左}} 0.005\ 7$$

科学记数法的乘除法

用科学记数法进行乘法或除法运算只需要对数字中 10 的幂次的部分以及数字的其他部分分别进行运算.

例:

$$\begin{aligned}(6 \times 10^2) \times (4 \times 10^5) =& (6 \times 4) \times (10^2 \times 10^5)\\ =& 24 \times 10^7\\ =& 2.4 \times 10^8\end{aligned}$$

$$\begin{aligned}\frac{4.2 \times 10^{-2}}{8.4 \times 10^{-5}} =& \frac{4.2}{8.4} \times \frac{10^{-2}}{10^{-5}}\\ =& 0.5 \times 10^{-2-(-5)}\\ =& 0.5 \times 10^3\\ =& 5 \times 10^2\end{aligned}$$

注意, 在这两个例子中, 我们都是先得到了一个答案, 答案是数字乘以 10 的幂次的形式, 而这些数字都不在 1 和 10 之间. 然后, 我们将最终答案转换为科学记数法.

科学记数法的加减法

一般来说, 在计算加法和减法之前, 我们必须用普通记数法来书写数字.

例:

$$\begin{aligned}&(3 \times 10^6) + (5 \times 10^2)\\ =& 3\ 000\ 000 + 500\\ =& 3\ 000\ 500\\ =& 3.0\ 005 \times 10^6\end{aligned}$$

$$\begin{aligned}&(4.6 \times 10^9) - (5 \times 10^8)\\ =& 4\ 600\ 000\ 000 - 500\ 000\ 000\\ =& 4\ 100\ 000\ 000\\ =& 4.1 \times 10^9\end{aligned}$$

当两个数有相同的 10 的幂次时, 我们可以先把 10 的幂次乘出来.

例:

$$(7\times10^{10})+(4\times10^{10})=(7+4)\times10^{10}$$
$$=11\times10^{10}$$
$$=1.1\times10^{11}$$

$$(2.3\times10^{-22})-(1.6\times10^{-22})$$
$$=(2.3-1.6)\times10^{-22}$$
$$=0.7\times10^{-22}$$
$$=7.0\times10^{-23}$$

► 做习题 15~22.

例 2　用近似检验答案

你和一个朋友正在粗略估算纽约市居民每天产生的垃圾量. 纽约市的人口约为 860 万, 你可以在网上查到, 每个居民每天平均产生约 2.4 磅或者说 0.001 2 吨垃圾. 你的朋友迅速按下计算器按钮, 告诉你这个城市每天产生的垃圾总量约为 225 吨. 如果不使用计算器, 请判断这个答案是否合理.

解　首先, 你应该意识到答案可以简单地通过人口数乘以人均垃圾产量来得到

$$8\ 600\ 000\text{人}\times0.001\ 2\frac{\text{吨}}{\text{人}}.$$

你可以快速地通过将 860 万写成 8.6×10^6, 将该数字近似看成是 10^7, 同时将 0.001 2 写成 1.2×10^{-3}, 将其近似地看成是 10^{-3}. 因此, 乘积可以近似为

$$10^7\times10^{-3}=10^{7-3}=10^4=10\ 000.$$

很明显, 你朋友 225 吨的答案太小了. 这个简单的近似技术提供了一个有用的检验方式, 即使它没有告诉我们确切的答案.

► 做习题 27~28.

给数字赋予意义

我们现在已经准备好朝着正确理解数字的目标前进. 与解决问题一样 (参见第二章), 没有一种单一的方法可以用来解决所有问题, 但一些简单的技术可能会对理解问题有所帮助. 这里介绍三种技术: 估计、比较和放缩.

通过估计来理解数字

1 000 英尺有多高? 对大多数人来说, “1 000 英尺”这个数字本身没有什么意义. 然而, 我们可以通过估算一幢楼的高度来给这个数字一些直观的解释. 例如, 我们可假设一幢楼里的每层楼从地面到天花板大约有 10 英尺, 这意味着 1 000 英尺是一座 100 层楼的建筑高度.

记住, 估计不一定是准确的. 例如, 105 层高的原世界贸易中心①的屋顶高度为 1 368 英尺, 大约每层高 13 英尺. 因此, 我们估计的每层 10 英尺的尺寸比实际减少了大约 3 英尺, 或者说是 30%. 然而, 如果我们开始对于 1 000 英尺没有任何概念的话, 想象一个 100 层的建筑便会给我们一个比较直观的形象.

---

① **顺便说说:** 世贸中心的屋顶高度与原来世贸中心的北塔相同, 后者在 2001 年 9 月 11 日的恐怖袭击中被摧毁. 在屋顶上, 其尖顶和天线使世贸中心的总高度达到 1 776 英尺, 这也是 1776 年《独立宣言》(Declaration of Independence) 的象征.

有时候, 尽管有些估计只给了我们一个含有精确值的某个范围, 但这也是非常有用的. 例如, 你可以从一个城镇或城市的人口是十万还是几百万推断出这个地方的许多特征. 前者说明这里是一个小的大学城的大小, 后者则说明这里是一个大城市. 只给出值的范围的估计, 如"几百万", 称为**数量级估计** (order of magnitude).

定义

一个**数量级**的估计仅指定了一个广泛的数值范围, 通常在 10 的 1 次或 2 次幂范围内, 例如"几万"或"几百万".

一般来讲, 我们经常用某个级别来表示一个数量级①的估计. 例如, 我们可以说美国人口"大约为 3 亿", 我们的意思是接近 3 亿, 而不是 2 亿或 4 亿. 注意, 上下文决定了我们如何解释一个数量级的估计. 当天文学家们说一个星系中的恒星数量是"1 000 亿"的级别时, 他们的意思是, 它可能在这个数字的 10 倍以内, 也就是说在 100 亿到 1 万亿之间. 这一范围比我们所说的美国人口"大约为 3 亿"的范围要宽得多, 但这是适当的.

例 3 冰淇淋消费的数量级

对美国每年的冰淇淋消费总额做出一个数量级的估计.

解 我们可以通过将人均每年的平均花费乘以总人口数量来计算出总的年度冰淇淋消费. 我们可以用一份冰淇淋的平均价格乘以每人每年的冰淇淋平均消费量来计算出每人每年的消费. 综合以上想法, 我们就可以用以下公式计算出每年冰淇淋的总消费:

$$\underbrace{\text{年度消费总额}}_{\text{单位:}\frac{\text{美元}}{\text{年}}}=\underbrace{\text{每人每年的食用份数}}_{\text{单位:}\frac{\text{份}}{\text{人}\times\text{年}}}\times\underbrace{\text{每份的价格}}_{\text{单位:}\frac{\text{美元}}{\text{份}}}\times\underbrace{\text{人数}}_{\text{单位:人}}$$

注意这里面单位的计算, 这个过程能让我们得到所需要的每年的美元数.

我们可以合理地猜测, 一个普通人每年大约会食用 50 份冰淇淋 (这意味着大约一周吃一份). 每份冰淇淋的价格数量级是 1 美元 (相对于 10 美分或 10 美元). 美国人口数量级约有 3 亿 (3×10^8). 使用这些数字, 一个合理的估计是

$$\text{年度消费总额}=50\frac{\text{份}}{\text{人}\times\text{年}}\times\frac{1\text{美元}}{\text{份}}\times(3\times10^8\text{人})=\frac{1.5\times10^{10}\text{美元}}{\text{年}}.$$

▲ **注意!** 当用计算器计算的时候, 如果你的答案与 1.5×10^{10} 美元不同, 那么可能是因为你错误地使用了标有"EE"(或"E"或"exp") 的键; 正确的用法可参见下面的"实用技巧"部分. ▲

在美国, 每年的冰淇淋消费总额的数量级是 1.5×10^{10} 美元, 或者说是每年 150 亿美元. 实际数字可能比这个数字多或者少; 比如在 50 亿 ~500 亿美元之间. 尽管如此, 这个估计还是告诉了我们很多信息——在开始之前, 我们不知道美国人在冰淇淋上花了多少钱, 现在我们知道他们每年在冰淇淋上花了数十亿美元.

▶ 做习题 29~38.

实用技巧 科学记数法

计算器和计算机通常用一种特殊的格式来表示数字的科学记数法. 对于数字 350 万, 我们用科学记数法可以写成 3.5×10^6. 在计算器或计算机上, 这个数字将以 3.5E6 的形式书写. E 代表的是"指数",

① **说明:** 在科学中, "数量级"一词特指 10 的幂次. 例如, 10^{23} 比 10^{18} 大五个数量级, 因为大了 $10^5(10^{23}=10^{18}\times10^5)$.

但是它可以很容易被按照如下方式使用:

$$\underbrace{3.5\times10^6}_{\text{350万的正确的科学记数法}} \xrightarrow[\text{“乘以 10 的幂次”}]{\text{计算器或计算机上利用“E”表示}} \underbrace{3.5\text{E}6}_{\text{在计算器或计算机中的表示方法相同}}$$

E 表示乘以 10 的某个幂次, 幂次写在 E 的后面. 因此, 如果写了 E 就不用再写乘以 10 了. 记住这个规则可以避免一些常见的错误:

- 若想输入 10 的某个幂次, 如 100 万, 即 10^6, 利用科学记数法应该表示成 (1×10^6), 或者在计算器和计算机里面输入 1E6. 但是很多人容易将之书写成 10E6, 而这实际上表示的是 $10\times10^6=10^7$.
- 另一类常见的错误是试图将一个数字, 如 3.5×10^6, 写成 $3.5\times10\text{E}6$, 但是后者其实代表的是 $3.5\times10\times10^6=3.5\times10^7$.

标准的计算器

大多数计算器都有一个键, 标记为“E”、“EE”或“exp”, 用这个键来表示 10 的幂 (“指数”). 例如, 用键序列 (EE) 输入数字 3.5×10^6, 可以输入

3.5　EE　6.

Microsoft Excel

当你在单元格中输入科学记数法格式的数字时，键入字母 E. 例如，在单元格中输入“=3.5E6”(即 3.5×10^6) .

注意，在默认情况下，单元格中的数字不是科学记数格式的. 为了更改设置，可以将单元格的“数字”格式改为“科学记数”，Excel 会显示指数为“+06”，其中“+”表明正指数.

谷歌

谷歌有一个内置的计算器, 你可以简单地把计算输入到搜索框中, 计算结果便会显示出来. 例如, 若想计算 $3.5\times10^6\times7$, 就可以输入 3.5e6 * 7, 单击回车后结果便会显示出来，即 24 500 000.

思考　假设你在一家公司工作, 该公司向美国各地的商店分销冰淇淋. 市场调查告诉你, 一个 2 500 万美元的广告活动可以让你在美国市场上增加 5% 的冰淇淋市场. 以例 3 的数据估算为例, 分析这个广告宣传是否值得做，并给出解释.

通过比较来理解数字

第二种理解数字的方法是比较. 想想 1 000 亿美元, 你几乎每天都能在新闻中见到这个数字. 说起来容易, 但这个数字究竟有多大呢? 我们以计数的方式来考虑. 假设让你来数面额为 1 美元的 1 000 亿美元的钞票, 需要多长时间? 很明显, 如果我们假设你可以每秒数 1 美元, 那么它将花费 1 000 亿 (10^{11}) 秒, 即

$$10^{11}\text{秒}\times\frac{1\text{分钟}}{60\text{秒}}\times\frac{1\text{小时}}{60\text{分钟}}\times\frac{1\text{天}}{24\text{小时}}\times\frac{1\text{年}}{365\text{天}}\approx 3\ 171\text{年}.$$

换句话说, 你需要 3 000 多年的时间来数面额为 1 美元的 1 000 亿美元的钞票 (以 1 美元/秒的速度计算). 这还需要假定你永远不休息, 不睡觉, 不吃东西, 以及绝对不会死亡!

"比较" 在处理相对不熟悉的单位时尤其有用, 比如能量单位. 表 3.1 列出了可以用于比较的各种能量. 例如, 我们马上可以看出美国每年的能源消耗量大约是世界年能源消耗量的 1/6.

例 4　美国与世界能源消耗

对美国人口与世界人口以及美国的能源消耗量与世界的能源消耗量进行比较. 分析美国人的能源使用情况.

解　世界人口为 70 亿 (7×10^9), 美国的人口是 3 亿 (3×10^8). 比较这两个量, 我们发现

$$\frac{\text{美国人口}}{\text{世界人口}} \approx \frac{3 \times 10^8}{7 \times 10^9} = \frac{3}{7} \times 10^{-1} \approx 0.043.$$

可见美国人口仅占世界人口的 4%, 但如表 3.1 所示, 美国能源使用率约占世界的 1/5.7, 即约 18%. 也就是说, 美国人使用的能源是世界平均水平的四倍还多.

▶ 做习题 39~42.

表 3.1　部分能量比较

选项	能源量 (焦耳)
1 个普通糖块代谢释放的能量	1×10^6
1 小时跑步所需的能量（成人）	4×10^6
燃烧 1 升油释放的能量	1.2×10^7
普通家庭每天使用的电能	5×10^7
燃烧 1 千克煤炭释放的能量	1.6×10^9
裂变 1 公斤铀-235 释放的能量	5.6×10^{13}
氢在 1 升水中的聚变释放出的能量	6.9×10^{13}
美国年度能源消耗量	1.0×10^{20}
世界年度能源消耗量	5.7×10^{20}
太阳年度生成的能量	1×10^{34}

例 5　核聚变能量 ①

现在回到我们在前面提到的一个问题: 如果你有一个便携式核聚变发电机, 并把它连接到家里厨房水槽的水龙头上, 那么流经它的水中的氢气能产生多少能量呢?

解　我们把这个理解-求解-解释的过程写出来.

理解: 已知功率是能量被利用的速率, 即能量除以时间. 我们知道, 能量的来源是水龙头流出的水中氢的聚变, 表 3.1 给出了 1 升水中氢的聚变产生的能量. 因此, 我们可以对这个问题进行单位分析, 并认识到, 我们可以通过将流过水龙头的流量 (以升/秒为单位) 乘以每升水中聚变释放的能量来得到正确单位的答案:

$$\underbrace{\text{总功率}}_{\text{单位：}\frac{\text{焦耳}}{\text{秒}}} = \underbrace{(\text{水流速度})}_{\text{单位：}\frac{\text{升}}{\text{秒}}} \times \underbrace{(\text{每升水产生的能量})}_{\text{单位：}\frac{\text{焦耳}}{\text{升}}}.$$

我们没有给出水流速度, 但这很容易测量. 例如, 你可以把一个 1 升的水壶放在一个厨房的水龙头下面, 你会发现它大约在 20 秒钟内就充满了水. 因此, 流速约为 1/20 或 0.05 升/秒.

① **顺便说说**：核裂变是指将大的原子核分裂成较小的原子核, 而核聚变则意味着将小的原子核合并成大的原子核. 目前的核电站使用的是铀或钚的裂变. 太阳通过核聚变产生能量, 像热核武器 (也称为氢弹) 一样.

求解: 我们已经拥有了解决问题所需的所有信息, 因此可以将数据代入方程并进行计算:

$$\begin{aligned}\text{总功率} &= (\text{水流速度}) \times (\text{每升水产生的能量})\\ &= 0.05\frac{\text{升}}{\text{秒}} \times 6.9 \times 10^{13}\frac{\text{焦耳}}{\text{升}}\\ &= 3.45 \times 10^{12}\frac{\text{焦耳}}{\text{秒}}.\end{aligned}$$

解释: 我们发现, 一般来说, 一个核聚变发电机可以通过厨房水龙头产生每秒 3.45 万亿焦耳 (约合 3.45 万亿瓦特) 的能量. 为了使这个答案有意义, 我们需要把它与一些可以理解的东西进行比较. 因为表 3.1 给出了美国和世界每年的能源使用量, 于是我们可通过一系列单位转换, 将以焦耳/秒为单位的聚变功率转换为焦耳/年, 如下所示:

$$3.45 \times 10^{12}\frac{\text{焦耳}}{\text{秒}} \times \frac{60\text{秒}}{1\text{分钟}} \times \frac{60\text{分钟}}{1\text{小时}} \times \frac{24\text{小时}}{1\text{天}} \times \frac{365\text{天}}{1\text{年}} \approx 1.1 \times 10^{20}\frac{\text{焦耳}}{\text{年}}.$$

注意, 我们的结果大于美国每年 1.0×10^{20} 焦耳的能量消耗. 因此, 对本章开头问题的正确答案是: 如果我们能利用来自一般厨房水龙头的水流中的氢气进行聚变, 我们就能产生足够的能量来满足美国所有的能源需求. 也就是说, 一个连接到你厨房水龙头上的单个聚变发电机将产生足够的能量, 这样我们就不需要再使用其他能源, 包括石油、天然气、水力发电、风能和核裂变等.

▶ 做习题 43~46.

思考 核聚变[①] 发电装置不仅能产生巨大的能量, 而且比任何其他已知的能源技术都更安全、更清洁 (就所产生的能量而言). 遗憾的是, 经过几十年的努力, 至今尚未成功地生产出可行的商业核聚变动力技术. 美国政府目前每年在核聚变研究上花费约 4 亿美元. 你认为这是正确的支出吗? 你认为聚变产生的能量的可用性将如何改变我们的世界?

通过放缩来理解数字

第三种给数字赋予意义的通用技术是使用比例模型. 你可能熟悉地图上常用的三种表示比例的方式:

- 陈述化: 一个刻度可以用诸如"1 厘米代表 1 公里"或更简单地说是"1 厘米 =1 公里"来形容. 这个刻度表示地图上的 1 厘米代表实际距离 1 公里.
- 图形化: 地图上标记的刻度尺可以直观地显示比例.
- 比例化: 我们可以把地图上的距离与实际距离的比率表示出来. 例如, 1 公里是 100 000 厘米 (因为 1 米有 100 厘米, 而 1 公里有 1 000 米), 所以若用 1 厘米代表 1 公里的尺度, 则**比例尺** (scale ration) 为 1 : 100 000(或 1/100 000).

除了地图外, 比例还有许多用途. 建筑师和工程师通过建立微缩模型来将他们的计划可视化. 用时间轴代表时间的尺度, 沿着时间轴给定的距离代表一定的年数. 时间推移摄影和计算机模拟使我们能够用短时间代表大块的时间. 例如, 在一个显示 24 小时天气的 4 秒延时视频剪辑中, 视频的每一秒都表示 6 小时的实时. 类似地, 大陆漂移的计算机模拟可能只需 1 分钟就可以完成 10 亿年的地理变化.

例 6 比例尺

一张城市地图显示,"一英寸代表一英里", 这个地图的比例是多少?

① **顺便说说**: 研究聚变的科学家通常使用一种叫作氘的氢元素 (普通的氢原子核只包含一个质子; 氘原子核还包含一个中子). 大约每 6 400 个氢原子中就有 1 个是氘. 因此, 为美国提供动力所需的流量将是例 5 中计算的流量的 6 400 倍, 即一条小溪的流量.

解 我们通过把 1 英里变成英寸来求出这个比例,

$$1\text{英里} \times 5\,280\frac{\text{英尺}}{\text{英里}} \times 12\frac{\text{英寸}}{\text{英尺}} = 63\,360\text{英寸}.$$

地图上的 1 英寸代表 1 英里, 即 63 360 英寸. 因此, 这幅地图的比例为 1 : 63 360, 这意味着实际距离为地图上相应距离的 63 360 倍. 注意, 比例尺没有单位.

▶ 做习题 47~50.

例 7 地球和太阳 ①

从地球到太阳的距离约为 1.5 亿公里. 太阳的直径约为 140 万公里, 地球的赤道直径约为 12 760 公里. 把这些数字用一个 1 : 100 亿的比例尺放进太阳系的模型中.

解 比例尺告诉我们实际的大小和距离是模型大小和距离的 100 亿 (10^{10}) 倍, 所以我们可通过用实际值除以 10^{10} 来得到缩放的尺寸和距离. 对于地球和太阳的距离, 我们有

$$\begin{aligned}\text{模型中地球与太阳的距离} &= \frac{\text{实际距离}}{10^{10}}\\ &= \frac{1.5 \times 10^{8}\text{公里}}{10^{10}}\\ &= 1.5 \times 10^{-2}\text{公里} \times 10^{3}\frac{\text{米}}{\text{公里}} = 15\text{米}.\end{aligned}$$

注意, 在最后一步中, 我们将距离从公里转换为米是因为"15 米"比"0.015 公里"更容易理解. 类似地, 我们可将太阳和地球的直径单位换算成厘米和毫米:

$$\begin{aligned}\text{模型中太阳的直径} &= \frac{\text{太阳的直径}}{10^{10}}\\ &= \frac{1.4 \times 10^{6}\text{公里}}{10^{10}}\\ &= 1.4 \times 10^{-4}\text{公里} \times 10^{5}\frac{\text{厘米}}{\text{公里}} = 14\text{厘米}.\end{aligned}$$

$$\begin{aligned}\text{模型中地球的直径} &= \frac{\text{地球的直径}}{10^{10}}\\ &= \frac{1.276 \times 10^{4}\text{公里}}{10^{10}}\\ &= 1.276 \times 10^{-6}\text{公里} \times 10^{6}\frac{\text{毫米}}{\text{公里}} = 1.276\text{毫米}.\end{aligned}$$

模型中太阳的直径为 14 厘米, 大约相当于葡萄柚的大小; 模型中地球的直径约为 1.3 毫米, 大约是圆珠笔笔尖圆球的大小; 它们之间的距离为 15 米.

▶ 做习题 51.

思考 找一个葡萄柚或类似大小的球和一个圆珠笔笔尖的小圆球. 把它们分开 15 米的距离, 这便代表了一个比例为 1 : 100 亿的太阳和地球的模型. 讨论像这样的比例模型是如何使我们更容易理解太阳系的.

例 8 星星间的距离

从地球到太阳以外最近的恒星 (半人马座阿尔法星系的三颗恒星) 的距离约为 4.3 光年. 按照例 7 中 1 : 100 亿的比例尺, 这些恒星离地球有多远? (注意: 1 光年约为 9.46×10^{12} 公里.)

① **顺便说说:** 华盛顿哥伦比亚特区国家广场上的航程微缩太阳系模型使用的就是上述例 7 中描述的 1 : 100 亿的比例尺.

解 已知距离最近恒星的光年距离, 我们可以将其转换为公里:

$$4.3\text{光年} \times \frac{9.46 \times 10^{12}\text{公里}}{1\text{光年}} \approx 4.1 \times 10^{13}\text{公里}.$$

将这个值除以 10^{10}, 可以得到 1 : 100 亿的比例尺模型下的距离为

$$\text{模型中的距离} = \frac{\text{实际距离}}{10^{10}} \approx \frac{4.1 \times 10^{13}\text{公里}}{10^{10}}$$
$$= 4.1 \times 10^{3}\text{公里} = 4\ 100\text{公里}.$$

即使是最近的恒星在这个尺度下与地球的距离也超过了 4 000 公里, 这大约是横跨美国的距离.

▶ 做习题 52.

思考 假设有一颗类似地球的行星绕着附近的一颗恒星运行. 根据例 7 和例 8 的结果, 尝试挑战探测这样一颗行星. (尽管面临挑战, 但科学家们已经发现了数千颗围绕其他恒星的行星, 其中包括许多与地球大小相当或更小的行星.)

例 9 时间轴①

从古埃及时代开始, 人类文明至少已经有 5 000 年的历史了. 地球的年龄大约是 50 亿年. 假设我们用一个足球场的长度或者大约 100 米, 作为一个时间轴来代表地球的年龄. 如果我们把地球的诞生放在时间轴的起点上, 人类文明是从何处开始的?

解 首先, 我们将人类文明的 5 000 年历史与地球 50 亿年的年龄进行比较,

$$\frac{5\ 000\text{年}}{50\text{亿年}} = \frac{5 \times 10^{3}\text{年}}{5 \times 10^{9}\text{年}} = 10^{-6}.$$

即 5 000 年约为地球年龄的 10^{-6}, 或者说一百万分之一. 故 100 米 (10^2 米) 的时间轴的百万分之一是

$$10^{-6} \times 10^{2}\text{米} = 10^{-6+2}\text{米} = 10^{-4}\text{米} \times \frac{10^{3}\text{毫米}}{1\text{米}} = 0.1\text{毫米}.$$

在一个地球的历史延伸可以视为足球场的长度的模型中, 人类文明只出现在最后的十分之一毫米的位置.

▶ 做习题 53~54.

将多种方法综合在一起: 案例研究

我们已经学习了几种分析数字的技巧, 但是在许多情况下, 我们需要通过同时使用两种或多种技巧来获得更多信息. 有时我们需要运用一点创造力来思考如何理解一个特定的数字. 下面的案例研究展示了多种分析数字的方法. 当你研究这些数字时, 问问自己这些数字现在是否有了更多意义, 以及你还可以如何赋予这些数字更多意义.

案例研究 大学有多大?

考虑一个有 25 000 名学生的大学. 与我们在本章中处理过的许多数字相比, 数字 25 000 是很小的, 但仍然需要考虑把它变为更易理解的数字. 这里有一个办法: 设想新的大学校长想认识学生, 她提议每次与一组 5 名学生共进午餐, 她有可能和所有学生一起吃午饭吗?

① **顺便说说:** 根据现代科学, 地球和我们的太阳系是在 45 亿多年前由一大片星际气体云的崩塌形成的. 强大的望远镜使我们能够观察到今天恒星形成的类似云层.

为了回答这个问题, 我们假设她每周举行五天的午餐会, 每顿午餐有 5 名学生, 她每周会遇到 $5\times5=25$ 名学生. 因为学校里有 25 000 名学生, 所以她要花 1 000 个星期的时间和大家一起吃午饭. 如果我们现在假设她每年有 50 个星期的午餐时间 (一年中总共有 52 个星期), 那么她要花 $1\ 000\text{周}\div 50\text{周/年}=20\text{年}$ 的时间来认识所有学生. 但仅仅 4 年之后, 这 25 000 名学生中的大多数就要毕业了, 取而代之的是一个由 25 000 名学生组成的新小组. 因此, 在这些小团体午餐会上不可能见到所有学生. 从这个例子中得到的启示是, 虽然 25 000 个人听起来并不多, 但你无法在 4 年甚至一辈子里了解他们.

思考 当今一个一般的国会代表拥有 70 多万选民. 试问一个代表有可能挨家挨户地与他所在地区的每一个人见面吗? 请解释理由.

案例研究 十亿美元是多少?

正确看待 10 亿美元的一个方法是问这样一个问题: "你每年能用 10 亿美元雇用多少人?" 假设员工的工资和福利平均为 10 万美元, 而企业每年为每个员工额外支出 10 万美元 (包含办公空间、计算机服务等成本). 因此, 一个员工的总成本是 20 万美元, 所以 10 亿美元可以让一个企业雇用

$$\frac{10\text{亿美元}}{20\text{万美元/人}}=\frac{10^9\text{美元}}{2\times10^5\text{美元/人}}=5\times10^3\text{人}.$$

每年 10 亿美元可以支持 5 000 名员工的工作.

另一种看待 10 亿美元的方法也指出, 即使它们听起来很相似 (比如 100 万、10 亿和万亿), 数字之间也有很大不同. 假设你成了一名体育明星, 年薪为 100 万美元. 你需要花多长时间才能赚到 10 亿美元? 我们简单地用 10 亿美元除以你每年 100 万美元的工资:

$$\frac{10\text{亿美元}}{100\text{万美元/年}}=\frac{10^9\text{美元}}{10^6\text{美元/年}}=10^3\text{年}=1\ 000\text{年}.$$

这说明，即使年薪为 100 万美元, 赚 10 亿美元也需要 1 000 年的时间.

案例研究 原子的规模

我们和我们生活的星球都是由原子构成的. 原子中含有原子核 (由质子和中子构成), 并被电子云包围. 一个典型的原子直径约为 10^{-10} 米 (由其电子云决定), 而其原子核的直径大约是 10^{-15} 米. 如何理解这些数字?

我们从原子本身开始, 因为它的直径是 10^{-10} 米, 或说成是一百亿分之一米, 也就是说，我们可以在一根米尺上安装 100 亿 (10^{10}) 个原子. 由于一厘米是一米的 1/100(或 $1/10^2$), 因此 1 厘米上可以摆放 $10^{10}/10^2=10^8$ 个, 或者说 1 亿个原子. 若我们可以将人缩小到原子的大小, 美国大约有 3 亿人口, 在这根尺上大约只有 3 厘米长, 或者说刚超过一英寸长的范围.

接下来, 我们来比较一下原子的直径和原子核的直径,

$$\frac{\text{原子的直径}}{\text{原子核的直径}}=\frac{10^{-10}\text{米}}{10^{-15}\text{米}}=10^{-10-(-15)}=10^5.$$

原子本身大约是其原子核的大小的 10^5 或者说 10 万倍大. 也就是说, 如果我们做一个原子的比例模型, 若原子核的大小是一个大理石 (1 厘米) 的大小, 则原子的直径大约是 10 万厘米, 也就是 1 千米, 或者说超过半英里.①

案例研究　直到太阳消失

我们可以希望生命在地球上能蓬勃发展, 直到太阳消失, 天文学家估计这大约要到 50 亿 (5×10^9) 年后. 50 亿年有多长? 首先, 我们来比较一下太阳的剩余寿命和 100 年的人类寿命,

$$\frac{5\times10^9\text{年}}{100\text{年}}=5\times10^7.$$

太阳的剩余寿命约为人类寿命的 5×10^7 或者说是 5 000 万倍. 我们可以通过将一个人的生命周期除以 5 000 万, 然后将其结果的单位从年转换为分钟来理解这件事,

$$\frac{100\text{年}}{5\times10^7}=2\times10^{-6}\text{年}\times\frac{365\text{天}}{1\text{年}}\times\frac{24\text{小时}}{1\text{天}}\times\frac{60\text{分钟}}{1\text{小时}}\approx1\text{分钟}.$$

因此, 太阳的剩余寿命与人的一生相比, 就相当于人的一生与一分钟的对比.

人类的作品能存在多久? 埃及金字塔常被形容为 "永恒的", 但由于风、雨、空气污染以及游客的影响, 它们正慢慢地被侵蚀, 它们的所有痕迹将在几百万年内消失. 如果我们估计金字塔的寿命为 500 万 (5×10^6) 年, 那么

$$\frac{\text{太阳的剩余寿命}}{\text{金字塔的寿命}}\approx\frac{5\times10^9\text{年}}{5\times10^6\text{年}}=10^3=1\ 000.$$

几百万年似乎是一段很长的时间, 但是太阳余下的生命是它的 1 000 倍.

测验 3.2

为下列各题选择一个最佳答案, 并简单叙述理由.

1. 与数字 300 000 000 相同的是 ( ).

a. 3×10^7　　b. 3×10^8　　c. 3×10^9

2. 用 1 277 乘以 1 4385, 答案是 1 到 10 之间的数字乘以 ( ).

a. 10^3　　b. 10^5　　c. 10^7

3. 10^{10} 美元是 10^6 美元的 ( ) 倍.

a. 四　　b. 一千　　c. 一万

4. 你被要求估计今年所有美国人将使用的汽油总量. 作为数量级估计, 你确定答案大约为 ( ).

a. 100 万加仑　　b. 1 亿加仑　　c. 1 000 亿加仑

5. 你想知道你需要用多少面额为一元的美钞首尾相连, 才能把从地球到月球的 40 万公里的距离铺满. 你找到一个网站, 上面说答案是 800 万美元. 通过一个快速的估计, 你认为这个答案 ( ).

a. 是一个合理的数量级估计　　b. 太大了 (实际数字将大大低于 800 万)　c. 太小了 (实际数字会远远超过 800 万)

6. 你得到一些数据, 并被要求计算出太阳在消亡之前能持续发光的时间. 你的答案是 1.2×10^{10} 年. 根据这个答案, 你可以得出结论 ( ).

a. 太阳将在几个世纪内消亡　b. 太阳的消亡是我们在很长一段时间内不必担心的事情　c. 你的答案是错误的

---

① **顺便说说:** 一个原子的大小取决于它的电子云的大小, 但是原子的大部分质量都包含在它的原子核里. 由于原子核与原子本身相比非常小, 所以一个惊人的事实表明, 原子大部分是由空的空间构成的.

7. 你正在看一张比例尺为 1 英寸 = 100 英里的地图. 如果两个城镇在地图上相隔 3.5 英寸, 那么它们之间的实际距离为 (　).

　a. 100 英里　　b. 350 英里　　c. 350 英寸

8. 一个优秀的橄榄球四分卫得到一份新合同, 年薪为 2 000 万美元. 以这样的速度, 他要花多长时间才能挣到 10 亿美元?(　).

　a. 5 年　　b. 50 年　　c. 100 年

9. 你今年要在一个有 30 万户家庭的城市里竞选市长. 你决定挨家挨户地和镇上每个家庭的成员聊几分钟来帮助你竞选. 这个计划将 (　).

　a. 大约需要你三个月的时间　　b. 大约需要你六个月的时间　　c. 如果是不可行的, 给出所需的时间

10. 每一个参加大学足球比赛的人都会得到一张彩票, 彩票中奖的概率是 100 万分之一. 最可能的结果是 (　).

　a. 体育场里没有赢家　　b. 体育场里有一名中奖者　　c. 体育场里有许多中奖者

习题 3.2

复习

1. 简要描述科学记数法. 在写大数字和小数字时, 它有什么作用? 在做近似时, 它有什么作用?
2. 解释如何利用估计的方法来理解数字. 举例说明.
3. 什么是数量级估计? 解释为什么这样的估计可能是有用的, 即使它可能被放大或缩小了 10 倍之多.
4. 解释如何利用比较的方法来理解数字. 举例说明.
5. 描述表达地图或模型比例的三种常用方法. 如何用图形来表示 1 厘米 = 100 公里的比例尺? 你如何用比率来描述呢?
6. 解释如何利用放缩的方法来理解数字. 举例说明.
7. 假设太阳有葡萄柚那么大. 在这个尺度上地球有多大? 离太阳有多远? 离地球最近的恒星 (除了太阳之外) 有多远?
8. 利用多种方法来理解下列数字: 一个很大的大学的大小; 10 亿美元; 原子的大小; 太阳的剩余寿命.

是否有意义?

确定下列陈述是有意义的 (或显然是真实的), 还是没有意义的 (或显然是错误的), 并解释原因.

9. 我读了一本有 10^5 个字的书.
10. 我在电视上看过大约 10^{50} 个广告.
11. 我在一栋 300 英尺高的大厦里工作.
12. 总的来说, 美国人每年的住房成本 (租金和住房抵押贷款) 大约为 10 亿美元.
13. 当地一家受欢迎的餐馆每年供应 500 万份晚餐.
14. 这家公司的首席执行官 (CEO) 去年挣的钱比公司 500 名收入最低的员工加起来还多.

基本方法和概念

15~20: 科学记数法回顾. 使用 "简要回顾　使用科学记数法" 中介绍的方法, 完成下列各题.

15. 将下列数字由科学记数法转换为普通记数法, 并写出其名称.

例: $2 \times 10^3 = 2\ 000 =$ 两千.

　a. 6×10^4　b. 3×10^5　c. 3.4×10^5　d. 2×10^{-3}　e. 6.7×10^{-2}　f. 3×10^{-6}

16. 将下列数字由科学记数法转换为普通记数法, 并写出其名称.

　a. 9×10^7　b. 1.1×10^3　c. 2.3×10^{-3}　d. 4×10^{-6}　e. 1.23×10^8　f. 2.34×10^{-2}

17. 用科学记数法写出下列每一个数字.

　a. 468　b. 126 547　c. 0.04　d. 9 736.23　e. 12.56　f. 0.864 2

18. 用科学记数法写出下列数字.

　a. 3 578　b. 984.35　c. 0.005 8　d. 624.87　e. 0.000 300 5　f. 98.180 004

19. 不使用计算器计算下列各题, 列出计算过程. 利用科学记数法来描述答案. 可以将答案四舍五入到小数点后一位 (如 3.2×10^5).

　a. $(3 \times 10^3) \times (2 \times 10^2)$　　b. $(4 \times 10^5) \times (2 \times 10^5)$

　c. $(3 \times 10^3) + (2 \times 10^2)$　　d. $(6 \times 10^{10}) \div (3 \times 10^5)$

20. 不使用计算器计算下列各题, 列出计算过程. 利用科学记数法来描述答案. 可以将答案四舍五入到小数点后一位 (如 3.2×10^5).

　a. $(3 \times 10^4) \times (3 \times 10^8)$　　b. $(3.2 \times 10^5) \times (2 \times 10^4)$

c. $(5\times10^3)+(5\times10^2)$　　d. $(9\times10^{13})\div(3\times10^{10})$

21～22: 它们看起来没什么不同! 比较每组数字, 并给出它们之间相差的因子. 例如: 10^6 是 10^2 或 100 的 10^4 倍.

21. a. 10^{24}, 10^{18}　　b. 10^{17}, 10^{27}　　c. 10 亿, 100 万

22. a. 2.5 亿, 50 亿　　b. 6×10^3, 3×10^{-3}　　c. 10^{-8}, 2×10^{-13}

23～26: 使用科学记数法. 使用科学记数法改写以下语句中出现的数字.

23. 我的硬盘容量是 1.2 兆字节. (已知兆意味着“万亿”.)

24. 由 26 个字母和 10 个数字组成的 8 位密码的数量大约是 2.8 万亿.

25. 一般原子的直径约为 0.5 纳米. (已知纳米意味着“十亿分之一”.)

26. 一个大型发电厂产生 22 亿瓦的电力.

27～28: 用科学记数法做近似. 不使用计算器来估算以下数量. 然后可以使用计算器得到一个更精确的结果. 讨论你的近似估计是否有效.

27. a. $260\,000\times200$　　b. 510 万 $\times1\,900$　　c. $600\,000\div3\,100$

28. a. 56 亿 $\div200$　　b. 3 000 万 $\div140\,000$　　c. $9\,000\times54\,986$

29～32: 利用估计方法分析问题. 通过估计的方法完成以下比较. 讨论你的结论.

29. 你一个月在咖啡上的花费和你一个月在汽油上的花费，哪一个更大?

30. 一个人能在一个月内骑自行车横穿美国 (纽约到加利福尼亚) 吗? 如果不能的话, 大约需要多长时间完成?

31. 一个普通人能举起总价值为 200 美元的 25 美分硬币的重量吗?

32. 你一年在交通上的花费和在食物上的花费，哪一个更大?

33～38: 数量级估计. 对以下数量进行数量级估计. 解释你在估计中使用的假设.

33. 美国每年在披萨上的总支出.

34. 美国每年在电影票上的总花费.

35. 一个人一年喝的 (不含酒精的) 液体量.

36. 美国一年消费的苏打水总量.

37. 一辆普通汽车一年所消耗的汽油量.

38. 美国每年的汽油使用量.

39～46: 能量比较. 使用表 3.1 回答以下问题.

39. 你平均要吃多少块糖才能提供 8 小时跑步所需的能量?

40. 一个普通家庭一年需要多少升油来提供电能?

41. 比较燃烧一公斤煤和裂变一公斤铀-235 所释放的能量.

42. 比较燃烧 1 公升油所释放的能量与氢在 1 公升水中熔化所释放的能量.

43. 如果你可以通过融合水中的氢来产生能量, 你需要多少水来产生 10 000 个普通家庭每天使用的电能?

44. 如果你可以通过融合水中的氢来产生能量, 你需要多少水来满足目前全世界一天的能量消耗?

45. 使用核裂变, 需要多少千克铀能满足美国一天的能源需求?

46. 假设我们可以在一秒钟内捕获太阳释放的所有能量. 这些能源能满足美国一年的能源需求吗? 解释一下.

47～50: 比例. 求出以下地图的比例.

47. 地图上 1 厘米代表 20 公里.

48. 地图上 1 英寸代表 5 英里.

49. 1 厘米 (地图上)=500 公里 (实际中).

50. 1 英寸 (地图上)=10 公里 (实际中).

51. **太阳系比例模型**. 下表给出了行星的直径和到太阳的平均距离数据. 使用一个 1 : 100 亿的比例尺计算每个行星在模型中的大小和到太阳的距离. 以表格形式给出你的结果. 然后写一到两段话, 用文字描述你的结论, 并对太阳系的大小做出解析.

行星	直径	到太阳的平均距离
水星	4 880 公里	5 790 万公里
金星	12 100 公里	10 820 万公里
地球	12 760 公里	14 960 万公里
火星	6 790 公里	22 790 万公里
木星	143 000 公里	77 830 万公里
土星	120 000 公里	142 700 万公里
天王星	52 000 公里	287 000 万公里
海王星	48 400 公里	449 700 万公里

52. **星际旅行**. 迄今为止发射速度最快的宇宙飞船正以每小时 50 000 公里的速度离开地球. 这样的宇宙飞船要多久才能到达半人马座阿尔法星系? (提示: 参见例 8.) 根据你的答案, 写一到两段话来讨论在当今星际旅行是否可行.

53. **通用时间轴**. 根据现代科学, 地球大约有 45 亿年的历史, 人类书写的历史可以追溯到大约 1 万年前. 假设你用 100 米长的时间轴来代表地球的整个历史, 地球的诞生在一端, 而今天在另一端.

a. 5 亿年的距离是多长?

b. 书写人类历史的时刻离时间轴的终点有多远?

54. **通用时钟**. 根据现代科学, 地球大约有 45 亿年的历史, 人类书写的历史可以追溯到大约 1 万年前. 假设你用一个时钟上的 12 个小时来代表地球的整个历史, 地球的诞生是在午夜钟声敲响的时候, 而今天是正午钟声敲响的时候.

a. 时钟上多长的时间代表了 5 亿年?

b. 书写人类历史的时刻是在正午前多久开始的?

进一步应用

55～62: 使数字易懂. 按要求重新表述以下事实.

55. 2015 年, 美国约有 269 万人死亡. 表述每分钟死亡的人数.

56. 2015 年, 美国约有 220 万对夫妻结婚. 表述每小时结婚的夫妻数量.

57. 2015 年, 大约有 1.015 亿乘客经过世界上最繁忙的机场——亚特兰大哈茨菲尔德-杰克逊机场. 表述每小时经由这个机场的乘客数.

58. 2015 年, 美国人在新车上花费了大约 2 770 亿美元. 表述每人花费的美元数. (可按 3.21 亿人口计算.)

59. 2016 年底, 美国总债务约为 20 万亿美元. 表述每人的债务数. (可按 3.21 亿人口计算.)

60. 2014 年美国监狱人口约为 156 万. 需要多少个能容纳 6 万人的体育场才能装下这些犯人?

61. 沃尔玛 2015 年报告的收入为 4 820 亿美元. 其每分钟的收入能买多少辆价值 3 万美元的车?

62. 如果每名学生需要 4 平方英尺的站立面积, 需要多少足球场 (面积为 300 英尺乘 160 英尺) 才能容纳 50 000 名学生?

63. **人体细胞**. 人体细胞数量的估计值在数量级上各不相同. 事实上, 精确的数字因人而异, 这取决于你是否计算细菌细胞. 这里有一种估算方法.

a. 假设一个普通细胞的直径为 6 微米 (6×10^{-6} 米), 这意味着它的体积为 100 立方微米. 一立方厘米有多少个细胞?

b. 用一立方厘米等于一毫升的事实来估计一公升中的细胞数.

c. 估计一个 70 公斤 (154 磅) 的人体内的细胞数, 假设人体中的水占 100%(实际上是 60% ~ 70%), 1 升水重 1 公斤.

64. **排放**. 汽车每燃烧一加仑汽油, 大约有 10.2 公斤的二氧化碳排放到大气中. 估算过去一年美国所有汽车旅行向大气中排放的二氧化碳总量.

65. **神奇的亚马逊**. 某期《国家地理》杂志发表了以下声明:

> 亚马孙河从安第斯山脉流出后, 每英里下降不到 2 英寸, 令世界上六分之一的径流流入海洋. 其一天的排放量达到 4.5 万亿加仑, 足够美国所有家庭使用 5 个月.

根据这句话, 确定美国家庭平均每月用水量. 这个答案合理吗? 解释你做出的估计.

66. **木材能成为能源吗?** 总共有大约 180 000 太瓦的太阳能到达地球表面, 其中大约 0.06% 用于植物的光合作用. 光合作用的能量大约有 1% 储存在植物中 (包括木材). (已知 1 瓦特 = 1 焦耳/秒; 1 太瓦 = 10^{12} 瓦特.)

a. 计算每秒储存在植物中的总能量.

b. 假设发电站是通过燃烧植物来发电的. 如果储存在工厂里的所有能量都能转化成电能, 那么以太瓦为单位的平均功率是多少? 它是否足以满足 10 太瓦的世界电力需求?

c. 已知石油和煤炭是很久以前死去的植物的残骸. 根据你对 (b) 的回答, 你能得出任何关于人类为什么依赖石油和煤炭等化石燃料的结论吗? 给出解释.

67. **恒星尸体: 白矮星和中子星**. 再过几十亿年, 在耗尽其核引擎后, 太阳将成为一种被称为白矮星的残余恒星. 白矮星的质量 (约 2×10^{30} 千克) 仍将与今天的太阳差不多, 但其半径将仅为地球的半径 (约 6 400 公里).

a. 计算白矮星的平均密度, 单位为千克/立方厘米.

b. 一茶匙白矮星物质的质量是多少? (提示: 一茶匙大约是 4 立方厘米.) 将这个质量与我们熟悉的东西 (例如, 一个人, 一辆车, 一辆坦克) 的质量进行比较.

c. 中子星是一种被压缩到比白矮星密度还要大的恒星残余. 假设一颗中子星的质量是太阳质量的 1.4 倍, 但半径只有 10 公里. 它的密度是多少? 比较 1 立方厘米中子星物质的质量与珠穆朗玛峰的总质量 (约 5×10^{10} 千克).

68. **直到太阳灭亡**. 从恐龙被小行星撞击灭绝到人类出现历时 6 500 万年. 今天, 如果我们不能明智地使用我们的技术, 我们拥有的技术将可以毁灭全人类. 假设我们毁灭了自己, 然后需要 6 500 万年, 下一个智能物种才会出现在地球上. 然后假设同样的事情发生在他们身上, 另一个智慧物种在 6 500 万年后出现. 如果这一过程能够持续到大约 50 亿年之后太阳灭亡的时候, 那么以 6 500 万年为间隔的智慧物种还能在地球上出现多少次呢?

69. **个人消费**. 美国经济分析局估计, 2015 年美国个人消费支出总额为 12.3 万亿美元. 这些支出的主要类别是耐用品 (1.36 万亿美元: 例如, 汽车、家具、娱乐设备)、非耐用品 (2.66 万亿美元: 例如, 食品、服装、燃料) 和服务 (8.3 万亿美元: 例如, 医疗、教育、交通).

a. 个人消费的年人均开支大约是多少? 假设有 3.21 亿人口.

b. 个人消费的日人均支出大约是多少?

c. 平均而言, 个人消费支出中有多少百分比用于服务? 这个数字和你自己的开支一致吗?

d. 卫生保健支出估计为 2.1 万亿美元. 大约有多少百分比的个人消费支出用于医疗保健?

e. 2000 年, 个人消费总额为 6.8 万亿美元, 医疗卫生支出为 9 180 亿美元. 比较 2000 年至 2015 年间总支出和医疗支出的增长百分比.

70~73: **规模问题**. 放缩技术可以用来估计物理量. 为了估计一个大的量, 你可以测量一个有代表性的小样本, 并通过“按比例放大”来找到总数量. 为了估计一个小的量, 你可以将多个小的量放在一起测量, 然后“按比例缩小”. 在下面的每题中, 描述你的估计技术并回答问题.

例: 一张纸有多厚?

解: 估计一张纸厚度的一种方法是测量一令纸 (500 张) 的厚度. 一令纸一般是 7.5 厘米厚. 因此, 一张纸的厚度是 7.5 厘米 $\div 500 = 0.015$ 厘米, 或 0.15 毫米厚.

70. 一张纸有多重?

71. 一美分硬币有多厚? 五美分硬币呢? 十美分硬币呢? 二十五美分硬币呢? 你愿意用一美分、五美分、十美分还是二十五美分的硬币堆起来测量你的身高? 给出解释.

72. 一粒沙子有多重? 一个一般的操场沙盘里有多少粒沙子?

73. 在你家乡最晴朗、最黑暗的夜晚, 天空中能看到多少颗星星?

实际问题探讨

74. **能源比较**. 利用美国能源信息管理局网站提供的数据, 选择一些衡量美国或世界能源消耗或生产的指标. 对这些数字进行比较.

75. **核聚变**. 了解有关建设商业上可行的核聚变发电厂的研究现状. 还有什么障碍需要克服? 你认为核聚变能在你有生之年成为现实吗? 解释一下.

76. **太阳系模型**. 访问位于华盛顿哥伦比亚特区国家广场上的航程微缩太阳系模型的网站. 写一份简短的学习报告.

77. **最富有的人**. 找出世界上最富有的三个人的净资产. 可通过任意技术来解析这些金钱的价值.

78. **大数字**. 在今天的新闻中搜索尽可能多的大于 100 000 的数字. 简要解释使用每个大数字的语境.

79. **新闻视角**. 在最近的新闻中找一个例子, 在这个例子中, 记者使用一种技术来解析数字. 描述示例. 你认为这项技术有效吗? 你能想出一个更好的方法来解析数字吗? 给出解释.

80. **解析数字**. 在最近的新闻报道中找到含有至少两个非常大或非常小的数字的例子. 选择利用一种技巧, 以一种你相信大多数人都会觉得有意义的方式来解析每一个数字.

实用技巧练习

81. **科学记数法**. 使用计算器、Excel 或搜索引擎进行以下计算.

a. 光以每秒 186 000 英里的速度在一年中传播的距离 (这个距离称为光年).

b. 从 52 张牌中抽出 5 张不同的牌的抽取方式数为 $\frac{52 \cdot 51 \cdot 50 \cdot 49 \cdot 48}{5 \cdot 4 \cdot 3 \cdot 2 \cdot 1}$.

c. 2015 年全球二氧化碳年排放量估计为 370 亿吨. 用人均 (世界人均吨) 表示此数量. 假设世界人口为 75 亿.

d. 地球的质量是 6.0×10^{24} 公斤, 它的体积是 11.1×10^{12} 立方公里. 求出地球的密度 (质量/体积), 单位是克/立方厘米. (相比之下, 水的密度是 1 克/立方厘米.)

e. 宇宙大约有 140 亿年的历史. 它的年龄是多少秒?

3.3　处理不确定性

2001 年初, 在美国联邦预算连续四年出现盈余 (联邦政府获得的资金多于支出) 后, 经济学家预测, 未来 10 年, 持续的盈余总计将达到 5.6 万亿美元, 这引发了关于如何使用这笔意外之财的政治争论. 而事实上, 预计的盈余不仅消失了, 而且在接下来的 10 年里, 联邦政府的债务又增加了 9 万亿美元. 换句话说, 预测和现实之间的差距变成了近 15 万亿美元, 这几乎相当于美国全部成年男性、成年女性和孩子每人 5 万美元的债务. 这种预测怎么会错得这么离谱呢?

答案是, 与所有估计一样, 预测的好坏取决于其假设, 而这些假设包括对未来经济、未来税率和未来支出的高度不确定的预测. 客观地说, 做出预测的经济学家很清楚这些不确定因素, 但新闻媒体和政界人士倾向于将盈余预测作为不争的事实加以报道.

这个数万亿美元消失的故事蕴含着一个重要的教训. 我们在日常生活中遇到的许多数字远没有我们被告知的那么确定, 除非我们学会自己检查和解释不确定性, 否则我们会被严重误导. 在本节中, 我们将讨论如何处理日常生活中不可避免的数字不确定性.

有效数字

假设有一个秤, 其上显示的最小单位是磅, 若你在这个秤上测量的体重是 132 磅, 那么说你的体重是 132.00 磅就是有误导性的. 因为它会错误地暗示你知道你的体重精确到百分之一磅, 而不是粗略的几磅. 换句话说, 132 磅和 132.00 磅的测量值不是一回事.

表示实际测量值的数字称为**有效数字** (significant digits). 例如, 132 磅有 3 位有效数字, 这意味着测量到的最近的单位是磅; 而 132.00 磅有 5 位有效数字, 这意味着测量到的最近的单位是百分之一磅.

注意, 当 0 表示实际的测量值时, 它们是有效的, 但当它们仅用于定位小数点时, 则不是.① 我们认为 132.00 磅中的 0 是有效的, 因为若不是表示实际测量值, 则没有理由写上它们. 相反, 我们认为 600 厘米中的 0 不是有效的, 因为它们只告诉我们小数点在它们的右边. 把 600 厘米改写成 6 米更容易看出只有 6 是有效数字.

当我们不能确定 0 是否真正有效时, 用科学记数法计数的微妙之处就出现了. 例如, 假设你的教授说你的班上有 200 名学生. 如果没有其他信息, 你无法知道她到底是指 200 名学生还是大约 200 名学生. 我们可以通过用科学记数法来避免这种歧义. 在这种情况下, 0 只有在有效时才出现. 例如, 2×10^2 的登记意味着对以百为单位的学生的测量, 而 2.00×10^2 意味着正好有 200 名学生.

① **顺便说说**: 光速问题为处理 0 的困难提供了一个很好的例子. 当我们说它是 300 000 公里/秒时, 按标准规则它只有一位有效数字. 然而, 它的 9 位有效数字的测量值是 299 792.458 公里/秒, 这意味着前两个 0 实际上是有意义的, 因为在科学记数法中, 我们会把这个值四舍五入到 3.00×10^5 公里/秒. (回顾 2.1 节的例 1 可知, 为什么我们把一光年的答案四舍五入为 3 位有效数字.)

小结: 数字何时是有效的

数字类型	有效性
非零数字	总是有效的
在非零数字后面, 并且在小数点右边的零 (如 4.20 或 3.00)	总是有效的
在非零数字之间 (如 4 002 或 3.06) 的零或其他有效的零 (如 30.0 中的第一个零)	总是有效的
第一个非零数字左边的零 (如 0.006 或 0.000 52)	无效
小数点之前最后一个非零数字右边的零(如 40 000 或 210)	除非另有说明, 否则无效

例 1　计算有效数字

说明下列各题中有效数字的位数及含义:

a. 11.90 秒的时间;

b. 0.000 067 米的长度;

c. 0.003 0 克的重量;

d. 240 000 的人口数;

e. 2.40×10^5 的人口数.

解　a. 11.90 秒有 4 位有效数字, 意味着测量到最近的 0.01 秒.

b. 0.000 067 米有 2 位有效数字, 意味着测量到最近的 0.000001 米. 注意, 我们可以把这个数字改写为 67 微米, 这样可以清楚地显示它只有 2 位有效数字.

c. 0.003 0 有 2 位有效数字. 前面的 0 是无效的, 因为它们只作为占位符, 我们可以将其改写为 3.0 毫克. 最后的 0 是有效的, 因为若不是被测量得到的, 则无须把它写上.

d. 240 000 人中的 0 是无效的. 因此, 这里只有 2 位有效数字, 并且意味着测量到最近的 10 000 人.

e. 2.40×10^5 有 3 位有效数字. 虽然这个数字意味着 240 000, 但是科学记数法表明第一个"0" 是有效的, 所以它意味着测量到最近的 1 000 人.

▶ 做习题 15~26.

例 2　有效数字的四舍五入

按照要求给出如下问题的答案.

a. 7.7 毫米 ×9.92 毫米, 给出 2 位有效数字的答案;

b. $240\,000 \times 72\,106$, 给出 4 位有效数字的答案.

解　a. 7.7 毫米 ×9.92 毫米 = 76.384 平方毫米. 因为要求给出 2 位有效数字的答案, 故答案是 76 平方毫米.

b. $240\,000 \times 72\,106 = 1.730\,544 \times 10^{10}$. 因为要求给出 4 位有效数字的答案, 故答案是 1.731×10^{10}.

▶ 做习题 27~32.

理解误差

接下来考虑一些常见误差的处理. 我们将从描述两种类型的误差开始，然后讨论如何量化误差的大小以及如何报告最终的结果来解释误差.

简要回顾　　四舍五入

四舍五入的基本过程只需要两个步骤:

步骤 1：确定哪一位数字 (例如, 十位, 个位或百分之一) 是应该保留的最小的.

步骤 2：看步骤 1 中确定的数字右侧的那个数字 (例如, 如果四舍五入到十分之一位, 则看百分之一位的数字), 如果这个数字小于 5, 则直接舍去; 如果大于或等于 5, 也把它舍去，但要向它的左边单位进 1.

例如, 考虑数字 382.2593 的四舍五入问题：

382.259 3 四舍五入到千分位是 382.259;

382.259 3 四舍五入到百分位是 382.26;

382.259 3 四舍五入到十分位是 382.3;

382.259 3 四舍五入到个位是 382;

382.259 3 四舍五入到十位是 380;

382.259 3 四舍五入到百位是 400.

(如果下一位数字正好是 5, 一些统计人员会使用更复杂的舍入规则: 如果保留的最后一位数字是奇数, 他们会向上舍入; 如果保留的最后一位数字是偶数, 他们会向下舍入. 我们在本书中不会使用这种规则.)

► 做习题 13~14.

误差类型: 随机误差和系统误差

一般来说, 测量误差分为两类: 随机误差和系统误差. 我们用一个例子来说明它们的区别.

假设你在儿科诊所工作, 用一个数字秤称婴儿的体重. 如果你曾经和婴儿一起工作过, 你就会知道当把婴儿放在秤上时, 他们通常不会安静地躺着. 他们扭动和踢腿的动作会震动刻度, 使读数跳动. 对于图 3.1(a) 所示的情况, 你可以将婴儿的体重记录为 14.5 ~ 15.0 磅之间的任何值. 因为任何特定的测量值都可能过高或过低, 所以我们说秤盘的晃动会产生**随机误差** (random error).

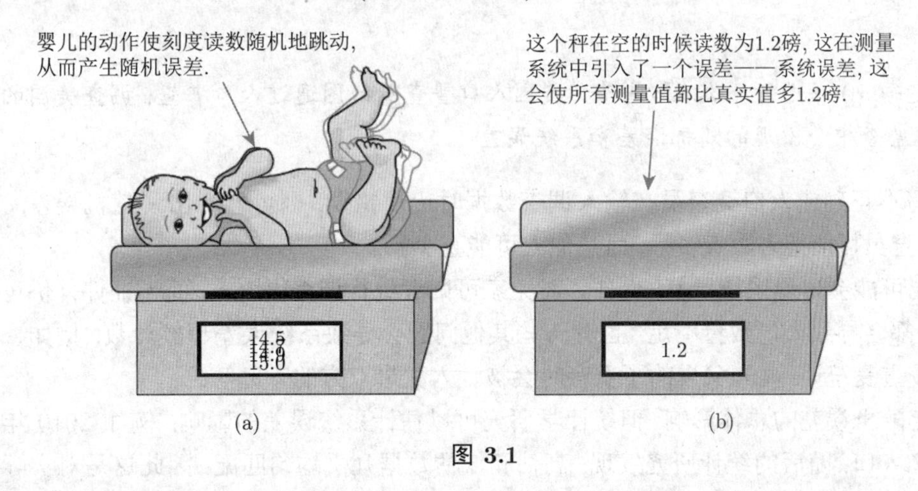

图 3.1

现在假设你一整天都在称婴儿的体重. 在一天结束的时候, 你会注意到秤上的读数是 1.2 磅 (见图 3.1(b)). 如果你假设这个问题已经存在了一整天, 那么你的每一次测量值都高了 1.2 磅. 因为它是由测量系统中的一个误差引起的, 也就是说, 一个持续 (系统地) 影响所有测量的误差, 所以我们将这种类型的误差称为**系统误差** (systematic error).[①]

① **顺便说说:** 标度的测量值与真实值一致的系统误差也称为校准误差. 你可以把已知的重量, 例如 2 磅、5 磅、10 磅和 20 磅的重量放在秤上测试秤的校准, 并确保秤给出预期的读数.

两种类型的测量误差

随机误差是指由测量过程中随机的和内在不可预测的事件造成的误差.

系统误差是指由于测量系统中存在以同样方式影响所有测量结果的问题, 从而使所有测量结果过低或过高造成的误差.

如果发现系统误差, 则可以返回并调整受影响的度量. 然而, 随机误差的不可预测性使得它们无法被纠正. 但是通过进行多次测量并对其进行平均, 你可以最大限度地减少随机误差造成的影响. 例如, 如果你测量宝宝体重 10 次, 你的测量值在某些情况下可能会过高, 而在另一些情况下可能会过低. 因此, 你可以通过对 10 个单独测量值进行平均来更好地估计宝宝的真实体重.

思考 浏览一个给出当前精确时间的网站 (比如 time.gov). 你的闹钟或手表与实际时间差多少? 描述在你的计时中可能出现的随机误差和系统误差的来源.

例 3 全球变暖数据中的误差

研究全球变暖的科学家需要知道整个地球的平均温度或全球平均温度如何随时间变化. 在试图解释 20 世纪初的历史温度数据时, 需要在众多问题中考虑两个困难: (1) 温度是用简单的温度计测量的, 数据是用手记录的; (2) 大多数温度测量值是在城市地区或附近记录的, 人类活动释放的热量使得这些地区的温度往往比周围的农村地区要高①. 讨论这两个困难中的每一个是否会产生随机误差或系统误差, 并考虑这些误差的影响.

解 第一个困难涉及随机误差, 因为人们无疑会在阅读温度计、校准温度计和记录温度读数时偶尔出现错误. 无法预测个人阅读是否正确、过高或过低. 但是如果同一天同一地区有多个读数, 那么对这些读数进行平均可以使随机误差的影响最小化.

第二个困难涉及系统误差, 因为城市地区产生的多余热量总会导致温度读数高于其他地区. 通过研究和理解这种系统误差, 研究人员可通过修正这个误差来校正温度数据.

► 做习题 33~38.

例 4 人口普查②

美国宪法规定每 10 年进行一次人口普查. 美国人口普查局试图通过人口普查, 调查美国的每一个人和家庭. 试分析在人口普查中会出现的随机误差和系统误差.

解 如果调查填写不正确或人口调查员在输入调查数据时出现错误, 则可能会出现随机误差. 这些误差是随机的, 因为有的调查员可能把人数查多了, 而其他人可能查少了.

调查过程中也可能会出现系统误差. 例如, 对无家可归者进行调查很困难, 而无证件外侨可能不愿意参与调查, 这两类人口都会导致人口数量不足. 也有一些其他问题会导致系统误差超额计数. 例如, 大学生可能被他们的家庭和学校重复统计, 离异父母的子女有时会被计入父母双方的家庭等.

尽管无法确定随机误差的总体影响, 但统计学研究可以估计系统误差的影响. 例如 2010 年人口普查表明美国约有 3.087 亿人口, 随后的统计研究发现, 高估和低估数据几乎均匀匹配, 因此这是对实际人口的较为准确的估计.

► 做习题 39~42.

---

① **顺便说说:** 城市地区往往比没有人类活动的地区更温暖, 这一事实通常被称为城市热岛效应. 其主要原因包括汽车、家庭和工业中燃烧燃料会释放热量, 以及路面和建筑物更容易存储来自阳光的热量.

② **顺便说说:** 在人口普查期间, 美国人口普查局根据出生率、死亡率和移民率的统计数据来估计人口. 该机构估计, 美国人口在 2017 年超过 3.25 亿, 并以每 15 秒增加 1 人的速度增长, 每年增加 200 多万人.

误差的大小: 绝对误差与相对误差

除了想知道误差是随机的还是系统的外, 我们还经常想知道一个误差是否足够大，以至于需要被关注, 或足够小以至于不用考虑. 用一个例子来解释这个想法.

假设你去商店购买你认为是 6 磅的汉堡包, 但由于商店的秤很差, 汉堡包实际上只有 4 磅. 你可能会因这个 2 磅重的误差而感到不开心. 现在假设你正在为城镇烧烤店购买汉堡包, 并且你订购了 3 000 磅汉堡包, 但实际上你获得了 2 998 磅. 与以前相比, 同样是少了 2 磅, 但在后面这种情况下, 这个误差可能并不那么重要.

用更专业的语言来讲, 两种情况下的 2 磅误差都是**绝对误差** (absolute error), 它描述了测量值或报告值与真实值之间的差距. **相对误差** (relative error) 则比较了绝对误差的大小与真实值之间的关系. 第一种情况的相对误差相当大, 因为 2 磅的绝对误差是 4 磅真实重量的一半, 我们说相对误差是 2/4 或 50%. 相比之下, 第二种情况的相对误差是 2 磅的绝对误差除以 2 998 磅的真实汉堡包重量, 其仅为 $2/2\ 998 \approx 0.000\ 67$, 或 0.067%.

绝对误差和相对误差

绝对误差描述了测量值 (或报告值) 与真实值之间的差距:

$$\text{绝对误差} = \text{测量值} - \text{真实值}$$

相对误差将绝对误差的大小与真实值进行比较, 通常用百分比表示:

$$\text{相对误差} = \frac{\text{测量值} - \text{真实值}}{\text{真实值}} \times 100\%$$

当测量值或报告值大于真实值时, 绝对误差和相对误差为正值; 当测量值或报告值小于真实值时, 绝对误差和相对误差为负值. 注意绝对误差和相对误差以及绝对变化和相对变化之间的相似性 (可见 3.1 节).

例 5 绝对误差和相对误差

计算下列各题的绝对误差和相对误差.

a. 你真正的体重是 125 磅, 但一个秤显示你重 130 磅;

b. 政府声称一项计划耗资 490 亿美元, 但审计显示真实耗资为 500 亿美元.

解 a. 测量值是 130 磅, 真实值是 125 磅. 因此绝对误差和相对误差分别是

$$\text{绝对误差} = \text{测量值} - \text{真实值} = 130\text{磅} - 125\text{磅} = 5\text{磅}.$$

$$\text{相对误差} = \frac{\text{测量值} - \text{真实值}}{\text{真实值}} \times 100\% = \frac{5\text{磅}}{125\text{磅}} \times 100\% = 4\%.$$

测得的重量高出了 5 磅, 即 4%.

b. 我们把宣布的 490 亿美元作为测量值, 真正耗资的 500 亿美元作为真实值. 因此绝对误差和相对误差分别是

$$\text{绝对误差} = \text{测量值} - \text{真实值} = 490\text{亿美元} - 500\text{亿美元} = -10\text{亿美元}.$$

$$\text{相对误差} = \frac{\text{测量值} - \text{真实值}}{\text{真实值}} \times 100\% = \frac{-10\text{亿美元}}{500\text{亿美元}} \times 100\% = -2\%.$$

政府宣布的耗资远低于实际耗资, 约为 10 亿美元, 或 2%.

▶ 做习题 43~50.

描述结果: 准确性和精确性

对于任何报告值来说，准确性和精确性这两个要素都非常重要. 尽管这些术语通常可以互换使用, 但它们并不是一回事. [①]

任何测量的目的都是获得尽可能接近真实值的值. **准确性** (accuracy) 描述了测量值与真实值的接近程度. **精确性** (precision) 描述了测量值具体精确的程度. 例如, 假设一次人口普查显示, 你家乡的人口是 72 453 人, 但真正的人口是 96 000 人. 普查值 72 453 具有精确性, 因为它似乎告诉了我们确切的计数, 但它不具备准确性, 因为它比实际的 96 000 人少了近 25%. 注意, 准确性通常由相对误差而非绝对误差来定义. 例如, 如果一家公司预计销售额为 73 亿美元, 而实际销售额为 73.2 亿美元, 那么我们说该预测相当准确, 因为它的相对误差小于 1%, 尽管绝对误差为 0.2 亿美元 (2 000 万美元).

> **准确性与精确性**
>
> **准确性**描述了测量值与真实值的接近程度. 一个准确的测量具有很小的相对误差.
>
> **精确性**描述了测量值具体精确的程度.

例 6　体重的准确性和精确性

假设你的真实体重是 102.4 磅. 医生办公室的秤只能读出四分之一磅, 秤得你的体重为 $102\frac{1}{4}$ 磅. 健身房的数字秤读数可以精确到 0.1 磅, 称得你的体重为 100.7 磅. 哪个秤更精确? 哪个更准确?

解　健身房的体重秤更精确, 因为它把你的体重精确到十分之一磅, 而医生的体重秤只把你的体重精确到四分之一磅. 然而, 医生办公室的秤更准确, 因为它的测量值更接近你的真实体重.

▶ 做习题 51~54.

思考　例 6 中, 我们需要知道你的真实体重, 以确定哪个测量值更准确. 但你怎么知道你的真实体重? 你能确定你知道你的真实体重吗? 请给出说明.

案例研究　人口普查是否能测量出真实人口量?

完成 2010 年人口普查后, 美国人口普查局报告的人口为 308 745 538 人 (2010 年 4 月 1 日), 这意味着给出了居住在美国的确切人数. 遗憾的是, 这样精确的计数不可能像它显示的那样精确.

即使从理论上讲, 能精确地测出在美国居住的人数的唯一方法也应该是即时地记录下每个时刻的人数, 否则, 计数就可能无效. 比如在美国每分钟平均有约 8 名新生儿出生和 4 人死亡.

事实上, 人口普查是在数月的时间内完成的, 所以在某一特定日期的真实人口数量实际上是不可知的. 此外, 人口普查结果受到随机误差和系统误差的影响 (见例 4). 一个更加准确的人口报告应使用更低的精度, 例如将人口统计为“约 3.1 亿人”. 对人口普查局来说, 它的详细报告解释了人口统计中存在的不确定性, 但媒体很少提及这些不确定因素.

小结: 误差的处理

简要总结一下已经讨论过的关于测量和误差的内容:

1. 误差可以在很多方面发生, 但通常可以分为两种基本类型: 随机误差或系统误差.
2. 不管误差的来源是什么, 它的大小都可以用两种不同的方式来描述: 绝对误差或相对误差.
3. 一旦报告了测量结果，我们就可以根据其准确性和精确性对其进行评估.

---

① **顺便说说:** 1999 年, 美国国家航空航天局 (NASA) 损失了价值 1.6 亿美元的火星气候轨道飞行器. 当时工程师给它发送了非常精确的计算机指令, 指令用英文单位 (磅) 表示, 而航天器软件则用公制单位 (公斤) 进行了解释. 换句话说, 损失的发生是因为非常精确的指令实际上是相当不准确的!

合并测量数据

假设你住在一个人口为 400 000 的城市. 有一天, 你最好的朋友搬到你的城市和你住在一起. 你们城市现在的人口是多少?

你可能会想把你的朋友加入到这个城市的人口中, 使这个新的人口达到 400 001. 然而 400 000 人口这个数字中只有 1 位有效数字, 即只知道最接近的以 100 000 为单位的人数. 数字 400 001 有 6 位有效数字, 这意味着你知道人口的精确数字. 很明显, 你朋友的举动不能改变一个事实, 那就是，尽管你的朋友加入, 但是最接近以 100 000 为单位的人口数仍然是 400 000.

正如这个例子所说明的, 当我们合并测量数字时, 我们必须非常小心. 否则我们可能会得到比他们应得的答案更确定的但不一定是想要的结果. 在科学或统计工作中, 研究人员进行仔细分析, 以确定如何正确合并数字. 但是在大多数情况下, 我们可以使用两个简单的舍入规则.

合并测量数据

加法或减法的舍入规则 (rounding rule for addition or subtraction): 将你的答案舍入为与最不精确的数字精度相同的精度.

乘法或除法的舍入规则 (rounding rule for multiplication or division): 将你的答案舍入为与最少有效数字的测量值相同的有效位数.

注意: 为了避免错误, 你应该在完成所有操作之后对数字进行舍入, 而不是在中间步骤中进行数字的舍入.

记住, 这些舍入的规则给出了可以被认定的最高精度. 但是在许多情况下, 合理的精度实际上可能低于这些规则给出的精度.

例 7　合并测量数字

a. 一本 30 年前写的书中写到, 最古老的玛雅废墟已有 2 000 年历史. 最古老的玛雅废墟据现在有多久?

b. 一个拥有 82 000 人口的小镇的政府计划今年花费 4 150 万美元. 假设所有这些钱都来自税收, 那么这个城市必须从每个居民那里收取的平均税收是多少?

解　a. 因为这本书已有 30 年的历史, 所以我们可能会把 30 年的时间加到 2 000 年, 以得到废墟的历史为 2 030 年. 然而 2 000 年是这两个数字中比较不精确的一个, 它精确到千位, 而 30 年精确到十位. 因此, 答案也应该精确到千位

$$\underbrace{2\,000\text{年}}_{\text{精确到千位}}+\underbrace{30\text{年}}_{\text{精确到十位}}=\underbrace{2\,030\text{年}}_{\text{必须精确到千位}}\approx\underbrace{2\,000\text{年}}_{\text{最后的正确答案}}.$$

考虑到废墟时代的精确程度, 尽管这本书已经有 30 年的历史, 但废墟仍然是有 2 000 年的历史.

b. 我们知道平均税收可由 4 150 万美元除以 82 000 人得到. 这里, 4 150 有 3 位有效数字, 82 000 有 2 位有效数字. 人口数的有效数字最少, 所以答案也应该保留 2 位有效数字.

$$\underbrace{41\,500\,000\text{美元}}_{3\text{ 位有效数字}}\div\underbrace{82\,000\text{人}}_{2\text{ 位有效数字}}=\underbrace{506.10\text{美元/人}}_{\text{必须舍入到有 2 位有效数字}}\approx\underbrace{510\text{美元/人}}_{\text{最后的正确答案}}.$$

普通居民平均必须缴纳大约 510 美元的税收.

▶ 做习题 55~62.

测验 3.3

为下列各题选择一个最佳答案, 并简单叙述理由.

1. 政府经济学家在 2001 年预测的 5.6 万亿美元盈余从未实现, 因为做出这种预测的人 ( ).
   a. 不明白政府预算是如何运作的
   b. 基于对未来经济的假设, 结果被证明是不正确的
   c. 在他们的计算中犯了基本错误
2. 根据有效数字计数的规则, 下列哪个数字的有效数字最多?( )
   a. 5.0×10^{-1}　　b. 5×10^{3}　　c. 500 000
3. 根据有效数字计数的规则, 下列哪个数字的有效数字最多?( )
   a. 1.02　　b. 1.020　　c. 0.000 020
4. 你要测量某个特定时间的外部温度. 如果你对三种不同温度计的读数进行平均, 而不是仅仅使用一种温度计, 你可能会得到更好的结果, 因为平均会 ( ).
   a. 减少随机误差的影响　　b. 消除系统误差的影响　　c. 提高测量的精度
5. 你要测量某个特定时间的外部温度. 如果你使用三个温度计, 并把它们都放在阳光直射的地方, 阳光很可能会使你的测量结果受到影响而引起 ( ).
   a. 随机误差　　b. 系统误差　　c. 精确度下降
6. 一家考试服务机构犯了一个错误, 导致全部学生的 SAT 分数低了 50 分. 这会造成 ( ).
   a. 很低的精度　　b. 分数受到随机误差的影响　　c. 分数受到系统误差的影响
7. 一家考试服务机构犯了一个错误, 导致全部学生的 SAT 分数低了 50 分. 下列哪个陈述是正确的?( )
   a. 所有得分的相对误差相同, 但绝对误差不同
   b. 所有得分的绝对误差相同, 但相对误差不同
   c. 所有得分的绝对误差和相对误差都是相同的
8. 数字秤显示你的体重是 112.7 磅, 但实际上你的体重是 146 磅. 下列哪个陈述是正确的?( )
   a. 秤的精确度很高, 但准确度不高　　b. 秤的准确度很高, 但精确度不高　　c. 秤测量值的绝对误差较小, 相对误差较大
9. 在某一特定时刻, 美国国债钟显示联邦债务为 20 958 652 995 023.45 美元. 这个数字 ( ).
   a. 非常精确, 但不一定准确　　b. 非常准确, 但不一定精确　　c. 非常精确, 也非常准确
10. 你的车有一个能装 10.0 加仑汽油的油箱, 每加仑油能跑 29 英里. 根据合并测量数字的规则, 这辆车加满油时可以行驶的距离为 ( ).
   a. 290 英里　　b. 290.0 英里　　c. 300 英里

习题 3.3

复习

1. 什么是有效数字? 如何判断 0 是否有效?
2. 区分随机误差和系统误差. 怎样才能使随机误差的影响最小? 如何解释系统误差的影响?
3. 区分测量中的绝对误差和相对误差. 给出一个绝对误差大但相对误差小的例子和一个绝对误差小但相对误差大的例子.
4. 区分准确性和精确性. 请给出一个精确但不准确的测量的例子和一个准确但不精确的测量的例子.
5. 为什么给出比测量过程更精确的测量值会产生误导呢?
6. 说明测量值的加减和乘除的舍入规则. 举例说明这些规则的用法.

是否有意义?

确定下列陈述是有意义的 (或显然是真实的), 还是没有意义的 (或显然是错误的), 并解释原因.

7. 明年的联邦赤字将达到 4 434.5 亿美元.
8. 在许多发展中国家, 官方估计的人口可能会减少 10% 或更多.
9. 我的身高是 5 英尺 6.398 0 英寸.
10. 威尔玛用她的步幅测量后院的大小, 精确到一英寸.
11. 如果测量不准确, 那么再精确也没用.

12. 200 万美元的误差是一大笔钱, 但它只占公司收入的 0.1%.

基本方法和概念

13~14: 四舍五入回顾. 使用“简要回顾 四舍五入”中介绍的方法, 完成下列各题.

13. 把下列数字四舍五入到最接近的整数.

a. 6.34 b. 98.245 c. 0.34 d. 356.678 e. 12 784.1 f. 3.499 g. 7 386.5 h. −15.9 i. −14.1

14. 把下列数字四舍五入到最近的十分位和十位.

a. 682.48 b. 354.499 c. 2 323.51 d. 987.654 e. −65.47 f. 128.55 g. −35.78 h. 678.5 i. 0.024

15~26: 有效数字计数. 说明下列数字有效数字的位数及含义.

15. 8 234.
16. 923.12.
17. 800.
18. 0.003.
19. 7.435 英里.
20. 350 000 年.
21. 1.2×10^4 秒.
22. 0.004 502 米.
23. 328.453 6 磅.
24. 0.000 005 公斤.
25. 1 657.3 公里/秒.
26. 2.123×10^{12} 英里.

27~32: 按有效数字舍入. 按照指定的有效数字的位数给出各题答案.

27. 23×12.4; 3 位有效数字.
28. 386×43.2; 5 位有效数字.
29. $988 \div 10.3$; 2 位有效数字.
30. $345 \div 0.36$; 5 位有效数字.
31. $(1.82 \times 10^3) \times (6.5 \times 10^{-2})$; 3 位有效数字.
32. $(7.345 \times 10^5) \times (8.424 \times 10^{-5})$; 5 位有效数字.

33~38: 误差来源. 描述下列测量中可能出现的随机误差和系统误差的来源.

33. 在一次鸟类普查中, 观察者在一天的时间里统计 10 英亩保护区的鸟类数量.
34. 接受调查的人说他们去年给慈善机构的捐款数量.
35. 200 人每年从纳税申报单上获得的收入.
36. 印第安纳波利斯 500 赛车的圈速.
37. 一名警察用雷达枪记录的汽车的速度.
38. 美国参议院选举中两名候选人的票数.
39. **税务审计**. 税务稽核员在审核纳税申报单时主要会检查几类问题, 包括 (1) 在纳税申报单上输入或计算数字时所犯的错误, (2) 纳税人申报收入不实的地方. 讨论每个问题是否包含随机误差或系统误差.
40. **寨卡流行病**. 研究寨卡病毒感染等流行病的研究人员需要知道有多少人患有这种疾病. 他们在这项研究中面临的两个问题是: (1) 一些感染了寨卡病毒的人被误诊为其他疾病, 反之亦然; (2) 许多寨卡病毒感染病例发生在贫穷或偏远地区, 那里可能没有医学诊断. 讨论每个问题是否包含随机误差或系统误差. 你能想到其他可能影响这项研究的测量困难吗?
41. **安全的空中旅行**. 起飞前, 飞行员应该把飞机的高度计调到机场的海拔高度. 一名飞行员离开圣迭戈 (海拔 17 英尺) 时将高度计设置为 517 英尺. 解释这会如何影响整个飞行过程中的高度计读数. 这是什么误差?
42. **切割木材**. 木材场的工作人员用卷尺测量 3 英尺的长度, 然后切割 30 块 3 英尺的木板. 后来, 仔细的测量显示, 所有木板要么比 37 英寸长, 要么比 37 英寸短. 这种情况下涉及哪些测量误差?

43~50: 绝对误差和相对误差. 找出下列情况下的绝对误差和相对误差.

43. 你的真实身高是 1.73 米 (5 英尺 8 英寸), 但是医生办公室的护士测量你的身高是 1.76 米.
44. 一袋混凝土上的标签上写着“60 磅”, 但实际重量只有 58 磅.

45. 当你实际以每小时 24 英里的速度行驶时, 你的自行车速度计显示的是每小时 26 英里.
46. 你买的一件毛衣的含税价是 60.45 美元, 但你的信用卡账单显示要收 70.45 美元.
47. 你测量的一个花园的长度是 10 个 3 英尺的步长. 卷尺的长度是 33.5 英尺.
48. 到米诺特的实际距离是 46.7 英里, 但你的里程表显示为 45.8 英里.
49. 你的实际体温是 98.4 华氏度, 但是你的体温计给出的读数是 97.9 华氏度.
50. 一个选区的计票结果是 1 876 票. 后来发现有三票被漏掉了.

51～54: 准确度和精确度. 对于每对测量值, 说明哪一个更准确, 哪一个更精确.

51. 你的真实身高是 70.50 英寸. 一个卷尺的精度是 $\frac{1}{8}$ 英寸, 用它测量的你的身高是 $70\frac{3}{8}$ 英寸. 医生办公室里安装了一种新的激光设备, 它的精度是 0.05 英寸, 用它测量的你的身高是 70.90 英寸.
52. 你的真实身高是 62.50 英寸. 一个卷尺的精度是 $\frac{1}{8}$ 英寸, 用它测量的你的身高是 $62\frac{5}{8}$ 英寸. 医生办公室里安装了一种新的激光设备, 它的精度是 0.05 英寸, 用它测量的你的身高是 62.50 英寸.
53. 你的体重是 52.55 公斤. 健康诊所里的体重秤的精度是半公斤, 用它测量的你的体重是 53 公斤. 健身房里的数字秤的精度是 0.01 公斤, 用它测量的你的体重是 52.88 公斤.
54. 你的体重是 52.55 公斤. 健康诊所里的体重秤的精度是半公斤, 用它测量的你的体重是 $52\frac{1}{2}$ 公斤. 健身房里的数字秤的精度是 0.01 公斤, 用它测量的你的体重是 51.48 公斤.

55～62: 合并数字. 使用适当的舍入规则进行以下计算. 用正确的精度或有效数字表示结果.

55. 136 磅再加上 0.6 磅便是你跑步之前的体重.
56. 12 立方英尺乘以 62.4 磅/立方英尺.
57. 163 英里除以 2.3 小时.
58. 你用一箱 13.5 加仑的汽油行驶了 357.8 英里. 你每英里的油耗是多少?
59. 你的孩子出生时重 8 磅 4 盎司, 你的孩子又增加了 14.6 盎司. 她的新体重是多少盎司?
60. 你在五金店买了一袋 55 公斤重的沙子. 你还要买 1.25 公斤的钉子. 你买的东西的总重量是多少?
61. 在一个拥有 12 0400 人的城市里, 一个 280 万美元的图书馆的人均成本是多少?
62. 花园覆盖物的成本为每立方码 46 美元. 用你那辆能装 1.25 立方码的卡车装满花园覆盖物需要多少钱?

进一步应用

63～70: 事实可信吗? 讨论下列测量中可能的误差来源. 考虑陈述中的精度, 简述你是否认为测量值是可信的.

63. 世界上参观人数最多的主题公园是东京迪士尼乐园, 2015 年游客人数为 1 660 万.
64. 2015 年, 美国汽车经销商共销售 5 611 411 辆国产汽车和 1 913 612 辆进口汽车.
65. 美国人口普查局报告称, 2015 年美国人口为 321 418 820 人.
66. 美国人口中最常见的姓是史密斯, 占总人口的 0.881%.
67. 亚洲陆地面积是 30 875 906 平方公里.
68. 根据联合国的数据, 2015 年全世界有 3 670 万人携带艾滋病毒.
69. 纽约公共图书馆有 20 889 337 件印刷品.
70. 2016 年发行量最大的美国杂志是《美国退休人员协会杂志》(*AARP The Magazine*), 共寄出 23 144 225 份.
71. **误差的传播**. 假设你要切割 20 块长度相同的 4 英尺的木板. 步骤是测量和切割第一块板, 然后用第一块板测量和切割第二块板, 然后用第二块板测量和切割第三块板, 依此类推.
    a. 如果每切一块板都有一个 $\pm\frac{1}{4}$ 英寸的误差, 则第 20 块板的可能长度是多少?
    b. 如果每切一块板都有一个 ±0.5% 的误差, 则第 20 块板的可能长度是多少?
72. **分析计算**. 根据美国人口普查局 2015 年的估计, 美国人口为 321 418 820 人. 根据美国地质调查局的数据, 美国的陆地面积为 3 531 905 平方英里. 用人口除以面积, 我们得出这个国家的人口密度为 91.004 378 66 人/平方英里.
    a. 讨论计算中可能出现的误差来源.
    b. 以你认为的合理的精度陈述人口和土地面积.
    c. 给出一个你认为的合理的人口密度的估计.

实际问题探讨

73. **随机误差和系统误差**. 查找最近描述了测量数据 (例如, 人口、平均收入或无家可归的人的数量的报告) 的新闻报道. 简要叙述这些量是如何测量的, 并描述随机误差或系统误差的可能来源. 总的来说, 你认为报道的测量准确吗?

74. **绝对误差和相对误差**. 查找最近描述了测量、估计或预测数字中的一些误差 (例如, 一个预算预测的结果被证实是不正确的) 的新闻报道. 用绝对误差和相对误差来描述误差的大小.

75. **准确度和精确度**. 查找最近包含让你质疑其准确性或精确性的数字的新闻报道. 例如, 文章中可能包含某个让你觉得不真实的过于精细的数字, 或者包含某个你认为不准确的数字. 简要叙述并解释你为什么质疑它的精确性或准确性.

76. **新闻中的不确定性**. 查找过去一周的新闻, 从以下板块中各找到至少两个数字: 国内/国际新闻、地方新闻、体育新闻和商业新闻. 描述每个找出的数字及其上下文, 并讨论你认为与数字相关的任何不确定性.

77. **2020 年人口普查**. 调查 2020 年人口普查是否已经开始, 并研究其计划或结果. 与过去的人口普查相比, 新的人口普查所采用的方法如何? 就如何呈现和使用任何有争议的数据问题进行讨论并形成意见.

3.4　指数: 消费者物价指数及其他

你可能听说过一些**指数** (index numbers), 如消费者物价指数、生产者价格指数和消费者信心指数等. 指数很常见, 因为它们提供了一种简单的方法来比较在不同时间或不同地点进行的测量的结果[①]. 在本节中, 我们将研究指数的含义和使用方法, 特别是消费者物价指数 (CPI).

什么是指数?

我们从一个汽油价格的例子开始. 表 3.2 显示了从 1965 年到 2015 年每 10 年间美国汽油的平均价格[②]. 假设不考虑价格本身, 我们想知道不同年份的汽油价格与 1985 年的价格相比如何. 一种方法是将每年的价格表示为 1985 年价格的百分比. 例如, 用 1975 年价格除以 1985 年价格, 我们发现 1975 年价格为 1985 年价格的 47.5%:

$$\frac{1975\text{年价格}}{1985\text{年价格}} = \frac{0.57\text{美元}}{1.20\text{美元}} = 0.475 = 47.5\%.$$

其他年份的情况也类似, 我们可以将所有价格计算为 1985 年价格的百分比. 表 3.2 的第三列显示了这些结果. 请注意, 1985 年的百分比是 100%. 因为我们选择了 1985 年的价格作为参照值.

表 3.2　平均汽油价格 (每加仑)

年份	价格	价格占 1985 年价格的百分比	价格指数 (1985=100)
1965	0.31 美元	25.8%	25.8
1975	0.57 美元	47.5%	47.5
1985	1.20 美元	100%	100
1995	1.21 美元	100.8%	100.8
2005	2.31 美元	192.5%	192.5
2015	2.52 美元	210.0%	210.0

现在看看表 3.2 的最后一列. 它与第三列的数值相同, 只是去掉了百分号. 这个简单的更改将数字从百分比转换为一种类型的指数——价格指数. 表 3.2 中最后一列题首的 “1985 = 100” 表示参照值是 1985 年价格. 在这种情况下, 用指数来表示而不是用百分比来表示似乎没有什么特别的优势. 但是, 我们很快就会看到, 在同时考虑许多因素的情况下, 使用指数表示是有帮助的.

---

① **顺便说说:** 指数这个术语通常用于比较几乎任何类型的数字, 即使这些数字不是标准的指数数字. 例如, 身高质量指数 (body mass index, BMI) 提供了一种通过身高和体重来衡量人体胖瘦程度的方法, 但它的定义没有任何实质性的意义. 具体来说, 身高质量指数被定义为体重 (公斤) 除以身高 (米) 的平方.

② **顺便说说:** 表 3.2 中以 10 年为单位的增量掩盖了每 10 年间发生的重大价格变化. 例如, 尽管 2015 年汽油平均价格仅略高于 2005 年的价格, 但在此期间, 实际价格从每加仑不到 1.90 美元到近 4.20 美元不等.

指数

一个指数提供了一个简单的方法来比较在不同时间或在不同地点进行的测量. 选择某一特定时间 (或地点) 的值作为参照值. 任何其他时间 (或地点) 的指数是

$$\text{指数} = \frac{\text{数值}}{\text{参照值}} \times 100$$

注意: 对指数的四舍五入没有特定的规则, 但在本书中, 我们将把它们四舍五入到十分位.

例 1 求指数

假设今天汽油的价格是每加仑 2.70 美元. 用表 3.2 中 1985 年价格作为参照值, 求出今天的汽油价格指数.

解 我们使用 1985 年每加仑 1.20 美元的价格 (见表 3.2) 作为参照值, 以求出今天汽油价格 2.70 美元的价格指数:

$$\text{指数} = \frac{\text{当前价格}}{\text{1985 年价格}} \times 100 = \frac{2.70\text{美元}}{1.20\text{美元}} = 225.0.$$

当前价格 2.70 美元的价格指数是 225.0, 这意味着当前的汽油价格是 1985 年价格的 225%.

▶ 做习题 11~12.

思考 在附近加油站求出今天汽油的实际价格, 若以 1985 年汽油价格作为参照值, 则今天的汽油价格指数是多少?

用指数进行比较

指数的主要目的是便于比较. 例如, 假设我们想知道 2015 年的汽油比 1985 年贵了多少. 由于表 3.2 以 1985 年价格为参照值, 2015 年的价格指数为 210.0, 我们得出 2015 年汽油价格为 1985 年价格的 210.0%, 即是 1985 年价格的 2.10 倍.

当两个值都不是参照值时, 我们也可以进行比较. 例如, 假设我们想知道 1995 年的汽油比 1965 年贵了多少, 我们可以通过将这两年的价格指数相除来得到答案,

$$\frac{\text{1995 年的价格指数}}{\text{1965 年的价格指数}} = \frac{100.8}{25.8} \approx 3.91.$$

这说明 1995 年的价格是 1965 年价格的 3.91 倍, 或者是 1965 年价格的 391%. 换言之, 1965 年花费 1.00 美元能买到的汽油量在 1995 年的价格是 3.91 美元.

例 2 利用汽油价格指数

利用表 3.2 中的数据回答下列问题:

a. 假设在 1985 年你的油箱加满需要 16 美元, 在 2015 年购买同样数量的汽油要花多少钱?

b. 假设在 2005 年你的油箱加满需要 20 美元, 在 1965 年购买同样数量的汽油要花多少钱?

解 a. 由表 3.2 可知, 2015 年价格指数 (1985=100) 为 210, 即 2015 年汽油价格为 1985 年汽油价格的 210%. 所以 1985 年花费 16 美元购买的汽油到了 2015 年的价格应该是

$$210\% \times 16\text{美元} = 2.1 \times 16\text{美元} = 33.60\text{美元}.$$

b. 由表 3.2 可知, 2005 年价格指数 (1985=100) 为 192.5, 1965 年价格指数为 25.8. 把这两个指数相除, 我们发现 1965 年相同数量的汽油的价格是 2005 年的一小部分:

$$\frac{\text{1965 年的价格指数}}{\text{2005 年的价格指数}} = \frac{25.8}{192.5} = 0.134\,0.$$

因此, 2005 年成本为 20 美元的汽油在 1965 年只需花费 $0.134\,0 \times 20.00$美元 = 2.68美元.

► 做习题 13~14.

改变参照值

在表 3.2 中, 我们选择 1985 年的价格作为参照值并没有什么特别的原因, 很容易用不同的参照值重新构造表. 例如, 可以用 2005 年的价格为参照值来计算汽油价格指数.

表的前两列不变, 因为它们给出了实际年份和相应的汽油价格. 但是这一次，参照值是 2005 年的价格 2.31 美元. 我们使用这个值来计算其他年份的指数. 例如, 1965 年的价格指数为

$$\frac{1965\text{年的价格}}{2005\text{年的价格}} \times 100 = \frac{0.31\text{美元}}{2.31\text{美元}} \times 100 = 13.4.$$

价格指数显示, 1965 年汽油价格 (每加仑) 约为 2005 年价格的 13.4%. 正如我们所料, 指数与 1985 年作为参照年份时的指数不一样. 表 3.3 显示了分别以 1985 年和 2005 年作为参照年份的价格指数. 这两组数字同样有效, 但只有当我们知道参照年份时才有意义.

思考 为了练习计算指数, 请使用指数计算公式来确认表 3.3 最后一列中的所有值.

表 3.3 两个参照年份下的汽油价格指数

年份	价格	价格指数 (1985=100)	价格指数 (2005=100)
1965	0.31 美元	25.8	13.4
1975	0.57 美元	47.5	24.7
1985	1.20 美元	100	51.9
1995	1.21 美元	100.8	52.4
2005	2.31 美元	192.5	100.0
2015	2.52 美元	210.0	109.1

例 3 2005 年指数

以 2005 年的价格作为参照值, 计算当前汽油价格为每加仑 2.70 美元的价格指数. 并将你的答案与例 1(1985 年是参照年份) 中相同的汽油价格的答案进行比较.

解 以 2005 年的价格作为参照值, 当前 2.70 美元的价格指数是

$$\frac{\text{当前价格}}{2005\text{年的价格}} \times 100 = \frac{2.70\text{美元}}{2.31\text{美元}} \times 100 = 116.9.$$

正如我们所料, 这个价格指数与例 1 中使用 1985 年作为参照年的价格指数 225.0 不同. 这两个数字都是有效的, 但只有当我们知道参照值时才有意义. 具体来说, 2005 年的价格指数告诉我们, 2.70 美元的当前价格是 2005 年价格的 116.9%, 而 1985 年的价格指数告诉我们, 当前价格是 1985 年价格的 225.0%.

► 做习题 15~16.

消费者物价指数

我们已经看到汽油价格随时间大幅上涨. 大多数其他物品的价格和工资也上涨了, 我们称之为**通货膨胀** (inflation). (物价和工资偶尔会随时间下降, 这就是**通货紧缩** (deflation).) 因此, 实际价格变化本身没有什么意义, 除非我们将其与通货膨胀的总体水平进行比较, 而后者是由**消费者物价指数** (Consumer Price Index, CPI) 来衡量的.

消费者物价指数是由美国劳工统计局按月计算和发布的. 它代表了商品、服务和住房样品的平均价格. 每月的样品有 6 万多件. 收集数据和计算指数的细节相当复杂, 但 CPI 本身就是一个简单的指数. 表 3.4 显示了 40 年间的年均 CPI[①]. 目前, 考虑的 CPI 的参照值是 1982 年至 1984 年间的平均价格, 这就是为什么表中显示的是“1982—1984 = 100”.

消费者物价指数

消费者物价指数 (CPI) 是基于对超过 6 万件商品、服务和住房样品的平均价格的计算得出的, 按月计算和发布.

CPI 使得我们可以比较不同时期的总体价格. 例如, 为了求出 2015 年的典型价格比 1995 年高多少, 我们计算了两年的 CPI 的比率, 用缩写 CPI_{2015} 来表示 2015 年的 CPI(其他年份的写法类似):

$$\frac{\text{CPI}_{2015}}{\text{CPI}_{1995}} = \frac{237.0}{152.4} = 1.555.$$

根据 CPI 比率, 2015 年的典型价格是 1995 年的 1.555 倍. 例如, 在 1995 年花费 1 000 美元的商品将在 2010 年花费 1 555 美元才能买到.

表 3.4 年平均消费者物价指数 (1982—1984 = 100)

年份	CPI	年份	CPI	年份	CPI	年份	CPI
1977	60.6	1987	113.6	1997	160.5	2007	207.3
1978	65.2	1988	118.3	1998	163.0	2008	215.3
1979	72.6	1989	124.0	1999	166.6	2009	214.5
1980	82.4	1990	130.7	2000	172.2	2010	218.1
1981	90.9	1991	136.2	2001	177.1	2011	224.9
1982	96.5	1992	140.3	2002	179.9	2012	229.6
1983	99.6	1993	144.5	2003	184.0	2013	233.0
1984	103.9	1994	148.2	2004	188.9	2014	236.7
1985	107.6	1995	152.4	2005	195.3	2015	237.0
1986	109.6	1996	156.9	2006	201.6	2016	240.0

思考 查阅最新的 CPI 月度值, 与 2016 年的 CPI 相比如何?

例 4 生活成本

假设你需要 30 000 美元来维持 2010 年的生活水平. 你在 2016 年需要多少钱才能维持同样的生活水平? 假设你日常消费的平均价格与消费者物价指数相同.

解 我们通过 CPI 来比较两年的价格:

$$\frac{\text{CPI}_{2016}}{\text{CPI}_{2010}} = \frac{240.0}{218.1} = 1.100.$$

这些指数告诉我们, 2016 年的典型物品价格是 2010 年的 1.100 倍. 因此, 如果你需要 30 000 美元来维持 2010 年的生活水平, 那么在 2016 年, 你需要 $1.100 \times 30\ 000$ 美元 = 33 000 美元来维持同样的生活水平.

▶ 做习题 17~18.

① **说明:** 政府通常衡量两个消费者物价指数: CPI-U 是基于所有城市消费者的购买习惯的指数, 而 CPI-W 是基于工资收入者的购买习惯的指数. 表 3.4 显示了 CPI-U.

通货膨胀率

通货膨胀率 (rate of inflation) 是指 CPI 从一年到下一年的相对变化. 例如, 从 1978 年到 1979 年的通货膨胀率是两年间 CPI 的相对增长,

$$\begin{aligned}1978\text{ 年至 }1979\text{ 年的通货膨胀率} &= \frac{\text{CPI}_{1979}-\text{CPI}_{1978}}{\text{CPI}_{1978}}.\\ &= \frac{72.6-65.2}{65.2} = 0.113 = 11.3\%.\end{aligned}$$

根据 CPI 显示, 从 1978 年到 1979 年的通货膨胀率为 11.3%.

通货膨胀率

从一年到下一年的通货膨胀率是消费者物价指数 (CPI) 的相对变化.

例 5　通货膨胀比较

求出从 2015 年到 2016 年的通货膨胀率. 与 20 世纪 70 年代末的通货膨胀率相比如何?

解　从 2015 年至 2016 年的通货膨胀率为

$$\frac{\text{CPI}_{2016}-\text{CPI}_{2015}}{\text{CPI}_{2015}} = \frac{240.0-237.0}{237.0} = 0.012\ 66 \approx 1.3\%.$$

这一比率为 1.3%, 远低于 20 世纪 70 年代末的通货膨胀率.

► 做习题 19~20.

实用技巧　通货膨胀计算器

美国劳工统计局 (BLS) 提供了一个在线通货膨胀计算器, 允许你调整任何两年的价格 (基于 CPI). 在 BLS 网站上搜索“通货膨胀计算器”.

调整通货膨胀价格

因为大多数商品的价格会随着时间的推移而上涨, 除非我们考虑到通货膨胀可能带来的增长, 否则我们无法公平地比较价格. 例如, 表 3.4 中的 CPI 数据告诉我们, 从 1985 年到 2015 年, 典型价格上涨了一个倍数:

$$\frac{\text{CPI}_{2015}}{\text{CPI}_{1985}} = \frac{237.0}{107.6} \approx 2.20.$$

用经济学的语言来说, 我们说“1985 年美元”中的 1 美元相当于“2015 年美元”中的 2.20 美元.

现在想想汽油价格的变化. 表 3.2 显示, 1985 年汽油价格为每加仑 1.20 美元. 因此, 如果这个价格随着通货膨胀而上涨, 那么 2015 年的价格将是每加仑 2.20 × 1.20 美元 = 2.64 美元. 由于表 3.2 显示 2015 年的实际汽油价格只有 2.52 美元, 因此我们说 2015 年的汽油价格低于 1985 年的“实际价格”, 即经通胀调整后的价格.

调整通货膨胀价格

给定 X 年的美元价格 ($\$_X$), Y 年的美元等价价格 ($\$_Y$) 是

$$\$_Y\text{价格} = \$_X\text{价格} \times \frac{\text{CPI}_Y}{\text{CPI}_X}$$

其中 X 和 Y 代表年份, 如 1996 年和 2016 年.

例 6 棒球运动员的薪水[①]

1987 年, 职业棒球大联盟球员的平均工资是 412 000 美元. 2016 年, 这一数字是 4 380 000 美元. 以"2016 年美元" ($\$_{2016}$) 来比较这两份工作的平均工资. 与通货膨胀导致的整体物价上涨相比, 棒球运动员工资的上涨如何?

解 我们将 1987 年的年薪 412 000 美元换算成 2016 年的美元:

$$\begin{aligned}\$_{2016}\text{工资} &= \$_{1987}\text{工资} \times \frac{\text{CPI}_{2016}}{\text{CPI}_{1987}}\\ &= 412\,000\text{美元} \times \frac{240.0}{113.6}\\ &\approx 870\,000\text{美元}.\end{aligned}$$

根据 CPI 的变化, 1987 年 412 000 美元的工资相当于 2016 年约 870 000 美元的工资. 换句话说, 2016 年美国职业棒球大联盟球员的实际平均工资 (4 380 000 美元) 是平均工资只随通胀上升的 $\frac{4\,380\,000\text{美元}}{870\,000\text{美元}} \approx 5$ 倍. 我们的结论是, 从 1987 年到 2016 年, 按"实际价格"(经通胀调整后的价格) 计算, 棒球运动员的平均工资大约增长了 4 倍.

▶ 做习题 21-22.

在你的世界里　链式CPI和联邦预算

消费者物价指数在联邦预算中扮演着重要的角色, 影响着收入和支出. 例如:

- 税率取决于 CPI. 每一年, 政府都会根据 CPI 的变化幅度提高不同所得税税率生效时的收入水平 (税率等级). 这项年度调整是为了保护你免受通货膨胀的影响. 如果税率等级没有变化, 那么生活水平没有变化的人就会逐渐转向更高的税率等级.
- 社会保障和其他政府福利项目的支出每年都根据 CPI 的变化幅度向上调整. 这些增长应该是为了确保福利增长足够多, 使受惠者能够维持同样的生活水平.

但是, 如果 CPI 夸大了生活成本的实际变化, 结果会怎样呢? 在这种情况下, 随着时间的推移, 具有一定生活水平的人实际上缴纳的税会更少 (因为税级的增长将快于生活成本的增长), 而随着时间的推移领取福利金的人实际上会获得更多福利金. 显然, 低税收和高福利支出的组合将使联邦赤字恶化.

事实上, 大多数经济学家认为, 标准 CPI 的确夸大了通胀的真实影响, 因为至少有两个系统误差导致 CPI 的上涨速度超过了实际生活成本. 首先, 从一个月到下一个月, CPI 是基于特定商店特定商品的价格变化. 然而, 如果一件商品在一家商店的价格上涨, 消费者通常会在另一家商店以更低的价格购买, 如果所有商店的价格都上涨, 消费者可能会用类似但价格较低的商品 (如不同品牌的同一产品) 取而代之. 这种"价格替代"效应意味着消费者发现他们的实际成本并没有 CPI 显示的那么高. 其次, CPI 追踪消费者在任何特定时间购买的"典型"商品的价格, 但不考虑这些商品随时间的变化或改善. 例如, 计算今年 CPI 时使用的数据可能显示, 一部普通手机比几年前的普通手机贵 10%, 但这些数据并不能说明今天的手机有更多功能. 因此, 这些数据夸大了手机价格上涨的影响, 因为它们没有考虑到这样一个事实: 如今消费者花的钱得到的更多了.

---

① **顺便说说:** 职业运动员的工资一度被压低, 因为他们不能在自由市场 ("自由代理") 上提供技能. 1970 年, 明星棒球运动员科特·弗勒德对美国职业棒球大联盟提起诉讼后, 情况发生了变化. 1972 年, 当最高法院做出有利于棒球管理层的裁决时, 弗勒德输掉了这场官司, 但他启动的进程 (迈向自由市场) 是不可阻挡的.

这些想法表明, 通过将税率和生活成本调整的变化与比当前 CPI 更准确地反映通胀的价值挂钩, 可以改善联邦政府的预算状况. 事实上, 政府已经计算出了所谓的"链式 CPI", 它是专门为这个目的而设计的. 下图显示了如果政府将税率和福利的变化与链式 CPI 挂钩, 而不是与标准的 CPI 挂钩, 收入和支出将有何不同. 随着本书在 2017 年出版, 政治家们正在考虑做出这一改变, 尽管这意味着更多税收和更低的福利支出, 意味着很多人反对这一改变. 要了解这场争论的现状, 请搜索"链式 CPI".

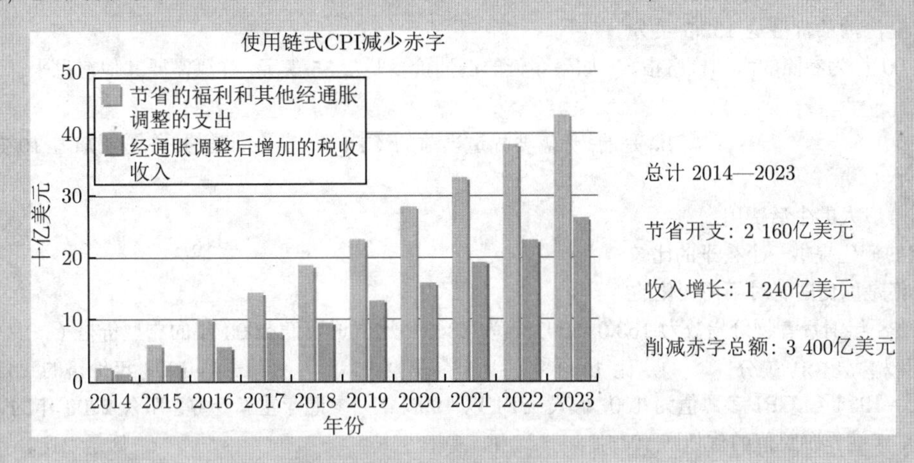

注: 如果福利增加和税率变化与链式 CPI 挂钩, 而不是与标准 CPI(CPI-U) 挂钩, 那么预计的收入增长和支出节约将会增加. 该图基于以下假设: 这些变化在 2014 年的政策下生效.

例 7　电脑价格

2016 年售价 700 美元的普通智能手机的计算能力大致相当于 1985 年售价 3 000 万美元的超级计算机. 如果电脑价格随着通货膨胀而上涨, 那么 1985 年的超级计算机在 2016 年的价格是多少? 这能告诉我们电脑的成本吗?

解　我们将 1985 年的 3 000 万美元转换为 2016 年的美元:

$$
\begin{aligned}
\$_{2016}\text{价格} &= (\$_{1985}\text{价格}) \times \frac{\text{CPI}_{2016}}{\text{CPI}_{1985}} \\
&= 3\,000\text{万美元} \times \frac{240.0}{107.6} \\
&\approx 6\,700\text{万美元}.
\end{aligned}
$$

如果计算机价格随着通货膨胀而上涨, 那么 1985 年超级计算机的计算能力在 2016 年将花费大约 6 700 万美元. 相反, 它只花了 700 美元, 或者说不到 1/100 000. 实际上, 计算能力的价格已经随着时间大幅下降.

▶ 做习题 23~26.

其他指数

消费者物价指数只是你在新闻报道中看到的众多指数中的一个. 还有很多指数, 有些是价格指数, 比如生产者价格指数 (Producer Price Index, PPI), 它衡量生产者 (制造商) 为购买的商品支付的价格 (而不是消费者支付的价格). 其他指数试图测量更多定性变量. 例如, 消费者信心指数 (Consumer Confidence Index) 是基于一项旨在衡量消费者态度的调查, 企业可以以此来衡量人们是否有可能消费或储蓄. 当机构希望对某件事情进行一些简单的对比的时候, 就会提出一些新的指数.

测验 3.4

为下列各题选择一个最佳答案, 并简单叙述理由.

1. 请看表 3.2 中的汽油价格指数. 2005 年的价格指数 192.5 告诉了我们什么?( )
   a. 2005 年汽油价格是 1985 年的 192.5 倍
   b. 2005 年汽油价格是 1985 年的 1.925 倍
   c. 2005 年, 每加仑汽油的价格是 192.5 美分
2. 考虑以 1985 = 100 作为参照的汽油价格指数. 如果今天的汽油价格是 2.55 美元, 你还需要其他信息来计算今天的价格指数吗?( ).
   a. 不需要　b. 是的, 你需要知道当前的 CPI　c. 是的, 你需要知道 1985 年汽油的价格
3. CPI 的设计是为了 ( ).
   a. 告诉我们目前一般人的生活费用
   b. 对价格随时间的变化提供一个公平的比较
   c. 描述汽油的价格是如何随着时间而变化的
4. 由表 3.4 可见, 1998 年消费者物价指数为 163.0, 2003 年为 184.0. 这告诉我们 2003 年的典型价格 ( ).
   a. 比 1998 年的价格高出 21 美分　b. 比 1998 年的几个高出 21%　c. 是 1998 年价格的 184.0/163.0 倍
5. 目前公布的 1982—1984 年 CPI 参照值为 100. 假设 CPI 以 1995 年为参照年重新计算. 那么 2008 年的 CPI 就是 ( ).
   a. 与 1982—1984 年间作参照值的值相同 (215.3)　b. 高于 215.3　c. 低于 215.3
6. 假设我们创建了一个计算机价格指数, 注意计算机价格是随着时间下降的. 如果我们用 1995 = 100 作为计算机价格指数的参照值, 那么今天的价格指数就是 ( ).
   a. 仍然是 100　b. 远远低于 100　c. 远远高于 100
7. 在过去的 30 年里, 大学费用的增长速度远远超过了 CPI. 这告诉我们对于普通家庭 ( ).
   a. 上大学越来越难了　b. 上大学越来越容易了　c. 大学教育在今天比以往任何时候都更有价值
8. 假设你的工资涨幅高于 CPI. 原则上, 这应该意味着 ( ).
   a. 你的生活水平提高了　b. 你的生活水平下降了　c. 你现在的工作时间肯定更长了
9. 假设从 1990 年到 2015 年, 圣迭戈的房价上涨了两倍. 如果我们以 1990 = 100 为参照值, 为圣迭戈创建一个住房价格指数, 2015 年的指数应该是 ( ).
   a. 3　b. 130　c. 300

习题 3.4

复习

1. 什么是指数? 请简述指数如何计算及其意义.
2. 什么是消费者物价指数 (CPI)? 它与通货膨胀有什么关系?
3. 在进行价格比较时, 为什么根据通货膨胀的影响调整价格很重要? 简要描述我们如何使用 CPI 来调整价格.
4. 列出除了 CPI 以外, 其他一些指数的用法. 为什么在决定是否使用一个指数之前理解它很重要?

是否有意义?

确定下列陈述是有意义的 (或显然是真实的), 还是没有意义的 (或显然是错误的), 并解释原因.

5. 每加仑汽油的价格从 1918 年的 25 美分涨到了如今的 2.55 美元, 这使得穷人更难以负担汽车的燃料.
6. 我的工资在过去的 7 年里没有变化, 但是我的生活水平下降了.
7. 本杰明 • 富兰克林说过: “省一分钱等于赚一分钱.” 但是如果他今天还活着, 他谈论的应该是一美元而不是一分 (penny).
8. 汽车的价格一直在稳步上涨, 但当价格经过通货膨胀调整后, 今天的汽车比几十年前更便宜了.
9. 当我们以 1995 年的美元价格绘制今天的牛奶价格图表时, 我们发现它变得稍微贵了一些, 但当我们以 1975 年的美元价格绘制图表时, 我们发现它变得便宜了一些.
10. 消费者物价指数是一个很好的理论概念, 但它对我这个学生的经济资助没有影响.

基本方法和概念

11~16: 汽油价格指数. 使用表 3.2 回答以下问题.

11. 假设现在的汽油价格是 2.55 美元. 以 1985 年的价格为参照值, 找出当前的价格指数.
12. 假设现在的汽油价格是 2.30 美元. 以 1985 年的价格为参照值, 找出当前的价格指数.
13. 如果 1985 年加满一个油箱需要 12 美元, 那么 2015 年加满一个油箱需要多少钱?
14. 如果 1995 年加满一个油箱需要 15 美元, 那么 2015 年加满一个油箱需要多少钱?
15. 如果 1975 年加满一个油箱需要 10 美元, 那么 2015 年加满一个油箱需要多少钱?
16. 以 1995 年价格为参照值, 修订表 3.2 内的汽油价格指数.

17~26: 理解 CPI. 使用表 3.4 回答以下问题. 假设所有价格的涨幅与 CPI 相同.

17. 如果某人在 1986 年需要 25 000 美元来维持一定的生活水平, 那么在 2016 年需要多少钱来维持同样的生活水平?
18. 如果某人在 1996 年需要 45 000 美元来维持一定的生活水平, 那么在 2016 年需要多少钱来维持同样的生活水平?
19. 从 1995 年到 2005 年, 通货膨胀导致的总体物价上涨百分比是多少?
20. 从 2000 年到 2016 年, 通货膨胀导致的总体物价上涨百分比是多少?
21. 1977 年, 一盒通心粉奶酪的价格是 0.25 美元. 以 2010 年美元计算, 它的价格是多少?
22. 1980 年, 一辆汽车的价格是 1 500 美元. 以 2013 年美元计算, 它的价格是多少?
23. 如果 2016 年一张电影票的价格是 10 美元, 以 1980 年美元计算, 它的价格是多少?
24. 如果 2016 年滑雪缆车的票价是 100 美元, 以 1985 年美元计算, 它的价格是多少?
25. 1977 年 1 美元的购买力以 2010 年美元计算是多少?
26. 1979 年 1 美元的购买力以 2016 年美元计算是多少?

进一步应用

27~30: 房屋价格指数. 房地产经纪人使用指数来比较主要城市的房价. 下表列出了几个城市的房价指数, 用下列公式回答问题.

$$\begin{array}{c}\text{房屋价格}\\\text{(其他城市)}\end{array}=\begin{array}{c}\text{房屋价格}\\\text{(所在城市)}\end{array}\times\frac{\text{其他城市房屋价格指数}}{\text{所在城市房屋价格指数}}$$

城市	指数	城市	指数
亚特兰大	100	拉斯维加斯	115
波士顿	146	洛杉矶	190
芝加哥	105	迈阿密	161
达拉斯	121	凤凰城	122
丹佛	136	旧金山	172

27. 在凤凰城价值 400 000 美元的房子, 在迈阿密的价格是多少?
28. 在波士顿价值 600 000 美元的房子, 在洛杉矶的价格是多少?
29. 在达拉斯价值 300 000 美元的房子, 在旧金山的价格是多少?
30. 在旧金山价值 120 万美元的房子, 在丹佛的价格是多少?
31. **医疗保健支出**. 美国医疗保健支出总额从 1977 年的 850 亿美元增加到了 2015 年的 3.2 万亿美元. 将医疗支出的相对变化与消费者物价指数衡量的整体通胀率进行比较.
32. **机票**. 根据美国运输统计局的数据, 美国国内平均机票价格 (双程机票, 无特别折扣或其他费用) 从 1995 年的 292 美元涨到了 2016 年的 349 美元.

    a. 计算 1995 年至 2016 年美国国内平均机票价格的相对变化, 并将其与以消费者物价指数衡量的总体通胀率进行比较.

    b. 以 "2016 年美元" 计算, 1995 年美国国内平均机票价格为 460 美元. 这是否意味着, 根据 CPI 计算的通货膨胀导致机票价格涨幅高于或低于预期? 给出解释.

33. **私立大学费用**. 根据美国大学理事会的数据, 私立四年制学院和大学 (每名全日制学生) 的平均学费和杂费从 1990 年的 8 396 美元增加到了 2016—2017 学年的 33 480 美元. 计算私立大学花费在这段时间内的相对变化, 并将其与以 CPI 衡量的总体通胀率进行比较.
34. **公立大学费用**. 根据美国大学理事会的数据, 公立四年制学院和大学 (每名全日制学生) 的州内平均学费和杂费从 1990 年的 1 780 美元增加到了 2016—2017 学年的 9 650 美元. 计算公立大学花费在这段时间内的相对变化, 并将其与以 CPI 衡量的总体通胀率进行比较.

35. **球迷费用指数**. 参加美国职业棒球大联盟比赛的费用是由球迷费用指数 (Fan Cost Index, FCI) 揭示的, 该指数包含四张成人平均票价票、两小杯生啤酒、四小杯软饮料、四个普通热狗、停车费、两个项目和两顶帽子的价格. 下表显示了 2016 年几个大联盟球队的 FCI 和大联盟的平均水平.

a. FCI 值以美元表示; 那么, FCI 真的是一个“指数”吗? 解释一下.

b. 考虑一个以 2016 年美国职业棒球大联盟 FCI 平均值为参照值的指数; 也就是说, 让这个值等于 100. 然后修改下表, 使所有值都用这个指数表示.

球队	FCI
波士顿	360.66 美元
纽约 (扬基)	337.20 美元
芝加哥 (小熊)	312.32 美元
科罗拉多	193.96 美元
圣迭戈	182.82 美元
亚利桑那州	132.10 美元
大联盟平均	219.53 美元

36. **黄金价格**. 黄金价格 (以美元/盎司计的年底收盘价) 如下表所示.

年份	1986 年	1996 年	2006 年	2016 年
售价	391 美元	369 美元	636 美元	1 152 美元

a. 表中所列价格未按通货膨胀率调整. 修改以上表格, 以 2016 美元表示所有价格.

b. 如果你在 1986 年买了 3 盎司黄金, 在 1996 年把其卖出, 你会赚钱吗 (经通胀调整后)? 解释一下.

c. 如果你在 2006 年买了 3 盎司黄金, 在 2016 年将其卖出, 你会赚钱吗 (经通胀调整后)? 解释一下.

37. **经济自由指数**. 传统基金会编制了一个“全球经济自由指数” (global economic freedom index), 这是一个综合衡量 186 个不同经济体对经济和商业增长的支持程度的指标. 构成该指数的因素包括商业自由、贸易自由、政府支出和政府监管. 请访问全球经济自由指数网站, 回答以下问题.

a. 根据该指数, 仅有的五个“完全自由”的经济体是哪五个 (得分在 80~100 之间)?

b. 在“完全自由”的经济体中, 哪些经济体的指数在上升?

c. 美国在名单上处于什么位置? 它 (相对较低) 的排名归因于什么?

实际问题探讨

38. **消费者物价指数**. 查找一个近期的新闻报道, 其中包括消费者物价指数. 简单描述一下消费者物价指数在新闻中的重要性.

39. **链式 CPI**? 在标准的 CPI 是否高估了通货膨胀, 是否应该被链式 CPI 所取代的问题上, 找到双方的论据. 写一个简短的论点总结. 然后陈述并支持你自己对是否应该做出改变的看法.

40. **生产者价格指数**. 进入生产者价格指数 (PPI) 主页. 阅读概述和最近的新闻报道. 写一篇简短的总结, 描述 PPI 的用途以及它与 CPI 的不同之处. 总结 PPI 近期的重要趋势.

41. **消费者信心指数**. 查找有关消费者信心指数的最新消息. 在研究新闻之后, 写一篇关于消费者信心指数试图衡量和描述指数最近趋势的简短摘要.

42. **人类发展指数**. 联合国开发计划署定期发布《人类发展报告》. 这份报告中一个备受关注的问题是人类发展指数 (Human Development Index, HDI), 它衡量了一个国家在人类发展的三个基本方面的总体成就: 预期寿命、受教育程度和调整后的收入. 找到该报告的最新副本, 并研究 HDI 是如何定义和计算的.

实用技巧练习

43~48: 通货膨胀计算器. 使用美国劳工统计局通货膨胀计算器完成下列问题. 把你的答案四舍五入到最接近的数. 注意: 如果计算器要求你选择月份, 选择 1 月.

43. 1980 年的 100 美元与 2009 年的 ____ 美元购买力相同.

44. 2009 年的 10 美元与 1920 年的 ____ 美元的购买力相同.

45. 1930 年的 25 美元与 2009 年的 ____ 美元的购买力相同.

46. 2008 年的 1 000 美元与 1915 年的 ____ 美元的购买力相同.

47. 假设 Y 是你出生的那一年的年份, Y 年 A 美元与如今的 B 美元价值相当. A 比 B 大还是小?

48. 假设 Y 是你出生的那一年的年份, 如今的 C 美元与 Y 年的 D 美元价值相当. C 比 D 大还是小?

3.5　数字是如何骗人的: 测谎仪、乳房 X 光检查等

对于想申请敏感的安全工作的新申请者, 政府会利用测谎仪对其进行测谎实验. 测谎仪的准确度为 90%, 也就是说, 它们可以在面试过程中抓住 90% 说谎的人, 并确认 90% 说真话的人. 因此, 大多数人认为, 只有 10% 的人在测谎测试失败时被错误地认定为说谎. 事实上, 在某些情况下, 虚假指控的实际比例可能有 90% 以上. 这怎么可能?

我们很快就会讨论这个问题的答案, 但是这个故事的寓意应该已经很清楚了: 数字可能不会说谎, 但如果我们不仔细解读的话, 它们就会骗人. 在本节, 我们将讨论数字欺骗的几种常见方式.

在每种情况下都更好, 但总体上更糟

假设一家制药公司发明了一种治疗痤疮的新方法. 为了确定新疗法是否比旧疗法更好, 该公司给 90 名患者提供旧疗法, 给 110 名患者提供新疗法. 表 3.5 总结了治疗 4 周后的结果, 并根据治疗方案及痤疮轻重进行了分类. 如果你仔细研究这个表格, 你会注意到以下关键事实:

表 3.5　痤疮治疗的结果

	轻度患者		重度患者	
	治愈人数	未治愈人数	治愈人数	未治愈人数
旧治疗方法	2	8	40	40
新治疗方法	30	60	12	8

轻度痤疮患者:

- 10 人接受旧疗法, 2 人治愈, 治愈率为 20%.
- 90 人接受新疗法, 30 人治愈, 治愈率为 33%.

重度痤疮患者:

- 80 人接受旧疗法, 40 人治愈, 治愈率为 50%.
- 20 人接受新疗法, 12 人治愈, 治愈率为 60%.

值得注意的是, 对于轻度痤疮患者, 新疗法的治愈率更高 (新疗法治愈率为 33%, 旧疗法为 20%), 对于重度痤疮患者, 新疗法的治愈率也更高 (新疗法为 60%, 旧疗法为 50%). 因此, 该公司声称其新疗法比旧疗法好是合理的吗?

乍一看, 这似乎是有道理的. 但如果我们不单独看这两组患者, 而是看总体结果, 则有:

旧疗法: 共 90 例患者接受旧疗法治疗, 42 例治愈 (10 例轻度痤疮患者中 2 例被治愈, 80 例重度痤疮患者中 40 例被治愈), 整体治愈率为 $42/90 = 46.7\%$.

新疗法: 共 110 例患者接受新疗法治疗, 42 例治愈 (90 例轻度痤疮患者中 30 例被治愈, 20 例重度痤疮患者中 12 例被治愈), 整体治愈率为 $42/110 = 38.2\%$.

总的来说, 旧疗法的治愈率更高, 尽管新疗法对轻微和严重的痤疮患者都有较高的治愈率.

这个例子说明了, 存在着在两个或多个组的比较中情况都相对更好, 但是总体情况相对更糟的可能性①. 如果你仔细观察, 就会发现这是因为整体的结果被分成了不同大小的组 (在这个病例中, 分成了轻度痤疮患者和重度痤疮患者两组).

① **历史小知识:** 对一组数据分组进行研究得到的结果与将它们放在一起作为总体进行研究得到的结果不同的这一现象, 也被称为辛普森悖论, 之所以这样命名是因为它是由爱德华·辛普森 (Edward Simpson) 在 1951 年提出的. 然而, 同样的想法在 1900 年左右由苏格兰统计学家乔治·尤尔 (George Yule) 提出.

例 1　谁打得更好?

表 3.6 给出了两名球员在一场篮球比赛的两个半场的投篮表现. 谢丽尔在上半场 (40% 比 25%) 和下半场 (75% 比 70%) 都有更高的命中率. 这是否意味着谢丽尔在整场比赛中有更高的命中率?

表 3.6　投篮记录

选手	上半场			下半场		
	击中数	投篮数	命中率	击中数	投篮数	命中率
谢丽尔	4	10	40%	3	4	75%
坎迪斯	1	4	25%	7	10	70%

解　不是, 我们可以从整体的比赛统计数据中看出原因. 谢丽尔一共投篮 14 次 (上半场 10 次, 下半场 4 次), 命中 7 次 (上半场 4 次, 下半场 3 次), 总投篮命中率为 $7/14 = 50\%$. 坎迪斯 14 投 8 中, 总投篮命中率为 $8/14 = 57.1\%$. 虽然谢丽尔在两个半场都有较高的投篮命中率, 但坎迪斯在整场比赛中的整体投篮命中率更高.

▶ 做习题 11~12.

例 2　吸烟能让你长寿吗?

20 世纪 70 年代初, 一项在英国进行的医学研究涉及许多来自威克姆区的成年居民. 20 年后, 一项后续研究从最初的研究中观察了这些人的生存率. 随后的研究发现了以下令人惊讶的结果 (参见: D. R. Appleton, J. M. French and, M. P. Vanderpump, *American Statistician*,Vol. 50, 1996, 340–341):

1. 在吸烟的成年人中, 有 24% 的人在研究开始之后的 20 年间死亡;
2. 在非吸烟的成年人中, 有 31% 的人在研究开始之后的 20 年间死亡.

这些结果能表明吸烟能让人长寿吗?

解　不能, 因为已知的结果并没有告诉我们吸烟者和非吸烟者的年龄. 结果表明, 在最初的研究中, 非吸烟者比吸烟者的平均年龄要大. 非吸烟者死亡率高的原因仅仅反映了死亡率随年龄增长而增加的事实. 当研究结果被分成各年龄组时, 他们发现对于任何一个年龄段的人来说, 非吸烟者的 20 年生存率均高于吸烟者. 也就是说, 55 岁的非吸烟者比 55 岁的吸烟者更有可能活到 75 岁. 一项对数据的仔细研究并没有表明吸烟能延长人的寿命, 而是恰恰相反.

▶ 做习题 13~16.

乳房 X 光检查呈阳性是否意味着癌症?

美国癌症协会建议, 所有年龄在 45 岁至 54 岁之间的女性, 以及在许多情况下更年轻和更年长的女性都应该每年进行一次乳房 X 光检查, 以筛查是否患有乳腺癌. 这些检查通常被认为对于阳性结果和阴性结果都有 85% 的准确率[①], 即对于真正的癌症患者以 85% 的准确率判断出其结果是阳性的, 对于非癌症患者以 85% 的准确率判断出其结果是阴性的. (事实上, 阳性结果和阴性结果的准确率通常是不同的, 但我们假设两者是相同的.) 现在假设你是一名刚做了乳房 X 光检查的女性, 检查结果是患有癌症的阳性. 你应该有多担心?

对于 85% 的准确率, 大多数人会认为阳性结果意味着有 85% 的患癌概率. 但事实上, 这种可能性要低得多. 为了找出原因, 我们假设在接受筛查的人群中, 乳腺癌的总发病率为 1%. 也就是说, 在所有接受乳房 X 光

① **顺便说说:** 乳腺癌筛查的准确性正在迅速提高; 较新的技术, 包括数字乳房 X 光检查和超声波检查, 似乎可以达到 98% 的准确率. 对癌症最确定的检查是活组织检查, 但即使是活组织检查, 如果检查不够仔细, 也可能会漏掉癌症. 如果你的检查结果是阴性的, 但仍然担心有异常, 那就换另一种检验方法吧.

检查的女性中, 有 1% 的人在检查时真的患上了乳腺癌. (具有不同种族和遗传因素的女性的实际发病率各不相同; 我们选择 1% 是为了让数字更简单.)

考虑一项研究, 对 10 000 名女性进行乳房 X 光检查. 在 1% 的发病率下, $1\% \times 10\,000 = 100$ 名女性将患乳腺癌, 其余的 9 900 名女性将不会患乳腺癌. 在这种情况下, 85% 的筛选准确率将导致以下结果:

在 100 名患癌症的女性中:

- 乳房 X 光检查将正确识别这 100 名女性中 85% 的癌症, 即 85 名女性. 这种情况称为**真阳性** (true positives).
- 剩下的 15 名女性的乳房 X 光检查结果为阴性, 即使她们确实患有癌症. 这种情况称为**假阴性** (false negatives).

在 9 900 名没有患癌症的女性中:

- 在这 9 900 名女性中, 有 85% 的人的乳房 X 光检查结果是阴性的, 即 $85\% \times 9\,900 = 8\,415$ 名女性. 这种情况称为**真阴性** (true negatives).
- 剩余的 $9\,900 - 8\,415 = 1\,485$ 名女性将获得乳房 X 光检查阳性的结果, 即使她们确实未患有癌症. 这种情况称为**假阳性** (false positives).

表 3.7 总结了这些结果. 注意, 总的来说, 85 名癌症患者和 1 485 名非癌症患者的乳房 X 光检查结果是阳性的, 即总共有 $85 + 1\,485 = 1\,570$ 个阳性结果. 因为其中只有 85 例为真阳性 (其余为假阳性), 所以在阳性结果的女性中, 实际患癌的比例只有 $85/1\,570 = 0.054$, 即 5.4%. 总之, 即使你的筛查结果是阳性, 你也更有可能未患癌症.

表 3.7 10 000 张乳房 X 光片 (假设) 样本的结果

	癌症患者人数	非癌症患者人数	总人数
检查结果呈阳性	85 (真阳性)	1 485 (假阳性)	1 570
检查结果呈阴性	15 (假阴性)	8 415 (真阴性)	8 430
总计	100	9 900	10 000

例 3 假阴性

根据表 3.7 中的数字, 具有阴性测试结果的女性实际患有癌症 (假阴性) 的百分比是多少?

解 对于表 3.7 中给出的 10 000 个病例, 乳房 X 光片对 15 名患有癌症的女性和 8 415 名未患有癌症的女性检测结果是阴性. 阴性结果的总数为 $15 + 8\,415 = 8\,430$. 因此假阴性的女性比例为 $15/8\,430 = 0.001\,8 = 0.18\%$, 或者说稍低于千分之二. 换句话说, 乳腺 X 光片呈阴性的女性患癌症的概率很小.

▶ 做习题 17~18.

测谎仪和药物测试

现在我们回到本节开始时提出的问题: 90% 准确率的测谎测试是如何导致大量的错误指控的. 这个解释与乳房 X 光检查中发现的情况非常相似.

假设政府对 1 000 个申请敏感安全工作的人进行了测谎测试①. 进一步假设这 1 000 人中有 990 人在测谎仪的测谎过程中说真话, 只有 10 人撒谎. 对于一个 90% 准确率的测试, 我们发现了以下结果:

- 在 10 个说谎的人中, 测谎仪正确地识别了 90%, 这意味着 9 个人被认定为说谎者, 1 个人通过测试.

① **顺便说说:** 测谎测试通常采用测谎仪, 测量各种身体机能, 包括心率、皮肤温度和血压. 测谎仪操作员寻找人们说谎时这些功能的细微变化. 然而在刑事诉讼中, 测谎结果从来没有被允许作为证据, 因为 90% 的准确率对于司法来说太低了. 此外, 研究表明, 受过训练的人很容易通过测谎仪的测试.

• 在 990 个说真话的人中, 测谎仪正确地识别了 90%, 也就是说 $90\% \times 990 = 891$ 个诚实的人通过了测试, 另外 $10\% \times 990 = 99$ 人没有通过测试.

图 3.3 总结了这些结果. 测试没通过的总人数是 $9 + 99 = 108$. 在这些人中, 只有 9 人是真正的说谎者; 其他 99 人是被误判的. 也就是说, 108 人中的 99 人, 或者说 $99/108 = 91.7\%$ 没通过测试的人实际上说的是真话.

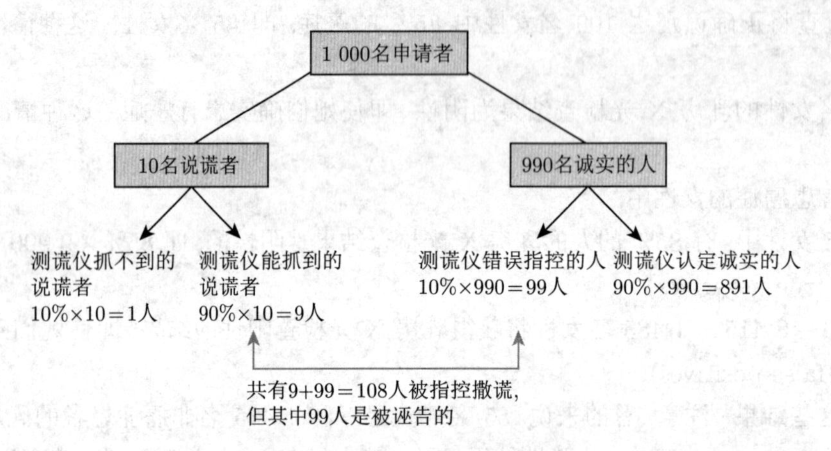

图 3.2　一个树形图总结了对 1 000 人进行的 90% 准确率的测谎测试的结果, 其中只有 10 人在撒谎

在任何实际情况下被错误指控的人的百分比都取决于测试的准确性和说谎的人的比例. 然而, 对于这里给出的数字, 有一个令人震惊的结果: 假设政府拒绝接受没有通过测谎测试的申请人, 那么几乎 92% 的被拒的申请人实际上都是诚实的, 并且可能非常适合这份工作.

思考　假设你被诬告犯罪. 警方建议, 如果你真的是无辜的, 那么你应该同意接受测谎测试. 你愿意吗? 为什么?

例 4　高中药物测试

所有参加区域高中田径锦标赛的运动员必须提供尿样进行药检. 那些药检呈阳性的运动员将被淘汰, 并在接下来的一年里被禁赛. 研究表明, 实验室提供的药物测试准确率达到 95%. 假设有 4% 的运动员使用药物. 那些药检不合格的运动员中, 有多少是被错误地指控而无缘无故被禁赛的?

解　回答这个问题最简单的方法是使用一些样本数字. 假设有 1 000 名运动员参加比赛, 有 4% 或者说 40 名运动员使用药物, 其余的 960 名运动员没有使用药物. 在这种情况下, 95% 的药物测试准确率意味着:

• 在 40 名使用药物的运动员中, 有 95% 的运动员, 或者说 $0.95 \times 40 = 38$ 名运动员药检呈阳性. 另外 2 名使用药物的运动员药检呈阴性.

• 在 960 名未使用药物的运动员中, 有 95% 药检呈阴性, 另有 5% 药检呈阳性, 但这 $0.05 \times 960 = 48$ 人实际上是未使用药物的.

药检呈阳性的运动员总数为 $38 + 48 = 86$ 人, 但 48 名运动员 ($48/86 = 56\%$) 实际上是无辜的. 尽管药物测试的准确率达到了 95%, 但还是有超过一半的被禁赛的学生是无辜的.

▶ 做习题 19~20.

政治中的数学

另一种类型的欺骗发生在辩论双方用不同的数字进行辩论时. 税收政治中出现了一些经典案例.

图 3.3 中显示的两幅图都意在显示布什总统 2001 年实施的减税政策的效果, 该政策一直持续到 2012 年. 图 3.3(a) 是由那些支持新的减税政策的人绘制的, 它表明, 在布什时代的减税政策下, 富人支付的税比他们原本支付的要多. 由反对新减税政策的人士绘制的图 3.3(b) 显示, 富人从布什时代的减税政策中获得的利益比低收入纳税人要多得多. 因此, 这两个图似乎相互矛盾, 因为前者似乎表明富人支付的更多, 而后者似乎表明他们支付的更少.

哪个说法是对的? 事实上, 这两幅图都是准确的, 并且所列数据都有可靠来源. 相反的主张源自每个群体选择数据的方式不同. 减税的支持者对比了在减税政策下和没有减税时富人支付的"总税收的百分比". 因此, "富人支付更多"的标题意味着减税使他们缴纳了更高比例的税款. 然而, 如果税收总额低于没有减税情况下的水平 (事实的确如此), 那么更高的总税收比例仍可能意味着美元的绝对数值下降. 减税的反对者展示了这些美元的绝对节约值, 这表明最大的利益属于富人.

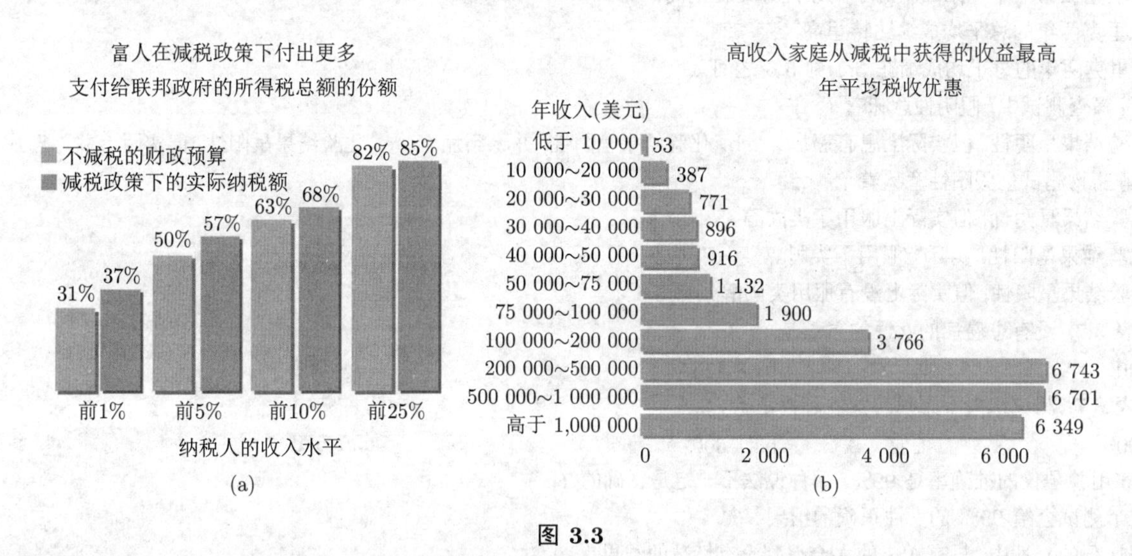

图 3.3

这两幅图都旨在显示 2001 年至 2012 年实施的减税措施对高收入家庭的影响, 但它们旨在支持相反的结论. (a) 根据美国财政部的数据, 摘自发表在《美国企业研究所杂志》上的图; (b) 摘自预算和政策优先事项中心根据美国国会税务联合委员会的数据出版的图.

哪一方更公平? 确实没有. 支持者故意关注相对变化 (百分比), 以掩盖对他们的立场不利的绝对变化. 反对者把注意力集中在绝对变化上, 却忽略了一个事实: 富人缴纳了大部分税. 遗憾的是, 在涉及数字时, 这种"选择性真相"非常普遍, 尤其是那些与政治有关的数字.

例 5 削减还是增加?

假设美国联邦政府今年用于大众教育项目的支出为 1 亿美元, 而国会已经提议明年将这一数字增加到 1.02 亿美元. 请解释这如何导致反对该计划的游说者抱怨扩大了经费规模, 而支持该计划的游说者抱怨该计划经费被削减. 假设明年消费者物价指数预计将上升 3%.

解 支出正在增加, 因为它从 1 亿美元增加到 1.02 亿美元, 所以该计划的反对者可以合理地抱怨这种增长. 然而, 如果消费者物价指数上升 3%, 那么今年的 1 亿美元就相当于明年的 1.03 亿美元, 这意味着 1.02 亿美元的增长不足以跟上通货膨胀的步伐. 出于这个原因, 支持者也可以合理地声称, 以"不变美元"衡量的资金被削减, 因为明年的 1.02 亿美元的购买力达不到今年的 1 亿美元的购买力.

▶ 做习题 21~22.

测验 3.5

为下列各题选择一个最佳答案, 并简单叙述理由.

1. 研究表 3.5. 右下角的数字 8 是什么意思?( )
   a. 8 例严重痤疮患者未被新疗法治愈　b. 8 例严重痤疮患者经新疗法治愈　c. 8% 的严重痤疮患者没有被新疗法治愈
2. 研究表 3.5. 该表不支持以下哪个陈述?( )
   a. 新疗法比旧疗法治愈了更高比例的任何类型的痤疮患者
   b. 新疗法治愈轻度痤疮患者的比例高于旧疗法
   c. 新疗法治愈严重痤疮患者的比例高于旧疗法
3. 在大学的第一年, 德里克的平均绩点是 3.4, 特里是 3.2. 第二年, 德里克的平均绩点是 3.6, 特里是 3.5. 下列哪个陈述不一定是正确的?( )
   a. 德里克在第一年和第二年的平均绩点都比特里高
   b. 德里克两年的总平均成绩比特里高
   c. 德里克两年的总平均成绩在 3.4 到 3.6 之间
4. 在癌症筛查测试中, 假阴性意味着 ( ).
   a. 化验结果呈阴性, 但实际上患有癌症　b. 化验结果呈阴性, 并无癌症　c. 化验结果呈阳性, 但实际上并无癌症
5. 类固醇药物测试呈假阳性意味着 ( ).
   a. 化验结果呈阴性, 但实际上服用了类固醇
   b. 化验结果呈阳性, 实际上服用了类固醇
   c. 化验结果呈阳性, 但实际上没有服用类固醇
6. 研究表 3.7. 没有患癌症的女性的总数是 ( ).
   a. 100　b. 8 415　c. 9 900
7. 研究表 3.7. 测试结果不正确的女性总数是 ( ).
   a. 100　b. 1 500　c. 1 570
8. 假设家用验孕仪的准确率是 99%. 哪种说法不一定是正确的?( )
   a. 这个测试会给 99% 的女性正确的结果
   b. 在怀孕的女性中, 只有 1% 的人会得到没有怀孕的结果
   c. 在检测结果为阴性的女性中, 99% 没有怀孕
9. 研究图 3.3(a) 中的图形. 根据这幅图, 下列哪个选项是不正确的?( )
   a. 收入最高的 1% 的纳税人缴纳的联邦所得税占总收入的比例比没有减税的情况下要高
   b. 收入最高的 1% 的纳税人缴纳了联邦所得税总收入的 37%
   c. 收入最高的 1% 的纳税人缴纳的所得税比没有减税的情况下要多
10. 研究图 3.3(b) 中的图形. 根据这幅图, 下列哪个选项是不正确的?( )
    a. 图中显示的所有收入阶层的纳税人比没有减税的情况下缴纳的税款都要少
    b. 收入在 7.5 万至 10 万美元之间的纳税人平均缴纳的所得税为 1 900 美元
    c. 收入超过 100 万美元的纳税人比没有减税的情况下平均少支付了 6 349 美元

习题 3.5

复习

1. 职业运动员经常因为使用违禁药物而被禁止参加比赛. 对于这样的测试, 什么是假阳性? 什么是假阴性? 什么是真阳性? 什么是真阴性?
2. 请简要解释为何疾病筛检呈阳性并不一定表示病人患有该疾病.
3. 解释一个准确的测谎仪或药物测试如何可能导致大量的错误指控.
4. 举例说明在一个问题上, 双方的政治家是如何在不说谎的前提下使用数字来支持他们的论点的.

是否有意义?

确定下列陈述是有意义的 (或显然是真实的), 还是没有意义的 (或显然是错误的), 并解释原因.

5. 在某项研究中, 无论男女, 新药物降低血压的效果都比旧药物好, 但总的来说, 旧药物更有效.

6. 我们的总成绩只基于家庭作业和考试, 我的家庭作业和考试成绩都比你好. 因此, 我的总成绩比你好.

7. 行李筛检机对含有违禁物品的行李的识别准确率高达 98%. 因此, 如果扫描显示一个袋子里含有违禁物质, 那么它几乎肯定含有违禁物质.

8. 测谎仪显示嫌疑犯在他声称自己无罪的时候在撒谎, 所以他一定是有罪的.

9. 共和党人声称减税对每个人都有好处, 但民主党人却说减税对富人有利. 显然, 其中一方肯定在撒谎.

10. 尽管今年的预算比去年有所增加, 但该机构的年度预算却大幅削减.

基本方法和概念

11. **击球百分比**. 下表显示了两个棒球运动员在前半个赛季 (前 81 场比赛) 和后半个赛季的击球记录.

	上半赛季		
球员	安打	打数	打击率
乔西	50	150	0.333
裘德	10	50	0.200
	下半赛季		
球员	安打	打数	打击率
乔西	35	70	0.500
裘德	70	150	0.467

a. 哪个球员在上半赛季的打击率比较高?

b. 哪个球员在下半赛季的打击率比较高?

c. 哪个球员在本赛季的打击率比较高?

d. 简单解释一下为什么结果可能会令人惊讶或矛盾.

12. **杰特和贾斯蒂**. 下表显示了 1995 年和 1996 年大联盟球员德里克・杰特和大卫・贾斯蒂的安打数 (H)、打数 (AB) 和打击率 (AVG = H/AB).

a. 哪个球员在 1995 年和 1996 年都有比较高的打击率?

b. 计算每个球员两年的总打击率.

c. 哪个球员在 1995 年和 1996 年的总打击率更高?

d. 简单解释一下为什么结果可能会令人惊讶或矛盾.

	1995 年	1996 年
杰特	12H 48AB AVG=0.250	183H 582AB AVG=0.314
贾斯蒂	104H 411AB AVG=0.253	45H 140AB AVG=0.321

资料来源：Ken Ross, *A Mathematician at the Ballpark : Odds and Probabilities for Basebass Fans*, Pi Press, 2004.

13. **考试分数**. 下表显示了内布拉斯加州和新泽西州八年级的数学考试成绩. 分数是根据学生的种族来划分的. 该表也显示了所有种族的州平均水平.

	白人	非白人	全部种族平均数
内布拉斯加州	281	250	277
新泽西州	283	252	272

a. 哪个州在两个种族中得分都比较高? 哪个州的两个种族的总体平均数比较高?

b. 解释一个州如何在两个类别中均得分较低, 但总体平均分仍然较高.

c. 下表给出了每个州白人和非白人的实际比例. 使用这些百分比来验证内布拉斯加州的总体平均考试分数是 277 分, 如第一个表所示.

	白人	非白人
内布拉斯加州	87%	13%
新泽西州	66%	34%

d. 使用种族百分比来验证新泽西州的总体平均测试分数是 272 分, 如第一个表中所述.

e. 简单解释一下为什么结果可能会令人惊讶或矛盾.

14. **考试分数**. 参考下面的表格, 比较 1988 年和 1998 年高中学生的平均成绩和数学 SAT 分数.

平均成绩	学生百分比 1988 年	学生百分比 1998 年	SAT 成绩 1988 年	SAT 成绩 1998 年	变化
A+	4%	7%	632	629	-3
A	11%	15%	586	582	-4
A-	13%	16%	556	554	-2
B	53%	48%	490	487	-3
C	19%	14%	431	428	-3
总平均值			504	514	+10

a. 1988 年和 1998 年的五个成绩级别的 SAT 成绩有何变化?

b. 1988 年和 1998 年 SAT 的总平均分数有什么变化?

c. 简单解释一下为什么结果看起来会令人惊讶或矛盾.

15. **肺结核死亡**. 下表显示了 1910 年纽约市和弗吉尼亚州里士满的结核病死亡人数.

种族	纽约市 人口数	纽约市 结核病死亡人数
白人	4 675 000	8 400
非白人	92 000	500
总人数	4 767 000	8 900

种族	里士满 人口数	里士满 结核病死亡人数
白人	81 000	130
非白人	47 000	160
总人数	128 000	290

资料来源: Cohen and Nagel, *An Introduction to Logic and Scientific Method*, Harcourt, Brace and World ,1934.

a. 计算纽约市白人、非白人和所有居民的死亡率.

b. 计算里士满白人、非白人和所有居民的死亡率.

c. 简单解释一下为什么结果看起来会令人惊讶或矛盾.

16. **负重训练**. 两支越野跑步队伍参加了一项 (假设的) 研究, 其中每支队伍的一部分选手使用负重训练来代替跑步训练, 其余选手没有进行负重训练. 赛季结束时, 比赛时间 (以秒为单位) 的平均进步记录如下表.

	平均提高时间 (秒) 有负重训练	无负重训练	团队平均
瞪羚队	10	2	6.0
猎豹队	9	1	6.2

请描述记录在表格中的结果是否令人惊讶或矛盾. 通过找出每支队伍使用负重训练的百分比来解释这个矛盾.

17. **更准确的乳房 X 光检查**. 与表 3.7 相似, 下表基于乳腺癌发病率为 1% 的假设. 然而, 该表假设乳房 X 光检查的准确率为 90%(而表 3.7 中假设的准确率为 85%).

	癌症患者人数	非癌症患者人数	总人数
结果呈阳性	90 (真阳性)	990 (假阳性)	1 080
结果呈阴性	10 (假阴性)	8 910 (真阴性)	8 920
总计	100	9 900	10 000

a. 验证表格中的数字是否正确. 写出计算过程.

b. 假设病人的乳房 X 光检查呈阳性, 她患癌症的概率有多大?

c. 乳房 X 光检查呈阳性的病人不患癌症的概率是多少?

d. 假设病人的乳房 X 光检查呈阴性. 她得癌症的概率有多大?

18. **疾病测试**. 假设对一种疾病的检测对那些有这种疾病的人 (真阳性) 有 90% 的准确率, 而对那些没有这种疾病的人 (真阴性) 有 90% 的准确率. 在 2 000 名患者的样本中, 该病的发病率是全国平均水平, 为 2%.

a. 验证下表各项与给出的信息一致, 总体发病率为 2%, 并给出解释.

	患者人数	非患者人数	总人数
结果呈阳性	36	1 96	232
结果呈阴性	4	1 764	1 768
总计	40	1 960	2 000

b. 在那些患有这种疾病的人中, 检测呈阳性的百分比是多少?

c. 在那些检测呈阳性的人中, 有多少人患有这种疾病? 将这个结果与 (b) 的结果进行比较, 并解释它们的不同之处.

d. 在那些检测呈阳性的人中, 有多少人没有患病?

19. **性能增强**. 假设兴奋剂测试有 90% 的准确率 (它能正确检测出 90% 使用这类药物的人, 也能正确检测出 90% 未使用这类药物的人). 假设 2 000 名参加大型运动会的运动员中有 2% 服用了兴奋剂, 所有运动员都接受了药物测试.

a. 验证下表各项与给出的信息一致, 解释每个条目.

b. 总共有多少运动员被指控使用兴奋剂? 其中有多少人确实在使用, 有多少人没有使用? 被指控使用兴奋剂的人中有多少是被诬告的?

	兴奋剂 使用者	兴奋剂 未使用者	总人数
测试显示 使用兴奋剂	36	196	232
测试显示 未使用兴奋剂	4	1 764	1 768
总计	40	1 960	2 000

c. 总共有多少运动员被检验没有服用兴奋剂? 在这些人中, 有多少人真的在使用这些药物? 这些人在未被指控使用兴奋剂的人中所占的百分比是多少?

20. **真实的测谎实验**. 下表的结果来自博伊西州立大学查尔斯·洪茨和美国国防部测谎研究所戈登·巴兰的实验. 在每种情况下, 受试者是否撒谎是已知的, 因此表格显示了测谎仪何时是正确的.

	实验对象真的撒谎了吗?	
	没有	是的
测谎仪显示 受试者说谎	15	42
测谎仪显示 受试者未说谎	32	9

a. 测试发现多少受试者在说谎? 其中有多少是在撒谎, 又有多少是在说实话? 那些被发现撒谎的人中有多少比例的人实际上没有撒谎?

b. 测试发现多少受试者说的是真话? 其中有多少人说的是真话? 那些被发现说真话的人中有多少是真的?

21. **政治数学**. 假设美国联邦政府今年为一项受欢迎的住房计划支出 10 亿美元, 而国会已经提议将该计划明年的支出增加到 10.1 亿美元. 假设明年消费者物价指数预计将上升 3%. 那些支持这个计划的人抱怨说这个计划正在被削减. 反对这个计划的人抱怨说这个计划正在增加. 解释每个观点.

22. **减税**. 根据德勤会计师事务所对一项拟议的联邦减税方案的专业分析, 减税将节省以下所得税: 家庭收入为 41 000 美元的单身人士将节省 211 美元的税收; 家庭收入为 530 000 美元的单身人士可以节省 12 838 美元的税收; 一对有两个孩子、家庭收入为 41 000 美元的已婚夫妇可以节省 1 208 美元的税收; 一对有两个孩子、家庭收入为 530 000 美元的已婚夫妇可以节省 13 442 美元的税收.

a. 计算收入为 41 000 美元的单身人士和收入为 530 000 美元的单身人士在储蓄方面的绝对差异. 然后用每个人收入的百分比来表示储蓄.

b. 计算有两个孩子、收入为 41 000 美元的已婚夫妇和有两个孩子、收入为 530 000 美元的已婚夫妇在储蓄方面的绝对差异. 然后用每对夫妇收入的百分比来表示储蓄.

c. 写一段话, 为减税有助于低收入者的立场辩护或反驳.

进一步应用

23. **篮球记录**. 考虑以下假设的斯佩尔曼学院和莫尔豪斯学院的篮球记录.

a. 用数据来支持斯佩尔曼学院比莫尔豪斯学院有更好的团队这一说法.

b. 用数据来支持莫尔豪斯学院比斯佩尔曼学院有更好的团队这一说法.

c. 你认为哪种说法更有道理? 为什么?

	斯佩尔曼学院	莫尔豪斯学院
主场	10 胜, 19 负	9 胜, 19 负
客场	12 胜, 4 负	56 胜, 20 负

24. **更好的药物**. 两种药物, A 和 B, 总共测试了 2 000 名患者, 一半是女性, 一半是男性. 其中 A 药 900 例, B 药 1 100 例. 结果如下表所示.

	女性	男性
药物 A	100 人中的 5 人被治愈	800 人中的 400 人被治愈
药物 B	900 人中的 101 人被治愈	200 人中的 196 人被治愈

a. 用数据支持药物 B 比药物 A 更有效的说法.

b. 用数据支持药物 A 比药物 B 更有效的说法.

c. 你认为哪种说法更有道理? 为什么?

25. **艾滋病毒的风险**. 纽约州卫生部估计, 在“高危”人群中艾滋病毒 (HIV) 感染率为 10%, 在普通人群中感染率为 0.3%. HIV 检测在检测真阴性和真阳性方面有 95% 的准确性. 随机选择 5 000 名“高危”人和 20 000 名普通人的结果如下表所示.

a. 验证普通人群和“高危”人群的发病率分别为 0.3% 和 10%. 另外, 验证普通人群和“高危”人群的检出率为 95%.

b. 考虑“高危”人群中的患者. 在 HIV 携带者中, 检测呈阳性的比例是多少? 在那些检测呈阳性的人中, 有多少人感染了 HIV? 解释为什么这两个百分比不同.

	“高危”人群	
	测试呈阳性	测试呈阴性
感染者	475	25
未感染者	225	4 275
	普通人群	
	测试呈阳性	测试呈阴性
感染者	57	3
未感染者	997	18 943

c. 假设处于“高危”人群中的人 HIV 检测呈阳性. 作为一名使用这个表格的医生, 你如何描述病人感染 HIV 的概率? 将这一数字与 HIV 在“高危”人群中的总体感染率进行比较.

d. 考虑普通人群. 在 HIV 携带者中, 检测呈阳性的比例是多少? 在那些检测呈阳性的人中, 有多少人感染了 HIV? 解释为什么这两个百分比不同.

e. 假设普通人群中有一个人 HIV 检测呈阳性. 作为一名使用这个表格的医生, 你如何描述病人感染 HIV 的概率? 将这一数字与 HIV 的总发病率进行比较.

26. **敏感性和特异性**. 考虑下表显示的 64 810 名女性的乳房 X 光检查结果.

	患癌人数	未患癌人数	总人数
检测呈阳性	132	983	1 115
检测呈阴性	45	63 650	63 695
总数	177	64 633	64 810

a. 根据这些数据, 在做了乳房 X 光检查的女性中, 乳腺癌的发病率是多少?

b. 检测呈阳性的女性中患有癌症的比例是多少?

c. 检测呈阴性的女性中有多少比例患有癌症?

d. 筛查试验的敏感性是指该试验在患者中的准确性. 在这种情况下, 患此病的妇女中有多少百分比被检测为阳性?

e. 筛查试验的特异性是指在没有疾病的人群中检测的准确性. 在这种情况下, 没有这种疾病的妇女中有多少百分比被检测为阴性?

27. **航班抵达**. 下表显示了五个城市中两家航空公司的实际到达数据 (航空公司名称已更改).

目的地	精益求精航空公司		天堂航空公司	
	准点率	到达数量	准点率	到达数量
洛杉矶	88.9%	559	85.6%	811
凤凰城	94.8%	233	92.1%	5 255
圣迭戈	91.4%	232	85.5%	448
旧金山	83.1%	605	71.3%	449
西雅图	85.8%	2 146	76.7%	262
总计		3 775		7 225

a. 哪家航空公司飞往五个城市的航班准点率较高?

b. 计算这两家航空公司在五个城市的准时航班百分比.

c. 解释这些结果中明显的不一致性.

实际问题探讨

28. **测谎仪争议**. 访问那些反对或支持使用测谎仪的网站. 总结双方的论点, 特别注意假阴性率在讨论中所起的作用.

29. **药物测试**. 探讨在工作场所或体育比赛中进行药物测试的问题. 讨论在这些环境中药物测试的合法性和通常进行的测试的准确性.

30. **癌症筛查**. 调查对某些类型癌症 (如乳腺癌、前列腺癌、结肠癌) 的常规筛查的建议. 解释如何测量筛选试验的准确性. 这个试验有什么用? 它的结果会怎样误导人?

31. **税收变动**. 查找有关最近提议的减税或增税的信息, 并查找支持和反对这项改革的人所使用的关于公平的论据. 讨论双方引用的数值数据. 你认为哪一方的论点更有说服力? 为什么?

第三章 总结

节	关键词	关键知识点和方法
3.1 节	绝对变化 相对变化 参照值 绝对差异 相对差异	绝对变化 = 新值 − 参照值 $相对变化 = \frac{新值 - 参照值}{参照值} \times 100\%$ 绝对差异 = 比较值 − 参照值 $相对差异 = \frac{比较值 - 参照值}{参照值} \times 100\%$ 理解“是谁的百分之几”与“比谁多百分之几”的区别 理解百分点与百分比 (%) 的区别 解决百分比问题 分辨常见的百分比的误用
3.2 节	科学记数法 数量级	用科学记数法书写和解释数字 通过以下方法, 正确理解数字: • 估计, 包括数量级估计 • 比较 • 放缩
3.3 节	有效数字 随机误差 系统误差 绝对误差 相对误差 准确性 精确性	区分有效数字和不重要的零 识别和区分随机误差和系统误差 绝对误差 = 测量值 − 真实值 $相对误差 = \frac{测量值 - 真实值}{真实值} \times 100\%$ 区分准确性和精确性 应用舍入规则合并测量数据 加法或减法的舍入规则: 将答案舍入为与最不精确的数字精度相同的精度 乘法或除法的舍入规则: 将答案舍入为与最少有效数字的测量值相同的有效位数
3.4 节	指数 通货膨胀 消费者物价指数 (CPI) 通货膨胀率	理解指数以及它们在比较中的作用 $指数 = \frac{数值}{参照值} \times 100$ 理解如何使用 CPI 来衡量通货膨胀 利用 CPI 调整通货膨胀价格: $\$_Y 价格 = \$_X 价格 \times \frac{CPI_Y}{CPI_X}$
3.5 节	假阳性 真阳性 假阴性 真阴性	理解并举例说明分组检验与总体检验结果的不同之处 理解并举例说明乳房 X 光检查和测谎仪是如何产生惊人结果的 理解并举例说明民主党和共和党在都没有说谎的前提下如何对相同的数据提出不同的主张

第四章　管理金钱

管理个人财务现如今是一项复杂的任务. 如果你和大多数美国人一样, 那么你会有一个银行账户和至少一张信用卡. 你可能还有学生贷款、住房抵押贷款和各种投资计划. 在这一章中, 我们将讨论个人财务管理中的关键问题, 包括预算、储蓄、贷款、税收和投资. 我们还探讨联邦政府如何管理其资金, 这将影响到我们所有人.

4.1 节

掌控你的财务: 回顾个人预算的基础.

4.2 节

复利的威力: 探索复利的基本原理.

4.3 节

储蓄计划及投资: 计算储蓄计划的未来价值, 研究股票和债券的投资.

4.4 节

贷款支付、信用卡和抵押贷款: 了解贷款支付的数学原理, 包括学生贷款、信用卡和抵押贷款.

4.5 节

所得税: 探索所得税中的数学和围绕它的政治问题.

4.6 节

理解联邦预算: 研究联邦预算过程和相关的政治问题.

问题: 你是一名高中毕业生, 假设你需要额外的 100 万美元. 下列哪项将是获取这笔钱的最佳方式?

A. 期待买彩票中大奖, 然后买很多彩票;
B. 锻炼你的运动技能, 希望成为一名职业运动员;
C. 上大学;
D. 投资股票市场;
E. 找一份餐馆的工作, 希望能从基层晋升到管理层.

解答: 解决这个问题的一个好方法就是从你可以排除的选项开始. 最明显的错误答案可能是 A, 你中彩票的概率很小, 绝大多数彩票玩家输掉的钱比他们赢回的钱多得多. 如果你碰巧是一名有天赋的运动员, 选择 B 可能很有吸引力, 但一些统计数据显示, 这仍然是一个不大会成功的尝试. 例如, 美国大学生体育协会 (NCAA) 的报告显示, 在高中篮球队中, 每 10 000 名高年级男生中只有 3 名被专业球队选中, 在足球队中, 每 10 000 名男生中只有 8 名被专业球队选中. 在所有体育运动中, 美国只有大约 10 000 名职业运动员, 或者说不到三万分之一的美国人, 这意味着成为职业运动员的概率与中彩票的概率相差无几.

还剩下选项 C, D, E. 选 D, 投资股票市场, 可以是一个很好的长期战略, 但很少有投资者一生能赚到 100 万美元, 糟糕的选择或坏运气反而会导致损失. 选择 E 的管理路线是可行的, 但是几乎所有好的管理工作都是由大学毕业生做的. 因而剩下的 C 是正确答案. 的确如此: 在整个职业生涯中大学毕业生平均比高中毕业生多赚 100 多万美元. 要了解具体方法, 请参阅 4.1 节中的例 7.

实践活动　学生贷款

我们利用这个活动来了解这一章将会遇到的各种问题.

如果你像美国的大多数大学生一样, 你可能已经通过至少一笔学生贷款获得了资金, 将来你可能还需要更多学生贷款. 即使你没有个人贷款, 你的许多朋友也可能会贷款. 但学生贷款的成本并不总是相同的. 举个例子, 两个学生每人借 1 万美元, 在毕业时他们欠的费用不一定是相同的, 而且一旦他们找到工作, 他们的利率或月付款可能也是不同的. 此外, 学生贷款的规则、收费和处罚也各不相同. 因为这些贷款在大多数学生的生活中是非常重要的一部分, 所以我们用学生贷款问题来开始思考本章将要涉及的金融话题.

① 你有学生贷款吗? 如果有, 你真的需要用它来上大学吗? 或者你有其他选择来支付你的大学学费吗? 如果你没有学生贷款, 你要如何避免有学生贷款, 你认为将来你会需要吗?

② 如果你有一个或多个学生贷款, 请查阅一下它们的条款. 利率是多少? 你什么时候必须开始偿还贷款? 你需要多长时间付款? 你的月付款是多少? 即便你没有学生贷款, 也可以用理论上的贷款数据来回答这些问题.

③ 假设你需要借 1 万美元来支付你下一年的大学学费. 利用你的大学或网络上的资源来考察你的 1 万美元学生贷款的选择. 哪个选择看起来是最好的? 为什么?

④ 不管你是否有学生贷款, 大学学费都很贵. 你认为这样做值得吗? 你希望从大学教育中得到什么好处?

4.1 掌控你的财务

金钱不是一切, 但它确实对我们的生活有很大影响. 大多数人都希望有更多的钱, 而且毫无疑问, 更多的钱可以让你做那些用更少的钱不可能完成的事情. 然而, 研究表明, 当涉及个人幸福时, 你拥有多少钱并不重要, 重要的是你能掌控你的个人财务状况. 即使是高收入人群, 若对自己的财务失去控制, 也容易遭受财务压力, 进而导致更高的离婚率和人际关系中的其他困难、更高的抑郁率, 以及各种其他疾病. 相比之下, 善于理财的人更有可能说自己很快乐, 即使他们不是特别富有. 因此, 如果你想获得幸福，而且可能想实现任何财务目标，那么第一步就是确保你足够了解你的个人财务状况, 以便能很好地控制它.

控制财务

如果你正在读这本书, 那么你很可能是一名大学生. 在这种情况下, 你可能面临着前所未有的财务挑战. 如果你刚刚高中毕业, 这可能是你第一次对自己的财务状况完全负责. 如果你已工作多年或者已经成为父母后再回到学校, 那么你现在必须平衡大学的费用和日常生活中的其他财务挑战.

成功应对这些财务挑战的关键是要确保你总是能控制它们, 而不是让它们控制你. 获得控制的第一步是确保你要一直跟踪财务状况. 例如, 你应该知道银行账户的余额, 这样你就不必担心透支或者你的借记卡被拒. 同样, 你应该知道你在信用卡上花了多少钱, 你是否有可能在月底还清信用卡, 或者你的支出会让你负债累累. 当然, 你应该明智地花钱, 而且要在你能承受的范围内.

有很多书籍和网站旨在帮助你控制财务状况, 但最后它们都回到相同的基本理念: 你需要知道你有多少钱和你花多少钱, 然后量入为出. 如果你能做到这一点, 就像下面总结的那样, 你就有很大的机会获得经济上的成功和幸福.

掌控你的财务状况

- 了解你的银行存款余额, 避免支票被拒付或借记卡被拒.
- 了解你的花销; 特别要留意你的借记卡和信用卡消费.
- 不要冲动消费. 首先思考; 在你确信物有所值时才去购买.
- 制定预算, 不要超支.

例 1　拿铁咖啡的钱

卡尔文并不富有, 但他过得很好, 他喜欢坐在大学咖啡厅喝杯拿铁咖啡. 他通常花 5 美元买一大杯拿铁(含税收和小费). 他平均每天至少喝一杯, 而且大约每三天他会多点一份. 他认为这样做并不奢侈, 你觉得是这样吗?

解　一天一杯意味着每年喝 365 杯拿铁, 每三天多点一份, 即第二次增加的量约为 $365/3 = 121$ 杯拿铁 (四舍五入之后的结果). 这意味着每年卡尔文喝 $365 + 121 = 486$ 杯拿铁, 每杯 5 美元, 即

$$486 \times 5\text{美元} = 2\ 430\text{美元}.$$

卡尔文的拿铁咖啡习惯每年要花掉他约 2 400 美元. 如果他的经济状况很好, 那就不算多. 但对于一个普通的大学生来说, 这已经是两个多月的房租了; 这也足够让他每月两次带一个朋友出去吃一顿 100 美元的晚餐; 这些数据就能足够说明, 如果他把这些钱存起来, 再算上利息, 他就可以很容易地在未来 10 年内节省超过 25 000 美元.

▶ 做习题 13~20.

例 2　信用卡利息[①]

卡西迪最近开始控制自己的开销, 但是她仍然不能还清她的信用卡. 她每月的平均贷款余额约为 1 100 美元, 她的信用卡的年利率为 24%, 即每月利率为 2%. 她花在信用卡上的利息是多少?

解　她每月的平均利息是平均余额 1 100 美元的 2%, 即

$$0.02 \times 1\ 100\text{美元} = 22\text{美元}.$$

一年中有 12 个月, 故她每年支付的利息应为

$$12 \times 22\text{美元} = 264\text{美元}.$$

仅利息一项就会使卡西迪每年花费超过 260 美元, 这对于一个生活拮据的人来说是相当可观的. 显然, 如果她能找到一种快速付清信用卡欠款并结束利息支付的办法, 她的日子就会好过很多.

▶ 做习题 21~24.

掌握预算基础知识

正如你从例子 1和 2中看到的, 决定你能负担得起的关键之一是了解你的个人预算. 制定**预算** (budget) 意味着跟踪你的收入和支出, 然后决定你需要做哪些调整. 下面总结了制定预算的四个基本步骤.

---

① **顺便说说:** 有些信用卡公司设定的最低还款额只包括利息, 如果你只支付最低还款额, 你就永远无法还清信用卡. 为了避免这个问题, 一定确保你至少要向本金支付一些钱. 你可以使用如下原则: 如果年利率是 24%, 确保你每月支付超过余额的 2%. 更好的办法是, 还清所有欠款, 这样你就不用支付这么高的利息了.

预算制定过程分为四个步骤

第 1 步： 列出你所有的月收入. 确定包含那些不是按月支付的 (如一年支付一次的) 收入的月平均收入值.

第 2 步： 列出你所有的月支出. 一定要把不会每月发生的费用的平均数额算在内, 例如学费、书籍、假期、保险和节日礼物的费用.

第 3 步： 从总收入中减去总开支, 确定你每月的净**现金流** (cash flow).

第 4 步： 根据需要进行调整.

对大多数人来说, 预算过程中最困难的部分是确保你做记录时不会漏掉任何一笔花销. 一个好方法是仔细跟踪几个月的开销. 例如, 随身携带一个小便笺簿, 或者使用一个手机或电脑上的个人预算应用程序, 记录下所有花费. 不要漏掉任何一笔临时的开销, 否则你可能会严重低估每月的平均花费.

一旦你列出了第 1 步和第 2 步的清单, 第 3 步就是计算, 从每月的收入中减去每月的支出, 就能得到每月的总现金流. 如果现金流是正的, 那么每个月底将有剩余的钱, 你可以用来储蓄. 如果现金流是负的, 就需要思考一个问题：找到一种平衡预算的方法, 要么赚得更多, 要么花得更少, 要么动用储蓄补足, 要么贷款.

例 3　大学花费

除了每月的支出外, 你还需要每年支付两次大学费用: 每学期 3 500 美元的学费, 每学期 750 美元的学生费, 每学期 800 美元的教材费. 你应该如何设计每月预算来处理这些费用?

解　因为每年支付两次这些费用, 所以一年支付的总额是

$$2 \times (3\,500\text{美元} + 750\text{美元} + 800\text{美元}) = 10\,100\text{美元}.$$

则每月的平均费用为

$$10\,100\text{美元} \div 12 \approx 842\text{美元}.$$

每月平均的大学学杂费及教材费将近 850 美元, 所以应该把每月 850 美元添加到消费列表中.

▶ 做习题 25~30.

例 4　高校学生预算

布里安娜正在制定预算. 她每月支付的费用包括 700 美元的房租、120 美元的汽油费、140 美元的健康保险、75 美元的汽车保险、25 美元的租房保险、110 美元的手机费、100 美元的水电费、约 300 美元的杂货费和大约 250 美元的娱乐费 (包括外出就餐). 此外, 她全年的大学费用支出为 12 000 美元, 给家人和朋友的礼物支出约为 1 000 美元, 春假和寒假假期支出约为 1 500 美元, 衣服支出约为 800 美元, 慈善捐款支出为 600 美元. 她的收入包括每月大约 1 600 美元的税后工资和一笔学年初得到的 3 000 美元的奖学金. 试写出她每月的现金流.

解　我们使用四步预算制定过程.

第 1 步: 确定月平均收入. 布里安娜每月的直接收入是 1 600 美元. 此外, 她的 3 000 美元的奖学金意味着平均奖学金收入为 3 000美元/12 = 250 美元. 因此, 她的总的月平均收入为

$$1\,600\text{美元} + 250\text{美元} = 1\,850\text{美元}.$$

第 2 步: 确定每月平均费用. 首先, 我们把布里安娜每月的花费加起来:

$$700\text{美元} + 120\text{美元} + 140\text{美元} + 75\text{美元} + 25\text{美元} + 110\text{美元}$$
$$+ 100\text{美元} + 300\text{美元} + 250\text{美元} = 1\,820\text{美元}.$$

接下来, 考虑她的其他年度开支, 总数为

$$12\,000\text{美元} + 1\,000\text{美元} + 1\,500\text{美元} + 800\text{美元} + 600\text{美元} = 15\,900\text{美元}.$$

我们将年度费用除以 12 得出的月平均费用为: 15 900美元/12 = 1 325美元. 因此, 她每月的总平均支出 (含每月和每年支付的) 是

$$1\,820\text{美元} + 1\,325\text{ 美元} = 3\,145\text{ 美元}.$$

第 3 步: 确定每月的现金流. 我们从布里安娜的收入中减去她的支出, 可以得到她的现金流:

$$\begin{aligned}\text{每月现金流} &= \text{每月收入} - \text{每月支出}\\ &= 1\,850\text{美元} - 3\,145\text{美元}\\ &= -1\,295\text{美元}.\end{aligned}$$

她每月的现金流大约是 −1 300 美元. 事实上, 它是负数意味着她每个月的花费比收入多 1 300 美元, 或者 1 300 美元 ×12 = 15 600 美元/年.

第 4 步: 根据需要进行调整. 布里安娜显然有预算问题. 除非她能找到增加收入或减少支出的方法, 否则她将不得不动用过去的储蓄 (她自己或她家人的) 或举债来弥补超额支出. 很明显, 她需要做出调整, 尽管这需要她做出艰难的选择.

▶ 做习题 31~34.

思考 仔细看例 4中布里安娜的费用清单①. 你会建议她做些什么来使预算达到更好的平衡? 她的费用清单与你的相比如何? 这个例子对你有什么借鉴意义吗? 解释一下.

调整预算

如果你像大多数人一样, 仔细分析你的预算会大吃一惊. 例如, 许多人发现他们在某些项目上的花费比想象的要多得多, 而他们认为造成最大困难的项目与其他项目相比微不足道. 一旦你评估了你当前的预算, 几乎肯定会想做出调整来改善未来的现金流.

没有固定的规则可以用来调整预算, 所以你需要用批判性思维来制定一个有意义的计划. 如果你的财务状况很复杂，例如, 如果你是一名返校的大学生, 在上学的同时还要兼顾工作和家庭，那么你可能需要通过咨询理财顾问或阅读一些理财规划方面的书籍才能得到帮助.

你可能还会发现, 根据平均支出模式来评估自己的支出是有帮助的. 例如, 如果你花在娱乐上的钱比一般人多, 你可能会考虑寻找更低成本的娱乐选择. 图 4.1 总结了美国不同年龄组别人群的平均消费模式②.

例 5 是否负担得起房租?

你做了一个预算, 发现每个月有 1 500 美元的个人开销. 根据图 4.1 的平均支出, 你应该在房租上花多少钱?

解 图 4.1 显示, 不同年龄组别的住房支出比例差别不大, 总体上接近 1/3, 即 33%. 根据这个平均值和你的可用预算, 你的租金大约是 1 500 美元的 33%, 即每月 500 美元左右. 与大多数大学城的公寓租金相比, 这个

---

① **顺便说说:** 大学教育的成本远远超过学生支付的学费和杂费. 平均而言, 学费和杂费占私立学院和大学总费用的三分之二, 占公立四年制学院总费用的三分之一, 占两年制公立学院总费用的五分之一. 其余部分由纳税人、校友捐款、助学金和其他收入来源支付.

② **顺便说说:** 随着时间的推移, 消费模式发生了很大变化. 一个世纪前, 美国家庭平均收入的 43% 用于食物, 23% 用于住房. 如今, 食物只占普通家庭支出的 13%, 而住房则占 33%. 注意: 食物和住房的组合百分比在过去的一个世纪里从 66% 下降到了 46%, 这意味着家庭现在在其他项目上的支出显著增加, 包括休闲活动.

数字是很低的, 这意味着你面临一个选择: 要么把更高比例的收入用于房租, 在这种情况下, 你需要减少其他类型的支出, 要么寻找一种压低租金的方法, 比如找一个室友合租.

▶ 做习题 35~40.

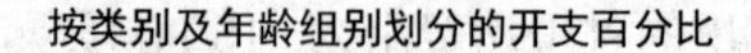

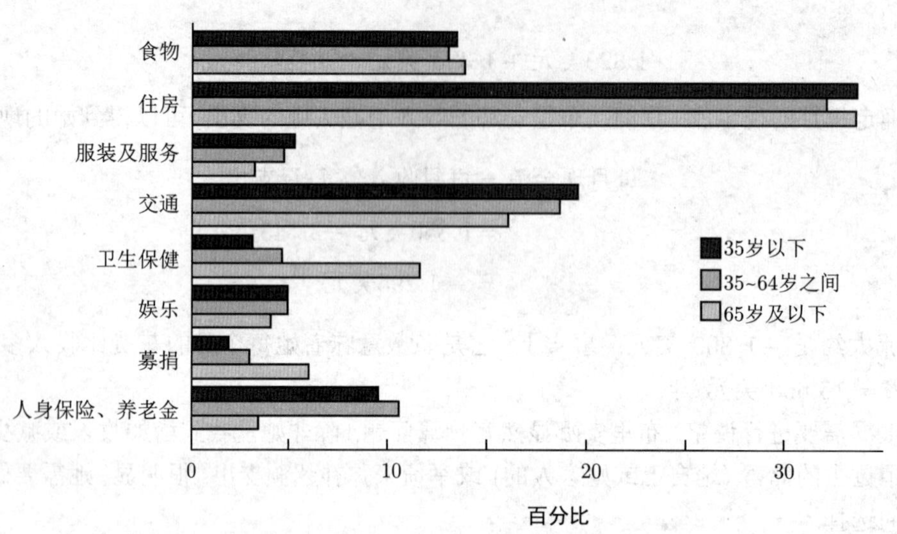

说明: 数据显示了每个"消费单位"的支出, 其定义是一个人或共享住所的一个家庭.

图 4.1　按年龄组别给出了不同年龄段的平均消费模式

从长远来看

了解你每月的预算是控制你个人财务的关键一步, 但这只是开始. 一旦你了解了预算, 就需要开始考虑长期的财务问题. 一般的原则都是一样的: 在进行任何重大支出或投资之前, 一定要弄清楚这会对你的财务状况造成什么影响.

例 6　一辆汽车的成本

乔治上班和上学都要通勤, 每周开车大约 250 英里. 他现在的车已经付清了钱, 但已经很旧了. 他每年花费大约 1 800 美元修理汽车, 汽车每加仑汽油只能行驶大约 18 英里. 他正在考虑购买一种新的混合动力车, 价格为 25 000 美元, 每加仑能行驶 54 英里. 除了五年后需要换油外, 可以免费维修. 他应该购买这辆车吗?

解　为了弄清楚购买新车是否合理, 乔治需要考虑很多因素. 先考虑汽油. 他每周行驶 250 英里意味着每年大约行驶 250 英里/周 ×52 周/年 = 13 000 英里. 对于现在每加仑汽油行驶 18 英里的汽车, 这意味着他需要的汽油大约为

$$\frac{13\ 000\text{英里}}{18\text{英里/加仑}} \approx 720\text{加仑}.$$

假设每加仑汽油的价格是 3 美元, 这就等于 720 × 3 美元 = 每年 2 160 美元. 注意, 新车的每加仑汽油行驶里程 54 英里是他目前汽车每加仑汽油行驶里程 18 英里的三倍, 所以新车的汽油成本只有 1/3, 也就是 720 美元. 因此, 他每年节省 2 160 美元 −720 美元 = 1 440 美元的汽油支出. 他还将每年节省 1 800 美元的修理费. 他每年节省的总消费约为 1 440 美元 +1 800 美元 = 3 240 美元.

五年下来, 乔治在汽油和修理方面的总节省将达到约 3 240 美元/年 ×5 年 = 16 200 美元. 虽然这还不及他花在新车上的 25 000 美元, 但省下来的钱数看起来也是相当可观的. 如果他能把新车开五年以上, 或者在

五年后能以一个像样的价格将这辆车售出, 就会建议他购买新车. 另外, 如果他必须贷款购买新车, 他的利息支付将增加额外的费用, 而且新车的保险费也可能更高. 在这种情况下怎么做更合适呢?

▶ 做习题 41~46.

例 7 大学学位的价值

2017 年, 拥有学士学位 (或更高学位)、年龄在 25 岁或以上的全职工人的平均 (中位数) 工资约为每年 67 000 美元, 而只有高中文凭的全职工人的平均 (中位数) 工资约为每年 37 000 美元[①]. 根据这些数据, 计算一个大学毕业生在其 40 年的职业生涯中能多挣多少钱?

解 中位数收入的差额为

$$67\ 000\text{美元} - 37\ 000\text{美元} = 30\ 000\text{美元}.$$

因此, 在 40 年的职业生涯中, 总差额为

$$40\text{年} \times 30\ 000\text{美元/年} = 1\ 200\ 000\text{美元}.$$

大学毕业生的平均收入比普通高中毕业生多 120 万美元. 虽然这一数额不包括大学的费用 (或在大学期间不工作的 "损失" 收入), 但仍然很清楚, 上大学通常会长期受益. 此外, 大学毕业生的失业率普遍低于高中毕业生. (关于更多其他细节, 可参阅 5.4 节图 5.11(b)).

▶ 做习题 47~50.

例 8 大学课程的费用

在所有院校中, 一门三学分的大学课程的平均成本约为 1 500 美元. 假设平均每周上课、通勤和学习共需要 10 小时. 假设你有一份每小时支付 10 美元报酬的工作, 与工作相比, 这门课的净成本是多少? 这笔花费值得吗?

解 一般大学一个学期为 14 周, 所以你把时间花在课程上而不能去工作所造成的损失是

$$14\text{周} \times 10\text{小时/周} \times 10\text{美元/小时} = 1\ 400\text{美元}.$$

我们将这一项加到课程本身的成本 1 500 美元中，计算参加这门课程的总净成本. 结果是 2 900 美元. 这种花费是否值得是主观的, 但记住, 普通大学毕业生在职业生涯中比高中毕业生多挣近 120 万美元. 还要记住, 平均而言, 在大学里表现好的学生在他们的职业生涯中会有更高的收入.

▶ 做习题 47~48.

思考 根据例 8 的结果, 假设你在一门特定的课程上学习有困难, 但是相信可以通过减少工作时间来提高成绩, 以便有更多的时间学习. 你如何决定是否应该这样做? 请做出解释.

保险——防范意外危机

不管你的预算计划得有多好, 一场突如其来的意外会让一切陷入混乱. 保险的目的是帮助你减轻这类危机的影响. 保险有以下几种: 健康保险的目的是帮助支付医疗费用; 汽车保险可能包括与车祸有关的损害和赔偿; 房屋所有者保险包括与家庭有关的损害和赔偿; 租客保险将赔偿财物损失; 人寿保险会在担保人死亡时向他的家人支付保险金.

① **顺便说说:** 记住, 例 7 中的收入数据是总平均值, 不同的大学毕业生因专业和个人因素存在差异. 收入最高的通常是那些高需求领域 (如数学、科学或工程专业) 的学生. 不管你主修什么, 如果你学习更多并且成绩更好, 那么你通常都会赚更多钱.

有些保险是强制性的. 例如, 如果你有一辆汽车, 就需要有汽车保险; 如果你有房屋抵押贷款, 那么通常需要有房屋所有者保险. 其他形式的保险是可选的, 你必须仔细评估这些保险相对于成本而言是否值得. 例如, 如果你要养家糊口, 人寿保险可能很重要, 但如果你是单身人士, 可能就没必要了.

购买保险时要考虑很多因素, 但底线总是在保险单 (简称保单) 的成本、潜在的收益和你认为的风险之间进行权衡 (7.4 节中会有更多关于风险的讨论). 三种最常见的保险成本概述会在下面的方框中给出.

利益和风险往往是非常复杂的, 在做出一个购买决定之前, 你应该仔细研究任一保险单. 例如, 确保考虑了以下所有因素:

• 保险单包括哪些内容? 保险几乎总是有限制的. 例如, 健康保险通常只覆盖来自特定医生和医院的治疗 (你的保险单涉及的那些医生和医院), 而保险单所涵盖的预防保健类型、是否涵盖心理健康治疗等方面可能会有很大的不同. 类似地, 房屋所有者或租客的保险可能包括某些灾害 (如火灾) 造成的损失, 但不包括其他灾害 (如洪水或地震) 造成的损失. 在你购买任何保险之前, 确保你确切地知道什么在保险范围内, 什么不在保险范围内.

保险成本

保险单的总成本通常包括下列各项的某种组合:

保费 (premium) 是你购买保险时支付的金额. 保费通常每年支付一到两次, 尽管有时可能会支付更多次.

免赔额 (deductible) 是在保险公司赔偿任何费用之前个人需要承担的金额. 例如, 如果你的汽车保险单有 1 000 美元的免赔额, 那么这意味着你将为任何事故造成的损失支付 1 000 美元.

共同支付 (co-payment) 通常适用于健康保险, 是指你每次使用保险单涵盖的特定服务时支付的金额. 例如, 如果你有 50 美元的门诊的共同支付, 则每次你使用保险去门诊看病时都需要支付 50 美元.

• 这个保险单的最高给付是多少? 保险单通常还规定了它将支付的最高限额. 例如, 一份租客保险可能只包括 1 000 美元的损失, 所以如果你的损失超过 1 000 美元, 则你将承担额外的金额.

• 哪些例外情况会导致缺乏保障? 在某些情况下, 保险单常有例外情况, 使你得不到保障. 例如, 一些健康保险可能不包括“既存状况”, 即不包含你在购买保险时已有的疾病; 许多房主或租客的保险不包括地震或洪水等自然灾害; 人寿保险通常不会因死于自杀或从事危险活动死亡而支付保险金.

• 如果你不购买保险, 你的潜在成本是多少? 一旦你了解了可供你选择的保险单, 问问自己如果你不买保险, 你会冒什么风险. 例如, 如果你不购买健康保险, 出现意外的医疗问题或事故时, 会发生什么?

只有了解了各种保险的成本和潜在利益, 你才能明智地决定是否购买某种特定类型的保险, 以及选择哪种保险.

例 9 急诊治疗

假设你发生了意外, 最后进了急诊室, 治疗费是 7 000 美元. 幸运的是, 你有健康保险, 但是你的保险有每年 1 000 美元的免赔额, 250 美元的急诊费用, 并且只支付剩余费用的 80%. 你去急诊室要花多少钱? 假设你今年没有任何其他的医疗费用.

解 您的总付款分为三部分:

• 1 000 美元的免赔额, 你将全额支付, 因为今年早些时候你还没有支付过.

• 自付的 250 美元的急诊费用.

• 你需要支付的余额. 总的账单是 7 000 美元, 但你已经付了 1 250 美元 (1 000 美元的免赔额加上 250 美元的自付额). 因此, 余额为 7 000 美元 − 1 250 美元 =5 750 美元. 保险公司支付其中的 80%, 所以你需要

支付额外的 20%, 也就是 $0.2 \times 5\ 750$ 美元 =1 150 美元.

你的总自付费用是 1 000 美元 + 250 美元 + 1 150 美元 = 2 400 美元.

▶ 做习题 53~54.

例 10 免赔额的权衡

假设你要在两份健康保险中做出选择. 低免赔额保单的保费为每月 250 美元, 每年免赔额为 1 000 美元. 高免赔额保单每月的保费只有 150 美元, 但每年的免赔额为 6 000 美元. 假定这两个项目在其他方面是相同的. 你将如何评估这两个保单之间的成本差异?

解 分析两个项目的不同之处:

- 低免赔额保单的月保费比高免赔额保单高 250 美元 −150 美元 =100 美元, 或每年 1 200 美元. 因此, 如果你不使用任何医疗服务, 低免赔额保单比高免赔额保单使你多支出 1 200 美元.
- 使用低免赔额保单, 你将支付一年内产生的医疗费用的前 1 000 美元, 但不再支付承保服务的其他费用.
- 使用高免赔额保单, 你将支付一年内产生的医疗费用的前 6 000 美元, 这意味着你将支付的费用可能会比使用低免赔额保单时多 5 000 美元.

把这些想法放在一起权衡就很清楚了. 如果你是幸运的, 并且没有任何重大的医疗费用, 高免赔额保单将为你节省 1 200 美元的保费. 然而, 如果你最终有大量医疗费用, 免赔额的差额可能意味着高免赔额保单下多支出 5 000 美元. 换言之, 你必须决定节省 1 200 美元的保费并且面临额外 5 000 美元的自付费用的风险是否值得.

▶ 做习题 55~56.

把财务目标建立在坚实的理解上

一个金融问题很少能对每个人都有一个明确的“最佳”答案. 相反, 你的决定取决于你目前的环境、你对未来的目标, 以及一些不可避免的不确定性. 财务成功的关键是对所有财务决策都要有一个清晰的认识.

在本章的剩余部分中, 我们将学习金融领域的几个关键话题, 以帮助你建立实现财务目标所需的认知. 为了做好准备, 有必要花点时间思考一下这些话题对你的财务生活的影响:

- 实现财务目标肯定需要逐步积累储蓄. 虽然在大学期间存钱很困难, 但最终必须找到存钱的方法. 你还需要了解储蓄是如何运作的, 以及如何选择合适的储蓄计划和投资. 这些是 4.2 节和 4.3 节的主题.
- 在人生的不同阶段, 你可能都需要借钱. 你可能已经有了信用卡, 或者可能正在用学生贷款来支付大学学费. 将来, 你可能需要通过贷款购买大宗商品, 如汽车或住房. 因为借贷是非常昂贵的, 所以你必须了解贷款的基本数学原理, 这样你才能做出明智的选择. 这就是 4.4 节的主题.
- 许多财务决策都会对我们缴纳的税款产生影响. 有时, 这些税收后果可能大到足以影响我们的决定. 例如, 支付房屋的利息有时可以抵税, 而租金却不能, 这可能会影响你租房或买房的决定. 虽然不能指望一个人完全理解税法, 但对如何计算税收以及税收如何影响你的财务决策有一个基本的了解是很重要的. 这是 4.5 节的主题.
- 最后, 我们并非与世隔绝. 我们的个人财务不可避免地与政府的财务交织在一起. 例如, 当政客们允许政府赤字运行时, 这意味着未来的政治家将不得不从你或你的孩子那里征收更多税款. 我们用 4.6 节来介绍联邦预算以及它对你的未来意味着什么.

测验 4.1

为下列各题选择一个最佳答案, 并简单叙述理由.

1. 通过评估你每月的预算, 你可以学习如何 ( ).
   a. 控制好你的个人开销
   b. 做出更好的投资
   c. 赚更多钱
2. 为了了解你的预算, 你必须了解的两件事是 ( ).
   a. 你的收入和支出
   b. 你的工资和银行利息
   c. 你的工资和信用卡债务
3. 负的月现金流意味着 ( ).
   a. 你的投资正在贬值
   b. 你花的钱比赚的钱多
   c. 你赚的钱比花的钱多
4. 当你制定每月预算时, 你应该如何处理每年一次的 12 月的节日礼物支出?( )
   a. 忽略它们
   b. 将它们只包括在 12 月的预算中
   c. 将其除以 12 的值放在每个月的费用中
5. 对于一般人来说, 最大的支出类别是 ( ).
   a. 食物　　b. 住房　　c. 娱乐
6. 根据图 4.1, 下列哪项支出随着年龄的增长最容易增加?( )
   a. 住房　　b. 交通　　c. 卫生保健
7. 如果你想每月都有储蓄, 下列哪项是必需的?( )
   a. 你每月的现金流必须为正
   b. 你花在食物和衣服上的钱必须少于你收入的 20%
   c. 在任何贷款上你都不能欠钱
8. 桑迪的汽车保险单每年的免赔额是 500 美元. 她最近的一次碰撞维修是她今年的第一次保险索赔, 费用是 850 美元. 桑迪需自掏腰包付多少修理费?( )
   a. 500 美元.
   b. 350 美元.
   c. 0 美元 (她的保险包括了全部费用)
9. 假设你有一份健康保险, 每年保费是 4 800 美元, 每年的免赔额是 1 000 美元, 去门诊看医生的共同支付费用是 25 美元. 假设你一整年都没有医疗账单. 你一年的总成本是多少?( )
   a. 4 800 美元　　b. 5 800 美元　　c. 5 825 美元
10. 托马斯在当地一家诊所接受了 2 700 美元的门诊手术. 他的医疗保险有 1 500 美元的免赔额和 200 美元的手术共同支付费用. 保险公司支付余额的 80%. 保险公司承保多少费用?( )
   a. 2 700 美元　　b. 1 500 美元　　c. 800 美元

习题 4.1

复习

1. 为什么了解你的个人财务状况如此重要? 哪些类型的问题在那些无法控制自己财务状况的人中更常见?
2. 假设你想掌控财务状况, 请列出你应该做的四件重要的事情, 并描述你如何实现.
3. 什么是预算? 什么是现金流? 请描述计算每月预算的四个步骤.
4. 总结平均消费模式是如何随着年龄变化的. 如何比较你自己的支出和平均支出模式来帮助你评估预算?
5. 区分保费、免赔额和共同支付. 然后列出一些你在评估保险单的好处时应该考虑的因素.

6. 在计算上大学的费用时, 你应该包括哪些项目? 你如何判断这是不是一笔值得的花费?

是否有意义?

确定下列陈述是有意义的 (或显然是真实的), 还是没有意义的 (或显然是错误的), 并解释原因.

7. 当我算出每个月的预算时, 我只算上了我的房租和我在汽油上的花费, 因为没有太多其他要加的东西.

8. 我每月的现金流是 −150 美元, 这就解释了为什么我的信用卡债务不断增加.

9. 我在假期总共花费了 1 800 美元, 这些钱加在我每个月的预算中是 150 美元.

10. 艾玛和艾米丽是好朋友, 她们什么事都一起做, 在外面吃饭、娱乐和其他休闲活动上花的钱一样多. 然而, 艾玛的月现金流为负, 而艾米丽的月现金流为正, 因为艾米丽的收入更高.

11. 布兰登发现, 每天午餐时买一片披萨和一杯苏打水, 每年要花掉他 15 000 多美元.

12. 我用最低的月保费买了健康保险, 因为这肯定是我长期财务管理的最佳选择.

基本方法和概念

13～20: 奢侈消费? 计算下列每组消费每年的总成本. 然后对每组数据完成下列句子: 以年为单位, 第一笔费用是第二笔费用的 ____%.

13. 玛丽亚每周花 25 美元买咖啡, 每月花 150 美元买食物.

14. 杰里米每天花 2.5 美元 (周日除外) 在报摊上买《纽约时报》, 每周花 30 美元买汽油. (假设一年有 52 个周.)

15. 苏珊娜的手机话费是每月 85 美元, 每年花 200 美元在学生健康保险上.

16. 霍默每周花 10 美元买彩票, 每月房租 600 美元.

17. 谢丽尔每周花 12 美元买烟, 每月花 40 美元干洗衣服.

18. 泰德每两周去一次俱乐部或音乐会, 平均每次花费 60 美元; 他每年花 500 美元买汽车保险.

19. 弗恩每周喝三包 6 罐装啤酒, 每包 9 美元, 每年花 800 美元在课本上.

20. 桑迪平均每两周给汽车加一箱油, 每箱 35 美元; 她的有线电视/互联网服务每月收费 80 美元.

21～24: 利息支付. 计算下列情况下每月的利息支出. 当给出年利率时, 假设月利率是年利率的 1/12.

21. 你的信用卡平均余额为 750 美元, 年利率为 18%.

22. 布鲁克的信用卡欠款年利率为 21%, 平均为 900 美元.

23. 萨姆花 2 800 美元买了一台新电视. 他先付了 400 美元的定金, 然后通过商店以贷款方式支付了余款. 遗憾的是, 他无法支付第一个月的还款, 现在每月需要支付 3% 的利息 (当他看电视时).

24. 维罗尼卡欠一家服装店 700 美元, 但在还清之前, 她每月要支付 9% 的利息.

25～30: 按比例分配费用. 按比例计算下列费用, 并求出每月相应的费用.

25. 一年中, 赖利每两个学期支付 6 500 美元的学费和杂费, 外加 600 美元的课本费.

26. 在一年的时间里, 索尔每三个季度有 15 个学时. 学杂费为每学时 600 美元. 教科书平均每个季度 350 美元.

27. 泰利布每半年支付 750 美元的汽车保险费, 每月支付 150 美元的健康保险费, 每年支付 500 美元的人寿保险费.

28. 贤每月支付 500 美元的租金, 每半年支付 800 美元的汽车保险费, 每年支付 900 美元的健身俱乐部会员费.

29. 在申报个人所得税时, 芬恩向一家公共广播电台申报了 250 美元, 向一家公共电视台申报了 300 美元, 向一家当地食品银行申报了 150 美元, 向其他慈善组织申报了 450 美元.

30. 梅林达平均每周花 35 美元在汽油上, 每三个月花 50 美元在购买日报上.

31～34: 净现金流. 下表显示了不同人的支出和收入. 求出每个人每月的净现金流 (既可能是负的, 也可能是正的). 假设显示的工资和薪酬是税后的, 1 个月 = 4 周.

31.

收入	支出
兼职工作: 650 美元/月 祖父母支持的大学基金: 400 美元/月 奖学金: 6 000 美元/年	租金: 500 美元/月 食品: 60 美元/周 学费: 3 600 美元, 一年两次 杂费: 120 美元/周

32.

收入	支出
兼职工作: 1 200 美元/月 学生贷款: 7 000 美元/年 奖学金: 8 000 美元/年	租金: 600 美元/月 食品: 70 美元/周 学费: 7 500 美元/年 健康保险: 40 美元/月 娱乐: 200 美元/月 电话费: 65 美元/月

33.

收入	支出
工资: 1 900 美元/月	租金: 800 美元/月 食品: 90 美元/周 公用事业: 125 美元/月 健康保险: 150 美元/月 汽车保险: 420 美元, 一年两次 汽油: 25 美元/周 杂项: 400 美元/月

34.

收入	支出
工资: 36 000 美元/年 陶瓷销售: 200 美元/月	房屋支付: 800 美元/月 食品: 150 美元/周 家庭支出: 400 美元/月 健康保险: 250 美元/月 汽车保险: 600 美元, 一年两次 储蓄计划: 200 美元/月 捐款: 600 美元/年 杂项: 800 美元/月

35～40: 预算分配. 确定下列支出模式是否等于、高于或低于图 4.1 所示的全国平均水平. 假设工资和薪酬的金额是税后的.

35. 一位月收入为 3 600 美元的 30 岁单身女性每月的房租是 900 美元.

36. 一对 30 岁以下的夫妇每月的家庭总收入为 4 400 美元, 用于娱乐的支出为 400 美元.

37. 一个月收入为 4 200 美元的 42 岁单身男性每月在医疗保健上花费 200 美元.

38. 一对 32 岁的家庭年收入为 45 500 美元的夫妇每月在交通上花费 700 美元.

39. 一对退休夫妇 (65 岁以上) 每月固定收入 5 200 美元, 每月用于医疗保健的费用为 800 美元.

40. 一个 45 岁者所在的工薪家庭年收入为 50 000 美元, 每个月在住房上花费 2 500 美元.

41～46: 决策. 考虑以下情况, 每一种情况都涉及两个选项. 确定哪个选项花费更少. 是否有未说明的因素会影响你的决定?

41. 你现在每周开 250 英里的车, 每加仑汽油能行驶 21 英里. 你正在考虑花 16 000 美元买一辆新的节能汽车 (在你现有汽车的折价补贴之后), 它每加仑汽油能行驶 45 英里. 新车和旧车的保险费分别是每年 800 美元和 400 美元. 你预计每年花 1 500 美元修理旧车, 而不用修理新车. 假设汽油价格为每加仑 3.5 美元. 在 5 年时间里, 保留旧车和购买新车哪个更便宜?

42. 你现在每周开 300 英里的车, 每加仑汽油可以行驶 15 英里. 你正在考虑购买一辆新的节油型汽车, 价格是 12 000 美元 (在你现有汽车的折价补贴之后), 每加仑汽油可以行驶 50 英里. 新车和旧车的保险费分别是每年 800 美元和 600 美元. 你预计每年花 1 200 美元修理旧车, 而不用修理新车. 假设汽油价格为每加仑 3.5 美元. 在 5 年时间里, 保留旧车和购买新车哪个更便宜?

43. 你必须决定是花 22 000 美元买一辆新车, 还是租车 3 年. 根据租约的条款, 你先付 1 000 美元的定金, 然后每月付 250 美元. 3 年后, 这辆车的剩余价值 (如果你选择在租期结束时购买这辆车, 你将支付的金额) 为 1 万美元. 假设你买了这辆车, 你可以在 3 年后以与剩余价值相同的价格卖掉它. 买车和租车哪个更便宜?

44. 你必须决定是花 22 000 美元买一辆新车, 还是租车 4 年. 根据租约的条款, 你先付 1 000 美元的定金, 然后每月付 300 美元. 4 年后, 这辆车的剩余价值 (如果你选择在租期结束时购买这辆车, 你将支付的金额) 为 8 000 美元. 假设你买了这辆车, 你

可以在 4 年后以与剩余价值相同的价格卖掉它. 买车和租车哪个更便宜?

45. 你可以选择上州立大学, 每年交 4 000 美元的学费, 也可以选择上州外大学, 每年交 6 500 美元的学费. 州立大学的生活费用要高得多; 在那里, 你每月要支付 700 美元的房租, 而在另一所大学, 你每月只需支付 450 美元的房租. 假设所有其他因素都相同, 以年 (12 个月) 为基础, 哪个选择更便宜?

46. 如果你留在家乡, 你可以去康科德学院, 学费每年减少 3 000 美元, 每月交 800 美元的房租. 或者你可以离开家乡, 拿着 10 000 美元的奖学金 (每年) 去范思哲学院, 每年支付 16 000 美元的学费, 每月支付 350 美元住在宿舍. 你每年支付 2 000 美元往返于范思哲学院. 假设所有其他因素相同, 以年 (12 个月) 为基础, 哪个选择更便宜?

47～50. 教育的价值. 下表显示了女性和男性在最高学历下的月收入中位数 (2015 年).

	高中毕业	副学士	学士	研究生
女性	6 936 美元	7 932 美元	11 580 美元	14 220 美元
男性	9 012 美元	10 464 美元	14 988 美元	19 560 美元

47. 假设表格中显示的差别在 40 年的职业生涯中保持不变, 那么一个拥有学士学位的人大约比一个只有高中学历的人多赚多少钱?

48. 假设表格中显示的差别在 40 年的职业生涯中保持不变, 那么拥有学士学位的女性的收入大约比拥有研究生学位的女性少多少?

49. 从百分比上看, 拥有学士学位的男性比拥有学士学位的女性多赚多少钱? 假设这种差异在 40 年的职业生涯中保持不变, 那么男性比女性多赚多少钱?

50. 从百分比上看, 拥有研究生学位的男性比拥有研究生学位的女性多赚多少钱? 假设这种差异在 40 年的职业生涯中保持不变, 那么男性比女性多赚多少钱?

51～52. 选择. 考虑下列选项并回答下列问题.

51. 你可以参加一个为期 15 周的 3 学分的大学课程, 每周需要花费 10 小时, 每学分的学费是 500 美元. 或者你可以在这段时间里做一份每小时支付 10 美元报酬的工作. 这门课程的净成本与工作成本相比是多少? 根据你的答案以及普通大学毕业生每年比普通高中毕业生多赚近 28 000 美元的事实, 写几句话来表达你对大学课程是否值得花钱的看法.

52. 你可以有一份兼职工作 (每周 20 小时), 每小时 15 美元, 或者有一份全职工作 (每周 40 小时), 每小时 12 美元. 因为有了额外的空闲时间, 做兼职时你每周花在娱乐上的钱会比做全职时多 150 美元. 算上额外的娱乐费用, 你每周全职工作的现金流比兼职工作的现金流多多少? 忽视税收和其他费用.

53. 假设你的汽车保险有半年 (一年两次)650 美元的保险费和每年 1 000 美元的免赔额. 在特别不幸的一年里, 你有 1 120 美元和 1 660 美元的碰撞修理费.

  a. 你这一年的保险费和修理费的自付总额是多少?

  b. 如果没有保险, 你支付的总费用是多少?

54. 据估计, 在美国生一个孩子 (产前护理、常规分娩和产后护理) 的平均成本是 8 800 美元. 假设你有每年 2 100 美元的健康保险, 每年 1 500 美元的免赔额, 以及一次支付 250 美元的生育服务费用. 生孩子的自付费用是多少?

55. 你可以选择两种健康保险计划:

• 计划 A(低免赔额): 年保费为 5 400 美元, 免赔额为 400 美元 (全年), 无共同支付. 在达到免赔额后, 保险计划将覆盖所有费用的 100%.

• 计划 B(高免赔额): 年保费为 1 500 美元, 免赔额为 2 000 美元 (全年), 共同支付为急诊室就诊为 100 美元、CT 扫描等放射治疗流程为 100 美元、门诊就诊为 30 美元. 在扣除免赔额和共同支付后, 保险将赔付剩余费用的 80%.

假设在一年内, 你有一次急诊需要花费 3 500 美元, 一次年度检查需要花费 300 美元, 一次 CT 扫描需要花费 700 美元.

56. **健康保险选择**. 你可以选择以下两种健康保险计划. 假设这两种计划都可赔付除免赔额和共同支付外的 100% 的费用.

	计划 A	计划 B
月保费	300 美元	700 美元
年度免赔额	5 000 美元	1 500 美元
门诊共同支付	25 美元	25 美元
急诊共同支付	500 美元	200 美元
外科手术共同支付	250 美元	无须支付

假设在一年的时间里, 你的家人收到了下列医疗账单.

服务	总成本 (保险前)
1 月 23 日: 急诊	800 美元
2 月 14 日: 门诊	100 美元
4 月 13 日: 外科手术	1 400 美元
6 月 14 日: 外科手术	7 500 美元
7 月 1 日: 门诊	100 美元
9 月 23 日: 急诊	1 200 美元

a. 如果你有计划 A, 确定你的年度医疗费用.

b. 如果你有计划 B, 确定你的年度医疗费用.

c. 如果你没有医疗保险, 确定你这一年的医疗费用. 没有医疗保险会给你带来其他风险吗? 解释一下.

进一步应用

57. **洗衣升级**. 假设你现在有一台干衣机, 每月的电费是 25 美元. 一台新的、更高效的烘干机售价 620 美元, 每月的运营成本估计为 15 美元. 这台新烘干机要多久才能收回成本?

58. **太阳能投资回收期**. 朱莉正考虑在她的屋顶安装太阳能光伏板. 目前, 她每月的电费平均为 85 美元. 安装光电系统的费用为 18 400 美元; 不过, 她预计由于税收抵免和地方退税, 这部分成本将减少 40%. 假设新系统满足了她所有的电力需求, 忽略系统将电力重新输入电网时可能的收益, 那么光伏系统的大致投资回报期是多少?

59. **保险免赔额**. 对于以下各题, 分别确定在有和没有保险的情况下, 你需要支付多少钱.

a. 你有一份汽车保险单，对于碰撞损坏有 500 美元的免赔额. 在两年期间, 你申请了 450 美元和 925 美元的索赔. 这种保险的年保费是 550 美元.

b. 你有一份汽车保险单，对于碰撞损坏有 200 美元的免赔额. 在两年期间, 你申请了 450 美元和 1 200 美元的赔偿. 这种保险的年保费是 650 美元.

c. 你有一份汽车保险单，对于碰撞损坏有 1 000 美元的免赔额. 在两年期间, 你申请了 200 美元和 1 500 美元的赔偿. 这种保险的年保费是 300 美元.

d. 解释为什么较低的保费会有较高的免赔额.

60. **拥有汽车的实际成本**. 假设你用 0 美元的首付贷款买了一辆车. 你每月要还的贷款是 260 美元. 除了贷款, 你还必须支付汽车保险, 半年 (一年两次) 的保费是 480 美元, 一年的注册费是 240 美元, 估计每月有 50 美元的汽油费和维修费, 以及每月 30 美元的校园停车费.

a. 拥有这辆车的每月费用是多少? 贷款还款占每月总成本的百分比是多少?

b. 假设你可以买一张公交卡作为学费的一部分来支付往返学校的路费. 公交卡的费用是每两个学期 90 美元. 在 9 个月的学年里, 你用公交卡每月能省多少钱?

61. **汽车租赁**. 考虑以下三种新车租赁选择. 假设你在汽车租赁到期时购买该车, 那么确定哪一种租赁是最便宜的. (剩余价值是当时汽车的价格.) 讨论其他可能影响你决定的因素.

- 方案 A: 首付 1 000 美元, 2 年内每月缴 400 美元, 剩余价值 =10 000 美元.
- 方案 B: 首付 500 美元, 3 年内每月缴 250 美元, 剩余价值 = 9 500 美元.
- 方案 C: 首付 0 美元, 4 年内每月缴 175 美元, 剩余价值 = 8 000 美元.

62. **医疗费用**. 假设你有一个 (相对简单的) 健康保险计划, 包括以下条款:

- 每年免赔额为 500 美元. 保险公司支付扣除免赔额和共同支付外的 100% 的费用.
- 门诊共同支付费 25 美元.
- 急诊共同支付费 200 美元.
- 外科手术共同支付费 1 000 美元.
- 每月支付 350 美元的保费.

在一年时间里, 你的家庭有以下费用:

服务	总成本 (保险前)
2 月 18 日: 门诊	100 美元
3 月 26 日: 急诊	580 美元
4 月 23 日: 门诊	100 美元
5 月 14 日: 外科手术	6 500 美元
7 月 1 日: 门诊	100 美元
9 月 23 日: 急诊	840 美元

a. 根据保险单确定你这一年的医疗费用.

b. 如果你没有保险, 确定你这一年的医疗费用.

63～66: 个人财务状况. 下面的练习包括分析你的个人收入和支出. (注意: 如果不希望透露个人财务状况, 你可以用假设值来代替收入和支出, 但一定要对此做出说明, 并解释你的假设, 例如这些假设是否适用于你所在学校的普通大学生、参加大学课程的单亲家长或其他一些假设的学生.)

63. **日常支出**. 把你一天所花的钱列在一张清单上. 对每一项支出进行分类, 然后制作一个表格, 其中一栏用于分类, 另一栏用于支出, 再加上第三栏, 计算如果你每天都花同样的钱, 一年后你会花多少钱.

64. **每周支出**. 重复习题 63, 但这次要列出一个完整的星期, 而不是一天.

65. **按比例支出**. 列出你每年没有按月支付的所有主要支出, 比如大学费用、假期费用. 对于每一项, 估计你一年的花费, 然后决定每月预算时应该使用的按比例分配的金额.

66. **每月现金流**. 创建完整的月度预算, 列出所有收入来源和所有支出, 并使用它来确定每月的净现金流. 一定要包括小而频繁的支出和按比例支付的大额支出. 解释你在制定预算时所做的任何假设. 预算完成后, 写一两段文字来说明你对自己的消费模式的了解, 以及你可能需要对预算做出的调整.

实际问题探讨

67. **个人预算**. 许多应用程序和网站提供个人预算建议和工作表. 找一个应用程序或网站来帮你安排两个月的预算. 它能有效地帮助你规划财务吗? 讨论一下跟踪预算是如何让你获得在其他情况下不会获得的见解的.

68. **你的健康保险**. 你有什么健康保险? 分析它的成本和收益, 然后将它们与你可以选择的另外两种健康保险进行比较. 根据你的发现, 决定应该保留还是改变目前的健康保险.

69. **美国健康保险**. 美国联邦法律在健康保险方面的现状如何? 自 2010 年通过《平价医疗法案》以来, 法律是否有所改变? 如果是, 解释一下有什么改变. 讨论改变现行法律的起因.

70. **个人破产**. 近年来, 个人破产率有所上升. 找出至少三篇与此相关的新闻文章, 记录破产案件的增加, 并解释增加的主要原因.

71. **消费者债务**. 查找美国消费者 (信用卡) 债务增长的数据. 根据你的发现, 你认为消费者债务的程度是如下哪种情况：(a) 危机；(b) 重大事件, 但没什么可担心的；(c) 一件好事? 证明你的结论.

72. **美国的储蓄率**. 在储蓄可支配收入方面, 美国人的储蓄率非常低. 找出比较亚洲和欧洲国家与美国储蓄率的资料来源. 讨论你的观察结果, 把你自己的储蓄习惯放在量表上.

4.2 复利的威力

1461 年 7 月 18 日, 英国国王爱德华四世从牛津大学新学院借了相当于现在的 384 美元. 国王很快就还了 160 美元, 但没有还剩下的 224 美元. 这笔债务被遗忘了 535 年. 在 1996 年重新被发现后, 一位新学院管理人员写信给英国女王, 要求偿还这笔债务加上利息. 假设每年的利率为 4%, 他计算出这笔债务为 2 900 亿美元.

遗憾的是, 对于新学院来说, 没有明确的记录表明有偿还债务利息的承诺, 即使有, 也很难要求偿还被遗忘了 500 多年的债务①. 但这个例子仍然说明了所谓的“复利的威力”：当利息年复一年地增长时, 钱以惊人的方式在增长.

① **顺便说说**: 作为妥协, 这位新学院的管理者建议将年利率从 4% 降低到 2%. 在这种情况下, 皇室只欠该学院 890 万美元. 他说, 这将有助于学院的现代化项目建设. 但是皇室仍然没有付款.

单利和复利

假设你向诚实约翰理财服务中心存入了 1 000 美元, 该公司承诺每年支付 5% 的利息. 在第一年结束的时候, 该公司寄给你一张支票

$$5\% \times 1\ 000\text{美元} = 0.05 \times 1\ 000\text{美元} = 50\text{美元}.$$

因为你收到了一张利息支票, 你和该公司的结余仍然是 1 000 美元, 所以你在第二年年末得到了同样的 50 美元, 第三年也是一样. 你这三年的总利息是

$$3 \times 50\text{美元} = 150\ \text{美元}.$$

因此, 最初 1 000 美元的投资价值增加到 1 150 美元. 诚实约翰理财服务中心的这种支付方式是**单利** (simple interest) 支付, 即只支付你的初始投资的利息. 更一般地说, 被支付利息的金额称为**本金** (principal).

现在, 假设你把 1 000 美元存入一个银行账户, 这个账户每年支付一次 5% 的利息. 但银行不是直接支付利息, 而是把利息加到你的账户上. 在第一年结束时, 银行把 5% × 1 000 美元 = 50 美元的利息存入你的账户, 使你的余额增加到 1 050 美元. 第二年年末, 银行会再次支付给你 5% 的利息. 然而这一次, 5% 的利息是在余额 1 050 美元基础上支付的, 所以它等于

$$5\% \times 1\ 050\text{美元} = 0.05 \times\ 1\ 050\text{美元} = 52.50\text{美元}.$$

加上这 52.50 美元, 你的余额会增加到

$$1\ 050\text{美元} + 52.50\text{美元} = 1\ 102.50\text{美元}.$$

这是新余额. 5% 的利息是在第三年年末计算的, 所以第三笔利息是

$$5\% \times 1\ 102.50\text{美元} = 0.05 \times 1\ 102.50\text{美元} = 55.13\text{美元}.$$

因此, 第三年年末的余额是

$$1\ 102.50\text{美元} + 55.13\text{美元} = 1\ 157.63\text{美元}.$$

尽管利率相同, 但如果你选择了银行而不是诚实约翰理财服务中心, 你就会多赚 7.63 美元. 差额的产生是因为银行支付给你的利息是基于原始本金加上利息. 这种支付利息的方式叫作**复利** (compound interest).

> **定义**
>
> **本金**是指被支付利息的余额.
>
> **单利**是只对原始投资支付的利息, 而不包括以后增加的利息.
>
> **复利**是对原始投资和已添加到原始投资上的所有利息支付的利息.

例 1　储蓄债券

银行几乎总是支付复利, 而债券发行者通常支付单利. 假设你将 1 000 美元投资于储蓄债券, 每年支付 10% 的单利. 5 年后你能得到多少利息? 如果债券支付复利, 你会得到更多还是更少的利息总额? 解释一下.

简要回顾　幂和根

我们已经复习了 10 的幂次 (见“简要回顾 10 的幂次”). 现在, 对于金融公式, 我们复习一下幂和根的知识.

幂的概念

一个数的 n 次幂就是这个数本身乘 n 次 (n 被称为指数). 例如:

$$2^1 = 2, \quad 2^2 = 2 \times 2 = 4, \quad 2^3 = 2 \times 2 \times 2 = 8$$

一个数的零次幂被定义为 1. 例如:

$$2^0 = 1$$

负幂是对应的正幂的倒数. 例如:

$$5^{-2} = \frac{1}{5^2} = \frac{1}{5 \times 5} = \frac{1}{25}$$

$$2^{-3} = \frac{1}{2^3} = \frac{1}{2 \times 2 \times 2} = \frac{1}{8}$$

幂的运算

在下面的运算中, x 表示一个数, n 和 m 表示指数. 注意, 这些规则仅在讨论同一数字 a 的幂次时才有效.

- 相同数字的幂相乘, 可用指数相加:

$$a^n \times a^m = a^{n+m}$$

例: $2^3 \times 2^2 = 2^{3+2} = 2^5 = 32$.

- 相同数字的幂相除, 可用指数相减:

$$\frac{a^n}{a^m} = a^{n-m}$$

例: $\frac{5^3}{5^2} = 5^{3-2} = 5^1 = 5$.

- 求幂的幂时, 可用指数相乘:

$$(a^n)^m = a^{n \times m}$$

例: $(2^2)^3 = 2^{2\times 3} = 2^6 = 64$.

根的概念

求根是求幂的逆运算. 二次根, 或者说是平方根, 可以写成一个数在根号 $\sqrt{}$ 下面. 更一般地, 我们通过在符号 $\sqrt[n]{}$ 下写一个数字来表示开 n 次方. 例如:

$$\sqrt{4} = 2, 因为 2^2 = 2 \times 2 = 4$$

$$\sqrt[3]{27} = 3, 因为 3^3 = 3 \times 3 \times 3 = 27$$

$$\sqrt[4]{16} = 2, 因为 2^4 = 2 \times 2 \times 2 \times 2 = 16$$

$$\sqrt[6]{1\ 000\ 000} = 10, 因为 10^6 = 1\ 000\ 000$$

根作为分数次幂

一个数的 n 次方根等于它的 $1/n$ 次幂. 也就是说,

$$x^{1/n} = \sqrt[n]{x}$$

例如:

$$64^{1/3} = \sqrt[3]{64} = 4$$

$$1\ 000\ 000^{1/6} = \sqrt[6]{1\ 000\ 000} = 10$$

▶ 做习题 15~26.

解 对于单利, 每年你会得到相同的利息支付 $10\% \times 1\ 000$ 美元 $= 100$ 美元. 因此, 你将在 5 年内获得 500 美元的利息. 对于复利, 你会得到超过 500 美元的利息, 因为每年的利息是根据你不断增长的余额而不是你最初的投资来计算的. 例如, 因为你第一次得到的 100 美元的利息支付会使你的结余增加到 1 100 美元, 你下一次得到的复利支付是 $10\% \times 1\ 100$ 美元 $= 110$ 美元, 这比 100 美元的单利要多. 因此, 对于相同的利率, 复利总是比单利更快地增加结余.

▶ 做习题 51~54.

复利公式

我们回到爱德华国王欠新学院债的这个问题上. 我们可以通过假设他借的 224 美元被存入一个有利息的账户 535 年来计算欠学院的钱. 假设, 就像新学院管理人员要求的那样, 每年的利率是 4%. 我们可以计算每年的利息和带有利息的新余额. 表 4.1 的前三列显示了 4 年的计算值.

为了计算出总余额, 我们需要继续计算 535 年. 幸运的是, 有一个更简单的方法. 4% 的年利率意味着每一年的年末余额是上一年年末余额的 104% 或 1.04 倍. 如表 4.1 最后一列所示, 我们可以得到每个余额如下:

- 第 1 年年末余额为初始存款 224 美元乘以 1.04:

$$224\text{美元} \times 1.04 = 232.96\text{美元}.$$

- 第 2 年年末余额是第 1 年年末余额乘以 1.04, 等于初始存款乘以 $(1.04)^2$:

$$224\text{美元} \times 1.04 \times 1.04 = 224\text{美元} \times (1.04)^2 = 242.28\text{美元}.$$

- 第 3 年年末余额是第 2 年年末余额乘以 1.04, 等于初始存款乘以 $(1.04)^3$:

$$224\text{美元} \times 1.04 \times 1.04 \times 1.04 = 224\text{美元} \times (1.04)^3 = 251.97\text{美元}.$$

延续这个模式, 我们发现 Y 年后的余额是初始存款乘以 1.04 的 Y 次方. 例如, $Y = 10$, 即 10 年后的余额是

$$224\text{美元} \times (1.04)^{10} = 331.57\text{美元}.$$

表 4.1 计算复利 (起始本金 $P = 224$ 美元, 年利率 $\text{APR} = 4\%$)

N 年后	利息	余额	单步余额计算
1 年后	$4\% \times 224$ 美元 $= 8.96$ 美元	224 美元 $+8.96$ 美元 $= 232.96$ 美元	224 美元 $\times 1.04$ $= 232.96$ 美元
2 年后	$4\% \times 232.96$ 美元 $= 9.32$ 美元	232.96 美元 $+9.32$ 美元 $= 242.28$ 美元	224 美元 $\times (1.04)^2$ $= 242.28$ 美元
3 年后	$4\% \times 242.28$ 美元 $= 9.69$ 美元	242.28 美元 $+9.69$ 美元 $= 251.97$ 美元	224 美元 $\times (1.04)^3$ $= 251.97$ 美元
4 年后	$4\% \times 251.97$ 美元 $= 10.08$ 美元	251.97 美元 $+10.08$ 美元 $= 262.05$ 美元	224 美元 $\times (1.04)^4$ $= 262.05$ 美元

实用技巧 幂

大多数计算器都有一个特殊的键 $\boxed{y^x}$ 或 $\boxed{\wedge}$, 用来计算数字的幂次. 大多数电子表格和计算机程序都使用“∧”符号. 例如, 要计算 1.04^{535}, 可以输入 $1.04 \wedge 535$. 下面的屏幕截图显示了 Excel 中的计算, 答案显示在表中 A1 的位置上.

A1 =1.04^535

	A	B	C	D
1	1296691085			
2				

我们可以通过仔细观察前面的方程来推广这个结果. 注意, 这里 224 美元是初始存款, 我们称之为**起始本金** (starting principal), 或者记为 P. 1.04 是 1 加上 4% 的利率, 也就是 0.04. 指数 10 是复利的次数. 我们再写一遍这个等式, 加上一些标识符, 然后把结果放在左边:

$$\underbrace{331.57\text{美元}}_{\text{复利期累计余额},A} = \underbrace{224\text{美元}}_{\text{起始本金},P} \times \underbrace{(1.04)}_{1+\text{利率}}{}^{10\leftarrow\text{复利期数目}}.$$

当利率一年只复利一次时, 这种情况下的利率被称为**年利率** (annual percentage rate, APR). 复利期的数目就是本金获得利息的年数 Y. 因此, 我们得到了以下关于每年一次复利的一般公式①.

复利公式 (一年一次的利息)

$$A = P \times (1 + \text{APR})^Y$$

其中

$$\begin{aligned} A &= Y\text{年后的累计余额} \\ P &= \text{起始本金} \\ \text{APR} &= \text{年利率 (以小数表示)} \\ Y &= \text{年数} \end{aligned}$$

① **说明:** 对于更一般的情况, 利率可能不设定在每年 (APR) 的基础上, 复合利息公式可写为

$$A = P \times (1 + i)^N$$

其中 i 是利率, N 是复利期的总数.

注意: (1) 初始本金 P 通常被称为**现值** (present value, PV), 因为我们通常从当前账户的金额开始计算. (2) 累计余额 A 通常被称为**未来价值** (future value, FV), 因为它是未来某一时刻将要累积的金额. (3) 使用此公式时, 必须将 APR 表示为小数, 而不是百分数.

在新学院案例中, 年利率是 $\text{APR} = 4\% = 0.04$, 利息共支付 535 年. $Y = 535$ 年后的累计余额为

$$\begin{aligned} A &= P \times (1 + \text{APR})^Y \\ &= 224\text{美元} \times (1 + 0.04)^{535} \\ &= 224\text{美元} \times (1.04)^{535} \\ &= 224\text{美元} \times 1\ 296\ 691\ 085 \\ &\approx 2.9\text{美元} \times 10^{11} = 2\ 900\text{亿美元}. \end{aligned}$$

正如管理人所言, 535 年 4% 的利率将使原先的 224 美元债务增加到 2 900 亿美元.

例 2 单利和复利

你将 100 美元投资于两个账户, 每个账户每年支付 10% 的利率. 一个支付单利, 另一个支付复利. 制作一个表格, 显示每个账户在 5 年期间的增长情况. 使用复利公式验证复利情况下表格中的结果.

解 单利是每年有相同的绝对利息值: $10\% \times 100$ 美元 $= 10$ 美元. 复利每年都在增长, 因为它是根据累积的利息和起始本金支付的. 表 4.2 总结了计算结果.

为了用复利公式验证表中的最终条目, 我们使用起始本金 $P = 100$, 年利率 $\text{APR} = 10\% = 0.1$, $Y = 5$. 累计余额为

$$\begin{aligned} A &= P \times (1 + \text{APR})^Y \\ &= 100\text{美元} \times (1 + 0.1)^5 \\ &= 100\text{美元} \times (1.1)^5 \\ &= 100\text{美元} \times 1.610\ 5 \\ &= 161.05\text{美元}. \end{aligned}$$

表 4.2 计算例 2 (起始本金 $P = 100$ 美元, 年利率 $\text{APR} = 10\%$)

截至年底	单利账户		复利账户	
	利息	旧余额 + 利息 = 新余额	利息	旧余额 + 利息 = 新余额
1 年	10% × 100美元 = 10美元	100美元 + 10美元 = 110美元	10% × 100美元 = 10美元	100美元 + 10美元 = 110美元
2 年	10% × 100美元 = 10美元	110美元 + 10美元 = 120美元	10% × 110美元 = 11美元	110美元 + 11美元 = 121美元
3 年	10% × 100美元 = 10美元	120美元 + 10美元 = 130美元	10% × 121美元 = 12.10美元	121美元 + 12.10美元 = 133.10美元
4 年	10% × 100美元 = 10美元	130美元 + 10美元 = 140美元	10% × 133.10美元 = 13.31美元	133.10美元 + 13.31美元 = 146.41美元
5 年	10% × 100美元 = 10美元	140美元 + 10美元 = 150美元	10% × 146.41美元 = 14.64美元	146.41美元 + 14.64美元 = 161.05美元

▲ **注意!** 确保你在利率公式中输入的 APR 是小数 (0.1), 而不是百分比 (10%). ▲

这个结果与表中的结果一致. 总的来说, 支付复利的账户会增加到 161.05 美元, 而单利账户只会增加到 150 美元, 尽管两者支付的利率都是 10%. 虽然我们假设的 10% 的利率与大多数银行支付的利率相比是相当高的, 但基本点应该是清楚的: 对于相同的利率, 复利总是比单利对投资者更好.

▶ 做习题 55~56.

复利指数增长

新学院案例展示了资金可以通过复利增长的惊人方式. 图 4.2 显示了新学院债务在前 100 年的金额是如何增长的, 假设初始金额为 224 美元, 年利率为 4%. 值得注意的是, 虽然最初的金额增长缓慢, 但很快就加速了, 所以在之后的几年里, 它的金额每年都比前几年增长得快得多.

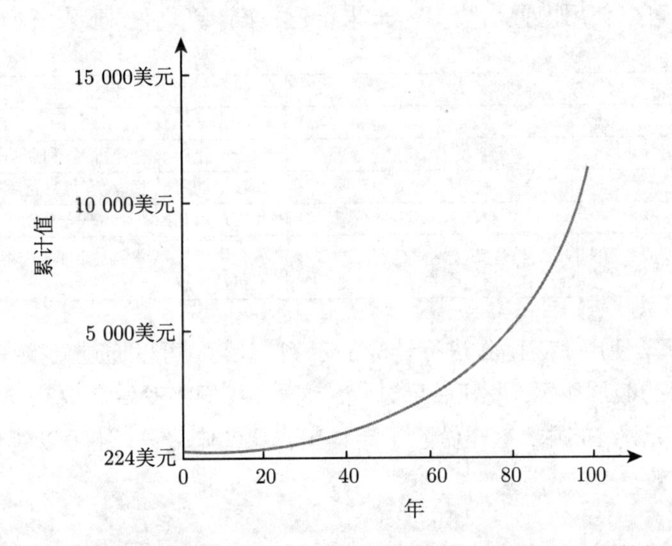

图 4.2　在新学院案例中, 前 100 年的债务价值以每年 4% 的利率计算

值得注意的是, 这一数字在随后几年的增长速度要比前几年快得多, 这是指数增长的一个标志.

这种快速增长是我们通常所说的**指数增长** (exponential growth) 的标志. 你可以再看一下一般的复利公式, 体会指数增长是如何得到这个名字的:

$$A = P \times (1 + \text{APR})^Y.$$

由于初始本金 P 和利率 APR 对于任何特定的复利计算都有固定的值, 因此累计价值 A 的增长只取决于 Y(支付利息的次数), 它作为指数出现在计算中.

指数增长是数学中最重要的课题之一, 其应用包括人口增长、资源消耗和放射性. 我们将在第八章更详细地学习指数增长. 在本章中, 我们只关注它在金融领域的应用.

实用技巧　复利公式

标准计算器: 你可以在任何计算器上做复利计算, 计算器上有个按键 ($\boxed{y^x}$ 或 $\boxed{\wedge}$) 可以用来计算幂次. 唯一的"窍门"是确保你遵循标准的**操作顺序** (order of operations):

1. 括号: 先做括号中的运算.
2. 指数: 接下来做乘方和根的运算.

3. 乘法和除法: 从左到右运算.

4. 加法和减法: 从左到右运算.

我们将这个操作顺序应用于例 2中的复利问题, 其中 $P=100$ 美元, $\text{APR}=0.1, Y=5$ 年.

一般过程	我们的例子	计算步骤	结果输出
$A=P\times\underbrace{\underbrace{\underbrace{(1+\text{APR})}_{1.\text{括号}}{}^{Y}}_{2.\text{指数}}}_{3.\text{乘法}}$	$A=100\times\underbrace{\underbrace{\underbrace{(1+0.1)}_{1.\text{括号}}{}^{5}}_{2.\text{指数}}}_{3.\text{乘法}}$	第 1 步: 1 [+] 0.1 [=] 第 2 步: 1 [∧] 5 [=] 第 3 步: 1 [×] 100 [=]	1.1 1.610 51 161.051

注意: 不要在中间步骤中对答案进行四舍五入; 只对最后的答案四舍五入到最接近的美分数.

Excel: 在 Excel 中可以使用内置函数 FV(未来价值) 来计算复利. 下表解释了 FV 函数的使用方法.

输入	描述	示例
rate	每个复利期的利率	因为是一年复利一次, 利率是年利率, 年利率 $\text{APR}=0.1$.
nper	复利期的总数	对于一年一次的复利, 复利期的总数是年数, $Y=5$.
pmt	每月支付的金额	在我们的示例中, 没有每月付款, 因此输入 0.
pv	现值, 等于初始本金 P	我们使用初始本金 $P=100$.
type	一个可选的输入, 它与每月的开始 (type=0) 或结束 (type=1) 有关	在本示例中可以不输入 type 值, 因为没有每月付款, 所以可以不包括它.

下面左侧的截屏显示了使用 FV 函数进行计算的示例. 注意: 可以通过直接在 FV 函数中输入值来获得最终结果, 但是如下面的截屏所示, 最好显示过程. 这里, 我们将变量名放在 A 列中, 将变量值放在 B 列中, 将 FV 函数放在单元格 B5 中. 这样做除了会让工作更清晰之外, 还可以让你更容易地进行 "假设" 情景, 比如改变利率或年数.

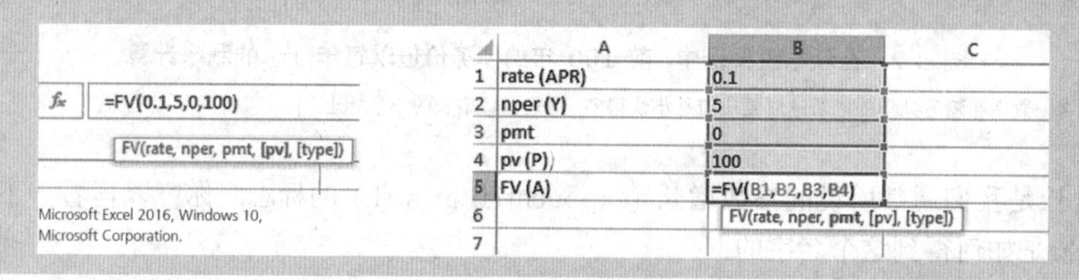

例 3　2% 利率下新学院的债务

如果利率是 2%, 计算新学院的债务. **a**. 单利; **b**. 复利.

解　**a**. 下面的步骤显示了起始本金 $P=224$ 美元、年利率为 2% 的单利计算:

每年到期的单利是起始本金的 2%:	$2\%\times 224$ 美元 $=0.02\times 224$ 美元 $=4.48$ 美元
535 年利息总额为:	535×4.48 美元 $=2\,396.8$ 美元
535 年后的总到期金额是起始本金加上利息:	224 美元 $+2\,396.80$ 美元 $=2\,620.80$ 美元

因此，在单利情况下 535 年之后应付总额为 2 620.80 美元.

b. 在复利情况下, 为了求出复利到期金额, 我们将年利率设为 $\text{APR}=2\%=0.02$, 年数设为 $Y=535$. 然后使用每年支付一次的复利公式:

$$\begin{aligned}A=P\times(1+\text{APR})^{Y}&=224\text{美元}\times(1+0.02)^{535}\\&=224\text{美元}\times(1.02)^{535}\end{aligned}$$

$$\approx 224\text{美元} \times 39\ 911$$
$$\approx 8.94 \times 10^6\text{美元}.$$

故复利到期额约为 894 万美元, 远高于单利情况.

▶ 做习题 57~58.

利率变化的影响

注意复利的微小变化带来的显著影响. 在例 3 中, 我们发现 2% 的复利会在 535 年后带来 894 万美元的收益. 早些时候, 我们发现同样的 535 年, 4% 的利率会带来高达 2 900 亿美元的回报, 是 894 万美元的 3 万多倍. 换句话说, 利率翻倍带来的远不止累计余额翻倍. 图 4.3 对比了头 100 年 2% 和 4% 利率下的新学院债务的变化. 注意, 利率的变化在头几年没有太大影响, 但随着时间的推移, 更高的利率会产生更大的累计价值.

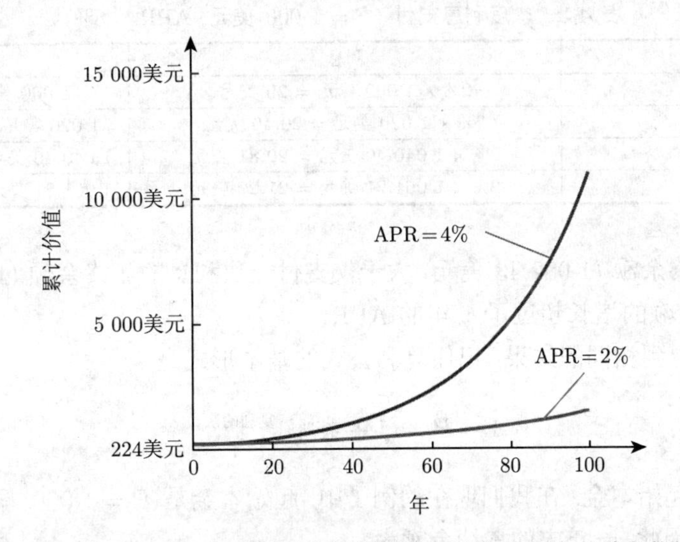

图 4.3 以 2% 和 4% 的利率比较新学院案例前 100 年的债务价值

思考 假设新学院贷款的利率是 3%. 如果不进行计算, 你认为 535 年后的价值会介于 2%~4%, 还是更接近这些价值中的一个? 现在, 通过计算 3% 对应的值来验证你的猜测. 6% 的利率会怎样? 简要讨论为什么利率的小变化会导致累计价值的大变化.

例 4 床垫下的投资

50 年前你的祖父在床垫下放了 100 美元. 如果他把这些钱投资到一个年利率为 3.5% 的银行账户上 (大致相当于当时美国的平均通胀率), 那么现在它值多少钱呢?

解 起始本金是 $P = 100$ 美元, 年利率为 $\text{APR} = 3.5\% = 0.035$, 年数是 $Y = 50$. 所以累计余额是

$$A = P \times (1+\text{APR})^Y = 100\text{美元} \times (1+0.035)^{50}$$
$$= 100\text{美元} \times (1.035)^{50}$$
$$= 558.49\text{美元}.$$

如果以 3.5% 的利率投资, 100 美元现在的价值将超过 550 美元. 遗憾的是, 这 100 美元被放在了床垫下, 所以它的面值仍然只有 100 美元.

▶ 做习题 59~62.

复利每年支付不止一次

假设你可以投资 1 000 美元, 以年利率为 APR = 8% 的复利支付利息. 如果利息在年底一次性付清, 你将会得到利息

$$8\% \times 1\ 000\text{美元} = 0.08 \times 1\ 000\text{美元} = 80\text{美元}.$$

因此, 你的年终余额将是 1 000 美元 +80 美元 = 1 080 美元.

现在, 假设这项投资每季度支付一次利息, 或者说每年支付 4 次 (每 3 个月一次). 季度利率是年利率的四分之一:

$$\text{季度利率} = \frac{\text{APR}}{4} = \frac{8\%}{4} = 2\% = 0.02.$$

表 4.3 显示了季度复利如何影响第一年 1 000 美元的起始本金.

表 4.3　季度利息支付 ($P = 1\ 000$ 美元, APR = 8%)

N 季度后	利息	余额
第一季度 (3 个月)	2% × 1 000 美元 = 20 美元	1 000 美元 +20 美元 = 1 020 美元
第二季度 (6 个月)	2% × 1 020 美元 = 20.40 美元	1 020 美元 +20.40 美元 = 1 040.40 美元
第三季度 (9 个月)	2% × 1 040.40 美元 = 20.81 美元	1 040.40 美元 +20.81 美元 = 1 061.21 美元
第四季度 (12 个月)	2% × 1 061.21 美元 = 21.22 美元	1 061.21 美元 +21.22 美元 = 1 082.43 美元

按季度计算复利的年终余额 (1 082.43 美元) 大于仅支付一次利息的年终余额 (1 080 美元). 也就是说, 当一年的复利超过一次时, 余额的增长超过了 1 年的 APR.

我们可以用复利公式得到相同的结果. 记住复利公式的基本形式是

$$A = P \times (1 + \text{利率})^{\text{复利的次数}}$$

其中 A 为累计余额, P 为起始本金. 在我们现在的例子中, 起始本金是 $P = 1\ 000$, 季度支付利率是 APR/4 = 0.02, 一年支付四次利息. 因此, 一年末的累计余额为

$$A = P \times (1 + \text{利率})^{\text{复利的次数}} = 1\ 000\text{美元} \times (1 + 0.02)^4 = 1\ 082.43\text{美元}.$$

归纳起来, 如果每年支付 n 次利息, 每次支付的利率是 APR/n. Y 年后支付利息的总次数是 nY. 因此, 可以得到下面的每年支付一次以上利息的计算公式.

复利公式 (一年支付 n 次利息)

$$A = P\left(1 + \frac{APR}{n}\right)^{nY}$$

其中

A =Y年后的累计余额

P =起始本金

APR =年利率 (以小数表示)

n =每年支付利息的次数

Y =年数

注意: Y 不一定是整数; 例如, 6 个月即 $Y = 0.5$.

思考　将 $n=1$ 代入每年支付 n 次利息的公式就得到了每年支付一次利息的公式. 解释为什么是这样.

例 5　每月复利 3%

你把 5 000 美元存入一个 APR 为 3% 且每月支付利息的银行账户. 5 年后你会有多少钱? 如果你每年只支付一次利息, 你会有多少钱? 对两者进行比较.

解　起始本金是 $P=5\ 000$ 美元, 利率是 $\text{APR}=0.03$. 按月复利意味着利息每年支付 $n=12$ 次, 考虑 $Y=5$ 年. 我们把这些值代入一年支付多次利息的公式中, 有

$$\begin{aligned}A=P\left(1+\frac{\text{APR}}{n}\right)^{nY}&=5\ 000\text{美元}\times\left(1+\frac{0.03}{12}\right)^{12\times 5}\\&=5\ 000\text{美元}\times(1.002\ 5)^{60}\\&=5\ 808.08\text{美元}.\end{aligned}$$

若利息每年只有一次, 利用一年支付一次利息的公式, 可得 5 年后的金额为

$$\begin{aligned}A=P\times(1+\text{APR})^{Y}&=5\ 000\text{美元}\times(1+0.03)^{5}\\&=5\ 000\text{美元}\times(1.03)^{5}\\&=5\ 796.37\text{美元}.\end{aligned}$$

5 年后, 按月复利计算的余额为 5 808.08 美元, 按年复利计算的余额为 5 796.37 美元. 也就是说, 每月支付一次利息比一年支付一次利息可以多得 5 808.08 美元 $-$5 796.37 美元 $=$ 11.71 美元, 尽管这两种情况下的年利率都是一样的.

▶ 做习题 63~70.

实用技巧　计算每年支付一次以上利息的复利公式

标准计算器: 当利息支付一年多于一次时, 本质上与基本复利公式是一样的 (见"实用技巧　复制公式"), 只是用 APR/n 的值代替 APR, 用 nY 代替 Y 即可. 我们应用例 5 来看一下这个过程, 其中 $P=5\ 000$ 美元, $\text{APR}=0.03, n=12, Y=5$ 年.

一般过程	我们的例子	计算步骤 *	结果输出
$A=P\times\underbrace{\underbrace{\underbrace{(1+\frac{\text{APR}}{n})}_{1.\text{括号}}{}^{(nY)}}_{2.\text{指数}}}_{3.\text{乘法}}$	$A=5\ 000\times\underbrace{\underbrace{\underbrace{(1+\frac{0.03}{12})}_{1.\text{括号}}{}^{(12\times5)}}_{2.\text{指数}}}_{3.\text{乘法}}$	第 1 步　1 [+] 0.03 [÷] 12 [=]	1.002 5
		第 2 步　[∧] [(] 12 [×] 5 [)] [=]	1.161 6···
		第 3 步　[×] 5 000 美元 [=]	5 808.08

*** 注意**: 如果你的计算器没有圆括号键, 那么在开始之前先计算出指数部分 ($nY=12\times5$), 并将其记录在纸上或计算器的内存中.

Excel: 可以像基本复利公式那样使用内置函数 FV, 除了

- 因为 rate 部分是每个复利期的利率, 故在这种情况下使用的月利率为 $\text{APR}/n=0.03/12$.

- 因为 nper 部分是复利期的总数, 在本例中应使用 $nY = 12 \times 5$. (注意, Excel 使用星号 * 表示乘法.)

下面左边的截屏显示了本例中使用 FV 函数进行计算的示例. 但是, 最好通过引用标记清楚的单元格来显示工作过程. 在本例中, 我们从 APR、n 和 Y 的单元格开始, 因为这些变量会在复利公式中用到. 它们随后会被用来创建 FV 函数. 你可以自己创建一个 Excel 工作表, 以确认从例 5中获得了结果 ($A =$ 5 808.08 美元).

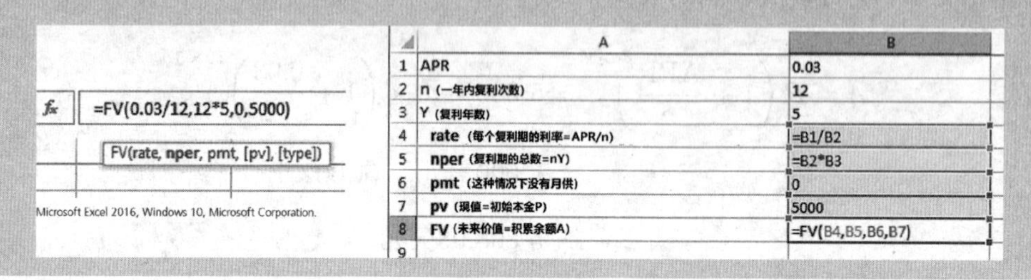

年收益率

我们已经看到, 在一年之内, 当利息不止支付一次时, 钱的增长要比 APR 的增长快. 例如, 我们发现以季度复利和 8% 的年利率计算, 1 000 美元的本金在一年内可以增加到 1 082.43 美元. 这相当于 8.24% 的相对增长:

$$\text{相对增长} = \frac{\text{绝对增长}}{\text{原始本金}} = \frac{82.43\text{美元}}{1\ 000\text{美元}} = 8.243\%.$$

这种一年期的相对增长称为**年收益率** (annual percentage yield, APY). 注意, 它只取决于年利率 (APR) 和复利期的次数, 而不取决于起始本金.

定义

年收益率 (也称有效收益率或简称收益率) 是指某一余额在一年内增加的实际百分比. 如果利息每年复利, 它等于年利率 APR. 如果利息一年复利超过一次, 它就比年利率 APR 高.

银行通常会列出年利率 (APR) 和年收益率 (APY). 然而, 当你比较利率的时候, APY 是你的钱真正赚的钱, 而且是比 APR 更重要的数字. 根据法律规定, 银行必须在计息账户上提供 APY.

实用技巧　Excel中的APY

Excel 中的函数 EFFECT 可用来计算给定 APR 和每年复利次数 (n) 后的 APY 值; 格式为: EFFECT(APR, n). 例如: $\text{APR} = 0.08, n = 4$, 可以通过如下输入得到 APY(0.082 43).

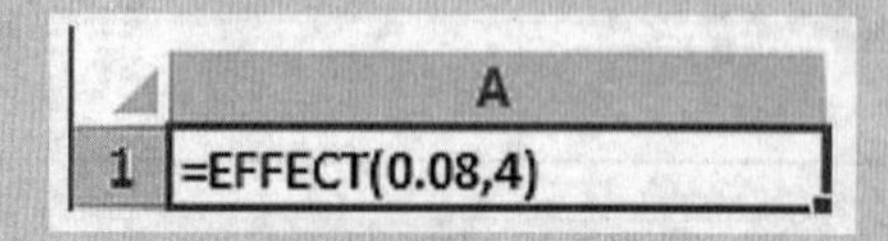

若已知 APY, 需要求出 APR, 则可以使用函数 NOMINAL. 例如: $\text{APY} = 0.082\ 43, n = 4$(按季度计算复利), 可以通过如下输入得到 APR(0.08):

	A
1	=NOMINAL(0.08243,4)

例 6 付息次数越多意味着越高的收益

你把 1 000 美元存入一项投资, 年利率为 8%. 找出按月复利和按日复利的年收益率.

解 求年收益率最简单的方法是在年底求出余额. $P = 1\ 000, APR = 8\% = 0.08, Y = 1$ 年.

按月复利计算. 设 $n = 12$. 一年后累计余额为

$$\begin{aligned} A = P\left(1+\frac{\text{APR}}{n}\right)^{nY} &= 1\ 000\text{美元} \times \left(1+\frac{0.08}{12}\right)^{12\times 1} \\ &= 1\ 000\text{美元} \times (1.006\ 666\ 667)^{12} \\ &= 1\ 083.00\text{美元}. \end{aligned}$$

余额增加 83.00 美元, 所以美元的年收益率为

$$\text{APY} = \text{一年内的相对增长} = \frac{83\text{美元}}{1\ 000\text{美元}} = 0.083 = 8.3\%.$$

按月复利计算, 年收益率为 8.3%(高于 APR).

按日复利计算[①]. 设 $n = 365$. 一年后累计余额为

$$\begin{aligned} A = P\left(1+\frac{\text{APR}}{n}\right)^{nY} &= 1\ 000\text{美元} \times \left(1+\frac{0.08}{365}\right)^{365\times 1} \\ &= 1\ 000\text{美元} \times (1.000\ 219\ 178)^{365} \\ &= 1\ 083.28\text{美元}. \end{aligned}$$

你的余额增加了 83.28 美元, 所以年收益率为

$$\text{APY} = \text{一年内的相对增长} = \frac{83.28\text{美元}}{1\ 000\text{美元}} = 0.083\ 28 = 8.328\%.$$

按日复利的年收益率为 8.328%, 略高于按月复利.

▶ 做习题 71~74.

连续复利

假设利息不是按天而是按秒或者更小的单位来支付的, 这将如何影响年收益率?

我们来看看迄今为止我们对 APR = 8% 的计算结果. 如果每年复利一次, 年利率就是 APY = APR = 8%. 按季度复利计算, 我们发现 APY = 8.243%. 按月复利计算, 我们发现 APY = 8.300%. 按日复利计算, 我们发现 APY = 8.328%. 显然, 更频繁的复利意味着更高的 APY(对于给定的 APR).

但是, 注意, 随着复利频率的增加, 变化会变小. 例如, 从年度复利 ($n = 1$) 到季度复利 ($n = 4$), APY 增加了不少, 从 8% 增加到 8.243%. 相比之下, 从月复利 ($n = 12$) 到日复利 ($n = 365$), APY 仅略有增加, 从 8.300% 增加到 8.328%. 事实上, APY 不会比日复利大太多.

① **说明:** 在计算利率和按日复利的 APY 时, 大多数银行将 APR 利率除以 360, 而不是 365. 因此, 这里的结果可能与银行的实际结果不完全一致.

表 4.4 比较了不同复利期的 APY. 图 4.4 是这些结果的图示. 注意, APY 并不是无限增长的, 它接近于 $n = 10$ 亿时的 8.328 706 8% 的极限. 换句话说, 即使我们可以每年无限次复利, 年收益率也不会超过 8.328 706 8%. 每年无限次的复利称为**连续复利** (continuous compounding). 对于一个特定的 APR, 它代表了一个特定月份可能的最佳复利计算. 在连续复利计算中，复利公式有如下特殊形式.

表 4.4 APR = 8% 时一年 n 次复利下的 APY

n	APY	n	APY
1	8.000 000 0%	1 000	8.328 360 1%
4	8.243 216 0%	10 000	8.328 672 1%
12	8.299 950 7%	100 000	8.328 706 4%
365	8.327 757 2%	10 000 00	8.328 706 7%
500	8.328 013 5%	10 000 000	8.328 706 8%

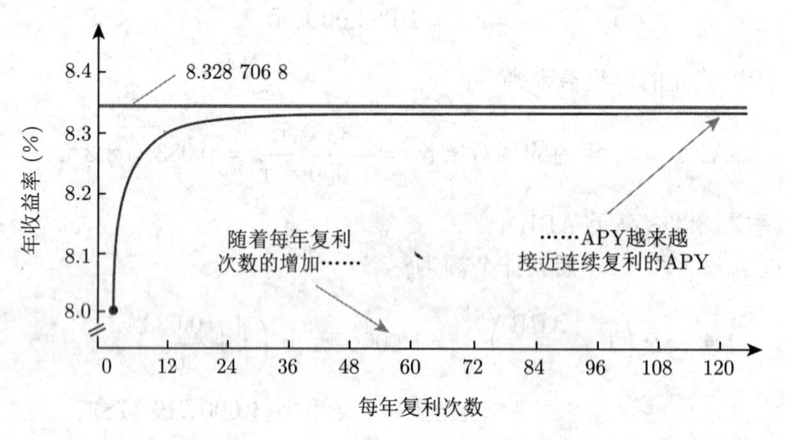

图 4.4 年利率为 8% 和不同复利期数下的年收益率 (APY)

注意, 它接近一个极限, 这表示了连续复利下的年收益率.

连续复利公式

$$A = P \times e^{(\text{APR} \times Y)}$$

其中

A =Y年后的累计余额

P =起始本金

APR =年利率 (以小数表示)

Y =年数

数字 e 是一个特殊的无理数, 其值为 $e \approx 2.718\ 28$. 在计算器中, 可通过按 $\boxed{e^x}$ 键来计算 e 的次幂.

思考 在你的计算器上寻找 $\boxed{e^x}$ 键. 输入 e^1, 从而可得 $e \approx 2.718\ 28$. 附加题: 用 Excel 和谷歌验证这个值.

实用技巧 e的次幂

在 Excel 中可以利用函数 EXP 来计算 e 的次幂. 例如: 要求 $e^{0.8}$, 可以输入

	A
1	=EXP(0.8)

在谷歌中, 只需要简单输入 e 和 $\wedge$ 即可.

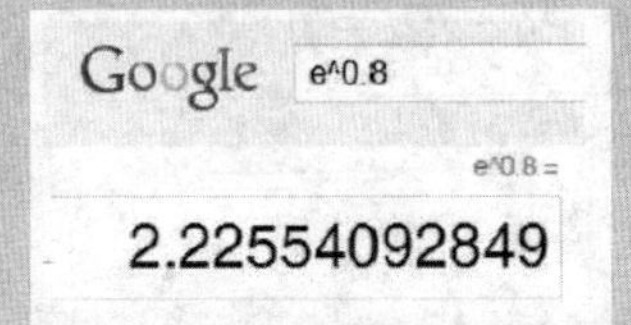

例 7 连续复利计算

你把 100 美元存入一个年利率为 8% 的连续复利账户. 10 年后你会有多少钱?

解 $P=100, \text{APR}=8\%=0.08, Y=10$ 年，连续复利. 10 年后的累计余额为

$$A=P\times e^{(\text{APR}\times Y)}=100\text{美元}\times e^{(0.08\times 10)}=100\text{美元}\times e^{0.8}=222.55\text{美元}.$$

▲ **注意!** 确保你可以用计算器或电脑正确地使用数字 e 得到上面的答案[①]. ▲

10 年后你的余额是 222.55 美元.

▶ 做习题 75~80.

简要回顾 代数运算的四个基本规则

代数运算的一个主要目标是求解方程中的未知变量. 在这里, 我们回顾这个过程中常用的四个基本规则.

四个基本规则

以下规则经常被使用:

1. 交换方程的左右两边. 也就是, 如果 $x=y$, 则也有 $y=x$.
2. 在等式两边同时加上或减掉相同的量.
3. 在等式两边同时乘以或除以相同的量, 只要不乘以或除以 0.
4. 将等式两边同时取相同的次幂或者开相同的方次 (等价于将等式两边同时取相同的分数次幂).

例——加或减

例: 求解方程 $x-9=3$ 中的 x.

解: 两边同时加 9, 可分离出 x:

$$x-9+9=3+9 \quad\rightarrow\quad x=12$$

例: 求解方程 $y+6=2y$ 中的 y.

---

① **历史小知识:** 就像数学中经常出现的数字 π 一样, 数字 e 也是一个通用的数学常数. 它出现在无数应用中, 最重要的应用是用来描述指数增长和衰减过程. 符号 e 是由瑞士数学家莱昂哈德 • 欧拉 (Leonhard Euler, 发音为“Oiler”) 于 1727 年提出的. 像 π 一样, e 不仅是一个无理数, 而且是一个超越数.

解: 把所有含 y 的项都写在等式的右边, 两边同时减去 y:

$$y+6-y=2y-y \quad \rightarrow \quad 6=y$$

左右交换得到 $y=6$.

例: 求解方程 $8q-17=p+4q-2$ 中的 p.

解: 两边同时减去 $4q$ 得到 p, 两边再同时加上 2:

$$8q-17-4q+2=p+4q-2-4q+2$$

$$\downarrow$$

$$4q-15=p$$

交换左右两边, 我们得到答案: $p=4q-15$.

例——乘或除

例: 求解方程 $4x=24$ 中的 x.

解: 两边同时除以 4 来分离 x:

$$\frac{4x}{4}=\frac{24}{4} \quad \rightarrow \quad x=6$$

例: 求解方程 $y=3x+9$ 中的 x.

解: 从等式两边同时减去 9 来分离出含有 x 的项:

$$y-9=3x+9-9 \quad \rightarrow \quad y-9=3x$$

接下来, 我们把两边都除以 3 来分离出 x, 然后把两边互换来写出最终的答案:

$$\frac{y-9}{3}=\frac{3x}{3} \quad \rightarrow \quad x=\frac{y-9}{3}$$

例: 求解方程 $\frac{3z}{4}-2=10$ 中的 z.

解: 首先, 我们通过将两边同时加 2 来分离出包含 z 的项:

$$\frac{3z}{4}-2+2=10+2 \quad \rightarrow \quad \frac{3z}{4}=12$$

两边同时乘以 $\frac{4}{3}$:

$$\frac{3z}{4}\times\frac{4}{3}=12\times\frac{4}{3} \quad \rightarrow \quad z=16$$

例——幂和根

例: 求解方程 $x^4=16$ 的正根.

解: 我们通过将两边同时取四次方来解出 x:

$$(x^4)^{1/4}=16^{1/4}$$

这使得左边剩下了 x [根据运算规则 $(a^n)^m=a^{n\times m}$], 而右边也同样取 1/4 次幂, 也相当于开 4 次根号,

$$x^{4\times 1/4}=16^{1/4} \quad \rightarrow \quad x=\sqrt[4]{16}=2$$

方程的正根是 $x=2$. (另一个根是 $x=-2$, 但在本文中我们通常忽略负解.)

► 做习题 27~50.

提前计划好复利

假设你刚生了孩子，想要确保你有 100 000 美元供他或她上大学. 假设你的孩子 18 年后要上大学，你现在应该存多少钱?

如果我们知道了利率，我们可以用“逆向”复利计算来回答这个问题. 我们从 18 年后所需的金额 A 开始，然后计算所需的初始本金 P[①]. 下面的例子说明了计算过程.

例 8 APR = 3%，每月复利的大学基金

假设你进行了一个年利率为 3% 的投资，按月复利计算，然后存在那里 18 年. 你现在需要存多少钱才能在 18 年后兑现 100 000 美元?

解 已知利率 (APR = 0.03)，复利年限 (Y = 18)，18 年后的期望金额 (A = 100 000 美元)，以及月复利 $n = 12$. 为了求现在必须存入的初始本金 (P)，我们需要从复利公式中解出 P，然后代入给定的值.

从每年支付一次以上的利息的复利公式开始:	$A = P \times \left(1 + \frac{\text{APR}}{n}\right)^{nY}$
交换左右两边，两边同时除以 $\left(1 + \frac{\text{APR}}{n}\right)^{nY}$:	$P = \frac{A}{\left(1 + \frac{\text{APR}}{n}\right)^{nY}}$
代入已知数值 APR = 0.03，$Y = 18$，A = 100 000 美元，以及 $n = 12$:	$P = \frac{100\ 000\text{美元}}{\left(1 + \frac{0.03}{12}\right)^{12 \times 18}} = \frac{100\ 000\text{美元}}{(1.0025)^{216}} = 58\ 314.11\text{美元}$

也就是说，假设 3% 的年利率不变，而且你不提取或增加存款，现在存 58 314 美元在 18 年后将产生预期的 100 000 美元. 你可以很容易地验证这个答案: 使用开始余额为 58 314.11 美元的复利公式，18 年后累计余额为 100 000 美元.

▶ 做习题 81~88.

思考 除了长期的政府债券，要在 18 年内找到利率不变的投资产品是极其困难的. 不过，理财规划师在探索投资选择时，往往会做出这样的假设. 解释为什么这样的计算是有用的，尽管你不能确定一个稳定的利率.

在你的世界里 低利率的影响

我们已经看到，复利可以使钱数随着时间的推移大幅增长，即使年利率相对较低，如 3%. 但近年来，大多数银行的利率甚至降得更低. 下图显示了过去几十年里银行利率的变化. 虽然这些利率有时超过 10%，这段期间的平均 (中位数) 约为 5.6%，但近年来已接近零. 此外，过去的利率往往高于通胀率，这意味着银行账户中货币的实际价值会随着时间的推移而上升. 然而，近年来，利率普遍低于通货膨胀率，这意味着货币随着时间的推移失去了实际价值.

这些低利率除了让人难以跟上通货膨胀的步伐外，还会对那些希望靠一辈子储蓄的利息生活的退休人员产生毁灭性的影响. 例如，考虑一对退休夫妇，他们为退休储蓄了 500 000 美元. 在利率为 5% 的情况下，他们每年将获得 25 000 美元的利息，并且可以将这笔钱用于生活，而无须提取 500 000 美元的本金. 但在 2017 年，银行账户通常只有 0.05% 的利息，每年只有 250 美元. 如果这对夫妇需要 25 000 美元来

---

① **顺便说说:** 在金融学中，找到今天必须存入的金额 (现值) 以产生特定未来金额的过程被称为**贴现** (discounting).

维持生活, 他们将不得不每年提取大约这个数额的本金, 在这种情况下, 他们的退休账户大约 20 年后就会被提空, 可能会使他们完全依赖社会保障. 我们将在 4.6 节讨论社会保障的未来, 但这个案例已经说明了为什么它是一个引起高度情绪反应的问题. 或者, 这对夫妇可能会尝试在其他类型的投资中寻找更好的回报, 但正如我们将在 4.3 节中讨论的, 寻找更好的回报总是伴随着额外的损失风险.

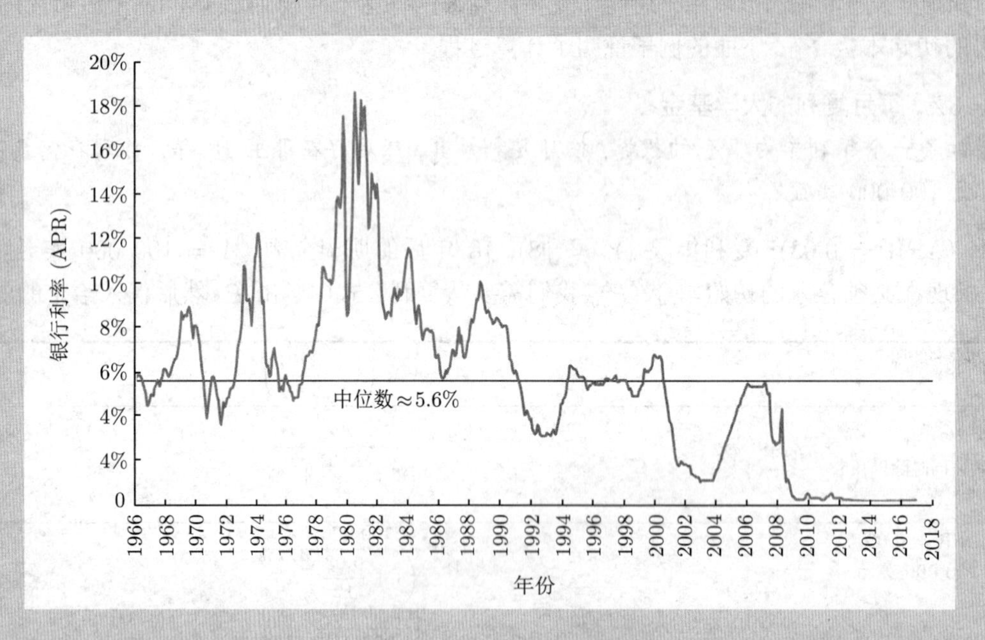

注: 自 1966 年以来的银行利率. 基于 3 个月定期存单的月平均值.

测验 4.2

为下列各题选择一个最佳答案, 并简单叙述理由.

1. 考虑两种投资, 一种是赚取单利, 另一种是赚取复利. 如果两种存款都以相同的初始存款开始 (并且你不进行其他存款或取款), 且有相同的年利率, 那么两年之后单利账户就会 ( ).

   a. 有比复利账户更多的余额

   b. 有比复利账户更少的余额

   c. 有与复利账户相同的余额

2. 年利率为 6% 的复利账户的价值每年增长的倍数为 ( ).

   a. 1.06　　b. 1.6　　c. 1.006

3. 5 年后, 一项年利率为 5.5% 的复利投资的价值增加的倍将数为 ( ).

   a. 1.55^5　　b. 5×1.055　　c. 1.055^5

4. 年利率为 4%, 按季度计算复利的账户价值每 3 个月增加 ( ).

   a. 1%　　b. 1/4%　　c. 4%

5. 以相同的存款、年利率和期限进行的投资的月复利使收益率 ( ).

   a. 比按日复利计算的账户余额多

   b. 比按季度复利计算的账户余额少

   c. 比按年度复利计算的账户余额多

6. 年利率 (APR) 总是 ( ).

   a. 大于 APY

   b. 小于或等于 APY

   c. 与 APY 相同

7. 考虑两个赚取复利的账户, 一个年利率为 4%, 另一个年利率为 2%, 并且都有相同的初始存款 (没有进一步的存款或取款). 20 年后, 年利率为 4% 的账户比年利率为 2% 的账户多赚多少利息?(　)

a. 不到两倍

b. 正好是两倍

c. 两倍多

8. 如果你以 6% 的年利率和连续复利将 250 美元存入一个账户, 两年后的余额是 (　).

a. $250 \times e^{0.12}$ 美元

b. $250 \times e^{2}$ 美元

c. $250 \times (1 + 0.06)^{2}$ 美元

9. 假设你用复利公式来计算, 如果想在 10 年后使大学基金增值到 20 000 美元, 你今天必须存多少钱. 需要做出的假设应为 (　).

a. 平均年利率在 10 年内保持不变

b. 基金有连续复利

c. 该基金赚取的是单利而非复利

10. 有复利的银行账户就是我们所说的 (　).

a. 线性增长　　　　b. 简单增长　　　　c. 指数增长

习题 4.2

复习

1. 单利和复利的区别是什么? 利用复利为什么最终会得到更多钱?

2. 请解释新学院是如何将 535 年前 224 美元的债务计算到 2 900 亿美元的. 这如何显示了"复利的威力"?

3. 解释为什么 APR/n 出现在每年支付 n 次利息的复利公式中.

4. 陈述每年支付一次利息的复利公式. 定义年利率 (APR) 和 Y.

5. 陈述每年支付超过一次利息的复利计算公式. 定义所有变量.

6. 什么是年收益率 (APY)? 解释为什么对于给定的年利率, 如果复利更频繁, APY 更高.

7. 什么是连续复利? 连续复利的 APY 与日复利的 APY 相比如何? 解释连续复利的计算公式.

8. 举一个例子, 在这种情况下, 你可能想通过复利公式求出现在必须投资的 P, 以在未来产生特定的 A.

是否有意义?

确定下列陈述是有意义的 (或显然是真实的), 还是没有意义的 (或显然是错误的), 并解释原因.

9. 简单银行提供每年 4.5% 的单利, 这显然比复杂银行提供的 4.5% 的复利更好.

10. 两家银行支付相同的年利率 (APR), 但其中一家的年收益率 (APY) 高于另一家.

11. 在年利率最高的银行投资总是最好的.

12. 没有银行能够按万亿分之一秒支付利息, 因为用复利公式计算, 它很快就会欠每个人无穷多美元.

13. 我将钱投资于 5.0% 年利率 (APR) 的银行中, 但在年底, 我的账户余额增长了 5.1%.

14. 如果你现在在投资账户上存 10 000 美元, 即使利率相对较低 (比如 4%), 它的价值也能在短短几十年内翻一番, 达到 20 000 美元.

基本方法和概念

15～26: 幂次复习. 运用"简要回顾　幂和根"中所涉及的知识来计算或简化以下表达式.

15. 3^2　　16. 3^4

17. 2^5　　18. 3^{-2}

19. $25^{1/2}$　　20. $81^{1/2}$

21. $64^{-1/3}$　　22. $2^3 \times 2^5$

23. $3^4 \div 3^2$　　24. $6^2 \times 6^{-2}$

25. $25^{1/2} \div 25^{-1/2}$　　26. $3^3 + 2^3$

27～50: 代数运算复习. 运用"简要回顾　代数运算的四个基本规则"中所涉及的知识求解下列方程.

27. $x-4=16$
28. $y+4=7$
29. $z-10=6$
30. $2x=8$
31. $4y=16$
32. $4y+2=18$
33. $5z-1=19$
34. $1-6y=13$
35. $3x-4=2x+6$
36. $5-4s=6s-5$
37. $3a+4=6+4a$
38. $3n-16=53$
39. $6q-20=60+4q$
40. $5w-5=3w-25$
41. $t/4+5=25$
42. $2x/3+4=2x$
43. $x^2=49$
44. $y^3=27$
45. $(x-4)^2=36$
46. $p^{1/3}=3$
47. $(t/3)^2=16$
48. $w^2+2=27$
49. $u^9=512$
50. $v^3+4=68$

51~54: 单利. 计算 5 年后你的每个账户里会有多少钱, 假设这是一个单利账户.

51. 你把 800 美元存入一个年利率为 5% 的账户.
52. 你把 1 500 美元存入一个年利率为 4% 的账户.
53. 你把 3 200 美元存入一个年利率为 3.5% 的账户.
54. 你把 1 800 美元存入一个年利率为 3.8% 的账户.

55~56: 单利与复利. 完成下列表格, 显示两项投资在五年内的表现. 把所有数字四舍五入到最接近的美元数.

55. 苏珊娜把 3 000 美元存入一个年利率为 2.5% 的单利账户. 德里克把 3 000 美元存入一个年利率为 2.5% 的复利账户.

结束年份	苏珊娜的年度利息	苏珊娜的余额	德里克的年度利息	德里克的余额
1				
2				
3				
4				
5				

56. 爱丽儿把 5 000 美元存入一个年利率为 3% 的单利账户. 特拉维斯把 5 000 美元存入一个年利率为 3% 的复利账户.

结束年份	爱丽儿的年度利息	爱丽儿的余额	特拉维斯的年度利息	特拉维斯余额
1				
2				
3				
4				
5				

57～62: 复利. 假设利息按年计算复利, 使用复利公式计算在规定期限后每个账户的余额.

57. 5 000 美元按年利率 4% 投资 10 年.
58. 20 000 美元按年利率 3.5% 投资 20 年.
59. 15 000 美元按年利率 3.2% 投资 25 年.
60. 3 000 美元按年利率 1.8% 投资 12 年.
61. 10 000 美元按年利率 3.7% 投资 12 年.
62. 40 000 美元按年利率 2.8% 投资 30 年.

63～70: 一年计算一次以上复利. 使用适当的复利公式计算每个账户在规定期限后的余额.

63. 5 000 美元投资 10 年, 年利率 2%, 按季度复利.
64. 4 000 美元投资 5 年, 年利率 3%, 按日复利.
65. 25 000 美元投资 5 年, 年利率 3%, 按日复利.
66. 10 000 美元投资 5 年, 年利率 2.75%, 按月复利.
67. 4 000 美元投资 20 年, 年利率 6%, 按月复利.
68. 30 000 美元投资 15 年, 年利率 4.5%, 按日复利.
69. 25 000 美元投资 30 年, 年利率 3.7%, 按季度复利.
70. 15 000 美元投资 15 年, 年利率 4.2%, 按月复利.

71～74: 年收益率 (APY). 求出每种情况下的年收益率 (近似到 0.01%).

71. 银行提供的年利率是 4.1%, 按日复利.
72. 银行提供的年利率是 3.2%, 按月复利.
73. 银行提供的年利率是 1.23%, 按月复利.
74. 银行提供的年利率是 2.25%, 按季度复利.

75～80: 计算连续复利. 使用连续复利的公式计算 1 年、5 年和 20 年后每个账户的余额. 另外, 计算每个账户的 APY.

75. 年利率为 4.5% 的 5 000 美元存款.
76. 年利率为 3.1% 的 2 000 美元存款.
77. 年利率为 4.5% 的 7 000 美元存款.
78. 年利率为 7.5% 的 3 000 美元存款.
79. 年利率为 6% 的 3 000 美元存款.
80. 年利率为 2.7% 的 500 美元存款.

81～84: 提前计划. 为了在 8 年后获得 25 000 美元的房屋首付款, 你今天必须在以下每个账户中存入多少钱? 假设没有额外的存款.

81. 按年复利, 年利率为 6% 的账户.
82. 按季度复利, 年利率为 4.5% 的账户.
83. 按月复利, 年利率为 6% 的账户.
84. 按日复利, 年利率为 4% 的账户.

85～88: 大学基金. 为了在 15 年后获得 120 000 美元的大学基金, 你今天必须在以下每个账户中存入多少钱? 假设没有额外的存款.

85. 年利率为 5.5%, 按年复利.
86. 年利率为 5.5%, 按日复利.
87. 年利率为 2.85%, 按季度复利.
88. 年利率为 3.5%, 按月复利.

进一步应用

89～90: 小利率差. 下列投资计划相同, 只是利率有微小差别. 分别计算 10 年和 30 年后的余额. 讨论这个差别.

89. 常 (Chang) 将 500 美元投资于一个按年复利的利率为 3.5% 的账户. 克钦将 500 美元投资于另一个按年复利的利率为 3.75% 的账户.
90. 约瑟将 1 500 美元投资于一个按年复利的利率为 5.6% 的账户. 玛尔塔将 1 500 美元投资于另一个按年复利的利率为 5.7% 的账户.

91. **年收益率比较**. 考虑一个 APR 为 5.3% 的账户. 分别计算按季度复利、按月复利和按日复利时的 APY. 评论改变复利期如何影响年收益率.

92. **年收益率比较**. 考虑一个 APR 为 5% 的账户. 分别计算按季度复利、按月复利和按日复利时的 APY. 评论改变复利期如何影响年收益率.

93. **复利**. 比较两个账户的累计余额, 这两个账户的初始存款都是 1 000 美元. 两个账户的年利率都是 5.5%, 但是一个账户按年复利, 而另一个账户按日复利. 制作一个表格, 显示每年的利息收入和前 10 年两个账户的累计余额. 用百分比比较 10 年后账户中的余额, 把所有数字四舍五入到最接近的美元数.

94. **了解年收益率 (APY)**.

a. 解释按年复利时, 为什么 APR 和 APY 相同.

b. 解释按日复利时, 为什么 APR 和 APY 不同.

c. APY 是否依赖于起始本金 P? 为什么?

d. APY 是如何依赖于一年的复利次数 n 的? 解释一下.

95. **比较投资计划**. 罗莎把 3 000 美元存入一个年利率为 4% 的账户, 按年复利. 朱利安把 2 500 美元投资于一个年利率为 5% 的账户, 按年复利.

a. 计算 5 年和 20 年后每个账户的余额.

b. 对每个账户按 5 年和 20 年的期限, 确定余额中利息的百分比.

c. 评论利率和耐心对余额的影响.

96. **比较投资计划**. 保拉以 4.8% 的年利率和连续复利投资 4 000 美元. 佩特拉以 5.6% 的年利率和连续复利投资 3 600 美元.

a. 计算 5 年和 20 年后的账户余额.

b. 对每个账户按 5 年和 20 年的期限, 确定余额中利息的百分比.

c. 评论利率和耐心对余额的影响.

97. **退休基金**. 假设你想为 30 年后的退休生活积攒 120 000 美元. 你有两种选择: A 计划是将一笔钱存入一个 APR = 5% 的年复利账户. B 计划是将一笔钱存入一个 APR = 4.8% 的连续复利账户. 为了达到这个目标, 你需要在每个账户里存多少钱?

98. **你的银行账户**. 为你的个人储蓄账户找到当前的 APR、复利期和要求的 APY(如果你没有账户，从附近的银行选择一个利率).

a. 计算你账户的 APY. 你的计算与银行提供的 APY 一致吗? 解释一下.

b. 假设你收到一份 10 000 美元的礼物, 并把它存入账户. 如果利率不变, 10 年后会变成多少钱?

c. 假设你能找到另一家银行, 它的年利率比你的高 2 个百分点, 复利期相同. 这 10 000 美元的储蓄 10 年后会变为多少? 简要讨论这个结果与 (b) 的结果的比较.

99～101: 找时间段. 使用计算器和一些允许范围内的误差来回答以下问题.

99. 你的初始存款需要多长时间才能以年复利 6% 的利率翻三倍?

100. 你的初始存款以每年 7% 的年复利增长 50% 需要多长时间?

101. 你把 1 000 美元存入一个年复利为 7% 的账户. 需要多久你的余额才能达到 100 000 美元?

102. **连续复利计算**. 通过回答以下问题来理解连续复利.

a. 对于年利率为 12% 的情况, 制作一个类似于表 4.4 的表, 分别计算在 $n = 4, 12, 365, 500, 1\,000$ 时的 APY.

b. 计算年利率为 12% 的连续复利的 APY.

c. 将 (a) 和 (b) 的结果用类似图 4.4 的图形表示.

d. 将连续复利的 APY 与其他类型复利的 APY 进行比较.

e. 你把 500 美元存入年利率为 12% 的账户. 以连续复利计算, 1 年后你会有多少钱? 5 年后呢?

103. **慈善事业**. 查尔斯・菲尼是一位投资者, 他赚了数十亿美元, 但他决定把所有钱都捐给教育、人权和公共卫生等事业 (大部分是匿名的). 截至 2012 年, 菲尼已经捐出了 60 多亿美元, 但他还有 15 亿美元, 希望能在他去世之前全部捐出去.

a. 假设菲尼先生用他的 15 亿美元建立了一个捐赠基金 (一个只提供利息的持续资助的账户), 并以年利率 6% 按月复利计算利息. 他每年能拿出多少利息 (余额不变)?

b. 重复 (a), 但以年利率 5% 按月复利计算利息. 该账户是否能产生足够的利息以资助 75 笔每年 100 万美元的捐赠? 解释一下.

c. 事实上, 菲尼先生并没有用他最后的 15 亿美元建立一个捐赠基金, 而是在 5 年的时间里把剩下的钱都捐了出来. (他为自己和妻子留下了 200 万美元, 供他们度过余生, 但在计算时, 你可以忽略这一点, 以及 5 年期间获得的任何利息.) 在这五年中, 他平均每周捐出多少钱?

104. **退休基金**. 一对退休夫妇计划用 120 000 美元的退休基金赚取的利息来补充他们的社会保障.

a. 若该账户以 6% 的年利率进行月复利, 则这对夫妻每月可提取的可供花销的利息为多少美元?

b. 假设年利率突然下降到 3%. 每月的利息是多少?

c. 估计每月产生 900 美元利息所需的年利率.

实际问题探讨

105. **利率的比较**. 找一个可以比较不同银行普通储蓄账户利率的网站. 目前银行利率的范围是多少? 最好的交易是怎样的? 你自己的银行账户怎么样?

106. **银行广告**. 找两个关于复利的银行广告. 解释每个广告中的术语. 哪家银行提供的条件更好? 解释一下.

107. **复利的威力**. 在有关投资计划的广告或文章中, 描述资金在多年时间内如何增长 (或将如何增长). 讨论描述是否正确.

实用技巧练习

108. **幂次的计算**. 使用计算器或 Excel 计算下列表达式的值.

a. 6^{12}.

b. 1.01^{40}.

c. 20×1.05^{16}.

d. 4^{-5}.

e. 1.08^{-20}.

109. **用 Excel 计算复利: 年复利**. 使用 Excel 中的未来价值 (FV) 函数计算下列每个账户的余额.

a. 按年复利, 年利率为 10%, 初始存款为 100 美元的账户 5 年后的余额.

b. 按年复利, 年利率为 2%, 初始存款为 224 美元的账户 535 年后的余额.

110. **用 Excel 计算复利: 依赖于参数**. 假设你把 500 美元存入一个年利率为 3% 的按年计算复利的账户. 如"实用技巧 复利公式"中所述, 填写以下 Excel 电子表格中的单元格:

	A	B
1	rate(APR)	值
2	nper (Y)	值
3	pmt	0
4	pv (P)	值
5	FV(A)	= FV(B1, B2, B3, B4)

通过更改输入值, 回答以下问题.

a. 20 年后的余额是多少?

b. 如果你将 (a) 中的 APR 加倍, 余额会是 (a) 余额的两倍、两倍以上还是两倍以下?

c. 如果你将 (a) 中的年数加倍, 余额会是 (a) 余额的两倍、两倍以上还是两倍以下?

d. 如果你将 (a) 中的本金金额加倍, 余额会是 (a) 余额的两倍、两倍以上还是两倍以下?

111. **用 Excel 计算复利: 一年多次复利**. 使用 Excel 中的未来值 (FV) 函数计算下列每个账户的余额.

a. 按月复利, 年利率为 3%, 初始存款为 5 000 美元的账户 5 年后的余额.

b. 按月复利, 年利率为 4.5%, 初始存款为 800 美元的账户 30 年后的余额.

c. 按日复利, 年利率为 3.75%, 初始存款为 1 000 美元的账户 50 年后的余额.

112. **有效收益**. 使用 Excel 中的有效收益函数 (EFFECT) 计算以下每个账户的 APY.

a. 按季度复利, 年利率为 4% 的账户.

b. 按月复利, 年利率为 4% 的账户.

c. 按日复利, 年利率为 4% 的账户.

d. 根据 (a)、(b) 和 (c) 的结果, 用连续复利 (复利的数量变得非常大) 估计账户的 APY.

113. **指数函数**. 使用计算器、Excel 或谷歌来计算下列数量.

a. $e^{3.2}$.

b. $e^{0.065}$.

c. 连续复利账户的 APY(有效收益率), 年利率为 4%.

4.3 储蓄计划及投资

假设你想存钱, 可能是为了支付退休以后的生活费用或孩子的大学费用. 你可以今天一次性存入一笔钱, 然后让它通过复利的力量增长. 但如果你没有一大笔钱来开这样一个账户呢?

对大多数人来说, 更现实的储蓄方式是定期存款. 例如, 你可能每个月存 50 美元[①]. 这种长期**储蓄计划** (saving plans) 非常受欢迎, 这些产品有许多特殊的名字, 有些还享受特殊的税收待遇, 包括个人退休账户 (Individual Retirement Accounts, IRA)、401(k) 计划和 529 大学储蓄计划等.

储蓄计划公式

我们可以用一个例子来看看储蓄计划是如何运作的. 假设你每个月月末都存 100 美元到储蓄计划中. 为了简单起见, 假设你的计划按年利率为 12% 或月利率为 1% 来计算, 按月支付利息.

- 你的账户从 0 美元开始. 在第 1 个月月末, 你第一次存入 100 美元.
- 在第 2 个月月末, 你会收到账户中 100 美元的每月利息, 即 $1\% \times 100$ 美元 $= 1$ 美元. 另外, 你每月存 100 美元. 你在第 2 个月月末的结余是

$$\underbrace{100\text{美元}}_{\text{之前的余额}} + \underbrace{1\text{美元}}_{\text{利息}} + \underbrace{100\text{美元}}_{\text{新存款}} = 201.00\text{美元}.$$

- 在第 3 个月月末, 你的账户中已经存在的 201 美元获得 1% 的利息, 即 $1\% \times 201$ 美元 $= 2.01$ 美元. 加上你每月 100 美元的存款, 你在第 3 个月月末就有了余额

$$\underbrace{201\text{美元}}_{\text{之前的余额}} + \underbrace{2.01\text{美元}}_{\text{利息}} + \underbrace{100\text{美元}}_{\text{新存款}} = 303.01\text{美元}.$$

表 4.5 计算了持续 6 个月的金额数. 原则上, 我们可以无限期地扩展这张表, 但这需要大量工作. 幸运的是, 有一个更简单的计算储蓄的方法 (见下面的“储蓄计划公式 (定期付款) ”)[②].

表 4.5 储蓄计划计算 (每月存款 100 美元; 年利率为 12%, 或月利率为 1%)

截至时间	月初余额	月初余额的利息	月末存款	月末余额
第 1 个月月末	0 美元	0 美元	100 美元	100 美元
第 2 个月月末	100 美元	$1\% \times 100$ 美元 =1 美元	100 美元	201 美元
第 3 个月月末	201 美元	$1\% \times 201$ 美元 =2.01 美元	100 美元	303.01 美元
第 4 个月月末	303.01 美元	$1\% \times 303.01$ 美元 =3.03 美元	100 美元	406.04 美元
第 5 个月月末	406.04 美元	$1\% \times 406.04$ 美元 =4.06 美元	100 美元	510.10 美元
第 6 个月月末	510.10 美元	$1\% \times 510.10$ 美元 =5.10 美元	100 美元	615.20 美元

注意: 最后一栏显示每月月末的新余额, 即月初余额、利息和月末存款之和.

① **顺便说说**: 在金融学中, 称任何一系列相等的定期存款 (支付) 为年金. 储蓄计划是一种年金, 就像你每月支付相同金额的贷款一样.

② **说明**: 这个版本的储蓄计划公式假设定期存款 (支付) 和复利使用相同的期限. 例如, 如果定期存款按月存入, 那么利息也按月计算和支付.

储蓄计划公式 (定期存款)

$$A = \text{PMT} \times \frac{\left[\left(1+\frac{\text{APR}}{n}\right)^{nY} - 1\right]}{\frac{\text{APR}}{n}}$$

其中

A =储蓄累计金额

PMT =定期存款额

APR =年利率 (以小数表示)

n =每年存款次数

Y =年数

对于复利情形, 储蓄累计金额 (A) 通常被称为未来价值 (FV); 起始本金 (P) 称为现值 (PV), 也就是 0, 因为我们在储蓄开始前没有余额.

例 1　使用储蓄计划公式

使用储蓄计划公式计算 6 个月后的账户余额, APR 为 12%, 每月存入 100 美元.

解　由已知条件有 PMT= 100, 年利率 APR= 0.12, 因每月存入，故 $n = 12$, 因为 6 个月是半年，故 $Y = 0.5$. 使用储蓄计划公式, 可以得到 6 个月后的余额为

$$A = \text{PMT} \times \frac{\left[\left(1+\frac{\text{APR}}{n}\right)^{nY} - 1\right]}{\frac{\text{APR}}{n}}$$

$$= 100\text{美元} \times \frac{\left[\left(1+\frac{0.12}{12}\right)^{12\times 0.5} - 1\right]}{\frac{0.12}{12}}$$

$$= 100\text{美元} \times \frac{\left[(1.01)^{6} - 1\right]}{0.01} = 615.20\text{美元}.$$

这个答案与表 4.5 中的值一致.

► 做习题 15~18.

数学视角　储蓄计划公式的推导

通过以不同的方式查看表 4.5 中的示例, 我们可以得出储蓄计划公式. 我们可以不计算每个月月末的余额 (如表 4.5 所示), 而是计算每个月的存款以及它到 6 个月后的利息.

第一笔 100 美元的存款是在第 1 个月月末存入的. 因此, 到第 6 个月月底, 第一次的存款已经拿到了 $6 - 1 = 5$ 个月 (2 月、3 月、4 月、5 月和 6 月) 的利息. 使用复利公式的一般形式 (参见 4.2 节), 每月存

款额 PMT = 100 美元, 利率 $i = 0.01$, 第一次存款在获得 $n = 5$ 次利息之后余额为

$$\text{PMT} \times (1+i)^5 = 100\text{美元} \times 1.01^5$$

同样, 第二笔 100 美元的存款获得了 $6 - 2 = 4$ 个月的利息, 所以它在第 6 个月月末的金额是

$$\text{PMT} \times (1+i)^4 = 100\text{美元} \times 1.01^4$$

依此类推, 可以得到下表. 注意, 第二栏之和与表 4.5 中的结果一致. 最后一栏显示了复利公式如何适用于一般情况下的每一笔付款.

月末存款	6 个月后的金额	N 个月后余额的一般计算式
第 1 个月月末	100 美元 $\times 1.01^5$	$\text{PMT}\times(1+i)^{N-1}$
第 2 个月月末	100 美元 $\times 1.01^4$	$\text{PMT}\times(1+i)^{N-2}$
第 3 个月月末	100 美元 $\times 1.01^3$	$\vdots$
第 4 个月月末	100 美元 $\times 1.01^2$	
第 5 个月月末	100 美元 $\times 1.01$	$\text{PMT}\times(1+i)^1$
第 6 个月月末	100 美元	PMT
总计	615.20 美元	(以上各项求和)

最后一栏的金额是任何储蓄计划在 N 个月后的累计余额 A:

$$\begin{aligned} A =& \text{PMT} \\ &+ \text{PMT} \times (1+i)^1 \\ &+ \cdots \\ &+ \text{PMT} \times (1+i)^{N-1} \end{aligned}$$

我们可以用下面的等式 1 中所示的过程来简化这个公式, 首先在等式两边同时乘以 $(1+i)^1$, 再减去原来的方程. 注意, 右边除了两项, 其余的都消掉了, 只剩下

$$A(1+i) - A = \text{PMT}(1+i)^N - \text{PMT}$$

方程左边化简为 Ai(因为 $A(1+i) - A = A + Ai - A = Ai$), 我们可以提出 PMT，把右边写成 $\text{PMT} \times [(1+i)^N - 1]$. 等式变为

$$Ai = \text{PMT} \times [(1+i)^N - 1]$$

两边同时除以 i, 得到储蓄计划公式:

$$A = \text{PMT} \times \frac{[(1+i)^N - 1]}{i}$$

这和文中给出的储蓄计划公式是一样的, 如果你用 $i = \text{APR}/n$ 替换每段时期的利率, 用 $N = nY$ 替换存款次数 (其中 n 为每年存款次数, Y 为年数).

等式 1:

$$A(1+i) \quad = \quad \text{PMT}(1+i)^1 + \cdots + \text{PMT}(1+i)^{N-1} + \text{PMT}(1+i)^N$$

$$
\begin{aligned}
-A \quad &= -[\mathrm{PMT}+\mathrm{PMT}(1+i)^1+\cdots+\mathrm{PMT}(1+i)^{N-1}] \\
\hline
A(1+i)-A &= -\mathrm{PMT}+\mathrm{PMT}(1+i)^N \\
&= \mathrm{PMT}(1+i)^N-\mathrm{PMT}
\end{aligned}
$$

例 2　退休计划[①]

30 岁时, 米歇尔启动了个人退休账户, 每个月月末存 100 美元以备退休之用. 如果她能参与一个年利率为 6% 的储蓄计划, 那么当她 35 年后 65 岁退休时, 将拥有多少存款? 比较她的存款总额和她获得利息之后的储蓄金额.

解　我们使用储蓄计划公式来计算, 每月存款 PMT = 100 美元, 利率 APR = 0.06, $n=12$ 表示月存款. 则 $Y=35$ 年后的余额是

$$
\begin{aligned}
A=\mathrm{PMT}\times\frac{\left[\left(1+\dfrac{\mathrm{APR}}{n}\right)^{nY}-1\right]}{\left(\dfrac{\mathrm{APR}}{n}\right)} &= 100\text{美元}\times\frac{\left[\left(1+\dfrac{0.06}{12}\right)^{12\times35}-1\right]}{\left(\dfrac{0.06}{12}\right)} \\
&= 100\text{美元}\times\frac{\left[(1.005)^{420}-1\right]}{0.005} \\
&= 142\ 471.03\text{美元}.
\end{aligned}
$$

因为 35 年是 420($35\times12=420$) 个月, 所以她 35 年的存款总额是

$$
100\text{美元}\times420=42\ 000\text{ 美元}.
$$

然而, 由于复利, 她的个人退休账户余额将超过 142 000 美元, 是她存款金额的三倍多.

▶ 做习题 19~22.

提前规划储蓄计划

大多数人在开始储蓄计划时都有一个明确的目标, 比如为退休后的生活存钱, 或者在几年内买一辆新车. 对于提前计划, 重要的问题是, 给定一个财务目标 (总金额 A, 在一定年限后的期望), 需要多少定期付款才能达到目标? 下面两个示例展示了计算方法.

例 3　利率为 3% 的大学储蓄计划

当你的孩子出生时, 你设定了一个目标, 要在 18 年内通过每月定期存款来建立 100 000 美元的大学基金. 假设年利率为 3%, 计算你每月应该存多少钱. 最终金额有多少来自实际存款? 又有多少来自利息?

解　目标是在 $Y=18$ 年内积累 $A=10$ 万美元. 利率为 APR = 0.03, 月支付，故 $n=12$. 希望计算每月所需的存款额 PMT. 因此, 我们需要求解 PMT 的储蓄计划公式, 然后将给定的值代入. 下面的步骤显示了这一计算过程.

① **说明:**　在每个月月末存款的储蓄计划被称为普通年金. 在每个时期开始时存款的计划称为期初年金. 在这两种情况下, 在未来某个日期的累计金额 A 称为年金的未来价值. 本节中的公式仅适用于普通年金.

从储蓄计划公式开始:	$A = \text{PMT} \times \dfrac{\left[\left(1+\dfrac{\text{APR}}{n}\right)^{nY}-1\right]}{\dfrac{\text{APR}}{n}}$
两边同时乘以 $\dfrac{\text{APR}}{n}$，再同时除以 $\left[\left(1+\dfrac{\text{APR}}{n}\right)^{nY}-1\right]$:	$A \times \dfrac{\dfrac{\text{APR}}{n}}{\left[\left(1+\dfrac{\text{APR}}{n}\right)^{nY}-1\right]}$ $= \text{PMT} \times \dfrac{\left[\left(1+\dfrac{\text{APR}}{n}\right)^{nY}-1\right]}{\dfrac{\text{APR}}{n}} \times \dfrac{\dfrac{\text{APR}}{n}}{\left[\left(1+\dfrac{\text{APR}}{n}\right)^{nY}-1\right]}$
左右两边互换:	$\text{PMT} = A \times \dfrac{\dfrac{\text{APR}}{n}}{\left[\left(1+\dfrac{\text{APR}}{n}\right)^{nY}-1\right]}$
代入数值, APR=0.03, $n=12, Y=18, A=$ 100 000 美元:	$\text{PMT} = 100\ 000\text{美元} \times \dfrac{\dfrac{0.03}{12}}{\left[\left(1+\dfrac{0.03}{12}\right)^{12\times 18}-1\right]}$ $= 100\ 000\text{美元} \times \dfrac{0.002\ 5}{[(1.002\ 5)^{216}-1]}$ $= 349.72\text{美元}$

假设年利率不变，始终为 3%, 那么每月存入 349.72 美元，18 年后将得到 100 000 美元. 在此期间, 存款总额为

$$18\text{年} \times \frac{12\text{月}}{\text{年}} \times \frac{349.72\text{美元}}{\text{月}} \approx 75\ 540\text{美元}.$$

100 000 美元中的四分之三来自实际存款, 另外四分之一是复利的结果.

▶ 做习题 23~26.

思考 比较例 3 和 4.2 节中例 8 的结果. 注意, 两者的利率都是 3%, 都是希望在 18 年后积累 100 000 美元, 但一个是通过储蓄计划, 另一个是通过一次性大额存款. 讨论每种方法的优缺点. 如何决定使用哪种方法?

实用技巧 储蓄计划公式

标准计算器: 与复利计算一样, 在标准计算器上使用储蓄计划公式的唯一“窍门”是遵循正确的操作顺序. 下面的计算显示了例 2 中正确的计算顺序, 其中 PMT = 100 美元, APR = 0.06, $n = 12, Y = 35$ 年; 像往常一样, 确保在计算结束之前, 不会四舍五入任何答案.

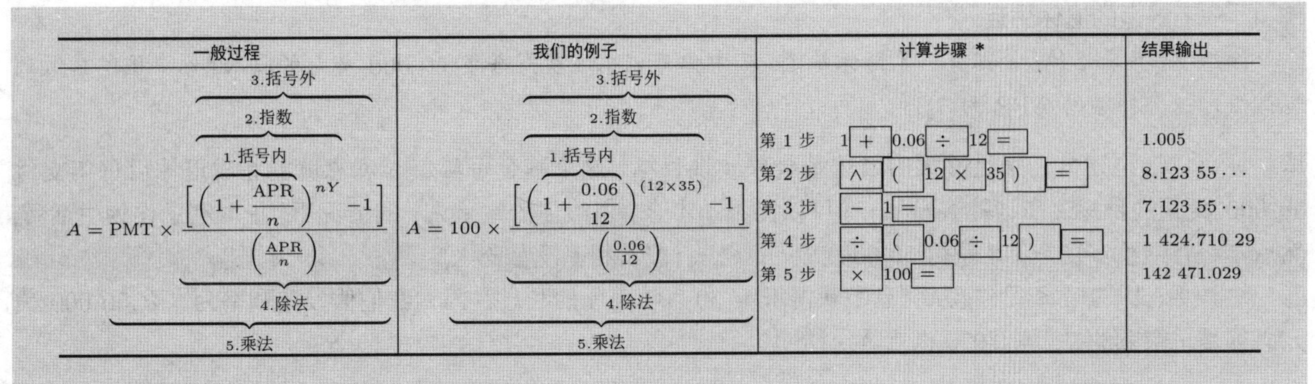

一般过程	我们的例子	计算步骤 *	结果输出
$A = \text{PMT} \times \underbrace{\dfrac{\overbrace{\left[\overbrace{\overbrace{\left(1+\dfrac{\text{APR}}{n}\right)}^{1.\text{括号内}}{}^{nY}}^{2.\text{指数}} - 1\right]}^{3.\text{括号外}}}{\left(\frac{\text{APR}}{n}\right)}}_{4.\text{除法}}$ 5.乘法	$A = 100 \times \underbrace{\dfrac{\overbrace{\left[\overbrace{\overbrace{\left(1+\dfrac{0.06}{12}\right)}^{1.\text{括号内}}{}^{(12\times 35)}}^{2.\text{指数}} - 1\right]}^{3.\text{括号外}}}{\left(\frac{0.06}{12}\right)}}_{4.\text{除法}}$ 5.乘法	第 1 步 1 + 0.06 ÷ 12 =	1.005
		第 2 步 ∧ (12 × 35) =	8.123 55 ···
		第 3 步 − 1 =	7.123 55 ···
		第 4 步 ÷ (0.06 ÷ 12) =	1 424.710 29
		第 5 步 × 100 =	142 471.029

* **注意**: 如果计算器没有圆括号键, 那么在开始之前先计算出这些括号内部分的结果, 并将其记录在纸上或计算器的内存中.

Excel: 我们使用内置函数 FV, 类似于使用复利公式那样 (参见 4.2 节, “实用技巧 复利公式”和“实用技巧 计算每年支付一次以上利息的复利公式”). 在本例中, 输入如下方的截屏所示.

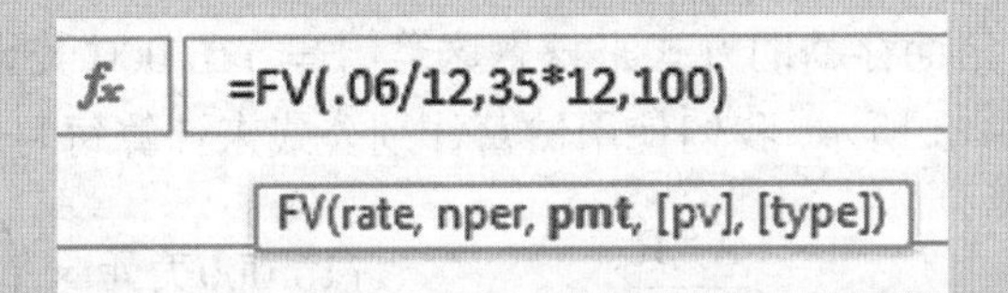

注意:

- rate 是每个复利期的利率, 故在这种情况下使用的月利率为 $\text{APR}/n = 0.06/12$.
- nper 是复利期的总数, 在本例中应使用 $nY = 12 \times 35$.
- pmt 是每月存款金额, 本例中为 100 美元.
- pv 为空, 因为本例中没有起始本金 (现值).
- type 也为空, 即 type=0. 这是默认值; 它表明在每个期 (月) 末存入的月存款, 与本书中所有例子的情况相同. 对于比较少见的情况, 在每个存款期开始时存款, 你可以设置 type=1.

你可能会发现, 如果使用选择 FV 函数时出现的对话框 (选择函数的方法因 Excel 版本不同而不同), 则更容易看到输入过程, 如下所示:

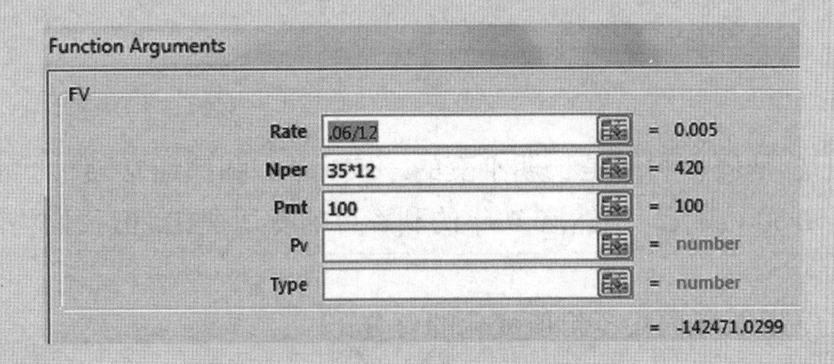

你可能想知道为什么结果 (显示在右下角) 是负数. 这是 Excel 财务功能处理现金流的一种人工产物. 正数被认为是货币流入, 负数被认为是货币流出. 在这种情况下, 每月正的 100 美元的存款将流入储蓄计划. 未来的价值是负的, 因为它是你最终将从储蓄计划中取出的钱, 用来支付房子、大学或其他你为其储蓄的东西. 注意, 除了这个细微之处之外, 结果与例 2 中的结果相同.

例 4 一个舒适的退休生活

你想 25 年后退休, 并拥有一笔退休基金, 从中你可以永远获得每年 50 000 美元的收入, 你应该怎么做到呢? 假定一个持续的 APR 为 7%.

解 你可以通过建立一个足够大的退休基金来实现目标, 这个基金每年仅靠利息就能完成退休后每年支付 50 000 美元的目标. 在这种情况下, 你可以在不动本金 (留给你的继承人) 的情况下, 提取利息作为生活费. 然后本金将继续年复一年地获得 50 000 美元的利息 (假设利率没有变化).

你需要怎样的储蓄额才能从利息中获得每年 50 000 美元的利息? 因为我们假设年利率为 7%, 50 000 美元必须是总余额的 $7\% = 0.07$. 也就是说,

$$50\ 000\text{美元} = 0.07 \times \text{总储蓄额}.$$

两边同时除以 0.07, 我们有

$$\text{总储蓄额} = \frac{50\ 000\text{美元}}{0.07} = 714\ 286\text{美元}.$$

换句话说, 如果年利率为 7%, 余额为 715 000 美元, 你就可以在不减少本金的情况下每年提取 50 000 美元.

我们假设你将试图通过每月定期存款的方式来积累这笔 $A = 715\ 000$ 美元的存款. 假设 $\text{APR} = 0.07, n = 12$(每月存款), $Y = 25$ 年, 则如例 3 所示, 我们使用储蓄计划公式来计算每月所需的存款 PMT.

$$\begin{aligned}\text{PMT} = A \times \frac{\dfrac{\text{APR}}{n}}{\left[\left(1+\dfrac{\text{APR}}{n}\right)^{nY}-1\right]} &= \frac{715\ 000\text{美元} \times \left(\dfrac{0.07}{12}\right)}{\left[\left(1+\dfrac{0.07}{12}\right)^{12\times 25}-1\right]} \\ &= \frac{715\ 000\text{美元} \times 0.005\ 833\ 3}{\left[(1.005\ 833\ 3)^{300}-1\right]} \\ &= 882.64\text{美元}.\end{aligned}$$

如果你在接下来的 25 年里每个月存 883 美元, 你就会达到退休后的储蓄目标——假设你能指望 7% 的年利率一直不变 (以历史标准来看是很高的). 尽管每月近 900 美元的储蓄是一笔不小的数额, 但由于退休计划的特殊税收优惠, 这比听起来要容易得多[①](见 4.5 节).

► 做习题 27~28.

总收益率及年度收益率

在目前的例子中, 我们总是假设利率是长期不变的. 实际上, 利率通常随时间而变化. 假设你最初存了 1 000 美元, 5 年后增长到 1 500 美元. 虽然这 5 年的利率可能有所变化, 但我们仍然可以用总收益率和年度收益率来描述这种变化.

总收益率 (total return) 是 5 年内投资价值变化的百分比:

$$\begin{aligned}\text{总收益率} &= \frac{\text{最新值} - \text{初始资本}}{\text{初始资本}} \times 100\% \\ &= \frac{1\ 500\text{美元} - 1\ 000\text{美元}}{1\ 000\text{美元}} \times 100\% = 50\%.\end{aligned}$$

① **顺便说说:** 在不减少本金的情况下提供固定收入来源的账户称为捐赠. 许多慈善基金会使用捐赠基金. 它们把每年的利息 (或部分利息) 花在慈善活动上, 让本金不受影响, 以便在未来几年再次获得利息.

这项投资 5 年内的总收益率是 50%.

年度收益率 (annual return) 是投资在这 5 年里的年平均增长率. 也就是说, 年收益率 (APY) 会使 5 年内的结果是相同的. 确定这个年度收益率的一种方法是反复试验. 如考虑起始本金 $P = 1\ 000$ 美元, $Y = 5$ 年, $\text{APY} = 8.5\% = 0.085$, 你会发现本金大约可增加到 $A = 1\ 500$ 美元

$$A = P \times (1 + \text{APY})^Y = 1\ 000\text{美元} \times (1 + 0.085)^5 = 1\ 503.66\text{美元}.$$

你可以在下面找到更准确的答案.

总收益率和年度收益率

考虑从起始本金 P 增长到后来的累计余额 A 的投资. **总收益率**是投资价值变化的百分比:

$$\text{总收益率} = \frac{(A - P)}{P} \times 100\%$$

年度收益率是指年收益率 (APY), 该收益率将在 Y 年内实现相同的总体增长. 公式是

$$\text{年度收益率} = \left(\frac{A}{P}\right)^{(1/Y)} - 1$$

这个公式将年度收益率表示成小数; 可通过乘以 100% 表示成百分比. (可参见习题 70 推导这个公式.)

实用技巧　分数次幂(开根号)

已知计算一个数字的分数次幂, 比如 $1/Y$ 次幂, 等价于开 Y 次方. 计算器通常有一个键标记为 $\boxed{x^{1/Y}}$ 或 $\boxed{\sqrt[y]{x}}$, 可以用来计算分数次幂, 但是使用指数键 $\boxed{\wedge}$ 和括号来直接计算通常更容易.

例如: 计算

$$\sqrt[4]{2.8} = 2.8^{1/4}$$

可以按

$$2.8\ \boxed{\wedge}\ \boxed{(}\ 1\ \boxed{\div}\ 4\ \boxed{)}\ \boxed{=}$$

来完成.

在 Excel 中, 可使用 $\boxed{\wedge}$ 符号表示次幂, 并在括号中计算分数次幂, 如下面的屏幕截图所示.

A1 =2.8^(1/4)

	A	B	C	D
1	1.2935687			
2				

例 5　共同基金收益

你在清水共同基金投资 3 000 美元. 4 年后, 你的投资价值增长到 8 400 美元. 4 年期的总收益率和年度收益率各是多少?

解　你的起始本金是 $P = 3\ 000$ 美元, $Y = 4$ 年后的累计价值是 $A = 8\ 400$ 美元. 你的总收益率和年度收益率是

$$\text{总收益率} = \frac{(A - P)}{P} \times 100\% = \frac{8\ 400\text{美元} - 3\ 000\text{美元}}{3\ 000\text{美元}} \times 100\% = 180\%.$$

$$年度收益率 = \left(\frac{A}{P}\right)^{(1/Y)} - 1 = \left(\frac{8\ 400美元}{3\ 000美元}\right)^{1/4} - 1$$
$$= \sqrt[4]{2.8} \approx 0.294 = 29.4\%.$$

你的总收益率是 180%, 这意味着 4 年后你的投资收益是原始资本的 1.8 倍. 你的年度收益率大约是 0.294 或 29.4%, 这意味着你的投资每年平均增长 29.4%.

▶ 做习题 29~32.

例 6　投资损失

你在新网 (New Web.com) 上购买了 2 000 美元的股票. 三年后, 你以 1 100 美元出售. 你的投资总收益率和年度收益率各是多少?

解　起始本金是 $P = 2\ 000$ 美元, 3 年后的累计价值是 $A = 1\ 100$ 美元. 总收益率和年度收益率分别是

$$总收益率 = \frac{(A-P)}{P} \times 100\% = \frac{1\ 100美元 - 2\ 000美元}{2\ 000美元} \times 100\% = -45\%.$$

$$年度收益率 = \left(\frac{A}{P}\right)^{(1/Y)} - 1 = \left(\frac{1\ 100美元}{2\ 000美元}\right)^{1/3} - 1 = \sqrt[3]{0.55} - 1 = -0.18.$$

你的总收益率是 −45%, 意味着你的投资损失了其原始价值的 45%. 你的年度收益率是 −0.18 或 −18%, 这意味着你的投资每年平均损失 18%.

▶ 做习题 33~36.

投资类型

通过将所讨论的储蓄计划与总收益率和年度收益率相结合, 我们现在可以研究投资选择. 大多数投资都属于以下方框中描述的三种基本类别中的一种①.

投资的三种基本类型

股票 (stock) 给你一份公司所有权. 你通过购买股票来投资, 唯一的换取现金的方法就是卖出股票. 因为股票价格随时间而变化, 买卖股票可能会给你的原始投资带来收益或损失.

债券 (bond) 代表未来现金的承诺. 你通常购买由政府或公司发行的债券, 发行人支付你单利 (而不是复利), 并承诺在稍后的某个日期偿还你的初始投资加上利息.

现金投资 (cash investments) 包括银行中的储蓄、定期存单和美国国库券 (U.S. Treasury bills) 等. 现金投资通常赚取利息.

基本的投资方式有两种: (1) 直接投资, 这意味着你自己 (通常通过经纪人) 购买个人投资; (2) 通过购买**共同基金** (mutual fund) 的股份来间接投资, 专业的基金经理会把你的钱和其他参与基金的人的钱放在一起进行投资.

投资考虑: 流动性、风险和收益

无论你进行哪种投资, 都应该从三个方面来评估投资.

① **顺便说说:**　除了三种基本投资之外, 还有许多其他类型的投资, 如租赁房产、贵金属、大宗商品、期货和衍生品. 这些投资通常比较复杂, 而且比三种基本投资的风险更高.

• **流动性** (liquidity): 一种可以很容易提取资金的投资, 比如普通的银行账户, 被称为流动 (liquid) 资金. 像房地产这样的投资的流动性要低得多, 因为房地产很难出售.

• **风险** (risk): 你的投资本金有风险吗? 最安全的投资是由联邦政府担保的银行账户和美国国库券——实际上没有失去投资本金的风险. 股票和长期债券的风险要大得多, 因为它们可能会贬值, 在这种情况下你可能会损失部分或全部本金.[①]

• **收益** (return): 你希望你的投资有多少收益 (总收益率或年度收益率)? 更高的收益意味着赚更多的钱. 一般来说, 低风险投资收益率较低, 而高风险投资收益率较高, 同时可能损失本金.

历史收益

投资最困难的任务之一就是试图平衡风险和收益. 虽然没有办法预测未来, 但历史趋势至少提供了一些指导. 为了研究历史趋势, 金融分析师通常查看一个指数, 该指数描述了某类投资的总体表现. 最著名的指数是**道琼斯工业平均指数** (Dow Jones Industrial Average, DJIA), 它反映了 30 家大公司的股票的平均价格. (这 30 家公司是由《华尔街日报》的编辑选出的.) 图 4.5 显示了 DJIA 的历史数据[②].

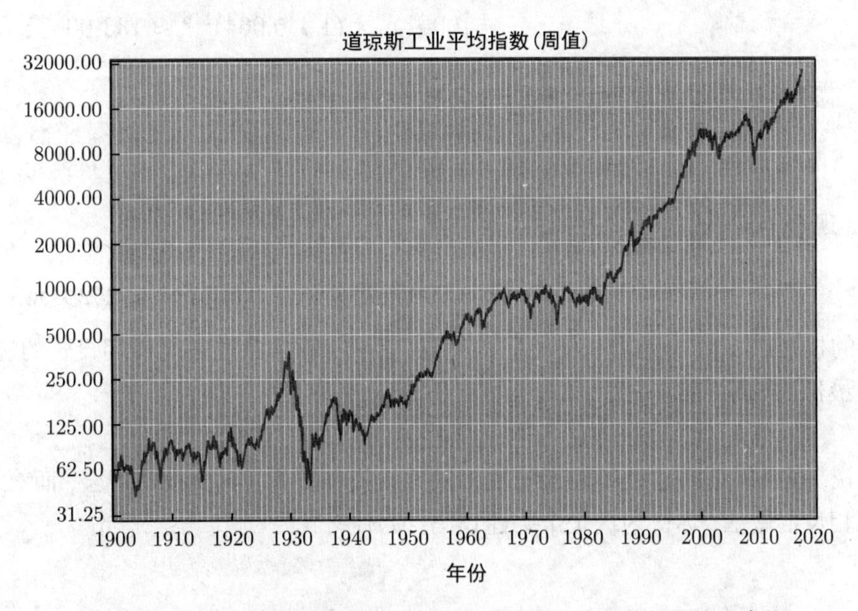

图 4.5 从 1900 年到 2017 年年中的道琼斯工业平均指数的历史值

注意, 纵轴上的数字每增加一倍, 高度就增加一倍; 这种指数图使我们更容易看到当 DJIA 的价值低于今天的价值时所出现的上升和下降的趋势.

表 4.6 1900—2012 年间各类投资的历史收益

投资类别	平均年度收益率
股票	6.4%
债券	2.0%
现金	0.8%

① **顺便说说:** 美国财政部发行短期债券 (bills)、中期债券 (notes) 和长期债券 (bonds). 短期债券本质上是现金投资, 流动性高, 非常安全. 中期债券本质上是 2~10 年期的债券. 长期债券的期限超过 10 年.

② **顺便说说:** 道琼斯工业平均指数 (DJIA) 是最著名的股票指数, 但其他跟踪大量股票的指数可能会更好地反映整个市场的情况. 其中包括追踪 500 家大公司的股票的标准普尔 500 指数; 追踪 2 000 家小型公司的股票的罗素 2000 指数; 跟踪 100 家在纳斯达克交易所上市的大型公司的股票的纳斯达克综合指数.

注意, 图 4.5 中显示的长期趋势看起来相当不错. 事实上, 历史证明, 股票是比债券或现金更好的长期投资 (见表 4.6). 然而, 在较短的时期内, 股票是有风险的. 例如, 在 1929 年股市崩盘之前, 如果你投资了一只追踪道琼斯工业指数的共同基金, 你就得等大约 25 年, 该基金才能恢复到崩盘前的价值.

思考 找出今天 DJIA 的收盘价. 假设你在 2017 年 3 月 1 日投资了一只追踪 DJIA 的共同基金, 当天 DJIA 达到了 21 116 点 (当时创纪录的高点). 今天你的投资价值会增加还是减少? 相差多少?

例 7 历史收益

假设你的曾曾祖母在 1900 年年底时分别在追踪股票、债券和现金平均数的三只基金中各投资了 100 美元. 假设她的投资以表 4.6 中给出的速度增长, 那么到 2016 年年底, 每笔投资大约值多少钱?

解 我们用复利公式计算每个投资的价值 (每年复利一次), 将利率 (APR) 设置为每个类别的平均年度收益率. 在每种情况下, 起始本金都是 $P = 100$ 美元, $Y = 116$(从 1900 年年底到 2016 年年底的年数).

$$\begin{aligned}\text{股票 (年度收益率} = 0.064): A &= P \times (1 + \text{APR})^Y \\ &= 100\text{美元} \times (1 + 0.064)^{116} \approx 133\ 000\text{美元}.\end{aligned}$$

$$\begin{aligned}\text{债券 (年度收益率} = 0.020): A &= P \times (1 + \text{APR})^Y \\ &= 100\text{美元} \times (1 + 0.020)^{116} \approx 994\text{美元}.\end{aligned}$$

$$\begin{aligned}\text{现金 (年度收益率} = 0.008): A &= P \times (1 + \text{APR})^Y \\ &= 100\text{美元} \times (1 + 0.008)^{116} \approx 252\text{美元}.\end{aligned}$$

注意这些类型的投资在 100 美元增长中的巨大差异. 当然, 股票在过去是长期投资的选择, 但这并不能保证它们在未来仍是最佳的长期投资.

► 做习题 37~38.

思考 一般来说, 理财规划师建议年轻人把更多的钱投资在股票上, 少投资现金, 而对那些已经退休或即将退休的人则建议相反的做法. 你认为这是个好建议吗? 为什么?

财务数据

如果你决定投资, 就可以在网上追踪你的投资. 我们简要地看一下要想理解关于股票、债券和共同基金的常见的发布数据, 必须知道什么.

股票

一般来说, 股票有两种赚钱方式[①]:

- 如果你卖出股票的价格高于买入价, 就能赚钱, 在这种情况下, 你卖出股票就能获得**资本收益** (capital gain). 当然, 如果你以低于买入价的价格出售股票, 或者公司破产, 你也可能在股票上亏钱 (资本损失).
- 如果公司将部分或全部利润作为股息分配给股东, 你就可以在持有股票的同时赚钱. 每一股股票都有相同的**股息** (dividends), 所以你得到的钱取决于你拥有的股票数量.

---

① **顺便说说:** 公司是为经营业务而设立的法人实体. 所有权是通过股份来实现的. 例如, 拥有公司 1% 的股票意味着拥有公司 1% 的股份. 私有公司的股份只由有限的一部分人持有. 上市公司的股票在纽约证券交易所或纳斯达克等公共交易所进行交易, 任何人都可以持有这些股票.

在投资任何股票之前, 你应该查看它当前的股票报价; 图 4.6 解释了一个典型股票报价中的关键数据. 此外, 你应该通过研究该公司的年报和访问其网站来更多地了解该公司. 你还可以从许多投资服务机构 (通常是收费的) 或者通过与股票经纪人合作 (买卖股票时向他们支付佣金) 来获得独立的研究报告.

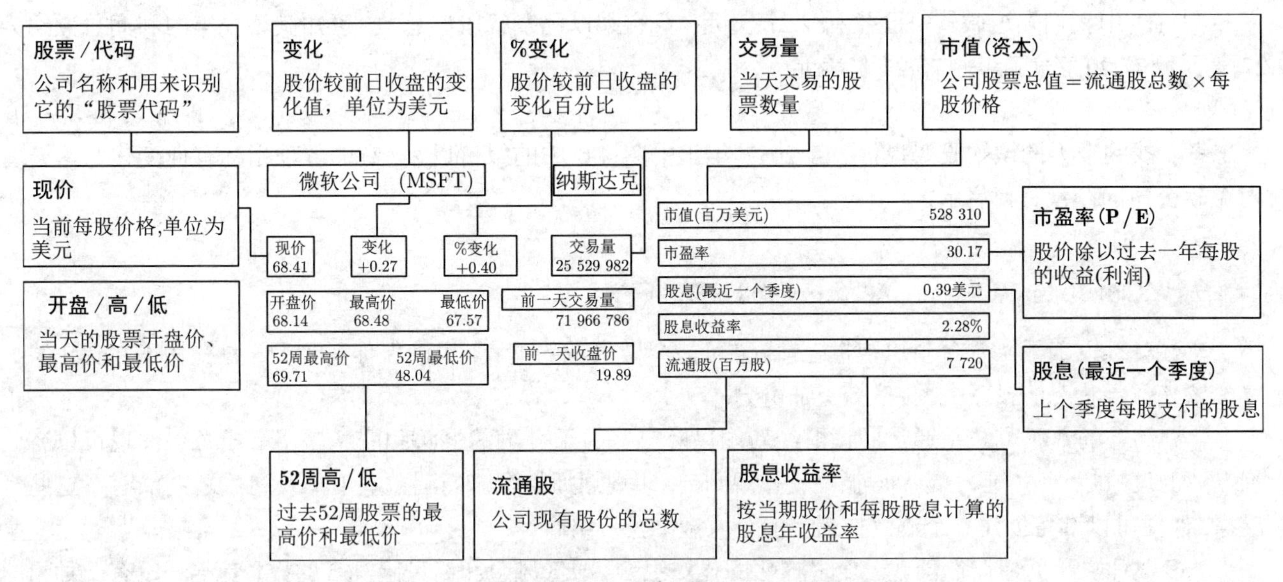

图 4.6　在网上股票报价中找到的关键数据的解释

例 8　了解股票行情

假设图 4.6 显示了你今天在网上找到的微软股票实际报价, 请回答以下问题.

a. 微软的股票代码是什么?

b. 今天开盘时的每股价格是多少?

c. 根据当前价格, 今天交易的股票的总价值是多少?

d. 到目前为止, 微软股票的交易比例是多少?

e. 假设你拥有 100 股微软股票. 根据目前的股价和股息收益率, 你的股票目前价值多少? 你今年的股息总额是多少?

f. 微软去年的每股收益是多少?

g. 微软去年的总利润是多少?

解　a. 如报价顶部所示, 微软的股票代码为 MSFT.

b. "开盘价" 是当天开盘时的价格, 为 68.14 美元.

c. 成交量显示今天微软股票交易了 25 529 982 股. 按照目前每股 68.41 美元的价格, 这些股票的价值是

$$25\ 529\ 982\text{股} \times 68.41\text{美元/股} \approx 1\ 747\ 000\ 000\text{美元}.$$

今日的总市值约为 17.47 亿美元.

d. 我们将今天交易的 25 529 982 股股票除以总流通股数, 即 772 000 万股, 也即 7 720 000 000 股, 得到今天交易的所有股票的交易比例是 0.003 3, 即 0.33%.

e. 按照当前价格, 你的 100 股股票价值 100×68.41 美元 $= 6\ 841$ 美元. 股息收益率是 2.28%, 按照这个比率, 你今年的股息收入应该是 6 841 美元 $\times 0.022\ 8 = 155.97$ 美元.

f. 市盈率为 30.17, 表明微软的股价是其过去一年每股收益的 30.17 倍. 因此, 其每股收益 (或利润) 为[①].

$$每股收益 = \frac{股票价格}{市盈率} = \frac{68.41美元}{30.17} = 2.27美元.$$

g. 从 (f) 中我们知道微软每股盈利 2.27 美元. 令它乘以已发行股票总数, 可知微软今年的利润总额约为 2.27 美元 ×77.20 亿美元 ≈ 175.24 亿美元.

▶ 做习题 39~46.

思考 找到今天的微软股票报价. 自 2017 年年中图 4.6 中的报价以来, 它的各项指标有何变化? 这一变化对微软公司的经营有何启示?

在你的世界里 建立一个投资组合

在你花几百美元买一台新电视机之前, 你可能会做大量的调查, 以确保你买到的东西是划算的. 在决定你未来财务状况的投资中, 你应该更加努力.

计划储蓄的最好方法是通过阅读财经新闻以及一些关于金融的书籍和网站来了解投资. 你也可以咨询专业的理财规划师 (但一定要遵循"受托规则", 即规划师将客户的利益置于个人利益之上). 有了这些支撑, 你便可以准备创建一个满足你需要的个人金融投资组合.

大多数理财顾问建议你创建一个多样化的投资组合, 即低风险和高风险混合的投资组合. 没有一种组合适合所有人. 你的投资组合应该以一种适合你的情况的方式平衡风险和收益. 例如, 如果你还年轻, 而且退休的日子还很遥远, 那么你可能会愿意持有一个风险相对较高、有望带来高收益的投资组合. 相比之下, 如果你已经退休, 那么你可能想要一个低风险的投资组合, 保证一个安全稳定的收入来源.

无论你如何构建投资组合, 实现财务目标的关键都是确保你存了足够的钱. 你可以使用本节的工具来帮助你决定什么是"足够的". 对你从整体投资组合中获得的年度收益率做出合理的估计. 用这个年度收益率作为储蓄计划公式中的利率, 计算出你每个月或每年必须投资多少才能达到你的目标 (参见例 3 和例 4), 然后确保你确实把这些钱投入到了投资计划中. 如果你需要更多的动力, 考虑一下这个问题: 你今天花费的每 100 美元都将一去不复返. 然而, 即使投资的年度收益率是相当低的 (以历史标准)4%, 你今天投资的每 100 美元在 10 年后也将价值 148 美元, 20 年后价值 219 美元, 50 年后价值 711 美元.

债券

大多数已发行的债券[②]都有三个主要特征:

- 债券的**面值** (face value)(或票面价值) 是你必须在债券发行时向发行人支付的购买价格.
- 债券的**票面利率** (coupon rate) 是发行人承诺支付的单利利率. 例如, 面值为 1 000 美元的债券票面利率为 8%, 这意味着发行人每年将支付给你 8% × 1 000 美元 = 80 美元的利息.
- 债券的**到期日** (maturity date) 是发行人承诺偿还债券面值的日期.

如果事情到此为止, 债券将会变得很简单. 然而, 债券发行后也可以买卖, 这就是所谓的二级债券市场. 例如, 假设你持有一张面值为 1 000 美元、票面利率为 8% 的债券. 进一步假设新发行的债券具有相同的风险水平, 到期时间相同, 票面利率为 9%. 在这种情况下, 没有人会为你的债券支付 1 000 美元, 因为新债券的利率

① **顺便说说:** 从历史上看, 大部分股票收益来自股价上涨而不是股息. 持续支付高股息的公司股票被称为收益型股票, 因为它们为股东提供持续的收入. 那些将大部分利润用于再投资以扩大规模的公司的股票被称为成长型股票. 当然, 所谓的"成长型股票"仍有可能下跌, 或者公司会倒闭.

② **顺便说说:** 需要现金的公司可以通过发行新股或发行债券来筹集资金. 发行新股会降低每股所代表的所有权比例, 从而降低股票的价值. 发行债券使公司有义务向债券持有人支付利息. 公司在决定是通过发行债券还是发行股票来筹集资金时, 必须权衡这些因素.

更高. 然而, 你可以折价出售你的债券, 即以低于面值的价格出售. 相比之下, 假设新发行的债券票面利率为 7%. 在这种情况下, 与新债券相比, 买家会更愿意买你的 8% 的债券, 因此可能会为你的债券支付溢价——高于票面价值的价格[①].

假设你以 800 美元的价格购买了面值为 1 000 美元、票面利率为 8% 的债券. 债券发行者仍将支付 1 000 美元的 8% 的单利, 即每年 80 美元. 然而, 因为你只支付了 800 美元, 所以你每年的收益是

$$\frac{\text{你赚的数额}}{\text{你支付的数额}} = \frac{80\text{美元}}{800\text{美元}} = 0.1 = 10\%.$$

更一般地, 债券的**当前收益率** (current yield) 被定义为每年支付的利息总额除以债券的当前价格 (而不是面值).

债券的当前收益率

$$\text{当前收益率} = \frac{\text{年度利息支付}}{\text{债券的当前价格}}$$

折价出售的债券的当前收益率高于票面利率. 反之亦然: 溢价出售的债券, 其当前收益率低于票面利率. 这些事实导出了债券价格和收益率走向相反这一规律.

债券价格通常以点数表示, 即面值的百分比. 大多数债券的面值是 1 000 美元. 例如, 以 102 点收盘的债券以 $102\% \times 1\,000$ 美元 $= 1\,020$ 美元的价格出售.

例 9 债券利息

面值为 1 000 美元的美国国债的收盘价为 105.97 点, 当前收益率为 3.7%. 如果你买这种债券, 每年能得到多少利息?

解 105.97 点意味着债券以面值的 105.97% 或

$$105.97\% \times 1\,000\text{美元} = 1\,059.70\text{美元}.$$

卖出, 这是债券的当前价格. 我们还得到了它的当前收益率为 3.7%, 所以我们可以解出当前收益率公式，得到年息支付:

从当前收益率公式开始:	$\text{当前收益率} = \frac{\text{年度利息支付}}{\text{债券的当前价格}}$
两边乘以债券的当前价格:	$\text{当前收益率} \times \text{债券的当前价格}$ $= \frac{\text{年度利息支付}}{\text{债券的当前价格}} \times \text{债券的当前价格}$
化简并交换左右两边:	$\text{年度利息支付} = \text{当前收益率} \times \text{债券的当前价格}$
使用给定的当前收益率 ($3.7\% = 0.037$) 和上面找到的当前价格的值	$\text{年度利息支付} = 0.037 \times 1\,059.70\text{美元} = 39.21\text{美元}$

这项债券的年息是 39.21 美元.

▶ 做习题 47~54.

共同基金

当你购买共同基金的股份时, 基金经理日常会负责决定什么时候买卖基金中的股票或债券. 因此, 在比较共同基金时, 最重要的因素是投资费用和基金表现如何. 图 4.7 显示了一只共同基金的报价示例, 在本例中, 是

① **顺便说说:** 债券由独立评级机构根据风险进行评级. AAA 级债券的风险最低, D 级债券的风险最高. 遗憾的是, 在始于 2007 年的金融危机期间, 许多债券评级被证实夸大了.

一个旨在跟踪标准普尔 500 指数的先锋 (Vanguard) 基金. 这个报价可以使你很容易地看到基金过去的表现, 你可以将其与其他基金进行比较. 当然, 正如所有共同基金招股说明书所述, 过去的表现并不能保证未来的业绩.

大多数共同基金的表格没有显示收取的费用[①] . 为此, 你必须打电话或查看提供共同基金的公司的网站. 由于费用通常是自动从你的共同基金账户中提取的, 所以它们可能会对你的长期收益产生重大影响. 例如, 如果你向一个收取 5% 年费的基金投资 1 000 美元, 那么实际上只有 950 美元被投资. 从长期来看, 这可以显著降低你的总收益.

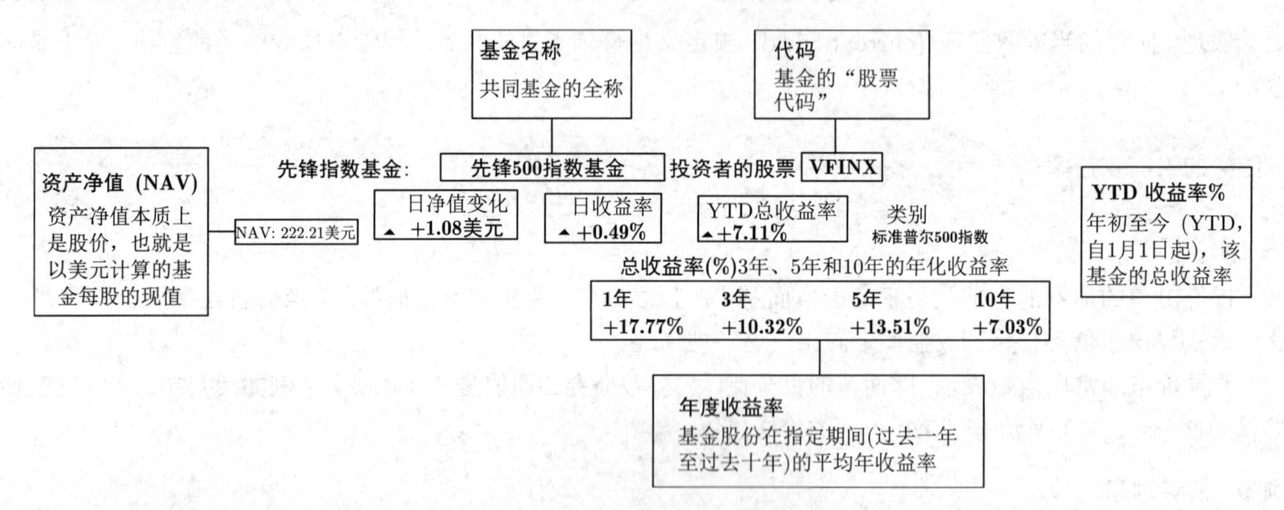

图 4.7 解释你能在网上的共同基金报价中找到的关键数据

例 10 了解共同基金报价

假设图 4.7 显示了你今天在网上找到的先锋 500 共同基金的实际报价, 回答以下问题.

a. 假设你今天决定投资 3 000 美元购买这只基金, 你能买多少股?

b. 假设 3 年前你在这只基金里投资了 3 000 美元. 你的投资现在值多少钱?

c. 假设 10 年前你在这只基金里投资了 3 000 美元. 你的投资现在值多少钱?

解 a. 为了求出你能买到的股份数量, 可以将 3 000 美元的投资除以当前的股价, 也就是 222.21 美元的资产净值 (net asset value, NAV), 有

$$\frac{3\ 000\text{美元}}{222.21\text{美元}} \approx 13.5.$$

你的 3 000 美元投资可以购买该基金的 13.5 股.

b. 过去 3 年的年度收益率是 10.32% 或 0.103 2. 我们用这个值作为复利公式中的 APR, $Y = 3$ 年, 起始本金 $P = 3\ 000$ 美元:

$$A = P \times (1 + \text{APR})^Y = 3\ 000\text{美元} \times (1 + 0.103\ 2)^3 \approx 4\ 028\text{美元}.$$

你的投资价值将增加 1 000 多美元, 达到约 4 028 美元.

c. 过去 10 年的年度收益率为 7.03% 或 0.070 3. 我们用这个值作为复利公式中的 APR, $Y = 10$ 年, 起始本金 $P = 3\ 000$ 美元:

$$A = P \times (1 + \text{APR})^Y = 3\ 000\text{美元} \times (1 + 0.070\ 3)^{10} \approx 5\ 918\text{美元}.$$

---

① **顺便说说:** 共同基金以两种方式收取费用. 有些基金在买入或卖出股份时收取佣金或交易费. 不收取佣金的基金被称为免佣基金 (no-load funds). 几乎所有基金都收取年费, 通常是你投资价值的某个百分比. 一般来说, 对于那些需要基金经理进行更多研究的基金, 费用会更高.

10 年后, 你的 3 000 美元的投资价值几乎翻了一番, 达到 5 918 美元.

▶ 做习题 55~56.

思考 查看今天的先锋 500 指数基金的报价, 与图 4.7 中的报价相比, 其各方面的表现如何?

测验 4.3

为下列各题选择一个最佳答案, 并简单叙述理由.

1. 在储蓄计划公式中, 假设所有其他变量都是常数, 则储蓄账户的累计余额 ( ).
   a. 随着 n 的增加而减少
   b. 随着 APR 的增加而增加
   c. 随着 Y 的增加而减少
2. 在储蓄计划公式中, 假设所有其他变量都是常数, 则储蓄账户的累计余额 ( ).
   a. 随着 n 的增加而减少
   b. 随着 PMT 的增加而增加
   c. 随着 Y 的增加而减少
3. 5 年投资的总收益率是 ( ).
   a. 5 年后的投资价值
   b. 投资的最终价值和初始价值之间的差异
   c. 投资价值的相对变化
4. 5 年投资的年度收益率是 ( ).
   a. 你在这 5 年中每一年的平均收入
   b. 使投资价值有相同增长的年度百分比收益率
   c. 你在这 5 年中最好的时候赚了多少钱
5. 假设你每个月存 200 美元到一个五年的储蓄计划中, 最后你的余额是 22 200 美元. 你赚的利息是 ( ).
   a. 10 200 美元
   b. 20 200 美元
   c. 不知道年利率就无法计算
6. 下列哪一组特征描述了最佳投资?( )
   a. 低风险, 高流动性, 高收益率
   b. 高风险, 低流动性, 高收益率
   c. 低风险, 高流动性, 低收益率
7. 公司 A 发行了 100 万股股票, 每股价格为 10 美元. 公司 B 发行了 1 000 万股股票, 每股价格为 9 美元. 公司 C 发行了 10 万股股票, 每股价格为 100 美元. 哪家公司的市值最大?( )
   a. A 公司　　b. B 公司　　c. C 公司
8. 神剑 (Excalibur) 的市盈率是 75, 这告诉我们 ( ).
   a. 它目前的股价是过去一年每股收益的 75 倍
   b. 它目前的股价是公司出售时总市值的 75 倍
   c. 它提供的年度股息是当前股价的 1/75
9. 你为面值为 5 000 美元的债券支付 103 点的价格是 ( ).
   a. 5 300 美元　　b. 5 150 美元　　c. 5 103 美元
10. 共同基金一年的收益率 ( ).
   a. 必须大于 3 年的收益率
   b. 必须少于 3 年的收益率
   c. 可能大于或小于 3 年收益率

习题 4.3

复习

1. 什么是储蓄计划? 解释储蓄计划公式.
2. 举一个例子, 在这种情况下, 你需要通过储蓄计划公式来确定定期存款 (PMT) 以达到一些目标.
3. 区分投资的总收益率和年度收益率. 怎样计算年度收益率? 举一个例子.
4. 简要描述投资的三种基本类型: 股票、债券和现金. 如何直接投资? 如何通过共同基金间接投资?
5. 解释我们所说的投资的流动性、风险和收益. 风险和收益通常有什么关系?
6. 对比不同类型投资的历史收益率. 像道琼斯工业平均指数这样的金融指数是如何帮助跟踪历史收益率的呢?
7. 定义债券的面值、票面利率和到期日. 溢价购买债券意味着什么? 折价购买债券呢? 如何计算债券的当前收益率?
8. 简要描述股票和共同基金网上报价中关键数据的含义.

是否有意义?

确定下列陈述是有意义的 (或显然是真实的), 还是没有意义的 (或显然是错误的), 并解释原因.

9. 如果年利率保持在 4%, 那么我继续把每月 25 美元存入我的退休计划, 在 30 年后退休的时候我应该可以有一个可观的收入.
10. 我的理财顾问告诉我, 只要每月存款 200 美元, 年均收益率为 7%, 就可以实现退休目标. 但我不想存那么多钱, 所以我打算通过获得 15% 的年均收益率来达到同样的目标.
11. 我把所有积蓄都投入了股票, 因为从长远来看, 股票的表现总是比其他类型的投资要好.
12. 我希望尽快把钱取出来买我的第一套房子, 所以我需要把它投入到一个流动性相当好的投资中.
13. 我买了一只在网上做广告的基金, 上面说它使用一种秘密投资策略, 年度收益率是股票的两倍, 而且完全没有风险.
14. 我已经退休了, 所以我需要低风险的投资. 这就是我把大部分钱都投在美国短期债券、中期债券和长期债券上的原因.

基本方法和概念

15～18: 储蓄计划公式. 已知储蓄计划为按月复利, 并且知道月存款额, 求解下列各题.

15. 计算 12 个月后的储蓄计划余额, 年利率为 3%, 月存款额为 75 美元.
16. 计算 5 年后的储蓄计划余额, 年利率为 2.5%, 月存款额为 200 美元.
17. 计算 3 年后的储蓄计划余额, 年利率为 4%, 月存款额为 200 美元.
18. 计算 24 个月后的储蓄计划余额, 年利率为 5%, 月存款额为 125 美元.

19～22: 投资计划. 使用储蓄计划公式回答以下问题.

19. 25 岁时, 你建立了一个个人退休账户, 年利率为 5%. 每个月月底, 你在账户里存 150 美元. 当你 65 岁退休时, 个人退休账户里有多少钱? 将这个金额与一段时间内的存款总额进行比较.
20. 一个朋友的个人退休账户的年利率是 6.25%, 她在 25 岁时建立的该个人退休账户, 每月存 100 美元. 当她 65 岁退休时, 她的个人退休账户里会有多少钱? 将这个金额与一段时间内的存款总额进行比较.
21. 你每月将 300 美元投入到一个年利率为 3.5% 的投资计划中. 18 年后你会有多少钱? 将这个金额与一段时间内的存款总额进行比较.
22. 你每月将 200 美元投入到一个年利率为 4.5% 的投资计划中. 18 年后你会有多少钱? 将这个金额与一段时间内的存款总额进行比较.

23～26: 规划未来. 使用储蓄计划公式回答以下问题.

23. 你的目标是为你的孩子建立一个大学基金. 假设你找到了一个年利率为 5% 的基金, 你应该每月存多少钱才能在 15 年内积累 170 000 美元?
24. 35 岁时, 你开始为退休储蓄. 如果你的投资计划的年利率为 6%, 你希望在 30 年后退休时有 100 万美元, 你每月应该存多少钱?
25. 你想在 3 年内买一辆新车, 并且希望这辆车的价格是 30 000 美元. 如果你每月定期存款, 银行会提供 5.5% 的年利率保证. 你每个月应该存多少钱, 3 年后才能拿到 30 000 美元?
26. 当你 20 岁毕业时, 开始为退休储蓄. 如果你的投资计划的年利率是 4.5%, 你想在 45 年后退休时有 250 万美元, 那么你每月应该存多少钱?
27. **舒适的退休生活**. 假设你已经 30 岁了, 想在 60 岁退休, 并希望到那时你已经积累了一笔每年 100 000 美元的退休金，一直到永远! 你每个月需要存多少钱? 假设年利率为 6%.

28. **非常舒适的退休生活**. 假设你今年 25 岁, 想在 65 岁退休, 并希望到那时你已经积累了一笔每年 200 000 美元的退休金，一直到永远! 你每个月需要存多少钱? 假设年利率为 6%.

29～36: 总收益率和年度收益率. 计算下列每项投资的总收益率和年度收益率.

29. 在以每股 60 美元的价格买入 100 股 XYZ 股票 5 年后, 你以 9 400 美元的价格卖出它们.
30. 你支付 8 000 美元购买市政债券. 20 年后到期时, 你将得到 12 500 美元.
31. 在以 6 500 美元购买共同基金的股份 20 年后, 你以 11 300 美元出售它们.
32. 在以每股 25 美元的价格购买了 200 股 XYZ 股票 3 年后, 你以 8 500 美元的价格卖掉它们.
33. 在花 3 500 美元购买一家初创公司的股票 3 年后, 你以 2 000 美元的价格 (亏本) 卖掉了它们.
34. 在花 5 000 美元购买一家新公司的股票 5 年后, 你又以 3 000 美元的价格 (亏本) 卖掉了它们.
35. 以 7 500 美元购买共同基金的股份 10 年后, 你以 12 600 美元卖出它们.
36. 以 10 000 美元购买共同基金的股份 10 年后, 你以 2 200 美元 (亏损) 出售它们.
37. **历史的回报**. 假设在 1900 年年底, 你的曾曾祖父分别在跟踪股票、债券和现金平均值的三种基金中各投资了 300 美元. 假设这些投资以表 4.6 中给出的速度增长, 那么到 2016 年年底, 每笔投资的价值大约是多少?
38. **历史的回报**. 假设在 1900 年年底, 你的曾曾祖母做了如下投资: 10 美元的股票, 75 美元的债券, 500 美元的现金. 假设这些投资以表 4.6 中给出的速度增长, 那么到 2016 年年底, 每笔投资的价值大约是多少?

39～40: 读取股票数据.

39. 假设图 4.8 中的股票报价是今天的网上数据, 根据这些数据回答以下问题.

英特尔公司 (INTC)			
收盘价	变化	%变化	交易量
35.48	+0.24	+0.71%	10 368 000
开盘价	最高价	最低价	
35.15	35.53	35.13	
52周最高价	52周最低价		
38.45	29.50		

市值(百万美元)	167 860
市盈率	15.4
股息(最近一个季度)	0.26美元
股息收益率	3.07%
流通股 (百万股)	4 709

图 4.8

a. 英特尔的股票代码是什么?
b. 昨天收盘时的每股价格是多少?
c. 根据当前价格, 到目前为止交易的股票总价值是多少?
d. 到目前为止, 英特尔股票的交易比例是多少?
e. 假设你拥有 100 股英特尔公司的股票. 根据当前价格和股息收益率, 你预计今年的总股息是多少?
f. 英特尔的每股收益是多少?
g. 英特尔去年的总利润是多少?

40. 假设图 4.9 中的股票报价是今天的网上数据, 根据这些数据回答以下问题.

沃尔玛 (WMT)			
收盘价	变化	%变化	交易量
78.81	+1.28	+1.65%	10 650 000
开盘价	最高价	最低价	
77.97	79.44	77.77	
52周最高价	52周最低价		
77.66	65.28		

市值(百万美元)	246 680
市盈率	17.85
股息(最近一个季度)	0.46美元
股息收益率	2.63%
流通股 (百万股)	3 031

图 4.9

a. 沃尔玛的股票代码是什么?

b. 昨天收盘时的每股价格是多少?

c. 根据当前价格, 到目前为止交易的股票总价值是多少?

d. 目前为止, 沃尔玛股票的交易比例是多少?

e. 假设你拥有 100 股沃尔玛股票. 根据当前价格和股息收益率, 你预计今年的总股息是多少?

f. 沃尔玛的每股收益是多少?

g. 沃尔玛去年的总利润是多少?

41～44: 市盈率. 对于下面描述的每只股票, 回答以下问题.

a. 每股收益是多少?

b. 考虑到历史市盈率在 12~14 之间, 股票看起来是定价过高、定价过低还是定价合理?

41. 好市多收于每股 171.60 美元, 市盈率为 20.84.

42. 通用磨坊收于每股 52.65 美元, 市盈率为 16.14.

43. IBM 收于每股 151.98 美元, 市盈率为 12.49.

44. 谷歌的母公司 Alphabet 收于每股 954.65 美元, 市盈率为 30.77.

45. **股票查找**. 在网上找到一个埃克森美孚的报价, 找到收盘价和当前的市盈率. 去年的每股收益是多少? 这只股票看起来定价过高吗? 解释一下.

46. **股票查找**. 在网上找到一个富国银行的报价, 找到收盘价和当前的市盈率. 去年的每股收益是多少? 这只股票看起来定价过高吗? 解释一下.

47～50: 债券收益率. 计算下列债券的当前收益率.

47. 面值为 1 000 美元、票面利率为 2.0%、市值为 950 美元的美国国债.

48. 面值为 1 000 美元、票面利率为 2.5%、市值为 1 050 美元的美国国债.

49. 面值为 1 000 美元、票面利率为 5.5%、市值为 1 100 美元的美国国债.

50. 面值为 10 000 美元、票面利率为 3.0%、市值为 9 500 美元的美国国债.

51～54: 债券利息. 计算下列债券每年的利息.

51. 一种 1 000 美元的美国国债, 当前收益率为 3.9%, 报收于 105 点.

52. 一种 1 000 美元的美国国债, 当前收益率为 1.5%, 报收于 98 点.

53. 一种 1 000 美元的美国国债, 当前收益率为 6.2%, 报收于 114.3 点.

54. 一种 10 000 美元的美国国债, 当前收益率为 3.6%, 报收于 102.5 点.

55. **共同基金的增长**. 假设图 4.10 中的共同基金报价是今天的网上数据, 根据这些数据回答以下问题.

先锋有限期免税基金 (VMLTX)				
资产净值 10.99美元		日净值变化 0.01美元	日收益率 +0.10%	
总收益率(%) 3年、5年和10年的年化收益率				
	年初至今	1年	5年	10年
基金	1.97%	0.69%	1.25%	2.4%

图 4.10

a. 假设你今天向这只基金投资 5 000 美元. 你能买多少股?

b. 假设你 5 年前在这只基金里投资了 5 000 美元. 你的投资现在值多少钱?

c. 假设你 10 年前在这只基金里投资了 5 000 美元. 你的投资现在值多少钱?

56. **共同基金的增长**. 假设图 4.11 中的共同基金报价是今天的网上数据, 根据这些数据回答以下问题.

先锋长期债券指数 (VBLTX)				
资产净值 13.93美元		日净值变化 0.00美元	日收益率 +0.01%	
总收益率(%) 3年、5年和10年的年化收益率				
	年初至今	1年	5年	10年
基金	4.62%	2.63%	3.98%	7.16%

图 4.11

a. 假设你今天向这只基金投资 2 500 美元. 你能买多少股?

b. 假设你 5 年前在这只基金里投资了 2 500 美元. 你的投资现在值多少钱?

c. 假设你 10 年前在这只基金里投资了 2 500 美元. 你的投资现在值多少钱?

进一步应用

57～60: 谁领先? 考虑以下储蓄计划. 比较每个计划 10 年后的余额. 在每种情况下, 哪个人在计划中存入了更多钱? 你认为这两种投资策略哪一种比较好? 假设每一对的复利和存款期限是相同的.

57. 约兰达以 5% 的年利率每月存入 200 美元; 扎克以 5% 的年利率每年年底存入 2 400 美元.

58. 波利以 6% 的年利率每月存入 50 美元; 昆特以 6.5% 的年利率每月存入 40 美元.

59. 胡安以 6% 的年利率每月存入 400 美元; 玛丽亚以 6.5% 的年利率每年年底存入 5 000 美元.

60. 乔治以 7% 的年利率每月存入 40 美元; 哈维以 7.5% 的年利率每个季度存入 150 美元.

61～64: 有用吗? 假设你想在未来 15 年内为大学基金积累 50 000 美元. 确定下列投资计划是否能让你达到目标. 假设所有账户的复利和存款期限是相同的.

61. 你每月存入 50 美元, 年利率为 7%.

62. 你每月存入 75 美元, 年利率为 7%.

63. 你每月存入 100 美元, 年利率为 6%.

64. 你每月存入 200 美元, 年利率为 5%.

65. **股票的总收益率**. 假设你一年前以每股 5.80 美元的价格买入了 XYZ 股票, 然后以 8.25 美元的价格卖出. 你还需要支付每股 0.25 美元的佣金. 你投资的总收益率是多少?

66. **股票的总收益率**. 假设你一年前以每股 46.00 美元的价格购买了 XYZ 股票, 然后以 8.25 美元的价格卖出. 你还需要支付每股 0.25 美元的佣金. 你投资的总收益率是多少?

67. **死亡与专家 (一个真实的故事)**. 1995 年 12 月, 101 岁的安妮・斯凯伯去世, 给耶希瓦大学留下了 2 200 万美元. 这笔财富是在 50 年的时间里, 通过精明和持久的 5 000 美元投资积累起来的. 在把 5 000 美元变成 2 200 万美元的时候, 斯凯伯的总收益率和年度收益率是多少? 她的年度收益率与股票的年均收益率相比如何 (见表 4.6)?

68. **把手机换成美元**. 根据一项研究, 美国每月的平均手机话费是 70 美元 (自 2009 年以来上涨了 31%). 如果一个 20 岁的学生放弃了她的手机, 每个月将 70 美元的话费投资到一个年度收益率为 4% 的储蓄计划中, 到 65 岁的时候她能存多少钱?

69. **尽早开始**! 米奇和比尔都 75 岁了. 当米奇 25 岁的时候, 他开始计划存款, 在最初的 10 年里他每年存 1 000 美元到储蓄账户, 之后他被迫停止存款. 然而, 他把钱留在了账户里, 在接下来的 40 年里, 这笔钱继续为他带来了利息. 比尔直到 45 岁才开始存钱, 但在接下来的 30 年里, 他每年存 1 000 美元. 假设两个账户的年均收益率都是 5%(每年复利一次).

a. 当米奇 75 岁的时候他的账户里有多少钱?

b. 当比尔 75 岁的时候他的账户里有多少钱?

c. 比较米奇和比尔存入账户的金额.

d. 写一段话, 总结你对这个事情的结论.

70. **推导年度收益率公式**. 如果你在一个账户存款 P 美元, 年度收益率为 APY, Y 年后账户的余额 $A = P \times (1 + \text{APY})^Y$. 使用代数运算规则 (参见 4.2 节“简要回顾　代数运算的四个基本规则”), 求解公式中的 APY; 该结果即为文本中给出的年度收益率公式. 提示: 首先两边除以 P; 然后通过两边同时开 $1/Y$ 次方分离出 APY; 然后两边减去相同的值, 得到 APY.

实际问题探讨

71. **投资广告**. 找一个投资计划的广告. 描述一下这个计划的优点. 利用你在本节所学的知识, 找出至少一个可能的缺点.

72. **投资跟踪**. 从你认为值得投资的股票、债券和共同基金中各选择三只. 假设你在这 9 项投资中各投资 1 000 美元. 利用网络来追踪你未来 5 周投资组合的价值. 根据最后的投资组合价值, 计算你 5 周的收益. 哪些投资表现最好, 哪些表现最差?

73. **公司研究**. 从道琼斯工业平均指数的 30 家公司中选择一家, 并像潜在投资者一样对这家公司进行研究. 你应该考虑以下问题: 公司过去 1 年、5 年、10 年的业绩如何? 公司提供股息吗? 你如何解释它的市盈率? 总的来说, 你认为公司的股票是好的投资吗? 为什么?

74. **金融网站**. 访问众多财经新闻和咨询网站中的一个. 描述本网站提供的服务. 解释一下, 作为一个积极的或潜在的投资者, 你是否觉得这个网站有用.

75. **在线经纪人**. 访问至少两个在线经纪人的网站. 他们的服务有何不同? 比较经纪人收取的佣金.

76. **个人投资选择**. 你的雇主是否为你提供参加储蓄计划或退休计划的选择? 如果是, 描述可用的选项, 并讨论每种选项的优缺点.

实用技巧练习

77. **Excel 中的储蓄计划公式**. 使用 Excel 中的未来值 (FV) 函数回答以下问题.

a. 每月存款 100 美元、年利率为 4% 的账户 25 年后的余额是多少?

b. 如果你将 (a) 中的 APR 翻倍, 余额是 (a) 余额的两倍、两倍多还是不足两倍?

c. 如果你将 (a) 中的年数翻一番, 余额是 (a) 余额的两倍、两倍多还是不足两倍?

78. **Excel 中的储蓄计划公式**. 安倍每月存入 50 美元, 年利率为 5.5%, 存期 40 年. 碧翠丝每月存入 100 美元, 存期 20 年, 年利率为 5.5%.

a. 确认安倍和碧翠丝在规定的时间内存入了相同数量的钱. 他们存了多少钱?

b. 计算每个账户的累计余额并解释结果.

79. **计算开方**. 使用计算器或 Excel 计算下列数量.

a. $2.8^{1/4}$.　　　　b. $120^{1/3}$.

c. 在 15 年内, 账户由初始的 250 美元增至 1 850 美元, 计算其年度收益率.

4.4　贷款支付、信用卡和抵押贷款

你有信用卡吗? 你有助学贷款还是汽车贷款? 你有自己的房子吗? 很可能你至少因为某个目的有一项欠款①. 如果是这样, 你不仅要还清借款, 还要支付借款的利息. 在本节中, 我们研究贷款中出现的基本数学问题.

贷款基本知识

假设你借了 1 200 美元, 年利率为 APR = 12%, 或每月 1%. 在第一个月结束时, 你欠的利息为

$$1\% \times 1\ 200\text{美元} = 12\text{美元}.$$

如果你只付 12 美元的利息, 那么你还欠 1 200 美元. 也就是说, 贷款总额, 即贷款**本金** (principal), 仍然是 1 200 美元. 那样的话, 下个月你将欠下 12 美元的利息. 事实上, 如果你每个月只付利息, 即每月支付 12 美元, 贷款就永远不会还清.

如果你希望在偿还贷款方面取得进展, 那么你不仅需要支付利息, 还要支付部分本金. 例如, 假设你每个月还款 200 美元, 加上当前利息. 第一个月月末, 你支付本金 200 美元, 加上 1% 的利息 12 美元, 总共支付 212 美元. 因为你已经支付了 200 美元本金, 新的贷款本金将是 1 200 美元 −200 美元 = 1 000 美元.

---

① **顺便说说**: 在所有获得学士学位的大学生中, 约有三分之二的学生至少有一笔学生贷款, 毕业时的平均债务约为 37 000 美元.

在第二个月结束时, 你将再次支付 200 美元本金和 1% 的利息. 但这次利息是你欠的 1 000 美元的利息. 你的利息支付将是 1% × 1 000 美元 = 10 美元, 从而你的总支付为 210 美元. 表 4.7 显示了 6 个月的计算, 直到还清贷款为止.

贷款基础知识

对于任何贷款, **本金**是指在任何特定时间所欠的金额. 贷款本金收取利息. 要还清贷款, 必须逐步还清本金. **贷款期限** (loan term) 是必须全额偿还贷款的时间.

表 4.7　1 200 美元的贷款本金和每月偿还 200 美元本金的还款表

截至时间	贷款本金	本金利息	偿还本金	总支付	新本金
第一个月月末	1 200 美元	1% × 1 200 美元 = 12 美元	200 美元	212 美元	1 000 美元
第二个月月末	1 000 美元	1% × 1 000 美元 = 10 美元	200 美元	210 美元	800 美元
第三个月月末	800 美元	1% × 800 美元 = 8 美元	200 美元	208 美元	600 美元
第四个月月末	600 美元	1% × 600 美元 = 6 美元	200 美元	206 美元	400 美元
第五个月月末	400 美元	1% × 400 美元 = 4 美元	200 美元	204 美元	200 美元
第六个月月末	200 美元	1% × 200 美元 = 2 美元	200 美元	202 美元	0 美元

按揭贷款

对于表 4.7 所示的情况, 由于你所欠的利息数额不断下降, 所以你的总付款金额逐月减少. 这种还清贷款的方式本身没有什么问题, 但大多数人更愿意每月支付相同的总金额, 因为这样可以更容易规划预算. 用同样的定期付款偿还的贷款叫作**按揭贷款** (installment loan)(或摊销贷款 (amortized loan)).

假设你想还清 1 200 美元贷款, 且 6 个月以等额方式还款完毕, 你每个月应该付多少钱? 因为表 4.7 中的付款在 202 美元和 212 美元之间变化, 所以很明显, 相等的月付款必须位于这个范围内. 确切的金额并不明显, 但我们可以用**贷款支付公式** (loan payment formula) 计算.

贷款支付公式 (按揭贷款)

$$\text{PMT} = \frac{P \times \left(\frac{\text{APR}}{n}\right)}{\left[1 - \left(1 + \frac{\text{APR}}{n}\right)^{(-nY)}\right]}$$

其中

$$\text{PMT} = \text{每月常规还款额}$$
$$P = \text{起始贷款本金}$$
$$\text{APR} = \text{年利率 (以小数表示)}$$
$$n = \text{每年还款的次数}$$
$$Y = \text{贷款年限}$$

在我们的当前示例中, 起始贷款本金是 $P = 1\ 200$ 美元, 年利率是 $\text{APR} = 12\%$, 贷款期限是 $Y = 1/2$ 年 (6 个月), 按月还款 $n = 12$. 贷款支付公式为

$$\text{PMT}=\frac{P\times\left(\frac{\text{APR}}{n}\right)}{\left[1-\left(1+\frac{\text{APR}}{n}\right)^{(-nY)}\right]}=\frac{1\ 200\text{美元}\times\left(\frac{0.12}{12}\right)}{\left[1-\left(1+\frac{0.12}{12}\right)^{-12\times1/2}\right]}$$

$$=\frac{1\ 200\text{美元}\times0.01}{\left[1-(1+0.01)^{-6}\right]}=\frac{12\text{美元}}{1-0.942\ 045\ 235}=207.06\text{美元}.$$

每月付款将是 207.06 美元. 注意, 正如我们所预期的, 付款在 202~212 美元之间.

注意, 由于按揭贷款在付款保持不变的情况下逐渐偿付贷款本金, 所以以下两个特征适用于所有按揭贷款:

- 每月的利息逐渐减少.
- 每月支付的本金逐渐增加.

在贷款期限的早期, 利息部分相对较高, 本金部分相对较低. 随着贷款期限的延长, 这种模式逐渐逆转, 在贷款期限快结束时, 大部分付款都用于偿还本金, 而利息支付相对较少.

例 1 助学贷款

假设你在大学毕业时有 7 500 美元的学生贷款, 利率为 APR = 9%, 贷款期限为 10 年. 你的月供是多少? 在贷款期限内, 你要付多少钱? 你贷款的总利息是多少? [①]

解 起始贷款本金为 $P = 7\ 500$ 美元, 利率为 $\text{APR} = 0.09$, 期限为 $Y = 10$ 年, 每月付款，故 $n = 12$. 我们使用贷款公式来计算每月付款额为

$$\text{PMT}=\frac{P\times\left(\frac{\text{APR}}{n}\right)}{\left[1-\left(1+\frac{\text{APR}}{n}\right)^{(-nY)}\right]}=\frac{7\ 500\text{美元}\times\left(\frac{0.09}{12}\right)}{\left[1-\left(1+\frac{0.09}{12}\right)^{-12\times10}\right]}$$

$$=\frac{7\ 500\text{美元}\times0.007\ 5}{\left[1-(1.007\ 5)^{-120}\right]}=\frac{56.25\text{美元}}{1-0.407\ 937\ 305}=95.01\text{美元}.$$

你每月的付款是 95.01 美元. 在 10 年期限内, 总支付将是

$$10\text{年}\times12\text{月}/\text{年}\times95.01\text{美元}/\text{月}=11\ 401.20\text{美元}.$$

这笔钱中 7 500 美元付清本金, 其余的 11 401 美元 −7 500 美元 = 3 901 美元为利息支付.

▶ 做习题 13~24.

实用技巧 贷款支付公式(按揭贷款)

标准计算器: 与计算复利和储蓄计划一样, 只要遵循正确的操作顺序, 就可以使用标准计算器进行贷款支付计算. 下面的计算给出了处理例 1 中数字的一种正确方法, 其中 $P = 7\ 500$ 美元, $\text{APR} = 0.09, n = 12, Y = 10$ 年; 像往常一样, 在计算结束之前不要四舍五入任何答案.

*** 注意**: 如果你的计算器没有圆括号键, 那么需要先计算出第 1 步至第 3 步的结果, 并将之记录在纸上或存储在计算器的内存中. 不要在中间步骤中进行数值的舍入.

---

① **说明**: 因为我们假设复利期和付款期是一样的, 并且因为我们对支付金额进行了四舍五入, 所以计算的付款可能与实际付款略有不同.

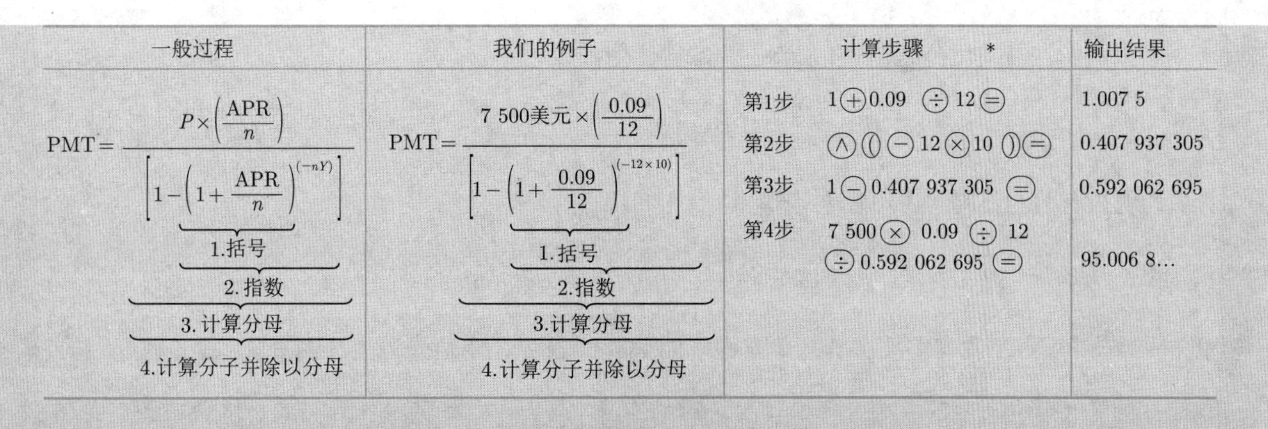

一般过程	我们的例子	计算步骤 *	输出结果
$\text{PMT}=\dfrac{P\times\left(\dfrac{\text{APR}}{n}\right)}{\left[1-\left(1+\dfrac{\text{APR}}{n}\right)^{(-nY)}\right]}$ 1.括号 2.指数 3.计算分母 4.计算分子并除以分母	$\text{PMT}=\dfrac{7\ 500\text{美元}\times\left(\dfrac{0.09}{12}\right)}{\left[1-\left(1+\dfrac{0.09}{12}\right)^{(-12\times10)}\right]}$ 1.括号 2.指数 3.计算分母 4.计算分子并除以分母	第1步　1 (+) 0.09 (÷) 12 (=)	1.007 5
		第2步　(∧) (() (−) 12 (×) 10 ()) (=)	0.407 937 305
		第3步　1 (−) 0.407 937 305 (=)	0.592 062 695
		第4步　7 500 (×) 0.09 (÷) 12 (÷) 0.592 062 695 (=)	95.006 8...

Excel： 可使用 Excel 内置函数 PMT 计算按揭贷款付款. 输入与我们之前使用的 FV 函数类似, 如下面的截屏所示. 你可能会发现, 当从“插入”菜单选择 PMT 函数时会出现一个方框, 若在方框中输入数据, 则更容易看到整个输入过程; 这个方框类似于右边的截屏.

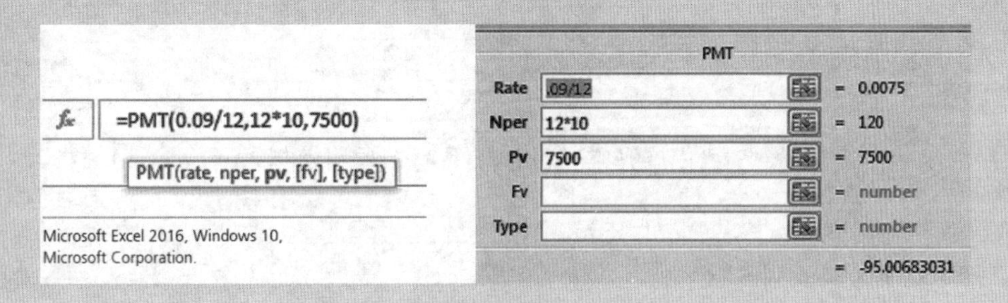

注意, 这些变量类似于我们之前使用的 FV 函数:

• rate 是每个支付期的利率, 在本例中为每月利率: $\text{APR}/n = 0.09/12$.

• nper 是支付周期的总数, 在本例中是 $nY = 12 \times 10$.

• pv 是现值, 即 7 500 美元的起始贷款本金.

• fv 是未来值, 为 0 美元, 因为目标是完全还清贷款; 注意, 默认情况下它是 0, 所以我们可以将 fv 留空.

• type 也被留空, 因为我们使用默认值 (type = 0) 来表示每个周期 (月) 结束时的月付款.

数学视角　贷款支付公式的推导

假设你有一笔贷款, 起始本金为 P, 月利率为 i, 贷款期限为 N 个月. 在大多数实际情况中, 你会按月支付这笔贷款. 然而, 假设放贷人不想让你按月还款, 而是希望你在贷款期限结束时一次性还清按复利计息的贷款. 我们可以用一般复利公式得出这个总金额:

$$A = P \times (1+i)^N.$$

在金融方面, 这个一次性金额 A 被称为贷款的未来值. (现值为原始贷款金额 P.) 从放贷人的角度来看, 允许你分期付款不应该影响这个未来值, 所以即便你每月支付, 总额应该与未来值 A 相同. 我们已经

有一个未来值的按月支付公式, 由 4.3 节中的储蓄计划公式

$$A = \text{PMT} \times \frac{[(1+i)^N - 1]}{i}$$

我们现在有两个不同的表达式来计算 A, 令它们相等:

$$\text{PMT} \times \frac{[(1+i)^N - 1]}{i} = P \times (1+i)^N$$

要求出贷款支付公式, 我们需要求解这个方程中的 PMT. 首先，两边除以左边的分式, 则方程变为

$$\text{PMT} = \frac{P \times (1+i)^N \times i}{[(1+i)^N - 1]}$$

然后, 将右边分式的分子和分母同时除以 $(1+i)^N$, 有

$$\text{PMT} = \frac{\dfrac{P \times (1+i)^N \times i}{(1+i)^N}}{\dfrac{[(1+i)^N - 1]}{(1+i)^N}}$$

分子化简为 $P \times i$. 为了简化分母, 我们展开它并且把它的第二项用负指数写成如下形式:

$$\begin{aligned}\frac{[(1+i)^N - 1]}{(1+i)^N} &= \frac{(1+i)^N}{(1+i)^N} - \frac{1}{(1+i)^N} \\ &= 1 - (1+i)^{-N}\end{aligned}$$

将简化后的条件代入分子和分母, 得到贷款支付公式

$$\text{PMT} = \frac{P \times i}{1 - (1+i)^{-N}}$$

为了得到与文中相同的贷款支付公式, 我们可用 $i = \text{APR}/n$ 替换每个期间的利率, 用 $N = nY$ 替换总支付次数 (其中 n 是每年支付次数, Y 是支付年数).

例 2　本金和利息支付[①]

对于例 1 中的贷款, 计算前 3 个月内支付的本金和利息部分.

解　月利率为 $\text{APR}/12 = 0.09/12 = 0.007\,5$. 对于 7 500 美元的起始贷款本金, 在第 1 个月月末到期的利息是

$$0.007\,5 \times 7\,500\text{美元} = 56.25\text{美元}.$$

因为你每月的付款是 95.01 美元 (见例 1), 利息是 56.25 美元, 剩下的 95.01 美元 −56.25 美元 = 38.76 美元为偿还的本金. 因此, 在你第一次付款后, 新的贷款本金是

$$7\,500\text{美元} - 38.76\text{美元} = 7\,461.24\text{美元}.$$

表 4.8 给出了前三个月的计算结果. 注意, 如预期的那样, 利息支付逐渐减少, 对本金的支付逐渐增加. 还要注意的是, 对于这个 10 年期贷款, 前 3 个月中有超过一半的还款是支付了利息. 我们可以在贷款期限内继续使

① **顺便说说:** 贷款期限内的本金和利息支付表称为摊销表. 大多数银行会为你考虑的任何贷款提供一个分期偿还的摊销表.

用这个表 (参见“实用技巧 贷款支付的本金和利息”), 但是使用具有内置功能的软件来查找贷款支付的本金和利息要容易得多.

表 4.8 支付 7 500 美元贷款的利息和本金表 (10 年期限, APR = 9%)

截至时间	利息 = 0.007 5× 本金	支付本金部分	新的本金
第 1 个月月末	0.007 5 × 7 500 美元 = 56.25 美元	95.01 美元 −56.25 美元 = 38.76 美元	7 500 美元 −38.76 美元 = 7 461.24 美元
第 2 个月月末	0.007 5 × 7 461.24 美元 = 55.96 美元	95.01 美元 −55.96 美元 = 39.05 美元	7 461.24 美元 −39.05 美元 = 7 422.19 美元
第 3 个月月末	0.007 5 × 7 422.19 美元 = 55.67 美元	95.01 美元 −55.67 美元 = 39.34 美元	7 422.19 美元 −39.34 美元 = 7 382.85 美元

► 做习题 25~26.

思考 许多人认为 9% 的利率意味着他们偿还的贷款中只有 9% 用于支付利息, 但是例 2 表明实际利息部分可能更高, 特别是在贷款期限的早期. 解释为什么会出现这种情况, 以及支付的利息将如何随时间变化.

实用技巧 贷款支付的本金和利息

你可以使用 Excel 制作一个贷款支付的本金和利息金额表, 如表 4.8 所示. 最直接的方法如下面的截屏所示.

	A	B	C	D	E
1					
2		月份	利息	本金	余额
3					7500
4		1	=0.09*E3/12	=95.01-C4	=E3-D4
5		2	=0.09*E4/12	=95.01-C5	=E4-D5
6		3	=0.09*E5/12	=95.01-C6	=E5-D6

要了解如何计算, 注意以下几点:

- 表格开始时, E3 单元格的初始余额为 7 500 美元.
- C4 单元格内计算第 1 个月的利息, 这是 E3 单元格内的值乘以 APR/n 的结果, 在本例中 APR/n = 0.09/12.
- D4 单元格内计算第 1 个月的本金, 从每月支付的 95.01 美元中减去利息支付 (C4 单元格中的值).
- E4 单元格内计算第 1 个月后新的余额, 方法是用之前的余额 (E3 单元格内值) 减去本金支付 (D4 单元格内的值).
- 然后每一行重复相同的计算方式.

你可以在 Excel 中自己创建这个表, 并确认它给出了表 4.8 中所示的值.

此方法的唯一困难是, 要求出 (比如说) 第 25 个月的利息和本金, 需要在表中包含 25 行. 如果你只想知道某个月的利息和本金, 你可以分别使用 Excel 中的 IPMT 和 PPMT 函数, 下图所示为第 25 个月的截图; 注意, 变量 per 是你想知道的支付时期, 这里是 25. 与 PMT 函数一样 (参见“实用技巧 贷款支付公式的推导”), fv 和 type 输入为空.

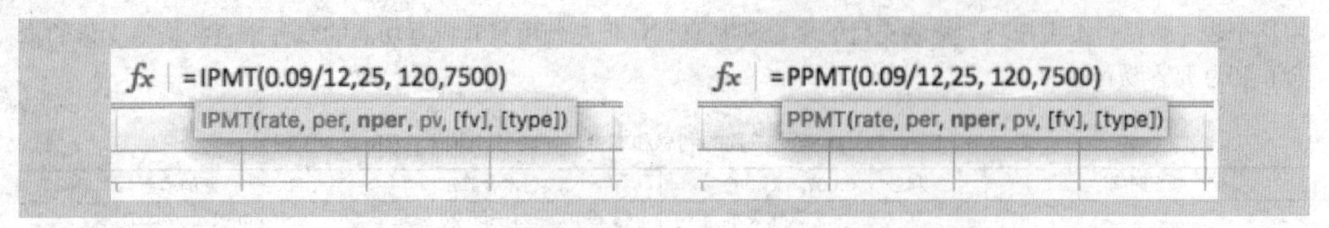

利率与期限的选择

在选择贷款时, 通常会有几种利率和贷款期限的选择. 例如, 银行可以提供 8% 年利率的 3 年期汽车贷款、9% 年利率的 4 年期贷款、10% 年利率的 5 年期贷款. 你选择最短期限的最低利率贷款可以支付更少的利息, 但这项贷款每月支付最高. 你必须评估你的选择并做出对你的个人情况最好的决定①.

例 3 汽车贷款的选择

你需要 6 000 美元的贷款来购买一辆二手车. 银行提供 8% 年利率的 3 年期贷款、9% 年利率的 4 年期贷款、10% 年利率的 5 年期贷款. 计算每个月的付款和贷款期间的总利息.

解 我们希望计算按揭贷款的金额, 所以我们使用贷款支付公式:

$$\text{PMT} = \frac{P \times \left(\dfrac{\text{APR}}{n}\right)}{\left[1 - \left(1 + \dfrac{\text{APR}}{n}\right)^{(-nY)}\right]}.$$

下表中的后三列分别显示了三种选择的计算结果. 注意, 三种选择都有相同的贷款金额 ($P = 6\ 000$ 美元) 和 $n = 12$(每月付款). 正如我们所预测的, 长期贷款导致月支付较低, 但利息支付总额较高.

	$Y = 3$ 年 (36 个月), APR = 0.08	$Y = 4$ 年 (48 个月), APR = 0.09	$Y = 5$ 年 (60 个月), APR = 0.10
利用贷款支付公式求月支付	$\text{PMT} = \frac{6\ 000\text{美元} \times \left(\frac{0.08}{12}\right)}{\left[1 - \left(1 + \frac{0.08}{12}\right)^{(-12\times3)}\right]}$ =188.02美元	$\text{PMT} = \frac{6\ 000\text{美元} \times \left(\frac{0.09}{12}\right)}{\left[1 - \left(1 + \frac{0.09}{12}\right)^{(-12\times4)}\right]}$ =149.31美元	$\text{PMT} = \frac{6\ 000\text{美元} \times \left(\frac{0.10}{12}\right)}{\left[1 - \left(1 + \frac{0.10}{12}\right)^{(-12\times5)}\right]}$ =127.48美元
月支付乘贷款期限, 得出总支付	188.02美元/月 × 36个月 =6 768.72美元	149.31美元/月 × 48个月 =7 166.88美元	127.48美元/月 × 60个月 =7 648.80美元
总支付减去本金得利息支付	6 768.72 美元 − 6 000 美元 = 768.72 美元	7 166.88 美元 − 6 000 美元 = 1 166.88 美元	7 648.80 美元 − 6 000 美元 = 1 648.80 美元

► 做习题 27~28.

思考 考虑一下你目前的财务状况. 如果你需要 6 000 美元的汽车贷款, 你会在例 3 的三种选择中选择哪一种? 为什么?

信用卡

信用卡贷款不同于按揭贷款, 因为你不需要在任何固定的时间内还清余额. 取而代之的是, 你只需每月支付最低限度的款项, 一般包括所有利息和极少量的本金. 因此, 如果你只支付最低金额, 那么还清信用卡贷款要花很长时间. 如果你希望在特定的时间内还清贷款, 那么你应该使用贷款支付公式来计算必要的付款.

① **顺便说说:** 你应该时刻警惕金融诈骗, 尤其是借钱的时候. 记住金融第一法则: 如果它听起来好得令人难以置信, 那么它很可能就不是真的!

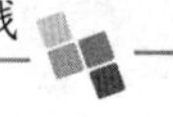

在你的世界里 避免信用卡带来的麻烦

如果使用得当, 信用卡可以提供许多便利. 它们比现金更安全、更容易携带, 每月都有月结单, 上面列出了信用卡上的所有费用, 还可以用作租车的身份证明. 在某些情况下, 它们还会提供一些有益的奖励, 比如小额回扣或积累航空里程. 但信用卡也很容易被滥用, 许多人因此陷入财务困境. 一些简单的指南可以帮助你避免信用卡问题.

- 只使用一张信用卡. 在几张卡上积累余额的人往往会忘记自己的总债务.
- 如果可能的话, 每个月全额付清欠款. 如果你能做到这一点, 请确保信用卡为你的购物提供至少25~30 天的免息“宽限期”, 这样你就不必支付任何利息.
- 如果你不能每个月都付清欠款, 要非常小心, 不要积累太多债务. 与其他类型的贷款相比, 大多数信用卡的利率非常高, 如果你过度使用信用卡, 很容易陷入财务困境.
- 如果错过了付款日期, 你的问题可能会变得更加复杂, 因为你可能会被收取一笔增加到本金的滞纳金, 从而增加下个月的利息. 由于利息支出像复利一样反向操作, 不能按时支付会让一个人陷入不断加深的财务漏洞.
- 货比三家, 寻找最好的信用卡. 如果你想保持收支平衡, 比较各个信用卡的利率和年费. 如果你每个月都能付清欠款, 可以比较一下年费和福利, 比如现金返还或积累航空里程.
- 小心那些通过提供低起始利率来引诱你获得新信用卡的诱惑利率. 利率通常在几个月后就会高得多, 所以很少有划算的交易.
- 除非在紧急情况下, 否则千万不要使用信用卡预支现金, 因为几乎所有信用卡都对预支现金收取费用和高利率. 此外, 大多数信用卡在预支现金时立即收取利息, 即使在购买时有一个宽限期.
- 如果你有房子, 考虑用房屋净值信用额度取代普通信用卡. 你通常会得到较低的利率, 而且利息可能是免税的.
- 如果你在控制支出方面有困难, 那么用现金代替信用卡. 研究表明, 大多数人在用现金支付时的花费要比用信用卡 (或借记卡) 支付时少得多.
- 如果你发现自己深陷财务困境, 那么马上咨询财务顾问. 一个好去处是美国国家信用咨询基金会 (www.nfcc.org). 你等的时间越长, 从长远来看你的情况越糟.

例 4 信用卡债务①

假设你的信用卡待还余额为 2 300 美元, 年利率为 21%. 你决定在 1 年内还清余额. 你每个月需要付多少钱? 假设你不再使用该信用卡.

解 借款金额为 $P = 2\,300$ 美元, 利率为 $\text{APR} = 0.21$, 每年支付 12 次. 因为你想在 1 年内还清贷款, 我们可设定 $Y = 1$. 每月所需支付额度为

$$\text{PMT} = \frac{P \times \left(\frac{\text{APR}}{n}\right)}{\left[1 - \left(1 + \frac{\text{APR}}{n}\right)^{(-nY)}\right]} = \frac{2\,300\text{美元} \times \left(\frac{0.21}{12}\right)}{\left[1 - \left(1 + \frac{0.21}{12}\right)^{(-12\times 1)}\right]} = 214.16\text{美元}.$$

你必须在一年中每月支付 214.16 美元.

① **顺便说说:** 大约四分之三的成年美国人至少有一张信用卡. 在持卡人中, 信用卡的平均债务约为 16 000 美元, 年均利率约为 17%, 远高于大多数其他消费贷款的利率.

▲ **注意!** 一定要注意的是, 信用卡 21% 的年利率远远高于大多数其他贷款的利率, 使用信用卡消费太多, 是容易陷入财务困境的一个主要原因. ▲

▶ 做习题 29~32.

思考 利用例 4 的结果判断, 假设你可以在银行以每年 10% 的利率获得个人贷款. 你应该接受这笔贷款并用它还清 2 300 美元信用卡债务吗? 为什么?

例 5 一个很深的洞

保罗陷入了信用卡困境. 他有 9 500 美元的欠款, 同时他丢了工作. 他的信用卡公司收取 APR = 21% 的利息, 每日复利. 假设信用卡公司允许他暂停支付, 直到他找到新工作, 但继续收取利息. 如果他花了一年时间去寻找一份新工作, 那么他在开始新工作时会欠多少钱呢?

解 因为保罗没有在一年内付款, 这不是一个贷款支付问题. 相反, 这是一个复利问题, 保罗的 9 500 美元的年增长率为 21%, 按日复利. 我们使用复利公式, $P = 9\,500$ 美元, APR = 0.21, $Y = 1$ 年, $n = 365$(每日复利). 到年底, 他的欠款余额将是

$$\begin{aligned} A &= P \times \left(1 + \frac{\text{APR}}{n}\right)^{nY} \\ &= 9\,500\text{美元} \times \left(1 + \frac{0.21}{365}\right)^{365\times 1} \\ &= 11\,719.23\text{美元}. \end{aligned}$$

在保罗失业的那一年, 仅利息就会使他的信用卡欠款从 9 500 美元增加到 11 700 多美元, 增加 2 200 多美元. 很明显, 这种增长只会让保罗更难以改善财务状况.

▶ 做习题 33~36.

抵押贷款

最受欢迎的分期贷款类型之一是住房**抵押贷款** (mortgages)[①], 它是专门用来帮助买房子的. 抵押贷款利率一般低于其他贷款的利率, 因为你的房子本身就是支付担保. 如果你还不上贷款, 贷方 (通常是银行或抵押贷款公司) 可以通过所谓的止赎程序, 没收你的房子, 卖掉它来收回你的部分或全部贷款.

获得住房抵押贷款需考虑几个因素. 首先, 贷款人可能需要**首付** (down payment), 通常是购买价格的 10% ~20%. 然后贷方会把买房子所需的其余钱借给你. 大多数贷款机构在你申请贷款时也会收取费用或**交割费** (closing costs). 交割费可能是巨大的, 并且在不同的贷款公司之间可能会有很大的差异, 所以你应该确保你了解它们. 一般来说, 交割费有两种类型:

- 直接费用, 例如获得评估房屋和检查信用记录的费用, 贷方会收取固定金额的费用. 这些费用一般从几百美元到几千美元不等.

- 按**点数** (point)收取费用, 点数为贷款额的 1%. 许多贷款公司将点数分为两类: 对所有贷款收取的初始费和对不同利率贷款收取的不同折扣点数. 例如, 贷款公司可能会对所有贷款收取 1 点 (1%) 的初始费, 然后根据你愿意支付的折扣点数为你提供利率选择. 尽管名称不同, 但初始费和折扣点数之间并没有本质区别.

和往常一样, 你应该注意那些可能影响贷款成本的细节. 例如, 如果你决定提前还清贷款, 那么确保没有提前还款的惩罚. 大多数人提前偿还抵押贷款, 要么是因为他们卖掉了房子, 要么是因为他们决定重新贷款以

① **顺便说说:** 单词 mortgage 来自拉丁语和古法语，字面意思是“死亡保证”.

获得更好的利率, 要么是因为他们改变了月供[①].

定义

住房**抵押贷款**是专门为房屋融资而设计的按揭贷款.

首付款是指为了获得抵押贷款或其他贷款, 你必须提前支付的金额.

交割费是为了获得贷款而必须支付的费用. 它们可能包括各种直接成本, 或作为点数收取的费用, 其中每个点数是贷款金额的 1%. 在大多数情况下, 签署贷款协议前贷款机构都会被要求明确给出交割费.

固定利率抵押贷款

最简单的住房贷款类型是**固定利率抵押贷款** (fixed rate mortgage), 它保证利率在贷款期内不会改变. 大多数固定利率抵押贷款的期限为 15 年或 30 年, 短期贷款利率较低.

例 6 固定利率支付方式

你需要一笔 100 000 美元的贷款买你的新房子. 银行提供 30 年期 5% 的贷款, 或者 15 年期 4.5% 的贷款, 比较两种选择下的月支付额和总贷款成本. 假设交割费在这两种情况下是相同的, 因此不影响选择.

解 抵押贷款是按揭贷款, 所以我们使用贷款支付公式

$$\text{PMT} = \frac{P \times \left(\frac{\text{APR}}{n}\right)}{\left[1 - \left(1 + \frac{\text{APR}}{n}\right)^{(-nY)}\right]}.$$

对于这两种情况, 我们都有 $P = 100\ 000$ 美元和 $n = 12$. 下表显示了两种不同利率和贷款条件的计算.

	$Y = 30$ 年, APR = 0.05	$Y = 15$ 年, APR = 0.045
利用贷款支付公式求出月支付额	$\text{PMT} = \frac{100\ 000\text{美元} \times \left(\frac{0.05}{12}\right)}{\left[1 - \left(1 + \frac{0.05}{12}\right)^{(-12\times 30)}\right]}$ =536.82美元	$\text{PMT} = \frac{100\ 000\text{美元} \times \left(\frac{0.045}{12}\right)}{\left[1 - \left(1 + \frac{0.045}{12}\right)^{(-12\times 15)}\right]}$ =764.99美元
月支付额乘以贷款期限, 得出总支付额	30年 × 12月/年 × 536.82美元/月 ≈19 3255美元	15年 × 12月/年 × 764.99美元/月 ≈137 698美元

需要注意的是, 15 年期贷款的月支付额约高出 765 美元 −537 美元 = 228 美元. 然而, 15 年期贷款可以为你节省约 193 255 美元 −137 698 美元 = 55 557 美元的总支付. 也就是说, 从长远来看, 15 年期贷款可以帮你省很多钱, 但只有在你有信心支付得起未来 15 年所需的较高月支付额时, 这才是一个好计划. (见另一种支付策略的例子——例 8.)

▶ 做习题 37~40.

思考 快速搜索 15 年期和 30 年期固定抵押贷款的平均利率. 例 6 中的支付与当前利率有何不同?

例 7 交割费

大银行 (Great Bank) 提供 100 000 美元、30 年期、5% 的固定年利率贷款, 交割费为 500 美元加上 1 点; 大型银行 (Big Bank) 提供 100 000 美元、30 年期、4.75% 的固定年利率贷款, 但交割费为 1 000 美元加上 2 点. 评估这两种选择.

① **顺便说说:** 如果贷款余额大于房子的价值, 抵押贷款就会缩水. 房地产泡沫破裂 (见第 1 章"实践活动") 使许多房主的抵押资不抵债.

解 在例 6 中, 我们计算了 5% 利率的月支付额为 536.82 美元. 在较低的 4.75% 利率下, 月支付额是

$$\text{PMT} = \frac{P \times \left(\frac{\text{APR}}{n}\right)}{\left[1 - \left(1 + \frac{\text{APR}}{n}\right)^{(-nY)}\right]}$$

$$= \frac{100\ 000\text{美元} \times \left(\frac{0.047\ 5}{12}\right)}{\left[1 - \left(1 + \frac{0.047\ 5}{12}\right)^{(-12\times 30)}\right]} = 521.65\text{美元}.$$

如果你选择大型银行的低利率, 则每月可节省大约 15 美元. 现在我们考虑交割费的差异. 大型银行比大银行多收取 500 美元加上额外的 1 点 (或 1%) 的交割费, 100 000 美元贷款的 1% 即 1 000 美元. 因此, 此时大型银行多出的交割费为 1 500 美元, 但是每个月可以节省大约 15 美元的付款. 我们通过除法来计算需要多长时间来收回额外的 1 500 美元:

$$\frac{1\ 500\text{美元}}{15\text{美元/月}} = 100\text{个月} = 8\frac{1}{3}\text{年}.$$

上式表明你需要 8 年多的时间才能省下大型银行预先收取的额外 1 500 美元. 除非你确信会在房子里呆上 8 年以上 (并保持同样的贷款), 否则你选择大银行的较低的交割费可能会更合适, 即使你的月供会稍微高一些.

▶ 做习题 41~44.

预付费策略

由于贷款期限较长, 抵押贷款的早期付款大部分用于支付利息. 例如, 图 4.12 显示了 30 年期 100 000 美元贷款的本金和利息, 利率为 5%. 正如我们在例 6 中发现的, 你可以从图 4.12 的两个区域的面积上看出, 该抵押贷款支付的总利息几乎等于总本金.

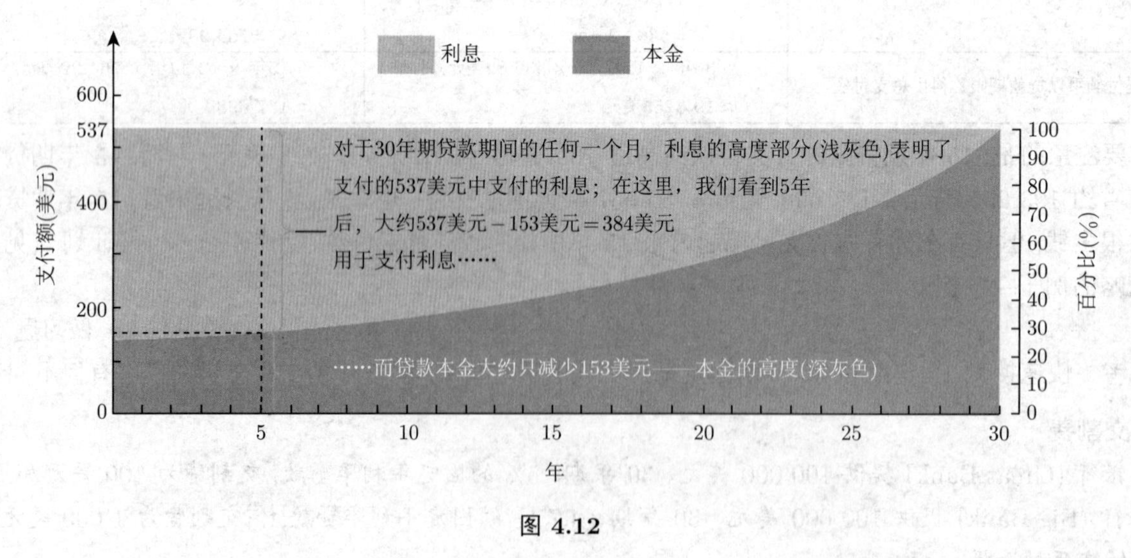

图 4.12

在 30 年期 100 000 美元的贷款中, 每月的支付额分别用于还本和付息, 利率为 5%. (如"实用技巧　贷款支付的本金和利息"中所述, 通过制作一张本息表, 可以计算出这张图.)

在你的世界里　贷款的选择或再融资

正如你在本节所看到的, 利率和贷款期限是决定贷款支付的主要因素. 但是, 当你申请贷款或为贷款再融资时, 还需要考虑其他几个因素 (再融资意味着用新贷款取代现有贷款):

- 确保你了解贷款. 例如, 利率是固定的还是可变的? 贷款期限是多长时间? 什么时候付款?
- 需要支付首付吗? 如果需要, 你将如何负担? 如果不需要, 你能通过支付首付来获得一个更好的利率吗?
- 将收取哪些费用和交割费? 一定要确定所有交易成本 (包括初始费和折扣点数), 因为不同的出借人可能会以不同的方式报价.
- 小心那些小字印刷, 它们可能会让贷款变得比看上去更贵. 要特别小心提前还款的惩罚, 因为你以后可能会决定提前还清贷款或者以更好的利率再融资.
- 以较低的利率再融资可以省钱, 但这并不总是一个好主意. 在决定是否重新贷款时, 一定要考虑这两个额外的因素:
  1. 需要多长时间才能用较低的利率弥补你再融资时必须支付的费用和交割费? 一般来说, 除非你确信你将持有新贷款更长的时间, 否则你不应该为一笔贷款进行再融资, 因为这些成本大约需要2～3年才能收回.
  2. 记住, 再融资会让贷款“重置时钟”. 例如, 假设你已经偿还了 4 年的 10 年期学生贷款. 如果你继续持有这笔贷款, 你将在 6 年后还清. 但如果你用新的 10 年期贷款进行再融资, 你将从现在开始支付 10 年的贷款. 所以即使再融资减少了你的月供, 也不值得, 因为你还要再支付 10 年而不是 6 年.
- 最重要的是, 不管银行或贷款经纪人可能会说什么, 都确保你有信心在贷款的整个生命周期内支付贷款, 即使你暂时失业或有其他意想不到的财务困难.

因此, 如果你能减少利息支出, 你就能省下一大笔钱[①]. 如果没有提前还款的惩罚, 那么一种方法是向本金支付额外的费用, 特别是在支付初期. 例如, 假设你在 100 000 美元的第一笔每月支付中向本金支付了额外的 100 美元. 也就是说, 不是支付所需的 537 美元 (参见例 6), 而是支付 637 美元. 因为你减少了 100 美元的贷款余额, 所以你将在 30 年贷款期的剩余时间中节省这 100 美元的复利值 (将近 450 美元). 换句话说, 在第一个月支付额外的 100 美元, 可以在 30 年里为你节省大约 450 美元的利息.

例 8　另一种策略

对于例 6 中的抵押贷款选项, 另一种策略是选择收取 5% 年利率的 30 年期贷款, 但却在 15 年内就通过支付比所需数额更大的金额来还完全部贷款. 要执行这个计划, 你每个月要付多少钱? 讨论这一策略的利弊.

解　为了在 15 年内还清 5% 年利率的贷款, 我们设 $\text{APR} = 0.05$ 和 $Y = 15$, 我们仍然有 $P = 100\ 000$ 和 $n = 12$. 每月付款是

$$\text{PMT} = \frac{P \times \left(\dfrac{\text{APR}}{n}\right)}{\left[1 - \left(1 + \dfrac{\text{APR}}{n}\right)^{(-nY)}\right]}$$

$$= \frac{100\ 000\text{美元} \times \left(\dfrac{0.05}{12}\right)}{\left[1 - \left(1 + \dfrac{0.05}{12}\right)^{(-12\times 15)}\right]} = 790.79\text{美元}.$$

① **顺便说说:** 抵押贷款利率随时间变化很大. 20 世纪 80 年代, 美国新抵押贷款 (30 年期固定利率) 的平均利率几乎总是在 10% 以上, 1981 年达到峰值, 超过 18%. 2016 年, 平均利率跌至 3% 附近的历史低点.

在例 6 中, 我们发现 30 年期贷款每月需要支付大约 537 美元, 因此若在 15 年内还清贷款需要每月至少多支付 791 美元 −537 美元 = 254 美元.

注意, 由于 15 年期贷款的利率更低, 因此这种支付也比 15 年期贷款所要求的 765(见例 6) 美元需每月多支付约 26 美元. 显然, 如果你确定能在 15 年内还清贷款, 就应该选择 15 年期的低息贷款. 然而, 选择 30 年期贷款有一个好处, 因为你所需的还款额只有 537 美元, 若发现你在 15 年内难以支付还款所需的额外费用, 那么你总可以回落到这个水平[①].

▶ 做习题 45~46.

思考 即使你有能力支付额外的抵押贷款, 一些财务顾问也会建议你用这些额外的钱来投资股票、债券或进行其他投资. 为什么这个建议有意义? 你能想到反驳的理由吗? 总的来说, 如果你每月有额外的 100 美元, 你会怎么做? 用它来提前还贷还是投资?

可调利率抵押贷款

固定利率抵押贷款对你是有利的, 因为你的月供永远不变. 然而, 这给贷款人带来了风险. 假设你从大银行以 4% 的利率获得了一笔 100 000 美元的 30 年期固定利率贷款. 起初, 这笔贷款对大银行来说似乎是笔好买卖. 但假设 2 年后, 利率上升到 5%. 如果大银行还有借给你的 100 000 美元, 它可以以更高的利率借给其他人. 然而, 你支付的利率是 4%. 实际上, 如果当前利率上升, 而你有一个固定利率贷款, 大银行就会失去潜在的未来收入.

贷款人可以通过提高长期贷款的利率来降低利率上升的风险. 这就是 30 年期贷款利率通常高于 15 年期贷款利率的原因. 但对贷款人来说, 一种风险更低的策略是**可调利率抵押贷款** (adjustable rate mortgage, ARM). 在这种抵押贷款中, 你支付的利率会随着当前利率的变化而变化. 由于贷款人的长期风险降低, 贷款的初始利率通常比固定利率贷款低得多. 例如, 一家提供了一笔 4% 利率的 30 年期固定利率贷款的银行, 可能会提供一笔初始利率为 3% 的 ARM. 大多数贷款机构会保证它们在头 6 个月或 1 年内的起始利率, 但在这段时期之后, 利率将根据当前的利率上下浮动[②]. 大多数可调利率抵押贷款还包括一个不能超过的利率上限. 例如, 如果你的贷款利率为 3%, 那么贷款机构可能会向你承诺你的利率永远不会超过 8% 的上限. 在固定利率贷款和 ARM 之间做出选择可能是你一生中最重要的财务决定之一.

例 9 ARM 的利率调整

你可以在利率为 4% 的 30 年期固定利率贷款和第一年利率为 3% 的 ARM 之间做出选择. 忽略复利和本金的变化, 估计在第一年中你用 ARM 100 000 美元每个月节省的钱数. 假设 ARM 利率在第三年上升到 5%. 你的付款会受到什么影响?

解 因为在贷款的最初几年, 抵押贷款支付的大部分是利息, 我们可以通过假设本金不变来做近似. 对于 4% 的固定利率贷款, 第一年 100 000 美元的利息大约是 $4\% \times 100\,000$ 美元 $= 4\,000$ 美元. 对于 3% 的 ARM, 第一年的利息大约是 $3\% \times 100\,000$ 美元 $= 3\,000$ 美元. ARM 会在第一年为你节省 1 000 美元, 这意味着每月节省约 1 000 美元 $\div 12 \approx 83$ 美元.

到第三年, 当利率达到 5% 时, 情况就反过来了. ARM 的利率比固定利率贷款高出 1 个百分点. 与每月节省 83 美元相比, 你每月将多支付 83 美元给 ARM, 而不是给 4% 的固定利率贷款. 此外, 如果 ARM 的利率

---

① **顺便说说:** 2008 年金融危机爆发的部分原因是, 抵押贷款机构能够通过将贷款出售给其他金融机构收取贷款费用, 这便产生了发放高风险贷款的动机, 因为风险被转移给了新的所有者. 而这些贷款新的所有者通常会将这些贷款捆绑起来, 并使用“再保险商”, 后者本应为这些贷款提供违约担保, 但后来却违约了. 你可以从很多书和电影中学到更多, 包括《大空头》(*The Big Short*)(2015) 和《监守自盗》(*Inside Job*)(2010).

② **顺便说说:** 注意可调利率抵押贷款的“诱惑”利率. 一般情况下, 只有当当前利率上升时, ARM 利率才会上升. 然而, 一些贷款机构在 ARM 的头几个月提供较低的诱惑利率——低于当前利率. 尽管诱惑利率可能颇具吸引力, 但 ARM 的长期政策要重要得多.

保持在高位, 那么你将在未来许多年内继续支付这些高额利息. 因此, 尽管 ARM 降低了贷款人的风险, 但增加了借款人的风险.

▶ 做习题 47~48.

思考 近年来, 另一种类型的抵押贷款开始流行起来: 只付利息的贷款, 这种贷款只付利息, 不付本金. 大多数金融专家建议不要使用这些贷款, 因为你的本金永远得不到偿还, 而且许多人认为这些贷款是造成房地产泡沫的原因之一. 你能想到在什么情况下这样的贷款对买房者有意义吗? 解释一下.

测验 4.4

为下列各题选择一个最佳答案, 并简单叙述理由.

1. 在贷款支付公式中, 假设所有其他变量都是常数, 则月支付额 ( ).
   a. 随着 P 的增加而增加
   b. 随着 APR 的降低而增加
   c. 随着 Y 的增加而增加
2. 对于相同的年利率和贷款金额, 15 年的贷款 ( ).
   a. 月供比 30 年的贷款高
   b. 月供比 30 年的贷款低
   c. 支付额可大于或小于 30 年期贷款
3. 如果借款期限和金额相同, 年利率较高的贷款 ( ).
   a. 月供低于年利率较低的贷款
   b. 月供高于年利率较低的贷款
   c. 支付额可低于或高于年利率较低的贷款
4. 在 30 年期抵押贷款的最初几年, ( ).
   a. 大部分月供都支付了本金
   b. 大部分月供都支付了利息
   c. 支付的本金和利息相等
5. 如果你对一笔 10 年期的贷款每月支付 1 000 美元, 那么你在整个贷款期间的支付总额将达到 ( ).
   a. 1 000 美元　　b. 100 000 美元　　c. 120 000 美元
6. 信用卡贷款与按揭贷款不同的方面是 ( ).
   a. 信用卡贷款不需要定期 (每月) 付款
   b. 信用卡贷款没有年利率
   c. 信用卡贷款没有固定的贷款期限
7. 一笔 200 000 美元的贷款需要支付 2 点的贷款初始费, 为 ( ).
   a. 2 000 美元　　b. 4 0000 美元　　c. 4 000 美元
8. 一笔 120 000 美元的贷款加上 500 美元和 1 点的交割费, 需要提前支付 ( ).
   a. 1 500 美元　　b. 1 700 美元　　c. 500 美元
9. 你目前正在偿还一笔学生贷款, 利率为 9%, 月供为 450 美元. 你的余额有机会以新的利率为 8% 的 10 年期贷款形式再融资, 这将给你一个明显更低的月供. 以这种方式再融资 ( ).
   a. 总是一个好主意
   b. 如果它能让你每月少支付 100 美元, 就是一个好主意
   c. 可能是也可能不是一个好主意, 这取决于交割费和你目前的贷款期限还有多少年
10. 考虑两笔贷款金额相同、APR 相同的贷款. 贷款 1 为 15 年期固定利率贷款, 贷款 2 为 30 年期固定利率贷款. 下列哪个陈述是正确的?( )
    a. 贷款 1 的月供更高, 但在整个贷款期限内, 将支付更少的总利息
    b. 贷款 1 的月供更低, 在整个贷款期限内, 支付的总利息也更少

c. 两种贷款的月供相同, 但贷款 1 的总利息要少一些

习题 4.4

复习

1. 假设你只支付贷款的利息. 贷款会还清吗? 为什么?
2. 按揭贷款是什么? 解释贷款支付公式的意义和用途.
3. 用一般的术语解释, 在贷款的整个生命周期中, 支付的本金和利息是如何变化的.
4. 假设你需要一笔 100 000 美元的贷款, 有两种选择: 一种是利率为 5% 的 3 年期贷款, 另一种是利率为 6% 的 5 年期贷款. 讨论每种选择的利弊.
5. 信用卡贷款与普通按揭贷款有何不同? 为什么信用卡贷款特别危险?
6. 什么是抵押贷款? 抵押贷款的首付是多少? 解释交割费 (包括点数) 如何影响抵押贷款的选择.

是否有意义?

确定下列陈述是有意义的 (或显然是真实的), 还是没有意义的 (或显然是错误的), 并解释原因.

7. 我的学生贷款利率只有 6%, 但我目前一半以上的还款都是支付利息而不是支付本金.
8. 我的学生贷款都是利率在 7% 或以上的 20 年期贷款, 所以当银行以 6% 的利率向我提供 20 年期贷款时, 我用它来偿还学生贷款.
9. 我对每个月的信用卡余额只付最低还款额, 因为这样我就可以存更多的钱.
10. 我有一笔很大的信用卡余额, 我的信用卡的年利率是 12%. 所以当我发现另一张信用卡承诺头 3 个月 3% 的利率时, 很明显我应该换这张新卡.
11. 我有两种选择: 一种是 4% 的固定利率抵押贷款, 另一种是第一年利率为 2.5% 的可调利率抵押贷款, 最高每年增长 1.5 个百分点. 我选择了可调利率抵押贷款, 因为我计划在三年内搬家.
12. 15 年期固定利率贷款的利率要低于 30 年期贷款, 所以选择 15 年期贷款总是有意义的.

基本方法和概念

13～14: 贷款术语. 考虑以下贷款.

a. 明确借款金额、年利率、每年还款次数、贷款期限、还款金额.

b. 贷款总共需要多少付款? 在整个贷款期限内支付的总额是多少?

c. 在支付的总金额中, 本金占多少百分比, 利息占多少百分比?

13. 你以 6% 的年利率借了 120 000 美元, 你要以 1 013 美元的月供偿还 15 年.
14. 你以 9% 的年利率借了 15 000 美元, 你要以 190 美元的月供偿还 10 年.

15～24: 贷款. 考虑以下贷款.

a. 计算月供.

b. 确定贷款期限内支付的总金额.

c. 在支付的总金额中, 本金占多少百分比, 利息占多少百分比?

15. 100 000 美元的学生贷款, 固定年利率为 6%, 为期 20 年.
16. 24 000 美元的学生贷款, 固定年利率为 7%, 为期 10 年.
17. 400 000 美元的房屋抵押贷款, 固定年利率为 3.5%, 为期 30 年.
18. 150 000 美元的房屋抵押贷款, 固定年利率为 4%, 为期 15 年.
19. 100 000 美元的房屋抵押贷款, 固定年利率为 3%, 为期 15 年.
20. 200 000 美元的房屋抵押贷款, 固定年利率为 4%, 为期 30 年.
21. 你以 8% 的固定利率贷款 10 000 美元, 为期 3 年.
22. 你以 6.5% 的固定利率贷款 10 000 美元, 为期 5 年.
23. 你以 5% 的固定利率贷款 150 000 美元, 为期 15 年.
24. 你以 5.5% 的固定利率贷款 100 000 美元, 为期 30 年.

25～26: 本金和利息. 对于下面的每一笔贷款, 制作一个表格 (如例 2 所示), 显示前 3 个月的本金和利息.

25. 150 000 美元的房屋抵押贷款, 固定年利率为 4%, 为期 30 年.

26. 24 000 美元的学生贷款, 固定年利率为 8%, 为期 15 年.

27. **选择个人贷款**. 你需要贷款 15 000 美元来买一辆车, 并且你确定可以支付每月 325 美元的还款. 银行提供三种选择: 年利率为 7% 的 3 年期贷款, 年利率为 7.5% 的 4 年期贷款, 年利率为 8% 的 5 年期贷款. 你将选择哪个贷款? 说明理由.

28. **选择个人贷款**. 你需要贷款 4 000 美元来偿还信用卡, 你可以每月支付 150 美元. 银行提供三种选择: 年利率为 8% 的 2 年期贷款, 年利率为 9% 的 3 年期贷款, 年利率为 10% 的 4 年期贷款. 你将选择哪个贷款? 说明理由.

29～32: 信用卡债务. 假设在 1 月 1 日, 你在以下每张信用卡上都有 10 000 美元的欠款, 你希望在给定的时间内还清. 假设 1 月 1 日后不收取任何额外的费用.

a. 计算月供.

b. 从 1 月 1 日起, 当卡付清时, 你将支付多少钱?

c. 在 (b) 中, 利息占总支付的百分比是多少?

29. 信用卡的年利率是 18%, 你想在 1 年内还清欠款.

30. 信用卡的年利率是 20%, 你想在 2 年内还清欠款.

31. 信用卡的年利率是 21%, 你想在 3 年内还清欠款.

32. 信用卡的年利率是 22%, 你想在 1 年内还清欠款.

33. **信用卡债务**. 假设你的信用卡欠款为 1 200 美元, 年利率为 18%, 即每月 1.5%. 每个月你还款 200 美元, 但同时又用信用卡消费 75 美元. 假设每个月的利息都基于前一个月的欠款额. 下表显示了如何计算你每月的欠款额.

月份	还款	消费	利息	新欠款
0	—	—	—	1 200 美元
1	200 美元	75 美元	1.5% × 1 200 美元 =18 美元	1 200 美元 −200 美元 +75 美元 +18 美元 =1 093 美元
2	200 美元	75 美元		
3	200 美元	75 美元		

完成并扩展表格, 在每个月月底显示你的欠款额, 直到还清债务. 还清信用卡债务需要多长时间?

34. **信用卡债务**. 回顾习题 33 中的表格, 但这次假设你每月支付 300 美元. 可延长表格的长度, 直到你的债务还清. 多长时间可以还清你的债务?

35. **信用卡问题**. 下表显示了初始欠款为 300 美元的信用卡账户 8 个月的费用和支付情况. 假设利率是每月 1.5% (APR=18%), 每个月的利息是从上个月的欠款中扣除的. 完成下面的表格. 8 个月后, 信用卡上的欠款是多少? 根据 8 个月中有 7 个月的花费比还款少的事实, 评论利息对初始欠款的影响.

月份	还款	消费	利息	新欠款
0	—	—	—	300 美元
1	300 美元	175 美元	1.5% × 300 美元 =4.5 美元	179.50 美元
2	150 美元	150 美元		
3	400 美元	350 美元		
4	500 美元	450 美元		
5	0	100 美元		
6	100 美元	100 美元		
7	200 美元	150 美元		
8	100 美元	80 美元		

36. **诱惑利率**. 你的信用卡债务总额是 4 000 美元. 你收到一个邀请, 将这笔债务转移到一个新的信用卡, 该信用卡前 6 个月的年利率为 6%, 之后变为 24%.

a. 前 6 个月每月 4 000 美元的利息是多少? (假设你不付任何本金, 也不收取新卡的任何费用.)

b. 6 个月后每月 4 000 美元的利息是多少? 评论从诱惑利率到现利率的变化.

37～40: 比较贷款选择. 比较下列贷款组合的月供和总供款. 假设这两笔贷款都是固定利率, 并且有相同的结算成本. 讨论每笔贷款的利弊.

37. 你需要 400 000 美元的贷款.

    选择 1: 年利率为 8% 的 30 年期贷款.

    选择 2: 年利率为 7.5% 的 15 年期贷款.

38. 你需要 150 000 美元的贷款.

    选择 1: 年利率为 8% 的 30 年期贷款.

    选择 2: 年利率为 7% 的 15 年期贷款.

39. 你需要 60 000 美元的贷款.

    选择 1: 年利率为 7.15% 的 30 年期贷款.

    选择 2: 年利率为 6.75% 的 15 年期贷款.

40. 你需要 180 000 美元的贷款.

    选择 1: 年利率为 7.25% 的 30 年期贷款.

    选择 2: 年利率为 6.8% 的 15 年期贷款.

41～44: 交割费. 考虑 120 000 美元抵押贷款的以下选择. 计算每月付款和每个选择的总交割费. 解释你会选择哪种贷款, 以及原因.

41. 选择 1: 4% 的 30 年期固定利率抵押贷款, 交割费为 1 200 美元, 无点数.

    选择 2: 3.5% 的 30 年期固定利率抵押贷款, 交割费为 1 200 美元, 点数为 2.

42. 选择 1: 4% 的 30 年期固定利率抵押贷款, 无交割费, 无点数.

    选择 2: 3% 的 30 年期固定利率抵押贷款, 交割费为 1 200 美元, 点数为 4.

43. 选择 1: 4.5% 的 30 年期固定利率抵押贷款, 交割费为 1 200 美元, 点数为 1.

    选择 2: 4.25% 的 30 年期固定利率抵押贷款, 交割费为 1 200 美元, 点数为 3.

44. 选择 1: 3.5% 的 30 年期固定利率抵押贷款, 交割费为 1 000 美元, 无点数.

    选择 2: 3% 的 30 年期固定利率抵押贷款, 交割费为 1 500 美元, 点数为 4.

45. **加速贷款支付**. 假设你有一笔 30 000 美元的助学贷款, 年利率为 9%, 期限为 20 年.

    a. 你每月需要付多少钱?

    b. 假设你想在 10 年内而不是 20 年内还清贷款. 你需要付多少月供?

    c. 比较你用 20 年和 10 年偿还贷款的总金额.

46. **加速贷款支付**. 假设你有一笔 60 000 美元的学生贷款, 年利率为 8%, 期限为 25 年.

    a. 你每月需要付多少钱?

    b. 假设你想在 15 年内而不是 25 年内还清贷款, 你需要付多少月供?

    c. 比较 25 年和 15 年还清贷款的总金额.

47. **可调利率贷款**. 你可以在利率为 4.5% 的 30 年期固定利率抵押贷款和第一年利率为 3% 的可调利率抵押贷款 (ARM) 之间进行选择. 计算 150 000 美元以 ARM 形式贷款的第一年的月供额. 假设 ARM 利率在第三年年初上升到 6.5%. 接下来继续用 ARM 会比一直用固定利率贷款多支付多少额外的费用? 在进行估算时可忽略复利和本金的变化.

48. **可调利率贷款**. 你可以在利率为 4% 的 30 年期固定利率抵押贷款和第一年利率为 2.5% 的可调利率抵押贷款之间进行选择. 计算 150 000 美元以 ARM 形式贷款的第一年的月供额. 假设 ARM 利率在第二年年初上升到 5.75%. 接下来继续用 ARM 会比一直用固定利率贷款多支付多少额外的费用? 在进行估算时可忽略复利和本金的变化.

进一步应用

49. **你能买得起多少钱的房子?** 你每月付得起 500 美元. 如果 30 年期固定利率贷款的当前抵押贷款利率是 3.75%, 你能贷多少钱? 如果你需要支付 20% 的首付, 而你手头有足够的现金, 你能负担得起多贵的房子? (提示: 你需要求解贷款支付公式中的 P 值.)

50. **再融资**. 假设你申请了一笔 30 年期的 200 000 美元抵押贷款, 年利率为 6%. 你支付了 5 年 (60 个月) 的还款, 然后考虑重新贷款. 新贷款的期限为 20 年, 年利率为 5.5%, 贷款额度与原贷款的未付余额相同. (你在新贷款上借的钱将用来偿还原贷款的余额.) 申请第二笔贷款的管理成本是 2 000 美元.

    a. 原贷款的月供是多少?

    b. 通过简单计算可知原贷款 5 年后的未付余额为 186 046 美元, 这也将成为第二笔贷款的金额. 第二笔贷款的月供是多少?

    c. 如果你继续原来的 30 年期贷款而不进行再融资, 你需要支付的总额是多少?

    d. 再融资计划的总金额是多少?

e. 比较这两种选择, 然后决定选择哪一种. 在做决定时还应该考虑哪些其他因素?

51. **合并学生贷款**. 假设你有以下三种助学贷款: 年利率为 6.5% 的 10 000 美元 15 年期贷款, 年利率为 7% 的 15 000 美元 20 年期贷款, 年利率为 7.5% 的 12 500 美元 10 年期贷款.

a. 分别计算每笔贷款的月供.

b. 计算三笔贷款使用期内的月供总额 (合计).

c. 银行会将你的三笔贷款合并为一笔贷款, 年利率为 6.5%, 贷款期限为 15 年. 那样的话, 你每个月的月供是多少? 15 年中你每月的总还款是多少? 讨论接受这种贷款合并的利弊.

52. **糟糕的交易: 汽车产权出借人**. 一些被称为"汽车产权出借人"的企业提供快速现金贷款, 作为交换, 它们以你的汽车产权作为抵押 (如果你不偿还贷款, 你就会失去你的汽车). 在许多州, 这些出借人是根据当铺法律运营的, 法律允许它们收取未付余额的一定比例的费用. 假设你需要 2 000 美元现金, 一个汽车产权出借人提供给你一笔贷款, 利率为每月 2%, 外加未付余额 20% 的手续费.

a. 在第一个月月底, 你欠 2 000 美元贷款的利息和费用是多少?

b. 假设你每月只付利息和手续费. 你一年要付多少钱?

c. 假设你从银行获得一笔 2 000 美元的贷款, 期限为 3 年, 年利率为 10%. 那样的话, 你每月要还多少钱? 将这些与向汽车产权出借人的付款进行比较.

53. **发薪日贷款**. 发薪日贷款 (也称为现金预付贷款) 是一种短期、高利率的贷款, 目的是让人们在短时间内借到钱, 直到下一个月的工资到账. 然而, 像许多其他短期贷款一样, 它们的使用应该非常谨慎; 事实上, 它们在一些州是非法的或受到高度管制的. 发薪日贷款通常是每 100 美元贷款收取 15~30 美元的固定费用, 贷款人有时会要求进入你的支票账户, 以确保你会支付这些费用.

a. 考虑一种发薪日贷款, 它的固定费用是每 100 美元借款支付 20 美元, 在两周内到期 (当你的工资到账时). 如果你借了 500 美元, 你在两周后欠贷款人的总费用 (不包括 500 美元的本金) 是多少?

b. 两周的利率是多少?

c. 这项贷款的年利率 (APR) 是多少?(假设一年有 52 周.) 这个利率与其他常见类型的贷款 (如信用卡或抵押贷款) 相比如何?

54. **13 次支付**. 假设你想借 100 000 美元, 你发现银行提供 20 年期的贷款, 年利率为 6%.

a. 你的月供是多少?

b. 你不是每年支付 12 次, 而是存够钱每年支付 13 次, 金额与 (a) 中的每月定期还款相同. 还款需要多长时间?

55. **不止是月供**. 假设你想借 100 000 美元, 你发现银行提供 20 年期的贷款, 年利率为 6%.

a. 如果你采用每年、每月、每两周或每周还款方式, 也就是说, 对于 $n = 1, 12, 26, 52$, 计算出你的定期付款额.

b. 计算 (a) 中每个案例的总付款.

c. 比较 (b) 中计算出的总付款, 讨论付款计划的利弊.

实际问题探讨

56. **选择抵押贷款**. 假设你在一家会计师事务所工作, 一位客户告诉你他要买一套房子, 需要 120 000 美元的贷款. 他每月收入 4 000 美元, 单身, 没有孩子. 他有 14 000 美元的存款可以用来付首付. 找出本地银行现时提供的固定利率按揭贷款及可调利率按揭贷款的利率. 分析所提供的产品, 并以口头或书面的形式总结出最适合客户的选择, 以及每种选择的优缺点.

57. **信用卡声明**. 仔细看看你最近的信用卡账单上解释的融资条款. 解释所有重要的条款, 包括适用的利率、年费和宽限期.

58. **信用卡比较**. 访问一个比较信用卡的网站. 简要说明比较中考虑的因素. 你自己的信用卡和其他信用卡相比怎么样? 基于这个比较, 你认为你换一个信用卡会更好吗?

59. **房产金融**. 访问一个提供网上房屋贷款的网站. 描述所提供的选项, 并讨论每种选项的优缺点.

60. **网上购买汽车**. 在网上找一辆你可能想买的汽车. 找到一笔你有资格申请的贷款, 并计算你每月的还款额和贷款期限内的总还款额. 接下来, 假设你开始了一项储蓄计划而不是购买汽车, 存入与汽车付款相同的金额. 估计一下从现在开始到你大学毕业时, 你能存多少钱. 解释你的假设.

61. **学生财政援助**. 有很多网站提供学生贷款. 访问提供此类贷款的网站, 并描述特定贷款的条款. 讨论网上贷款而不是通过银行或通过你的大学或学院贷款的优点和缺点.

62. **奖学金诈骗**. 美国联邦贸易委员会 (Federal Trade Commission) 密切关注着许多与大学奖学金有关的金融诈骗. 阅读两种不同类型的骗局, 并报告它们是如何运作的, 以及它们如何伤害被骗的人.

63. **金融诈骗**. 许多网站跟踪当前的金融诈骗. 访问这些网站, 并报告一个已经伤害了很多人的骗局. 描述一下骗局是如何运作的, 它是如何伤害那些上当受骗的人的.

实用技巧练习

64. **使用 Excel 计算贷款支付**. 使用 Excel 中的 PMT 函数回答以下问题.

a. 计算 7 500 美元贷款的月还款额, 年利率为 9%, 贷款期限为 10 年.

b. 描述 (a) 中贷款期限延长一倍时每月还款的变化.

c. 如果年利率减半, 请描述 (a) 中贷款月供的变化.

65. **Excel 中的贷款表**. 考虑习题 64 中的贷款 (一笔 7 500 美元的贷款, 年利率为 9%, 贷款期限为 10 年).

a. 按照 "实用技巧　贷款支付的本金和利息" 中所述, 构建一个显示每月利息支付和贷款余额的表格. 验证一下, 在月供为 95.01 美元的情况下, 120 个月后贷款余额为 0 美元.

b. 在贷款的第一个月要付多少利息? 在贷款的第一个月要付多少本金?

c. 在贷款的最后一个月要付多少利息? 在贷款的最后一个月支付了多少本金?

4.5　所得税

税收有很多种, 包括销售税、汽油税和财产税. 但对大多数美国人来说, 最大的税收负担来自联邦政府对工资和其他收入的征税[①]. 这些税收也是我们这个时代最具争议性的政治问题之一. 在本节中, 我们将探讨联邦所得税众多方面中的几个.

所得税基础知识

很可能没有人完全理解联邦所得税. 完整的税法长达数千页, 随着国会颁布新的税法, 它几乎每年都在变化. 然而, 联邦所得税背后的基本理念相对简单, 而且大多数晦涩难懂的规则只适用于相对较小的一部分人口. 因此, 大多数人不仅能自己报税, 还能充分了解它们, 对个人财务和政治税收问题做出明智的决定.

图 4.13 总结了计算基本所得税的步骤. 我们将遍历这个流程图中的步骤, 在这个过程中定义一些术语.

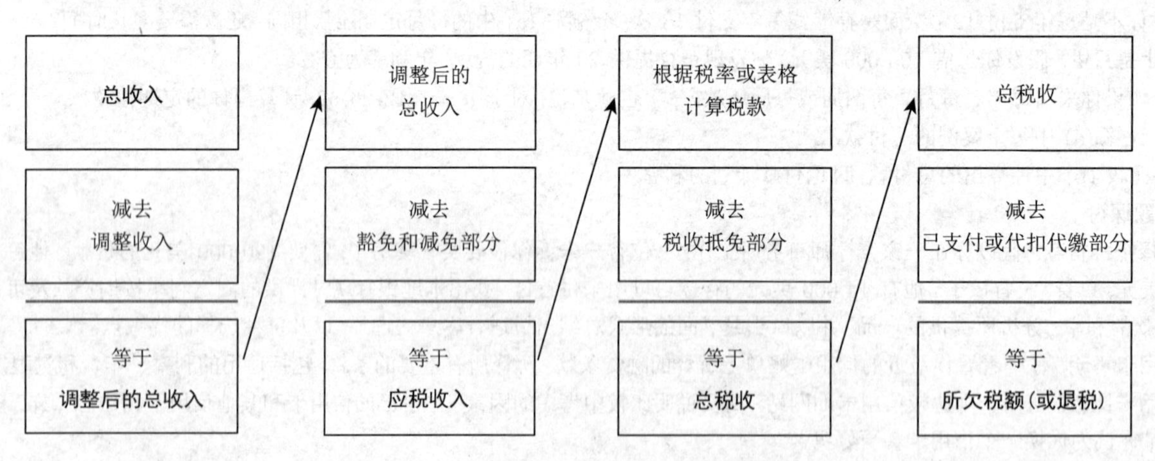

图 4.13　说明计算所得税基本步骤的流程图

• 这个过程从你的**总收入** (gross income) 开始, 这是你一年的所有收入, 包括工资、小费、企业利润、投资利息或股息, 以及你收到的任何其他收入.

① **历史小知识**: 1862 年 (美国内战期间) 美国首次征收个人所得税, 但几年后废除. 1913 年通过的宪法第 16 修正案赋予联邦政府征收所得税的全部权力.

• 有些总收入是免税的 (在收到的那一年), 比如个人退休账户 (IRA) 和其他税务延期储蓄计划. 这些未征税部分的总收入被称为调整收入 (adjustments). 从总收入中减去调整收入就是**调整后的总收入** (adjusted gross income, AGI).

• 大多数人都有资格获得某些税收**豁免** (exemptions) 和**减免** (deductions)——这些金额会在计算税收前从调整后的总收入中扣除. 扣除税收豁免和减免后, 就剩下**应税收入** (taxable income) 了.

• 税务表格或税率计算可以让你确定你的应税收入有多少税. 然而, 如果你有资格获得任何**税收抵免** (tax credits), 比如许多父母可以申请的儿童税收抵免, 那么你实际上可能不必支付这么多税. 减去任何税收抵免的金额就得到**总税收** (total tax).

• 最后, 大多数人已经通过代扣代缴 (withholding)(由雇主代扣代缴) 或按季度预估纳税 (estimated taxes) (对自由职业者而言) 的方式缴纳了部分或全部税款. 减去你已经支付的税来决定你还欠多少. 如果你支付的比你欠的多, 那么你应该得到**退税** (tax refund).

例 1 报税表收入

卡伦的工资为 38 600 美元, 从一个储蓄账户获得了 750 美元的利息, 并为一项推迟纳税的退休计划缴纳了 1 200 美元. 她有权获得 4 050 美元的个人豁免和总计 6 350 美元的税收减免. 计算她的总收入、调整后的总收入和应税收入.

解 卡伦的总收入是她的所有收入的总和, 这意味着她的工资和利息的总和为

$$\text{总收入} = 38\ 600\text{美元} + 750\text{美元} = 39\ 350\text{美元}.$$

她对延税退休计划缴纳的 1 200 美元作为对她的总收入的调整, 所以她的调整后的总收入 (AGI) 是

$$\text{AGI} = \text{总收入} - \text{调整收入} = 39\ 350\text{美元} - 1\ 200\text{美元} = 38\ 150\text{美元}.$$

为了求出她的应税收入, 我们减去她的豁免和减免, 有

$$\begin{aligned}\text{应税收入} &= \text{AGI} - \text{豁免} - \text{减免}\\ &= 38\ 150\text{美元} - 4\ 050\text{美元} - 6\ 350\text{美元} = 27\ 750\text{美元}.\end{aligned}$$

她的应税收入为 27 750 美元.

▶ 做习题 19~22.

报税身份

税务计算取决于你的**报税身份** (filing status), 比如单身或已婚. 大多数人可以分为以下四类[①]:

• 单身申报, 适用于未婚、离异或合法分居的人.

• 已婚合报, 如果你已结婚, 而你和你的配偶只提交一份纳税申报表, 那么这一类别适用于你. (在某些情况下, 这一类别也适用于寡妇或鳏夫.)

• 已婚分报, 如果你结婚了, 你和你的配偶分别报税, 那么这一类别适用于你.

• 户主申报, 如果你未婚, 并且支付了抚养一个子女或父母一半以上的费用, 那么这一类别适用于你.

在接下来的讨论中, 我们将使用这四个类别.

① **顺便说说:** 美国联邦所得税由美国国税局 (Internal Revenue Service, IRS) 征收, 国税局隶属于美国财政部. 大多数人通过填写税务表格 (如表格 1040、1040A 或 1040EZ) 来报税.

税收豁免和减免

税收豁免和减免都从调整后的总收入中扣除. 然而, 它们的计算方法不同, 这就是它们有不同名称的原因.

税收豁免对每个人的免税额度都是固定的 (2017 年大多数人的豁免均为 4 050 美元). 你可以为你自己和你的每一个受抚养人 (例如, 你抚养的孩子) 申请豁免.

税收减免因人而异. 最常见的税收减免包括房屋抵押贷款的利息、对慈善机构的捐款以及你向其他机构缴纳的税款 (如州所得税和地方财产税). 然而, 你不必把所有的税收减免都加起来. 当你报税时有两个选择, 你应该选择较大的一个, 因为它会减少你的税收:

- 你可以选择**标准扣除** (standard deduction), 减免额的多少取决于你的报税身份.
- 你可以选择**逐项扣除** (itemized deductions), 在这种情况下, 你可以把你有权享受的所有个人税收减免加起来.

注意, 你或者选择标准扣除或者选择逐项扣除, 不能两者都选.

虽然税收豁免和减免通常很容易计算, 但对于高收入纳税人来说, 有一个复杂的问题: 那些收入超过一定门槛的人 (例如, 在 2017 年, 一个收入为 261 500 美元的单身人士) 需要遵守“逐步减少”规则, 这些规则会降低税收豁免和减免额. 此外, 许多中高收入的纳税人还要缴纳替代性最低税 (alternative minimum tax, AMT), 这也会减少税收减免的额度. 这些变化的规则可能非常复杂, 在本章的计算中我们将忽略它们.

例 2　你应该选择逐项扣除吗?

假设你有以下可进行税收减免的支出: 住房抵押贷款利息 4 500 美元, 慈善捐款 900 美元, 州所得税 250 美元. 你的报税身份使你有权扣除 6 350 美元的标准扣除额. 你纳税时应该选择逐项扣除还是标准扣除?

解　你可减免的开支总额是

$$4\ 500\text{美元} + 900\text{美元} + 250\text{美元} = 5\ 650\text{美元}.$$

如果你选择逐项扣除, 在计算你的应纳税收入时, 就可以减去 5 650 美元. 但是如果你选择标准扣除, 你就可以减去 6 350 美元. 因此你最好选择标准扣除来纳税.

▶ 做习题 23~28.

税率

对于普通收入 (而不是股息和资本利得, 我们将在后面讨论), 美国实行**累进所得税** (progressive income tax), 也就是说, 应税收入较高的人要以更高的税率纳税. 该系统通过对不同收入范围 (或边际利润) 分配不同的**边际税率** (marginal tax rates) 来运作.

例如, 假设你是单身, 你的应税收入是 25 000 美元. 按照 2017 年的税率, 你将为第前 9 325 美元支付 10% 的税, 为其余 15 675 美元支付 15% 的税. 在这种情况下, 我们说你的边际税率是 15% 或者你属于 15% 的纳税等级. 对于每种主要申报状态, 表 4.9 显示了 2017 年的边际税率、标准扣除和豁免. 如果你计算 2017 年以外的一年的税收, 那么你必须得到一个更新的税率表.

思考　查找本年度边际税率表. 自 2017 以来, 纳税等级 $(10\%, 15\%, \cdots, 39.6\%)$ 是否发生了变化? 每个税级的入息起点是否有所改变? 简要总结你注意到的变化.

表 4.9 2017 年边际税率、标准扣除和豁免*

税率 **	单身申报	已婚合报	已婚分报	户主申报
10%	至 9 325 美元	至 18 650 美元	至 9 325 美元	至 13 350 美元
15%	至 37 950 美元	至 75 900 美元	至 37 950 美元	至 50 800 美元
25%	至 91 900 美元	至 153 100 美元	至 76 550 美元	至 131 200 美元
28%	至 191 650 美元	至 233 350 美元	至 116 675 美元	至 212 500 美元
33%	至 416 700 美元	至 416 700 美元	至 208 350 美元	至 416 700 美元
35%	至 418 400 美元	至 470 700 美元	至 235 350 美元	至 444 550 美元
39.6%	大于 418 400 美元	大于 470 700 美元	大于 235 350 美元	大于 444 550 美元
标准扣除	6 350 美元	12 700 美元	6 350 美元	9 350 美元
豁免 (每个人)	4 050 美元	4 050 美元	4 050 美元	4 050 美元

* 该表忽略了 (i) 适用于高收入纳税人的税收豁免和减免的逐步减少规则; (ii) 影响许多中高收入纳税人的替代性最低税; (iii) 本书出版后, 税法可能发生的变化会改变本表 2017 年的数值[①].

** 每一个较高的边际税率开始于前一个税率停止的地方. 例如, 对于一个单身的人, 15% 的边际税率影响的收入从 9 325 美元开始, 这是 10% 的税率停止的地方, 一直到 37 950 美元.

例 3 边际税收计算

使用 2017 年的税率, 计算以下每个人应缴纳的税款. 假设他们都选择了标准扣除, 忽略了任何税收抵免.

a. 迪尔德丽是单身, 没有被抚养人. 她调整后的总收入是 90 000 美元.

b. 罗伯特是一家之主, 照顾两个需要抚养的孩子. 他调整后的总收入是 90 000 美元.

c. 杰西卡和弗兰克已婚, 没有家属. 他们已婚合报. 他们每个人都有 90 000 美元调整后的总收入, 或者说调整后的总收入为 180 000 美元.

解 a. 首先, 我们必须找到迪尔德丽的应税收入. 她有权获得 4 050 美元的个人豁免和 6 350 美元的标准扣除. 我们从她调整后的总收入中减去这些金额, 得出她的应税收入:

$$\text{应税收入} = 90\ 000\text{美元} - 4\ 050\text{美元} - 6\ 350\text{美元} = 79\ 600\text{美元}.$$

现在, 我们使用表 4.9 中的“单身申报”列中的税率计算她的税金. 她的应税收入在 37 950 美元以上, 但低于 91 900 美元, 税率低于 28% 的门槛, 故处于 25% 的纳税等级. 因此, 她应税收入的前 9 325 美元适用 10% 的税率, 高于 9 325 美元但低于 37 950 美元的部分适用 15% 的税率, 高于 37 950 美元的部分适用 25% 的税率.

$$\underbrace{(10\% \times 9\ 325\text{美元})}_{\substack{\text{前 9 325 美元应税收入}\\ \text{的边际税率为 10\%}}} + \underbrace{[15\% \times (37\ 950\text{美元} - 9\ 325\text{美元})]}_{\substack{\text{9 325 美元至 37 950 美元之间}\\ \text{的应税收入的边际税率为 15\%}}}$$

$$+ \underbrace{[25\% \times (79\ 600\text{美元} - 37\ 950\text{美元})]}_{\substack{\text{37 950 美元以上的应税收入}\\ \text{的边际税率为 25\%}}}$$

$$= 932.5\text{美元} + 4\ 293.75\text{美元} + 10\ 412.50\text{美元}$$

$$= 15\ 638.75\text{美元}.$$

四舍五入后, 迪尔德丽需缴纳税款约 15 639 美元.

① **顺便说说:** 美国国会可以在任何时候修改税法, 当本书于 2017 年年中撰写时, 国会和总统都曾提议对联邦税收系统进行重大修改, 其中一些可能会在你阅读本章时实施.

b. 罗伯特有三个 (他自己和两个孩子) 豁免 4 050 美元的机会. 作为户主, 他还享有 9 350 美元的标准扣除. 故他的应税收入为

$$\text{应税收入} = 90\ 000\text{美元} - (3 \times 4\ 050\text{美元}) - 9\ 350\text{美元} = 68\ 500\text{美元}.$$

我们用"户主"税率来计算罗伯特的税金. 他 68 500 美元的应税收入使他处于 25% 的纳税等级, 因此他需缴纳的税收为

$$\begin{aligned}&\underbrace{(10\% \times 13\ 350\text{美元})}_{\substack{\text{前 13 350 美元应税收入}\\ \text{的边际税率为 10\%}}} + \underbrace{[15\% \times (50\ 800\text{美元} - 13\ 350\text{美元})]}_{\substack{\text{13 350 美元至 50 800 美元之间}\\ \text{的应税收入的边际税率为 15\%}}}\\ &+ \underbrace{[25\% \times (68\ 500\text{美元} - 50\ 800\text{美元})]}_{\substack{\text{50 800 美元以上的应税收入}\\ \text{的边际税率为 25\%}}}\\ =&1\ 335.00\text{美元} + 5\ 617.50\text{美元} + 4\ 425.00\text{美元}\\ =&11\ 377.50\text{美元}.\end{aligned}$$

四舍五入后, 罗伯特需缴纳税款约 11 378 美元.

c. 杰西卡和弗兰克各自享有 4 050 美元的豁免. 因为他们是已婚合报, 所以他们的标准扣除是 12 700 美元. 我们从他们调整后的总收入中减去这些数额, 得出他们的应税收入:

$$\text{应税收入} = 180\ 000\text{美元} - (2 \times 4\ 050\text{美元}) - 12\ 700\text{美元} = 159\ 200\text{美元}.$$

我们使用"已婚合报"税率来计算他们的税收. 159 200 美元的应税收入使他们处于 28% 的纳税等级, 从而

$$\begin{aligned}&\underbrace{(10\% \times 18\ 650\text{美元})}_{\substack{\text{前 18 650 美元应税收入}\\ \text{的边际税率为 10\%}}} + \underbrace{[15\% \times (75\ 900\text{美元} - 18\ 650\text{美元})]}_{\substack{\text{18 650 美元至 75 900 美元之间}\\ \text{的应税收入的边际税率为 15\%}}}\\ &+ \underbrace{[25\% \times (153\ 100\text{美元} - 75\ 900\text{美元})]}_{\substack{\text{75 900 美元至 153 100 美元之间}\\ \text{的应税收入的边际税率为 25\%}}}\\ &+ \underbrace{[28\% \times (159\ 200\text{美元} - 153\ 100\text{美元})]}_{\substack{\text{153 100 美元以上的应税收入}\\ \text{的边际税率为 28\%}}}\\ =&1\ 865.00\text{美元} + 8\ 587.50\text{美元} + 19\ 300.00\text{美元} + 1\ 708.00\text{美元}\\ =&31\ 460.50\text{美元}.\end{aligned}$$

四舍五入, 杰西卡和弗兰克的合报税是 31 460 美元, 相当于每人 15 730 美元①.

▶ 做习题 29~36.

思考 例 3 中的所有四个人在调整后的总收入中拥有相同的 90 000 美元, 但是他们各自支付的税款不同. 你认为这些差异是公平的吗? 为什么? (提示: 即使他们调整后的总收入是一样的, 他们的总收入会不会也不同? 解释一下.)

---

① **顺便说说:** 在例 3 的 (c) 中, 杰西卡和弗兰克的收入与 (a) 中的迪尔德丽相同, 但是他们每人付税 15 730 美元, 比迪尔德丽支付的 15 639 美元要多. 税法的这一特点, 即人们在结婚后比单身时支付更多钱, 被称为婚姻惩罚 (marriage penalty). 并不是所有夫妻都会受到同样的影响, 有些人甚至得到了婚姻福利, 尤其是当一方的收入明显高于另一方时.

税收抵免和税收减免

税收抵免 (tax credits) 和税收减免 (tax deductions) 可能听起来相似, 但它们却截然不同. 假设你属于 15% 的纳税等级. 500 美元的税收抵免可以使你的总税单减少 500 美元. 相比之下, 500 美元的税收减免将使你的应税收入减少 500 美元, 这意味着你只节省了 $15\% \times 500$ 美元 $= 75$ 美元的税收. 通常，税收抵免比税收减免更有价值.

国会只批准特定情况下的税收抵免, 比如 (从 2017 年起) 每个孩子 (最高) 可获得 1 000 美元的税收抵免. 相反, 对于那些选择逐项扣除的人来说, 税收减免额取决于你如何花钱. 对选择逐项扣除的大多数人来说, 最有价值的税收减免是**抵押贷款利息税减免** (mortgage interest tax deduction), 它允许你减免支付的住房抵押贷款的利息 (但不是本金). 许多人还通过向慈善机构捐款以及扣除州税和地方税获得大量减免.

例 4 税收抵免与税收减免

假设你属于 28% 的纳税等级. 1 000 美元的税收抵免能帮你省多少钱? 1 000 美元的慈善捐款 (这部分是税收减免) 能帮你省多少钱? 对于分别选择逐项扣除和标准扣除的情况, 回答这些问题.

解 无论你选择逐项扣除还是标准扣除, 1 000 美元的税收抵免都会从你的税单中扣除, 这样你就节省了 1 000 美元. 1 000 美元的慈善捐款的减税额度取决于你是否选择逐项扣除:

- 如果你选择逐项扣除, 那么 1 000 美元的慈善捐款将减少 1 000 美元的应税收入. 因此, 如果你在 28% 的纳税等级, 那么它将为你节省 $0.28 \times 1\,000$ 美元 $= 280$ 美元的税.
- 如果你没有选择逐项扣除 (因为你的总扣除额比标准扣除额少), 那么这 1000 美元的捐款将不会帮助你节省任何税额[①].

▶ 做习题 37~42.

例 5 租用还是自己购买?

假设你属于 28% 的纳税等级, 你选择逐项扣除. 你正在考虑是租房子还是买房子. 这套公寓月租 1 400 美元. 你已经调查了贷款选择, 你确定如果你买了房子, 你的月供将是 1 600 美元, 其中平均 1 250 美元用于第一年的利息. 比较每月的租金和抵押贷款的付款, 租房子还是买房子更便宜? 假设你有足够多的逐项扣除项, 这样你就不会选择标准扣除.

解 这套公寓每月的租金是 1 400 美元. 然而, 对于房屋, 我们必须考虑抵押贷款利息税的减免. 每月 1 250 美元的利息是可以税收减免的. 因为你是在 28% 的纳税等级, 故这个减免可以节省 $28\% \times 1\,250$ 美元 $= 350$ 美元. 因此, 按揭的真实每月成本是付款减去税收节省, 即

$$1\,600\text{美元} - 350\text{美元} = 1\,250\text{美元}.$$

尽管按揭还款比租金高出 200 元, 但由于抵押贷款利息税的减免所节省的税款, 你每月的实际开支还减少了 150 元. 当然, 作为一个房主, 你会有其他费用, 比如维护和维修, 如果你租房, 那么你可能不必支付这些费用. 此外, 我们假设你正在逐项扣除; 如果你的总扣除额比标准扣除额低 (或比标准扣除额高不了太多), 那么利息扣除额就不能提供这里计算的收益.

▶ 做习题 43~44.

思考 在例 5 中, 除了每月较低的成本外, 还有什么其他因素会影响你决定是租房还是买房?

---

① **顺便说说:** 截至 2017 年, 在所有纳税人中, 只有不到三分之一的人选择逐项扣除. 其余人均选择标准扣除, 因此不能从抵押贷款利息和慈善捐款等项目的税收减免中获得额外收益.

例 6 税收减免的变化值

德鲁属于 15% 的边际税率等级, 马琳属于 35% 的边际税率等级. 他们每个人都选择逐项扣除. 他们每人都向慈善机构捐款 5 000 美元[①]. 比较一下他们的慈善捐款的真实成本.

解 捐赠给慈善机构的 5 000 美元适用税收减免. 由于德鲁属于 15% 的纳税等级, 这笔捐款为他节省了 15%× 5 000 美元 = 750 美元的税款. 因此, 他捐款的真实成本是他的捐款金额 5 000 美元减去他的税收节省 750 美元, 即 4 250 美元. 对于马琳, 她属于 35% 的纳税等级, 这笔捐款为她节省了 35% × 5 000 美元 = 1 750 美元的税收. 因此, 她捐款的真实成本是 5 000 美元 −1 750 美元 = 3 250 美元. 对马琳来说, 捐款的真实成本相当低, 因为她属于较高的纳税等级. (注: 事实上, 德鲁可能不会从他的捐款中获得税收优惠, 因为很少有人在 15% 的纳税等级中选择逐项扣除来减少税额.)

► 做习题第 45~46.

思考 如例 6 所示, 对于纳税等级较高的人来说, 税收减免更有价值. 一些人认为这是不公平的, 因为这意味着减税为富人比穷人节省了更多钱. 其他人则认为这是公平的, 因为富人首先要以更高的税率纳税. 你的观点如何? 解释你的观点.

社会保障和医疗保险税

除了要缴纳用边际税率计算出来的税款外, 还有一些收入要缴纳社会保障和医疗保险税, 这些税以 **FICA** (Federal Insurance Contribution Act, 联邦保险捐助条例) 的模糊名义征收. 根据 FICA, 征收的税款用于支付社会保障和医疗保险福利, 主要是向退休人员支付.

FICA 税是根据所有工资、小费和自营收入计算的; 在计算这些税款时, 你不得扣除任何调整收入、豁免或减免. FICA 不适用于来自利息、股息或股票销售利润等来源的收入. FICA 税由雇主和雇员平均分担. 2017 年, FICA 税率为:

- 前 127 200 美元的工资收入为 7.65%, 雇主匹配这 7.65%.
- 超过 127 200 美元的工资收入为 1.45%, 雇主匹配这 1.45%.

个体经营者必须同时缴纳雇员和雇主应承担的 FICA 税份额. 因此, 自由职业者按实际收入缴纳的 FICA 税是非自由职业者的两倍.

额外的医疗保险税[②]向 “修正的调整后的总收入” (如果你有税收豁免或减免收入, 则修正的调整后的总收入不同于调整后的总收入)(当时这段文字写在 2017 年年中) 超过 200 000 美元的个人 (单身或户主) 或 250 000 美元以上的已婚夫妇征收. 超过这些门槛, 额外的医疗保险税为:

- 对于大多数不需缴纳 FICA 税的收入, 如投资收入和股息收入, 税率为 3.8%.
- 对常规收入征收 0.9% 的附加费.

注意, 0.9% 的附加费是在雇主和雇员各自负担的 1.45% 的 FICA 税之外针对参加医疗保险附加征收的, 因此其总体效果是使总医疗保险率高于门槛 3.8%(因为 $2 \times 1.45\% + 0.9\% = 3.8\%$).

例 7 FICA 税

2017 年, 裘德从她的服务员工作中获得了 26 000 美元的工资和小费. 计算她的 FICA 税和包括边际税的总税单. 她的总收入 (包括 FICA 税和个人所得税) 的整体税率是多少? 假设她是单身, 并且选择标准扣除.

---

① **顺便说说:** 美国人平均贡献了收入的 4.7% 用于慈善事业, 这远远高于其他任何一个工业化国家的人均慈善捐款.

② **顺便说说:** 额外的医疗保险税是作为 2010 年通过的《平价医疗法案》(Affordable Care Act) 的一部分实施的. 2017 年年底, 国会正在考虑是否废除这一税种.

解 裘德的全部收入 26 000 美元要缴纳 7.65% 的 FICA 税[①]:

$$\text{FICA 税} = 7.65\% \times 26\ 000\text{美元} = 1\ 989\text{美元}.$$

现在我们必须求出她的所得税. 我们通过减去她 4 050 美元的个人豁免和 6 350 美元的标准扣除额来计算她的应税收入:

$$\text{应税收入} = 26\ 000\text{美元} - 4\ 050\text{美元} - 6\ 350\text{美元} = 15\ 600\text{美元}.$$

从表 4.9 中可以看出, 她的所得税是应税收入中前 9 325 美元的 10%, 加上其余 15 600 美元 − 9 325 美元 = 6 275 美元的 15%. 因此, 她的所得税是 (10% × 9 325 美元) + (15% × 6 275 美元) = 1 874 美元 (四舍五入). 她的总税额, 包括 FICA 额和所得税, 是

$$\text{总税额} = \text{FICA 税} + \text{所得税} = 1\ 989\text{美元} + 1\ 874\text{美元} = 3\ 863\text{美元}.$$

她的整体税率 (包括 FICA 税和所得税) 为

$$\frac{\text{总税额}}{\text{总收入}} = \frac{3\ 863\text{美元}}{26\ 000\text{美元}} \approx 0.149.$$

裘德的总税率约为 14.9%. 注意, 她的 FICA 税略高于所得税.

► 做习题 47~52.

股息和资本利得

不是所有收入都是平等的, 至少在税务员的眼里不是! 特别是对股息 (来自股票) 和资本利得 (来自出售股票或其他财产所得的利润) 有特殊的税收政策[②]. **资本利得** (capital gains) 可分为两类. **短期资本利得** (short-term capital gains) 是指在购买商品后 12 个月内售出商品的利润; 它们的税率与普通收入相同 (表 4.9 中的税率), 但不需缴纳 FICA 税. **长期资本利得** (long-term capital gains) 是指持有超过 12 个月才出售的项目的利润, 大多数长期资本利得和股息的税率低于工资和利息等其他收入的税率.

截至 2017 年, 长期资本利得和股息的税率为:

- 收入在 10% 和 15% 税级的税率为 0.
- 除了最高的 39.6% 税级外, 所有高税级收入的税率为 15%.
- 收入在 39.6% 税级的税率为 20%.

此外, 正如前面所讨论的, 如果你的收入超过了这项税收的起征点, 那么所有资本利得和股息都要缴纳 3.8% 的医疗保险税 (在撰写本书时, 该税仍按此法执行).

例 8 股息和资本利得收入

2017 年, 瑟琳娜还是单身, 靠继承遗产生活. 她的总收入仅包括 90 000 美元的股息和长期资本利得. 她的总收入没有调整, 但有 12 000 美元的逐项扣除和 4 050 美元的个人豁免. 她应缴多少税? 她的整体税率是多少?

解 她不需要缴纳 FICA 税, 因为她的收入不是来自工资. 她没有对她的总收入进行调整, 所以我们通过减去她的逐项扣除和个人豁免来计算她的应税收入,

$$\text{应税收入} = 90\ 000\text{美元} - 12\ 000\text{美元} - 4\ 050\text{美元} = 73\ 950\text{美元}.$$

① **顺便说说:** 如果算上雇主缴纳的 FICA 税, 大多数美国人缴纳的 FICA 税要比缴纳的普通所得税多.

② **顺便说说:** 资本利得的税率并不总是较低. 例如, 1986 年里根总统签署的税收改革法对普通收入和资本利得应用相同的税率. 支持降低资本利得税率的人认为, 降低资本利得税率可以鼓励投资者对涉及风险的新业务和新产品进行投资, 从而有助于经济发展.

因为她的收入都是股息与长期资本利得, 所以需要对她征收这些类型的特殊税收. 按照表 4.9, 前 37 950 美元的部分 (对于这部分收入, 她会被征收 10% 或 15% 的税率) 应缴纳的股息和长期资本利得税为 0; 其余部分按 15% 的特别资本利得税率纳税. 她的总税额来是

$$\underbrace{(0 \times 37\ 950\text{美元})}_{0\text{资本利得税率}} + \underbrace{[15\% \times (73\ 950\text{美元} - 37\ 950\text{美元})]}_{15\%\text{的资本利得税率}}$$

$$=0\text{美元} + 5\ 400\text{美元} = 5\ 400\text{美元}.$$

她的整体税率是

$$\frac{\text{总税额}}{\text{总收入}} = \frac{5\ 400\text{美元}}{90\ 000\text{美元}} = 0.06.$$

瑟琳娜的整体税率约为 6%.

▶ 做习题 53~54.

思考 注意, 例 8 中瑟琳娜的总收入是例 7 中裘德的三倍多. 比较她们的纳税情况和总税率. 谁付的税更多? 谁以更高的税率支付? 做出解释.

递延所得税

美国的税法试图鼓励长期储蓄, 允许你推迟缴纳某些类型的储蓄计划的所得税, 称为**递延税储蓄计划** (tax-deferred savings plans)[①] . 你存入这种储蓄计划的钱在你存入的当年是免税的. 相反, 当你从该计划中提款时, 它将被征税.

递延税储蓄计划有很多种, 比如个人退休账户 (IRA)、合格退休计划 (QRP)、401(k) 计划等. 所有这些都要遵守严格的规则. 例如, 在你 59 岁半之前, 你通常不得从这些计划中提取资金. 任何人都可以建立一个递延税储蓄计划, 你也应该这么做, 不管你现在的年龄有多大. 为什么? 因为它们为你的长远未来的储蓄提供了两个关键优势.

首先, 递延税储蓄计划的缴款算作对你目前总收入的调整, 而不是你应税收入的一部分. 因此, 你的缴款成本比没有特殊税收待遇的储蓄计划的缴款成本要低. 例如, 假设你属于 28% 的边际税率等级. 如果你在普通储蓄账户上存了 100 美元, 那么你的税单就没有变化, 而你在其他事情上的花费就少了 100 美元. 但如果你把 100 美元存入一个递延税储蓄账户, 就不必为这 100 美元纳税. 在 28% 的边际税率下, 你就省下了 28 美元的税, 所以你在其他事情上的花费只减少了 100 美元 −28 美元 = 72 美元.

其次, 递延税储蓄账户的收入也是延税的. 对于一个普通的储蓄计划, 你必须为每年的收入纳税, 这实际上减少了你的收入. 有了递延税储蓄账户, 所有收入都会逐年累积. 多年以后, 这种税收节省可以使递延税储蓄账户的价值比普通储蓄账户增长得快得多 (见图 4.14).

例 9 递延税储蓄计划

假设你是单身, 有 65 000 美元的应税收入, 并且每月向递延税储蓄计划支付 500 美元. 递延税款对你每月的实得收入有什么影响?

解 表 4.9 显示你的边际税率是 25%. 因此, 对递延税储蓄计划的每 500 美元储蓄可以使你的税单减少

$$25\% \times 500\text{美元} = 125\text{美元}.$$

① **顺便说说:** 有了递延税储蓄, 当你取钱的时候, 你最终要为这笔钱交税. 有了免税投资, 你就不必为收益纳税了. 例如, 一些政府债券是免税的, 罗斯 (Roth)IRA 是个人退休账户, 你现在存的钱要交税, 但当你提取的时候, 你的收入是免税的.

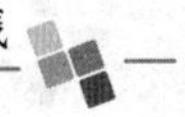

换句话说，每月有 500 美元进入你的递延税储蓄账户，但你每月的工资只下降了 500 美元 −125 美元 = 375 美元. 特殊的税收待遇使你更容易支付每月所需的退休金.

▶ 做习题 55~58.

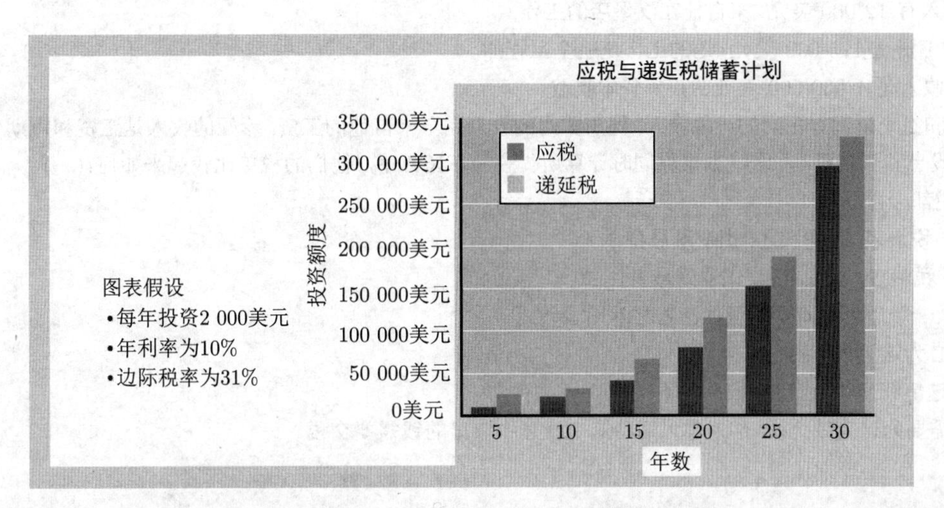

图 4.14 比较递延税储蓄计划和普通储蓄计划的价值增长，假设利息税是在后一种情况下从计划中支付的

注意，如果其他条件都相同，则递延税储蓄计划有实质性的优势.

思考 税法的复杂性让许多人希望有一个更简单的体系，在撰写本书时，国会和特朗普政府都曾提议对联邦税收体系进行重大改革. 这些建议得到执行了吗？它们是否做出了你认为有益的改变？

测验 4.5

为下列各题选择一个最佳答案，并简单叙述理由.

1. 你收到的全部收入被称为你的（ ）.
   a. 总收入
   b. 净收入
   c. 应税收入
2. 如果你的应税收入使你处于 25% 的边际税率等级，（ ）.
   a. 你的税是你应税收入的 25%
   b. 你的税是总收入的 25%
   c. 你的税是你部分收入的 25%；其余部分的税率较低
3. 假设你属于 25% 的边际税率等级. 那么 1 000 美元的税收抵免将使你的税单减少（ ）.
   a. 1 000 美元　　b. 150 美元　　c. 500 美元
4. 假设你属于 15% 的边际税率等级，收入为 25 000 美元. 那么 1 000 美元的税收减免将会使你的税单减少（ ）.
   a. 1 000 美元　　b. 150 美元　　c. 500 美元
5. 假设在过去一年中，你唯一可扣除的开支是 5 000 美元的抵押贷款利息和 2 000 美元的慈善捐款. 如果你的标准扣除额是 6 350 元，那么你可以申请的最高扣除额是（ ）.
   a. 6 350 美元　　b. 7 000 美元　　c. 13 350 美元
6. 假设你在 25% 的纳税等级，你有资格获得 6 350 美元的标准扣除. 如果你没有其他可扣除的开支，1 000 美元的慈善捐款能使你的税单减少多少？（ ）
   a. 0 美元　　b. 250 美元　　c. 1 000 美元
7. 什么是 FICA 税？（ ）
   a. 投资收入税

b. 边际税率制度的别称

c. 主要用来为社会保障和医疗保险筹集资金的税收

8. 根据 2017 年的 FICA 税率, 以下哪类人缴纳的 FICA 税占其收入的百分比最高?( )

a. 乔, 他的收入有 12 000 美元, 来自他在汉堡店的工作

b. 基姆, 她的工资是 175 000 美元, 她的工作是航空工程师

c. 大卫, 他的收入是 1 000 000 美元的投资资本收益

9. 杰罗姆、珍妮和杰奎琳都有相同的应税收入, 但杰罗姆的收入完全来自他的工资, 珍妮的收入是工资和短期资本利得, 杰奎琳的收入全部来自股息和长期资本利得. 如果你同时计算所得税和 FICA 税, 他们的税单比较起来如何?( )

a. 他们付的税都一样

b. 杰罗姆付的税最多, 珍妮次之, 杰奎琳最少

c. 杰奎琳付的税最多, 珍妮次之, 杰罗姆最少

10. 当你把钱投入一个递延税储蓄的退休计划时,( ).

a. 你永远不必为这笔钱交税

b. 你现在为这笔钱交税, 但以后取款时不交税

c. 你现在不需要为这笔钱交税, 但是你以后从这个计划中取出的钱需要交税

习题 4.5

复习

1. 解释计算所得税的基本过程, 如图 4.13 所示. 总收入、调整后的总收入和应税收入的区别是什么?
2. 什么是报税身份? 它如何影响纳税计算?
3. 什么是税收豁免和减免? 你应该如何选择采取标准扣除还是逐项扣除?
4. 什么是累进所得税? 解释边际税率在计算税收中的应用. 什么是纳税等级?
5. 税收减免和税收抵免的区别是什么? 为什么税收抵免更有价值?
6. 解释减免 (如抵押贷款利息税减免) 如何节省你的钱. 为什么不同纳税等级的人享受减税优惠的方式不同?
7. 什么是 FICA 税? 什么类型的收入需要缴纳 FICA 税?
8. 根据税法, 股息和资本利得与其他收入有何不同?
9. 解释你如何从递延税储蓄计划中获益.
10. 为什么递延税储蓄计划的价值增长比普通储蓄计划要快?

是否有意义?

确定下列陈述是有意义的 (或显然是真实的), 还是没有意义的 (或显然是错误的), 并解释原因. 假设采用 2017 年的税率和政策.

11. 我们都是单身, 没有孩子, 而且都有相同的总收入, 所以我们一定付一样多的税.
12. 1 000 美元的儿童税收抵免听起来是个好主意, 但它帮不了我, 因为我采用的是标准扣除, 而不是逐项扣除.
13. 当我仔细计算后, 发现对我来说买房子比继续租房更便宜, 尽管我的房租比我的新按揭还低.
14. 我和我的丈夫今年支付了 5 000 美元的抵押贷款利息, 但是我们没有从中得到税收优惠, 因为我们采用了标准扣除.
15. 鲍勃和苏原计划今年 12 月结婚, 但他们把婚礼推迟到了明年 1 月举行, 因为他们发现这样可以省税.
16. 雷吉娜去年的收入为 1 000 万美元, 全部来自长期资本利得. 菲尔作为职业运动员, 工资收入与雷吉娜一样多. 尽管他们的收入相等, 但菲尔交的联邦税却几乎是雷吉娜的两倍.
17. 我是个体户, 去年的总收入只有 10 000 美元, 但我仍然要缴纳收入的 15.3% 的税.
18. 我开始每月为我的递延税储蓄计划存 400 美元, 但我的实得工资只减少了 300 美元.

基本方法和概念

19~22: 纳税申报单上的收入. 计算下列个人的总收入、调整后的总收入和应税收入.

19. 安东尼奥的工资是 47 200 美元, 从一个储蓄账户获得 2 400 美元的利息, 并为一个递延税退休计划存了 3 500 美元. 他有资格获得 4 050 美元的个人豁免, 并按标准扣除 6 350 美元.

20. 玛丽的工资是 28 400 美元, 从一个储蓄账户获得了 95 美元的利息, 个人豁免额是 4 050 美元, 标准扣除额是 6 350 美元.

21. 伊莎贝拉的工资是 88 750 美元, 从一个储蓄账户获得了 4 900 美元的利息, 还为一个递延税退休计划存了 6 200 美元. 她有资格获得 4 050 美元的个人豁免, 并有总计 9 050 美元的逐项扣除额.

22. 勒布朗的工资为 3 452 000 美元, 从储蓄中获得了 54 200 美元的利息, 为递延税退休计划存了 30 000 美元. 他不被允许申请个人豁免 (因为他的收入高), 但有总计 674 500 美元的逐项扣除额.

23～24: 是否选择逐项扣除? 在下列情况下, 确定选择逐项扣除还是标准扣除.

23. 你的减免额是 8 600 美元的房屋抵押贷款利息, 2 700 美元的慈善捐款, 645 美元的州所得税. 你的报税身份使你有 12 700 美元的标准扣除.

24. 你的减免额是 3 700 美元的慈善捐款和 760 美元的州所得税. 你的报税身份使你有 6 350 美元的标准扣除.

25～28: 收入计算. 计算下列情况下的总收入、调整后的总收入和应税收入. 使用表 4.9 中的税收豁免和减免数据. 解释你如何决定是选择逐项扣除还是标准扣除.

25. 苏珊娜单身, 工资为 33 200 美元. 她从储蓄账户获得了 350 美元的利息. 她存了 500 美元给一个递延税退休计划. 她从慈善捐款中获得税收减免额 450 美元.

26. 马尔科姆单身, 工资为 23 700 美元. 他有 4 500 美元的抵押贷款利息逐项扣除额.

27. 万达已婚, 但是她和她的丈夫是已婚分报. 她的工资是 33 400 美元, 利息收入是 500 美元. 她有 1 500 美元的逐项扣除额, 并为自己和两个孩子申请了三项豁免.

28. 艾米丽和胡安结婚了, 两人已婚合报. 他们的工资总额为 75 300 美元. 他们从自己的出租物业中赚了 2 000 美元, 并获得了 1 650 美元的利息. 他们为自己和两个孩子申请了四项豁免. 他们为递延税退休计划存了 3 240 美元, 逐项扣除总额为 9 610 美元.

29～36: 边际税计算. 使用表 4.9 中的边际税率来计算下列每种情况下的应纳税额.

29. 吉恩是单身, 应税收入为 35 400 美元.

30. 莎拉和马克结婚了, 两人已婚合报纳税, 应税收入为 87 500 美元.

31. 波比已婚, 但已婚分报纳税, 应税收入为 77 300 美元.

32. 亚伯拉罕是单身, 应税收入为 23 800 美元.

33. 保罗是一家之主, 应税收入为 89 300 美元. 他有资格得到 1 000 美元的税收抵免.

34. 帕特是一家之主, 应税收入为 57 000 美元. 她有资格获得 1 000 美元的税收抵免.

35. 威诺娜和吉姆结婚了, 两人已婚合报纳税, 收入为 105 500 美元. 他们有资格获得 2 000 美元的税收抵免.

36. 克里斯已婚, 但已婚分报纳税, 应税收入为 127 500 美元.

37～42: 税收抵免和税收减免. 确定下列个人或夫妇如果使用指定的税收抵免或减免, 将节省多少税款.

37. 米多里和屈里曼属于 28% 的纳税等级, 并采取标准扣除. 如果他们有资格获得 500 美元的税收抵免, 他们的税单将减少多少?

38. 凡妮莎属于 35% 的纳税等级, 并采取标准扣除. 如果她有资格获得 1 500 美元的税收抵免, 她的税单将减少多少?

39. 罗莎属于 15% 的纳税等级, 并采取标准扣除. 如果她向慈善机构捐 1 000 美元, 她的税单会减少多少?

40. 希罗属于 15% 的纳税等级, 并采取逐项扣除. 如果他捐献 1 000 美元给慈善机构, 他的税单会减少多少?

41. 塞巴斯蒂安在 28% 的纳税等级, 并采取逐项扣除. 如果他向慈善机构捐 1 000 美元, 他的税单会减少多少?

42. 桑塔纳属于 39.6% 的纳税等级, 并采取逐项扣除. 如果她向慈善机构捐 1 000 美元, 她的税单会减少多少?

43～44: 租房还是买房? 在支付房租和支付房款之间, 请考虑以下选择. 包括扣除抵押贷款利息后剩余的金额, 确定月租是否大于或小于第一年的月供. 在这两种情况下, 假设你都选择逐项扣除.

43. 你的纳税等级为 33%. 你的公寓租金为每月 1 600 美元. 你每月的抵押贷款还款是 2 000 美元, 其中平均每月 1 800 美元将在第一年用于支付利息.

44. 你的纳税等级为 28%. 你的公寓租金为每月 600 美元. 你每月要支付的抵押贷款是 675 美元, 其中平均每月 600 美元将在第一年用于支付利息.

45. **不同税收减免额**. 玛丽亚的纳税等级为 33%. 史蒂夫属于 15% 的纳税等级. 他们都选择逐项扣除, 并且都在当年支付了 10 000 美元的抵押贷款利息. 比较他们抵押贷款利息的真实成本. 如果史蒂夫和大多数处于 15% 纳税等级的人一样, 没有选择逐项扣除, 你的答案会有什么变化?

46. **不同税收减免额**. 约兰娜属于 35% 的纳税等级. 阿莉娅属于 10% 的纳税等级. 他们都选择逐项扣除, 并都向慈善机构捐赠了 4 000 美元. 比较他们在慈善捐赠上的真实成本. 如果阿莉娅和大多数处于 10% 的纳税等级的人一样, 没有选择逐项扣除, 你的答案会有什么变化?

47～52: FICA 税. 对于以下每个人, 计算 FICA 税和所得税, 以获得总税款. 然后计算总收入的总税率, 包括 FICA 税和个人所得税. 假设所有人都是单身, 并选择标准扣除. 使用表 4.9 中的税率.

47. 路易斯是一名计算机程序员, 他的工资是 28 000 美元.
48. 卡拉的工资是 34 500 美元, 获得利息 750 美元.
49. 杰克的工资是 44 800 美元, 获得利息 1 250 美元.
50. 亚历杭德罗的工资是 130 200 美元, 获得利息 4 450 美元.
51. 布列塔尼赚了 48 200 美元的工资和小费, 她没有其他收入.
52. 拉雷赚了 21 200 美元的工资和小费, 她没有其他收入.

53～54: 股息和资本利得. 计算每个人应缴的税款总额 (FICA 税和所得税). 比较他们的总税率. 假设所有人都是单身, 并选择标准扣除. 使用表 4.9 中的税率和正文中给出的股息以及资本利得的特别税率.

53. 皮埃尔的工资是 120 000 美元. 卡特琳娜赚了 120 000 美元, 全部来自股息和长期资本利得.
54. 戴恩的工资是 60 000 美元. 约瑟芬娜赚了 60 000 美元, 全部来自股息和长期资本利得.

55～58: 递延税储蓄计划. 计算每月扣除税款后的实得工资变化.

55. 你是单身申报, 应税收入为 18 000 美元. 你每月为一个递延税储蓄计划存款 400 美元.
56. 你是单身申报, 应税收入为 45 000 美元. 你每月为一个递延税储蓄计划存款 600 美元.
57. 你是已婚合报, 应税收入为 90 000 美元. 你每月为一个递延税储蓄计划存款 800 美元.
58. 你是已婚合报, 应税收入为 200 000 美元. 你每月为一个递延税储蓄计划存款 800 美元.

进一步应用

59～62: 婚姻惩罚. 看看下面这对即将结婚的情侣. 计算所得税有两种方式: (1) 如果他们将结婚日期推迟到明年, 他们就可以按今年的单身税率申报个人所得税; (2) 如果他们在今年年底前结婚, 就会按照已婚合报纳税. 假设每个人都有一个豁免和标准扣除额. 使用表 4.9 中的税率. 在年底前结婚的夫妇会面临婚姻惩罚吗? (结婚率适用于一整年, 而与结婚时间无关.)

59. 加布里拉和罗伯托调整后的总收入分别为 96 400 美元和 82 600 美元.
60. 琼和保罗调整后的总收入分别为 32 500 美元和 29 400 美元.
61. 米娅和史蒂夫调整后的总收入为 185 000 美元.
62. 丽莎调整后的总收入为 85 000 美元, 而帕特里克是一个没有收入的学生.
63. **不同的人有不同的税率**. 例 3 显示了三组人的边际所得税的计算: 迪尔德丽、罗伯特以及已婚夫妇杰西卡和弗兰克.
    a. 假设给定的调整后的总收入来自普通工资, 计算三组中每组所欠的 FICA 税.
    b. 计算三组中每一组所欠的税款总额 (来自例 3 的边际税加上 FICA 税).
    c. 以调整后的总收入的百分比形式计算每一组的总税率.
    d. 将这三组税率和例 8 中瑟琳娜的税率进行比较. 谁付的税最高? 谁付的税最低?
    e. 简要说明为什么这五个人的税率不同, 尽管他们调整后的总收入相同, 都是 90 000 美元.
64. **巴菲特和他的秘书**. 2012 年, 当长期资本利得和股息的最高税率为 15% 时, 亿万富翁沃伦・巴菲特 (Warren Buffett) 提出了提高税率的著名理由, 称他的 15% 的税率比他的秘书还低. 2017 年, 长期资本利得和股息的最高税率为 23.8%(包括 20% 的资本利得税和 3.8% 的医疗保险税). 在这个练习中, 假设巴菲特支付的是这个最高税率, 尽管实际上他的税率会更低, 因为慈善捐款和其他项目允许减免. 将他在 2012 年和 2017 年的税率与以下每个人的税率 (仅使用 2017 年的税率) 进行比较, 包括边际税率和 FICA 税. 假设以下所有人都是单身, 并采取标准扣除.
    a. 巴菲特的秘书, 据说年薪 200 000 美元.
    b. 女服务员, 年薪 22 000 美元.
    c. 教师, 年薪 56 000 美元.
    d. 自营女商人, 年薪 110 000 美元.

65～66. 谁在支付所得税? 在所得税问题上, 一个关键的政治辩论是整个系统是否公平. 习题 65～66 使用皮尤研究中心 (Pew Research Center)2014 年从美国国税局 (IRS) 收集的以下数据.

联邦个人所得税数据

调整后的总收入	在联邦所得税纳税人中的占比	缴纳的联邦所得税在总税额中的占比
低于 15 000 美元	24.3%	0.1%
15 000 美元至 29 999 美元	20.4%	1.4%
30 000 美元至 49 999 美元	17.6%	4.1%
50 000 美元至 99 999 美元	21.7%	14.9%
100 000 美元至 199 999 美元	11.8%	21.9%
200 000 美元至 249 999 美元	1.5%	5.9%
250 000 美元以上	2.7%	51.6%

65. a. 考虑调整后的总收入低于 50 000 美元的人. 这个收入群体在申报联邦税的人中占多大比例? 这个收入群体缴纳的联邦所得税在总税额中占多大比例?

b. 考虑调整后的总收入超过 250 000 美元的人. 这个收入群体在申报联邦税的人中占多大比例? 这个收入群体缴纳的联邦所得税在总税额中占多大比例?

c. 不管你的个人信仰如何, 用 (a) 和 (b) 的答案写一段论述, 说明所得税的分配对富人是不公平的.

d. 不管你的个人信仰如何, 用 (a) 和 (b) 的答案写一段论述, 说明所得税的分配对穷人是不公平的.

66. a. 考虑调整后的总收入低于 100 000 美元的人. 这个收入群体在申报联邦税的人中占多大比例? 这个收入群体缴纳的联邦所得税在总税额中占多大比例?

b. 考虑调整后的总收入超过 100 000 美元的人. 这个收入群体在申报联邦税的人中占多大比例? 这个收入群体缴纳的联邦所得税在总税额中占多大比例?

c. 你认为你对 (a) 和 (b) 的回答表明当前的所得税分配是公平的还是不公平的? 捍卫你的观点.

d. 如本节所述, 美国工薪阶层除了缴纳个人所得税外, 还要缴纳 FICA 税; 事实上, 美国财政部估计, 除了收入最高的 20% 的纳税人外, 其他所有人缴纳的 FICA 税都高于联邦所得税. 这个事实会改变你对 (c) 的看法吗? 写一到两段话, 讨论联邦收入和 FICA 税收系统的整体公平性.

实际问题探讨

67. **税收简化计划**. 利用网络调查最近一项简化联邦税法和报税程序的提案. 简化计划的优点和缺点是什么? 谁支持它?

68. **公平问题**. 选择联邦税法中与公平相关的部分 (例如, 资本利得税、婚姻惩罚或替代性最低税). 使用网络调查你选择的项目的当前状态. 是否通过了影响它的新法律? 最近或提议的更改的优点和缺点是什么? 谁支持这些更改? 总结你自己对当前税法在这方面是否不公平的看法, 如果是, 描述你认为应该怎么做.

69. **消费税**. 有人提议用消费税代替所得税. 什么是消费税? 找到讨论消费税利弊的网络报告, 并就是否应该考虑消费税发表自己的观点.

70. **你的纳税申报表**. 请简要描述你在填写联邦所得税申报表时的经历. 你自己报税吗? 如果是, 你是使用电脑软件还是专业的税务顾问? 你将来会改变你的填报方式吗? 为什么?

4.6 理解联邦预算

到目前为止, 在本章中, 我们已经讨论了直接影响我们个人的财务管理问题. 但我们也受到政府财政管理方式的影响. 在本节, 我们将讨论一些理解联邦预算所需的基本概念以及联邦赤字和债务背后的一些主要问题.

预算基础知识

原则上, 联邦预算很像你的个人预算 (见 4.1 节) 或小企业的预算. 所有预算都有**收入** (receipts 或 income) 和**支出** (outlays 或 expenses). **净收入** (net income) 是收入和支出之间的差额; 回想一下, 在个人预算中, 我们称之为现金流 (cash flow). 当收入超过支出时, 净收入为正, 预算有**盈余** (surplus)[利润 (profit)]. 当支出超过收入时, 净收入为负, 预算出现**赤字** (deficit)[亏损 (loss)].

定义

收入, 代表已收集的钱.

支出, 代表已花费的钱.

净收入 = 收入 − 支出.

如果净收入是正的, 预算就有**盈余**. 如果净收入是负的, 预算就有**赤字**.

注意, 赤字意味着花的钱比收的要多, 这只有当你 (或企业或政府) 用借来的钱或从储蓄中取出的钱来支付这些多余的支出时才有可能.

例 1 个人预算

假设你去年的总收入是 40 000 美元. 你的支出如下: 20 000 美元的租金和食物, 2 000 美元的信用卡利息和学生贷款, 6 000 美元的汽车费用, 9 000 美元的娱乐和杂项费用. 你也付了 8 000 美元的税. 你有赤字还是盈余?

解 你的支出总额 (包括税收) 是

$$20\,000\text{美元} + 2\,000\text{美元} + 6\,000\text{美元} + 9\,000\text{美元} + 8\,000\text{美元} = 45\,000\text{美元}.$$

因为你的支出比你 40 000 美元的收入多 5 000 美元, 你的个人预算有 5 000 美元的赤字. 因此, 你必须从储蓄中取出 5 000 美元或者借入额外的 5 000 美元来弥补你的赤字.

▶ 做习题 15~16.

赤字与债务

赤字和债务的条款很容易混淆, 但它们之间有一个重要的区别. 赤字是你的预算 (或一个企业或政府的预算) 在任何一年中的不足. **债务** (debt)是你多年来积累的需要偿还的总金额. 换句话说, 每年的赤字增加了总债务.

债务与赤字

赤字是指在一年内借入 (或从储蓄中获得) 的资金.

债务是借款者所欠的总金额, 这可能是由多年来积累的赤字造成的.

小企业类比

在我们关注联邦预算之前, 我们先来看看一家虚构的公司的简单账簿, 它有一些并非虚构的问题. 表 4.10 总结了奇妙小工具 (Wonderful Widget) 公司 4 年的预算, 这家公司在 2014 年年初开始运营.

第一栏显示, 2014 年公司收入为 854 000 美元, 总支出为 1 000 000 美元. 公司的净收入是

$$854\,000\text{美元} - 1\,000\,000\text{美元} = -146\,000\text{美元}.$$

这个负号告诉我们公司出现了 146 000 美元的赤字. 该公司不得不借钱来弥补这一赤字, 并在年底出现了 146 000 美元的债务. 债务显示为负数, 因为它表示欠别人的钱.

2015 年, 收入增加到 908 000 美元, 支出增加到 1 082 000 美元. 这些支出包括 2014 年债务的利息支付 12 000 美元. 2015 年的赤字是

$$908\,000\text{美元} - 1\,082\,000\text{美元} = -174\,000\text{美元},$$

公司不得不借 174 000 美元来弥补这一赤字. 此外, 它没有钱偿还 2014 年的债务. 因此, 2015 年底积累的债务总额是

$$146\ 000\text{美元} + 174\ 000\text{美元} = 320\ 000\text{美元}.$$

关键是, 因为公司第二年再次未能平衡预算, 所以债务总额继续增长. 因此, 它在 2016 年的利息支付增加到 26 000 美元.

表 4.10　奇妙小工具公司的预算摘要 (千美元)

年份	2014	2015	2016	2017
总收入	854	908	950	990
支出				
运营费用	525	550	600	600
员工福利	200	220	250	250
安全开支	275	300	320	300
债务利息	0	12	26	47
总支出	1 000	1 082	1 196	1 197
盈余/赤字	−146	−174	−246	−207
债务 (累计)	**−146**	**−320**	**−566**	**−773**

2017 年, 公司负责人决定改变战略. 他们冻结运营费用和员工福利 (保持在 2016 年的水平), 并削减了安全开支. 然而, 由于债务上升, 利息支付大幅上升. 尽管公司试图削减开支, 并且收入又有所增加, 但 2017 年该公司仍出现赤字, 债务总额继续增长.

思考　假设你在 2018 年是一家银行的信贷员, 奇妙小工具公司申请进一步贷款来支付其不断增加的债务. 你愿意贷款给它吗? 如果贷款给它, 你会对贷款附加特殊条件吗? 对你的决定做出解释.

例 2　增长的利息支付

考虑一下奇妙小工具公司的表 4.10. 假设 2017 年的 47 000 美元是 2016 年的 566 000 美元债务的利息, 年利率是多少? 如果利率保持不变, 到 2017 年年底, 2018 年需要支付多少债务? 如果利率上升 2 个百分点, 要付多少钱?

解　为 566 000 美元的债务支付 47 000 美元的利息意味着利率为

$$\frac{47\ 000\text{美元}}{566\ 000\text{美元}} = 0.083.$$

利率为 8.3%(对于公司债券来说相当普遍). 截至 2017 年年底, 债务为 773 000 美元. 在相同利率下, 下一次支付的利息是

$$0.083 \times 773\ 000\text{美元} = 64\ 159\text{美元}.$$

如果利率上升 2 个百分点, 达到 10.3%, 下一期的利息支付将为

$$0.103 \times 773\ 000\text{美元} = 79\ 619\text{美元}.$$

利率的 2 个百分点的变化使利息支付增加了 15 000 美元以上.

▶ 做习题 17~18.

联邦预算

奇妙小工具公司的例子表明, 一连串的赤字导致债务不断增加. 债务利息的增加反过来又使未来的赤字更容易发生. 这家公司的故事是美国预算案的温和版本.

联邦赤字和债务的趋势

通过了解 1975 年到 2017 年联邦政府的净收入可知, 预算几乎每年都有赤字, 特别是在 1998 年到 2001 年间.

关于这些赤字和日益增加的债务给我们的未来带来了多大的问题, 存在很大的争论, 我们将讨论其中的一些问题. 但值得注意的是, 目前的赤字代表了 20 世纪 90 年代一个似乎非常积极的趋势的逆转. 1992 年赤字达到近 3 000 亿美元, 创下当时的最高纪录后, 税收增加和经济强劲的结合导致了每年的赤字减少. 直到 1998 年的赤字变成盈余. 到 2000 年, 贸易顺差增长得如此之大, 以至于一些经济学家预计政府将在 2013 年之前完全偿还国债. 当然, 这并没有发生, 因为政府的预算在 2002 年又回到了赤字状态, 并且从那以后一直处于赤字状态.

例 3 联邦债务

2017 年年底联邦债务约为 20 万亿美元. 如果这笔债务平均分给美国大约 3.25 亿个公民, 每个人的债务是多少?

解 利用科学记数法可以很容易回答这个问题. 我们用 3.25 亿 (3.15×10^8) 人口来分 20 万亿美元 (2.0×10^{13}) 的债务:

$$\frac{2.0\times10^{13}\text{美元}}{3.25\times10^8\text{人}}\approx 6.2\times10^4\text{美元/人} = 62\ 000\text{美元/人}.$$

每个人在总债务中的份额大约为 62 000 美元.

▶ 做习题 19~20.

思考 你所分得的国家债务与你所欠的个人债务相比如何? 解释一下.

收入或支出?

联邦政府近年来出现了巨额赤字, 因为它的支出远远大于收入. 围绕赤字的政治辩论大多围绕着这样一个问题: 赤字是由收入过少引起的, 还是由支出过多引起的.

经济学家通常认为, 用国内生产总值 (GDP) 的百分比来描述联邦收入和支出比用绝对值来描述更有意义, 原因和你自己的支出取决于收入一样. 事实上, 联邦政府在过去 50 年的大部分时间里一直处于赤字状态的主要原因是支出高于收入, 赤字平均占 GDP 的近 3%.

思考 减少联邦赤字的选择是: (1) 只削减开支; (2) 只增加收入; (3) 两者兼而有之. 你喜欢什么选择? 解释你的观点.

例 4 赤字与 GDP

经济学家通常也考虑赤字和债务数字占 GDP 的比例. 2016 年 GDP 约为 18.6 万亿美元, 财政赤字为 5 870 亿美元, 年末债务约为 19.5 万亿美元. 求出赤字和债务占 GDP 的百分比.

解 我们只需分别将赤字和债务 (以美元计) 除以 GDP, 并转换成一个百分比即可,

$$\begin{aligned}\text{赤字占 GDP 的百分比} &= \frac{\text{总赤字}}{\text{GDP}}\times100\% \\ &= \frac{0.587\text{万亿美元}}{18.6\text{万亿美元}}\times100\%\approx3.2\%.\end{aligned}$$

$$\begin{aligned}\text{债务占 GDP 的百分比} &= \frac{\text{总债务}}{\text{GDP}}\times100\% \\ &= \frac{19.5\text{万亿美元}}{18.6\text{万亿美元}}\times100\%\approx105\%.\end{aligned}$$

相比之下, 2016 年的赤字仅略高于 50 年的平均值即 GDP 的 2.9%. 然而, 债务占 GDP 的比例达到 105%, 是第二次世界大战以来的最高水平, 而持续的赤字可能会在未来几年进一步推高这一比例.

▶ 做习题 21~24.

跟踪金钱

为了更好地理解为什么我们的支出和收入之间有这么大的差距, 我们需要更仔细地研究政府如何获得收入和支出[①].

在收入方面, 联邦政府超过 80% 的收入来自个人所得税和 FICA 税的组合, FICA 税主要用于社会保障和医疗保险 (见 4.5 节). 另外 9% 来自企业所得税. 其余部分来自消费税——包括对酒精、烟草和汽油征的税, 以及各种"其他"税种, 包括政府征收的赠与税和罚款.

因现行法律要求, 支出方面稍微复杂一些, 按支出类别可分为两大类[②]:

- **强制性支出** (mandatory outlays) 是自动支付的费用, 除非国会采取行动加以改变. 大多数强制性支出是用于"福利", 如社会保障、医疗保险和其他个人支出. (它们被称为权利 (entitlements), 因为法律明确规定了个人享有这些权利的条件.) 债务利息也是一项强制性支出, 因为它必须支付, 以防止政府拖欠其贷款.
- **自由支配支出** (discretionary outlays) 是国会每年必须投票表决的支出, 然后总统必须签署成为法律. 自由支配支出分为影响国防和安全的支出以及所有其他 ("非自卫") 支出. 其他支出类别很广泛, 包括教育、道路和交通、农业、食品和药物安全、消费者保护、住房、太空计划、能源开发、科学研究、国际援助以及几乎所有其他你听说过的政府项目.

注意, 事实上自由支配支出只占总支出的 31%. 这一事实的实际效果是, 国会通常只对全部预算中相对较小的一部分施加控制 (因为从政治上讲, 国会更容易把强制性支出放在一边).

例 5 债务利息

2016 年, 债务利息总计 3 300 亿美元[③], 当时的债务总额约为 19.5 万亿美元. 政府每年支付利息的利率是多少? 假设政府支付的利率一直处于 3% 左右的历史平均水平, 这将如何影响 2016 年的利息支付? 评论你的结果的意义. 可参考数据: 2016 年, 政府用于所有教育 (包括学生贷款)、培训和社会服务的总支出约为 1 140 亿美元; 用于 NASA 的总支出约为 185 亿美元.

解 为了简化计算, 注意 19.5 万亿美元相当于 195 000 亿美元 (因为 1 万亿 = 10 000 亿美元). 因此, 为 19.5 万亿美元的债务支付 3 300 亿美元的利息意味着利率为

$$\frac{3\ 300\text{亿美元}}{195\ 000\text{亿美元}} \approx 0.017 = 1.7\%.$$

如果利率是 3%, 那么利息支付就会是

$$0.03 \times 195\ 000\text{亿美元} = 5\ 850\text{亿美元}.$$

这说明要比实际支付的利息多 5 850 亿美元 −3 300 亿美元 = 2 550 亿美元.

---

① **说明:** 政府还从一些"商业化"活动中获得收入, 比如在国家公园收取门票. 然而, 由于历史原因, 这些收入从支出中扣除, 而不是在政府公布预算时计入收入. 尽管这种会计方法看起来很奇怪, 但它并不影响盈余或赤字的总体计算.

② **顺便说说:** 根据美国宪法, 只有国会才能批准联邦政府借贷. 因此, 国会通过了一项"债务上限"的立法, 即授权借款不超过预先批准的某个水平; 为了避免债务违约的风险, 国会必须提高联邦债务的上限. 近年来, 国会有几次难以通过提高债务上限的议案; 2011 年, 这一延迟持续了很长时间, 导致美国政府信用评级首次被下调.

③ **说明:** 正如后面所讨论的, 政府跟踪总债务和公开持有的净债务. 例 5 提到的 2016 年 3 300 亿美元的利息是债务总额的利息. 大多数新闻报道都只基于对公共持有债务支付的较低的利息.

值得注意的是, 3 300 亿美元的利息支出几乎是政府用于所有教育、培训和社会服务的支出总和的三倍, 大约是其用于 NASA 的支出的 18 倍. 按历史平均利率计算, 额外需要 2 550 亿美元, 这将使预算状况更加糟糕.

▶ 做习题 25~26.

思考 选择一个你认为值得的政府项目, 看看政府在 2016 年的花费. 你的项目支出与债务利息总额相比如何?

未来的预测

大多数政府支出都属于强制性支出, 这一事实给任何希望削减赤字或平衡联邦预算的人制造了一个难题. 由于债务仍在增长, 强制性支出的利息几乎肯定会增加 (只有在利率降低时才会减少), 而例 5 显示, 如果利率回到历史平均水平, 它们可能会增加更多. 剩下的强制性支出是给个人的福利, 政客们发现减少这些开支非常困难.

实际上, 根据美国的实际情况我们知道:

- 在这样的支出水平下, 平衡联邦预算的唯一方法是大幅增加税收.
- 在当前的税收水平下, 即使自由支配支出减少到零, 预算也仍将保持赤字, 而且要记住, 自由支配支出包括国防和许多其他关键项目.

关键的一点应该是明确的: 控制未来赤字的唯一方法是要么减少福利的强制性支出, 要么增加税收, 要么两者兼而有之. 这一论断是所有政客都熟知的, 许多高层委员会也反复强调过这一点[①].

例 6 可自由支配的挤压

随着未来几十年越来越多的人退休, 社会保障和医疗保险方面的强制性支出预计将大幅增长. 假设政府决定保持总支出不变, 但是用于社会保障和医疗保险的支出比例从 2016 年的 38% 上升到未来几十年的 43%. 作为总支出的一部分, 自由支配支出要减少多少才能弥补社会保障和医疗保险的增加? 评论这种情况将如何影响自由裁量计划和国会控制赤字的权力. 假设 2016 年自由支配支出占总预算的 31%(国防占 15%, 其他自由支配项目占 16%).

解 如果用于社会保障和医疗保险的比例上升 5 个百分点, 那么所有其他项目的支出比例就必须下降 5 个百分点, 才能使总额保持 100%. 由于 2016 年自由支配支出占总预算的 31%, 因此, 如果增加社会保障和医疗保险支出的所有资金都来自自由支配的范畴, 那么自由支配支出将从占总支出的 31% 下降到 26%. 注意, 作为一个百分比, 这是自由支配支出的变化:

$$\frac{\text{新值}-\text{旧值}}{\text{旧值}}\times 100\% = \frac{26\%-31\%}{31\%}\times 100\% \approx -16\%.$$

换句话说, 为了在不增加总支出的情况下弥补增加的福利支出, 国会将不得不削减大约 16% 的自由支配的项目——记住, 自由支配支出包括国防以及政治上受欢迎的教育、交通、能源、科学等项目. 我们再次看到, 除非国会通过大幅削减福利支出或增加税收的联合措施, 否则未来削减预算赤字的希望渺茫.

▶ 做习题 27~32.

思考 在政客们中间, 有一种流行的建议是, 削减未来的福利支出, 对当前的退休人员保持不变 (或几乎不变), 但对未来的退休人员大幅削减. 你认为政客们为什么喜欢这个计划? 它会对你有什么影响?

---

① **说明:** 理论上还有第三种方式 (除了削减支出或增税之外) 可以控制未来的赤字: 经济快速增长以提高 GDP, 使支出占 GDP 的比例大大降低. 然而, 经济学家认为, 这种增长水平极不可能实现.

奇怪的数字：公共债务和债务总额

追溯美国过去的财政数字，你可能会注意到一些相当奇怪的事情：即使在政府出现盈余的年份 (1998—2001 年)，债务仍在继续增加. 更一般地说，如果你仔细看一下这些数字，你会发现从一年到下一年，债务的增长幅度往往大于当年的赤字. 要理解为什么会发生这种情况，我们必须更详细地研究政府的一些数字.

债务融资

记住，无论何时出现赤字，你都必须从储蓄中取出钱或借钱来弥补. 联邦政府两种方式都采用. 它从自己的“储蓄”中提取资金，并向愿意借钱给它的人或机构借款[①].

我们先考虑借款. 政府通过向公众出售短期债券、中期债券和长期债券 (见 4.3 节) 来借款. 如果你购买了这些国债，那么你实际上是在借钱给政府，政府承诺会附以利息偿还. 截至 2016 年年底，美国政府通过出售国债共借入约 14 万亿美元. 政府最终必须对那些持有国债的人偿还的债务，被称为**公共债务** (publicly held debt)(有时称为净债务 (net debt) 或可流通债务 (marketable debt)).

政府的“储蓄”由特别账户组成，称为**信托基金** (trust funds)，用来帮助政府履行未来对强制性支出计划的义务. 迄今为止最大的信托基金是社会保障信托基金. 在过去的几十年里，政府通过社会保障税 (FICA) 筹集的资金比在社会保障福利中支付的要多得多. 从法律上讲，政府必须把这笔多余的钱投资到社会保障信托基金中，以便将来退休人员需要时能使用. 但要记住一点：在政府从公众那里借钱弥补赤字之前，它首先尝试通过从自己的信托基金借款来弥补赤字.

事实上，到目前为止，政府已经把它存入社会保障信托基金的每一分钱都借了出去，其他信托基金也是如此. 换句话说，包括社会保障信托基金在内的任何信托基金中都没有实际的资金. 取而代之的是，它们充斥着相当于一堆借据的东西，更准确地说，是国库券，这代表了政府的承诺，即连本带利归还自己借的钱.

截至 2016 年年底，政府对其自身信托基金的债务已接近 5 万亿美元. 加上公共持有的 14 万亿美元债务，**债务总额** (gross debt) 约为 19 万亿美元. 债务总额表示政府必须最终从社会保障信托基金和其他信托基金以外的政府收入中偿还的总金额.

两种国债

公共债务 (或净债务) 代表政府必须向购买国债的个人和机构偿还的资金.

债务总额既包括政府持有的公共债务，也包括政府欠自己的信托基金 (如社会保障信托基金) 的钱.

预算内和预算外：社会保障的影响

为了说明信托基金是如何影响这两种债务的，以 2001 年为例，当时联邦政府有 1 280 亿美元的盈余，这意味着政府确实比支出多收了 1 280 亿美元. 政府利用这些盈余回购了一些出售给公众的美国国债和债券，从而减少了公众持有的债务.

然而，政府还征收了超额的社会保障税，这些税款必须依法存入社会保障信托基金. 此外，政府过去从信托基金借走的所有款项都欠信托基金利息. 当我们把超额的社会保障税和欠下的利息加起来后，结果是政府应该在 2001 年向社会保障信托基金存入 1 610 亿美元. 但是政府已经把这 1 610 亿美元 (用于社会保障以外的项目) 花掉了，没有现金可以存入信托基金. 因此，政府在信托基金中“存放”了价值 1 610 亿美元的欠条 (以国库券的形式)，增加了过去已有的欠条的数量. 因为欠条代表贷款，所以政府实际上从社会保障

① **顺便说说：** 美国公开持有的债务中有近一半是欠外国个人和银行的债务，其中约一半是欠中国和日本这两个最大债权国的债务.

信托基金借款 1 610 亿美元. 当我们从 1 280 亿美元的盈余中减去这笔借款时, 政府 2001 年的收入就变成了

$$\underbrace{1\,280\text{亿美元}}_{\text{统一净收入}}-\underbrace{1\,610\text{亿美元}}_{\text{预算外净收入}}=\underbrace{-330\text{亿美元}}_{\text{预算内净收入}}.$$

加上社会保障信托基金, 1 280 亿美元的盈余变成了 330 亿美元的赤字! 按照政府的说法, 实际净收入 (2001 年为 1 280 亿美元) 称为**统一净收入** (unified net income). 社会保障被称为**预算外** (off-budget) 的, 所以它的 1 610 亿美元赤字是"预算外净收入". 减去这个金额后的差额就是**预算内** (on-budget) 净收入 ①.

虽然社会保障是法定预算外的唯一主要支出, 但其他信托基金也代表着未来的还款义务. 由于政府也从其他信托基金借款, 2001 年的债务总额比预算赤字的 330 亿美元高出很多. 事实上, 对信托基金的承诺导致了债务总额 (即将来必须偿还的债务) 在 2001 年增加到 1 410 亿美元.

统一预算、预算内、预算外

统一预算 (unified budget) 代表所有联邦收入和支出. 为了便于会计核算, 政府将统一预算分为两部分:

- 涉及社会保障的统一预算部分被称为**预算外**的.
- 其余的统一预算被称为**预算内**的.

因此, 以下关系成立:

$$\text{统一净收入}-\text{预算外净收入}=\text{预算内净收入}.$$

例 7 预算内和预算外

联邦政府 2016 年的净收入为 5 870 亿美元 (赤字). 然而, 政府的社会保障收入比它支付的社会保障福利多 340 亿美元. 这 340 亿额外的社保收入被称为哪部分收入? 应如何对它进行操作? 政府 2016 年的预算赤字是多少? 解释一下.

解 超过 340 亿美元的社会保障收入代表了 2016 年的预算外净收入 (盈余), 因为它与预算的其他部分分开计算 (这就是为什么它是"预算外"的). 根据法律, 这 340 亿美元必须加到社会保障信托基金上. 遗憾的是, 这笔钱已经花在了社会保障以外的项目上, 所以政府向信托基金增加了价值 340 亿美元的借据 (国库券). 因为这 340 亿美元的欠条最终将被偿还, 所以它被包含在预算赤字的计算中:

$$\underbrace{-5\,870\text{亿美元}}_{\text{统一净收入}}-\underbrace{340\text{亿美元}}_{\text{预算外净收入}}=\underbrace{-6\,210\text{亿美元}}_{\text{预算内净收入}}.$$

换句话说, 政府在 2016 年实际超支的数额是预算赤字 6 210 亿美元. 此外, 由于政府的其他信托基金和其他会计数据, 债务总额的增长甚至超过这个数额.

▶ 做习题 33~34.

社会保障的未来

设想你决定建立一个退休储蓄计划, 让你在 65 岁退休后可以舒适地生活. 使用储蓄计划公式 (见 4.3 节), 你确定可以通过每月向退休计划存入 250 美元来实现你的退休目标. 所以你先存了 250 美元.

① **顺便说说:** 如果你想了解联邦和其他 (州和地方) 各级预算的完整细节, 请访问 2017 年推出的网站 USAfacts.org.

然而, 第二天, 你决定要买一台新电视, 却发现自己缺了 250 美元. 因此, 你决定"借"回你刚刚存入退休计划的 250 美元. 因为你不想在退休储蓄上欠款, 所以你给自己写了一张欠条, 承诺把 250 美元还回去. 此外, 你意识到如果你把 250 美元存在账户里, 你就会获得利息, 在月底你会给自己写一份额外的借据来弥补损失的利息.

月复一月, 年复一年, 你都以同样的方式继续存钱, 总是勤勤恳恳地存下 250 美元, 然后取出来, 这样你就可以把钱花在别的东西上, 然后用借条代替取出的钱和失去的利息. 当你到了 65 岁的时候, 你的退休计划里会有许多欠条, 上面写着你欠自己足够多的钱去退休, 但是你的账户里却没有实际的钱. 很明显, 你无法靠给自己写的欠条生活.

这种为退休而"储蓄"的方法可能听起来很傻, 但它实际上描述的就是社会保障信托基金. 政府一直在孜孜不倦地将通过 FICA 筹集到的多余资金存入社会保障信托基金, 然后立即将其用于其他目的, 同时将其替换为仍然是借据的国库券[①].

当欠条堆积如山时, 人们很容易忽视这些会计花招, 但这之所以成为可能, 只是因为来自社会保障税的收入超过了用于社会保障福利的支出. 随着未来几年越来越多的人退休, 预计这一趋势将会逆转, 这意味着政府将需要开始赎回它写给自己的欠条.

要想看清楚这个问题, 可以考虑 2034 年, 这大约是政府的"中间"预测 (即那些既不特别乐观也不特别悲观的预测) 认为社会保障信托基金将枯竭的时候. 那一年, 预计社会保障支出将比社会保障税的征收额多出约 6 000 亿美元, 这意味着政府需要从社会保障信托基金中赎回最后 6 000 亿美元的欠条[②]. 但由于政府欠自己的钱, 它将不得不为这 6 000 亿美元找到其他来源. 一般来说, 政府可以通过以下三种方式来筹集这笔资金: (1) 削减自由支配项目的开支; (2) 通过出售更多债务 (以短期债券、中期债券和长期债券的形式) 从公众那里借钱; (3) 提高其他税收.

你可能会注意到, 这三种可能性中的任何一种都会对你产生巨大的影响. 这 6 000 亿美元超过了所有非国防自由支配支出的总额, 因此即使大幅削减自由支配项目, 社会保障缺口也无法弥补. 借钱只会加剧长期的赤字和债务, 而第三种选择意味着你将被征收比现在更重的税. 但是, 除非我们的政客们在这些问题发生之前采取行动来缓解它们, 否则你们将被迫面对这些后果[③].

思考 一些解决社会保障问题的建议提出将部分或全部计划转换为私人储蓄账户. 你认为这是个好主意吗? 解释你的想法.

例 8 增加税收

2016 年, 个人所得税约占 3.3 万亿美元政府总收入的 49%. 假设政府需要通过个人所得税再筹集 6 000 亿美元. 要加多少税? 忽视增税可能造成的任何经济问题.

解 个人所得税约占 3.3 万亿美元收入的 49%, 即 0.49×3.3 万亿美元 ≈ 1.6 万亿美元. 再筹集 6 000 亿美元 (约合 0.6 万亿美元) 将使总额达到 1.6 万亿美元 +0.6 万亿美元 = 2.2 万亿美元. 按百分比计算, 得

$$\frac{\text{新值} - \text{旧值}}{\text{旧值}} \times 100\% = \frac{2.2\text{万亿美元} - 1.6\text{万亿美元}}{1.6\text{万亿美元}} \times 100\% \approx 38\%.$$

换句话说, 平均每个人的所得税都要增加将近 40% 才能产生额外的收入.

▶ 做习题 35~36.

---

① **顺便说说:** 社会保障福利与私人退休福利至少在两个主要方面有所不同. 第一, 社会保障福利可以得到保障. 私人退休账户的价值可能会上升或下降, 从而改变你在退休期间可以提取的金额; 相比之下, 社会保险承诺在任何情况下都有特定的月供. 第二, 只要你活着, 社会保障福利就会发放, 但不能传给你的继承人. 相比之下, 私人退休账户里的钱可以通过遗嘱转移.

② **说明:** 预测是按当前美元计算的, 因此没有必要根据未来的通货膨胀调整预测数字.

③ **顺便说说:** 社会保障有时被称为政治的"第三条铁轨", 因为那些试图触及社会保障的政客往往会在下次选举中失利. 这个词来自纽约市的地铁, 在那里, 列车运行在两条铁轨上, 第三条铁轨以很高的电压输送电力. 触摸第三条铁轨通常会立即导致死亡.

测验 4.6

为下列各题选择一个最佳答案, 并简单叙述理由.

1. 2018 年, 大利润网 (Bigprofit.com) 的支出比收入多 100 万美元, 使其欠贷款人的总金额达到 700 万美元. 我们说, 在 2018 年底, 大利润网 ( ).
   a. 赤字为 700 万美元, 债务为 100 万美元
   b. 赤字为 100 万美元, 债务为 700 万美元
   c. 盈余为 100 万美元, 赤字为 700 万美元
2. 如果美国政府决定通过要求所有美国公民缴纳同等数额的税款来偿还联邦债务, 那么你将被要求缴纳大约如下数额的税款 ( ).
   a. 620 美元　　b. 6 200 美元　　c. 62 000 美元
3. 就美国的预算而言, 我们所说的自由支配支出是什么意思?( )
   a. 政府花在不太重要的事情上的钱
   b. 政府用于国会每年必须批准的项目的资金
   c. 由 FICA 税收资助的项目
4. 下列哪项支出在美国联邦预算中不属于强制性支出?( )
   a. 国防
   b. 债务利息
   c. 医疗保险
5. 目前, 大部分政府支出都花在了 ( ) 上.
   a. 强制性支出
   b. 国防
   c. 科学与教育
6. 假设政府征收的社会保障税比支付的社会保障金多 500 亿美元. 根据现行法律, 这“额外”的 500 亿美元将何去何从?( )
   a. 它被实际存入银行, 以备将来用于社会保障福利
   b. 它被用来资助其他政府项目
   c. 它以退税的形式返还给那些交了超额税款的人
7. 如果政府能够偿还公共债务, 谁将得到这笔钱?( )
   a. 这笔钱将分配给美国所有的人
   b. 这些钱将会流入短期债券、中期债券和长期债券的持有者手中
   c. 这些钱将通过社会保障信托基金发放给未来的退休人员
8. 下列哪一项最能描述联邦政府未来必须偿还的总金额?( )
   a. 公开持有的债务
   b. 债务总额
   c. 预算外债务
9. 到 2036 年, 预计政府每年欠的社会保障福利将比它征收的社会保障税多几千亿美元. 虽然弥补这一差额的所有选择可能在政治上都很困难, 但下列哪一项即使在原则上也不是一种选择?( )
   a. 差额可以通过增税来弥补
   b. 差额可以通过从公众处增加借款来弥补
   c. 减少教育补助金的开支可弥补差额

习题 4.6

复习

1. 在年度预算中定义收入、支出、净收入、盈余和赤字.
2. 赤字和债务的区别是什么? 联邦债务有多大?
3. 解释为什么连年的赤字使预算越来越难以达到平衡.

4. 什么是国内生产总值 (GDP)? 为什么经济学家经常将预算数字视为 GDP 的百分比?

5. 简要概述联邦收入和联邦支出的构成. 区分强制性支出和自由支配支出.

6. 联邦政府如何为其债务融资? 区分公共债务和债务总额.

7. 简述社会保障信托基金. 里面包含什么? 这在未来可能会导致什么问题?

8. 区分预算外赤字 (或盈余) 和预算内赤字 (或盈余). 什么是统一赤字 (或盈余)?

是否有意义?

确定下列陈述是有意义的 (或显然是真实的), 还是没有意义的 (或显然是错误的). 并解释原因.

9. 我分担的联邦政府债务比一辆新车的成本还高.

10. 我在联邦政府每年支付的联邦债务利息中所占的份额比一辆新车的成本还高.

11. 因为社会保险在预算外, 我们可以削减社会保险税而不影响联邦政府的其他预算.

12. 政府筹集的资金超过了今年的支出, 但债务总额仍在增加.

13. 因为社会保障是一项福利计划, 由政府的强制性支出提供资金, 我知道 40 年后我退休时它还会存在.

14. 通过削减自由支配支出, 可以很容易地消除联邦赤字.

基本方法和概念

15. **个人预算基础**. 假设你的税后年收入是 38 000 美元. 你每年的房租是 12 000 美元, 食物和家庭开支是 6 000 美元, 信用卡利息是 1 200 美元, 娱乐、旅行和其他开支是 8 500 美元.

a. 你有盈余还是赤字? 解释一下.

b. 你期望明年加薪 3%. 你认为你可以保持支出不变, 但有一个例外: 你打算花 8 500 美元买一辆车. 解释这次购车对你的预算有什么影响.

c. 与 (b) 中一样, 假设你明年将获得 3% 的加薪. 如果你能将支出控制在 1% 以内 (与前一年相比), 你能在不负债的情况下支付 7 500 美元的学费和杂费吗?

16. **个人预算基础**. 假设你的税后收入是 28 000 美元. 你每年的房租是 8 000 美元, 食物和家庭开支是 4 500 美元, 信用卡利息是 1 600 美元, 娱乐、旅游和其他开支是 10 400 美元.

a. 你有盈余还是赤字? 解释一下.

b. 你希望明年加薪 2%, 但计划保持支出不变. 你有能力偿还 5 200 美元的信用卡债务吗? 解释一下.

c. 与 (b) 中一样, 假设你明年将获得 2% 的加薪. 如果你能把支出控制在 1% 以内, 那么你能负担得起 3 500 美元的婚礼和蜜月费用而不负债吗?

17. **奇妙小工具公司的未来**. 扩展奇妙小工具公司的预算表 (表 4.10), 假设 2018 年总收入为 1 050 000 美元, 运营费用为 600 000 美元, 员工福利为 200 000 美元, 安全开支为 250 000 美元.

a. 根据 2017 年年底的累计债务, 计算 2018 年的利息支付. 假设利率是 8.2%.

b. 计算 2018 年总支出、年终盈余或赤字、年终累计债务.

c. 基于 2018 年年底的累计债务, 计算 2019 年的利息支付, 再次假设利率为 8.2%.

d. 假设公司在 2019 年的收入为 1 100 000 美元, 运营费用和员工福利保持在 2018 年的水平, 并且没有在安全方面花钱. 计算 2019 年的总支出、年终盈余或赤字、年终累计债务.

e. 假设 2019 年年底你是这家奇妙小工具公司的 CFO(首席财务官). 给股东写一份关于公司未来前景的三段陈述.

18. **奇妙小工具公司的未来**. 扩展奇妙小工具公司的预算表 (表 4.10), 假设 2018 年总收入为 975 000 美元, 运营费用为 850 000 美元, 员工福利为 290 000 美元, 安全开支为 210 000 美元.

a. 根据 2017 年年底的累计债务, 计算 2018 年的利息支付. 假设利率是 8.2%.

b. 计算 2018 年总支出、年终盈余或赤字、年终累计债务.

c. 基于 2018 年年底的累计债务, 计算 2019 年的利息支付, 再次假设利率为 8.2%.

d. 假设公司在 2019 年的收入为 1 050 000 美元, 运营费用和员工福利保持在 2018 年的水平, 并且没有在安全方面花钱. 计算 2019 年的总支出、年终盈余或赤字、年终累计债务.

e. 假设 2019 年年底你是这家奇妙小工具公司的 CFO(首席财务官). 给股东写一份关于公司未来前景的三段陈述.

19. **每个工人的债务**. 假设 2017 年政府决定偿还 20 万亿美元的联邦债务, 一次性将这些费用平均分配给大约 1.6 亿在职劳动力. 每个工人要付多少钱?

20. **每个家庭的债务**. 假设 2017 年政府决定偿还 20 万亿美元的联邦债务, 一次性将这些费用平均分配给大约 1.18 亿美国家庭. 每户需要支付多少钱?

21~24. 赤字、债务和 GDP. 下面的表格显示了过去和未来的联邦收入、支出和 GDP. 所有数字都是以十亿美元为单位, 四舍五入到最近的十亿.

年份	盈余或赤字	债务	GDP
2000	236	5 600	10 100
2010	−1 294	13 600	14 800
2020(预计)	−540	22 500	21 900

21. 求出 2000 年和 2010 年赤字、盈余和债务占 GDP 的百分比. 对其变化进行评论.
22. 求出 2000 年到 2010 年间债务变化的百分比. 然后求出 2000 年至 2010 年间债务占 GDP 的百分比的变化.
23. 求出 2010 年和 2020 年 (预计) 赤字占 GDP 的百分比. 这段时间百分比的变化是多少?
24. 求出 2010 年和 2020 年 (预计) 债务占 GDP 的百分比. 这段时间百分比的变化是多少?

25~26. 利息支付.

25. 假设 2020 年的联邦债务是 22.5 万亿美元. 如果利率维持在 2016 年 1.7% 的水平, 求出债务的年利息支付. 利率上调 0.5 个百分点后利息支付会有多大变化?
26. 假设 2022 年的联邦债务是 24 万亿美元. 如果利率维持在 2016 年 1.7% 的水平, 求出债务的年利息支付. 利率提高 1 个百分点后利息支付会发生多大变化?
27. **预算内和预算外**. 假设在最近一年中, 政府有 400 亿美元的统一净收入, 但应该在社会保障信托基金中存入 1 800 亿美元. 预算盈余或赤字是多少? 解释一下.
28. **预算内和预算外**. 假设在最近一年中, 政府有 400 亿美元的统一净收入, 但应该在社会保障信托基金中存入 2 050 亿美元. 预算赤字是多少? 解释一下.
29. **社会保障财政**. 假设在 2025 年, 政府需要支付的社会保障福利比它征收的社会保障税多 3 500 亿美元. 简要讨论一下获得这笔钱的选择.
30. **社会保障财政**. 假设在 2025 年, 政府需要支付的社会保障福利比它征收的社会保障税多 5 250 亿美元. 简要讨论一下获得这笔钱的选择.

进一步应用

31. **查点联邦债务**. 假设你开始查点 2017 年大约 20 万亿美元的联邦债务, 每次 1 美元. 如果你能每秒数 1 美元, 需要多长时间才能数完? 以年为单位给出答案.
32. **用联邦债务铺路**. 假设你开始用 1 美元纸币铺路, 对于 2017 年大约 20 万亿美元的联邦债务, 你能覆盖多少总面积? 将这一面积与美国的土地总面积作比较, 美国的土地总面积约为 1 000 万平方公里. (提示: 假设一美元的面积是 100 平方厘米.)
33. **不断增加的债务**. 假设联邦债务以每年 1% 的速度增长. 使用复利公式 (4.2 节) 确定 10 年和 50 年的债务规模. 假设当前的债务规模 (复利公式的本金) 是 20 万亿美元.
34. **不断增加的债务**. 假设联邦债务以每年 2% 的速度增长. 使用复利公式 (4.2 节) 确定 10 年和 50 年的债务规模. 假设当前的债务规模 (复利公式的本金) 是 20 万亿美元.
35. **偿还公共债务**. 想想 2017 年约 14.5 万亿美元的公共债务吧. 使用贷款支付公式 (4.4 节) 来确定在 10 年内还清这笔债务所需的年度支付额. 假设年利率为 3%.
36. **偿还公共债务**. 想想 2017 年约 14.5 万亿美元的公共债务吧. 使用贷款支付公式 (4.4 节) 来确定在 15 年内还清这笔债务所需的年度支付额. 假设年利率为 2%.
37. **国家债务彩票**. 想象一下, 通过某种政治或经济奇迹, 债务总额在 2017 年后停止增长, 保持在 20 万亿美元. 为了偿还债务总额, 政府决定搞一次全国彩票. 假设每个美国公民每周买一张 1 美元的彩票, 从而每周产生 3.25 亿美元的彩票收入. 由于彩票通常会将收入的一半用于奖金和彩票业务, 因此假设每周将有 1.63 亿美元用于减少债务. 通过这种方式要多久才能还清债务?
38. **国家债务彩票**. 假设政府希望用国家彩票来偿还 2017 年约 20 万亿美元的债务总额. 要在 50 年内还清债务, 每个公民每年要花多少钱买彩票? 假设彩票收入的一半用于减少债务, 并且有 3.25 亿公民.

实际问题探讨

39. **政治行动**. 本节概述了美国政府面临的众多预算问题, 就像笔者在 2017 年撰写本书时政府所面临的那样. 有任何重大的政治行动来处理这些问题吗? 了解自 2017 年以来发生了哪些变化; 然后写一页纸概述你对未来的建议.
40. **债务问题**. 债务总额问题有多严重? 在这个问题的正反两方面寻找论据. 总结论点, 陈述你自己的观点.
41. **社会保障解决方案**. 研究解决社会保障预算问题的各种建议. 选择一个你认为值得的建议, 然后写一份一到两页的报告来总结它, 并描述为什么你认为这是一个好主意.
42. **医疗保险解决方案**. 与社会保障一样, 随着人口老龄化的加剧和医疗成本的上升, 医疗保险预计将在联邦支出中占据越来越大的份额. 找到一篇或多篇详细描述该类问题和潜在的解决方案的文章. 写一个简短的问题总结, 陈述你的观点.
43. **回到盈余?** 研究 1998 年至 2001 年政府是如何设法从赤字转为盈余的. 在那之后, 是什么使预算又回到了赤字状态? 你认为政府能否在未来十年找到恢复盈余的方法? 总结你的发现和意见, 写一份一页的备忘录, 标题为“回归盈余”.

第四章　总结

节	关键词	关键知识点和方法
4.1 节	预算 现金流 保险成本 保险费 免赔额 共同支付	了解控制财务的重要性 知道如何做预算 注意那些有助于决定你的消费模式是否适合你的情况的因素 了解各种保险的成本和潜在收益
4.2 节	本金 单利 复利 年利率 (APR) 变量的定义: A, P, N, n, Y 年收益率 (APY)	复利公式的一般形式: $A = P \times (1+i)^N$ 每年支付一次利息的复利公式: $A = P \times (1 + \text{APR})^Y$ 每年支付 n 次利息的复利公式: $A = P\left(1 + \frac{\text{APR}}{n}\right)^{nY}$ 连续复利公式: $A = P \times e^{\text{APR} \times Y}$ 学会何时和如何利用这些公式
4.3 节	储蓄计划 总收益率 年度收益率 共同基金 投资考虑因素: 流动性 风险 收益 债券特征 面值 票面利率 到期日 当前收益率	储蓄计划公式: $A = \text{PMT} \times \frac{\left[\left(1+\frac{\text{APR}}{n}\right)^{nY} - 1\right]}{\frac{\text{APR}}{n}}$ 投资收益率: $\text{总收益率} = \frac{A-P}{P} \times 100\%$ $\text{年度收益率} = \left(\frac{A}{P}\right)^{(1/Y)} - 1$ 理解投资类型 阅读股票、债券和共同基金的网上报价 记住重要的投资原则 高收益通常意味着高风险 高额佣金和费用可能会大幅降低收益率 建立一个适当多样化的投资组合
4.4 节	按揭贷款 抵押贷款 首付 交割费 点数 固定利率抵押贷款 可调利率抵押贷款	贷款支付公式: $\text{PMT} = \frac{P \times \left(\frac{\text{APR}}{n}\right)}{\left[1 - \left(1 + \frac{\text{APR}}{n}\right)^{(-nY)}\right]}$ 了解信用卡的用途和风险 了解选择抵押贷款时的考虑因素 了解提前偿还贷款的策略
4.5 节	总收入 调整后的总收入 税收豁免、税收减免、税收抵免 应税收入 报税身份 累进所得税 边际税率 FICA 资本利得	定义用于税收的不同类型的收入 利用税率表计算税额 区分税收抵免和税收减免 计算 FICA 税 注意股息和资本利得的特殊税率 了解递延税储蓄计划的好处

节	关键词	关键知识点和方法
4.6 节	收入, 支出 净收入 　盈余 　赤字 债务 强制性支出 自由支配支出 公共债务 债务总额 预算内, 预算外 统一预算	区分债务和赤字 了解联邦预算的基本原则 区分公共债务和债务总额 熟悉关于社会保障的未来的重大问题

第五章　统计推理

你的饮用水安全吗？大多数人都赞同总统的经济计划吗？医疗保健费用到底增加了多少？对于这些问题以及成千上万个类似的问题，我们只能通过统计研究来给出答案. 事实上，新闻中每天都会出现各种统计信息，因此在当代生活中，具备理解并应用统计推理的能力是至关重要的.

问题：如果你想了解大多数美国民众是支持还是反对新的医疗计划，那么你认为通过下列哪种方式最有可能得到准确的结果？

Ⓐ 由专业的民意调查机构：诸如盖洛普（Gallup）或皮尤（Pew）研究中心，对随机选择的 1 000 个美国人进行简短访谈.

Ⓑ 从去年有住院经历的美国民众中随机选择 10 000 人，由专业的民意调查机构对他们进行深入访谈.

Ⓒ 在某个周一的上午 9 点，随机选择 1 000 个杂货店，从每个杂货店随机选择 100 个顾客，由某个市民组织里的志愿者们对这 100 000 个美国人进行简短访谈.

Ⓓ 由电视新闻频道举行一个超过 200 万人登记的在线投票.

Ⓔ 进行一次全国范围的特殊选举, 所有登记的选民都有机会回答一个相关问题来表达他们对医疗计划的看法.

解答：大多数人可能认为 E，即那个特殊的选举会是最好的选择，因为选举里包括的人数是最多的. 而 D，即有 200 万人参与的网上投票会是次好的选择. 但是事实上，这两种做法都不可能产生非常有意义的结果，上述选项中最好的选项是 A.

这个答案也许会令你非常惊讶. 只选择 1 000 个人进行调查，这就意味着在每 325 000 个美国人中才只询问一个人的意见；直观地来看，就是从 6 个坐满了观众的橄榄球场仅仅挑选了一个人而已. 但是，科学地进行民意调查和研究确实能够得到极好的结果；民意调查机构甚至可以为我们提供一个量化的标准去衡量我们可以在什么程度上相信它们的结果. 为了要理解这是怎么做到的，我们首先需要了解统计的基本概念，这就是我们这一章要介绍的内容. 学完 5.2 节的例 3，你就能准确地知道为什么 A 是正确的选项，而其他选项都不正确.

5.1 节

统计基础：理解如何进行统计研究，特别注意样本的重要性.

5.2 节

你应该相信统计研究吗？熟悉评价统计结论的八条有用的准则.

5.3 节

统计图表：学会解释和创建基础的统计图表，包括频数表、条形图、饼图、直方图和折线图.

5.4 节

媒体中的图表：学会解释和探究媒体中的常见图表.

5.5 节

相关关系和因果关系：研究相关关系，以及学习如何确定相关关系是否为因果关系.

实践活动　手机和驾驶

通过下面的实践活动，对本章要分析的各种问题获得一个直观的认识.

驾驶时使用手机是不是安全的呢？统计科学给我们提供了方法来回答这个问题，很多研究结果都表明这个问题的答案是：不安全. 美国国家安全管理局估计每年约有 160 万起汽车事故（超过总数的四分之一之多）是由驾驶时的各种分心行为导致的，而最常见的分心行为就是使用手机打电话或者发短信. 事实上，一些研究表明驾驶时仅仅使用手机通话就会让你的驾驶像醉驾一样危险. 为了准备好学习本章所需的统计知识，请独自或分组研究下列各问题，并讨论你们的发现.

① 想象一下在开车时使用手机（打电话或发短信）的整个过程，列出一些你认为可能会导致分心以至于发生车祸的原因.

② 当人们最初发现开车时使用手机与车祸的发生有联系时，很多人认为这个问题非常容易解决：只要规定开车时必须使用免提就可以了. 于是许多地方社团、政府等纷纷制定法规要求开车时必须使用免提. 然而，最新的研究表明免提接听电话和手持接听电话几乎一样危险——司机用免提接听电话比司机跟他身边的乘客聊天要危险得多. 你觉得为什么使用免提并不能降低危险呢？

③ 事实上，许多跟手机使用相关的交通事故本身并不能明确地证明使用手机会导致车祸. 什么研究可以证明使用手机导致了车祸发生呢？这样的研究应该如何进行？请你找到一些相关的实际研究结果.

④ 找到一些与该问题相关的实际数据. 解释这些数据说明了什么. 你认为这些数据总结得足够清楚吗，或者你能否找到更好的方式来展示这些数据？

⑤ 你有没有由于开车时使用手机而导致或差点儿导致车祸的亲身经历？如果有，你有几分相信这种状况的发生是由使用手机引起的？

⑥ 统计研究最有助于明智的行为. 考虑到使用手机和驾驶之间的明显关联，你认为大家应该怎么做？证明你的观点.

5.1　统计基础

统计学在现代社会中起着至关重要的作用. 医学上用统计方法检验某种新型药物对于治疗癌症是否有效. 农业检查员用统计方法检查食品供应是否安全. 每一次民意投票和调查都要用到统计学. 在商业上，做市场调查也要用到统计学. 体育统计数据更是成千上万人每天的谈资. 事实上，你很难想到一个与统计学没有任何关联的领域.

但到底什么是统计呢？用作单数时的“Statistics”指的是统计学这门学科. 统计学帮助我们收集、整理和解释数据[①]，数据可能是数字或者其他相关信息. 用作复数时的“Statistics”指的是数据本身，特指那些可以用来描述或概括某些特征的数据. 例如，如果你班上有 30 个学生，他们的年龄在 17 岁到 64 岁之间. 那么“30 个学生”“17 岁”“64 岁”就是描述你的班级的一些统计数据.

统计的两个定义

- 统计学是收集、整理和解释数据的科学.
- 统计数据是用来描述或概括某些特征的数据（数字或其他信息）.

① **顺便说说：** 有时你会把 data 当作信息的单数同义词，但严格来说，data 是复数. 一条信息是 datum，两条或多条信息称为 data.

如何进行统计研究

进行统计研究的目的各异，研究方法也是多样的，但是它们都有一些共同的特点. 为了说明基本概念，我们以尼尔森[①]评级（Nielsen ratings）为例，它用来估计收看不同电视节目的观众数量.

假如尼尔森评级告诉你，《生活大爆炸》是上周最受欢迎的电视节目，它拥有 2 200 万观众. 你也许知道并非真的有一个人实实在在地数出了这 2 200 万观众. 但当你了解到尼尔森评级得到这个结果所基于的数据仅仅源于 5 000 个左右的家庭时，你可能还是会很惊讶，要想理解尼尔森评级是如何从区区几千个家庭的数据就推断出一个涉及两千多万美国人的结论的，我们需要探究统计研究背后的原理.

尼尔森公司的目标是得到关于所有美国人的观看习惯的数据. 在统计语言中，我们说尼尔森公司对所有美国人构成的**总体** (population) 感兴趣. 尼尔森公司试图了解的总体特征, 例如“每个电视节目的观众总数”等都被称为**总体参数** (population parameters). 注意，尽管我们通常认为总体是一群人，但在统计学中，总体可以是任意一个集合，这个集合可能是由人、动物或事物等构成的. 例如，在研究大学的费用时，总体可能就是“所有的学院和大学”，而总体参数可能包括学杂费、生活费和住宿费等.

尼尔森公司不可能真的研究所有美国人构成的总体，实际上它研究的是一个人数少得多的由 5 000 户家庭成员构成的**样本** (sample). 尼尔森公司从这个样本中收集每个个体的数据，诸如谁在什么时间观看了什么节目等就构成了原始数据. 然后尼尔森把这些原始数据整理成一组数字来刻画样本的特征，例如年轻男观众收看《生活大爆炸》的百分比. 这些数字被称为**样本统计量** (sample statistics).

定义

统计研究中的**总体**是由研究对象的全体构成的集合，可能是一些人或事的集合.

样本是总体的一个子集合，是取得原始数据的来源.

总体参数是描述总体特征的一些特定的数字.

样本统计量是描述样本特征的一些数字，我们从样本中收集原始数据，并通过整合或汇总这些数据得到样本统计量.

例 1　总体与样本

描述下列问题中的总体、样本、总体参数和样本统计量.

a. 杰斐逊县有 104 个种植玉米的农场，该县的农业检查员从每个农场抽取 25 穗玉米，测量了三种常用农药的残留水平.

b. 人类学家通过研究在欧洲南部的三个地点发现的头骨来确定欧洲早期的尼安德特人的平均大脑体积（头盖骨的尺寸）.

解

a. 检查人员试图了解本县种植的所有玉米构成的总体. 样本由从总共 104 个农场中每个农场抽取的 25 穗玉米构成（共计 $25 \times 104 = 2\ 600$ 穗玉米）. 总体参数是本县种植的所有玉米中这三种农药的平均残留水平. 样本统计量是在样本中实际测量到的农药的平均残留水平.

b. 人类学家试图了解所有欧洲早期尼安德特人构成的总体. 样本由相对较少的在欧洲三个不同地点发现的尼安德特人的头骨构成. 他们关心的总体参数是所有尼安德特人的平均头盖骨尺寸，样本统计量就是样本中所有头骨的平均头盖骨尺寸.

► 做习题 15~20.

① **顺便说说：** 1923 年，亚瑟 • 尼尔森（Arthur C. Nielsen）创建了自己的公司，并首创市场研究. 1942 年他开始为广播节目制作收听率，20 世纪 60 年代又增加了电视节目收视率. 尼尔森公司现在也在追踪许多其他类型媒体的使用状况.

统计研究的过程

因为尼尔森公司没有研究所有美国人构成的总体，所以它并不能给出任何确切的总体参数值. 该公司的做法是从样本统计量（这确实是它观察得到的结果）推断总体参数的合理估计值.

统计推断[1]的原理并不复杂，但在应用的时候必须十分小心. 例如，假设尼尔森公司发现样本中有 7% 的人观看了《生活大爆炸》. 如果这个样本能准确地代表全体美国人构成的总体，尼尔森公司就可以推断出大约 7% 的美国人观看了《生活大爆炸》. 换句话说，就是用 7% 这个样本统计量来作为总体参数的估计值.（我们将在 6.4 节中进一步介绍，利用统计方法，尼尔森公司还可以评估这个总体参数估计值的不确定程度.）

一旦尼尔森公司得到了总体参数的估计值，就可以得到关于美国人收看习惯的一般结论. 尼尔森公司在研究中使用的统计研究过程和其他许多统计研究过程是类似的. 我们将它总结在如下框中.

统计研究的基本步骤

1. 明确你的研究目标. 也就是说，确定你想要研究的总体，以及你想要了解的总体参数是什么.
2. 从总体中挑选有代表性的样本.
3. 从样本中收集原始数据，总结这些数据，从中找到你感兴趣的样本统计量.
4. 利用样本统计量推断总体参数.
5. 得出结论：确定你了解到了什么，确定你是如何实现研究目标的.

图 5.1 总结了总体、样本、样本统计量和总体参数之间的关系.

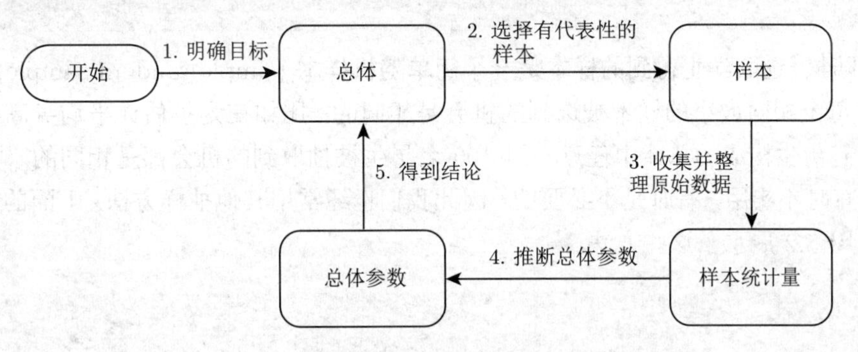

图 5.1 统计研究的要素

例 2 失业率调查

美国劳工部每个月对 60 000 个家庭进行调查，以确定美国劳动力的状况. 其中一个很受关注的总体参数是失业率，即失业者在所有就业者和积极寻求工作的人[2]中所占的百分比. 说明如何将统计研究的五个基本步骤应用到该问题的研究中来.

解 基本步骤如下：

第 1 步: 这项研究的目标是了解美国所有就业者或积极寻求工作的人的就业（或失业）状况.

第 2 步: 劳工部选择的样本是 60 000 个家庭中就业或积极寻求工作的所有成员.

第 3 步: 劳工部向样本中的人提问，他们的回答就构成了研究的原始数据. 然后劳工部通过总结这些原始数据得到样本统计量，比如样本的失业率.

① **顺便说说：** 统计学家经常把统计学分成两个主要的分支. 描述统计学主要是用表、图或样本统计量来描述数据. 推断统计学主要研究如何利用样本数据对总体特征做出推断或估计.

② **顺便说说：** 根据劳工部的说法，没有工作的人不一定算失业者. 例如，除非全职妈妈或爸爸正在积极地找工作，否则他们并不会被算入失业者之列；而那些曾经试图找工作却因屡屡受挫而放弃找工作的人也不算失业者.

第 4 步: 根据样本统计量，劳工部对相应的总体参数进行估计，比如整个美国的失业率.

第 5 步: 劳工部根据得到的总体参数值和其他信息得出结论. 例如，它可以将当前失业率和过去的失业率进行对比，从而得出目前就业机会是增加或减少的结论.

▶ 做习题 21~26.

选取样本

在任何统计研究中，样本的选取可能都是最重要的一步. 如果样本能很好地代表总体，那么利用样本来推断总体就是合理的. 但是，如果样本对总体不具有代表性，则根本不可能从样本中得到任何关于总体的准确结论.

假设你想通过样本来估计一所大学的全体男生的平均身高和体重，而选取的样本是该校的 100 名男生. 如果这 100 名男生全部由该校的橄榄球队员组成，那么这个样本是不可靠的，因为运动员往往比大多数男生都要高大强壮. 相反地，如果你用一个计算机程序从该大学全体男生中随机地选择 100 名男生作为样本，那么这个样本更有可能对总体而言具有代表性. 此时你就有理由相信，样本的平均身高和体重是全体男生的平均身高和体重的合理估计值.

定义

一个**有代表性的样本** (representative sample) 是指在这个样本中，样本成员的特征与总体的相应特征大致相同.

用计算机程序随机[①]选取学生得到的样本是一个**简单随机样本** (simple random sample). 更严格地说，在简单随机抽样中，每个相同大小的样本被选到的机会是相同的. 比如在为了估计平均身高和体重而选择学生样本的例子中，所有男生构成的总体中任意一组 100 名男生被抽取到的机会都是相同的.

简单随机抽样有时不实用，有时是不必要的，因此我们也经常用其他抽样方法. 下面的框中总结了四种最常用的抽样方法，图 5.2 展示了这些方法.

常用抽样方法

简单随机抽样 (simple random sampling)：我们按如下方式选取样本：每个相同大小的样本被选到的机会是相同的.

系统抽样 (systematic sampling)：我们用一个简单的规则来选择样本，例如在总体中每隔 10 个人或每隔 50 个人选择一名成员.

方便抽样 (convenience sampling)：我们选择一个便于选取的样本，例如碰巧在同一个教室里的所有人.

分层抽样 (stratified sampling)：当我们关注的是总体中不同子群或阶层之间的差异时，常使用这种方法. 我们首先确定各个子群，然后在每个子群中抽取一个简单随机样本. 总的样本由各个子群的样本组成.

不管采用哪种抽样方法，心中一定要牢记以下三个关键点：

- 不管样本是如何选取的，只有当样本对总体具有代表性时，研究才有可能成功.

---

① **实用技巧 (随机数)**: 许多计算器都有一个按键可以产生随机数，网上可以找到更多随机数产生器. 在 Excel 中，RAND 函数生成均匀分布在 0 到 1 之间的随机数. 或者，利用 Excel 中的函数 RANDBETWEEN 可以生成在任意两个给定数字之间的随机整数.

● 样本的大小很重要，因为一个较大的精心选取的样本当然比较小的样本更有可能很好地代表总体. 然而，选取的过程更为重要：与较大的但抽取不当的样本相比，一个较小的但精心抽取的样本更可能给出较好的结果.

● 即使用最好的方法抽取样本，我们也无法确定它就能准确地代表总体. 我们只能得出结论说，它对总体具有代表性的可能性很大.

简单随机抽样：
每个相同大小的样本被抽取到的机会是相同的. 常用计算机来随机生成电话号码.

方便抽样：
使用容易得到的样本.

系统抽样：
每隔 k 个抽取一个.

分层抽样：
将总体分为若干子群，从每个子群中抽取一个样本.

图 5.2　常用的四种抽样方法

例 3　抽样方法

确定下列各题使用的抽样方法，并判断各个样本对总体是否具有代表性.

a. 你正在对某宿舍楼里的所有学生进行某项调查. 你每隔 10 个房间敲开门, 并将该宿舍选取为你的样本.

b. 为了调查大家对于增收房产税的看法，一家研究公司从所有房主的名单中随机抽取了 150 位房主.

c. 杰斐逊县的农业检查员在本县 104 个玉米农场中各取 25 穗玉米，对三种常用农药的残留量进行了检测.

d. 人类学家通过研究在欧洲南部三个地点发现的头骨来确定欧洲早期尼安德特人[1] 的平均大脑体积.

解

a. 每隔 10 个房间选择 1 个房间作为样本，这里用的是系统抽样. 只要学生在分配宿舍时是随机的，那么该样本就可以很好地代表总体.

b. 因为名单可能列出了所有房主，所以随机地从这个名单中抽取出来的是一个简单随机样本. 因此它极有可能对总体具有很好的代表性.

c. 每个农场可能有不同的农药使用习惯，所以检查员认为每个农场的玉米穗是整个总体的一个子群（类别）. 从 104 个农场各抽取 25 穗玉米，检查员用的是分层抽样. 如果每个农场都随机抽取样本，每一组 25 穗玉米就可以很好地反映该农场的状况.

---

① **顺便说说：** 尼安德特人生活在约 100 000 年前到 30 000 年前的欧亚大陆和非洲北部. 他们与智人（现代人）有生殖隔离，颅骨的测量表明，尼安德特人的大脑体积更大. 虽然尼安德特人早已灭绝，但遗传证据表明，他们曾与智人杂交，现代人类有 1% ~ 4% 的 DNA 源自尼安德特人.

d. 因为只研究了在某些地点发现的头骨，所以人类学家用的是方便抽样. 他们也没有更多选择，因为早期生活在欧洲的尼安德特人的很多头骨只有极少数被保留下来了. 因此，假设这些头骨对总体具有代表性看起来是合理的.

▶ 做习题 27~34.

小心偏差

想象一下有人想用一个只包括足球运动员的样本来估计一所大学所有男生的平均体重. 那么就像我们之前指出的，该样本对于总体不太可能具有代表性. 此时我们说这个样本是有偏差的，因为样本中的男生与大学里“正常”男生的体重不同. 更一般地，**偏差** (bias) 指的是在设计或进行统计研究过程中出现的、会导致研究倾向于某些特定结果的任何问题.

除了样本选取不当之外，还有许多其他方面可能会产生偏差. 例如，如果研究结果对研究者个人有利害关系，研究者本身就是一种偏差. 此时，研究人员可能会（有意或无意地）曲解数据的真实含义. 你应该时刻注意可能会影响统计研究的结果或解释的各类偏差. 我们将在 5.2 节中进一步讨论偏差的各种来源.

定义

如果一项统计研究的设计或过程倾向于某些特定的结果，那么我们就称它有**偏差**.

思考 为什么电视频道用尼尔森公司的数据来评估收视率而不是自己做调查?

统计研究的类型

总的来说，大多数统计研究都可归为两类：观察性研究和实验. 尼尔森公司对电视收视率的研究是**观察性研究** (observational study)，因为它仅仅是观察这 5 000 个样本家庭中成员们的收视行为. 注意观察性研究可能包括一些看上去不太像观察的行为. 测量体重时可能要和被测量人做一些互动，比如要求他们站在体重秤上等. 但是在统计中，我们认为测量体重是观察性的，因为这些互动并不会改变人们的体重. 类似地，在民意调查[①]中，只要调查者进行深入访谈的目的是了解人们的意见，而非改变他们的意见，那么我们也认为深度访谈是观察性的.

反之，假设现在要进行一项医学研究，目的是测试大剂量的维生素 C 是否有助于预防感冒. 为了进行这项研究，研究人员必须要求样本中的一些人服用大剂量的维生素 C. 这种类型的统计研究被称为**实验** (experiment)，因为一些参与者接受了治疗（在此实验中是指服用维生素 C），而平常他们不会接受这种治疗.

统计研究的两种基本类型

1. 在**观察性研究**中，研究人员观察或测量样本成员的特征，但不试图影响或修改这些特征.
2. 在**实验**中，研究人员对部分或所有样本成员进行治疗，然后观察治疗效果.

如果你不对接受治疗的小组和不接受治疗的小组进行比较，那么你很难确定一个实验性的治疗是否有效. 例如，在维生素 C 的研究中，研究人员可能会将样本分成两组：一组成员服用大量维生素 C，称为**治疗组** (treatment group)；另一组则不服用维生素 C，称为**对照组** (control group). 然后研究人员可以寻找两组成员患感冒的差异. 取得对照组的数据对于解释实验结果通常是至关重要的.

---

① **历史小知识：** 统计源于人口普查和税务数据的收集，这都属于政府事务. 这就是为什么“state”是统计这个词的词根.

在实验中，除了是否接受治疗外，治疗组和对照组的成员在其他所有方面都应该是相似的. 例如，如果治疗组成员全是经常运动且有良好饮食习惯的人，而对照组成员全是久坐不动且饮食习惯不好的人，我们就不能把两组成员患感冒[①]的差异仅仅归因于维生素 C 的摄入. 为了避免这类问题，必须随机分配治疗组和对照组成员.

治疗组和对照组

在实验中，接受治疗的样本成员构成**治疗组**.

在实验中，不接受治疗的样本成员构成**对照组**.

务必充分随机地分配治疗组和对照组成员，一定要保证两组成员除了是否接受治疗之外在其他各方面都是相似的.

思考 假设现在有一个计算机程序可以生成 0~100 之间的随机数. 你应该如何利用这个程序来指定哪些人加入实验的治疗组或对照组？

安慰剂效应和盲法

当实验有人参与时，仅仅因为人们知道他们自己是实验的一部分就可能会产生偏差. 例如，如果一个服用维生素 C 的治疗组成员患感冒的次数少于一个没有服用维生素 C 的对照组成员，那么我们不能确定这就是由于维生素 C 的摄入造成的；也有可能是因为治疗组成员相信维生素 C 有效，所以他们患感冒的次数减少了. 这是有可能的，因为已经证实压力和其他心理因素的确会影响人们对感冒的抵抗力. 类似于这种仅仅因为人们相信治疗有效就能使症状有所改善的情况，我们称其中存在因**安慰剂效应** (placebo effect)[②]产生的偏差.（安慰剂（placebo）一词来自拉丁语，意思是“让人高兴的”.）

为了弄清楚结果到底是由安慰剂效应引起的还是由治疗导致的，研究人员通常会想办法让参与者们不知道他们是在治疗组还是对照组. 为了达到这一目的，研究人员会给对照组成员服用**安慰剂** (placebo)，安慰剂的外观或感觉与所测试的治疗相似，但并不含治疗的有效成分.

定义

安慰剂并不包含实验中测试的用于治疗的有效成分，但外观或感觉与所测试的治疗相似，因此参与者们无法区分他们接受的是安慰剂还是真正的治疗.

安慰剂效应是指仅仅因为病人们相信自己正在接受有益的治疗，从而病情有所好转的情况.

实验时不让参与者们知道自己是在治疗组还是对照组，这种做法在统计术语中被称为**盲法** (blinding). **单盲** (single-blind) 实验是指参与者们不知道他们到底属于哪一组，但实验者（实施治疗的人）知道. 使用安慰剂是实现单盲实验的一种方法. 有时，如果实验者能够潜移默化地影响结果，那么单盲实验依然是不可靠的. 例如，在需要采访的实验中，实验者对治疗组成员的说话方式可能跟他们与对照组成员的说话方式是不一样的. 这类问题可以通过**双盲** (double-blind) 实验来避免，即参与者和实验者都不知道谁属于哪个小组.（当然，必须要有人跟踪这两个组，以便最终评估结果. 在典型的双盲实验中，研究人员一般雇用实验员去跟参与者们进行必要的交流.）

① 经过正确的治疗，感冒可在一周内痊愈. 不去管它，感冒大概七天会好. ——医学民间谚语

② **顺便说说：**安慰剂效应会出奇地强大. 在一些实验中，只服用安慰剂的参与者中有高达 75% 的症状真的得到了改善. 然而，不同研究者对安慰剂效应的强度和确切的起因持不同意见.

实验的盲法

一个实验被称为**单盲**的，如果参与者们不知道自己属于治疗组还是对照组，但实验者知道.

一个实验被称为**双盲**的，如果参与者和实验者（负责治疗的人）都不知道谁属于治疗组、谁属于对照组.

例 4 下面的实验有什么问题?

对于下述实验，指出存在的任何问题，并说明应该如何避免这些问题.

a. 按摩师对 25 名背痛的患者进行推拿. 推拿治疗之后，其中的 18 名患者说他们感觉好一些了. 按摩师认为推拿是一种有效的治疗方法.

b. 治疗注意力缺陷障碍的某种新药有可能缓解患病儿童的症状. 随机选择的患病儿童分为治疗组和对照组，对照组的儿童服用安慰剂. 实验是单盲的. 实验者与孩子们进行一对一访谈，以确定他们是否有所好转.

解

a. 25 名接受推拿的患者代表治疗组，但该实验缺乏对照组. 患者可能是因为安慰剂效应而感觉症状好转，并非真正的推拿效果. 按摩师可以请一个演员在对照组做假的推拿（感觉像推拿，但实际上并不符合治疗要求），从而改进他的研究. 然后他可以比较两组的结果，看看是否有安慰剂效应存在.

b. 因为实验者知道哪些孩子服用了真正的药物，所以在对这些孩子进行访谈时，他们的言谈举止可能无意间会有些不同. 这项实验应该是双盲的，即进行访谈的实验者应该不知道哪些儿童服用了真正的药物，哪些儿童服用的是安慰剂.

▶ 做习题 35~40.

回顾性研究

有些实验可能是不现实或不道德的. 例如，假设我们想研究孕期吸食大麻对新生儿有何影响. 因为已经知道孕期吸食大麻是有害的，所以如果将怀孕的妈妈们随机分成两组，然后强迫其中一组成员吸食大麻，这显然是不道德的. 这时我们可以进行**回顾性研究** (retrospective study)（也称案例对照研究），此时参与者自然形成分组. 在本例中，**案例** (cases) 由选择孕期吸食大麻的准妈妈们组成，而对照者则由选择不吸食大麻的准妈妈们组成.

回顾性研究是观察性的，因为研究人员并没有改变参与者的行为. 但它看起来像是一个实验，因为案例有效地充当了治疗组，而对照者则对应实验的对照组.（有时候研究人员会提前计划并找好未来的案例和对照者群体，这种情况下的研究一般被称为预测性研究，而不是回顾性研究.）

定义

回顾性研究（或案例对照研究）是利用过去的数据进行的一种观察性研究，比如利用官方记录或以往的访问等，此研究中样本自然地形成分组，选择进行被研究行为的参与者们构成案例，选择不进行被研究行为的参与者们是对照者.

例 5 哪种类型的研究?

对于下列问题而言，选择什么类型的统计研究最合适? 为什么?

a. 股票经纪人的平均收入是多少?

b. 安全带能挽救生命吗?

c. 举重训练能提高长跑运动员在 10 公里比赛中的成绩吗？

d. 某种新的草药能减轻感冒的症状吗？

解

a. 观察性研究可以告诉我们股票经纪人的平均收入. 我们只需要调查（观察）经纪人的收入状况.

b. 如果我们做实验，而且在实验中要求某些人系安全带，而其他人不能系安全带，这是极不道德的. 所以我们可以进行回顾性研究. 车祸中选择系安全带的人是案例，而选择不系安全带的人是对照者. 通过比较案例和对照者之间的死亡率，我们可以了解安全带是否能挽救生命.（它们可以.）

c. 我们需要通过实验来确定举重能否提高 10 公里长跑运动员的成绩. 一组长跑者将进行举重训练，对照组成员则严禁进行重量训练. 我们必须设法确保他们所有其他方面的训练都是相似的. 然后我们可以对比举重组成员和对照组成员的 10 公里长跑成绩来得出举重是否可以提高成绩的结论. 但注意，我们不能在这个实验中使用盲法，因为无法阻止参与者们知道他们是否在举重.

d. 该问题应该使用双盲实验，其中一些参与者得到真正的治疗，而另一些得到安慰剂. 实验应该是双盲的，因为感冒的症状可能会受到情绪或其他因素的影响，实验者也可能会不经意地影响结果.

▶ 做习题 41~46.

调查和民意测验

调查和民意测验是观察性研究[①]. 它们可能也是最常见的统计研究类型. 调查和民意测验的结果通常包括被称为**边际误差** (margin of error) 的一个数字，下面我们介绍一下其用法.

假设民意调查发现：46% 的公众支持总统，边际误差为 3 个百分点. 46% 是样本统计量，也就是说，样本中有 46% 的人说他们支持总统. 用样本统计量作为总体参数真值的近似值时，边际误差可以帮助我们理解近似的效果有多好.（在本例中，总体参数是所有美国人中支持总统的比例）. 将样本统计量减去、加上边际误差，我们可以得到一个取值范围，或称为一个**置信区间** (confidence interval)，该区间很可能包含总体参数的真值. 在本例中，我们通过减去 3%、加上 3% 得到一个 43% ~ 49% 的置信区间.

定义

统计研究中的**边际误差**用来生成一个很可能包含总体参数真值的**置信区间**. 在研究中获得样本统计量后，我们通过减去和加上边际误差来得到这个区间. 也就是说，置信区间是从（样本统计量 − 边际误差）到（样本统计量 + 边际误差）.

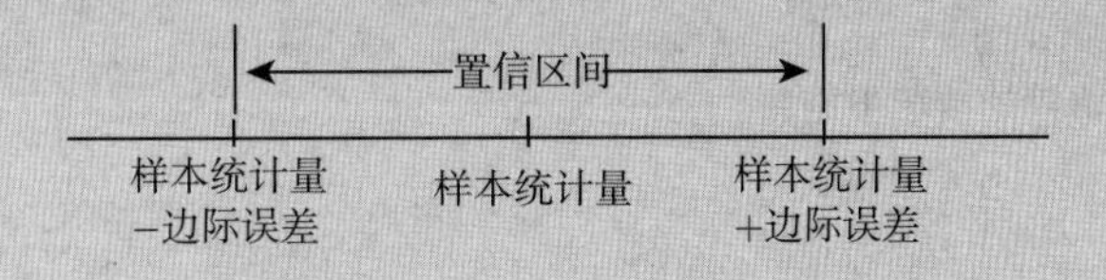

我们可以在多大程度上相信民意测验的结果呢？除非特别要求，否则我们通常要求边际误差要在 95% 的置信水平上保证置信区间包含总体参数的真值. 我们会在 6.4 节中详细讨论“95% 的置信水平”的确切含义，现在你可以这样理解它：如果调查采用 20 个不同的样本重复进行 20 次，其中的 19 次（即总次数的 95%）民意测验的置信区间包含总体参数的真值.

① **顺便说说：** 当政客和营销人员想得到特定的结果时，他们经常假装在进行真正的民意测验或调查. 这类调查被称为推进调查，因为他们试图“推进”人们的想法.

例 6　相近选举

选举前夕的一项民意调查显示，被调查的选民中有 52% 的选民计划投票给史密斯，史密斯需要得到超过 50% 的多数选票才能无须决选地获胜. 民意调查的边际误差是 3 个百分点. 那么她能获胜吗？

解　我们通过减去、加上 3 个百分点的边际误差来得到置信区间：

$$从\ 52\% - 3\% = 49\%\ 到\ 52\% + 3\% = 55\%$$

我们有 95% 的信心确信计划投票给史密斯的人的实际比例在 49% ~ 55% 之间. 因为这个置信区间同时包含了小于 50% 的 49% 和大于 50% 的 55%，因此无法确定她能否当选，这种情况被称为相近选举.

▶ 做习题 47~50.

思考　在例 6 中，假如民意调查的结果是候选人得到 65% 的选票. 她有信心获胜吗？

测验 5.1

为以下每个问题选择最佳答案，并用一个或多个完整的句子解释原因.

1. 你正在进行一项民意调查，随机选择了 1 000 个来自得克萨斯州的登记选民，询问他们是否认同州长所做的工作. 本研究的总体为 (　).

   a. 得克萨斯州所有的登记选民　　b. 你访问的 1 000 个人　　c. 得克萨斯州的州长

2. 你在如下哪个群体中选择受访者时，问题 1 中所描述的调查结果最有可能受到偏差的影响？(　)

   a. 得克萨斯州所有的登记选民　　b. 所有持有得克萨斯州驾照的人　　c. 为州长竞选捐过款的人

3. 当我们说样本对总体具有代表性时，那意味着 (　).

   a. 在样本中发现的结果与总体的结果是相似的

   b. 样本容量非常大

   c. 样本是用最好的方法选取的

4. 在 100 个大城市进行了一项关于支持公共交通的民意调查，在每个城市随机抽取 25 人接受采访. 这使用的是哪种抽样方法？(　)

   a. 简单随机抽样　　b. 系统抽样　　c. 分层抽样

5. 考虑一项旨在测验现金激励能否提高出勤率的实验. 研究人员选择了两组高中生，每组 100 人. 她给第一组全勤的学生每周 10 美元的奖励. 她告诉第二组学生他们是实验的一部分，但没有给他们任何奖励. 没有获得奖励的学生组是 (　).

   a. 治疗组　　b. 对照组　　c. 观察组

6. 问题 5 中描述的实验是 (　).

   a. 单盲的　　b. 双盲的　　c. 都不是

7. 安慰剂的作用是 (　).

   a. 防止参与者们知道自己属于治疗组还是对照组

   b. 在回顾性研究中区分案例和对照者

   c. 确定疾病是否可以在没有任何治疗的情况下痊愈

8. 实验被称为单盲的, (　).

   a. 如果没有治疗组

   b. 如果没有对照组

   c. 如果参与者们不知道自己属于治疗组还是对照组

9. 民意调查 X 预测鲍威尔将获得 49% 的选票，而民意调查 Y 则预测他将获得 52% 的选票. 两次民意调查的边际误差均为 3 个百分点. 你能得出什么结论？(　)

   a. 这两次调查一定有一次的结果是错的

   b. 这两次民意调查的结果是一致的

   c. 鲍威尔将获得 50.5% 的选票

10. 一项调查显示，12% 的美国人认为猫王还活着，边际误差为 4 个百分点. 这次调查的置信区间是：(　).

    a. 从 10% 到 14%　　b. 从 8% 到 16%　　c. 从 4% 到 20%

习题 5.1

复习

1. 为什么我们说统计这个术语有两个含义？说明这两个含义.
2. 给出统计研究中用到的总体、样本、总体参数和样本统计量的定义.
3. 说一说进行统计研究的五个基本步骤，并举例说明具体如何应用.
4. 为什么说在统计研究中选择一个有代表性的样本是至关重要的？简述四种常用的抽样方法.
5. 什么是偏差？它将会如何影响统计研究的结果？举例说明几种形式的偏差.
6. 说一说观察性研究和实验的区别. 在实验中，治疗组和对照组分别代表什么？在回顾性研究中案例和对照者又分别代表什么？
7. 什么是安慰剂？说一说什么是安慰剂效应以及它是如何让实验变得难以解释的. 怎样让实验成为单盲或双盲的？
8. 在调查或民意测验中，边际误差意味着什么？如何用它来确定一个置信区间？

是否有意义？

确定下列陈述是有意义的（或显然是真实的）还是没有意义的（或显然是错误的），并解释原因.

9. 在我的实验研究中，我使用了一个比总体还大的样本.
10. 我认真遵守了所有选取样本的准则，但我的样本仍然没有很好地反映总体的特征.
11. 我想检验维生素 C 对感冒的影响，所以我给治疗组成员服用维生素 C，给对照组成员服用维生素 D.
12. 我不相信这个实验的结果，因为该结果来自访谈，而这项研究不是在双盲条件下进行的.
13. 民意调查员计划进行一次边际误差为零的民意测验来改进调查结果.
14. 只要精心挑选样本，我只需要通过测量 500 个人的身高就可以很好地估计出所有美国人的平均身高.

基本方法和概念

15～20：总体和样本. 描述以下研究中的总体、样本、总体参数和样本统计量.

15. 为了了解公众对于总统的遏制伊朗核计划的看法，皮尤研究中心通过电话采访了 1 001 名美国人.
16. 美联社（AP）暨哥伦比亚广播公司（CBS）对 998 名随机选择的美国人进行的电话调查显示，10 人中有 6 人认为在过去的 30 年里人类在癌症治疗方法上取得了进展.
17. 为了确定我们到某星系（数十亿颗星星的巨大集合）的距离，天文学家通常会测量我们到其中几颗恒星的距离，并取这些距离的平均值（均值）.
18. 在一个旨在测试大蒜能否有效降低胆固醇的实验中，47 名成年受试者服用了加工成片剂的大蒜. 分别在治疗之前和治疗之后测量了受试者的胆固醇水平. 结果发现受试者的低密度脂蛋白胆固醇水平的平均（均值）变化为 3.2 mg/dL.
19. 在罗致恒富公司（Accountemps）对 150 位高级管理人员进行的一项调查中，有 47% 的人说，最常见的面试错误是对应聘者面试的公司一无所知或知之甚少.
20. 高等教育研究所通过对 340 所高校的约 241 000 名一年级大学生进行每年一次的调查来研究大学新生的状态. 这个国家每年大约有 140 万名大学新生.

21～26：研究步骤. 描述如何将统计研究的五个基本步骤应用于以下问题.

21. 你想确定开车时经常使用手机的高中毕业生所占的百分比.
22. 某超市经理想确定她店里的产品多样性能否满足顾客的需求.
23. 你想知道在大学里参加过家庭篮球比赛的美国大学生所占的百分比.
24. 你想知道餐厅小费通常占账单总金额的百分比.
25. 你想知道某型号笔记本电脑的电池的平均使用寿命.
26. 你想知道大学生获得学士学位所需要的平均年限.
27. **有代表性的样本？**你想确定某小型大学在某学期内一年级学生逃课率的均值. 确定以下哪些样本可能具有代表性，哪些样本不具有代表性，并说明理由.
   - 同属于某姐妹联谊会或兄弟联谊会的 100 名一年级学生
   - 经常参加各类校队运动的 100 名一年级学生
   - 你在学生活动中心遇到的前 100 名一年级学生
   - 参加人文学科课程的 100 名一年级学生

28. **有代表性的样本？**你想确定某所大学里学生典型的饮食习惯？以下哪一个会是最好的样本，为什么？同时解释为什么其他选项都不是该研究的好样本.

- 住在同一宿舍的学生
- 公共卫生专业的学生
- 参加校际体育活动的学生
- 参加必修历史课程的学生

29~34：确定抽样方法. 确定以下研究中使用的抽样方法（即简单随机抽样、系统抽样、方便抽样或分层抽样）.

29. 美国国税局（IRS）审核员在每个申报税档中分别随机选择 100 名单身纳税人进行审核.

30. 《美国周刊》根据读者自愿回复电子邮件进行的投票来预测格莱美奖得主.

31. 一项关于抗抑郁药使用情况的研究选择了 50 名年龄在 20~29 岁之间的参与者，50 名年龄在 30~39 岁之间的参与者，以及 50 名年龄在 40~49 岁之间的参与者.

32. 从产自同一生产线的铸铁管中每隔 100 个选取 1 个进行强度检测.

33. 为了调查大学生对大学体育的看法，利用计算机随机选取学生证号码来得到样本.

34. 在超市入口处进行薯片和调味汁的口味测试.

35~40：研究类型. 确定以下各研究是观察性研究还是实验. 如果该研究是一项实验，请确定对照组和治疗组，并讨论实验是否需要单盲或双盲. 如果该研究是观察性的，请说明是不是回顾性研究，如果是，则确定案例和对照者.

35. 南加州大学的一项研究利用专门的心理测试确定了 108 名志愿者撒谎和骗人的频率，并根据频率将他们分成若干小组. 研究表明经常撒谎者的大脑结构与不爱撒谎者有一些区别（《英国精神病学杂志》(*British Journal of Psychiatry*)）.

36. 美国国家癌症研究所对 716 名黑色素瘤患者以及 1 014 名年龄、性别和种族均与他们相当的非癌症患者进行研究，结果发现有单个大痣的人患黑色素瘤的风险是其他人群的两倍. 而有 10 个或更多痣与患黑色素瘤的风险增加 12 倍有相关性（《美国医学协会杂志》(*Journal of American Medical Association*)）.

37. 一项研究追踪了 2 002 名跑步者来寻找某些特定的跑步伤害和一些变量之间的关系，比如身高、体重、体重指数、年龄和跑步史等变量（《英国运动医学杂志》(*British Journal of Sports Medicine*)）.

38. 在一项关于磁石对背部疼痛影响的研究中，一些参与者接受了磁石治疗，而其他参与者则接受了具有相似外观的非磁性物体治疗. 看起来磁石对于治疗背痛是无效的（《美国医学协会杂志》）.

39. 布朗大学社会科学家进行的一项研究发现，在纽约州北部的一所大学接受调查的一年级女生中有 18.6% 的在大一时就遭遇过性骚扰（《青少年健康杂志》(*Journal of Adolescent Health*)）.

40. 皮尤研究中心对 1 502 名美国人进行了一项调查，结果显示，85% 的美国人认为美国的政治分歧比过去更大，而且这种分歧将持续下去.

41~46：什么类型的研究？以下各问题用什么类型的统计研究最有可能得到满意的回答？如果该研究是一项实验，请确定对照组和治疗组，并讨论实验是否需要单盲或双盲. 如果该研究是观察性的，请说明是不是回顾性研究，如果是，则确定案例和对照者.

41. 有两种方法可以保护树木免受翡翠虫侵害，哪一种方法更有效？

42. 八家航空公司中哪一家的乘客满意度最高？

43. 多年来，哪支拥有高海拔主场的 NBA 球队的记录最好？

44. 深度按摩能有效缓解腰疼吗？

45. 每天服用多种维生素会降低中风的发病率吗？

46. 基于出生日期的星座运势能做出准确预测吗？

47~50：边际误差. 下面各题简要地给出了统计研究的样本统计量和边际误差. 写出置信区间并回答其他问题.

47. 在州参议员选举前夕进行了民意调查. 此次选举只有两名候选人参加竞选. 民意调查显示，参与民意调查的选民中有 53% 的想选共和党候选人，边际误差为 2.5 个百分点. 共和党人可以准备开庆祝派对了吗？为什么？

48. 盖洛普的一项民意调查发现，有 36% 的美国人赞成关于禁止制造、销售和持有半自动（突击）步枪的法律（与 2000 年的 60% 相比有所下降）. 边际误差是 4%. 你认为声称三分之一的美国人赞成这项法律是否合理？说明原因.

49. 皮尤研究中心通过固定电话和手机对 1 521 名受访者进行了一项全国性的调查，结果发现 46% 的成年人支持堕胎合法化. 边际误差是 3 个百分点. 你认为声称大多数美国人反对堕胎合法化是否合理？说明原因.

50. 在对 1 002 人的调查中，701 人（占 70%）表示他们在最近的总统选举中投了票（根据 ICR 研究小组的数据）. 调查的边际误差为 ±3 个百分点. 然而，实际投票记录表明，所有有资格的选民中只有 61% 的选民确实投了票. 这是否一定意味着人们

在调查时撒谎了？说明原因.

进一步应用

51. **新药的疗效.** 作为美国食品药品监督管理局（FDA）批准程序的其中一步，FDA 对一种新的类风湿关节炎药物与安慰剂进行了比较. 随机选择 482 名患者进行双盲实验，结果发现使用新药的患者中有 41% 的患者的症状减轻，而使用安慰剂的患者中有 19% 的患者的症状有所改善（《西部医学杂志》(*Western Journal of Medicine*)）.

a. 哪些患者属于治疗组？哪些患者属于对照组？

b. 看上去实验结果能为新药的有效性提供证据吗？为什么？

c. 此次实验结果是否说明实验中存在安慰剂效应？说明原因.

d. 如果你是专家小组中的一员，在决定是否批准这种新药时，基于这项研究你会如何投票？说明你的理由.

52～56：现实中的研究. 考虑以下统计研究:

a. 确定感兴趣的总体和总体参数.

b. 描述研究中的样本和样本统计量.

c. 确定研究类型.

d. 讨论一下你还需要了解其他哪些事实，才能让你相信该研究或者会依照该研究的结果做出决策.

52. 华盛顿大学艾滋病和性病中心进行了一项研究，他们追踪了 17 517 名无症状的北美艾滋病患者的生存率，这些患者在感染发展的不同阶段开始药物治疗. 研究发现，与较早开始药物治疗的患者相比，那些直到病情加重才开始抗逆转录病毒治疗的无症状患者的死亡率更高（《新英格兰医学杂志》）.

53. 福克斯（Fox）新闻对 900 名登记选民进行的调查发现，19% 的美国人会“礼物重组”（即把他们收到的礼物再作为礼物送出去）. 女性（21%）比男性（16%）更倾向于“礼物重组”，该结果几乎与收入无关. 边际误差是 3 个百分点.

54. 福克斯（Fox）新闻通过电话采访 1 006 名美国登记选民（434 次固定电话和 572 次手机）进行的一项民意调查发现，有 84% 的选民认为假新闻正在伤害国家（61% 的“非常担扰”，23% 的“比较担扰”），有 79% 的选民有自信可以在阅读新闻时辨别出假新闻.

55. 一项针对缓解慢性非特异性腰疼的针灸研究对 241 名患者的针灸治疗和“常规护理”进行了比较. 研究人员声称，针灸治疗对患者来说“对健康的益处不大”，并且其费用比常规护理略高（《英国医学杂志》(*British Medical Journal*)）.

56. 自 1974 年以来，综合社会调查几乎每年都会向美国人提出以下问题：

美国最高法院已裁定，任何州或地方政府都不得要求在公立学校朗读《主祷文》或《圣经》经文. 您是否赞成或反对法院的裁决？

1974 年，有 30.8% 的受访者赞成该裁决，66.1% 的受访者反对该裁决. 2014 年，有 39.1% 的受访者赞成该裁决，56.7% 的受访者反对该裁决.

57. **综合社会调查.** 综合社会调查（GSS）是由芝加哥大学的国家民意研究中心（NORC）在 1972 年建立的，GSS 已经对观点和态度的变化趋势进行了 40 多年的追踪. 访问 GSS 网站（gss.norc.org），打开“GSS Data Explorer”，转到“Explore GSS Data”，输入关键字或词，然后选择一个调查主题. 你可以查看调查问题以及调查过该问题的所有年份的数据.

a. 使用 GSS 网站查找对于“你相信人死后还有生命吗？”这一问题的调查结果. 在 1973 年到 2014 年间，对这个问题回答“是”、“否”和“不知道”的人的百分比有何变化？

b. 使用 GSS 网站查找对于“你认为应不应该使大麻合法化？”这一问题的调查结果. 在 1973 年到 2014 年间，对这个问题回答“是”的人所占的百分比有何变化？

c. 查找你感兴趣的调查问题. 汇报你找到的结果，并将其与你预期的结果进行比较.

实际问题探讨

58. **新闻中的统计学.** 从过去一周的新闻中选择三个涉及统计数据的新闻报道. 用几句话描述统计数据在该新闻中的作用.

59. **你专业中的统计学.** 用两到三段文字描述你认为统计学在你的专业研究领域中的重要性.（如果你还没有选择专业，请根据你正在考虑的专业回答这个问题.）

60. **体育中的统计.** 主场（或主球台或主冰场）优势是真实存在的. 关于主场优势的分析有很多，请至少查看其中两个，并汇报你的发现. 什么运动（棒球、橄榄球、篮球或足球）的主场优势最大？如何最合理地解释主场优势？

61. **样本和总体.** 在今天的新闻中查找关于各类统计研究的报道. 文中研究的总体是什么？样本是什么？你觉得为什么该样本可以这样选取？

62. **不良抽样.** 查找一篇关于统计研究的新闻文章，其中的研究试图确定总体的某个参数，但你认为它存在抽样不良的问题（例如，样本太小或对总体不具有代表性）. 描述总体、样本以及你认为抽样时所犯的错误. 简要讨论你认为不良抽样对研究结果会有怎样的影响.

63. **良好抽样.** 查找一篇关于统计研究的新闻，其中的样本是你认为选得很好的. 描述其总体、样本以及你为什么认为该样本是好样本.

64. **边际误差.** 查找最近的关于调查或民意测验的报告，说明调查或民意测验中所使用的样本统计量和边际误差.

实用技巧练习

利用本节的实用技巧中给出的方法或用 StatCrunch 回答下列问题.

65～66. 随机数. 使用计算器、Excel 或 StatCrunch 生成下面练习中的随机数.

65. 生成并记录下列各数字：
  a. 0 到 1 之间的 10 个随机数
  b. 0 到 10 之间的 10 个随机数
  c. 1 到 2 之间的 10 个随机数
  d. 10 到 20 之间的 10 个随机数

66. a. 生成 0 到 1 之间的 10 个随机数. 这些数字的均值（将数字之和除以 10）有多大？
  b. 再生成 3 组 0 到 1 之间的 10 个随机数，并计算每组的均值. 比较这四个（包括 (a) 中的那一组）均值，有何发现？
  c. 在不进行计算的情况下，你认为 0 到 1 之间的 1 000 个随机数的均值有多大？说明理由.

5.2 你应该相信统计研究吗？

大多数统计研究都是公正而严谨地进行的. 然而，偏差可能会以许多不同的方式出现，因此仔细检查统计研究的报告就变得十分重要. 在本节中，我们将讨论八条准则，这些准则可以帮助你回答“我应该相信统计研究吗？”这个问题. 我们把这些准则总结如下.

评价统计研究的八条准则

1. *了解研究的全貌.* 你应该了解这项研究的目标、研究的总体以及研究方式是观察性的还是实验.
2. *考虑来源.* 在研究人员这一部分寻找任何潜在的偏差来源.
3. *寻找样本中的偏差.* 确定抽样方法是否可以得到有代表性的样本.
4. *寻找定义或测量待研究变量时的问题.* 变量定义含混不清会导致研究结果难以解释.
5. *谨防混杂变量.* 如果研究忽略了潜在的混杂变量，其结果可能是错的.
6. *检查报告中的设置和措辞.* 寻找任何可能产生不准确或不诚实回应的问题.
7. *检查结果的表述是否正确.* 检查研究结果是否真的支持给出的结论.
8. *退后一步考虑结论.* 评估研究是否达到了目标. 如果达到了目标，结论是否有意义且具有实践价值呢？

准则 1：了解研究的全貌

在评估一项统计研究的细节之前，我们首先必须知道它是研究什么的. 想获得全貌的一个好的切入点是试着回答下面这些基本问题：

- 研究的目标是什么？
- 研究的总体是什么？总体的定义是清楚且合适的吗？
- 研究方式是观察性的还是实验？如果是一个实验，它是单盲的还是双盲的？实验的治疗组和对照组是不是随机分配的？考虑到研究目标，研究方式是否合适？

例 1 研究方法合适吗？

想象以下（假想的）的新闻报道：“研究人员给了 100 名参与者各自的星座运势，然后询问他们星座运势是否准确；85% 的人回答“是”（即星座运势是准确的）．研究人员由此得出结论，星座运势大部分时间都是准确的.”[①] 根据准则 1 分析这项研究.

解 本研究的目标是确定星座运势的准确性. 根据新闻报道，这项研究是观察性的：研究人员只是简单地询问参与者认为星座运势是否准确. 然而，因为星座运势准确与否其实是一种主观看法，这项研究应该通过实验来进行，在实验中应该有一些人拿到真正的星座运势，而其他一些人拿到假的星座运势. 然后，研究人员来寻找这两组之间的差异. 此外，由于实验员可能会不经意地以不同的询问方式来影响最终结果，因而实验还应该是双盲的. 总之，研究方法不适合此次研究的目标，因此得到的结果是毫无意义的.

► 做习题 9~10.

准则 2：考虑来源

统计研究应该是客观的，但是进行和资助该研究的人可能存在偏差. 因此我们总是要考虑研究的来源，并评估是否有潜在的、可能导致结论无效的偏差.

例 2 吸烟有益健康吗？

到 1963 年为止，已有大量研究表明吸烟有害健康，因此美国的卫生部长公开宣称吸烟有害健康. 自那以后的研究都为此结论提供了进一步的支持证据. 尽管绝大多数研究都表明吸烟有害健康，但还是有少量研究发现吸烟不仅不会危害健康，反而对健康有益. 这些研究一般是由烟草研究所进行，并由烟草公司资助的. 根据准则 2 分析烟草研究所的研究.

解 出于经济利益的考虑，烟草公司希望将吸烟的危害最小化. 由于烟草研究所进行的研究是由烟草公司资助的，因此研究人员可能会受公司喜好的影响. 当然，这种潜在的偏差并不意味着他们的研究一定是有偏差的，但其研究结果与相关的其他所有研究结果都相悖，仅这一事实就值得深思. [②]

► 做习题 11~12.

准则 3：寻找样本中的偏差

寻找可能使样本对总体不具有代表性的偏差. 在选取样本时最常见的偏差是如下两种.

样本选取中的偏差

当研究人员选取样本的方式可能导致样本无法代表总体时，那么我们称发生了**选择偏差** (selection bias)（选择效应）. 例如，一个选举前的民意测验如果只对登记的共和党人进行调查，那么样本不可能反映所有选民的意见，因此样本存在选择偏差。

当人们可以选择是否参与时会出现**参与偏差** (participation bias). 例如，如果在调查时参与者必须主动参与调查而不是被随机选取，那么对调查问题持强烈态度的人会更有可能参与调查.（人们可以自行选择参加的调查或投票通常被称为自选或自愿调查.）

---

① **顺便说说：** 调查显示，将近一半的美国人相信星座运势. 然而，在实验中，星座运势的准确性表现得并不比信口胡说的准确性高.

② **顺便说说：** 经过几十年的争论后，1999 年，Philip Morris 公司——这是世界上最大的烟草制品销售公司——公开承认吸烟会引起肺癌、心脏病、肺气肿和其他严重的疾病. 此后不久，Philip Morris 公司更名为 Altria.

案例研究 1936年《文学文摘》的调查

《文学文摘》是 20 世纪 30 年代非常流行的杂志，它曾经利用大规模投票成功地预测了几次总统选举的结果. 1936 年，《文学文摘》的编辑在总统选举前进行了一次特别大型的民意调查. 他们从各种名单里随机选择了 1 000 万人作为样本，名单包括电话簿和乡村俱乐部的名册. 他们给这 1 000 万人每人都寄了一张明信片选票. 大约 240 万人寄回了选票. 根据投票结果，《文学文摘》的编辑们预测阿尔夫·兰登（Alf Landon）将以 57% 对 43% 的优势战胜富兰克林·罗斯福（Franklin Roosevelt）而赢得总统选举. 然而，最终罗斯福赢得了 62% 的选票. 这个如此大规模的民意调查为何会错得如此离谱呢？

本案例中的样本既有选择偏差又有参与偏差. 选择偏差是由于《文学文摘》在选择 1 000 万人的样本时更加青睐富裕的人. 例如，从电话簿中挑选名单意味着只从那些在 1936 年就能负担得起电话费的人中进行挑选，而在 1936 年电话费相当昂贵. 类似地，乡村俱乐部的成员通常也都很富有. 之所以最终结果会偏向于共和党的兰登，就是因为 20 世纪 30 年代的富裕选民倾向于投票给共和党候选人.

至于存在参与偏差则是因为明信片选票是自愿寄回的，所以对选举持强烈态度的人更可能寄回他们的选票. 这种偏差也倾向于支持兰登，因为兰登是一位挑战者，不喜欢罗斯福的民众通过寄回明信片来表达他们对于改变的渴望. 尽管参与人数众多，但这两种偏差的存在却使得样本数据毫无用处.①

例 3 比较调查方法

回顾一下本章开篇的问题，为了调查美国人对新医疗改革计划的看法，那里提供了五个选项. 我们已经知道正确的答案是 A，由专业机构对 1 000 位美国人进行简短访谈. 解释为什么其他几个选项都得不到有代表性的结果. 然后解释为什么 A 是正确的.

解 从 B 到 E 的所有选项都存在样本选取中的偏差. 我们先看选项 E，特殊选举. 尽管大规模的民众投票可以说是做民意调查的最好方式之一，但特殊选举往往只能吸引小规模的选民，尤其是这种仅仅为了了解民意支持率而举行的特殊选举，与存在真正利害关系的投票相比，它只会吸引更少的选民. 因此特殊选举存在参与偏差，投票的大多是那些对此持有强烈态度的选民. 选项 D，有 200 万人参与的在线投票，同样也存在参与偏差，因为人们可以自愿 ②选择是否参加在线投票. 所以选项 D 和 E 得到的结果都不会比上面的《文学文摘》1936 年的调查结果更准确.

选项 C 和 B 都存在选择偏差. 选项 C 的样本（访谈选在某个周一上午 9 点在杂货店进行）本质上是一个方便样本（在这一时间购物的民众构成了样本），该样本不太可能代表总体. 周一上午在杂货店接受采访的人会过多地代表全职妈妈或爸爸，而不能代表朝九晚五的上班族. 此外，这个选项还有一个问题就是采访是由志愿者完成的. 而通常采访者需要经过培训，以确保他们是客观的. 选项 B 的采访由专业的采访者完成，但是从过去一年有住院经历的人中选择参与者. 这个样本也存在选择偏差，因为最近住过院的人平均年龄比总体中其他人要大，健康程度也更差. 另外，最近有住院经历的人对医保系统的观点可能与其他大多数普通民众是不一样的.

因此，尽管包含的人数远远少于其他选项，选项 A 却最有可能产生有代表性的结果. 事实上，利用将在 6.4 节中介绍的方法，我们可以得到这个对 1 000 位美国人精心进行的民意调查的边际误差不超过 4 个百分点，尽管民意调查的规模不大，但结果还是很不错的.

▶ 做习题 13~14.

① **历史小知识：** 一位名叫乔治·盖洛普（George Gallup）的年轻人在 1936 年的选举之前也进行了自己的调查. 通过采访 3 000 个随机挑选的人，他准确地预测了选举的结果，并指出了《文学文摘》调查中的谬误. 在此之后，盖洛普建立了一个非常成功的咨询公司.

② **顺便说说：** 自愿参与已成为很多合法民意调查机构的大麻烦. 几十年前，在民意调查中被选中的大多数参与者都会同意参加，直到 1990 年代后期，回应率也超过 35%. 但是，目前大多数民意调查的回应率已降至 10% 以下. 这大概就是最近的选举前民意调查往往被证实不可靠的原因.

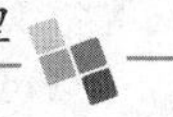

准则 4：寻找定义或测量待研究变量时的问题

统计研究通常要观测某样东西，我们称之为研究中**感兴趣的变量** (variables of interest). 简单来说，变量指的是可以变化或可以取不同值的项或量. 例如，尼尔森评级中的变量包括被观看的节目和观众的人数.

> **定义**
>
> **变量**是指可以变化或可以取不同值的任何项或量.
>
> 统计研究中**感兴趣的变量**是该研究试图观测的项或量.

如果研究的变量很难定义或测量，那么统计研究的结果将特别难以解释. 例如，如果要研究运动对静息心率的影响, 则感兴趣的变量是运动量和静息心率. 这两个变量都很难定义和测量. 比如运动量，我们很难界定运动具体包括的内容：包括步行到教室吗？除非变量的定义是明确的，否则我们很难评价研究结果.

思考 在定义和测量静息心率时会遇到哪些困难？

例 4 金钱能买到爱情吗？

《今日美国》曾报道过儒博（Roper）公司针对美国最富有的 1% 的人所做的一项调查. 调查发现，这些富人平均要为“真爱”支付 487 000 美元，为“非凡才智”支付 407 000 美元，为“才能”支付 285 000 美元，为“永恒的青春”支付 259 000 美元. 利用准则 4 分析这个结论.

解 这项研究中的变量很难定义. 例如，你如何定义“真爱”？这意味着真爱一天、一辈子，还是多久？同样，什么是“才能”？能让一把勺子在鼻子上保持平衡是否属于“才能”？因为变量的定义不明确，不同的人可能有不同的理解，这就使得调查结果很难被解释清楚.

▶ 做习题 15.

例 5 非法药物数量

经常可以看到被这样引用的统计数字：执法当局成功地截获了大约 10% 的非法药物进入美国. 你应该相信这个统计数字吗？

解 该研究主要有两个变量：被截获的非法药物数量和未被截获的非法药物数量. 被执法人员截获的非法药品数量应该比较容易确定. 然而，因为是非法药物，所以未被截获的非法药物数量就无从得知了. 虽然可以用数据（如逮捕、过量用药等）来仔细估算非法药物的数量，但 10% 这个精确的数字看起来更像是“PFA”(“PFA”一词引自某警官的话，意思是“凭空而来”(pulled from the air)).

▶ 做习题 16.

准则 5：谨防混杂变量

有些变量并不是你想研究的变量，但有时它们会影响你正确地解释结果. 这些变量通常被称为**混杂变量**，因为它们经常混淆研究结果.

混杂变量并不总是能被轻易地发现. 有时候混杂变量在一项研究完成多年之后才被发现，有时候它们自始至终从未被发现. 幸运的是，混杂变量通常是显而易见的，只需仔细考虑可能会影响研究结果的各种因素就可以发现它们.

例 6 氡气和肺癌

氡气是由地下的某些自然作用（铀的衰变）产生的放射性气体. 氡气可以通过地基渗入建筑物内，如果门窗关闭，氡气可在室内聚积到相当高的浓度. 设想一项旨在确定氡气是否会引发肺癌的研究，该研究将比较美国科罗拉多州和中国香港的肺癌发病率，因为氡气在科罗拉多州是相当常见的，而香港几乎没有. 假设研究发现两地的肺癌发病率几乎是一样的，那么能否由此断定氡气并非引发肺癌的重要原因呢？

解 研究的变量是氡气含量和肺癌发病率. 然而，氡气并非引发肺癌的唯一原因. 例如，已知吸烟也是引起肺癌的原因之一，而且香港的吸烟率比科罗拉多州的吸烟率要高得多. 因此吸烟率是本研究的一个混杂变量，如果不将吸烟率考虑在内，那么任何关于氡气与肺癌的结论都不可能是正确的. 事实上，仔细的研究已经表明氡气会引起肺癌，美国环境保护署（EPA）建议采取措施防止室内氡气聚积. [①]

▶ 做习题 17~18.

准则 6：检查报告中的设置和措辞

即使研究选择了合适的样本，并且明确了待研究的问题和变量的定义，注意设置和措辞中的问题也是非常重要的，因为这些问题可能会导致不准确或不诚实的回答. 当调查涉及敏感话题时，比如个人习惯或收入，尤其可能得到不诚实的回答. 例如，“你会在个人所得税上造假吗？”这个问题是不可能从造假者那里得到诚实的回答的，尤其是在调查的设置并不能做到完全保密的情况下.

有时候，仅仅是改变问题中的词语顺序就会影响结果. 在德国进行的一项调查随机选择了两组参与者分别回答以下两个问题中的一个：

- 你认为交通与工业相比对空气污染更大还是更小？
- 你认为工业与交通相比对空气污染更大还是更小？

这两个问题唯一的不同之处就是“交通”和“工业”这两个词的顺序[②]，但这种差异却戏剧性地改变了结果：第一个问题，受访者中 45% 的回答是交通影响更大，32% 的回答是工业影响更大. 但对于第二个问题，受访者中只有 24% 的回答是交通影响更大，而 57% 的回答是工业影响更大.

例 7 你支持减税吗？

美国共和党全国委员会进行了一次民意调查，以确定美国人是否支持他们提出的减税提案. 问：“你支持减税吗？”大多数人回答：支持. 我们能否由此推断美国人是支持这项提案的？

解 诸如“你支持减税吗？”这样的问题是有偏差的，因为它没有给出其他选项（这很像 1.1 节介绍的有限选择的谬误）. 事实上，同期进行的其他民意调查表明，差不多大的群体表示对联邦政府赤字非常担忧. 当有非政府组织提出：“即使减税会增加政府财政赤字，你也支持减税吗？”这样的问题时，民众对减税的支持率就要低得多.

▶ 做习题 19~20.

准则 7：检查结果的表述是否正确

即使统计研究都做得很好，但得到的数据最终还有可能在用图表展示或总结时被曲解. 研究人员偶尔可能会曲解自己的研究结果或凭空得到研究结果并不支持的结论，尤其是当他们对某种解释有个人倾向时. 有时候仅仅是为了使结论更抓人眼球，报告者会曲解调查结果或给出一个莫须有的结论. 最常见的问题之一是误读图表（见 5.4 节）. 总的来说，你应该仔细检查研究的结论（图表和文字）与相应的实际数据是否一致.

---

① **顺便说说：** 许多五金店会出售一些可用来检测家里是否有氡气聚积的简单工具. 如果发现有的话，就可以安装一个“驱氡”系统来解决这个问题，该系统通常包含一个风扇，可以在氡气进入室内之前将其从房子下方吹出去.

② **顺便说说：** 人们更倾向于选择调查中先出现的选项，原因在于被心理学家称为“可用性错误”的心理，即人们倾向于用脑海中已有的概念来做出判断. 专业的民意调查机构会非常小心地避免这个问题；例如，如果它们提出一个有两个选项的问题，那么会以一个顺序询问样本中一半的人，而以相反的顺序询问另一半人.

例 8 教育委员会需要学统计学吗？

科罗拉多州博尔德市的教育委员会宣称：28% 的博尔德市在读儿童读书水平“达不到年级水平”，因此需要改进阅读教学方法. 这在博尔德市引起了广泛讨论. 教育委员会的依据是阅读测试的数据：博尔德市学生中有 28% 的得分低于全国平均成绩. 该数据支持教育委员会的结论吗？

解 博尔德市有 28% 的儿童阅读得分低于同年级的全国平均水平，这也意味着有 72% 的儿童得分高于或等于全国平均水平. 教育委员会关于学生阅读能力“达不到年级水平”的悲观声明只有在“年级水平”是指某个年级的全国平均分时才有意义. 这种对“年级水平”的解释莫名其妙，因为这意味着，不管学生分数有多高，总有半数的学生低于平均水平. 阅读教学方法也许需要改进，但根据这些数据却无法得出这个结论.

▶ 做习题 21~22.

准则 8：退后一步考虑结论

即使一项统计研究合乎以上各条准则，最后你还是应该退后一步再考虑一下结论. 问自己以下各问题：

- 研究是否达到了目标？
- 结论是否有意义？
- 你能排除结论的其他解释吗？
- 如果结论确实有意义，它们有什么实践价值吗？

例 9 实践价值

假设正在进行一项实验：将减肥的人分成两组，治疗组尝试新的“快速饮食补充剂”，对照组用其他方法减重，对比两组减掉的体重. 八周后，结果显示治疗组比对照组平均多减了 0.5 磅. 假设快速饮食补充剂没有任何毒副作用，这项研究是否表明它是减肥者的福音？

解 与一般人的体重相比，0.5 磅的差别根本微不足道. 因此，即使这项研究是完美的，结论似乎也没有什么实践价值.

▶ 做习题 23~26.

在你的世界里 枪支辩论：防卫用枪

在美国很难避免关于枪支问题的争辩，而且辩论双方都经常引用难以验证或解释的统计数据. 因此，在形成你自己对于枪支问题的看法时，了解你听到的统计数据的具体含义及其不确定性就很重要了. 例如，防卫用枪，简称 DGU，是指持有枪支仅用于自卫或保护他人（救人性命或阻止犯罪），我们来考虑关于 DGU 的相关统计数据. 为了确定 DGU 的年均使用量，研究人员至少已经努力了 20 年，但是不同的研究人员得到的估计值差异极大（从每年约 80 000 到 2 500 000）. 如果 DGU 的年均使用量很大，正如枪支支持者所声称的那样，那就说明携带枪支用以自卫是必要的. 如果 DGU 的年均使用量很小，或者 DGU 经常造成悲剧性的后果（正如枪支管制支持者所声称的那样），那么这些统计数据就为禁枪提供了证据.

为什么统计数据的变化范围如此之大呢？利用本节介绍的各条准则，我们可以理解其中的某些原因. 由准则 1，我们知道进行观察性研究是估计 DGU 数量的唯一可行方法，研究需要对持有枪支者进行调查，或者检查警局或新闻媒体关于 DGU 的记录. 这立刻就能导致样本中存在偏差问题（准则 3）：如果是对枪支持有者进行调查，则可能很难选取有代表性的样本，而警局和新闻媒体的记录通常基于自愿报告. 在定义感兴趣的变量时，我们要用到准则 4：明确什么才算是 DGU. 在关于 DGU 的自愿报告中，你会看到不同的人对 DGU 的定义可能是不同的，比如仅仅有枪支存在或挥舞枪支（而未真正开火）算不算 DGU，比如犯罪分子出于自卫原因使用枪支是否算 DGU，等等. 在双方都持有枪支的情况下，确定哪一方属于防卫一方时，有可能会产生混杂变量（准则 5），而调查问题本身也可能会导致不正确或不诚实的回答（准则 6）. 例如，该话题的争议性可能会让枪支支持者夸大枪支的自卫功能. 即使是那些试图诚实回答问题的人，也可能会因为一种被称为伸缩效应的常见认知效应而给出不准确的答复，在伸缩效应下，人们在回忆过去事件的发生时间时会犯错；此时，伸缩效应可能会使受访者认为某个 DGU 事件是去年发生的，而实际上该 DGU 事件是在更早的年份发生的.

这些以及其他一些困难说明了为什么对 DGU 数量的估计值差别会如此之大，我们来看最后两条准则. 你必须仔细检查关于枪支问题的任何调查结果，并确定这些结论是否客观公正（准则 7）. 然后，你还应该退后一步，仔细考虑其结论（准则 8），确定这些结论是否会影响你对枪支问题的看法.

测验 5.2

为以下每个问题选择最佳答案，并用一个或多个完整的句子解释原因.

1. 你读到一项研究，它是观察性的，但该问题显然应该用双盲实验来进行研究. 因此，观察性研究的结果 ( ).
   a. 是对的，但有点不可靠
   b. 是对的，但前提是你要先纠正错误的研究方式
   c. 本质上毫无意义
2. 英国石油公司进行的一项研究表明，发生在墨西哥湾的大规模石油泄漏不会造成长期破坏. 这一结论 ( ).
   a. 肯定是无效的，因为这项研究有偏差
   b. 也许是对的，但潜在的偏差意味着你应该非常仔细地检查该结论是如何得到的
   c. 可能是对的，如果它确实落在研究得到的置信区间内
3. 考虑一项旨在了解美国大学新生的社交网络的研究. 研究人员随机选择住在校内宿舍的学生进行访问. 这种抽样方法意味着该研究将受到的影响是 ( ).
   a. 选择偏差　　b. 参与偏差　　c. 混杂变量
4. 美国的《好声音》节目根据所有自愿投票者的投票结果选出获胜者. 这意味着获胜者 ( ).
   a. 是大多数美国人想要其获胜的人
   b. 可能是也可能不是大多数美国人想要其获胜的人，因为投票受到参与偏差的影响
   c. 可能是也可能不是大多数美国人想要其获胜的人，因为投票应该是双盲的
5. 你在进行一项实验：测量 6 岁儿童的体重. 本研究感兴趣的变量是 ( ).
   a. 样本容量　　b. 6 岁儿童的体重　　c. 在读儿童的年龄
6. 某调查询问 1 000 个人"你多久看一次牙医?"本研究感兴趣的变量是 ( ).
   a. 每年去口腔科的次数　　b. 样本容量 1 000 人　　c. 口腔护理的质量
7. 想象一下，对随机选择的一些人进行调查发现，在过去一年里使用防晒霜的人中有更多人被晒伤. 对于这个结果，以下哪个解释最有可能是对的? ( )
   a. 防晒霜毫无用处
   b. 研究中选择的人都用了过期的防晒霜
   c. 使用防晒霜的人可能暴露在阳光下的时间更久
8. 你想知道人们是更喜欢史密斯还是琼斯当选市长，你正在考虑两种可能的方式来提出问题. X 的措辞是"你更喜欢史密斯还是琼斯当市长?"Y 的措辞是"你更喜欢琼斯还是史密斯当市长?"(也就是说，两种措辞中的名字顺序是相反的.) 最好的解决方法是 ( ).
   a. 对每个人都使用措辞 X
   b. 对每个人使用相同的措辞，至于是措辞 X 还是措辞 Y 则无关紧要
   c. 对其中一半人使用措辞 X，对另一半人使用措辞 Y

9. 自选调查是以下哪种调查？( )
   a. 被调查者决定回答哪个问题
   b. 人们自己决定是否参与调查
   c. 设计调查的人也是调查的参与者
10. 如果想方设法尽可能仔细地进行了一项统计研究，那么 ( ).
   a. 其结果一定是正确的
   b. 我们可以对结果充满信心，但它仍然可能是不正确的
   c. 我们说这项研究有完美偏差

习题 5.2

复习

1. 简要叙述评估统计研究的八条准则. 举一个符合所有准则的例子.
2. 叙述并比较选择偏差和参与偏差. 各举一例.
3. 研究中感兴趣的变量指的是什么？
4. 什么是混杂变量？它们可能会导致什么问题？

是否有意义？

确定下列陈述是有意义的（或显然是真实的）还是没有意义的（或显然是错误的），并解释原因.

5. 电视调查收到了超过 100 万个电话回应，因此它比仅仅访问了随机抽取的 200 个人的调查更有效.
6. 因为只在天主教堂散发了调查问卷，所以这项关于宗教信仰的调查会受到选择偏差的影响.
7. 我的实验毫无疑问地证明了维生素 C 可以缓解感冒的症状，因为我仔细地控制了实验，避免了所有可能的混杂变量.
8. 每个慢跑锻炼的人都应该尝试这种新的训练方案，因为仔细的研究表明它可以使你的速度提高 1%.

基本方法和概念

9～20：你应该相信这项研究吗？仅根据给出的信息，你是否有理由质疑以下假想的研究得到的结果？说明你的理由.

9. 一项调查旨在了解某个大城市快餐工人的小时工资，样本由从 10 家快餐店中的每家选取的 20 名快餐工人组成.
10. 一项双盲实验研究旨在确定不吃午饭的人是否更容易在下午感到疲倦.
11. 自由党美国进步中心的一项研究旨在评估共和党的一个新的预算计划.
12. 由某大型制药公司资助的一项研究旨在确定它生产的新型高血压药物是否比对手公司的同类药物更有效.
13. 某电视脱口秀节目主持人要求电视观众就要求对所有枪支销售进行背景调查的法规表达意见：如果支持该法规，就短信发送 1；如果反对，就发送 2.
14. 某个州的共和党对共和党人进行了民意调查，以确定共和党的参议院候选人是否可能击败民主党候选人.
15. 研究人员设计了五个调查问题，想确定欧洲人是否比美国人更乐观.
16. 政府的一项研究旨在确定低报收入的纳税人在所有经过审计的纳税申报人中所占的百分比.
17. 研究人员得出结论说，在预测世界级游泳运动员的成绩时，体重指数是最重要的因素.
18. 在一项关于儿童肥胖的研究中，研究人员观察样本儿童的饮食和运动习惯，仔细记录他们吃的所有食物和进行的所有运动.
19. 研究酒精滥用的社会学家散发了一些调查问卷，询问每位受访者：“在过去的一周内是否曾饮酒过度？”
20. 为了评估公众对是否应该就禁止死刑做出宪法修正的意见，一项调查询问人们：“您支持合法的谋杀吗？”

21～26：你应该相信这个说法吗？仅根据以下各研究给出的信息，确定你是否相信研究的结论. 解释原因.

21. 一个跟踪学费标准的教育研究小组发现，某小型学院的学费比 10 年前增加了 50%.
22. 一项新的节食项目声称，200 名随机选择的参与者在 6 周内人均减重 15 磅，并且该项目适合所有足够自律的人.
23. 某大学校长以新生酗酒致死率更高为由，声称禁止在学生宿舍内饮酒可挽救生命.
24. 美国职业棒球大联盟球队的发言人称，主场比赛的平均出场人数是 45 236，比上一赛季增加了 12%.
25. 当地商会声称，镇上所有企业的平均雇员人数为 12.5 人.
26. 一家汽车制造商声称，其最新的低排放柴油汽车样本的排放量比竞争对手的排放量低 20%.

进一步应用

27～34: 偏差. 在以下各研究中找到至少一种潜在的偏差来源. 解释偏差为什么会或为什么不会影响你对该研究的看法.

27. 白宫声称有 150 万人参加了 2016 年的总统就任典礼.

28. 根据对 2 718 个人的调查，全国舆论研究中心得出结论，32% 的美国人总是特别努力地对玻璃、罐子、塑料和纸张进行分类和回收，而 24% 的美国人经常做这样的努力.

29. 周六早上，杂货店请购物者品尝各品牌橙汁，并投票选出他们最喜欢的品牌.

30. 《营养学杂志》上的一篇文章指出，巧克力含有丰富的类黄酮. 文中说“经常食用富含类黄酮的食物可降低患心脏疾病的风险”. 该研究得到了玛氏公司（全球重要的巧克力生产商）、糖果公司和巧克力制造商协会的资助.

31. 根据皮尤研究中心对 35 000 名美国成年人的调查，在印度教徒、无神论者、穆斯林、天主教徒和所有美国成年人中，有四年制大学文凭的成员所占的比例分别是 77%、43%、39%、27% 和 26%.

32. 《纽约时报》及哥伦比亚广播公司的调查显示，60% 的棒球球迷对球员使用类固醇表示不满，44% 的球迷认为这些使用类固醇的球员不应被列入名人堂.

33. 盖洛普的一项民意调查对大约 175 000 名成年人进行了访谈，结果发现密西西比州是宗教信仰程度最高的州（声称非常虔诚的占 59%），而佛蒙特州是宗教信仰程度最低的州（声称非常虔诚的只有 21%）.

34. 一项针对 20 个国家的研究（见《加拿大医学会杂志》）发现，德国每年人均（均值）就医次数最多（8.5 次），而芬兰最少（3.2 次）.

35. **措辞至关重要.** 普林斯顿调查研究协会为《新闻周刊》做了一项研究，说明了调查中措辞的影响. 看以下两个问题：

- 你个人认为堕胎是不对的吗？
- 无论你个人对堕胎的看法如何，你赞成还是反对本国女性可以在医生的建议下选择堕胎？

对于第一个问题，57% 的受访者回答“是”，36% 回答“否”. 在回答第二个问题时，69% 的受访者赞成允许女性做出选择，24% 的受访者反对. 讨论一下为什么这两个问题会得到看似矛盾的结果. 不同的组织可以怎样有选择地利用这两个问题的结果呢？

36. **措辞至关重要.** 皮尤研究中心给出了以下针对同一话题的两个不同问题的调查结果.

- 当被问到“你是否赞成在伊拉克采取军事行动以结束萨达姆•侯赛因的统治？”时，有 68% 的人赞成军事行动，而 25% 的人反对.
- 当被问到“你是否赞成在伊拉克采取军事行动以结束萨达姆•侯赛因的统治，即使这意味着可能有数千名美国士兵伤亡？”时，有 43% 的人赞成军事行动，而 48% 的人反对.

讨论一下为什么这两个问题得到了如此不同的结果. 你认为这两组结果都是准确的吗？如果不是，你会怎么问这个问题从而得到更准确的结果？

37～42: 统计摘要. 就像新闻故事的内容摘要一样，统计研究通常也会精简成为一两句话的统计摘要. 对于以下从各种新闻来源获取的统计摘要，讨论一下它们缺少哪些关键信息以及在进行研究之前你还想知道什么信息.

37. 《今日美国》报道，超过 60% 的成年人因恐惧而不去看牙医.

38. 福克斯新闻调查显示，77% 的美国人说“圣诞快乐”而不是“节日愉快”.

39. 美国有线电视新闻网报道 Zagat 公司对美国顶级餐厅的调查结果显示，“只有 9 家餐厅拿到了罕见的 29 分 (满分 30 分)，而这些餐厅都不在纽约市.”

40. 根据网飞（Netflix）公司的一项研究，有 48% 的美国夫妇是“骗子”：他们承诺对方一起去看某部电影，但总有一个会独自先去看这部电影.

41. 《今日美国》报道，26% 的美国人认为土豆是他们最喜欢的蔬菜，这使得土豆成为最受欢迎的蔬菜.

42. 如果出生在美国，则印度有 30% 的新生儿将会接受重症监护.

43～44: 准确的标题？ 考虑以下各标题，每个标题后面都有一份研究摘要. 讨论标题是否能准确地代表研究.

43. 标题：“98% 的电影中有吸毒场景”

研究摘要：某“政府研究”声称租赁排行榜上的那些电影中有 98% 的电影里有吸毒、饮酒或吸烟的场景（美联社）.

44. 标题：“夫妻生活比工作更重要”

研究摘要：一项调查通过电话采访了 500 人，调查发现，500 人中 82% 的人认为满意的夫妻生活是重要或非常重要的，而 79% 的人认为满意的工作是重要或非常重要的（美联社）.

45. **问题是什么？** 讨论以下两个问题的差异，每个问题都可以作为一项统计研究的起点.

- 有多大比例的网恋最终走进婚姻？
- 有多大比例的婚姻是从网恋开始的？

46. **运动和痴呆症.** 美联社总结了《内科医学年鉴》上的一项最新研究成果，部分内容如下：

该研究随访了 1 740 名 65 岁及以上的老人，他们一开始都没有痴呆症的迹象. 每两年对参与者的健康状况进行一次评估，为期 6 年. 这些人中有 1 185 人 6 年后没有发现痴呆症迹象，其中 77% 的说他们每周锻炼三次或三次以上；有 158 人 6 年后表现出痴呆症的迹象，其中只有 67% 的人表示他们每周锻炼了三次或三次以上. 其余的老人要么去世，要么退出了研究.

a. 有多少人完成了这项研究？

b. 用上面给出的数字填写以下表格（填写人数）：

	运动	不运动	共计
痴呆			
无痴呆			
共计			

c. 绘制文氏图，用两个有重叠的圆圈来表示数据.

47. **非法投票？** 2014 年发布的《国会合作选举研究》声称他们找到了非公民投票的证据. 该结论主要基于 2008 年的一项调查，在该调查中，大约有 38 000 名登记选民同时被询问是否投票以及是否为公民. 共有 339 名受访者说自己不是公民，其中有 48 人说他们投了票.

a. 根据该项调查，有多大比例的非公民声称他们投了票？

b. 响应错误是任何一项调查都可能会面临的一个难点，比如，人们不小心选了错误的选项. 假设此项调查的响应错误率仅为 0.1%，这意味着 99.9% 的受访者准确地回答了调查问题. 那么有多少人在回答关于公民身份的问题时给出了错误的答案？（注意：数据表明，大多数调查的响应错误率均明显高于 0.1%.）

c. 假设你在（b）中得到的结果是公民错误地回答自己是非公民的人数，并且所有这些人都投了票. 如果这项调查的所有其他结果都是准确的（尽管可能性不大），那么这组数据对投了票的非公民人数有何影响？对于该调查中发现的所有非公民投票，其响应错误率是多大？

d. 2010 年重复了 2008 年进行的调查，其中一些（但不是全部）同样的成员被询问了与当年相同的公民身份问题和是否投票问题. 两次调查均参与的一些人对公民身份问题的回答确实有所改变，说明有响应错误. 此外，共有 85 人在 2008 年和 2010 年的两次调查中都声称自己是非公民，其中有 0 人表示投了票. 有些人认为该研究存在缺陷，因此实际上并没有为存在非公民投票提供证据，如何利用该结果支持这些人的观点？

实际问题探讨

48. **调查机构.** 浏览大型专业调查机构的网站. 研究最近的民意调查结果，并利用本节给出的八条准则来评估该调查.

49. **应用准则.** 查找与你感兴趣的主题相关的统计研究的最新新闻报道. 利用本节给出的八条准则，撰写对该研究的简短评语.（某些准则可能不适用于你正在分析的研究，在这种情况下解释为什么该准则不适用.）

50. **可信的结果.** 查找最近有关统计研究的新闻报道，找一篇你认为该研究的结果有意义且重要的新闻报道. 在一页纸内，总结该项研究并解释你为什么认为它是可信的.

51. **不可信的结果.** 查找最近有关统计研究的新闻报道，找一篇你认为该研究的结果无意义或不重要的新闻报道. 在一页纸内，总结该项研究并解释你为什么不相信它的结论.

5.3　统计图表

无论是看新闻报刊文章、企业年报还是政府报告，我们都几乎肯定会看到统计数据的图形和表格. 有些图表很简单，有些可能会相当复杂. 有些图表有助于我们更容易地理解数据，而有些可能会让我们更困惑甚至直接误导我们. 本节我们将研究表格和图形的一些基本原理，为理解 5.4 节中更复杂的图表做准备.

频数表

一位教师列出了她给 25 名学生的论文所打的等级成绩：

A C C B C D C C F D C C C B B A B D B A A B F C B

这一行数据包含了所有等级分数，但是看起来并不清楚. 用一个**频数表** (frequency table) 可以更好地展示这些数据，该表展示每一种等级成绩出现的次数或**频数** (frequency) （见表 5.1）. 五种等级成绩被称为表的**类别** (categories).

表 5.1

等级	频数
A	4
B	7
C	9
D	3
F	2
共计	**25**

频数表

一个基本的**频数表**有两列:

第一列列出数据的所有**类别**.

第二列列出每个类别的**频数**，即属于该类别的数据的个数.

频数还有两种常用的表达形式. 类别的**频率** (relative frequency) 指的是属于该类别的数据个数占数据总数的比例或百分比. 例如，25 个学生中有 4 个获得了等级 A，所以 A 的频率是 4/25，即 16%. 频率的总和一定等于 1，或 100%（尽管有时候取舍误差可能会导致图表中的频率总和略大于或小于 100%）. **累计频数** (cumulative frequency) 是指属于某个类别或其前面任意一个类别的数据的总个数. 例如，C 级和以上级别的累计频数是 20，因为共有 20 个学生得到等级 A、B 或 C.

定义

任一类别的**频率**是指属于该类别的数据个数所占的比例（或百分比）:

$$频率 = \frac{该类别的频数}{数据总个数}$$

任一类别的**累计频数**是指属于该类别或其前面任一类别的数据个数.

例 1　频率和累计频数

在表 5.1 中增加两列来显示频率和累计频数.

解　表 5.2 展示了新的列和相应的计算结果.

表 5.2

等级	频数	频率	累计频数
A	4	4/25=16%	4
B	7	7/25=28%	7+4=11
C	9	9/25=36%	9+7+4=20
D	3	3/25=12%	3+9+7+4=23
F	2	2/25=8%	2+3+9+7+4=25
共计	**25**	**1=100%**	**25**

▶ 做习题 13~14.

思考　简要解释一下为什么频率的总和一定是 1 或者 100%.

实用技巧 Excel中的频数表

利用 Excel 可以很方便地创建统计表格并进行相关计算. 下面说明如何逐步利用 Excel 创建例 1 的频数表.

1. 为类别和频数创建列，然后输入数据；创建一个 Excel 表，在 B 和 C 列显示表 5.2 中的等级和频数数据. 在 C 列的底部，即 C8，使用 SUM 函数来计算数据总数.

2. 计算频率（D 列），将 C 列的每个频数除以 C8 中的总数. 输入第一行的公式是 =C3/C8，并使用“下拉”编辑选项将正确的公式放入剩余的行中. 注意: 在使用“下拉”时，必须在 C 和 8 前面加上符号“$”，从而使得对 C8 的引用成为“绝对单元格引用”. 如果没有这些符号，使用“下拉”将会使每一行的单元格引用相应下移（变成 C9、C10，等等），在本例中这是不对的.

数据类型

论文的等级通常是主观的，因为不同的老师给同一篇论文的等级可能是不同的. 我们说从等级 A 到等级 F 的这些类别是**定性的** (qualitative)，因为它们表征的是性质是好的或坏的. 与此相反，由选择题构成的小测验的分数则是**定量的** (quantitative)，因为它们表示计数（或测量）的正确答案的个数. 我们很快会看到，在创建图表时区分定性和定量数据是很有用的.

数据类型

定性数据描述性质或类别，其中的数据可以被分为非数字的不同类别.

定量数据表示计数或测量的结果.

例 2 数据类型

判断以下数据是定性的还是定量的.

a. 消费者调查表中鞋的品牌名称.

b. 学生的身高.

c. 某部电影的观众评分，分值为 1~5 分，5 分表示非常好.

解

a. 品牌名称不是数字，所以是定性数据.

b. 身高是测量值，所以是定量数据.

c. 虽然电影评分类别是数字，但数字代表的是对电影的主观看法，并非计数或测量的结果. 因此，尽管这些数据是数字，但它们是定性数据.

▶ 做习题 15~22.

数据分组

当我们处理定量数据的类别时，将数据分组或将数据放入覆盖一定取值范围的类别中是很有用的. 例如，在展示收入水平的表格中，将数据分为 0~19 999 美元，20 000~ 39 999 美元等不同区间可能是有用的. 这时每个类别的频数就是收入落在相应取值范围内的人数.

例 3 考试分数的分组

下面 20 个分数取自总分为 100 分的考试:

76 80 78 76 94 75 98 77 84 88 81 72 91 72 74 86 79 88 72 75

对这组数据进行适当的分类，并制作频数表. 要求频数表包括频率和累计频数，并解释这里累计频数的含义.

解 分数从最低的 72 到最高的 98. 对这组数据而言，一种比较好的分类方法是将数据分到若干个长度为 5 分的小区间内. 第一个区间是 95~99 分，第二个区间 90~94 分，等等. 注意，区间之间不要有重叠且每个区间的长度相等. 然后我们计算落在每个区间内的分数的个数. 例如，在区间 95~99 内只有 1 个分数（最高分 98 分），在区间 90~ 94 内有 2 个分数（91 分和 94 分）. 表 5.3 显示了完整的频数表. 在本例中，任一区间的累计频数代表的是落在该区间内或高于该区间分数的总的分数个数. 例如，85~89 区间内的累计频数是 6，这意味着共有 6 个分数或者落在 85~ 89 分之间或者高于 89 分.

表 5.3 考试分数的分组频数表

分数	频数	频率	累计频数
95~ 99	1	1/20=0.05	1
90~ 94	2	2/20=0.10	2+1=3
85~ 89	3	3/20=0.15	3+2+1=6
80~ 84	3	3/20=0.15	3+3+2+1=9
75~ 79	7	7/20=0.35	7+3+3+2+1=16
70~ 74	4	4/20=0.20	4+7+3+3+2+1=20
共计	**20**	**1.00**	**20**

▶ 做习题 23~24.

条形图和饼图

条形图和饼图通常用来展示定性数据. 也许你很熟悉这两类图，但我们仍旧来回顾一下基本概念.

条形图 (bar graph) 使用长条来表示每个类别的频数（或频率），频数越大，对应的长条越长. 长条可以是垂直的，也可以是水平的. 图 5.3 是表 5.1 中论文等级数据的条形图，长条是垂直的. 注意，该图同时展示了频数和频率：频数标注在左边的纵轴上而频率标注在右边的纵轴上. 要特别注意清楚标注的重要性：没有正确的标注，图是没有意义的.

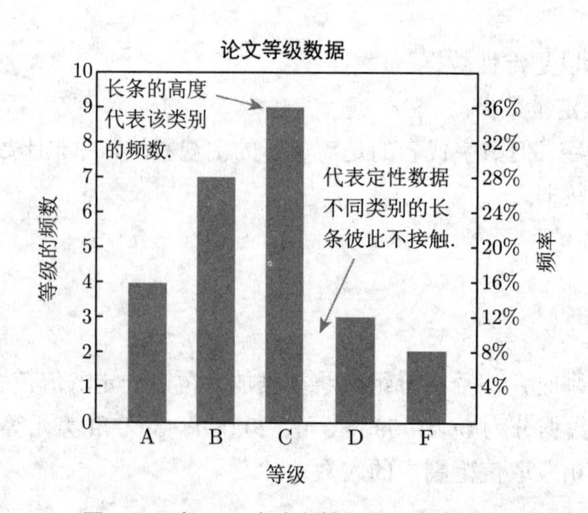

图 5.3 表 5.1 中论文等级数据的条形图

图的重要标注

标题/说明：所有图都应该有标题或说明（或两者都有），说明要展示的内容，如果可以的话，最好列出数据的来源.

纵轴刻度和名称：纵轴上的数字应该清楚地标明刻度. 沿纵轴上的刻度线精准地定位数值型的数据，而数字应该与刻度线对齐，同时要包含纵轴的名称从而说明数字代表的变量是什么.

横轴刻度和名称：横轴上应明确标注类别；如果展示的是定性数据，则不需要使用刻度，但如果是定量数据，则必须使用刻度. 同时要包含横轴的名称，从而说明这些类别代表的变量是什么.

图例：如果在一个图中展示了多个数据集，则应该用图例或关键字来区分各个数据集.

饼图 (pie charts) 主要用于展示频率，因为通常整个圆代表的是 100% 的频率总和. 图 5.4 显示的是论文等级数据的饼图. 每个扇形的大小与它所代表的类别的频率成正比. 换句话说，每一个扇形的角度可以用下面的公式确定：

$$\text{扇形的角度} = \text{频率} \times 360°$$

例如，在图 5.4 中，等级 A 的扇形角度是 $0.16 \times 360° = 57.6°$.

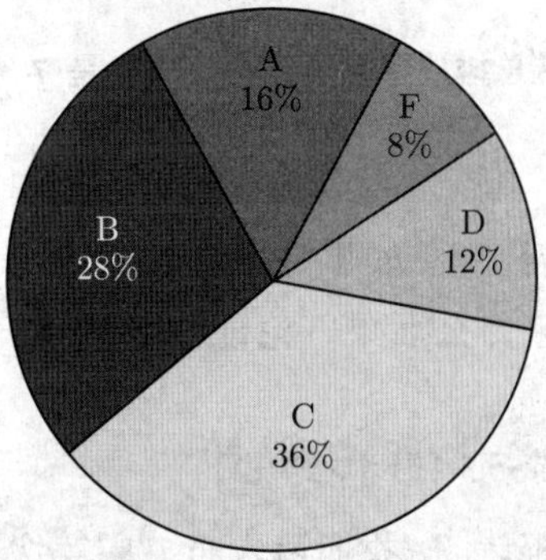

论文等级数据

A 16%
F 8%
D 12%
C 36%
B 28%

图 5.4 表 5.1 中论文等级数据的饼图

例 4 二氧化碳排放量

二氧化碳主要通过化石燃料（石油、煤、天然气）的燃烧被排放到大气中. 表 5.4 列出了每年二氧化碳排放量居于前列的一些国家的排放数据. 为总排放量和人均排放量绘制条形图，长条按照从高到低的顺序排列.①

表 5.4 世界二氧化碳排放量前八位的国家

国家	总排放量（百万吨）	人均排放量（吨）
美国	5 414	16.9
印度	2 274	1.7
俄罗斯	1 617	11.3
日本	1 237	9.8
德国	798	10.0
伊朗	648	8.2
沙特阿拉伯	601	19.4

资料来源：Global Carbon Atlas（数据来自 Boden et al.，2016；UNFCCC，2016；BP，2016）.

① **历史小知识：**按照高度降序排列的条形图常被称为帕累托图，这是以意大利经济学家维弗雷多·帕累托（Vilfredo Pareto，1848—1923）的名字命名的.

解 类别是国家，频数是相应的数据值. 总排放量以“百万吨”为单位，总排放量的最大值是 5 414；因此，条形图的纵轴范围可以选择为从 0 到 6 000. 人均排放量以“吨”为单位，最大值 19.4 来自沙特阿拉伯；因此，人均排放量的条形图的纵轴范围可以选择为从 0 到 20. 每个长条的高度与其对应的数据值大小成正比，我们在长条的下方标注类别（国家）. 图 5.5 展示了这两个条形图，长条都按高度降序排列.

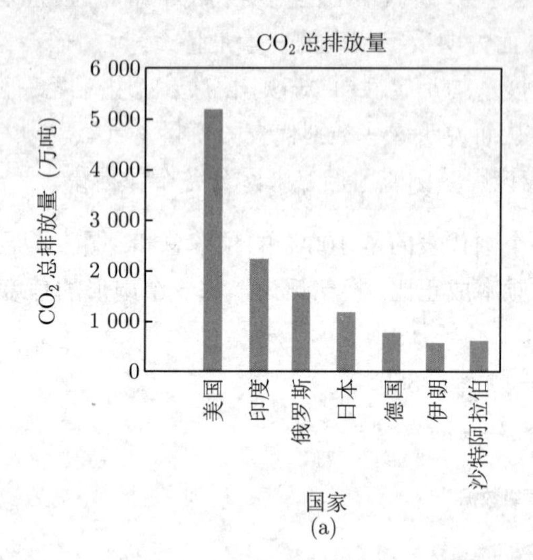

(a)

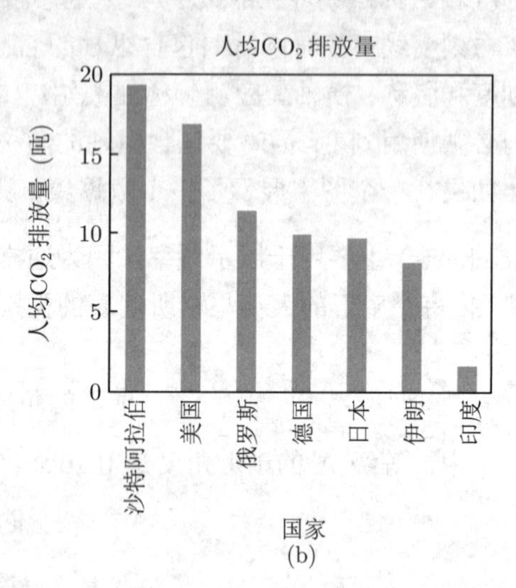

(b)

图 5.5 (a) 是 7 个国家二氧化碳总排放量的条形图，(b) 是 7 个国家人均二氧化碳排放量的条形图

▶ 做习题 25~26.

思考 世界上一些人向往美国的生活水平. 如果为了达到该水平，其他国家的人均二氧化碳排放量也要上升到同美国一样的水平，这将给世界带来什么后果？论证你的观点.

实用技巧 Excel中的条形图和饼图

利用 Excel 可以绘制很多类型的统计图. 我们以表 5.1 中等级成绩数据的条形图的绘制为例. 基本过程如下 (当然不同版本的 Excel 可能细节上略有区别):

1. 像之前做的一样，首先创建类别列（B 列）和频数列（C 列）.
2. 从“插入”菜单中选择“图表类型”; 这里我们选择“2D 柱形图”，这就是 Excel 中的垂直条形图.
3. 你可以自己定义条形图上的标注. 在大多数版本的 Excel 中，单击右键将会出现坐标轴和其他标注的设置；有些版本还提供对话框来更改标注.

除了下面这些区别外，绘制饼图与绘制条形图是类似的.

- 对于饼图，你需要用频率而不是频数（虽然两者都可以）；因此可以将频率列剪切并粘贴在类别列的旁边.
- 从“插入”菜单中选择图表类型“饼图”而不是“柱形图”.
- Excel 程序里提供了标注、颜色和其他装饰功能的选择. 在饼图上单击右键可以改变图表类型和数据的标注.

因为不同版本的 Excel 提供了非常丰富的选择，所以读者可以尝试使用不同的版本，从而了解图表的各种形式.

例 5 简单的饼图

在罗切斯特县的所有登记选民中，有 25% 是民主党人，25% 是共和党人，50% 是无党派人士. 制作一个饼图来表示罗切斯特县的党派划分.

解 因为民主党人和共和党人各占了 25%，所以代表他们的扇形也各自占据 25% 的面积，或者说是整个圆的四分之一. 所有选民中有一半是无党派人士，所以代表他们的扇形就是剩下的那个半圆. 图 5.6 是绘制完成的饼图. 和之前一样，一定要注意清楚标注的重要性.

▶ 做习题 27~28.

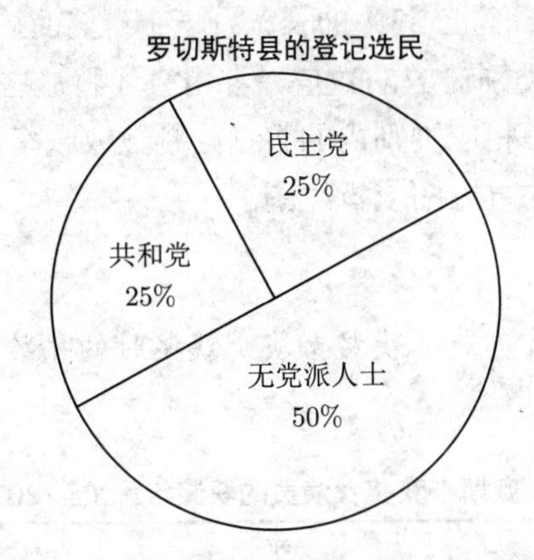

图 5.6 罗切斯特县登记选民的党派划分

直方图和折线图

展示定量数据的类别时，最常用的两种图是直方图和折线图. **直方图**[①](histogram) 本质上是一个条形图，其中的数据类别是定量的. 直方图的各个长条必须按照数据值的大小顺序排列，而且此时长条的宽度有其特定的含义. 图 5.7（a）是表 5.3 中分组后的考试分数的直方图. 注意，每个长条的宽度都代表 5 分. 直方图上的长条相互连在一起，因为不同类别之间是没有间隔的.

图 5.7（b）显示的是同一组数据的**折线图** (line chart). 为了绘制折线图，我们使用一个点（而不是一个长条）来表示每个数据类别的频数；因此，点应该绘制在直方图的长条的顶部. 因为数据被分组到若干个 5 分区间里，故我们在每个区间的中心位置绘制一个点. 例如，在横轴上，数据类别 70~75 对应的点画在 72.5 的位置. 在点的位置确定下来后，我们用直线连接这些点. 为了使图看起来更完整，我们分别从最左边的点和最右边的点出发画两条直线，将两边都延伸到频数零.

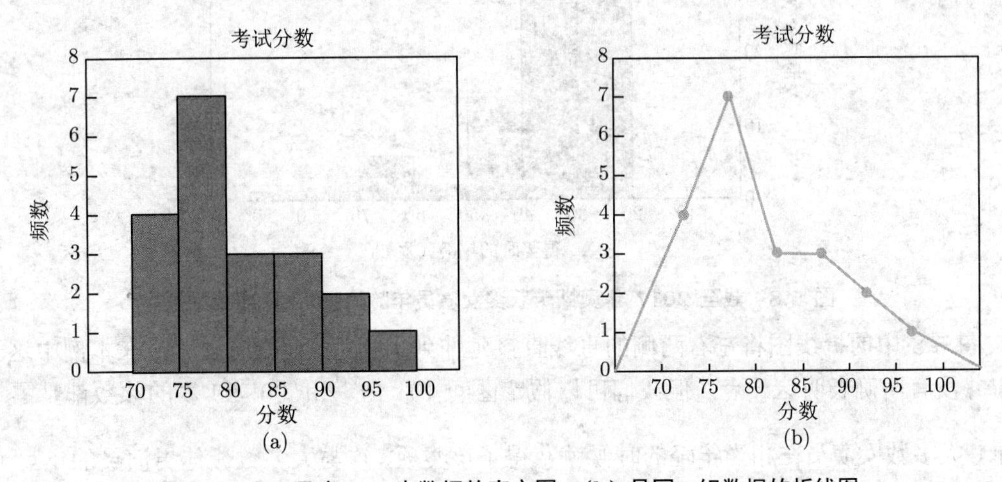

图 5.7 (a) 是表 5.3 中数据的直方图，(b) 是同一组数据的折线图

① **说明：** 不同的书上对直方图和条形图的定义可能略有不同. 在本书中，条形图是使用长条的任何图形，而直方图是专用于定量数据的条形图.

折线图和直方图经常用来展示随时间变化的变量. 因为这样的图在横轴上标有时间，所以它们也常被称为**时间序列图** (time-series graphs).

定义

直方图是展示定量数据类别的条形图. 其中的长条有一个自然的排序，而长条的宽度也有特定的含义.

折线图则用一个点来表示每个类别对应的数值，并用直线将这些点连接起来. 每个点的横坐标是它所代表的类别的中心，而纵坐标则是相应类别内的数据的频数或频率.

时间序列图是指横轴代表时间的直方图或折线图.

例 6　奥斯卡获奖女演员

表 5.5 展示了到 2017 年为止所有奥斯卡获奖女演员获奖时的年龄. 绘制直方图和折线图来展示这些数据，并讨论得到的结果.

表 5.5　奥斯卡获奖女演员的获奖年龄 (至 2017 年)

年龄区间 (岁)	女演员个数
20~29	32
30~39	34
40~49	14
50~59	2
60~69	6
70~79	1
80~89	1

解　这组数据是定量数据，以 10 年为一个区间进行分组. 图 5.8 是数据的直方图和折线图；折线图画在直方图上，这样我们就可以清晰地比较这两个图. 注意，直方图的分组区间之间没有间隔，所以直方图中的条形是连在一起的.

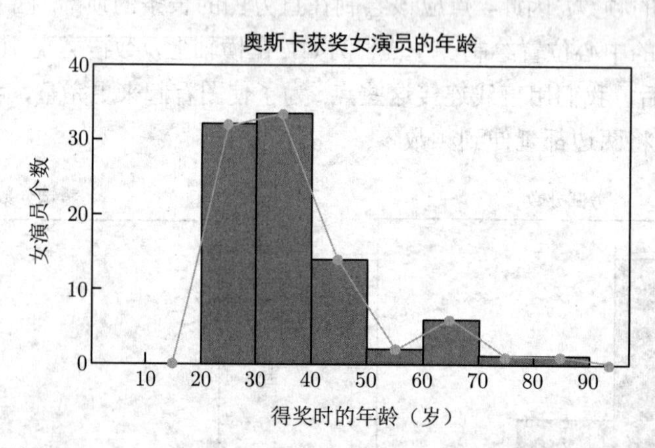

图 5.8　截至 2017 年奥斯卡获奖女演员年龄的直方图和折线图

▲ **注意**：图 5.8 中的折线图将左右两侧的直线直接延伸到了相邻区间的中心点. 在本例中这一点很重要，尽管表 5.5 中并没有明确表明这一点，但我们可以假定区间 10~19 岁和 90~99 岁的频数都是零.

数据显示，大多数女演员在相当年轻的时候就获得了该奖项，这与大多数最佳男演员的年龄（见习题 29）形成了鲜明的对比. 许多女演员认为这种差异出现的原因在于好莱坞的制片人很少制作具有较强的老年女性角色特色的电影.

▶ 做习题 29~30.

实用技巧 Excel中的折线图

利用 Excel 可以很容易地绘制折线图. 以例 3 中的考试分数的分组数据为例，可以按照以下步骤来绘制折线图：

1. 为了得到分组的区间中心，在 B 列 (分数列) 中输入每个区间的中心值，然后在 C 列 (频数列) 输入相应的频数.

2. 选定分数列和频数列，然后选择插入“散点图”，选择将点用直线连接起来即可得到该数据的折线图.

3. 利用图表的可选功能改进设计、标注等.

另外，你也可以直接选择插入“折线图”. 这时在开始创建图表时，只选频数列；然后点击右键选择数据，将分数列放在横轴上. 这样就可以得到与刚才一样的折线图.

注意：在 Excel 中生成直方图需要使用外接程序，比如可以安装一些 Excel 版本的数据分析插件.

测验 5.3

为以下每个问题选择最佳答案，并用一个或多个完整的句子解释原因.

1. 在一个有 200 名学生的班级里，有 50 名学生获得等级成绩 B. 等级 B 的频率是多少?( )

 a. 25　　b. 0.25　　c. 根据给出的信息无法计算

2. 对于第 1 题里描述的班级，等级 B 及其以上等级的累计频数是多少?( )

 a. 25　　b. 0.25　　c. 根据给出的信息无法计算

3. 下面哪个选项属于定性数据？( )

 a. 以英寸为单位的身高　　b. 电影的评级　　c. 剧院的票价

4. 饼图中扇形的大小告诉你 ( ).

 a. 饼图中类别的数量　　b. 饼图中各类别的频数　　c. 饼图中各类别的频率

5. 一张表中列出了 10 个旅游景点及各自的全年游客人数. 哪种类型的图最适合展示这些数据?( )

 a. 条形图　　b. 饼图　　c. 折线图

6. 在第 5 题画好的图中，我们应该把 10 个旅游景点的名称标注在哪里？( )

 a. 应该把它们写在图的标题里
 b. 应该把它们沿纵轴按字母顺序排列
 c. 应该把它们沿横轴列出

7. 你有 100 个大学毕业生的 GPA 列表，近似精确到 0.001. 你想为这组数据制作一个频数表. 第一步应该 ( ).

 a. 将所有数据按学分绩点分成若干区间，每个区间宽为 0.2
 b. 为 100 个毕业生的 GPA 绘制饼图
 c. 计算有多少人拥有相同的 GPA

8. 你有一组数据，记录的是过去一年中每个月的平均汽油价格. 哪种类型的图最适合展示这组数据？( )

 a. 条形图　　b. 饼图　　c. 折线图

9. 直方图是 ( ).

 a. 展示某个变量如何随时间变化的图
 b. 展示累计频数的图
 c. 定量数据的条形图

10. 你有一个直方图，想把它转换成一个折线图. 第一步要做的应该是 ( ).

 a. 把所有类别按字母顺序排列
 b. 在每个长条的顶部放一个点，横坐标取相应区间的中心
 c. 计算所有你能从直方图上读出的频率

习题 5.3

复习

1. 什么是频数表？解释我们所说的类别和频数是什么，并说明我们如何用它们来计算频率和累计频数.
2. 定性数据和定量数据之间有什么区别？举几个例子说明一下.
3. 对数据进行分组的目的是什么？举例说一说分组的作用.
4. 在展示定性数据时，两种最常用的图是什么？说一说怎么绘制这两种图.
5. 说一说图中标注的重要性，并简要讨论图上应该包括的标注种类.
6. 在展示定量数据时，两种最常用的图是什么？说一说怎么绘制这两种图.

是否有意义？

确定下列陈述是有意义的（或显然是真实的）还是没有意义的（或显然是错误的），并解释原因.

7. 我制作了一个包含两列的频数表，一列标记为州名，另一列标记为州的首府.
8. 我们班里等级成绩 B 的频率是 0.3.
9. 我们班有 30 个同学，等级成绩 C 的累计频数是 40.
10. 你的条形图一定是错的，因为你画了 10 个长条，但是数据只有 5 个类别.
11. 你的饼图一定是错的，因为我把你所有扇形上的百分比加在一起总和为 124%.
12. 我重新排列了直方图上各个长条的顺序，以便把最高的长条排在第一位.

基本方法和概念

13～14：频数表. 为以下各组数据创建频数表. 要求表中包含频率和累计频数.

13. 数学课程中 30 名学生的最终成绩为：

    AAAAAA BBBBBB CCCCCCCCCC DDDDD FFF

14. 某个专门点评近期电影的网站列出了 5 部五星电影（五星是最高等级）、15 部四星电影、15 部三星电影、10 部二星电影和 5 部一星电影.

15～22：定性与定量. 确定以下变量是定性的还是定量的.

15. 班里同学的眼睛颜色.
16. 满意度调查中顾客的评价：从 0 = 可怕到 5 = 太棒了.
17. 一个小镇上的房价.
18. 纽约州雪城在一月份的每日降雪量（单位：英寸）.
19. 熟食店出售的冰淇淋的风味.
20. 动物收容所里所有猫的品种.
21. NBA 篮球运动员的年薪.
22. 2016 年奥运会中各个参赛队获得的金牌数量.

23～24：分组频数表. 用给定的区间大小为下面这组数据创建频数表：

89 67 78 75 64 70 83 95 69 84

77 88 98 90 92 68 86 79 60 96

表中要包含频率和累计频数.

23. 使用长度为 5 的区间（例如 95～99，90～94 等）.
24. 使用长度为 10 的区间（例如 90～99，80～89 等）.
25. **人口大国**. 下面的表格中给出了五个人口最多的国家的人口数据（基于 2016 年的结果）. 为这组数据绘制条形图，将所有长条按高度降序排列.

国家	人口 (百万)
中国	1 374
印度	1 267
美国	321
印度尼西亚	258
巴西	206

26. **牛肉大国.** 下面的表格中给出了世界上六个最大牛肉生产国的牛肉产量（基于 USDA 2016 年的数据）. 为这组数据绘制条形图，将所有长条按高度降序排列.

国家	牛肉产量 (单位：百万吨)
美国	11.4
巴西	9.3
欧盟	7.9
中国	6.9
印度	4.3
阿根廷	2.6

27 ~28：饼图. 为以下各组数据绘制饼图.

27. 美国 40~44 岁的妈妈生育的孩子个数（来自皮尤研究中心 2014 年的数据）如下所示：

孩子数量	妈妈所占百分比
1	22%
2	41%
3	24%
4 或以上	13%

28. 认为下列各类信息来源在寻找现任工作中起到了最重要作用的人数所占的百分比（来自皮尤研究中心 2015 年的数据）如下所示：

寻找工作的信息来源	被列为“最重要”的百分比
网络资源	34%
亲属或好友介绍	20%
职场朋友介绍	17%
普通朋友介绍	7%
招聘会	5%
猎头公司	5%
其他	12%

29. **奥斯卡获奖男演员.** 下面的频数表给出了到 2017 年为止获得奥斯卡奖项的男演员在得奖时的年龄段分布. 绘制直方图来展示这组数据.

奥斯卡获奖男演员得奖年龄 (至 2017 年)	
年龄段	演员数
20~29	1
30~39	31
40~49	38
50~59	13
60~69	6
70~79	1

30. **ACT 考试参与者.** 下表展示了全美 50 个州和哥伦比亚特区参加了 ACT 考试的高中毕业生所占的百分比数据. 为这组数据绘制直方图.

各州 ACT 考试参与情况	
高中毕业生的百分比	州的个数
$\leq 20\%$	2
21%~40%	14
41%~60%	6
61%~80%	6
81%~100%	23

31. **手机订阅.** 下表给出了美国若干年份的手机订阅量（以百万计）. 为这组数据绘制时间序列图. 从绘制的时间序列图来看，手机订阅量是不是直线增长（即线性增长）的？或者增长速度比线性增长更快？

年份	数量 (百万)	年份	数量 (百万)
1997	55	2007	255
1999	86	2009	286
2001	128	2011	316
2003	159	2013	336
2005	208	2015	378

进一步应用

32. **婚姻数据.** 下面的表格展示了美国成年男性和女性关于结婚次数的数据，类别分为未婚、结婚 1 次、结婚 2 次、结婚 3 次或以上. 用两个饼图分别展示男性和女性的数据，并写一段话说明数据集的重要特征.

结婚次数	女性百分比	男性百分比
0	27%	33%
1	58%	52%
2	12%	12%
3 或以上	3%	3%

33. 以下频数表对截止到 2016 年的诺贝尔文学奖获得者按其获奖时的年龄分类. 用直方图展示这组数据，并写一段话说明数据集的重要特征.

年龄段	获奖人数	年龄段	获奖人数
< 50	9	70~74	18
50~54	10	75~79	15
55~59	18	80~84	4
60~64	18	85~89	2
65~69	19		

34. **电影院观众.** 下表给出了美国电影院的观影人数（每周）. 用时间序列图展示这组数据，并写一段话说明数据集的重要特征.

年份	每周观影人数 (百万)	年份	每周观影人数 (百万)
1945	79.0	1985	20.3
1955	39.9	1995	23.3
1965	19.8	2005	26.5
1975	19.9	2015	25.4

35. **学生宗教信仰**. 下表列出了大约 140 000 名 2016 级大一新生的宗教信仰. 用饼图展示这组数据，并写一段话讨论这组数据说明了什么.

宗教	样本占比
新教	37.5%
天主教	24.3%
犹太教	2.7%
其他宗教	5.9%
无	29.5%

资料来源：加州大学洛杉矶分校高等教育研究所.

36. **无宗教信仰的趋势**. 下表列出了在某些特定年份大一新生被问到他们的宗教信仰时回答说“没有”的学生所占的百分比. 用时间序列图展示这组数据，并写一段话解释这组数据中任何明显的趋势或特征.

年份	声称无宗教信仰的学生的百分比
1985	9.4%
1990	12.3%
1995	14.0%
2000	14.9%
2005	17.4%
2010	23.0%
2015	29.5%

资料来源：加州大学洛杉矶分校高等教育研究所.

37. **移民数据**. 下表列出了美国某些年份在国外出生的美国人口的百分比. 用时间序列图展示这组数据，并写一段话说明数据集的重要特征.

年份	国外出生的人口占比	年份	国外出生的人口占比
1940	8.8%	1990	8.0%
1950	6.9%	2000	10.4%
1960	5.4%	2010	12.2%
1970	4.7%	2015	13.3%
1980	6.2%		

38. **总统年龄**. 下表列出了美国总统的就职顺序和就职年龄. 用条形图展示这组数据 (其中一个长条代表一位总统)，并写一段话描述这组数据的重要特征.

序号	1	2	3	4	5	6	7	8	9	10	11	12	13	14	15
年龄	57	61	57	57	58	57	61	54	68	51	49	64	50	48	65
序号	16	17	18	19	20	21	22	23	24	25	26	27	28	29	30
年龄	52	56	46	54	49	51	47	55	55	54	42	51	56	55	51
序号	31	32	33	34	35	36	37	38	39	40	41	42	43	44	45
年龄	54	51	60	62	43	55	56	61	52	69	64	46	54	47	70

实际问题探讨

39. **频数表**. 找到一篇包含某类频数表的最近的新闻文章. 简单描述一下这个频数表，并说明它在文中的作用. 对这篇文章来说，你觉得这张表的制作方法是最佳的吗？如果是，说明原因；如果不是，你会怎样制作这张表？

40. **条形图.** 找到一篇包含定性数据类别条形图的最近的新闻文章. 简要说明条形图所展示的内容，并讨论该图是否有助于突出新闻文章的重点.

41. **饼图.** 找到一篇包含饼图的最近的新闻文章. 简要讨论用饼图展示数据的效果. 例如，如果数据使用条形图而不是饼图来展示会更好吗？还有别的方式改进这个饼图吗？

42. **直方图.** 找到一篇包含直方图的最近的新闻文章. 简要说明直方图展示的内容，并讨论它是否有助于突出新闻文章的重点. 其标注是否清楚？这个直方图是时间序列图吗？说明理由.

43. **折线图.** 找到一篇包含折线图的最近的新闻文章. 简要说明折线图展示的内容，并讨论它是否有助于突出新闻文章的重点. 其标注是否清楚？这个折线图是时间序列图吗？说明理由.

实用技巧练习

利用本节的实用技巧中给出的方法或用 StatCrunch 回答下列问题.

44. **停车场数据.** 使用 Excel 或者 StatCrunch 处理以下在调查学生停车场时收集的汽车种类数据：

汽车种类	频数
美国汽车	30
日本汽车	25
英国汽车	5
其他欧洲国家所产汽车	12
摩托车	8

a. 为这组数据制作频数表，要求表中包含频率列和累计频数列，并在最下面一行列出每一列的数据总和.

b. 绘制条形图展示这组数据.

c. 为这组数据绘制饼图.

45. **美国贫困人口.** 下面的表格给出了美国自 1960 年到 2015 年间不同年份的收入低于贫困线的人口所占的百分比，使用 Excel 处理这组数据.

年份	贫困人口所占百分比
1960	22.2%
1970	12.6%
1980	13.0%
1990	13.5%
2000	11.3%
2010	15.1%
2015	13.5%

a. 绘制折线图展示这组数据.

b. 为这组数据绘制饼图.

46. **StatCrunch 数据输入.** 为了练习在 StatCrunch 中输入数据，请打开 StatCrunch 页面并在第一列输入 20 个 1~10 之间的整数.

a. 为这组数据制作表格，展示 1、2、3、···、10 的频数、频率和累计频数.（打开“Stat”菜单，选择“表格”和“频数”.）

b. 为这组数据绘制条形图.

c. 为这组数据绘制饼图，并检查比例是否与 (a) 中的频数表一致.

47. **NFL 数据.** 打开 StatCrunch 中名为“2016 NFL 球员”的共享数据（打开“Explore”菜单下的“Data”，在搜索栏中输入数据集的名称）.

a. 为球员的年龄绘制条形图.

b. 为所有球员的年龄分布绘制饼图.

c. 为球队中每个位置的球员的年龄分布绘制饼图.（打开“Graph”菜单，选择“饼图”菜单下的“利用数据”，选择“年龄”作为列，“位置”作为“B 组”）这样会产生多少个饼图？为什么？

48. **StatCrunch 项目.** 从 StatCrunch 中选择一个你感兴趣而且适合绘制条形图或饼图的数据集.

a. 阐释一下你选择的这组数据，并说明你为什么会对这组数据感兴趣.

b. 绘制条形图或饼图以更有效地展示这组数据.

5.4 媒体中的图表

5.3 节介绍的各种基本图表只是一个开始，本节将介绍更多直观展示数据的方法. 本节我们将研究一些经常会在媒体中出现的更复杂的图表类型. 同时，我们也会介绍解释图表的一些注意事项.

基本图表外的其他图表

很多用于展示数据的图表并不是我们在 5.3 节里介绍的基本图表. 这里我们先介绍新闻媒体中最常见的几类图表.

多重条形图

多重条形图 (multiple bar graph) 是普通条形图的一种简单推广. 它包含两组或更多组长条，可用来比较两组或更多组数据. 各组数据的类别都是一样的，因此它们可以显示在同一个图中.

例 1 理科的性别差异

由经济合作与发展组织 (OECD) 管理的国际学生评估项目 (PISA) 追踪研究了世界各地学生在学习中的表现. 该项目每隔三年对来自不同国家的样本学生进行标准化测试. 图 5.9 展示了 6 个国家的最新数学测试成绩，该图使用两组长条：一组代表男生，一组代表女生. 美国的长条很清楚地表明：美国男生在数学测试中的表现比美国女生好，这一事实有时候会被用来证明在数学上男生比女生更有天赋. 根据整个图，评价一下该结论是否正确.

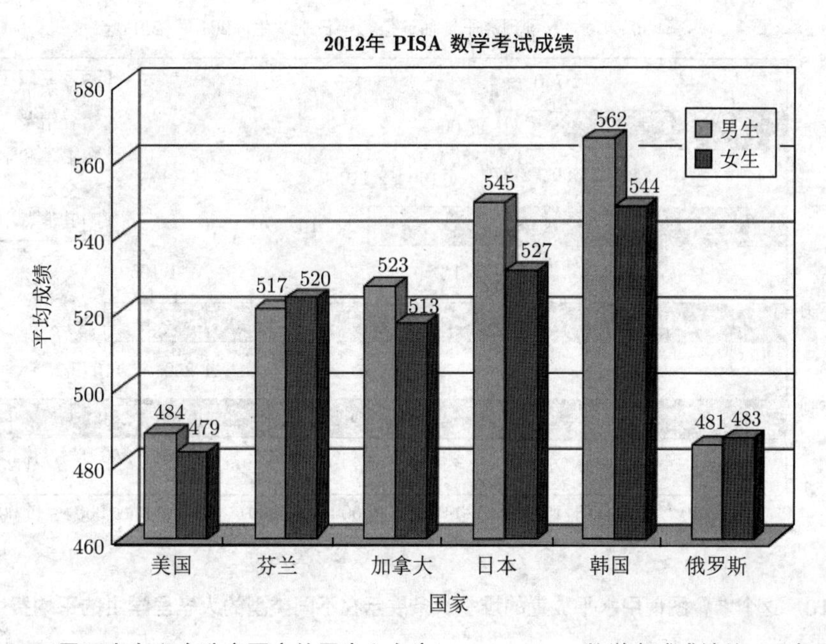

图 5.9 展示来自六个选定国家的男生和女生 2012 PISA 数学考试成绩的双重条形图

资料来源：经济合作与发展组织.

解 美国数据中显示的“性别差异”问题，即男生成绩优于女生，在其他一些国家同样存在，但并非所有国家都如此. 例如，芬兰和俄罗斯，性别差异表现为女生成绩优于男生. 而且，芬兰、加拿大、日本和韩国的女生的分数也都比美国男生的分数高得多. 这些事实都不支持男生和女生之间在数学天赋上存在先天差异的结论，反而与备择假设相一致，即更有可能是文化因素或教育实践造成了这种差异.

▲ **注意：**图 5.9 纵轴的刻度并不是从零开始的，这通常会夸大长条之间的差异性. 在例 5 中我们会看到更详细的内容.

▶ 做习题 12~13.

堆叠图

堆叠图 (stack plot) 是同时展示两组或多组相关数据的另一种方式，它将各组数据一个叠加在另一个上面. 下面的例子说明数据可以在条形图上叠加，除此以外，数据也可以在折线图上叠加.

例 2 大学费用

图 5.10 是一个水平放置的堆叠条形图. 简要说明一下如何解释每个长条. 为什么不同类型高校的总费用有如此巨大的差异? 主要原因是什么?

解 每个长条根据下方图例中的颜色代码被分为不同颜色的几个部分. 例如，最上方的长条显示了两年制公立大学学生的平均总花费为 17 000 美元，而该长条的浅灰色部分，即第二部分显示了总花费里用于食宿的花费是 8 060 美元.

长条总长度的差异突出了不同类型高校之间总费用的差异. 通过查看条形图中不同颜色的各段，我们发现总费用存在差异的主要原因是学杂费的差异. 对于不同类型的高校，除学杂费外的其他费用差异较小.

思考 你上的大学属于哪一类? 你自己的费用或预算与同类大学的平均费用相比如何?

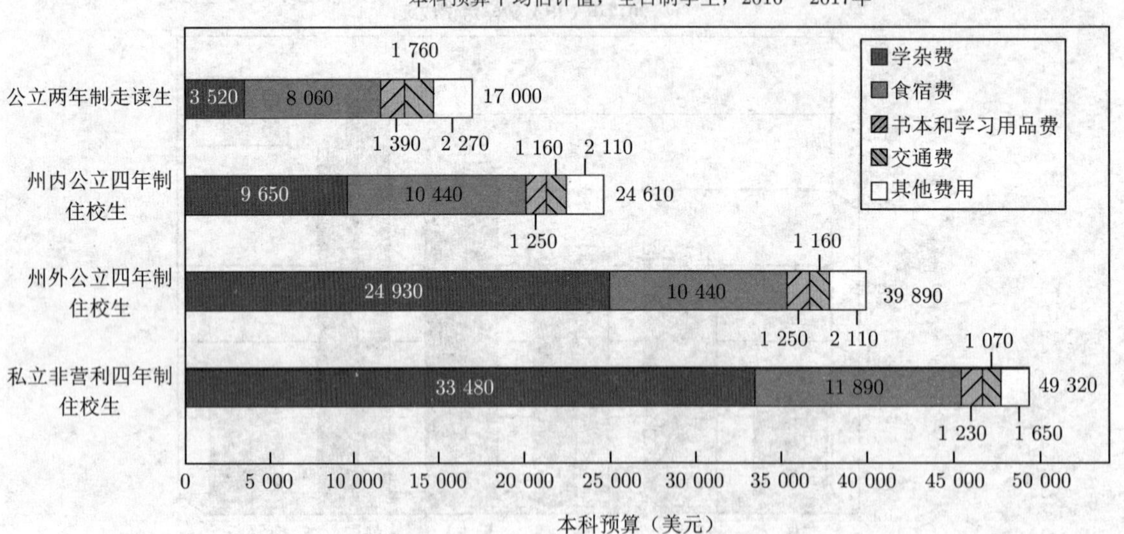

图 5.10 这个堆叠图使用水平放置的堆叠长条展示在不同类型的大学里学生的平均费用明细

资料来源：The College Board,“Trends in College Pricing 2016”.

地理数据图

我们经常对地理数据感兴趣. 如果要展示美国各个州（以及华盛顿哥伦比亚特区）的人均能源使用量情况，就可以使用**地理数据图** (geographical data). 我们可以画出美国的地图，将实际的数据值用小写字体标注在州名缩写下方，还可以用不同颜色代表不同的类别.

如果要展示随地理区域连续变化的数据，那么使用**等高线图** (contour map) 更为方便. 例如，在某特定时刻的温度等高线图中，每条等高线（曲线）连接具有相同温度的地点. 比如，一条标注 50°F 的等高线上的区域温度都是 50°F，另一条标注 60°F 的等高线上的区域温度都是 60°F，而在这两条曲线之间的区域温度都在 50°F~60°F 之间. 注意，曲线排列得更紧密意味着温度随距离的变化更剧烈，相距甚远的等高线则意味着有大片区域的温度几乎都相同. 为了使图形更易于理解，相邻等高线之间的区域根据颜色编码使用不同的颜色.

思考　找一张现在的天气图. 其中的温度等高线是什么样的？解释其中的温度数据.

三维图形

现在的计算机软件可以很容易地使几乎任何图形以三维形式呈现. 例如，图 5.9 中的双重条形图的三维外观看起来很漂亮，但即使没有纵深方向的第三个维度，它也可以展示相同的数据. 换句话说，它的三维效果纯粹只是外观而已.

反之，图 5.11 的三个坐标轴上都标注着不同的信息，所以这是一个真正的三维图形. 注意，2015 年的条形图基本上与图 5.5 所示的前四个二氧化碳排放国的条形图相同. 图 5.11 中增加的维度是时间，所以三个维度分别是国家、二氧化碳排放量和年份.

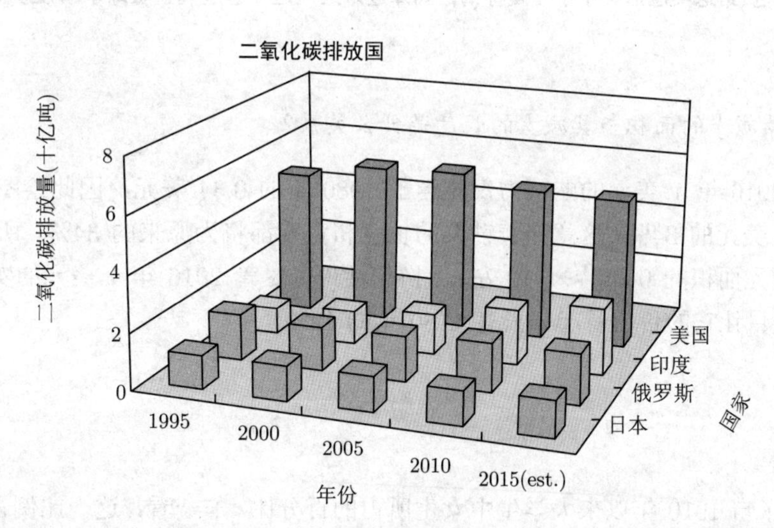

图 5.11　该图展示了真正的三维数据，三个维度分别是国家（二氧化碳排放国）、二氧化碳排放量和年份

资料来源：美国能源部.

三维图形的优点是，它允许我们展示更丰富的数据. 但其缺点也很明显，从图 5.12 中可以看出，我们难以从中准确地读取数据. 因此，三维图形最适合在互动时（在线）使用，此时可以旋转图形或从不同的角度来查看图形.

关于图表的注意事项

正如我们所看到的，图表可以给出清晰且有意义的统计数据摘要. 但是，如果我们解读图表时不够仔细，那么即使是好的图表也会误导我们，更遑论糟糕的图表. 更有甚者，还有些别有用心的人会故意利用图表来误导大家. 图表有很多种方式都可能会误导我们，下面将讨论几种比较常见的情况.

感知扭曲

许多图形的绘制方式会扭曲我们对它们的感知. 图 5.12 展示了一种最常见的失真类型. 美元形状的长条用于表示美元随着时间逐渐贬值. 问题在于其价值由美元钞票的长度来表示，但我们的目光通常会倾向于关注整张美元钞票的面积，从而夸大两者之间的差异. 这会给大家造成错觉，让大家感觉美元贬值的程度比真实程度更严重.

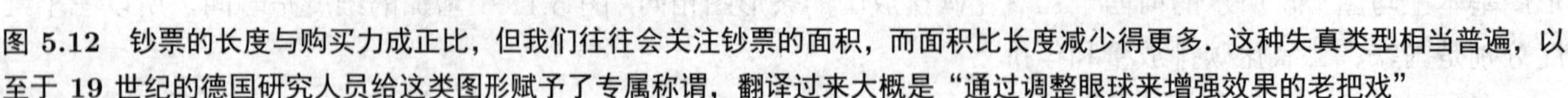

图 5.12　钞票的长度与购买力成正比，但我们往往会关注钞票的面积，而面积比长度减少得更多. 这种失真类型相当普遍，以至于 19 世纪的德国研究人员给这类图形赋予了专属称谓，翻译过来大概是“通过调整眼球来增强效果的老把戏”

例 3　面积扭曲

图 5.12 中美元钞票减少的面积与其减少的长度是什么关系？

解　图中的标注表明 2016 年 1 美元的购买力仅相当于 1980 年的 0.34 美元，因此绘图时将 2016 年 1 美元的长度降为 1980 年 1 美元的 34%. 这意味着钞票的长度和宽度都将为原来的 34%，所以 2016 年 1 美元的面积仅为 1980 年 1 美元面积的 $0.34^2 \approx 0.12$ 左右. 换句话说，尽管 2016 年 1 美元的实际价值是 1980 年的 34%，但其面积的改变量让它的价值看起来只有 1980 年的 12%.

▶ 做习题 22.

夸大的刻度

图 5.13（a）显示了自 1910 年以来大学生中女生所占的百分比. 乍一看，这一比例在大约 1950 年之后有一个大幅增长. 但纵轴刻度不是从零开始的，也不是在 100% 结束的. 如果我们重新绘图，让纵轴覆盖从 0 至 100% 的刻度（见图 5.13（b）），那么百分比的增长仍然是显著的，但看起来远不如图 5.13（a）中显示的那样增幅巨大. 从数学的观点来看，在刻度上忽略零点并不算弄虚作假，而且可以更容易看到数据中的小趋势. 然而，正如这个例子所示，如果你不仔细研究刻度，它就会产生视觉上的欺骗性.

例 4　夸大的差异

回头看图 5.9, 在 PISA 数学考试中美国男生和女生的实际平均分数分别是 484 和 479. 成绩的实际差别与图中长条高度的差别相比如何？

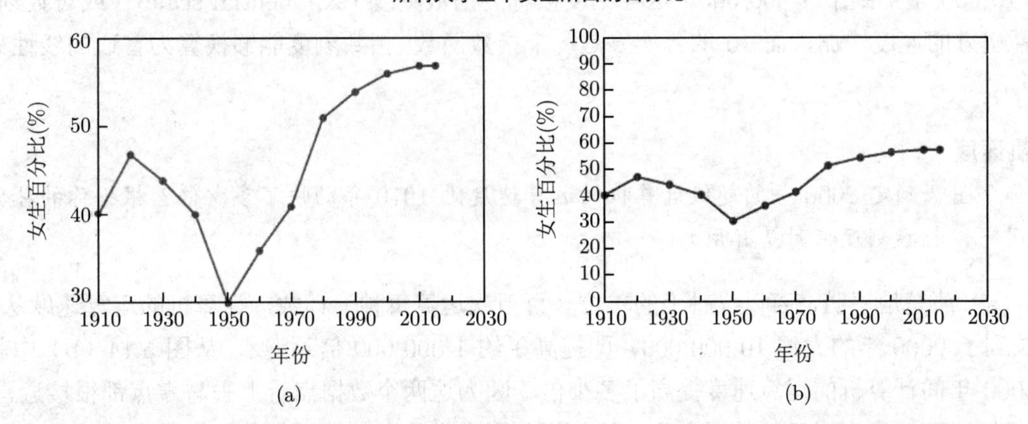

图 5.13 两个图展示的是同一组数据，但因为纵坐标的刻度范围不同，所以看上去差异很大

资料来源：美国国家教育统计中心.

解 利用 3.1 节中的公式，我们可以算出男生的成绩 484 分和女生的成绩 479 分之间的相对差异：

$$相对差异 = \frac{比较值-参照值}{参照值} \times 100\% = \frac{484-479}{479} \times 100\% \approx 1\%$$

即男生的成绩只比女生的成绩高大约 1%. 然而，因为纵轴的刻度是以 460 为起点的，所以男生长条的高度是 $484-460=24$ 分，而女生长条的高度是 $479-460=19$ 分. 这样长条之间的相对差异是 $(24-19)/19 \approx 0.26$，即 26%，这严重夸大了实际差异.（该图以非零点作为刻度起点绘制，以引起大家对细微差异的注意，如果纵轴刻度从零开始，则图中几乎很难注意到这些细微差异.）

▶ 做习题 23~24.

非线性刻度

对于使用非线性刻度的图，我们也要十分谨慎并仔细解释它，非线性刻度意味着每增加一个刻度并不总是代表相同的增加值. 考虑图 5.14（a），它展示了最快的计算机速度是如何随着时间而提高的. 乍一看，速度似乎是直线提高的. 例如，从图形上看起来，1990 年至 2000 年间增加的速度似乎与 1970 年至 1980 年间增加的速度是一样的. 然而，图 5.14（a）中纵轴上每增加一个刻度都意味着速度增加了十倍，因此若以百万次每秒为单位计数，则计算机的运算速度自 1970 年至 1980 年间从大约 10 增加到了 1 000，自 1990 年至 2000

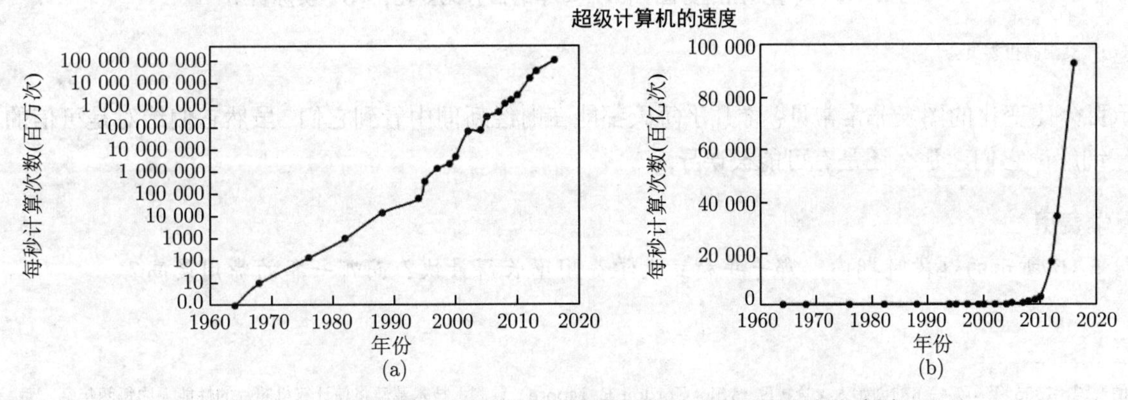

图 5.14 两个图显示的是同一组数据，但左图使用的是指数刻度

年间从大约 10 000 增加到了 1 000 000 . 这类刻度被称为**指数刻度** (exponential scale)（或对数刻度），因为它以 10 的幂次方的速度增加，而 10 的幂次方是一个指数函数. 指数刻度能够换算为普通的线性刻度，如图 5.14（b）所示.

例 5　计算机速度

你能用哪个图来确定 2000 年的超级计算机的运算速度比 1970 年的快了多少倍？根据你的答案，讨论在更一般的情况下，指数刻度何时是有用的.

解　图 5.14（a）清楚地表明，若以纵轴上的单位（百万次运算每秒）计数，计算机的运算速度从 1970 年的大约 10 增长到了 2000 年的大约 10 000 000，即提高了约 1 000 000 倍. 相反，从图 5.14（b）中就无法确定 1970 年至 2000 年间计算机的运算速度提高了多少倍，因为这两个数据点看上去与零点都很接近，难以区分. 这说明在一般情况下，当要展示的数据在巨大的数值范围内变化时，使用指数刻度是有帮助的.①

▶ 做习题 25~26.

百分比变化图

上大学的花费越来越高了吗？如果你不仔细观察，那么图 5.15（a）可能会让你得出如下结论：在 2000 年代初期达到顶峰之后，公立大学的学费普遍下降. 但再仔细观察一下，你会发现该图的纵轴代表的是费用的百分比变化. 因此下降仅仅意味着学费上升的幅度变小，而不是费用真的下降. 实际的大学费用如图 5.15（b）所示，该图非常清楚地表明了费用每年都在增长.

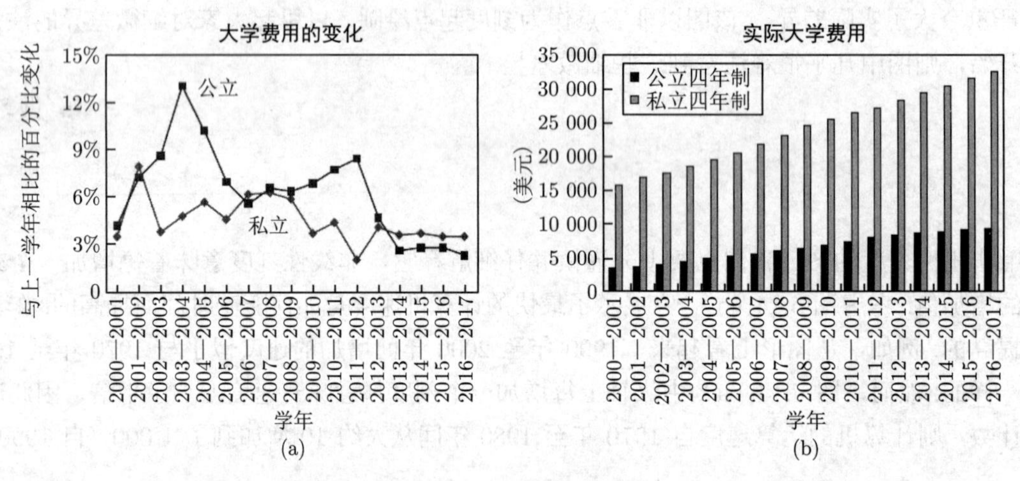

图 5.15　大学费用趋势图：（a）每年的百分比变化；（b）实际费用

资料来源：美国高校委员会.

展示百分比变化的图表非常常见；你几乎每天都能在财经新闻中看到它们. 虽然它们绝对是可信的，但如果你不仔细解读它们，那么还是有可能被误导.

例 6　大学费用

在图 5.15 所示的这段时期内，哪一年私立大学费用增长得最快？而哪一年的费用最高？

① 顺便说说：1965 年，英特尔的创始人戈登·E. 摩尔（Gordon E. Moore）预测，技术革新将使计算机芯片的性能大约每两年翻一番. 这一观点现在被称为摩尔定律，自摩尔第一次提出这一观点以来，它基本上是正确的.

解　我们可以用图 5.15（a）来回答第一个问题，因为它展示的就是百分比的变化. 我们可以看到对于私立大学来说，2001—2002 学年的百分比变化最大，大约增加了 8%. 为了回答哪一年的费用最高这个问题，我们需要借助于图 5.15（b）. 从图中可以看到费用每年都在增长，因此最高的费用就出现在最近的 2016—2017 学年，这一年私立大学费用大约是 33 500 美元.

▶ 做习题 27~28.

图片图表

图片图表是经过了额外艺术加工的图表. 艺术加工会使图表更吸引人，但正如下例所示，艺术加工同时也会分散注意力，甚至会引起误导.

例 7　世界人口图片

图 5.16 是一个图片图表，刻画了 1804 年至 2040 年间世界人口的增长（未来的数字以联合国中位预测为准）. 讨论该图的哪些地方展示了真实的数据，而哪些地方是不具有统计意义的，并且讨论任何有可能引起数据被误解的地方.

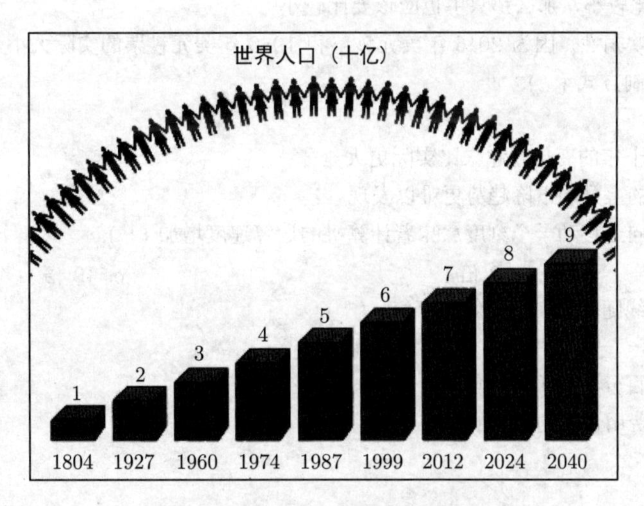

图 5.16　世界人口的图片图表

资料来源：联合国人口司. 未来的预测基于中位假设.

解　底部的长条展示了实际数据，但是其余的艺术加工（地球以及手拉手的小人）只有装饰作用，并不具有统计意义. 对于条形图，如果你用尺子测量，就会发现不同年份长条的高度与当年的世界人口成正比. 例如，代表 40 亿人口的长条比代表 20 亿人口的长条高一倍. 然而，图中长条在横轴上的排列方式有可能会误导读者. 因为长条之间的间隔是相等的，第一眼看上去会认为人口是随着时间线性增长的. 但进一步仔细观察就会发现，事实上长条之间的年份间隔差别很大，这可能会让大家忽略近年来增加 10 亿人口所用的时间比过去少得多. 例如，人口从 10 亿增长到 20 亿用了 123 年（从 1804 年到 1927 年），而从 50 亿增长到 60 亿则只用了 12 年 (从 1987 年到 1999 年).[①]

▶ 做习题 29.

① **顺便说说：**如果世界人口继续按照 20 世纪后期的速度持续翻番，那么到 2100 年将达到 340 亿，到 2200 年将达到 1920 亿. 大约到 2650 年，世界人口将多到地球无法承载，即使地球的各个角落都摩肩接踵得站满人也站不下.

测验 5.4

为以下每个问题选择最佳答案，并用一个或多个完整的句子解释原因.

1. 根据图 5.9，以下哪个说法是正确的？( )
   a. 美国男生的分数比加拿大女生的分数高
   b. 美国男生的分数约等于加拿大女生的分数
   c. 美国男生的分数比加拿大女生的分数低

2. 考虑图 5.10, 注意，从上往下数第二个条形的左斜线部分与顶部条形的左斜线部分相比，开始的位置向右侧偏移很多. 由此我们可以得知 ( ).
   a. 公立四年制大学的书本和学习用品费用高于公立两年制大学
   b. 公立四年制大学的食宿费高于公立两年制大学
   c. 公立四年制大学的学杂费与食宿费的总金额高于公立两年制大学

3. 假设你拿到了一张等高线地图，展示了佛蒙特州的高度（海拔高度）. 间隔线最密的区域 ( ).
   a. 有最高的海拔　　b. 有最低的海拔　　c. 有最陡峭的地形

4. 对于图 5.12 中的感知扭曲，以下哪个描述最准确？( )
   a. 数据的大小用美元钞票的长度来表示，但我们的目光往往会关注其面积
   b. 既然 2016 年的美元钞票比较小，那么那只手也应该要比较小
   c. 美元钞票的大小变化具有欺骗性，因为 2016 年美元钞票和 1980 年美元钞票的实际大小是相同的

5. 考虑图 5.13（a）. 该图的绘制方式 ( ).
   a. 使得图形完全无效
   b. 使得从一个十年到下一个十年的变化看起来比实际更大
   c. 使得随着时间变化而出现的上升和下降趋势更难以发现

6. 考虑图 5.14（a）. 在纵轴上向上移动一个刻度意味着计算机的运算速度增加 ( ).
   a. 每秒 10 亿次运算　　b. 2 倍　　c. 10 倍

7. 考虑图 5.15（a）. 图中在曲线随时间向下倾斜的年份，( ).
   a. 大学费用降低
   b. 大学费用增加，但增加的百分比小于前几年的
   c. 大学费用增加，但增加的费用占人均收入的比例更低

习题 5.4

复习

1. 简要描述多重条形图、多重折线图和堆叠图的绘制和应用.
2. 什么是地理数据？简要说明至少两种展示地理数据的方法. 一定要解释等高线图上等高线的含义.
3. 什么是三维图表？说明一下仅仅具有三维外观的图和真正展示三维数据的图之间的差异.
4. 说明感知扭曲以及某个轴的坐标不从零开始是如何误导读者的. 为什么有时候这样的图形是有用的？
5. 什么是指数刻度？指数刻度何时是有用的？
6. 解释为什么在显示百分比变化的图中，明明感兴趣的变量是增加的，但在图形中却是下降的长条（或下降线）.
7. 什么是图片图表？图片图表可以怎样改进图表？它又会怎样使图表产生歧义？

是否有意义？

确定下列陈述是有意义的（或显然是真实的）还是没有意义的（或显然是错误的），并解释原因.

8. 我的条形图包含的信息比你的更多，因为我用的是三维长条.
9. 我使用了指数刻度，因为我考虑的数据值范围是从 7 到 450 000.
10. 在过去的几个月中，我们的股价只有小幅上涨，但我想让增长趋势看起来更明显一些，所以我的纵轴不从 0 开始而是从最低价开始.
11. 计算机用户的实际数量在增加，但在展示计算机用户年增长率的图中看到的却是轻微下降的趋势.

基本方法和概念

12. **性别和数学.** 考虑图 5.9 展示的数据.

a. 加拿大的男生和韩国的女生，哪一组在 PISA 测试中得分更高？估计每组的考试成绩.

b. 芬兰的男生和日本的女生，哪一组在 PISA 测试中得分更高？估计每组的考试成绩.

13. **性别和科学.** 下表给出了 2012 年参加 PISA 科学测试的来自六个国家的男生和女生的数据. 为这些数据绘制双重条形图，其中纵轴的刻度范围是 460～560.

PISA 科学测试结果 (2012 年)		
国家	均值 (男生)	均值 (女生)
美国	497	498
芬兰	537	554
加拿大	527	524
日本	552	541
韩国	539	536
德国	524	524

14～15. 大学费用堆叠图. 根据图 5.10 回答下列问题.

14. a. 哪种费用在各类院校中差异是最小的？你能解释为什么这种费用差异这么小吗？

b. 忽略“其他费用”类别，纵观整个图，从两年制公立大学到四年制私立大学，各种费用的总趋势是增加的. 但是，其中有一种费用却并非如此. 是哪种费用？你能解释一下原因吗？

15. 根据图中给出的数据，单独为四种不同类型大学的学杂费绘制条形图，请使用垂直的长条.

16～17. 等高线图. 考虑图 5.17 中的等高线图，图中标有六个点. 假设点 A 和 B 对应山顶，并且各等高线之间的高度间隔是 40 英尺. 根据该图回答下列问题.

科罗拉多州博尔德附近的海拔

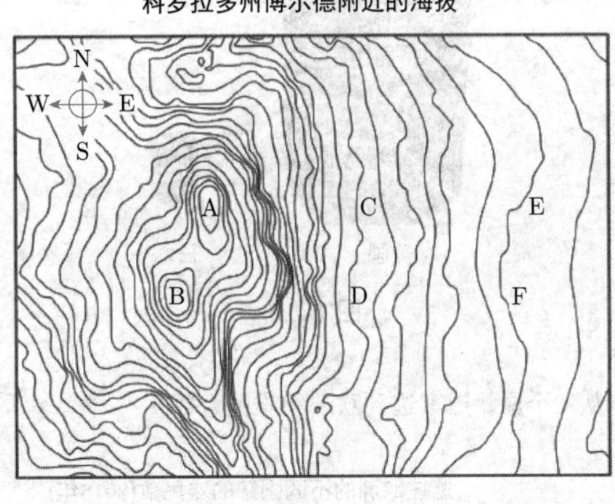

图 5.17

16. a. 如果你从 A 地走到 C 地，你是在上坡还是下坡？说明你是如何得知这一点的.

b. 从 B 地到 D 地和从 D 地到 F 地，两种情况下哪一种的海拔高度变化更大？说明你是如何得知这一点的.

17. a. 如果你直接从 E 地走到 F 地，你所在的海拔高度是增加、减少还是保持不变？说明你是如何得知这一点的.

b. 如果从 A 地相继经过 C 地、D 地，再回到 A 地，你所在的海拔高度发生了怎样的变化？说明你是如何得知这一点的.

18～19. 3D 条形图. 图 5.18 展示了对 2010 年至 2050 年美国的人口年龄分布的预测. 使用该图回答下列问题.

18. a. 在 2010 年年龄超过 65 岁者占总人口的百分比大约是多少？

b. 到 2050 年年龄超过 65 岁者预计占总人口的百分比是多少？

c. 描述一下从 2010 年到 2050 年间 45～54 岁年龄组的变化情况.

19. a. 从 2010 年到 2050 年，25 岁以下人口的规模将增加还是减少？

b. 超过 65 岁的人口在哪一年（未来）占总人口的百分比将是最大的？

c. 讨论你在数据中看到的所有重要趋势.

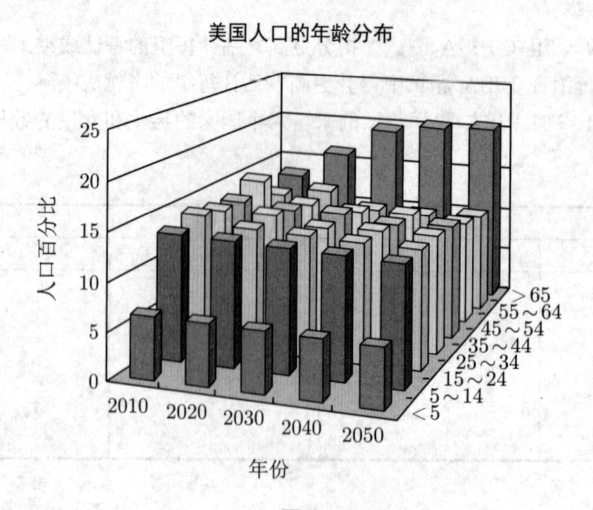

图 5.18

20. **体积失真.** 图 5.19 展示了美国和日本的日均石油消耗量（单位: 百万桶）(2015 年数据). 图 5.19 是否准确地展示了数据? 为什么?

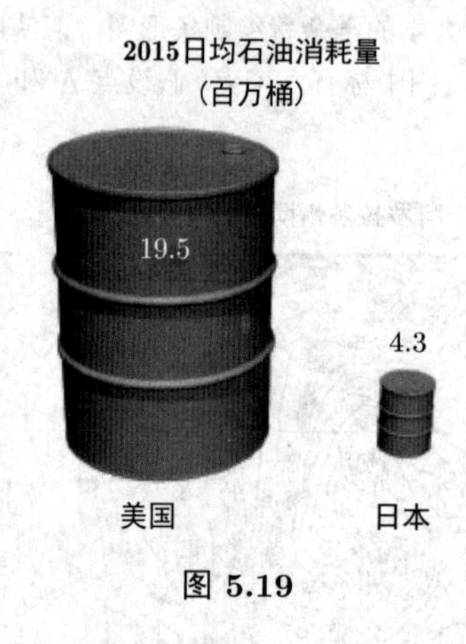

图 5.19

21. **避难欧洲.** 图 5.20 展示了 2016 年从三个原籍国家逃到欧洲的难民人数.

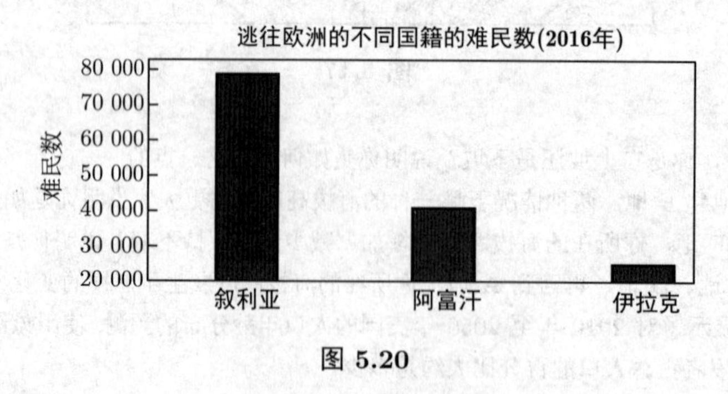

图 5.20

资料来源: 联合国难民事务高级专员办事处.

a. 来自伊拉克的难民数量与来自叙利亚的难民数量的比值是多大? 图中相应的长条的长度之比是多大?

b. 根据你对 (a) 的回答, 你认为该图具有欺骗性吗? 说明原因.

c. 将纵轴的起点改为零点，然后重新绘制该条形图.

22. **预期寿命.** 图 5.21 展示了自 1950 年以来美国人的预期寿命.

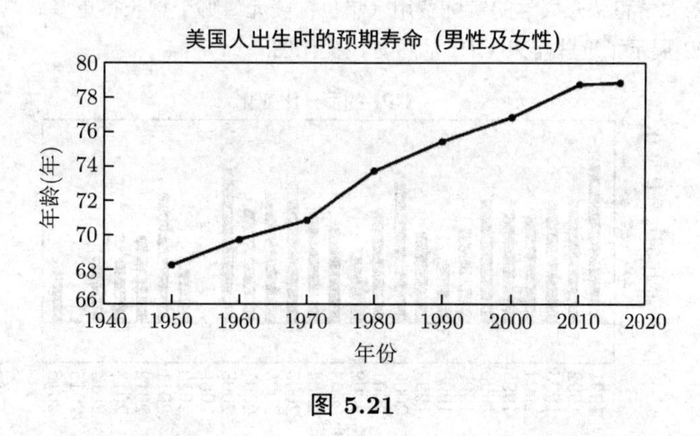

图 5.21

资料来源：美国国家卫生统计中心.

a. 自 1950 年以来，预期寿命增加了多少（绝对值和相对值）?

b. 根据你对（a）的回答，你认为该图具有欺骗性吗？说明原因.

c. 将纵轴的起点改为零点，然后重新绘制图形. 你认为这两个版本（原始版本和你重绘的版本）的图形在展示预期寿命的趋势时哪个更有效？为什么？

23. **摩尔定律.** 摩尔定律是指英特尔联合创始人戈登·摩尔在 1965 年做出的预测，他认为计算机芯片上的晶体管数量随时间发展将呈指数级增长. 经过一些修改，这一预测几十年来基本上一直是对的. 根据下表回答以下各问题.

a. 在横轴和纵轴上都使用线性刻度，为这组数据绘制时间序列图.

b. 在纵轴上使用指数刻度，即纵轴上的刻度为 1、10、100、1 000 等，重新为这组数据绘制指数刻度的时间序列图.

c. 就展示这组数据而言，你绘制的两个图中哪一个更有效？说明原因.

年份	晶体管	年份	晶体管
1971	2 300	1993	31 000 000
1974	4 500	1997	7 500 000
1978	29 000	2000	42 000 000
1982	55 000	2003	411 000 000
1985	275 000	2011	1 160 000 000
1989	1 180 000	2015	7 200 000 000

24. **手机用户.** 下表展示了美国某些年份的手机用户数量.（手机用户数量有可能大于总人口数量，因为有些人不止一个手机，比如可能一个是私人手机，一个是工作手机.）为这组数据绘制两个图形，其中纵轴的刻度分别使用普通刻度和指数刻度.（提示：指数刻度可以用 1 百万、10 百万和 100 百万这样的刻度.）哪个图形更有效？为什么？

年份	手机用户（百万）	年份	手机用户（百万）
1990	5	2002	141
1995	34	2003	159
1997	55	2007	255
1998	69	2010	303
1999	86	2012	325
2000	110	2015	378
2001	128		

25. **大学费用.** 根据图 5.15 所示的这段时期内的数据回答以下问题.

a. 在哪个学年，公立大学的费用增长幅度最大？增长了大约百分之几？

b. 在同一年（同 (a)），私立大学的费用大约增长了百分之几？

c. 在同一年（同 (a)），公立大学和私立大学的实际费用（单位：美元）哪个增长得更多？具体说明.

26. **CPI 的百分比变化.** 图 5.22 展示了近些年来 CPI 的百分比变化图.

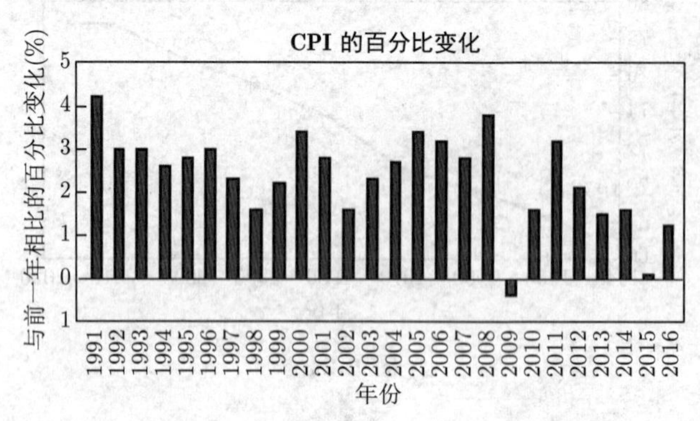

图 5.22

a. 哪一年（在展示的这些年里）的 CPI 变化最大？

b. 哪一年的实际 CPI 是最高的？你是怎么知道的？

c. 简要说明 2009 年的长条的含义.

27. **世界人口.** 在横轴上使用线性刻度重新绘制图 5.16 中的世界人口数据. 有哪些趋势在原图中不清楚而在你的新图中变得清楚了？说明原因.

28. **图片图表.** 找到一张图片图表（《今日美国》中经常有图片图表，当然图片图表还有很多其他来源），并简要讨论该图的哪些部分展示了真实的数据，哪些部分不具有统计意义，以及该图是否存在潜在的可能引起误导的地方.

进一步应用

29. **双重水平刻度.** 图 5.23 中的图同时展示了在两个时期内——1946—1964 年和 1977—1994 年美国的出生人数.

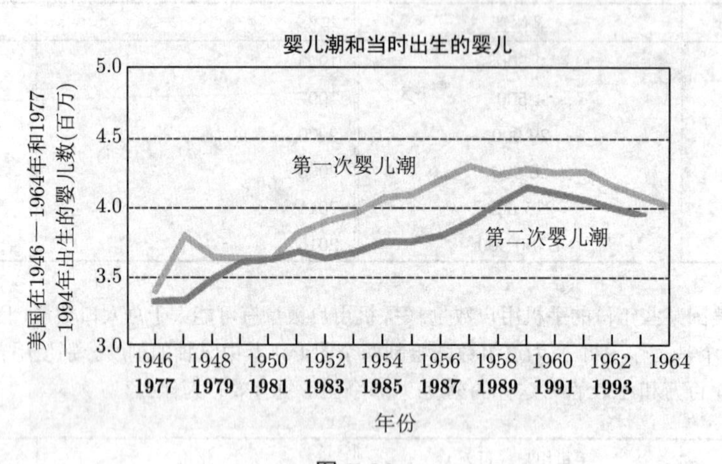

图 5.23

资料来源: 基于美国国家卫生统计中心的数据.

a. 第一次婴儿潮何时达到峰值？

b. 第二次婴儿潮何时达到峰值？

c. 你认为为什么该图的绘制者会选择将两个时期叠加在一起显示，而不是选择单一的时间轴，将 1946 年到 1994 年逐个列在横轴上？

30. **精神分裂症的季节影响？** 图 5.24 展示了不同月份出生的人患精神分裂症的相对风险的数据.

a. 注意该图纵轴的刻度不包含零. 使用从 0 开始的纵轴绘制相同的风险曲线图. 评价一下该变化对图形的影响.

b. 每个月的相对风险都用一个点来表示，将点放在最可能的取值处，并以垂直的“误差长条”表示数据值可能的取值范围. 该研究的结论是“风险也与出生的季节显著相关”. 根据误差区间的大小，这个结论是否合理？(是否有可能画一条水平直线经过所有的误差区间?)

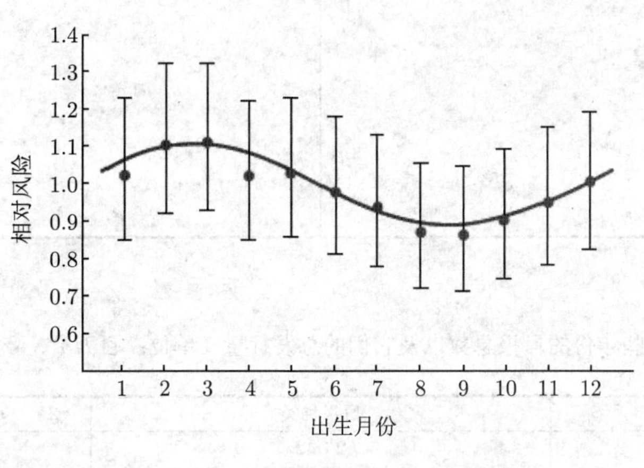

图 5.24

资料来源：《新英格兰医学杂志》(*New England Journal of Medicine*).

31～34. 绘制图形. 为以下各组数据绘制图形，你可以选择你认为合适的任意图表. 说明你选择它的理由，并讨论数据所有有意义的特征.

31. 下表展示了某些年份美国各大高等院校分别授予男性和女性的学士学位数量（单位：千，其中 2020 年数据为预测值）.

学士学位数 (千)		
年份	男性	女性
1960	260	140
1970	460	335
1980	480	475
1990	490	530
2000	510	710
2010	700	920
2020	810	1 050

资料来源：美国国家教育统计中心.

32. 下表展示了自 1960 年以来的几个特定年份里不同年龄组中从未结过婚的男性和女性比例.

未婚成年人的百分比		
年份	女性	男性
1960	19.0%	25.3%
1980	22.5%	29.6%
2000	25.1%	31.3%
2015	28.9%	34.8%

资料来源：美国人口普查局.

33. 下表给出了一些特定年份里美国人口的年龄中位数.（一半人口的年龄低于年龄中位数，一半人口的年龄高于年龄中位数.）

年份	年龄中位数
1920	25.3
1930	26.5
1940	29.0
1950	30.2
1960	29.5
1970	28.1
1980	30.0
1990	32.8
2000	35.3
2010	37.2
2015	37.8

资料来源：美国人口普查局.

34. 下表列出了自 1920 年以来某些年份的日报总数以及它们的总发行量（单位：百万）.

年份	日报种类	总发行量 (百万)
1920	2 042	27.8
1930	1 942	39.6
1940	1 878	41.1
1950	1 772	53.9
1960	1 763	58.8
1970	1 748	62.1
1980	1 747	62.2
1990	1 611	62.3
2000	1 485	56.1
2010	1 390	45.2
2015	1 350	34.9

资料来源：《编辑与出版人国际年鉴》(*Editor & Publisher International Yearbook*).

35. **工资的性别差距.** 下表列出了美国工人（男性和女性）的平均周工资（中位数），数据按照年龄分组.

a. 选择一个合适的图来展示这些数据，并写一小段话解释其中任何明显的趋势或特征.

b. 计算每个年龄组的性别工资差距：女性工资与男性工资的比值. 然后写一小段话解释其中任何明显的特征.

年龄	周工资中位数 (美元)	
	女性	男性
16~24	505	470
25~34	791	710
35~44	1 024	845
45~54	1 063	829
55~64	1 054	795
65 及以上	1 032	736

资料来源：美国劳工统计局.

实际问题探讨

36. **新闻图表.** 查找一篇含有多重条形图或堆叠图的最近的新闻报道. 评论其数据展示的效果. 是否可以使用其他展示方式来刻画这组数据？

37. **地理数据.** 查找最近的新闻报道，找一个地理数据图的范例. 评论其数据展示的效果. 是否可以使用其他展示方式来刻画这组数据？

38. **三维效果.** 在最近的新闻报道中，找一个三维图形的范例. 其中的数据确实是三维的还是仅仅具有三维美化效果？评论展示的效果. 是否可以使用其他展示方式来刻画这组数据？

39. **图形误导.** 本节讨论了几种可能会导致图形被误读的方式. 查找最近的新闻报道，找一个某种误导方式的范例. 说明是什么使得图形产生了误导，以及应该怎样使它变得更符合真实数据.

40. **好的新闻图形.** 从最近的新闻报道中找一个统计图，你认为它非常好地直观地展示了数据. 讨论图形展示的内容，并解释你为什么认为它非常好.

实用技巧练习

利用本节的实用技巧中给出的方法或用 StatCrunch 回答下列问题.

41. **北冰洋的冰.** 打开 StatCrunch 中名为“Arctic Sea Ice Volume”的共享数据集（依次选择“Explore”和“data”，然后在搜索框中键入数据集的名称）.

a. 绘制多重折线图展示 1979 年至 2013 年间每年 3 月和 9 月的数据.

b. 讨论数据集在所涵盖的年份里的趋势，并比较 3 月和 9 月的图.

42. **StatCrunch 项目.** 在 StatCrunch 上选择一个你感兴趣的数据集，利用该数据集来绘制一个本节介绍的图.

a. 简要介绍你选择的数据集以及你对该数据集感兴趣的原因.

b. 用某种图形来展示你选择的数据集. 说明你选择这种图形来展示该数据集的原因，以及这种图形如何有助于大家理解该数据集.

5.5　相关关系和因果关系

许多统计研究的主要目标是确定一个因素是否会导致另一个因素发生. 例如，吸烟会导致肺癌吗？本节将讨论如何使用统计方法来寻找可能有因果关系的相关性. 然后我们将探索更困难的任务：建立因果关系.

寻找相关关系

当我们说吸烟会导致肺癌时，这意味着什么？当然，这并不意味着如果你抽了一根香烟，你就会立刻得肺癌. 这也不意味着如果你吸烟多年，那么你肯定会得肺癌，因为确实有一些烟瘾很大的人最终并没有得肺癌. 准确地说，这是一个统计说法，它意味着如果你吸烟，那么你会比不吸烟的人更容易得肺癌[①].

研究人员是如何发现吸烟会导致肺癌的呢？整个过程首先源于日常观察的结果，因为医生发现肺癌患者中吸烟者的比例出奇地高. 基于这些观察结果，研究人员进行了仔细的研究，比较了吸烟人群和不吸烟人群的肺癌发生率. 这些研究清楚地表明，吸烟多的人更容易得肺癌. 用更正式的统计术语来说，就是在“吸烟量”和“肺癌发生率”这两个变量之间存在**相关关系** (correlation). 相关关系是变量之间的一类关系，它表现为其中的一个变量会跟随另一个变量的上升或下降而相应地上升或下降.

定义

当一个变量的上升总是伴随着另一个变量的上升或者一个变量的上升总是伴随着另一个变量的下降时，我们说两个变量之间存在**相关关系**.

以下是相关关系的其他一些示例：

- 人们的身高和体重之间存在相关关系. 一般来说，身材高大的人往往比身材矮小的人体重更大.
- 苹果的需求量与苹果的价格之间存在相关关系. 一般来说，随着价格上涨，需求趋于下降.
- 钢琴演奏者的练习时间和演奏水平之间存在相关关系. 一般来说，练习得更多的人将弹奏得更熟练.

① **顺便说说：**除了肺癌，吸烟还和很多致命的疾病有关，包括心脏病和肺气肿等. 吸烟也会导致一些不太致命的健康问题，比如皮肤过早产生皱纹和性无能.

建立了两个变量之间的相关关系，并不一定意味着其中一个变量的变化会引起另一个变量发生变化. 吸烟与肺癌之间的相关关系本身并不能证明吸烟一定会导致肺癌. 例如，我们可以想象一下，也许存在某种基因既使人倾向于吸烟，又使人容易患肺癌. 但不管怎样，发现相关关系是认识到吸烟会导致肺癌的关键的第一步.

思考 假设真的有一种基因会使人们容易吸烟和患肺癌. 解释为什么此时我们仍然会发现吸烟和患肺癌之间有很强的相关关系，但是不能断言吸烟会导致肺癌.

散点图

表 5.6 展示了 15 部大制作电影（截至 2016 年）的制作成本和在美国的票房总收入（售票所得总收入）. 电影投资人可能希望成本与收益之间存在良好的相关关系. 也就是说，他们希望花更多钱制作出来的电影可以带来更高的票房收入. 但是这样的相关关系存在吗？我们可以通过**散点图** (scatterplot) 来展示制作成本与票房总收入这两个变量之间的关系来寻找相关性.

表 5.6 大制作电影（截至 2016 年）

电影	制作成本（百万美元）	美国票房总收入（百万美元）
《加勒比海盗：惊涛怪浪》(2011)	378	241
《星球大战 VII》(2015)	306	937
《加勒比海盗：世界的尽头》(2007)	300	309
《幽灵党》(2015)	300	200
《复仇者联盟 2：奥创纪元》(2015)	280	459
《独行侠》(2013)	275	89
《黑暗骑士崛起》(2012)	275	448
《约翰・卡特》(2012)	264	73
《长发公主》(2010)	260	201
《蜘蛛侠 3 》(2007)	258	337
《哈利・波特与混血王子》(2009)	250	302
《霍比特人：五军之战》(2014)	250	255
《美国队长：内战》(2016)	250	408
《蝙蝠侠大战超人》(2016)	250	330
《阿凡达》(2009)	237	761

注意：成本是估计值，不同来源的数据可能差别会很大 (因为制片方通常不会公布准确的数字). 总收入仅限于美国；世界范围内的总收入通常要高得多. 这些数字没有随通货膨胀而调整.

定义

散点图是其中每一个点都对应于两个变量的取值的图.

我们可以按照如下步骤为表 5.6 中的数据绘制如图 5.25 所示的散点图：

1. 我们为每个轴分配一个变量，并为每个轴标注适合其数据的刻度. 这里我们将制作成本分配给横轴，将美国票房总收入分配给纵轴. 我们为制作成本轴选择了 200（百万美元）到 400（百万美元）的范围，美国票房总收入轴选择了 0~1 000 （百万美元）.

2. 对于表 5.6 中的每部电影，我们在与其制作成本对应的水平位置和与其美国票房总收入对应的垂直位置的交叉点处绘制一个点. 例如，代表电影《长发公主》的点的横坐标为 260（百万美元），纵坐标为 201（百万美元）. 图 5.25 中的虚线显示了我们如何定位这个点.

3. （可选）如果愿意，我们可以给点做标注，如图 5.25 对选定的点所做的那样.

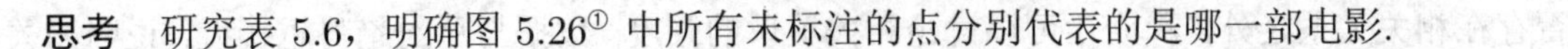

思考　研究表 5.6，明确图 5.26[①] 中所有未标注的点分别代表的是哪一部电影.

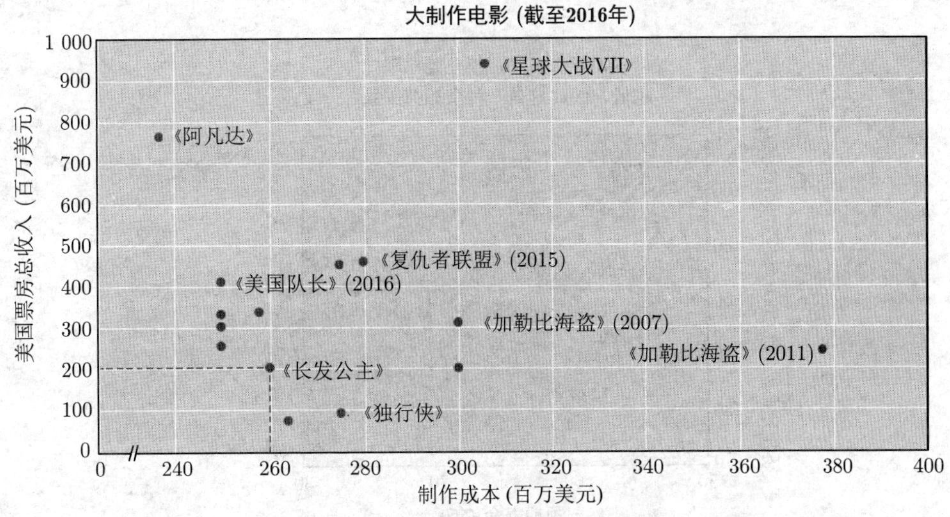

图 5.25　表 5.6 中数据的散点图

相关关系的类型

仔细观察图 5.25 中的电影散点图. 点的分布似乎没有明显的规律. 换句话说，至少对这些高成本的电影来说，电影制作成本与其赚取的票房总收入之间似乎关系不大或根本不相关.

现在考虑图 5.26 中的散点图，其中显示了 23 颗钻石的重量（克拉）和零售价格. 这里点的分布呈现出明显的上升趋势，这说明较大的钻石通常也比较贵. 虽然这里的相关关系并不完美. 例如，最重的钻石并不是最贵的. 但是总体的趋势看上去相当明显. 由于价格随着重量的增加而上升，所以我们称图 5.26 展示的是一种**正相关关系** (positive correlation).

相比之下，图 5.27 是 16 个国家的预期寿命和婴儿死亡率这两个变量的散点图. 我们再次看到了明显的趋势，但这次是一种**负相关关系** (negative correlation)：预期寿命越高的国家婴儿死亡率往往越低.

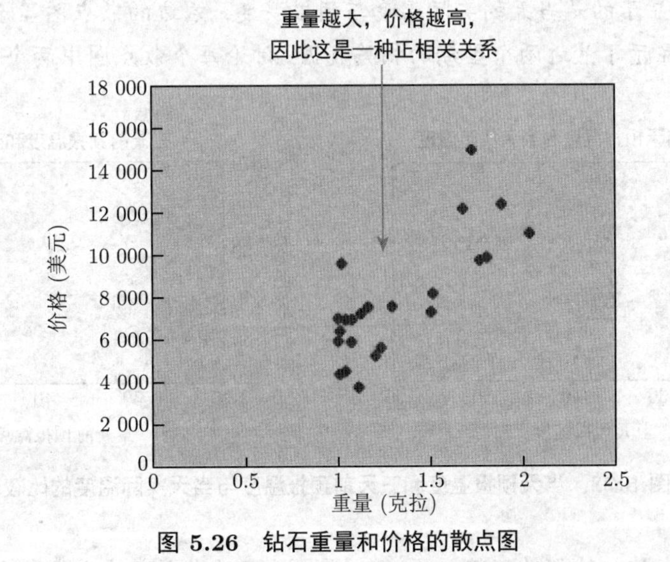

图 5.26　钻石重量和价格的散点图

① **说明：** 我们常会因为某种理由认为一个变量至少部分地依赖于另一个变量. 在图 5.25 这种情况下，我们可能猜测美国票房总收入应该取决于制作成本. 因此我们把制作成本称为解释变量，把美国票房总收入称为因变量，因为制作成本可能有助于解释为何有这样的票房总收入. 我们通常把解释变量分配给横轴，把因变量分配给纵轴.

除了说明是否存在相关关系之外，我们还可以讨论相关关系的强度. 数据与总的趋势越接近，说明相关关系越强.[①]

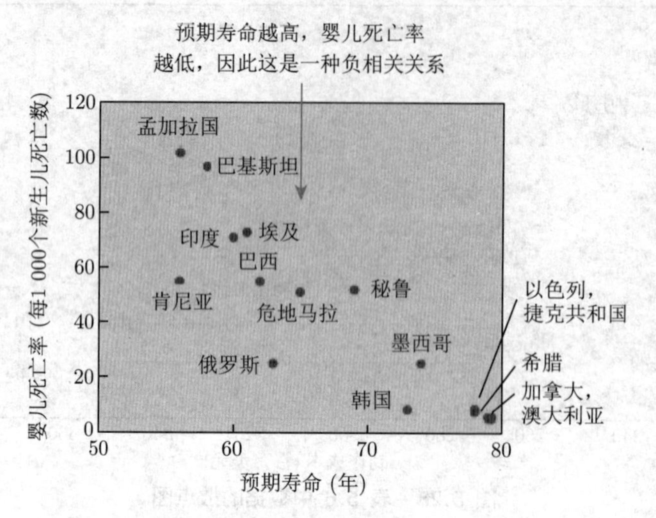

图 5.27　预期寿命和婴儿死亡率的散点图

> **两个变量之间的关系**
>
> **正相关关系**：两个变量趋于一起增加（或减少）.
>
> **负相关关系**：两个变量趋于反方向变化，一个变量增加而另一个变量减少.
>
> **无相关关系**：两个变量之间没有明显的相关关系.
>
> **相关关系的强度**：两个变量值与总的趋势越接近，说明相关关系越强（可能是正相关或负相关）. 在完全的相关关系中，所有数据点都位于一条直线上.

例 1　天气预报的准确性

图 5.28 左边的散点图显示的是当天的实际温度与预报温度，右边的散点图显示的是当天的实际温度与三天前的预报温度，散点图显示了最近两个星期的相关数据. 讨论每个散点图中两个变量的相关类型.

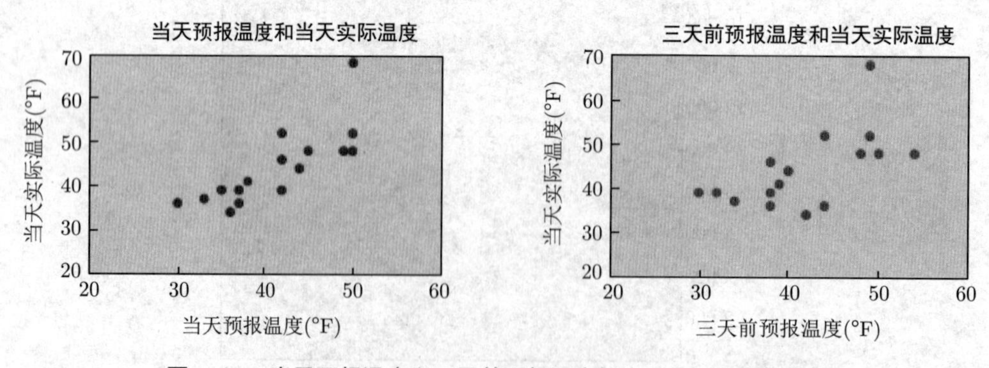

图 5.28　当天预报温度和三天前预报温度与当天实际温度的比较

解　这两个散点图都呈现出共同的整体趋势：更高的预报温度对应更高的实际温度. 也就是说，两者都表现

① **顺便说说**：在统计学中，相关系数为相关关系的强度提供了定量度量. 它被定义为：1 表示完全正相关（意味着所有数据点都位于一条直线上），−1 表示完全负相关，而 0 表示不相关.

出正相关关系. 然而，左图中的点更接近于一条直线，表明与右图相比这两个变量之间有更强的相关关系. 这很容易理解，因为当天的预报温度肯定比三天前的更准确.

▶ 做习题 15~16.

实用技巧　Excel中的散点图

利用 Excel 可以轻松地生成散点图；下面给出绘制图 5.27 的步骤.

1. 输入数据，显示在 B 列（重量）和 C 列（价格）中.

2. 为散点图选择两个变量所在的列：在本例中为 B 列和 C 列.

3. 选择插入不带连接线选项的“散点图”. 然后可以利用“图表选项”（在图形上单击右键）自定义设计、坐标轴范围、标注等.

4.（可选）通过选择“趋势线”选项（确保选择“线性趋势线”选项），在散点图上添加一条直线，这被称为最佳拟合线. 你还可以找到一个选项来显示被记为 R^2 的一个值，即相关系数的平方. 相关系数的定义如下：接近于 -1 的值表示强的负相关关系，接近于 $+1$ 的值表示强的正相关关系；接近于 0 的值表示弱相关或不相关.（R^2 的值总是正的，接近于 1 的值表示强相关，接近于 0 的值表示弱相关或不相关.）

注意：你也可以直接使用内置函数“CORREL”来计算相关系数.

存在相关关系的可能原因

首先我们要指出相关关系有助于我们寻找因果关系. 但我们也已经看到，因果关系并不是相关关系存在的唯一原因. 例如，散点图 5.28 中横轴上的预报温度当然不是导致纵轴上实际温度的原因. 下面的框中列出了存在相关关系的三种可能原因.

存在相关关系的可能原因

1. 存在相关关系可能只是因为巧合.

2. 这两个变量可能直接受一些共同的潜在原因的影响.

3. 其中一个变量可能确实是导致另一个变量发生变化的原因. 注意，即使是在这种情况下，它也可能只是其中几个原因之一.

例 2　存在相关关系的原因

考虑图 5.27 中婴儿死亡率与预期寿命之间的相关关系. 上面三个可能原因中的哪一个可以解释该相关关系？说明理由.

解　婴儿死亡率和预期寿命之间存在负相关关系可能是由于具有共同的潜在原因. 这两个变量可能都受到“医疗保健水平”这个潜在变量的影响. 在医疗保健水平较高的国家，婴儿死亡率较低，预期寿命也较高.

▶ 做习题 17~18.

例 3　如何在股市中发大财（只是可能）

考虑下面的相关关系：当较老的球队，即 20 世纪 70 年代以前的 NFL 球队赢得超级碗冠军时，该年股市往往会上涨（整体）；否则，股市则倾向于下跌. 根据以往的数据，总共 32 届超级碗比赛中有 28 届都符合这一定律. 这意味着使用“超级碗指标”预测股市比同期的任何专业股票经纪都更准确. 事实上，截至 2017 年，超级碗指标在 50 次中有 40 次预告准确，成功率高达惊人的 80%. 因此，你是否应该根据最近的超级碗冠军的球队身份来决定是否投资股市？

解 尽管相关关系很强，但似乎无法想象获胜球队的身份真的能决定未来股市的走向. 这种相关关系毫无疑问是一种巧合.

▲ **注意!** 正如上例所示，你永远不能假定相关关系就意味着因果关系；下面我们会讨论仅仅有相关关系是不能建立因果关系的，我们需要更多证据.

► 做习题 19~24.

建立因果关系

假设你发现了一个相关关系，也怀疑它是因果关系，你应该如何验证你的猜测呢？我们回到吸烟和患肺癌的研究. 吸烟与患肺癌之间的强相关关系本身并不能证明吸烟会导致肺癌. 所以吸烟是患肺癌的原因之一是如何得到确认的呢？

答案包含几条证据. 第一，研究人员在多类人群中发现了吸烟和患肺癌之间的相关关系，包括女性、男性以及不同种族和文化的人群. 第二，在其他条件看起来相同的人群中，吸烟者的肺癌发生率更高. 第三，吸烟越多且吸烟时间越长的人的肺癌发生率越高. 第四，当研究人员考虑到肺癌的其他潜在原因时（例如接触氡气或石棉），他们发现几乎所有剩余的肺癌病例都是吸烟者（或者吸过二手烟的人）.

以上四条的确称得上是强有力的证据，但仍然不能排除其他因素的可能性，比如基因，也许有的基因使人们更容易吸烟和患肺癌. 然而，另外两条证据否定了这种可能性. 一条证据来自动物实验. 在可控实验中，将动物随机分为治疗组和对照组. 实验依然发现吸入香烟烟雾与肺癌之间有相关关系，这至少在动物中排除了遗传因素的影响. 最后一条证据是由研究细胞培养物（即人类肺组织的小标本）的生物学家提供的. 生物学家发现了香烟烟雾中的某些成分导致癌变的基本过程. 这个过程看上去完全不依赖于任何特定的遗传因素，从而确定了肺癌是由吸烟而不是由任何先天的遗传因素引起的. 而经常接触二手烟也与肺癌发生率相关，这一事实进一步否定了遗传因素的影响（因为二手烟会影响非吸烟者），却与香烟烟雾中某些成分会引起癌变这一说法相吻合.

以下总结了建立因果关系的一些准则.① 一般来说，满足的准则越多，那么存在因果关系的可能性就越大.

确定因果关系的准则

如果你怀疑某个变量（可疑的原因）产生了某些影响，那么：

1. 在其他因素发生变化时，检查影响与可疑原因的相关关系是否依然存在.
2. 在仅可疑原因存在差异，而其他条件都相同的两个组中，检查影响是否依然类似.
3. 寻找证据证明可疑原因的较大变化会产生较大的影响.
4. 如果影响可能由其他潜在原因（除了可疑原因之外）引起，请在考虑到其他潜在原因之后确定影响仍然存在.
5. 如果可能，请用实验来验证可疑原因. 如果由于道德原因无法对人进行实验，请考虑使用动物、细胞培养物或计算机模型进行实验.
6. 尝试确定可疑原因产生影响的物理机制.

思考 有关动物实验是否符合伦理的争议很大. 你对动物实验怎么看？捍卫你的观点.

① **顺便说说：** 建立因果关系的前四条准则被称为穆勒方法，以英国哲学家和经济学家约翰·斯图尔特·穆勒（John Stuart Mill，1806—1873）的名字命名. 穆勒是他那个时代的一流学者，也是妇女投票权的早期倡导者.

案例研究　安全气囊和儿童[1]

到 20 世纪 90 年代中期，在汽车副驾驶座安装安全气囊已经相当普及了. 统计研究表明，安全气囊在中速到高速碰撞中挽救了很多生命，但同时也出现了一些令人不安的情况. 至少在某些情况下，安全气囊会在低速碰撞中使幼儿特别是在儿童汽车座椅中的婴幼儿丧生.

起初，许多安全倡导者难以相信安全气囊会是致死的原因. 但是观察性的证据日益增多，满足了因果关系成立的前四条准则. 例如，儿童汽车座椅中的婴儿死亡的风险更大，这符合准则 3，因为它表明接近气囊会增加死亡风险.（因为儿童汽车座椅放置在固定座椅之上，所以使用儿童座椅的孩子更靠近安全气囊.）

为了证实这个关系，安全专家利用人体模型进行了实验. 他们发现，由于孩子体型小，所以往往坐在安全气囊爆炸开口的地方，从而更易受到伤害. 实验还表明，安全气囊确实会对儿童汽车座椅造成足够大的冲击力而导致死亡，这揭示了死亡发生的物理机制.

案例研究　手机和驾驶[2]

对手机和驾驶之间关系的研究历程与对安全气囊和儿童之间关系的研究历程非常相似. 使用手机和交通事故之间的相关关系起初也被认为是一种巧合，因为用手机通话似乎跟与身边的乘客交谈没有太大区别，而后者看上去与事故发生率是不相关的. 随着二者之间存在相关关系的证据越来越多，纯属巧合的想法变得越来越不可信，所以研究人员开始寻找其他解释，其中有一个看起来很明显的原因：大多数手机使用者将手机拿在手上使用，这好像使得司机对方向盘的控制变少了. 因为这一事实，许多州政府都制定法律要求汽车必须安装免提装置. 但即便如此，进一步的研究还是表明，即使通话时使用了免提，使用手机和事故之间依然存在相关关系.

基于这一点，研究人员开始质疑最开始的假设：用手机通话跟与身边的乘客交谈是一样的. 在模拟驾驶期间进行的大脑扫描很快证实，通过手机交谈跟与身边的乘客交谈时大脑的活跃区域是不同的. 这说明了为什么用手机打电话产生的影响跟与身边的乘客交谈产生的影响不一样. 后续的研究提供了更多证据，证明不管是否使用免提，打电话都会导致分心，从而引发事故. 更令人震惊的是，一些研究发现，即便用了免提，驾驶时打电话引起的分心也会让驾驶如同醉驾一样危险. 驾驶时发短信或使用其他计算机设备则更为糟糕，因为它们不仅会导致同样的分心，而且同时会使司机的视线偏离路面. 美国国家安全委员会估计，每年大约有 160 万起车祸——超过总数的四分之一，是由某类分心行为造成的.

对因果关系的信任程度

六条准则提供了检验因果关系强度的方法，但我们通常必须在因果关系完全建立之前做出决定. 因此，我们需要一些方法来确定我们对于因果关系的信任程度.

---

① **顺便说说：** 基于这些研究结果，现在政府建议永远不要在前座上使用儿童汽车座椅，而 12 岁以下的儿童应尽可能地坐在后座上.

② **顺便说说：** 尽管媒体对由分心驾驶造成的严重问题给予了足够的关注，但 2013 年的一项调查仍然发现，70% 的美国人承认在调查前的 30 天内曾在开车时用手机打电话，而约 30% 承认在同段时间内曾在开车时发短信.

遗憾的是，尽管许多数学和统计学领域提供了可接受的方法来量化可能的错误或不确定性，但对检验因果关系这一问题却没有提供这样的量化方法. 然而另外一个领域处理关于因果关系的实际问题已有数百年历史，这就是法律系统. 你可能熟悉以下法律上的三个不同的信任等级.①

对因果关系的三个不同的信任等级

潜在的原因：我们发现了一种相关关系，但还不能确定相关关系是否意味着因果关系. 在法律系统中，潜在的原因（例如认为特定的嫌疑人可能犯下特定的罪行）通常是开始调查的原因.

可能的原因：我们有充分的理由怀疑相关关系涉及原因，也许是因为满足了一些建立因果关系的准则. 在法律系统中，可能的原因是让法官签发搜查令或窃听令的通用标准.

无可置疑的原因：我们发现了一个物理机制，它在解释一件事情如何引起另一件事情时非常成功，因此怀疑存在因果关系似乎是不合理的. 在法律系统中，这种无可置疑的原因通常是定罪的标准. 它通常要求检方证明犯罪嫌疑人如何以及为什么（本质上的物理机制）犯下罪行. 注意，无可置疑并不意味着确定无疑.

虽然这些等级的划分仍然相当含糊，但它们至少给我们提供了一些通用的说法来讨论对因果关系的信任等级. 如果你是学法律的，你就会学到这些术语的更多微妙之处.

测验 5.5

为以下每个问题选择最佳答案，并用一个或多个完整的句子解释原因.

1. 如果 X 与 Y 相关，则 ( ).
   a. X 导致 Y　　b. 随着 Y 值的增加，X 值增加　　c. 随着 Y 值的增加或减小，X 值增加
2. 考虑图 5.29，根据该图，巴西的人均预期寿命大约是 ( ).
   a. 22 年　　b. 62 年　　c. 58 年
3. 如果散点图上的点几乎都落在一条向下倾斜的直线上，则这两个变量有 ( ).
   a. 强的负相关关系　　b. 没有相关关系　　c. 弱的正相关关系
4. 如果散点图上的点都落在一个向上倾斜的较宽的区域内，则这两个变量有 ( ).
   a. 强的负相关关系　　b. 弱的正相关关系　　c. 没有相关关系
5. 你什么时候可以排除变量 X 的变化会引起变量 Y 的变化？( )
   a. 当 X 和 Y 之间没有相关关系时
   b. 当 X 和 Y 之间存在负相关关系时
   c. 当两个变量的散点图中所有的点都落在一条直线上时
6. 你觉得人的运动量与体重指数（衡量人体中脂肪含量的指标）这两个变量之间具有什么样的相关关系？( )
   a. 没有
   b. 正相关关系，更多的运动会导致体重指数提高
   c. 负相关关系，运动量越大，体重指数越低
7. 你发现接触二手烟的女性所育婴儿的出生缺陷率较高. 为了证明二手烟会导致出生缺陷，你还应该获得以下哪类证据？( )
   a. 更高的缺陷率与接触更多的烟雾具有相关关系的证据
   b. 这些类型的出生缺陷仅仅发生在母亲接触二手烟的婴儿身上，而从未在任何其他婴儿身上出现的证据
   c. 出现在这些婴儿身上的这些类型的出生缺陷比其他类型的出生缺陷更严重的证据
8. 根据图 5.28 中的数据，你预计 0.5 克拉钻石的平均价格是多少？( )
   a. 2 000 美元　　b. 7 000 美元　　c. 12 000 美元

① **顺便说说**：对于刑事审判，最高法院赞同金斯伯格（Ginsburg）大法官的指导原则：“毫无疑问的证据就是让你确信被告有罪的证据. 在这个世界上，我们能够绝对确信的事情非常少，在刑事案件中，法律也不需要能排除一切怀疑的绝对证据. 如果根据你对证据的考虑，你确信被告犯了所指控的罪行，那么你必须认定他有罪. 另一方面，如果你认为他确实有可能是无罪的，那么你必须遵循疑者无罪的原则，认定他无罪.”

9. 以下哪项陈述最能说明交通事故和开车时发短信之间的相关关系？(　)

a. 纯属巧合

b. 有共同的潜在原因

c. 开车时发短信是发生事故的可能原因

10. 陪审团认定一个人“无可置疑的”有罪的结论应该是这样的: (　).

a. 这个人肯定有罪

b. 陪审团的所有 12 名成员都认为，该人有罪的可能性超过 50%

c. 任何有理性的人都会认为证据足以证明此人有罪

习题 5.5

复习

1. 什么是相关关系？给出三对相关变量的例子.
2. 什么是散点图，如何绘制散点图？我们如何使用散点图来发现相关关系？
3. 说出正相关关系、负相关关系和无相关关系的定义及区别. 我们如何确定相关关系的强度？
4. 说明存在相关关系的三种常见原因. 每种原因各举一例进行说明.
5. 简要描述本节中的六条确定因果关系的准则. 对每条准则各举一例说明其应用.
6. 简要描述因果关系的三个信任等级，以及在我们没有因果关系的绝对证据时如何应用它们.

是否有意义？

确定下列陈述是有意义的（或显然是真实的）还是没有意义的（或显然是错误的），并解释原因.

7. 门票价格与售票数量之间存在很强的负相关关系. 这表明如果我们想卖出很多张门票，我们就应该降低价格.
8. 对于数学课程而言，学习时间与成绩之间存在很强的正相关关系. 这表明如果你想获得好成绩，你就应该花更多时间学习.
9. 我发现变量 A 和变量 B 之间几乎是完全正相关的，因此可以得出结论：变量 A 的增加必然导致变量 B 的增加.
10. 我发现变量 C 和变量 D 之间几乎是完全负相关的，因此可以得出结论：变量 C 的增加必然导致变量 D 的减少.
11. 我起初怀疑变量 E 的增加会导致变量 F 的减少，但现在我不再相信这一点，因为我发现这两个变量之间没有相关性.
12. 如果已经建立了两个变量无可置疑的因果关系，那么我们可以 100% 地相信因果关系是存在的.

基本方法和概念

13～16：解释散点图. 请考虑以下散点图.

a. 说明散点图显示的是正相关关系、负相关关系还是无相关关系. 如果存在正相关关系或负相关关系，它是强相关关系还是弱相关关系？

b. 总结你从散点图中得到的任何结论.

13.

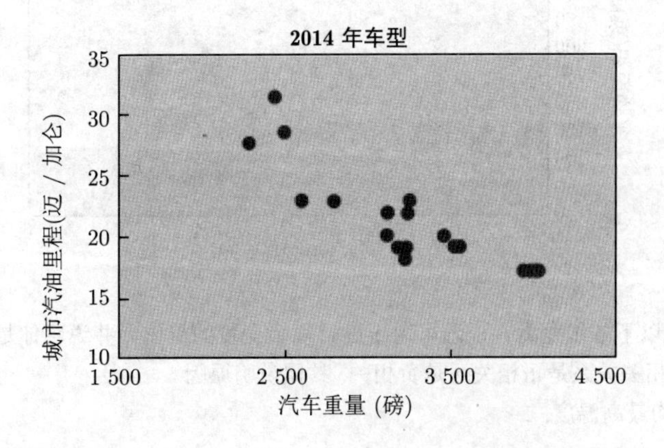

14.

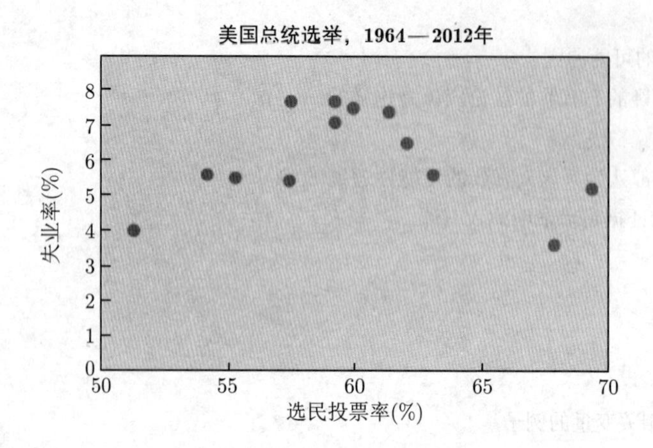

15.

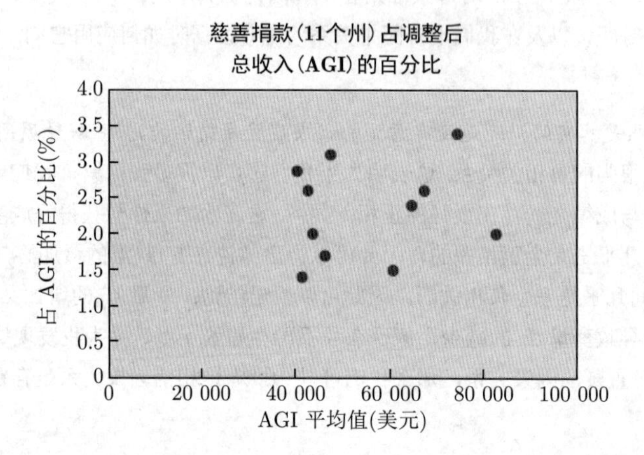

16.

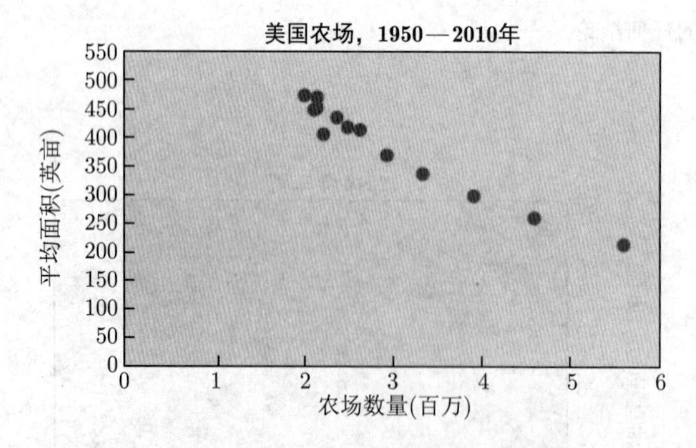

17～24：相关关系的类型. 对于以下各组变量，说出可用于度量每个变量的单位，并说明你是否认为这两个变量是相关的. 如果你认为它们是相关的，请说明相关关系是正相关还是负相关. 具体说明原因.

17. 对城市：纬度和六月份的平均最高温度.

18. 对人：身高和其参加摇滚音乐会的频率.
19. 对人：年龄和其在社交网站上花费的时间.
20. 对登山者：登山时的海拔高度和气压.
21. 对 50 个州：一个州加入联邦政府的年份和该州的面积.
22. 对人：体重和其腰围尺寸.
23. 对国家：女性生育率和预期寿命.
24. 对学区：一个学区的平均财产税和每个学校平均拥有的计算机台数.

进一步应用

25～29：制作散点图. 请考虑以下各组数据.

a. 绘制每组数据的散点图.

b. 说明两个变量看起来是否相关，如果是，则说明相关关系是正、负、强还是弱.

c. 说明你认为存在相关关系或不存在相关关系的原因. 如果你怀疑二者存在因果关系，讨论一下还需要哪些进一步的证据才能确定因果关系.

25. 下表列出了 2009—2016 赛季 MVP（最具价值）棒球球员的本垒打次数和击球率（NL = 国家联盟，AL = 美国联盟）.2011 年的 AL 获奖者和 2014 年的 AL 获奖者并不在列，因为他们是投手.

球员	本垒打	击球率
Albert Pujols(2009 NL)	47	0.327
Joe Mauer(2009 AL)	28	0.365
Joey Votto(2010 NL)	37	0.324
Josh Hamilton(2010 AL)	32	0.359
Ryan Braun(2011 NL)	33	0.332
Buster Posey(2012 NL)	24	0.336
Miguel Cabrera(2012 AL)	44	0.330
Andrew McCutchen(2013 NL)	21	0.317
Miguel Cabrera(2013 AL)	44	0.348
Mike Trout(2014 NL)	36	0.287
Bryce Harper(2015 NL)	42	0.330
Josh Donaldson(2015 AL)	41	0.297
Kris Bryant(2016 NL)	39	0.292
Mike Trout(2016 AL)	29	0.315

26. 下表列出了 2015 年 10 个州的人均收入和收入低于贫困水平的人口所占的百分比.

州	人均收入 (美元)	贫困人口百分比
加利福尼亚	52 651	13.9%
科罗拉多	50 410	9.9%
伊利诺伊	49 471	10.9%
艾奥瓦	44 971	10.4%
明尼苏达	50 541	7.8%
蒙大拿	41 280	11.9%
内华达	42 185	13.0%
新罕布什尔	54 817	7.3%
犹他	39 045	9.3%
西弗吉尼亚	37 047	14.5%

资料来源：美国商务部.

27. 下表列出了五个不同年龄层次的人群每周收看传统电视（网络或有线）的平均小时数. 对每个年龄层次，分别将数据点的坐标设为 6、15、21、40、65.

年龄 (岁)	每周看电视时间 (小时)
2～11	21.1
12～17	15.5
18～24	17.3
25～54	31
> 55	49

资料来源：尼尔森媒体研究.

28. 下表列出了 10 个国家的识字率和婴儿死亡率（每 1 000 个新生儿死亡数）.

国家	识字率 (%)	婴儿死亡率 (每 1 000 个新生儿死亡数)
阿富汗	38	66
奥地利	98	3
布隆迪	86	54
哥伦比亚	95	14
埃塞俄比亚	49	41
德国	99	3
利比里亚	48	53
新西兰	99	5
土耳其	95	12
美国	99	6

资料来源：联合国教科文组织关于识字率的报告，2015；联合国儿童基金会和世卫组织关于婴儿死亡率的报告，2015.

29. 下表列出了 8 个中等人口国家 2016 年人口总数和预计到 2050 年人口变化的百分比.

国家	人口总数 (百万)	预计到 2050 年人口变化的百分比
阿富汗	33.3	91.6%
法国	66.8	3.16%
日本	126.7	−15.4%
沙特阿拉伯	28.1	43.0%
苏丹	36.7	61.0%
德国	80.7	−11.4%
澳大利亚	23	26.1%
泰国	68.2	−3.2%

资料来源：联合国的估计值.

30. **联邦补助和毕业率.** 图 5.29 展示了 13 个给定州的高中毕业率和每个州联邦补助占总预算的百分比的散点图.

a. 根据散点图，是否有证据表明增加联邦补助有助于提高毕业率？说明原因.

b. 数据包括两个类别（联邦补助和毕业率）的最小值和最大值. 该图是否准确地反映了这些州的毕业率的实际变化范围？该图是否准确地反映了这些州的联邦补助的实际变化范围？说明原因.

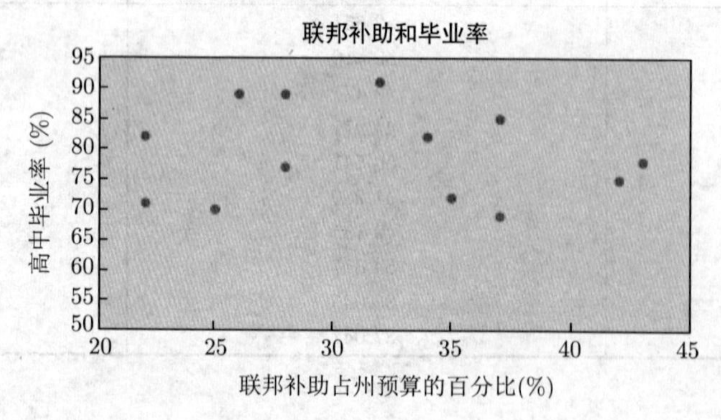

图 5.29

资料来源：基于美国国家教育统计中心的数据；税收基金会.

31～36：相关关系和因果关系. 考虑以下关于相关关系的说法. 在每种情况下，清楚地说明其相关关系（例如，变量 A 和变量 B 之间存在正相关关系）. 进一步说明相关关系更可能是由巧合、共同的潜在原因或者直接的因果关系造成的. 解释你的答案.

31. 在一个大型度假城市，入室盗窃数随着酒店房间数量的增加而增加.

32. 在过去的 30 年里，洛杉矶的高速公路里程增加，交通拥堵状况恶化.

33. 在过去的 30 年里，数据显示随着球队工资的增加，大联盟棒球队赢得的比赛数量也在增加（资料来源：fivethirtyeight.com）.

34. 在过去的 30 年里，大气中二氧化碳的含量增加了，而全世界的海盗数量减少了.

35. 汽车燃油里程随轮胎压力的减少而下降.

36. 在 20 年的时间里，某个城市的调酒师和牧师人数都增加了.

37. **找出头痛的原因.** 假设你每周都会有几天的傍晚感到头痛，你试图找出头痛的原因. 请说明在以下每项实验和观察中，你使用的是建立因果关系的六条准则中的哪一条，然后给出你的结论.

- 你的头痛只在工作日发作.
- 如果你在工作日的午餐中不喝可乐，头痛依然会发作.
- 在夏天，如果稍微打开一下办公室的窗户，那么头痛的发作频率会降低. 如果你将办公室的窗户大开，那么头痛的发作频率会更低.

做了所有这些观察后，你能得到关于你头痛原因的合理结论吗？

38. **吸烟与肺癌.** 吸烟与肺癌发生率之间存在很强的相关关系，大多数医生认为吸烟会导致肺癌. 然而，并非每个吸烟的人都会患上肺癌. 简要说明既然并非所有吸烟者都会得肺癌，那么是怎样得出吸烟会导致癌症的结论的.

39. **乐团的指挥会长寿.** 《医学论坛》(*Forum on Medicine*)（1978 年）的一项著名研究得出如下结论：主要交响乐团的指挥的平均寿命为 73.4 岁，比当时所有美国男性的平均寿命大约长 5 年. 作者声称，音乐生涯会延长人的寿命. 评价这个因果关系的结论，并对乐团指挥具有较长平均寿命这一事实给出其他合理的解释.

40. **高压电力线.** 假设居住在某高压电力线附近的人患癌症的概率高于远离电力线的人. 你能否据此断定高压电力线导致了癌症发生率升高？如果不能，可能有什么其他的解释？你还希望看到哪些其他类型的研究结果才能得出高压电力线会导致癌症的结论？

41. **足球和生日.** 最近的一项研究表明，世界上最好的足球运动员往往都出生在一年中的前几个月. 这是巧合吗，你能找到其他合理的解释吗？

实际问题探讨

42. **全球变暖.** 了解一些人类活动与全球变暖具有相关关系的证据；可以参阅本书作者撰写的文章《全球变暖入门》(Global Warming Primer) (globalwarming.html). 根据你了解到的内容，你会将人类活动导致全球变暖的这一因果关系归为什么级别的因果关系？你认为我们应该如何处理全球变暖问题？

43. **NFL 的成功.** 查找上个赛季 NFL 球队的统计数据. 为每支球队绘制一张表格，包含以下内容：获胜次数，每场比赛进攻中获得的平均码数和每场比赛允许的防守中获得的平均码数. 制作散点图来观察一下进攻和胜利之间以及防守和胜利之间的相关关系. 讨论你的发现. 你认为在球队的统计数据中是否还存在其他变量与获胜次数有更强的相关关系？

44. **新闻中的相关关系.** 查找一篇描述某类相关关系的最近的新闻报道. 描述其中的相关关系. 文中是否给出了相关关系的强度？文中是否暗示相关关系反映了潜在的因果关系？简要讨论一下你是否相信文中对相关关系的暗示.

45. **新闻中的因果关系.** 查找一篇介绍了由统计研究得出存在因果关系的结论的最近的新闻报道. 简要叙述该研究和其得到的因果关系. 你认为能合理地推断出该因果关系吗？说明理由.

46. **法律因果关系.** 查找最近的新闻报道，找到一篇介绍正在进行的法律案件 (民事或刑事案件均可，而且其中确定因果关系对判决结果非常重要) 的报道. 简要描述案件中的因果关系以及确立或驳斥因果关系的能力将如何影响案件的判决结果.

实用技巧练习

利用本节的实用技巧中给出的方法或用 StatCrunch 回答下列问题.

47. **制作散点图.** 考虑以下有关暴力犯罪率的数据（以每 10 万人中报告的暴力犯罪数来衡量）和 10 个不同州的公立学校的每名学生的政府支出.

州	暴力犯罪率	每名学生的政府支出 (美元)
加利福尼亚州	396	11 145
康涅狄格州	237	17 759
佛罗里达州	540	9 223
缅因州	128	8 957
密西西比州	279	8 779
新泽西州	261	20 925
俄亥俄州	285	11 530
田纳西州	608	8 809
犹他州	216	7 711
威斯康星州	290	11 424

资料来源：美国国家教育统计中心，2015；FBI，2014.

a. 绘制数据的散点图.

b. 数据中的两个变量是否相关？说一说其相关关系.

c. 如果你使用的是 Excel，画出散点图的最佳拟合线（也叫作趋势线）.

48. **运动和看电视.** 打开 StatCrunch 中名为“锻炼时间”的共享数据集（选择“Explore”，接着选择“Data”，然后在搜索框中键入数据集的名称），该数据集展示了 50 名大学生的各种特征（例如性别、惯用手、每周锻炼时间、每周观看电视时间、脉搏等）.

a. 为运动时数和观看电视时数的数据绘制散点图. 评价你在图中观察到的相关关系. 是正相关还是负相关？是强相关还是弱相关？

b.（选做）计算运动时数与观看电视时数的相关系数.（转到“Stat”，然后转到“Summary stats”和“Correlation”）. 相关系数的值是否证实了你在 (a) 中观察到的结论？

49. **StatCrunch 项目.** 在 StatCrunch 上选择一个你感兴趣的而且你怀疑其中存在相关关系的数据集，从而你可以利用该数据集绘制散点图.

a. 简要描述你选择的数据集，并说明你为什么觉得有相关关系存在.

b. 为你选择的数据集绘制散点图，并在图中添加最佳拟合线. 它是否表现出你所预期的相关性？说明原因.

第五章　总结

节	关键词	关键知识点和方法
5.1 节	统计 样本 总体参数 样本统计量 偏差 观察性研究 实验 安慰剂，安慰剂效应 盲法（单盲，双盲） 回顾性研究 边际误差 置信区间	知道统计的两个含义——统计是一门学科，统计也指数据 理解并解释统计研究的五个基本步骤 了解有代表性的样本的重要性 熟悉四种常见的抽样方法： 简单随机抽样 系统抽样 方便抽样 分层抽样 能区分观察性研究和实验；也能辨别观察性的回顾性研究 了解安慰剂效应和盲法的重要性 利用边际误差构造置信区间： 从（样本统计量 − 边际误差） 到（样本统计量 + 边际误差）
5.2 节	选择偏差 参与偏差 变量（统计研究的）	理解和应用评价统计研究的八条准则
5.3 节	频数表 类别、频数 频率、累计频数 数据类型 定性、定量 条形图 饼图 直方图、折线图 时间序列图	理解并会创建频数表 理解并会绘制条形图和饼图 理解并会绘制直方图和折线图
5.4 节	多重条形图 堆叠图 地理数据图 等高线图 信息图表	会解读多重条形图、堆叠图、等高线图和其他媒体图表 能区分真的三维数据图和仅仅具有三维外观的图 掌握解读图表的注意事项
5.5 节	相关关系 散点图 原因	能区分相关关系和因果关系 可以绘制并解释散点图，并用散点图揭示相关关系：正相关关系、负相关关系、无相关关系、相关强度关系 了解存在相关关系的三种可能原因：巧合、共同的潜在原因、存在因果关系 理解并会应用建立因果关系的六条准则

图书在版编目（CIP）数据

大学文科数学. 量化与推理：第 7 版. 上册/ (美)杰弗里·班尼特, (美)威廉·布里格斯著; 张春华, 柯媛元, 吕雪征译. —北京：中国人民大学出版社, 2022. 9

(国外经典数学译丛)

ISBN 978-7-300-30945-3

Ⅰ. ①大… Ⅱ. ①杰… ②威… ③张… ④柯… ⑤吕… Ⅲ. ①高等数学-高等学校-教材 Ⅳ. ①O13

中国版本图书馆 CIP 数据核字 (2022) 第 152079 号

国外经典数学译丛

大学文科数学——量化与推理 (第 7 版) (上册)

杰弗里 · 班尼特
威廉 · 布里格斯 著

张春华 柯媛元 吕雪征 译

Daxue Wenke Shuxue——Lianghua yu Tuili

出版发行	中国人民大学出版社		
社　址	北京中关村大街 31 号	邮政编码	100080
电　话	010-62511242（总编室）		010-62511770（质管部）
	010-82501766（邮购部）		010-62514148（门市部）
	010-62515195（发行公司）		010-62515275（盗版举报）
网　址	http://www.crup.com.cn		
经　销	新华书店		
印　刷	涿州市星河印刷有限公司		
规　格	215mm×275mm 16 开本	版　次	2022 年 9 月第 1 版
印　张	23.5 插页 1	印　次	2022 年 9 月第 1 次印刷
字　数	705 000	定　价	58.00 元

尊敬的老师：

您好！

为了确保您及时有效地申请培生整体教学资源，请您务必完整填写如下表格，加盖学院的公章后传真给我们，我们将会在2–3个工作日内为您处理。

请填写所需教辅的开课信息：

采用教材			□中文版 □英文版 □双语版
作　者		出版社	
版　次		ISBN	
课程时间	始于　年　月　日	学生人数	
	止于　年　月　日	学生年级	□专科　□本科1/2年级 □研究生　□本科3/4年级

请填写您的个人信息：

学　校			
院系/专业			
姓　名		职　称	□助教 □讲师 □副教授 □教授
通信地址/邮编			
手　机		电　话	
传　真			
official email(必填) (eg:XXX@ruc.edu.cn)		email (eg:XXX@163.com)	
是否愿意接受我们定期的新书讯息通知：　□是　□否			

系 / 院主任：________（签字）

（系 / 院办公室章）

___年___月___日

资源介绍：

--教材、常规教辅（PPT、教师手册、题库等）资源：请访问 www.pearsonhighered.com/educator；　（免费）

--MyLabs/Mastering 系列在线平台：适合老师和学生共同使用；访问需要 Access Code。　（付费）

100013　北京市东城区北三环东路36号环球贸易中心D座1208室 100013

Please send this form to：copub.hed@pearson.com

Website: www.pearson.com